김앤북

2026

초보자도 가능한

전기기능사

김앤북 전기 자격 연구소 편저
조경필 감수

필기 | CBT 기출 마스터

1권 핵심테마 이론

기출 CBT
모의고사
3회

47만 네이버 대표 카페
전기박사 추천 합격필독서

김앤북
KIM&BOOK

기출 CBT 모의고사
이용 가이드

1 엔지니어랩 사이트 접속 후 회원 가입

www.engineerlab.co.kr

QR코드 또는 PC에서 엔지니어랩 접속

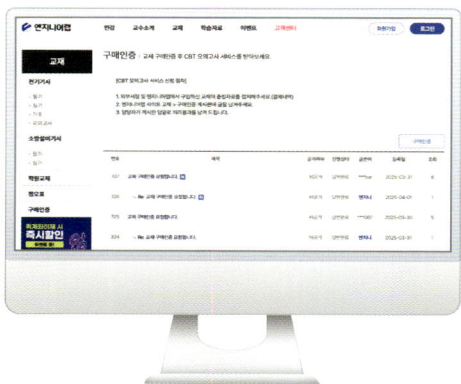

2 '교재' ▶ '구매인증' 카테고리를 선택 후 구매 인증을 진행

① 구매 인증 게시글을 통해 관리자에게 승인 요청
② 관리자가 CBT 서비스를 이용할 수 있는 권한 부여

3 기출 CBT 모의고사 서비스 페이지를 통해 학습 진행

① PC에서 '나의 강의실 - 나의 모의고사' 카테고리 선택
② 기출 CBT 모의고사 3회 학습
③ 전체 총점과 과목별 점수를 확인

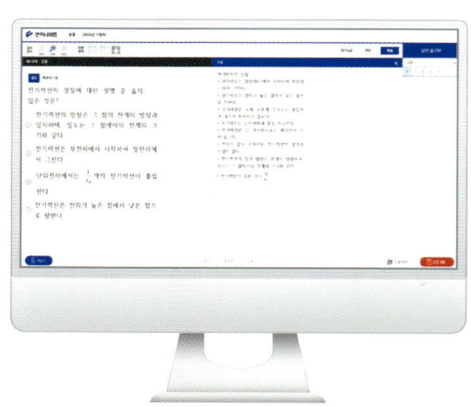

※ 2025년 1회 CBT 기출 해설 특강은 5월 13일 이후에 같은 경로에서 시청하실 수 있습니다.

김앤북의 완벽한
단기 합격 로드맵

핵심이론 → 최신기출 → 실전적용 → 단기합격

컴퓨터 IT 실용서

| SQL | 코딩테스트 | 파이썬 | C언어 | 플러터 | 자바 | 코틀린 | 유니티 |

컴퓨터 IT 수험서

컴퓨터활용능력 1급실기 | 컴퓨터활용능력 2급실기 | 데이터분석준전문가 (ADsP) | GTQ 포토샵 | GTQi 일러스트 | 리눅스마스터 2급 | SQL 개발자 (SQLD)

자격증 수험서

전기기능사 필기 | 전기기사 필기 필수기출 | 소방설비기사 필기 공통과목 필수기출 | 소방설비기사 필기 전기분야 필수기출 | 소방설비기사 필기 기계분야 필수기출 | 전기기사 실기 봉투모의고사

김앤북의 체계적인
합격 알고리즘

기초학습 → 문제풀이 → 실전적용 → 합격

김영편입 영어

MVP Vocabulary 시리즈

MVP Vol.1　　MVP Vol.1 워크북　　MVP Vol.2　　MVP Vol.2 워크북　　MVP Starter

기초 이론 단계

문법 이론　　구문독해

기초 실력 완성 단계

어휘 기출 1단계　　문법 기출 1단계　　독해 기출 1단계　　논리 기출 1단계　　문법 워크북 1단계　　독해 워크북 1단계　　논리 워크북 1단계

심화 학습 단계

어휘 기출 2단계　　문법 기출 2단계　　독해 기출 2단계　　논리 기출 2단계　　문법 워크북 2단계　　독해 워크북 2단계　　논리 워크북 2단계

오감으로 학습하는 전알못 BOOSTING NOTE

PART 1 **'전알못'을 위한 3단 합격 부스터**

1단 전기기초용어 ≫ 2단 전기기초수학 ≫ 3단 공학계산기 사용법

PART 2 **답만 보는 문제**

핵심 50제

김앤북
KIM&BOOK

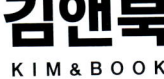

오감으로 학습하는
'전알못' BOOSTING NOTE

'전알못'이어도 괜찮습니다. 오감을 활용한 BOOSTING NOTE로 기본기를 탄탄히 다져 자신감과 실력을 높여보세요. 본권 학습 후에는 '답만 보는 문제'를 최종정리하여 실전 감각을 최대한으로 끌어올리고, 시험장에 입장할 수 있습니다.

'전알못' BOOSTING NOTE 오감 활용법

"전기, 과연 내가 할 수 있을까?" 고민만 하지 말고, 전기용어 정리부터 시작해 보세요! 오감을 활용한 학습으로 전기의 기초를 탄탄히 다질 수 있습니다.

맛보다 | 전기의 개념을 가볍게 접하며 흥미를 느껴보세요.
보다 | 정독하며 용어와 개념을 하나하나 꼼꼼하게 이해하세요.
읽다 | 정독 후, 소리 내어 읽으며 복습하고 자연스럽게 암기하세요.
쓰다 | 중요한 내용은 직접 써보며 더욱 확실하게 기억하세요.
듣다 | 학습한 내용을 MP3로 들으며 최종 정리하고 마무리하세요.

PART1 '전알못'을 위한 3단 합격 부스터

1단 전기기초용어 ——————————————————— 2
2단 전기기초수학 ——————————————————— 15
3단 공학계산기 사용법 ————————————————— 23

PART2 답만 보는 문제

핵심 50제 ——————————————————————— 28

PART 1 '전알못'을 위한 3단 합격 부스터

1단 | 전기기초용어

동영상 강의 시청 및 암기용 MP3 다운로드 방법
1. QR코드를 통해서 김앤북 네이버 카페에 입장 (https://cafe.naver.com/kimnbook)
2. 구매 인증하여 등업 신청
3. 자료실 (구매 인증 전용) ▶ 전기기능사 게시판에서 시청 및 자료 다운로드

가공전선	지지물(목주, 철주, 철근콘크리트주, 철탑 등) 등의 구조물을 세워 가설한 전선을 말한다.
가공인입선	지지물에서 출발하여 다른 지지물을 거치지 아니하고 한 수용장소에 이르는 전선을 말한다.
감극제	분극 작용을 막기 위해 쓰이는 물질이다. 전지에서 전류가 흐르면 환원 반응이 일어나면서 전극에 기체가 발생할 수 있다. 그런데 이 수소 기체가 전극에 달라붙으면 전극 반응이 방해되고, 결과적으로 전지의 전압과 성능이 저하된다. 감극제는 이러한 기체를 제거하거나 반응시켜 전극의 원활한 작용을 돕는 역할을 한다.
감쇠 작용	진동이나 파동의 크기가 시간이 지남에 따라 점점 줄어드는 현상
검류계	전류의 흐름을 측정하는 계측기로 작은 전류를 감지하고 그 방향과 크기를 측정하는 데 사용되며, 주로 아날로그 전기회로에서 전류의 유무를 확인하는 용도로 쓰인다.
고유저항	물질 자체가 전류의 흐름을 방해하는 정도를 나타내는 물리량이다. 단위길이와 단위단면적을 가진 물질에서 전류가 흐를 때의 저항을 의미한다. 고유저항은 단위길이당 저항을 나타내므로, 도체, 반도체, 부도체(절연체) 등의 전기적 특성을 비교하는 중요한 값이다.
고조파	기본 주파수(1차 주파수)의 정수배(2배, 3배, 4배, …)에 해당하는 불필요한 교류 성분을 의미한다. 쉽게 말해, 전기 신호나 전압·전류가 깨끗한 정현파(Sine Wave)가 아닌 왜곡된 형태로 변할 때 발생하는 불필요한 주파수 성분이다.(전력품질 저하로 장비의 성능 저하, 과열, 오작동을 유발한다.)
고주파	일반적으로 주파수가 높은 전자기파(교류 신호)를 의미하고 무선주파수에 사용한다. 보통 수백 kHz(킬로헤르츠) 이상의 주파수를 가진 신호를 고주파라고 부르며, 라디오, 통신, 의료, 전력, 전자 분야에서 다양하게 사용된다. 특징은 주파수가 높을수록 파장이 짧다.

과도상태	전기회로에서 정상적인 상태로 도달하기 전에 발생하는 일시적인 상태를 의미한다. 쉽게 말하면, 전압이나 전류가 갑자기 변할 때(스위치를 켜거나 껐을 때) 순간적으로 불안정한 상태가 되는 것을 말한다. 과도상태는 주로 다음과 같은 경우에 발생한다. ① 스위치를 켜거나 끌 때 전류와 전압이 순간적으로 급격히 변한다. ② 부하(전력 소비 장치)가 바뀌면 전류·전압도 변한다. ③ 고장(단락, 지락 등)이 발생할 때 회로에 이상이 생기면 과도현상이 발생한다. ④ 교류회로에서 주파수가 변할 때 유도성·용량성 부하가 영향을 받는다.

교류	시간의 변화에 따라 크기와 방향이 주기적으로 변하는 전압·전류이다. 일정한 주기마다 (+)와 (−) 방향으로 바뀐다. 교류의 특징은 아래와 같다.
	① 전류의 방향과 크기가 주기적으로 변화한다.
	② 전력을 장거리로 효율적으로 송전할 수 있다.(등압이 쉽기 때문)
	③ 변압기를 이용해 쉽게 전압을 조절할 수 있다.
	④ 교류 전압의 형태는 주로 사인파(정현파) 모양을 가진다.
	⑤ 저압, 고압, 특고압으로 구분한다.
	  — 저압(교류): 1[kV] 이하, 직류의 경우 1.5[kV] 이하
	  — 고압(교류): 1[kV] 초과, 7[kV] 이하
	  — 고압(직류): 1.5[kV] 초과, 7[kV] 이하
	  — 특고압(교류): 7[kV] 초과

국부 작용	전지를 사용하지 않을 때에도 내부에서 지속적으로 화학 반응이 일어나 전지 수명이 단축되는 현상을 말한다. 즉, 전지를 사용하지 않아도 자체적으로 방전되는 문제이다. 국부작용은 주로 전지의 음극(아연판 등)이 불순물을 포함하고 있을 때 발생한다. ① 음극(아연 등) 표면에 철(Fe), 구리(Cu) 등의 불순물이 포함되면, 미세한 전지가 형성된다. ② 이 미세한 전지가 지속적으로 내부에서 방전되면서 전지의 수명이 짧아진다. ③ 결국, 전지를 사용하지 않아도 전해액이 낭비되면서 전지가 빨리 닳아버린다.
기전력	기전력은 전기회로에서 전류를 흐르게 할 수 있는 힘을 의미한다. 쉽게 말해, 전지가 전류를 만들기 위해 제공하는 에너지를 말한다. 기전력은 보통 전지나 발전기에서 발생하는데, 이 힘은 전자들이 회로를 따라 흐르게 하는 원동력이다.

누설전류	누설전류는 전기회로에서 의도한 경로가 아닌 다른 경로를 통해 흐르는 전류를 의미한다. 쉽게 말해, 절연이 불완전하거나 부품이 고장 나면서 본래 전류가 흘러야 할 경로 외에 다른 경로로 흐르는 전류이다. 누설전류의 발생 원인은 아래와 같다. ① 절연 불량: 전선이나 부품이 노후되거나, 손상되어 절연 성능이 떨어지면 전류가 비정상적으로 흐를 수 있다. ② 습기: 공기 중의 습기나 물이 전기회로에 접촉하면 절연이 약해져 누설전류가 발생할 수 있다. ③ 부품의 고장: 콘덴서, 다이오드 등의 전자 부품이 고장 나면 본래 전류가 흐르지 않거나 다른 경로로 흐를 수 있다. ④ 전선 접촉 불량: 전선이 불완전하게 연결되거나 절연이 약해지면, 비정상적인 경로로 전류가 흐를 수 있다. ⑤ 변압기나 절연 장비의 고장: 전기 장비가 고장 나면 그 부분에서 누설전류가 발생할 수 있다.
다상교류	세 개 이상의 상(phase)을 가진 교류 전원을 사용하는 전력 시스템을 의미한다. 다상교류의 특징은 아래와 같다. ① 위상차: 다상교류 시스템에서 각 상은 서로 120도의 위상차를 갖는다. 예를 들어, 3개의 상이 서로 다른 시간에 최댓값을 갖고, 교차하는 시점이 다르게 되어서 전력 공급이 연속적으로 이루어진다. ② 전력의 균등성: 3상 교류는 전력 전달이 연속적이어서, 전압의 파형이 더 일정하고 부드럽게 변화한다. 그래서 단상 교류에 비해 전력 공급의 안정성이 뛰어나고, 전력 손실이 적다. ③ 효율성: 3상 교류는 단상 교류에 비해 전력 효율이 높고, 설비가 더 작고 가볍다. 그래서 산업용 기기나 큰 전력 소비 장치에서 널리 사용된다.
도전율	물질이 전류를 흐르게 할 수 있는 능력을 나타내는 물리적 성질이다. 즉, 전기 전도성이 얼마나 뛰어난지를 나타내는 값이다. 도전율이 높을수록 전류가 쉽게 흐르고, 도전율이 낮을수록 전류의 흐름이 제한된다. 고유저항의 역수로 단위는 [℧/m], 기호로는 δ로 나타낸다.
동상	동일한 주파수에서 위상차가 없는 경우를 말함
등가회로	서로 다른 회로라도 전기적으로 같은 작용을 하는 회로
리액턴스	교류에서 저항 이외에 전류의 흐름을 방해하는 작용을 하는 성분이다. 리액턴스는 교류에서 저항처럼 전류 흐름을 방해하지만, 저항과 달리 전류의 크기를 줄이는 것이 아니라, 전류와 전압의 위상차이를 발생시킨다.
메거	$10^6[\Omega]$ 이상의 고저항 측정기로, 전기 시스템에서 절연체의 품질을 점검하고 절연저항을 측정하는 데 사용되는 도구이다. 메거는 주로 전선, 모터, 배전반, 변압기 등에서 전기 절연 상태를 검사하는 데 활용된다. 절연저항이 기준값 이하로 떨어지는지 확인하기 위해 사용되며, 이는 전기회로나 기기에서 전류가 의도하지 않은 경로로 흐르는 것을 방지하고, 안전한 사용을 보장하는 데 필요하다.

무효 전력	교류(AC) 회로에서 전력이 실제로 일을 하지 않고, 회로 내에서 전압과 전류가 위상 차이를 두고 상호작용하면서 에너지를 저장하고 방출하는 데 사용되는 전력을 말한다. 이는 일을 하지는 않지만 시스템의 전압 안정성과 전력 품질을 유지하는 데 중요한 역할을 한다.
무효율	전압과 전류의 위상차인 사인(sin) 값으로, 교류 전력 시스템에서 무효 전력의 사용과 관련된 효율성을 나타내는 개념이다.
벡터량	벡터량은 크기와 방향을 모두 가지는 물리적 양을 말한다. 즉, 벡터량은 크기와 방향을 모두 고려해야만 완전한 값을 이해할 수 있다. 벡터량은 물리학, 전기학, 기계학 등 다양한 분야에서 사용되며, 주로 힘, 속도, 전류, 전압 등이 벡터량의 예시이다.
복소 전력	복소 전력은 교류 전력 시스템에서 전력을 다루는 중요한 개념으로, 유효전력, 무효전력, 그리고 겉보기 전력을 하나의 복소수 형태로 표현한 것이다. 복소 전력은 교류회로에서 전압과 전류의 위상 관계를 고려하여, 전력 흐름을 더 정확하게 분석하고 계산하는 데 사용된다. 복소 전력은 복소수 형태로 나타내며, 유효전력과 무효전력을 각각 실수부와 허수부로 표현한다.
부하	전기회로나 전력 시스템에서 전력을 소비하거나 요구하는 장치나 시스템을 의미한다. 전력 시스템에서 부하는 실제로 전기를 사용하는 대상으로, 일반적으로 전구, 모터, 가전제품, 산업기기 등과 같은 전기적 장치를 포함한다.
분극(성극)작용	전기화학적인 시스템에서 발생하는 전극 반응의 변화를 나타내는 현상으로, 주로 전기화학적 셀(예: 전지)에서 전극 표면에 일어나는 전기적 특성의 변화를 의미한다. 이 현상은 전지나 배터리 등에서 전극 반응에 영향을 미치고, 시스템의 성능이나 효율성에 영향을 줄 수 있다. 분극작용은 양극과 음극에서 발생할 수 있으며, 각기 다른 원인에 의해 전위 차이가 발생하여 전류의 흐름을 방해하거나 전극 반응을 지연시킬 수 있다.
분포정수회로	선로정수 R, L, C, G가 균등하게 분포되어 있는 회로 저항, 인덕턴스, 커패시턴스 등의 회로 요소들이 공간적으로 분포하여 발생하는 파동적 특성을 고려한 회로 모델이다. 이러한 회로는 전기적 파동이 회로를 따라 분포하고, 그 효과가 시간적으로 지연되거나 전파되는 특성이 있다.
비정현파 교류	파형이 일그러져 정현파가 되지 않는 교류로, 정현파와 달리 정해진 주기적 형태가 아닌, 복잡한 파형을 가진 교류이다. 즉, 파형이 사인 함수로 표현되지 않는 교류 신호를 말한다. 비정현파는 여러 주파수를 가진 조화파들의 합으로 나타낼 수 있다.
비진동상태	전류가 시간에 따라 증가하다가 점차 감소하는 상태로, 시스템이나 기계가 진동을 일으키지 않는 상태를 의미한다. 즉, 외부 힘이나 내부 힘에 의해 진동이 발생하지 않는 평형 상태를 나타낸다. 진동이 없다는 것은 시스템의 위치나 속도가 시간에 따라 변하지 않거나, 진동이 매우 미미하여 더 이상 감지할 수 없는 상태를 말한다.

사이클	0에서 2π까지 1회의 변화
상전류	3상 시스템에서 각 상(Phase)을 따라 흐르는 전류를 의미한다. 3상 교류 시스템은 세 개의 전기회로로 구성되어 있으며, 각 상에 흐르는 전류가 상전류이다. 이 전류는 각 상의 부하에 의해 결정되며, 3상 시스템에서는 각 상 전류의 위상이 120도 차이를 두고 흐른다.
상전압	3상 교류 시스템에서 각 상에 대한 전압을 의미한다. 3상 시스템에서 각 상(A, B, C)에 공급되는 전압을 상전압이라고 한다. 각 상전압은 사인파 형태로 교류 신호를 가지며, 서로 120도 위상 차이를 둔다.
서셉턴스	어드미턴스의 허수부를 말한다. 교류 회로에서 임피던스의 역수인 수학적 개념으로, 주로 리액턴스와 관련이 있다. 서셉턴스는 전류의 흐름에 대한 저항을 나타내며, 임피던스가 얼마나 쉽게 교류 신호를 전도하는지를 측정한다. 리액턴스와 서셉턴스는 서로 반비례 관계에 있으며, 서셉턴스는 리액턴스의 역수로 정의된다. 서셉턴스는 단위가 지멘스(Siemens, S)로, 전도성의 측정 단위이다. 리액턴스와 서셉턴스는 서로 직교 관계에 있으며, 리액턴스가 임피던스의 허수 부분을 나타낸다면 서셉턴스는 그에 대응하는 허수 부분의 역수이다.
선간전압	3상 교류 시스템에서 두 개의 상 사이에 발생하는 전압을 의미한다. 이 전압은 각 상전압 간의 차이로, 3상 시스템에서 부하에 공급되는 전력과 전압의 균형을 유지하는 데 중요한 역할을 한다.
선로정수	선로에 발생하는 저항, 인덕턴스, 정전용량, 누설콘덕턴스 등을 말한다. 전력선이나 전송선로의 특성을 나타내는 물리적, 전기적 매개변수들로 이들 매개변수는 전기적인 전송 특성을 이해하고, 전력 시스템의 성능을 분석하는 데 중요하다. 선로 정수는 전압 강하, 전력 손실, 전송 효율성 등을 분석하는 데 활용된다. 이를 통해 전송선로의 안정성을 확보하고, 전력망의 효율적인 운영을 돕는다.
선전류	다상 교류회로에서 단자로부터 유입 또는 유출되는 교류로 전력 시스템에서 전송선로를 통해 흐르는 전류를 의미한다. 특히 3상 교류 시스템에서 중요한 개념으로, 각 상에서 흐르는 전류가 아닌 선로를 통해 흐르는 전류를 말한다. 선전류는 전송선로에 흐르는 총 전류를 나타내며, 이는 각 상의 전류의 합과 관련이 있다.
선택도	공진곡선의 첨예도 및 공진 시의 전압확대비를 나타낸다. 또 전력 시스템에서 전기적 보호 장치가 특정 구간의 고장만을 정확하게 차단하고, 다른 구간의 정상적인 전력 흐름은 방해하지 않도록 하는 능력을 의미한다. 즉, 선택도는 고장 구간을 정확히 식별하여 필요한 부분만 차단하고, 나머지 부분은 정상적으로 동작하도록 만드는 특성이다.

선형 소자	전압과 전류 특성이 직선적으로 비례하는 소자로 R, L, C가 이에 해당된다. 전기회로에서 전압과 전류의 관계가 비례하는 소자를 의미한다. 즉, 선형 소자는 옴의 법칙(Ohm's Law)을 따르는 소자로, 전압이 증가하면 전류도 비례적으로 증가하거나 감소한다. 선형 소자는 입력과 출력의 관계가 선형적인 특성을 보이며, 이러한 특성 때문에 수학적으로 다루기 쉬운 소자이다.
순싯값	교류의 임의의 시간에 있어서 전압 또는 전류의 값이다. 전기회로에서 특정 시점에서의 전압이나 전류 등의 값을 의미한다. 즉, 시간에 따라 변하는 물리적 양이 특정 순간에 가진 값을 말한다. 순싯값은 교류(AC) 신호에서 중요한 개념으로, 주로 전류나 전압이 시간에 따라 어떻게 변화하는지를 설명할 때 사용된다.
시정수	과도상태에 대한 변화의 속도를 나타내는 척도가 되는 정수로 전기회로나 제어 시스템에서 시스템의 반응 속도를 나타내는 중요한 매개변수이다. 주로 1차 시스템에서 사용되며, 회로의 응답 속도를 결정한다. 시정수는 시스템의 응답이 변화하는 특성을 정의하며, 시간에 따른 시스템의 변화를 설명하는 데 사용된다.
실횻값	실제적인 열 효율값, 일반적으로 지칭하는 전압이나 전류값이다. 교류 신호나 변동하는 값을 다룰 때 유용한 개념으로, 전압이나 전류와 같은 물리적 양이 평균적으로 어떤 효과를 낼 수 있는지를 나타내는 값이다. 실횻값은 주로 교류 전력 계산이나 효과적인 전압 및 전류를 구할 때 사용된다.
어드미턴스	임피던스의 역수, $Y[℧]$로 표시한다. 전기회로에서 전류의 흐름을 허용하는 정도를 나타내는 물리적 양으로, 임피던스의 역수이다. 전기회로에서 어드미턴스는 교류회로의 전류 흐름을 얼마나 쉽게 허용하는지를 나타내며, 어드미턴스는 주로 전압과 전류 사이의 관계를 설명하는 데 사용된다.
역률	전압과 전류의 위상차의 코사인(cos) 값으로, 전력 시스템에서 전력의 효율성을 나타내는 중요한 개념이다. 유효전력과 피상전력 간의 비율로 이는 주로 교류회로에서 사용되며, 전력의 효율적인 사용 정도를 평가하는 지표로 활용된다. 역률은 0과 1 사이의 값으로 표현되며, 1에 가까울수록 전력을 효율적으로 사용하고 있다는 의미이다.
영상 임피던스	4단자망의 입·출력 단자에 임피던스를 접속하는 경우 좌우에서 본 임피던스 값이 거울의 영상과 같은 관계에 있는 임피던스이다. 전송선로에서 발생하는 중요한 개념으로, 선로를 따라 전파되는 신호의 전기적 특성을 나타내는 물리적 양이다. 전송선로의 임피던스는 회로의 전압과 전류 간의 비율로 정의되며, 선로의 특성에 따라 결정된다. 영상 임피던스는 전송선로가 일정한 전파 속도와 반사 없이 전력을 전달할 수 있게 해주는 중요한 요소이다. 이 값은 선로의 구조(예: 케이블, 동축선, 구리선 등)와 물리적 특성(예: 저항, 인덕턴스, 커패시턴스 등)에 따라 다르다.

영상 전달정수	전력비의 제곱근에 자연대수를 취한 값으로 입력과 출력의 전력전달 효율을 나타내는 정수이다. 전송선로에서 신호가 전파되는 특성을 설명하는 중요한 매개변수로, 신호가 선로를 따라 전파되는 동안의 감쇠와 위상 변화를 나타낸다. 전송선로를 통해 전파되는 전파는 일정한 속도로 이동하지만, 전파하는 동안 에너지를 잃거나 왜곡될 수 있다. 영상 전달정수는 전파 속도, 감쇠, 위상 변화를 모두 포괄하는 개념이다.
왜형률	전고조파의 실횻값을 기본파의 실횻값으로 나눈 값으로 파형의 일그러짐 정도를 나타낸다. 물체가 외부 힘이나 하중을 받았을 때, 원래의 크기나 형태가 얼마나 변했는지를 나타내는 물리적 양이다. 즉, 물체가 늘어나거나 압축되거나 변형되는 정도를 비율로 표현한 것이다. 왜형률은 변형의 정도를 측정하는 데 사용된다.
용량 리액턴스	콘덴서의 충전 작용에 의한 리액턴스로 콘덴서(커패시터)에 의해 발생하는 리액턴스를 의미한다. 리액턴스는 교류회로에서 전압과 전류의 위상 차이를 일으키는 요소로, 저항과 유사하지만, 주파수에 따라 값이 달라진다. 용량 리액턴스는 커패시터에 의해 발생하며, 주파수가 높을수록 커패시터의 리액턴스가 작아지고, 주파수가 낮을수록 리액턴스가 커진다.
위상	주파수가 동일한 2개 이상의 교류가 동시에 존재할 때, 상호 간의 시간적인 차이이다. 위상은 주로 주기적인 신호, 특히 교류 전기 신호의 시간적인 변화를 표현하는 데 사용되는 개념으로 신호의 주기적 변동을 기준으로 어느 지점에 위치하는지를 나타낸다. 위상은 주로 사인파나 코사인파와 같은 주기적인 함수의 시간 변화를 분석할 때 중요한 역할을 한다.
위상정수	선로에서 단위길이당 위상의 변화 정도를 나타내는 정수이다. 주로 주기적 신호나 파동의 위상을 정의하는 데 사용되는 물리적 상수이다. 이는 주파수와 위상을 고려한 신호의 변화를 설명하는 중요한 개념이다. 위상정수는 파동이나 진동이 공간이나 시간에서 어떻게 변화하는지를 설명하는 데 도움이 된다.
위상차	2개 이상 동일한 교류의 위상 차를 말한다. 주로 교류회로에서 전압과 전류 간의 위상 차이를 설명하거나, 두 개의 파형이 서로 얼마나 다른 시간에 최댓값, 최솟값, 또는 제로 값을 가지는지 나타낼 때 사용된다.
유도 리액턴스	인덕터에 의해 발생하는 저항성 반응으로, 교류회로에서 전류의 흐름을 방해하는 성질을 나타낸다. 이는 인덕터가 교류 신호에 반응하는 방식에 의한 것으로, 주파수에 따라 변한다. 유도 리액턴스는 전류의 흐름을 지연시키거나 차단하는 역할을 하며, 교류회로에서 인덕터의 반응성 특성을 나타내는 중요한 요소이다.
유효 전력	전원에서 부하로 실제 소비되는 전력이다. 실제 일을 하는 전력을 의미하며, 교류회로에서 전압과 전류의 상호작용으로 발생하는 실제 에너지를 나타낸다. 유효 전력은 P로 표기되며, 단위는 와트(W)이다.

인덕턴스	코일의 권수, 형태 및 철심의 재질 등에 의해 결정되는 상수이다. 인덕터라는 전기 소자의 특성을 나타내는 물리적 속성으로, 전류가 변화할 때 자기장을 생성하여 전류의 흐름을 방해하는 성질을 나타낸다. 인덕턴스는 기전력을 발생시켜 전류의 변화를 저항하려는 성질을 지니며, 전기회로에서 교류를 처리할 때 중요한 역할을 한다.
임계상태	전류가 시간에 따라 증가하다가 어느 시각에 최댓값으로 되고 점차 감소하는 상태로 주로 물리학, 전기공학, 그리고 다양한 엔지니어링 분야에서 사용되는 용어이다. 특정 시스템이나 현상이 특정한 조건에 도달하여 변화의 경계에 놓인 상태를 나타낸다.
임피던스	교류에서 전류가 흐를 때의 전류의 흐름을 방해하는 R, L, C 벡터적인 합으로 교류회로에서 전류의 흐름에 대한 저항을 나타내는 물리량이다. 그리고 저항과 리액턴스의 합성값이다. 이는 저항뿐만 아니라 인덕터와 커패시터와 같은 리액턴스 성분까지 포함하여 교류에서 전류의 흐름에 대한 전체적인 저항을 나타낸다. 임피던스는 복소수로 표현한다.
임피던스 정합	회로망의 접속점에서 입력 임피던스와 출력 임피던스의 크기를 같게 하는 것이다. 주로 전기회로와 신호 전송 시스템에서 사용되는 중요한 개념으로, 임피던스를 정확히 맞추는 과정을 의미한다. 이는 특히 고주파 신호나 교류회로에서 중요하며, 최대 전력 전송 또는 신호 손실 최소화를 위해 필수적이다. 임피던스 정합의 주요 목표는 에너지 전달의 효율성을 극대화하는 것으로, 송신기, 전송선로, 수신기의 임피던스를 일치시키는 과정으로 이를 통해 반사 전력을 최소화하고, 신호의 왜곡을 줄일 수 있다.
자동제어	시스템의 동작을 자동적으로 조정하여 원하는 목표 상태를 유지하거나 특정 성능을 달성하도록 하는 기술을 의미한다. 이는 인간의 개입 없이 시스템이 자체적으로 제어되도록 하는 과학과 공학 분야로, 다양한 산업 및 기술 분야에서 중요한 역할을 한다. 자동제어 시스템은 보통 제어 대상과 이를 제어하는 제어기로 구성된다. 제어 시스템은 제어 대상의 상태를 감지하고, 이를 바탕으로 제어 신호를 생성하여 시스템을 원하는 상태로 유지하거나 변경한다.
전달함수	모든 초기값을 0으로 하였을 때 출력신호의 라플라스 변환과 입력 신호의 라플라스 변환의 비이다. 입력신호와 출력신호 사이의 관계를 수학적으로 나타내는 함수로 시스템의 동작을 주파수 영역에서 분석하는 데 중요한 도구이다. 전달함수는 시스템의 동적 특성을 표현하며, 시스템의 출력을 입력에 대해 어떻게 변환하는지 설명한다. 전기회로, 제어 시스템, 신호 처리 등 여러 분야에서 활용되고 있다.

전류의 3대 작용	① 발열 작용(열작용): 전류가 전도체를 통과할 때 발생하는 열 에너지이다. 이 현상은 전기 에너지가 열에너지로 변환되는 과정으로, 전류가 흐를 때 전도체 내부의 저항에 의해 발생한다. ② 자기 작용: 자기장 내에서 전류가 흐르거나, 자석이 존재할 때 발생하는 물리적 현상을 의미한다. 자기장과 전류, 자석은 서로 상호작용하여 다양한 물리적 효과를 일으킨다. 전류가 흐르는 도선 주위에는 자기장이 형성되며, 이는 여러 자기적 현상을 일으킨다. ③ 화학 작용: 전류가 전해질 또는 전극을 통과할 때 발생하는 화학적 변화를 의미한다. 이는 전기 에너지가 화학 에너지로 변환되는 과정이다. 전류가 흐를 때, 전극에서 화학 반응이 일어나며 이는 전기분해나 전지와 같은 다양한 전기화학적 현상에서 중요한 역할을 한다.
전리	물에 녹아 양이온과 음이온으로 분리되는 현상으로 원자나 분자가 전자를 잃거나 얻어 이온을 형성하는 과정이다. 전리 과정에서 원자나 분자는 전자를 잃으면 양이온이 되고, 전자를 얻으면 음이온이 된다. 전리는 전기적 성질을 변화시키며, 이온화된 물질은 전기적인 영향을 받거나, 화학 반응에 더 적극적으로 참여할 수 있다.
전선	전류가 흐르도록 사용되는 도체로 쓰이는 선을 말한다.
전위	전기장 내에서 특정점이 가지고 있는 전기적 위치 에너지를 나타내는 물리적 양이다. 전위는 전하가 그 지점에서 다른 점으로 이동할 때 전기적 일을 수행하는 능력과 관련이 있다. 전위는 전기장에서 전하가 가진 에너지 상태를 나타내며, 주로 전위차(전압)와 관련이 있다.
전파정수	선로에서 전파되는 정도를 나타내는 정수로 전자기파가 전송되는 매체를 통해 파동이 전파될 때, 파동의 감쇠와 위상 변화를 동시에 나타내는 중요한 물리적 특성이다. 전파정수는 전파되는 신호의 감쇠 정도와 위상 변화를 설명하는 복소수 형태로 표현된다.
절연물	전기를 잘 전도하지 않는 물질을 의미한다. 이들은 전기적 절연 특성을 가지고 있어, 전기회로나 장치에서 전기가 흐르지 않도록 막는 역할을 한다. 절연물은 전기적 충격으로부터 보호하고, 전류가 원하지 않는 경로로 흐르지 않도록 하는 중요한 역할을 한다.
절연저항	전기적 절연체가 전류의 흐름을 얼마나 잘 방지하는지를 나타내는 물리적 특성이다. 절연체는 전기를 잘 통하지 않도록 설계되어 있지만, 이들이 완전히 전기를 차단하는 것은 아니다. 절연저항은 절연체가 전류를 얼마나 잘 차단하는지, 즉 전류가 흐르지 않도록 하는 능력을 평가하는 값이다.
접지	전력 대상물에 전선을 이용하여 대지와 연결하는 것을 말한다.(안전성을 확보하기 위하여 기기와 인체를 보호하며 보호장치의 확실한 동작을 확보할 수 있다.)

정류회로	교류 전원을 직류 전원으로 변환하는 회로이다. 이 회로는 다이오드와 같은 반도체 소자를 사용하여 교류 전원의 양의 반주기와 음의 반주기를 하나로 합쳐 직류 전류를 생성한다. 정류는 전자기기에서 전력 공급을 위해 중요한 역할을 한다. 예를 들어, 대부분의 전자기기는 직류 전원을 필요로 하기 때문에 교류를 직류로 변환하는 정류회로가 사용된다.
정상상태	회로에서 전류가 일정한 값에 도달한 상태
정전류원	출력 전류가 일정하게 유지되는 전원 장치로 전압이 변하더라도 출력 전류는 일정하게 유지되도록 설계된 전원 공급 장치이다. 정전류원은 전자기기에서 특정 전류를 일정하게 공급해야 할 필요가 있을 때 사용된다.
정전압원	출력 전압이 일정하게 유지되는 전원 장치이다. 정전압원은 출력 전압이 변하지 않도록 설계되어, 부하에 관계없이 항상 일정한 전압을 제공한다. 이는 전압이 중요하게 요구되는 전자기기에서 사용된다.
정전용량	콘덴서가 전하를 축적할 수 있는 능력이다. 두 전극 간에 저장할 수 있는 전하의 양을 나타내는 물리적 특성으로, 주로 커패시터에서 나타난다. 전기회로에서 커패시터는 전하를 저장하고 방출하는 역할을 하며, 정전용량은 이 저장할 수 있는 전하의 양과 관련이 있다.
정현파 교류 (사인파 교류)	가장 기본적이고 널리 사용되는 교류 형태로, 전압이나 전류가 시간에 따라 사인 함수 모양으로 변하는 전기 신호이다. 일반적으로 대부분의 전기 공급과 전자기기는 정현파 교류를 사용하여 전력을 전달한다.
제어	기계나 설비 등을 사용 목적에 알맞도록 조절하는 것이다.
주기	1사이클의 변화가 걸리는 시간이다.
주파수	1초 동안 반복되는 사이클 수이다.
직류	전류가 한 방향으로만 흐르는 전류의 형태이다. 직류는 시간이 지남에 따라 전압 및 전류의 크기와 방향이 일정하게 유지되는 특성이 있다. 반면, 교류는 시간이 지남에 따라 전류 및 전압의 크기와 방향이 주기적으로 변한다.
진동상태	전류가 시간에 따라 (+)값으로 증가하다가 어느 시각에 (−)값으로 감소하며 감쇠 진동 특성을 갖는 상태
최댓값	교류의 순싯값 중에서 가장 큰 값

콘덕턴스	저항의 역수, 단위는 [℧], 기호로는 G로 나타낸다. 전기회로에서 전류의 흐름을 용이하게 하는 정도를 나타내는 물리량으로, 전기의 전도성을 나타내는 척도이다. 전기회로에서 저항과 반대되는 개념으로, 저항이 클수록 전류의 흐름이 어려워지듯, 콘덕턴스는 클수록 전류의 흐름이 쉽고 원활하게 된다.
콘덴서	2개의 도체 사이에 절연물을 넣어서 정전용량을 가지게 한 소자이다. 전기 에너지를 저장하는 전자 부품으로, 축전기라고도 불린다. 전기회로에서 전압을 저장하거나 필터링, 신호 처리 등의 역할을 한다. 콘덴서는 두 개의 전도체(주로 금속판)로 구성된 장치로, 그 사이에 절연체인 유전체가 존재한다.
특성임피던스	선로에서 전압과 전류가 일정한 비이다. 주로 전송선로에서 나타나는 중요한 개념으로, 전송선로를 통해 전파되는 전자기파의 임피던스 특성을 나타낸다. 이는 전송선로에서 전압과 전류가 조화롭게 분포할 수 있는 고유의 저항값을 의미하며, 선로의 물리적 특성(길이, 크기, 유전체 등)에 따라 달라진다. 특성 임피던스는 전송선로의 전압과 전류의 관계를 결정하며, 전송선로에서의 신호 반사와 관련이 있다. 전송선로가 이 특성 임피던스에 맞춰져 있을 때, 신호가 반사 없이 전송될 수 있다.
파고율	최댓값을 실횻값으로 나눈 값으로 파두(wave front)의 날카로운 정도를 나타낸다. 주로 교류 신호나 파형에서 사용되는 개념으로, 파형의 최댓값과 실횻값 사이의 비율을 나타낸다. 파고율은 신호의 피크 크기가 평균 크기에 비해 얼마나 큰지를 측정하는 지표이다.
파장	1주기에 대한 거리 간격이다. 파동의 한 주기의 길이를 나타내는 물리적인 양으로, 주로 음파, 빛, 전파와 같은 주기적인 파동에서 사용된다. 파장은 파동의 속도와 주기의 곱으로 정의되며, 주로 전자기파, 음파 등 다양한 파동에서 중요한 특성으로 다뤄진다.
파형	전압, 전류 등이 시간의 흐름에 따라 변화하는 양이다. 파동이나 신호의 시간에 따른 변화를 나타내는 도표 또는 함수로, 신호가 시간에 따라 어떻게 변화하는지 시각적으로 표현한 것이다. 파형은 주로 전기 신호, 음파, 광파, 전자기파 등에서 사용되며, 파동의 모양, 진폭, 주기, 주파수 등 다양한 특성을 분석하는 데 중요한 역할을 한다.
파형률	실횻값을 평균값으로 나눈 값으로 파의 기울기 정도를 나타낸다. 주로 교류 전기 시스템에서 사용되는 개념으로, 파형의 특성을 평가하기 위해 사용된다. 특히 교류 전압이나 전류의 평균값과 최댓값을 비교하는 데 유용하다. 파형률은 주로 평균값과 최댓값 간의 비율로 정의되며, 이는 주로 파형의 형태를 평가하는 데 사용된다.
평균값	순싯값의 반주기에 대하여 평균한 값

폐회로	회로망 중에서 닫혀진 회로이다. 전기회로에서 전류가 흐를 수 있도록 전선이나 전도체가 완전히 연결되어 있는 상태를 의미한다. 즉, 전기회로에서 전류가 흐를 수 있는 경로가 끊어지지 않고 완전한 루프를 이루고 있는 경우를 말한다.(개회로는 반대로 회로망 중 열린 회로를 말한다.)
푸리에 급수	주기적인 비정현파를 해석하기 위한 급수이다. 주기적인 함수나 신호를 사인파와 코사인파의 합으로 나타내는 수학적 방법으로 복잡한 신호나 파형을 단순한 기본 파형들의 합으로 분해하여 분석할 수 있게 해준다. 푸리에 급수는 신호 처리, 전자기학, 음향학, 통신 시스템 등에서 중요한 역할을 한다.
피상 전력	전원에서 공급되는 전력으로 교류회로에서 전압과 전류가 결합하여 나타나는 총전력을 나타내는 값이다. 피상 전력은 회로 내에서 실제로 사용되거나 변환되는 전력인 유효전력과 무효전력의 합성으로 이루어진다.
허용전류	전선에 안전하게 흘릴 수 있는 최대 전류로 전선이나 전기기기가 안전하게 운용될 수 있는 최대 전류를 의미한다. 전선이나 기기가 이 전류를 초과하면 과열, 화재, 기기의 손상 등의 위험이 발생할 수 있기 때문에, 각 전선이나 기기마다 정해진 허용전류를 넘지 않도록 설계된다.
화학당량	어떤 원소의 원자량을 원자가로 나눈 값 $$(화학당량) = \frac{(원자량)}{(원자가)}$$
회로망	복잡한 전기회로에서 회로가 구성하는 일정한 망으로, 전기적 회로를 구성하는 다양한 전기 소자들(저항, 인덕터, 커패시터 등)이 연결되어 상호작용하는 시스템을 말한다. 전압, 전류, 임피던스 등의 변수들이 서로 연결되어 있으며, 전기적 신호가 흐를 수 있는 경로를 제공한다. 회로망은 전력 전달, 신호 처리, 제어 등의 다양한 역할을 수행한다.
휘스톤 브리지	$0.5 \sim 10^5[\Omega]$의 중저항을 측정한다. 저항값을 정확하게 측정하는 데 사용되는 전기 회로로 주로 정밀 저항 측정, 저항 비교, 온도 센서 등에서 사용되며 정확한 저항값을 찾는 데 매우 유용하다. 휘스톤 브릿지는 4개의 저항과 전압원을 이용해 저항을 비교하고, 이를 통해 정확한 저항값을 측정할 수 있는 방법을 제공한다.
ω(각속도)	1초 동안 회전한 각도[rad/s]
4단자 정수	4단자망의 전기적인 성질을 나타내는 정수이다. 전기회로에서 네 개의 포트(단자)로 구성된 회로 또는 네트워크를 의미한다. 일반적으로 전기회로나 시스템을 분석할 때 입력과 출력을 나타내는 두 개의 포트를 가지며, 각각의 포트에 전압과 전류를 적용한다. 이를 통해 네트워크의 동작을 분석할 수 있다.

4단자망	입력과 출력에 각각 2개의 단자를 가진 회로이다. 네 개의 단자가 있는 전기회로 또는 네트워크를 나타낸다. 이 네 개의 단자는 두 개의 입력 단자와 두 개의 출력 단자로 구성된다. 이 네트워크는 전기회로의 입력과 출력을 연결하고, 그 관계를 수학적으로 표현하여 분석할 수 있게 한다. 4단자망은 전압과 전류 간의 관계를 명확하게 정의할 수 있어, 전기회로 분석, 신호 전송, 전력 시스템 등에서 널리 사용된다.
a 접점	평상시 열려 있는 접점
b 접점	평상시 닫혀 있는 접점

PART 1 '전알못'을 위한 3단 합격 부스터

2단 | 전기기초수학

동영상 강의 시청 방법

1 QR코드를 통해서 김앤북 네이버 카페에 입장 (https://cafe.naver.com/kimnbook)
2 구매 인증하여 등업 신청
3 자료실 (구매 인증 전용) ▶ 전기기능사 게시판에서 시청

전기기능사 필기를 준비하는 데에 필요한 최소한의 기초수학을 사전 학습하고 시작한다.

1 문자와 식

① 곱셈기호는 생략하고, 수와 문자를 붙여서 표현할 수 있다.
  $5 \times x = 5x$
② 곱셈기호를 생략할 때는 수를 문자 앞으로 쓴다.
  $x \times 2 = 2x$
③ 같은 문자의 곱은 지수를 사용하여 거듭제곱으로 나타낼 수 있다.
  $a \times a = a^2$, $x \times x \times x = x^3$, $y \times y \times y \times y \times y = y^5$
④ 서로 다른 문자의 곱은 알파벳 순으로 나열하여 표현한다.
  $y \times x \times z \times x = x^2 \times y \times z$
⑤ 나눗셈은 분수로 표현할 수 있고 나누어지는 수는 분자, 나누는 수는 분모가 된다.
  $6 \div x = \dfrac{6}{x}$
⑥ 식에서 괄호는 (소괄호), {중괄호}, [대괄호] 순으로 푼다.
  $[3 \times (4+7) - \{(8-4) \times 2\} + 5] \times 8$
  $= [3 \times (11) - \{(4) \times 2\} + 5] \times 8$
  $= [3 \times 11 - \{4 \times 2\} + 5] \times 8$
  $= [3 \times 11 - \{8\} + 5] \times 8$
  $= [3 \times 11 - 8 + 5] \times 8$
  $= [33 - 8 + 5] \times 8$
  $= [30] \times 8$
  $= 30 \times 8$
  $= 240$

2 등식의 성질

(1) 등식

① 등식의 양변에 같은 수를 더해도 등식은 성립한다.
$x=y$이 성립하면 $x+a=y+a$도 성립한다.
② 등식의 양변에 같은 수를 빼도 등식은 성립한다.
$x=y$이 성립하면 $x-a=y-a$도 성립한다.
③ 등식의 양변에 같은 수를 곱해도 등식은 성립한다.
$x=y$이 성립하면 $x\times a=y\times a$, $ax=ay$도 성립한다.
④ 등식의 양변을 같은 수로 나누어도 등식은 성립한다.
$x=y$이 성립하면 $x\div a=y\div a$(단, $a\neq 0$)도 성립한다.

(2) 방정식

① 미지수로 표현한 식을 방정식이라 한다.
미지수는 문자로 나타내고, 미지수 x를 이용하여 만든 방정식은 아래와 같다.
$x+10=5$
② 방정식은 등식의 성질을 이용하여 해를 구할 수 있다.
$x+10=5$
$x+10-10=5-10$, $x=-5$

(3) 이항

① 이항의 원리는 등식의 성질을 이용해서 양변을 가감하는 원리와 본질적으로 같은데 쉽게 생각해서 해를 구하기 위해 수를 반대 변으로 옮기는 과정이다.
② 이항의 과정
$x+10=5$ ⟸ x를 구하기 위해 '+10'을 우변으로 옮긴다.
$x=5-10$ ⟸ 우변으로 옮기면 '-10'이 된다.
$x=-5$ ⟸ 우변을 계산하여 해를 구한다.
③ 이항의 예시
- 이항 시 '+'는 '-'가 된다.
- 이항 시 '-'는 '+'가 된다.
- 이항 시 '×'는 '÷'가 된다.
- 이항 시 '÷'는 '×'가 된다.

3 분수의 계산

(1) 분수의 덧셈

분수의 덧셈은 먼저 분모를 통분하고 계산한다.
$$\frac{3}{4}+\frac{2}{5}=\frac{3\times 5}{4\times 5}+\frac{2\times 4}{5\times 4}=\frac{15}{20}+\frac{8}{20}=\frac{23}{20}$$

(2) 분수의 뺄셈

분수의 뺄셈은 먼저 분모를 통분하고 계산한다.
$$\frac{1}{4}-\frac{2}{3}=\frac{1\times 3}{4\times 3}-\frac{2\times 4}{3\times 4}=\frac{3}{12}-\frac{8}{12}=-\frac{5}{12}$$

(3) 분수의 곱셈

곱할 때 음수가 홀수개 있으면 음수, 짝수개 있으면 양수가 된다.

- $(+) \times (+) = (+)$: $\dfrac{1}{3} \times \dfrac{1}{2} = \dfrac{1}{6}$
- $(-) \times (-) = (+)$: $\left(-\dfrac{1}{3}\right) \times \left(-\dfrac{1}{2}\right) = \dfrac{1}{6}$
- $(+) \times (-) = (-)$: $\dfrac{1}{3} \times \left(-\dfrac{1}{2}\right) = -\dfrac{1}{6}$
- $(-) \times (+) = (-)$: $\left(-\dfrac{1}{3}\right) \times \dfrac{1}{2} = -\dfrac{1}{6}$

(4) 분수의 나눗셈

분수의 나눗셈은 곱셈으로 변형하여 계산한다.

$$\dfrac{4}{3} \div \dfrac{5}{2} = \dfrac{4}{3} \times \dfrac{2}{5} = \dfrac{4 \times 2}{3 \times 5} = \dfrac{8}{15}$$

$$-\dfrac{3}{2} \div \dfrac{1}{6} = -\dfrac{3}{2} \times \dfrac{6}{1} = -\dfrac{3 \times 6}{2} = -\dfrac{18}{2} = -9$$

나누는 분수를 역수로 변환한 후 곱해준다.

(5) 분수의 혼합 계산

$$7 - \dfrac{5}{2} \div \left(\dfrac{4}{3} + 2\right) - 4 \times \dfrac{7}{2}$$
$$= 7 - \dfrac{5}{2} \div \left(\dfrac{4}{3} + \dfrac{6}{3}\right) - 4 \times \dfrac{7}{2}$$
$$= 7 - \dfrac{5}{2} \div \dfrac{10}{3} - 4 \times \dfrac{7}{2}$$
$$= 7 - \dfrac{5}{2} \times \dfrac{3}{10} - 4 \times \dfrac{7}{2}$$
$$= 7 - \dfrac{5 \times 3}{2 \times 10} - \dfrac{4 \times 7}{2}$$
$$= 7 - \dfrac{15}{20} - \dfrac{28}{2}$$
$$= 7 - \dfrac{3}{4} - 14$$
$$= -7 - \dfrac{3}{4}$$
$$= -\dfrac{28}{4} - \dfrac{3}{4}$$
$$= -\dfrac{31}{4}$$

(6) 번분수

① 번분수: 분자 또는 분모가 분수 형태인 복잡한 분수

② 기본 원리: $\dfrac{\dfrac{a}{b}}{\dfrac{c}{d}} = \dfrac{a}{b} \div \dfrac{c}{d} = \dfrac{a}{b} \times \dfrac{d}{c} = \dfrac{ad}{bc}$ (단, $b \neq 0, c \neq 0, d \neq 0$)

③ 계산 방법: $\dfrac{\dfrac{a}{b}}{\dfrac{c}{d}} = \dfrac{ad}{bc}$

④ 적용 예시

- $\dfrac{\dfrac{3}{4}}{\dfrac{1}{2}} = \dfrac{3 \times 2}{4 \times 1} = \dfrac{6}{4} = \dfrac{3}{2}$

- $\dfrac{6}{\dfrac{4}{5}} = \dfrac{\dfrac{6}{1}}{\dfrac{4}{5}} = \dfrac{6 \times 5}{1 \times 4} = \dfrac{30}{4} = \dfrac{15}{2}$ $\left(6 = \dfrac{6}{1} \text{을 이용}\right)$

- $\dfrac{\dfrac{3}{4}}{5} = \dfrac{\dfrac{3}{4}}{\dfrac{5}{1}} = \dfrac{3 \times 1}{4 \times 5} = \dfrac{3}{20}$ $\left(5 = \dfrac{5}{1} \text{를 이용}\right)$

4 절댓값의 계산

(1) '+', '−' 부호와 관계없이 수의 크기만 인정하는 부호로 $|a|$와 같이 나타낸다.

(2) $|-1| = 1, |+1| = 1, |-4| = 4, |4| = 4$

5 지수의 계산

(1) 기본 공식

① $x^a \times x^b = x^{a+b}$ ➡ $3^2 \times 3^3 = 3^{2+3} = 3^5 = 243$, $x^4 \times x^5 = x^{4+5} = x^9$

② $(x^a)^b = x^{a \times b}$ ➡ $(2^3)^4 = 2^{3 \times 4} = 2^{12} = 4,096$, $(x^3)^2 = x^{3 \times 2} = x^6$

③ $(xy)^a = x^a y^a$ ➡ $(2 \times 3)^2 = 2^2 \times 3^2 = 4 \times 9 = 36$, $(xy)^5 = x^5 y^5$

④ $\left(\dfrac{x}{y}\right)^a = \dfrac{x^a}{y^a}$ (단, $y \neq 0$) ➡ $\left(\dfrac{4}{5}\right)^3 = \dfrac{4^3}{5^3} = \dfrac{64}{125}$, $\left(\dfrac{x}{y}\right)^4 = \dfrac{x^4}{y^4}$

⑤ $x^a \div x^b$의 계산
- $a > b$일 때: x^{a-b} ➡ $2^5 \div 2^2 = 2^{5-2} = 2^3 = 8$
- $a = b$일 때: 1 ➡ $5^3 \div 5^3 = 1$
- $a < b$일 때: $\dfrac{1}{x^{b-a}}$ ➡ $7^3 \div 7^5 = \dfrac{1}{7^2} = \dfrac{1}{49}$

6 무리식의 계산

(1) 공식($x \geq 0, y \geq 0$일 때)

① $\sqrt{x}\sqrt{y} = \sqrt{xy}$ ➡ $\sqrt{5} \times \sqrt{3} = \sqrt{5 \times 3} = \sqrt{15}$

② $\sqrt{x^2 y} = x\sqrt{y}$ ➡ $\sqrt{3^2 \times 5} = 3\sqrt{5}$

③ $\dfrac{\sqrt{a}}{\sqrt{b}} = \sqrt{\dfrac{a}{b}}$ ➡ $\dfrac{\sqrt{10}}{\sqrt{5}} = \sqrt{\dfrac{10}{5}} = \sqrt{2}$

④ $\sqrt{\dfrac{a}{b^2}} = \dfrac{\sqrt{a}}{b}$ ➡ $\sqrt{\dfrac{7}{6^2}} = \dfrac{\sqrt{7}}{6}$

(2) 분모의 유리화($x \geq 0$, $y \geq 0$일 때)

① $\dfrac{x}{\sqrt{y}} = \dfrac{x\sqrt{y}}{\sqrt{y}\sqrt{y}} = \dfrac{x\sqrt{y}}{y}$

➡ $\dfrac{5}{\sqrt{2}} = \dfrac{5\sqrt{2}}{\sqrt{2}\sqrt{2}} = \dfrac{5\sqrt{2}}{2}$

② $\dfrac{z}{\sqrt{x}+\sqrt{y}} = \dfrac{z(\sqrt{x}-\sqrt{y})}{(\sqrt{x}+\sqrt{y})(\sqrt{x}-\sqrt{y})} = \dfrac{z(\sqrt{x}-\sqrt{y})}{x-y}$ (단, $x \neq y$)

➡ $\dfrac{2}{\sqrt{5}+\sqrt{3}} = \dfrac{2(\sqrt{5}-\sqrt{3})}{(\sqrt{5}+\sqrt{3})(\sqrt{5}-\sqrt{3})} = \dfrac{2(\sqrt{5}-\sqrt{3})}{5-3} = \dfrac{2(\sqrt{5}-\sqrt{3})}{2} = \sqrt{5}-\sqrt{3}$

③ $\dfrac{z}{\sqrt{x}-\sqrt{y}} = \dfrac{z(\sqrt{x}+\sqrt{y})}{(\sqrt{x}-\sqrt{y})(\sqrt{x}+\sqrt{y})} = \dfrac{z(\sqrt{x}+\sqrt{y})}{x-y}$ (단, $x \neq y$)

➡ $\dfrac{2}{\sqrt{5}-\sqrt{3}} = \dfrac{2(\sqrt{5}+\sqrt{3})}{(\sqrt{5}-\sqrt{3})(\sqrt{5}+\sqrt{3})} = \dfrac{2(\sqrt{5}+\sqrt{3})}{5-3} = \dfrac{2(\sqrt{5}+\sqrt{3})}{2} = \sqrt{5}+\sqrt{3}$

(3) 거듭제곱근 공식

① $\sqrt[a]{x}\,\sqrt[a]{y} = \sqrt[a]{xy}$ ➡ $\sqrt[3]{2}\,\sqrt[3]{5} = \sqrt[3]{2 \times 5} = \sqrt[3]{10}\,(= 10^{\frac{1}{3}})$

② $\dfrac{\sqrt[a]{x}}{\sqrt[a]{y}} = \sqrt[a]{\dfrac{x}{y}}$ ➡ $\dfrac{\sqrt[3]{5}}{\sqrt[3]{2}} = \sqrt[3]{\dfrac{5}{2}}\left(=\left(\dfrac{5}{2}\right)^{\frac{1}{3}}\right)$

③ $(\sqrt[a]{x})^b = \sqrt[a]{x^b}$ ➡ $(\sqrt[3]{5})^6 = \sqrt[3]{5^6} = 5^{\frac{6}{3}} = 5^2$

④ $\sqrt[a]{\sqrt[b]{x}} = \sqrt[ab]{x}$ ➡ $\sqrt[2]{\sqrt[3]{15}} = \sqrt[2 \times 3]{15} = \sqrt[6]{15}$

⑤ $\sqrt[a]{x^b} = x^{\frac{b}{a}}$ ➡ $\sqrt[3]{2^6} = 2^{\frac{6}{3}} = 2^2 = 4$

7 로그의 계산

(1) 로그의 정의

$a > 0$, $a \neq 1$, $N > 0$일 때, $a^x = N$을 만족하는 x에 대하여 $x = \log_a N$으로 표현

(2) 기본 공식($a > 0$, $a \neq 1$, $x > 0$, $y > 0$일 때)

① $\log_a a^x = x$, $a^{\log_a x} = x$ ➡ $\log_3 3^4 = 4$, $2^{\log_2 5} = 5$

② $\log_a 1 = 0$, $\log_a a = 1$ ➡ $\log_7 1 = 0$, $\log_5 5 = 1$

③ $\log_a xy = \log_a x + \log_a y$ ➡ $\log_5 21 = \log_5(3 \times 7) = \log_5 3 + \log_5 7$

④ $\log_a \dfrac{x}{y} = \log_a x - \log_a y$ ➡ $\log_2 \dfrac{7}{8} = \log_2 7 - \log_2 8 = \log_2 7 - \log_2 2^3 = \log_2 7 - 3$

⑤ $\log_a x^n = n \log_a x$ (단, n은 실수) ➡ $\log_3 5^2 = 2\log_3 5$

(3) 밑의 변환 공식($a > 0$, $a \neq 1$, $b > 0$일 때)

① $\log_a b = \dfrac{\log_c b}{\log_c a}$ (단, $c > 0$, $c \neq 1$) ➡ $\log_3 5 = \dfrac{\log_2 5}{\log_2 3}$

② $\log_a b = \dfrac{1}{\log_b a}$ (단, $b \neq 1$) ➡ $\log_5 3 = \dfrac{1}{\log_3 5}$

(4) 로그의 종류

① 상용로그: $\log_{10} a$와 같이 밑이 10인 로그로, 주로 $\log a$와 같이 표현
② 자연로그: $\log_e a$와 같이 밑이 e인 로그로, 주로 $\ln a$와 같이 표현

8 복소수

(1) 정의

① $i^2 = -1$을 만족하는 $i = \sqrt{-1}$을 단위로 하는 수들을 허수라 한다.
② 임의의 실수 a, b에 대하여 $a + bi$로 나타내는 수를 복소수라 하고, a를 실수부분, b를 허수부분이라 한다.

(2) 켤레복소수

① $a + bi$의 켤레복소수는 $\overline{a+bi}$로 표현
② $\overline{a+bi} = a - bi$

(3) 전기기능사 시험에서는 i 대신 j로 표현하여 사용한다.

9 기본 함수

(1) 좌표평면

좌표평면에서 점 P에 대해 x축, y축에 수직으로 그은 선이 각 축과 만나는 점을 각각 a, b라고 할 때, 점 P는 순서쌍 (a, b)로 나타낼 수 있다. 이때 a를 x좌표, b를 y좌표라 한다.

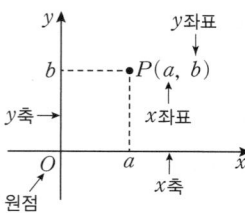

(2) 좌표

좌표평면상에서 점 A~D의 좌표를 다음과 같이 나타낼 수 있다.

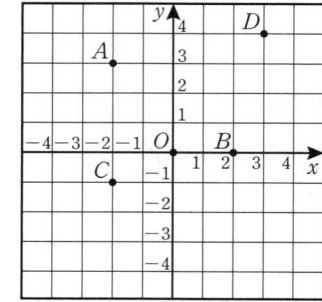

A$(-2, 3)$
B$(2, 0)$
C$(-2, -1)$
D$(3, 4)$

(3) 함수의 정의와 성질

① 함수
- 변수: x, y와 같이 문자로 나타내며, 그 값이 변하는 수를 나타낸다.
- 상수: 항상 일정한 값을 갖는 수나 문자이다.
- 함수: 두 변수 x, y에 대하여 x의 값이 하나 정해지면 y의 값이 오직 하나씩 정해지는 대응관계일 때, y는 x의 함수라 한다.

② 함숫값

함수 $y=f(x)$에서 x의 값에 따라 정해지는 y의 값을 함숫값이라 한다. 그리고 $x=a$일 때 함숫값을 기호로 $f(a)$와 같이 나타낸다.

예시) 함수 $y=3x^2+1$에서 $x=2$일 때의 함숫값은 13이다.
$$y=3x^2+1=3\cdot 2^2+1=3\cdot 4+1=12+1=13$$

③ 정비례 함수

x가 n배가 되면, y도 n배가 된다.

예시) $y=2x$

x	1	2	3	4	5	6	7
y	2	4	6	8	10	12	14

④ 반비례 함수

x가 n배가 되면, y는 $\dfrac{1}{n}$배가 된다.

예시) $y=\dfrac{1}{x}$

x	1	2	3	4	5	6	7
y	1	$\dfrac{1}{2}$	$\dfrac{1}{3}$	$\dfrac{1}{4}$	$\dfrac{1}{5}$	$\dfrac{1}{6}$	$\dfrac{1}{7}$

10 삼각함수

(1) 피타고라스 정리

① 직각삼각형의 직각을 낀 두 변의 길이를 각각 a, b라 하고, 빗변의 길이를 c라 하면 $a^2+b^2=c^2$이 성립한다.

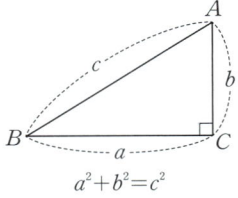

$$a^2+b^2=c^2$$

② 직각삼각형에서 변의 길이를 구하는 방법
$a=\sqrt{c^2-b^2}$, $b=\sqrt{c^2-a^2}$, $c=\sqrt{a^2+b^2}$

(2) 육십분법과 호도법의 관계

육십분법	0°	30°	45°	60°	90°	135°	180°	270°	360°
호도법	0	$\dfrac{\pi}{6}$	$\dfrac{\pi}{4}$	$\dfrac{\pi}{3}$	$\dfrac{\pi}{2}$	$\dfrac{3}{4}\pi$	π	$\dfrac{3}{2}\pi$	2π

(3) 삼각비

① 정의

- $\sin A = \dfrac{\overline{BC}}{\overline{AB}} = \dfrac{(높이)}{(빗변)} = \dfrac{a}{c}$
- $\cos A = \dfrac{\overline{AC}}{\overline{AB}} = \dfrac{(밑변)}{(빗변)} = \dfrac{b}{c}$
- $\tan A = \dfrac{\overline{BC}}{\overline{AC}} = \dfrac{(높이)}{(밑변)} = \dfrac{a}{b}$

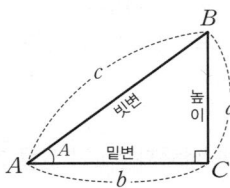

② 삼각비(특수각)

구분	0°	30°	45°	60°	90°
$\sin A$	0	$\dfrac{1}{2}$	$\dfrac{\sqrt{2}}{2}$	$\dfrac{\sqrt{3}}{2}$	1
$\cos A$	1	$\dfrac{\sqrt{3}}{2}$	$\dfrac{\sqrt{2}}{2}$	$\dfrac{1}{2}$	0
$\tan A$	0	$\dfrac{\sqrt{3}}{3}$	1	$\sqrt{3}$	∞

(4) 삼각함수의 성질

① sin 함수와 cos 함수의 관계

$\sin(-A) = -\sin A \qquad \cos(-A) = \cos A$

$\sin\left(\dfrac{\pi}{2} + A\right) = \cos A \qquad \cos\left(\dfrac{\pi}{2} + A\right) = -\sin A$

② 주요 공식

$\sin^2 A + \cos^2 A = 1 \qquad \tan A = \dfrac{\sin A}{\cos A}$

$\sin 2A = 2\sin A \cdot \cos A \qquad \cos 2A = 1 - 2\sin^2 A = 2\cos^2 A - 1$

PART 1

'전알못'을 위한 3단 합격 부스터

3단 | 공학계산기 사용법

동영상 강의 시청 방법

1. QR코드를 통해서 김앤북 네이버 카페에 입장 (https://cafe.naver.com/kimnbock)
2. 구매 인증하여 등업 신청
3. 자료실 (구매 인증 전용) ▶ 전기기능사 게시판에서 시청

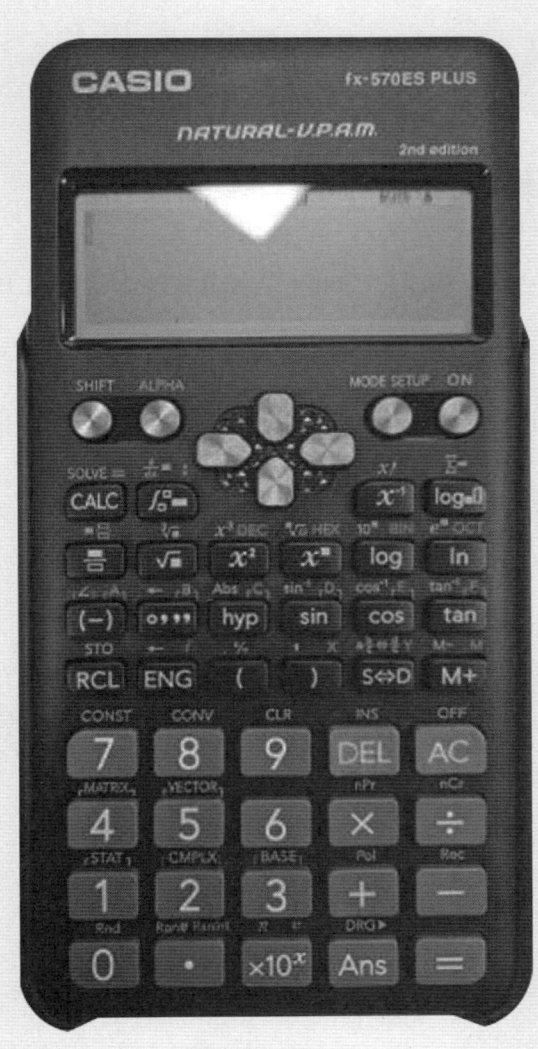

가장 많이 사용되는 '카시오 FX-570ES PLUS' 기종을 통해서 공학계산기 사용법을 학습할 수 있습니다.

공학계산기 사용 기종 '카시오' FX-570ES PLUS

1 기본 사용법

(1) ON

'ON' 버튼을 누르면 계산기를 작동할 수 있다.

(2) SHIFT

'SHIFT' 버튼을 누르면 자판에 있는 노란색 메뉴를 활성화할 수 있다.

(3) OFF

'SHIFT' 버튼을 누르고, 노란색 'OFF(AC)' 버튼을 누르면 계산기를 끌 수 있다.

(4) DEL

'DEL' 버튼 누르면 부분 삭제를 할 수 있다.

(5) AC

'AC' 버튼 누르면 전체 삭제를 할 수 있다.

(6) ALPHA

'ALPHA' 버튼을 누르면 자판에 있는 붉은색 메뉴를 활성화할 수 있다.

(7) CLR(초기화)

시험 시작 전 계산기 초기화를 하고 시험에 응시해야 한다. 방법은 'SHIFT' 버튼을 누르고 노란색 'CLR(9)' 버튼을 누른 후 메뉴 설정에 따라 초기화할 수 있다.

(8) S ⇔ D

결과 값을 볼 때, 분수 또는 소수로 전환해서 볼 수 있다. 이때 'S ⇔ D' 버튼을 통해 전환할 수 있다.

2 연산

(1) 사칙 연산

사칙 연산은 기본 버튼과 괄호를 이용해서 계산할 수 있다.

① $54+156+77=287$
② $534-113-22=399$
③ $26+73-45=54$
④ $35 \times 24 \times 3.5=2{,}940$
⑤ $144 \div 5 \div 1.2=24$
⑥ $57 \times 15 \div 2.4=356.25$
⑦ $(5+12) \times (6 \div 2)=51$

(2) 분수 연산

분수 연산은 분수 버튼을 이용해서 계산할 수 있다. 결과 값은 'S ⇔ D' 버튼을 통해서 분수나 소수로 전환하여 볼 수 있다.

① $\dfrac{1}{2} + \dfrac{1}{5} = \dfrac{7}{10}(=0.7)$

② $\dfrac{3}{4} - \dfrac{7}{3} = -\dfrac{19}{12}(=-1.58)$

③ $\dfrac{5}{3} \times \dfrac{2}{7} \times \dfrac{9}{4} = \dfrac{15}{14}(=1.07)$

④ $\dfrac{3}{4} \div \dfrac{2}{5} \div \dfrac{1}{2} = \dfrac{15}{4}(=3.75)$

⑤ $\dfrac{3}{4} \times \dfrac{3}{5} \div \left(\dfrac{2}{7} - \dfrac{1}{5}\right) = \dfrac{21}{4}(=5.25)$

(3) 루트 연산

루트 연산은 제곱근의 경우 '$\sqrt{\ }$' 버튼을 이용해서 계산할 수 있다. 세제곱근의 경우에는 'SHIFT'+'$\sqrt{\ }$'를 눌러서 '$\sqrt[3]{\ }$'를 활성화할 수 있다. 자주 쓰이지는 않지만, 네제곱근 이상부터는 'SHIFT'+'$x^{\square}$'를 눌러서 활성화할 수 있다.

① $\sqrt{7} = 2.65$

② $\dfrac{\sqrt{6}}{2} \times \sqrt{3} = 2.12$

③ $\sqrt[3]{2} \times 7 = 8.82$

④ $\sqrt[3]{\dfrac{1}{2}} \times \sqrt{\dfrac{1}{3}} = 0.46$

(4) 지수 연산

지수의 연산은 $x^{\square}$ 버튼을 눌러서 계산할 수 있다.

① $5^3 \times 2^5 = 4,000$

② $(\sqrt{2})^3 \times \left(\dfrac{1}{2}\right)^5 = \dfrac{\sqrt{2}}{16}(=0.09)$

③ $\dfrac{3^{\frac{9}{2}}}{5^4} = 0.22$

(5) 로그 연산

로그의 연산은 밑이 10인 상용로그(log)와 밑이 e인 자연로그(ln) 버튼이 별도로 있어서 편리하게 계산할 수 있다. 또한 밑이 이외의 수인 경우에는 바로 위에 있는 버튼을 통해서 밑수를 입력하고 수를 계산할 수 있다.

① $\log_2 5 + \log_3 10 = 4.42$
② $\log_2 100 - \log_3 100 = 2.45$
③ $\ln 50 = 3.91$
④ $\ln 50 + \ln 30 - \ln 20 = 4.32$

(6) 삼각함수 연산

삼각함수의 연산은 'sin', 'cos', 'tan' 버튼을 이용하여 계산할 수 있다.

① $\sin 45° + \cos 30° = \dfrac{\sqrt{3}+\sqrt{2}}{2}\,(=1.57)$
② $\sin 42° + \tan 22° + \cos 50° = 1.72$
③ $\sin 35° \cdot \cos 35° + \sin 55° \cdot \cos 55° = 0.94$
④ $\tan \dfrac{180}{3} + \cos \dfrac{2 \times 180}{3} + \sin \dfrac{180}{9} = 1.57$

(7) 복소수 연산

복소수의 연산은 'MODE'+'2' 버튼을 눌러서 'COPLX' 모드를 활성화한 후 계산할 수 있다. 복소수 i는 'ENG' 버튼을 눌러서 'i'를 입력할 수 있다.

① $\dfrac{(6-8i)}{(6+8i)(6-8i)} = \dfrac{3}{50} - \dfrac{2}{25}i\,(=0.06-0.08i)$
② $\dfrac{(2+3i)^2}{(2-3i)^2} = -\dfrac{119}{169} - \dfrac{120}{169}i\,(=-0.70-0.71i)$
③ $\left(\dfrac{2+3i}{1-2i}\right)^3 = \dfrac{524}{125} - \dfrac{7}{125}i\,(=4.19-0.06i)$

3 연산 예제

연산 예제를 실제로 입력해 보면서 계산해 본다.

(1) $\dfrac{5,400}{30 \times 60} = 3$

(2) $\dfrac{50^2}{20^2 + 30^2} = \dfrac{25}{13} \, (= 1.92)$

(3) $0.24 \times 100 \times 5 \times 3,600 \times 10^{-3} = 432$

(4) $\dfrac{377}{2\pi} = 60$

(5) $0.25 + 0.23 + 2\sqrt{0.25 \times 0.23} = \dfrac{24 + 5\sqrt{23}}{50} \, (= 0.96)$

(6) $\dfrac{1}{2} \times 20 \times 10^{-6} \times (2 \times 10^3)^2 = 40$

(7) $\dfrac{50(8 - j6)}{(8 + j6)(8 - j6)} = 4 - j3$

전기기능사에서는 복소수 기호 'i'를 'j'로 표현하기 때문에 'j' 대신에 'i'를 입력해야 한다.

실제 계산기 입력 시에는 $\dfrac{50(8 - 6i)}{(8 + 6i)(8 - 6i)} = 4 - 3i$로 계산해야 한다.

(8) $6.33 \times 10^4 \times \dfrac{4}{4^2} = 15,825$

(9) $\dfrac{4 \times \dfrac{1}{55} \times 1,000}{\pi \times 4^2} = 1.45$

(10) $\dfrac{0.8}{4\pi \times 10^{-7} \times 20 \times 0.5} = 63,661.98$

PART 2 답만 보는 문제
핵심 50제

암기용 MP3 다운로드 방법
1. QR코드를 통해서 김앤북 네이버 카페에 입장 (https://cafe.naver.com/kimnbook)
2. 구매 인증하여 등업 신청
3. 자료실 (구매 인증 전용) ▶ 전기기능사 게시판에서 자료 다운로드

핵심 1제 | 케이블을 직접매설식에 의하여 차량 및 기타 중량물의 압력을 받을 우려가 있는 장소에 시설하는 경우의 매설깊이

직접매설식(또는 관로식)에 의한 케이블의 매설깊이
① 차량 및 기타 중량물의 압력을 받을 우려가 있는 장소: **1[m]** 이상
② 기타 장소: **0.6[m]** 이상

핵심 2제 | 옥내의 저압 전로와 대지 사이 절연저항을 측정하는 계측 기기

메거
절연저항을 측정하는 전용 계측기로, 전기 설비의 절연 상태를 점검하여 감전 및 누전 사고를 예방한다.

핵심 3제 | 절환 스위치를 이용하여 검류계의 지시값을 '0'으로 맞추는 접지저항 측정 방법

접지저항계
휘스톤 브리지 방식과 유사한 원리로 동작하며, 보조 전극을 이용해 접지저항을 측정한다. 이를 통해 접지저항 값을 정확하게 측정하여 전기 설비의 안전성을 확보할 수 있다.

핵심 4제 | 금속전선관을 박스에 고정시킬 때 사용되는 공구

로크너트
금속전선관을 배선 박스 또는 기기함에 단단히 고정하기 위해 사용되는 너트이다. 일반적으로 전선관 끝부분에 체결하여 풀림을 방지하고 견고하게 고정하는 역할을 한다.

핵심 5제 | 가공전선로 지지물의 철탑오름 및 전주오름 방지

지지물에 취급자가 오르고 내리는 데 사용하는 **발판볼트**: 1.8[m] 미만에 시설 금지

핵심 6제   합성수지관 상호 접속 시 관 삽입 깊이

① **접착제를 사용**하는 경우: 관 바깥지름의 **0.8배 이상**
② **접착제를 사용하지 않는** 경우: 관 바깥지름의 **1.2배 이상**

핵심 7제   금속관을 구부릴 때 그 안쪽의 반지름

금속관을 **구부릴 때** 그 안쪽 반지름은 관 안지름의 **6배 이상**

핵심 8제   나전선 상호를 접속하는 경우 전선의 세기

전선의 세기를 20% 이상 감소시키지 않을 것

핵심 9제   금속관 공사에서 끝 부분의 빗물 침입을 방지하는 데 사용하는 공구

엔트런스 캡
인입구에 사용하여 금속관에 **빗물**이 **침입**되는 것을 **방지**하기 위해 사용

핵심 10제   주상 변압기의 1차측 보호장치

① 주상 변압기의 **1차측 보호장치: 컷아웃스위치(COS)**
② 주상 변압기의 **2차측 보호장치: 캐치 홀더**

핵심 11제   주상 변압기의 2차측 접지 공사의 목적

주상 변압기의 2차측을 접지 공사하여 **1차측과 2차측의 혼촉**으로 인한 감전 및 설비 손상을 **방지**

핵심 12제   절연전선의 피복 절연물을 벗기는 공구로서 도체의 손상 없이 정확한 길이의 피복 절연물을 처리할 수 있는 도구

와이어 스트리퍼
도체의 손상 없이 정확한 길이의 피복 **절연물을 처리**할 수 있는 도구

핵심 13제   굵은 전선을 절단하는 전기공사용 공구

클리퍼
전기 배선 작업에서 전선을 자르는 데 사용하는 절단 공구로, 특히 **굵은 전선**을 깨끗하게 **절단**할 때 사용한다.

핵심 14제   일정값 이상의 전류가 흐를 때 동작하는 계전기의 명칭 및 약호

과전류 계전기(OCR, Over Current Relay)

전로에 일정 기준 이상의 전류가 흐를 경우 회로를 차단하여 보호하는 역할을 한다. 주로 배전반, 변압기 보호 등에 사용되며, 단락 전류나 과부하 전류가 발생했을 때 전기 설비를 보호한다.

핵심 15제   큐비클형(Cubicle type)이라 하며, 점유 면적이 좁고 운전, 보수에 안전하므로 공장, 빌딩 등의 전기실에 많이 사용되며 조립형, 장갑형이 있는 배전반

폐쇄식 배전반

점유 면적이 작고, 운전 및 보수가 안전하여 공장, 빌딩 등의 전기실에서 많이 사용된다. 또한, 조립형과 장갑형이 있으며, 외부와 차단되어 감전 및 안전사고를 예방하는 구조로 설계된다.

핵심 16제   변압기의 1차측 의미

① 변압기의 **1차측**: **전원**이 공급되는 측
② 변압기의 **2차측**: 변압된 전압이 **부하**로 전달되는 측

핵심 17제   측정이나 계산으로 정확히 구할 수 없는 부하 전류에 의해 도체 또는 철심 내부에서 생기는 손실

표유부하손

전동기나 변압기에서 부하 전류에 의해 발생하는 손실 중 명확히 측정하거나 계산하기 어려운 손실을 의미한다. 이는 주로 철심 내부에서의 불규칙한 맴돌이 전류, 자속 분포의 변화, 권선 내부의 추가적인 와전류 등으로 인해 발생하며 총 손실을 계산할 때 고려된다.

핵심 18제   동기기에서 난조 방지 방법

제동권선

동기기의 회전자에 설치되어 발생하는 **난조(진동 현상)**를 **억제**하는 역할을 한다. 특히, 기동 시 또는 부하 변동 시 난조를 방지하고 안정적인 운전을 유지한다.

핵심 19제   강자성체로만 구성된 물질(또는 강자성체의 종류)

강자성체

자기장이 없을 때도 강한 자성을 띠며, 외부 자기장에 의해 쉽게 자화되고 자성을 유지하는 성질을 가진 물질이다. 대표적인 강자성체로는 **철**(Fe), **니켈**(Ni), **코발트**(Co)가 있다.

핵심 20제   1차측 코일의 자속 변화로 2차측 코일에 전류를 유도하는 법칙

전자유도 작용
변압기나 발전기에서 자속이 변화할 때, 2차측 코일에 기전력이 유도되어 전류가 흐르는 현상을 의미한다. 이 원리는 **변압기, 유도기기** 등의 **핵심 원리**이다.

핵심 21제   3상 전원에서 2상 전원을 얻는 변압기 결선 방법

스코트 결선
특수한 결선 방식으로 **3상 교류 전원을 2상 교류 전원으로 변환**하는 데 사용한다. 이 결선 방식은 주로 2상 전원을 필요로 하는 특수한 전기기기나 철도 전기 시스템에서 활용되며, 변압기 내부에 주변압기와 보조변압기를 사용하여 90도 위상차를 갖는 2상 전원을 출력한다.

핵심 22제   두 종류의 금속 접합부 온도 차이에 의해 전류가 흐르는 현상

제벡 효과
서로 다른 금속을 접합한 폐회로에서 온도 차이가 발생하면 전류가 흐르는 현상으로, 열전대의 기본 원리로 사용된다. 온도 측정 장치나 열전 발전 등에 활용되며, 온도 차이가 크면 클수록 더 큰 기전력이 발생하여 전류가 흐른다.

핵심 23제   두 금속 접합부에서 전류 방향에 따라 열의 흡수 또는 발생하는 현상

펠티에 효과
두 종류의 금속이나 반도체 접합부에 **전류를 흘릴 때 접합부에서 열이 흡수되거나 방출되는 현상**이다. 전류의 방향에 따라 한쪽 접합부에서는 열이 흡수(냉각)되고, 반대쪽에서는 열이 발생(발열)한다.

핵심 24제   전선의 굵기를 결정하는 요소

허용전류, 전압강하, 기계적 강도
① 허용전류
    전선이 견딜 수 있는 최대 전류량을 초과하면 과열이 발생하여 절연이 손상될 수 있으므로, 허용전류에 따라 전선의 굵기를 결정해야 한다.
② 전압강하
    전선의 길이가 길어지면 전압이 저하될 수 있기 때문에, 이를 보완하기 위해 적절한 굵기의 전선을 선택해야 한다.
③ 기계적 강도
    배선이 외부 충격이나 장력에 의해 손상되지 않도록, 기계적 강도를 고려하여 전선의 최소 굵기를 정해야 한다.

핵심 25제   폭연성 먼지가 존재하는 곳의 금속관 접속 나사 턱 수

폭연성 먼지가 있는 장소에서는 관 상호 간 및 관과 박스 기타의 부속품·풀박스 또는 전기기계기구와는 **5턱 이상 나사조임**으로 접속하는 방법에 의하여 견고하게 접속할 것

핵심 26제   선행동작 우선회로 또는 상대동작 금지회로

인터록 회로
두 개 이상의 회로가 동시에 동작하지 않도록 서로 제어하는 회로

핵심 27제   지중전선로의 매설 방법

직접매설식, 관로식, 암거식
지중전선로는 전선을 지하에 매설하여 송전하는 방식으로 직접매설식, 관로식, 암거식이 사용된다.
① 직접매설식: 전선을 보호관 없이 직접 땅속에 묻는 방식
② 관로식: 전선을 보호관(덕트, PVC, 강관 등)에 넣어 매설하는 방식
③ 암거식: 콘크리트 터널(암거, 공동구)을 만들어 전선을 보호하는 방식

핵심 28제   충전된 활선을 움직이거나 작업권 밖으로 밀어낼 때 사용하는 활선 장구

와이어통
충전된 **활선**을 안전하게 이동하거나 **밀어낼 때 사용**하는 절연 장구로, 고압 활선 작업에서 전선을 이동시키거나 작업 공간을 확보할 때 사용된다. 절연성이 뛰어난 재료(유리 섬유, 특수 절연재)로 제작되며, 작업자의 감전 위험을 방지한다.

핵심 29제   지선의 중간에 사용하는 애자의 명칭

구형애자
지선은 전주(전봇대)의 지지를 보강하기 위해 설치되는데, 지선이 전력선과 접촉하거나 감전 위험을 초래하지 않도록 **지선의 중간**에 구형애자를 설치하여 감전 사고를 방지한다. 도자기나 강화 플라스틱 재질로 만들어지며, 전압이 높은 곳에서는 크기가 커진다.

핵심 30제   일반주택 및 아파트에서 조명용 백열전등의 현관등 타임스위치 소등 시간 기준

일반주택 및 아파트에서의 현관등에는 3분 이내에 자동으로 소등되는 **타임스위치**를 설치해야 한다. 이는 불필요한 전력 낭비를 방지하고 에너지 절약을 하기 위함이다. **숙박업**에 이용되는 객실의 입구등은 1분 이내에 소등되는 타임스위치를 설치해야 한다.

핵심 31제   도체가 운동하여 자속을 끊을 때 기전력 방향 결정 법칙

플레밍의 오른손 법칙

도체가 자기장 내에서 운동할 때 유도되는 **기전력의 방향을 결정**하는 법칙이다. 오른손의 엄지, 검지, 중지를 서로 직각이 되도록 벌린 상태에서 적용한다. 주로 발전기 원리에서 유도 전류의 방향을 판단하는 데 사용된다.

핵심 32제   다극 중권 직류발전기의 전기자 권선에서 균압고리의 역할

균압고리는 **정류 시 불꽃(아크) 발생을 방지**하는 역할을 한다. 중권 권선 방식에서는 각 전기자 병렬 회로의 전압 차이가 생길 수 있는데, 이 차이로 인해 브러시에서 불꽃(아크)이 발생할 수 있다. 균압고리는 이러한 전압 불균형을 보정하여 브러시에서 불꽃이 발생하는 것을 방지하고, 발전기의 효율적인 정류 작용을 돕는다.

핵심 33제   옥내배선 보호도체의 색상

녹색 – 노란색

보호도체는 누전, 감전 사고를 방지하기 위해 설비의 금속 부분과 접지극을 연결하는 도체이다. 한국전기설비규정(KEC)에 따라 보호도체의 색상은 녹색과 노란색의 혼합(줄무늬)으로 지정된다.

핵심 34제   변압기 내부 고장 보호용 계전기

(비율)차동계전기

변압기 내부에서 권선 간 단락, 내부 절연 파괴 등의 고장을 감지하여 보호하는 역할을 한다. 변압기의 1차측과 2차측 전류를 비교하여 정상 상태에서는 두 전류가 동일하지만, 내부 고장이 발생하면 차이가 생긴다. 이 전류 차이를 감지하여 내부 고장이 발생하면 차단기를 동작시켜 변압기를 보호한다.

핵심 35제   선택지락 계전기의 용도

다회선 송전 또는 배전 **선로에서 지락 사고가 발생했을 때**, 어떤 회선에서 **고장**이 발생했는지 **선택적으로 판별**하는 계전기이다. 다중 회선에서 지락 사고가 발생하면 해당 회선만 차단하고, 정상적인 회선은 계속 운전할 수 있도록 설계된다.

핵심 36제   자연 공기 중에서 개방 시 접촉자가 떨어지며 자연 소호되는 저압 차단기

기중 차단기

공기 중에서 전류를 차단하며, **저압**에서 교류 및 직류 회로 **차단기**로 사용된다. 접점이 개방될 때 아크가 발생하지만, 자연 공기 중에서 소호되므로 별도의 절연 매체가 필요 없다.

핵심 37제 피시 테이프의 용도

전선관 내부로 전선을 삽입할 때 사용하는 유연한 철선 또는 합성수지 재질의 공구이다.
주로 배관 내부가 길거나 구부러진 경우, 전선을 원활하게 삽입하기 위해 사용된다.

핵심 38제 접착력은 떨어지나 절연성, 내온성, 내유성이 좋아 연피케이블의 접속에 사용되는 테이프

리노 테이프

절연성이 뛰어나며, 내온성(고온에서도 성능 유지)과 내유성(기름에 대한 저항력)이 강하여 **연피케이블 접속에 적합**하다.

핵심 39제 금속관 공사에서 녹아웃 지름이 금속관 지름보다 큰 경우 사용하는 공사재료

링 리듀서

박스나 판넬의 녹아웃 구멍이 금속관보다 클 경우, 크기 차이를 조정하기 위해 사용하는 부품이다. 전선관과 녹아웃 구멍 간의 틈을 줄여 안정적인 결합과 전기적 보호 역할을 수행한다. 주로 금속 배선 박스, 분전반, 패널 등에 금속관을 연결할 때 활용된다.

핵심 40제 직류를 교류로 변환하는 장치

역변환 장치(인버터)

직류(DC)를 교류(AC)로 변환하는 장치로 태양광 발전 시스템, UPS(무정전 전원장치), 전기차 구동 시스템 등에서 사용된다. 인버터 내부에 반도체 소자를 이용한 스위칭 회로가 있어 주파수와 전압을 조절할 수 있다.

핵심 41제 교류 회로에서 양방향 점호 및 소호가 가능하며 위상제어를 할 수 있는 소자

TRIAC

양방향 스위칭이 가능한 반도체 소자로, 교류 회로에서 위상제어에 사용된다. 교류의 (＋)/(－) 반주기에서 모두 동작 가능하며, 조광기, 온도조절기, 전동기의 속도제어 등에서 사용된다.

핵심 42제 원자핵의 구속력을 벗어나 물질 내에서 자유롭게 이동하는 것

자유전자

원자의 핵과 결합된 상태에서 벗어나 내부에서 자유롭게 이동할 수 있는 전자이다. 특히, 금속과 같은 도체에서는 자유전자가 많아 전류가 쉽게 흐를 수 있다. 자유전자의 이동이 전기의 흐름(전류)이다.

핵심 43제 가까이 있는 두 도체에 반대 방향의 전류가 흐를 때 작용하는 힘

평행한 두 도체에 전류가 흐를 때, 전류의 방향에 따른 도체 간의 힘
① **같은 방향**으로 흐를 때: **흡인력**(끌어당기는 힘)이 작용
② **반대 방향**으로 흐를 때: **반발력**(밀어내는 힘)이 작용

핵심 44제 부흐홀츠 계전기의 적절한 설치 위치

부흐홀츠 계전기는 유입 변압기의 내부 고장을 감지하는 보호 장치이다. 변압기 내부에서 가스 발생, 절연유 이상, 내부 단락 등의 문제를 감지하여 경보를 울리거나 차단기를 동작시키는 역할을 한다. **변압기 주 탱크와 콘서베이터 사이의 유입 배관에 설치**되며, 절연유의 흐름을 감지하여 고장을 판단한다.

핵심 45제 하나의 수용 장소에서 분기하여 다른 수용 장소로 연결되는 인입선

연접인입선
한 수용 장소에서 인입된 전선을 분기하여 지지물 없이 **다른 수용 장소로 연결하는 전선**이다. 주로 같은 건물 내에서 여러 세대 또는 점포가 전력을 공유할 때 사용된다.

핵심 46제 가공 전선로 지지물에 설치하는 지선의 안전율

가공 전선로의 지지물에 설치하는 **지선의 안전율**은 2.5 이상이어야 한다.

핵심 47제 수·변전 설비에서 고압 회로의 전압을 측정할 때 전압계와 고압 회로 사이에 설치하는 장치

계기용 변압기(PT)
고압 전압을 전압계가 측정할 수 있는 저전압으로 변환하는 장치이다. 고압 회로의 실제 전압이 매우 크기 때문에, 직접 전압계를 연결하면 고장 및 안전사고 위험이 크므로 계기용 변압기를 사용하여 측정 가능 범위로 낮춘다.

핵심 48제 순간적인 사고 발생 후 신속한 재투입으로 계통 안정도를 향상시키는 계전기

재폐로 계전기
계통에서 순간적인 고장이 발생한 후, 회로를 자동으로 재투입하여 정전 시간을 줄이고 계통의 안정성을 향상시키는 역할을 한다. 전력계통에서 발생하는 일시적인 고장(낙뢰, 가지 접촉, 섬락 등)의 대부분은 짧은 시간 내에 회복되므로, 재폐로 계전기가 동작하여 불필요한 정전을 방지한다. 일반적으로 배전선 및 송전선 보호 시스템에서 사용된다.

핵심 49제   직류 발전기에서 전압 정류 역할을 하는 요소

보극

직류 발전기에서 **정류를 원활**하게 하기 위해 설치되는 보조 자석이다. 전기자 반작용으로 인해 발생하는 정류 문제를 해결하고, 정류 시 발생하는 전압 변화를 보상하여 안정적인 직류 전압을 유지하는 역할을 한다.

핵심 50제   복권 발전기의 병렬운전 안전을 위한 연결 요소

균압선

복권 발전기를 병렬 운전할 때 전압 불균형을 방지하고, 안정적인 운전을 유지하기 위해 전기자와 직권 권선의 접촉점에 연결하는 전선이다. 발전기 간 전압 차이가 크면 전류 불균형이 발생하여 한쪽 발전기에 과부하가 걸릴 수 있으므로, 균압선을 통해 전압을 균등하게 조정한다.

오감으로 학습하는 전알못 **BOOSTING** NOTE

메가스터디교육그룹 아이비김영의 NEW 도서 브랜드 〈김앤북〉
여러분의 편입 & 자격증 & IT 취업 준비에
빛이 되어 드리겠습니다.

www.kimnbook.co.kr

교육서비스 브랜드
3년 연속 대상

2021 대한민국 우수브랜드 대상
2024, 2023, 2022 대한민국 브랜드 어워즈 대학편입교육 대상 (한경비즈니스)

실전 단계

연도별 기출문제 해설집   TOP6 대학 기출문제 해설집

김영편입 수학

편입 수학 이론 & 문제 적용 단계   편입 수학 필수 공식 한 권 정리

미분법   적분법   선형대수   다변수미적분   공학수학   공식집

편입 수학 핵심 유형 정리 & 실전 연습 단계   실전 단계

미분법 워크북   적분법 워크북   선형대수 워크북   다변수미적분 워크북   공학수학 워크북   연도별 기출문제 해설집

가장 확실한 합격 공식은
엔지니어랩

'최종 합격률'이 '선택의 기준'이 되어야 합니다.

리얼합격수기 1위

자사 및 타사 합격수기 작성 건수 비교 기준
(2024.06 한달간)

최종 합격률 92%

2023년 3회 전기기사 실기
엔지니어랩 학원 수강생 합격률 기준

한전 직원 대상 전기기사 온라인 교육서비스 이용 제공 협약 체결

커리큘럼 만족도 **93%**

대표교수 만족도 **96%**

교재 만족도 **93%**

엔지니어랩 인강 수강생 만족도 기준(2024.04)

학원 수업 만족도 **100%**

학원 질문 만족도 **100%**

학원 운영 만족도 **91%**

엔지니어랩 학원 실기반 수강생 만족도 기준(2023.09~2024.04)

2026

초보자도 가능한

김앤북 전기 자격 연구소 편저
조경필 감수

전기기능사

필기 | CBT 기출 마스터

1권 핵심테마 이론

김앤북
KIM&BOOK

네이버 47만 전기 카페,
전기박사 추천 교재!

교재 추천사 보기

전기박사 땡추님의 추천사

존경하는 전기기능사 수험생 여러분, 안녕하십니까? 저는 네이버 카페 전기박사를 운영하고 있는 전기박사 땡추입니다. 저희 카페는 약 50만 명의 회원분들과 함께 전기 분야의 지식과 정보를 나누며 성장해 왔습니다.

최근 전기안전의 중요성이 더욱 부각되면서 전기 관련 직종에 대한 수요가 꾸준히 증가하고 있습니다. 그 결과, 많은 분들이 전기기능사 자격증 취득에 높은 관심을 보여주고 계시며, 저희 카페에서도 기초적인 전기 이론과 실무에 대한 질문과 정보 교류가 그 어느 때보다 활발하게 이루어지고 있다는 것을 체감하고 있습니다.

하지만 전기 분야는 전문적인 지식을 요구하는 영역으로 여겨지기 때문에, 처음 접하는 분들께서는 막연한 두려움을 느끼시는 경우가 많습니다. 어디서부터 시작해야 할지, 어떤 내용을 공부해야 할지 막막하게 느껴질 수 있습니다.

이러한 어려움을 덜어드리고자, 메가스터디교육그룹 아이비김영의 출판 브랜드인 김앤북에서 초보자도 쉽고 재미있게 전기기능사 시험에 합격할 수 있도록 심혈을 기울여 기획한 신간을 자신 있게 출간합니다.

이 교재는 전기 학습을 시작하기 전에 반드시 알아야 할 핵심적인 기초 개념들을 명확하게 다질 수 있도록 구성되었습니다. 어려운 전기 용어들을 쉽게 이해할 수 있도록 상세한 설명을 제공하며, 기초적인 전기수학 문제부터 공학계산기 사용법까지, 시험에 필요한 모든 내용을 부록 특강을 통해 체계적으로 학습할 수 있도록 만든 것이 핵심이라 할 수 있습니다.

저희 전기박사 카페의 노하우와 김앤북의 전문적인 콘텐츠 제작 능력이 만나 탄생한 이 교재는 전기기능사 합격의 든든한 동반자가 되어 드릴 것입니다. 망설이지 마시고 지금 시작하셔서 전기인의 꿈을 반드시 이루시길 진심으로 응원합니다!

전기박사 윤영자 땡추 (김종선 기술사)
2025. 04. 30.

전기박사 땡추
김종선 교수

네이버 카페 '전기박사' 대표
한국전기기술인협회 교육강사
NGO 단체 전기사랑실천연합 위원
한국전기기술인협회 대의원 및 규정위원

김앤북 전기기능사 필기,
기대평 보기!

기대평 01 ★★★★★

손○재님

전기기능사 시험을 준비하면서 방대한 이론에 막막했는데… 딱 맞는 교재가 나왔네요! 이론을 20개 테마로 정리해 초보자도 쉽게 이해할 수 있도록 구성했다니 기대됩니다. 단기 합격을 원하는 분들에게 최고의 선택이 될 것 같습니다!

기대평 02 ★★★★★

진○호님

전기기능사 자격증을 전부터 취득하고 싶었는데 책 소개를 보니 벌써부터 너무 기대가 되네요. 전기나 수학에 기초가 없어도 이해할 수 있게 만들어졌다는 부분도 초보자로서 큰 위안이 됩니다. 초보용 특강과 부록도 있어서 실전 감각을 기르기에 좋겠어요.

기대평 03 ★★★★★

이○연님

퇴근 후 틈틈이 공부하려다 보면 시간이 정말 부족하더라고요. CBT 방식 그대로 구성된 기출마스터라면 효율적으로 핵심만 짚을 수 있을 것 같아요. 일하면서도 가능한 공부법, 이 책이 해답이 되어줄 것 같네요!

기대평 04 ★★★★★

이○수님

이 책은 테마별 이론 정리+기출 CBT 구성+부스터 특강까지… 정말 세심하게 구성됐다는 게 느껴져요! 처음 시작하는 사람의 눈높이를 맞춰준다는 게 이 책의 가장 큰 장점 같아요. '3개월 합격, 전알못 탈출 가자!'

위 내용은 본 교재의 실제 기대평을 정리하여 구성되었습니다.
(관련 이벤트 주소: https://cafe.naver.com/kimnbook 내 '이벤트 > 김앤북 이벤트'에서 확인)

김앤북, 전기기능사! 무엇이 다른가요?

초보도 단기에 합격 가능한 교재

1 단순히 쭉 나열된 이론은 그만!
20개 핵심테마로 간결하게 정리

2 전기, 수학 지식이 부족해도 괜찮아!
어려운 전기 분야, 초보 맞춤 콘텐츠로 시작

3 정말, 3개월 안에 합격 가능?
정확한 CBT 복원 및 기출 중심 단기 학습

1 | 20개 핵심테마로 간결하게 정리

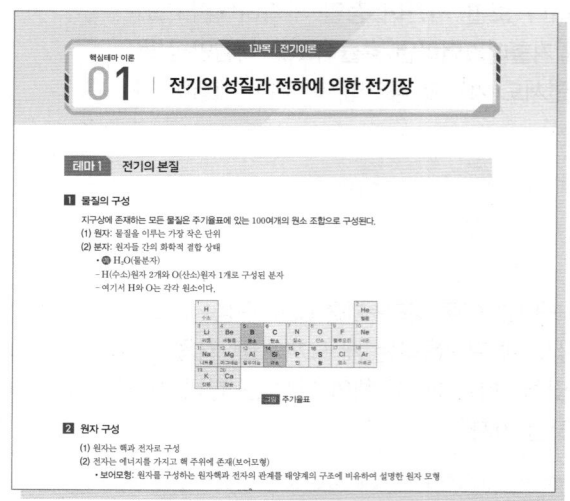

테마 이론을 통해서 꼭 알아야 할 필수 이론만을 압축 정리하여 학습할 수 있습니다.

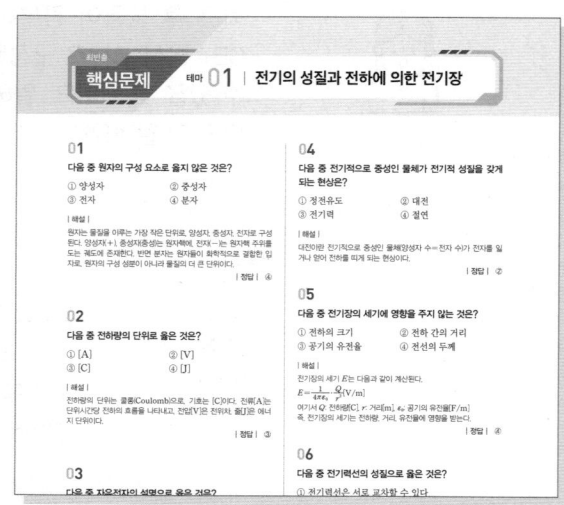

이론 학습 후에는 이론에 관련된 문제들을 풀면서 학습 내용을 정리할 수 있습니다.

어려운 전기 분야, 초보 맞춤 콘텐츠로 시작

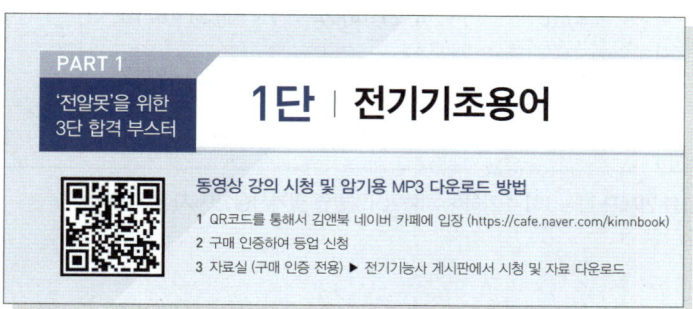

초보자를 위해 〈전알못 BOOSTING NOTE〉를 제공합니다. 이를 통해 전기의 기초를 먼저 다진 후에 교재 학습을 시작할 수 있습니다.

〈전알못을 위한 3단 합격 부스터〉 특강을 제공합니다. 이를 통해 좀 더 쉽게 기초 개념을 이해할 수 있도록 하였습니다.

정확한 CBT 복원 및 기출 중심 단기 학습

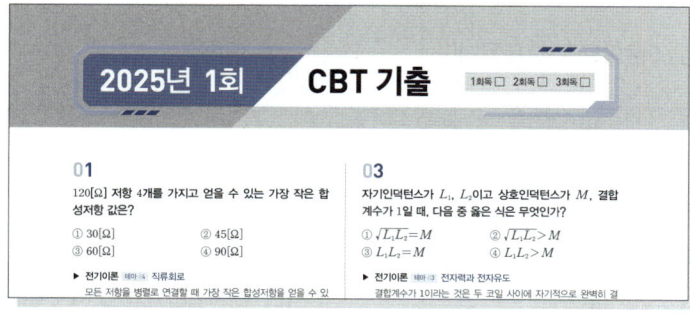

2021년부터 2025년까지 CBT 기출 복원 및 예상문제를 제공합니다. 5개년 기출 중심 학습을 통해서 최신 기출을 완벽히 학습할 수 있습니다.

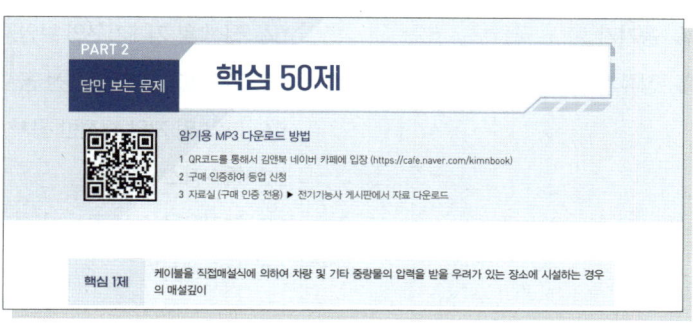

기출 학습 후 부록에서 제공하는 답만 보는 문제를 통해서 핵심 50제를 압축 정리하며 복습할 수 있습니다.

시험분석

2025년 시험 일정

구분	필기접수	필기시험	필기발표	실기접수	실기시험	최종합격
1회	1/6~1/9	1/21~1/25	2/6	2/10~2/13	3/15~4/2	4/11
2회	3/17~3/21	4/5~4/10	4/16	4/21~4/24	5/31~6/15	6/27
3회	6/9~6/12	6/28~7/3	7/16	7/28~7/31	8/30~9/17	9/26
4회	8/25~8/28	9/20~9/25	10/15	10/20~10/23	11/22~12/10	12/19

*산업수요 맞춤형 고등학교 및 특성화 고등학교 필기시험 면제자 검정 1회 추가하여 시행함. (일반인 필기시험 면제자 응시 불가)

출제과목

과목당 20개의 문항이 무작위로 추출되며, 총 60문항으로 출제됩니다.

1과목 전기이론
01 정전기와 콘덴서
02 자기의 성질과 전류에 의한 자기장
03 전자력과 전자유도
04 직류회로
05 교류회로
06 전류의 열작용과 화학작용

2과목 전기기기
01 변압기
02 직류기
03 유도전동기
04 동기기
05 정류기 및 제어기기

3과목 전기설비
01 배선재료 및 공구
02 전선접속
03 배선설비공사 및 전선 허용전류 계산
04 전선 및 기계기구의 보안공사
05 가공인입선 및 배전선 공사
06 고압 및 저압 배전반 공사
07 특수장소 공사
08 전기응용 시설 공사
09 보호계전기

전기기사 및 산업기사 응시 자격

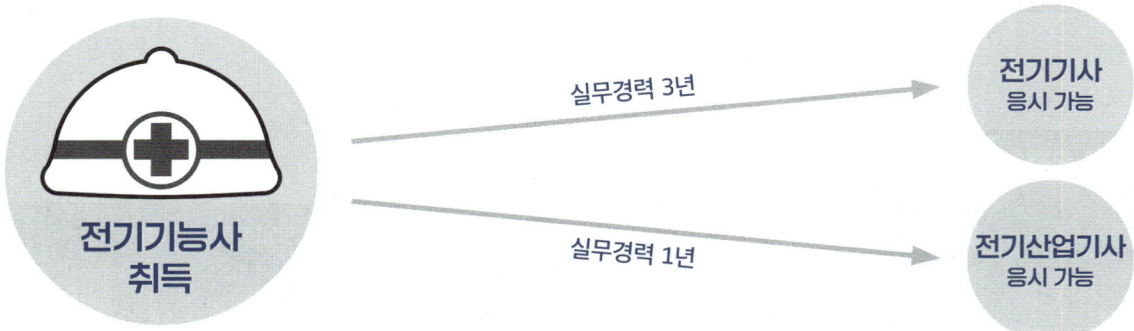

응시자 분석

1 연령 ▶ 다양한 연령에서 응시

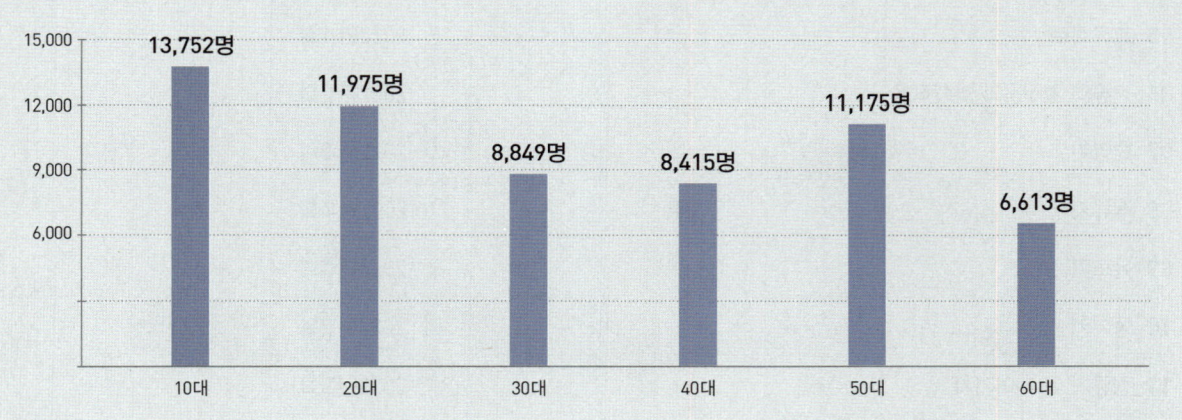

2 성별 ▶ 남성 위주의 시험

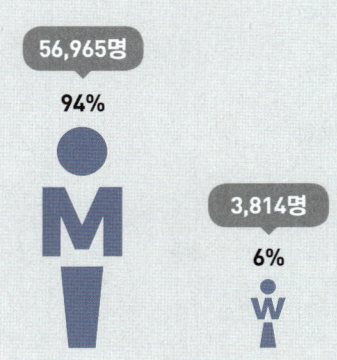

3 준비기간 ▶ 3개월 미만으로 준비하는 경향이 강함

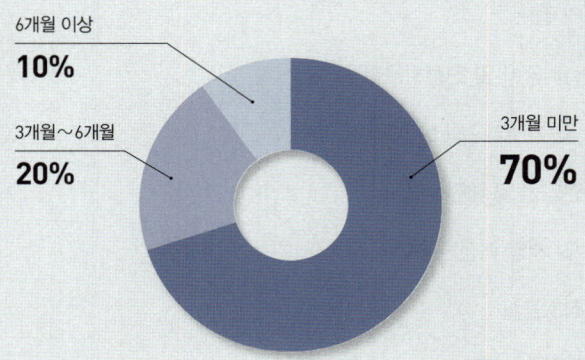

개인 맞춤 멀티 플래너
8주/12주 플랜

독하게 8주 플랜

1권 핵심테마 이론			2권 5개년 CBT 기출		
이론	플랜	날짜	기출	플랜	날짜
01 전기의 성질과 전하에 의한 전기장	1주	/	2021년 1회	5주	/
02 자기장의 성질과 전류에 의한 자기장		/	2021년 2회		/
03 전자력과 전자유도		/	2021년 3회		/
04 직류회로		/	2021년 4회		/
05 교류회로		/	2022년 1회		/
06 전류의 열작용과 화학작용	2주	/	2022년 2회	6주	/
07 변압기		/	2022년 3회		/
08 직류기		/	2022년 4회		/
09 유도기		/	2023년 1회		/
10 동기기		/	2023년 2회		/
11 정류기 및 제어기기	3주	/	2023년 3회	7주	/
12 보호계전기		/	2023년 4회		/
13 배선재료와 공구		/	2024년 1회		/
14 전선의 접속		/	2024년 2회		/
15 배선설비공사 및 전선허용전류 계산		/	2024년 3회		/
16 전선 및 기계기구의 보안공사	4주	/	2024년 4회	8주	/
17 가공인입선 및 배전선공사		/	2025년 1회		/
18 고압 및 저압 배전반공사		/	2025년 2회		/
19 특수장소공사		/	2025년 3회		/
20 전기응용 시설공사		/	2025년 4회		/

2개의 학습플랜 중 자신의 학습능력과 상황에 따라 선택하여
학습을 계획하고 진행해 보세요.

꾸준하게 12주 플랜

1권 핵심테마 이론			2권 5개년 CBT 기출		
이론	플랜	날짜	기출	플랜	날짜
01 전기의 성질과 전하에 의한 전기장	1주	/	2021년 1회	6주	/
02 자기장의 성질과 전류에 의한 자기장		/	2021년 2회		/
03 전자력과 전자유도		/	2021년 3회		/
04 직류회로		/	2021년 4회	7주	/
05 교류회로	2주	/	2022년 1회		/
06 전류의 열작용과 화학작용		/	2022년 2회		/
07 변압기		/	2022년 3회	8주	/
08 직류기		/	2022년 4회		/
09 유도기	3주	/	2023년 1회		/
10 동기기		/	2023년 2회		/
11 정류기 및 제어기기		/	2023년 3회	9주	/
12 보호계전기		/	2023년 4회		/
13 배선재료와 공구	4주	/	2024년 1회	10주	/
14 전선의 접속		/	2024년 2회		/
15 배선설비공사 및 전선허용전류 계산		/	2024년 3회		/
16 전선 및 기계기구의 보안공사		/	2024년 4회		/
17 가공인입선 및 배전선공사	5주	/	2025년 1회	11주	/
18 고압 및 저압 배전반공사		/	2025년 2회		/
19 특수장소공사		/	2025년 3회	12주	/
20 전기응용 시설공사		/	2025년 4회		/

김앤북 교재 후기 이벤트

김앤북 신간 교재에 대한
여러분의 소중한 의견을
듣고 싶습니다!

설문조사 참여

참여 방법	QR 코드 스캔을 통해 참여
이벤트 기간	2025년 4월 30일 ~ 2026년 3월 31일
당첨 발표	매월 5명씩 선정 후 김앤북 카페 내 공지
상 품	네이버페이 5,000원 상품권

QR 코드를 통해서 설문에 응모하신 분 중 추첨을 통해 상품을 드립니다.
여러분이 주신 소중한 의견은 교재 개정 시 반영하여 더 좋은 교재를 만들 수 있도록
최선을 다하겠습니다.

김앤북
KIM&BOOK

김앤북 카페 활용법

01 | 신간 이벤트 및 학습 자료 제공
- 신간 이벤트 등 다양한 이벤트에 참여하고, 상품을 받아보세요.
- 무료로 제공되는 자격증 관련 학습 자료를 받아보고, 활용해 보세요.
- 교재 구매 후 구매자에게만 제공되는 서비스를 받아 볼 수 있어요.

02 | 자격증에 대한 정보 교류
- 준비하고 계시는 자격증에 대한 궁금증을 올리고, 답변을 들어보세요.
- 시험 후기 정보를 공유하면서 기출에 대한 정보를 얻어보세요.
- 자격증 취득 및 같은 관심사를 가진 사람들과 교류해 보세요.

김앤북
KIM&BOOK

CONTENTS

1권
핵심테마 이론

01 전기의 성질과 전하에 의한 전기장 — 16
02 자기장의 성질과 전류에 의한 자기장 — 36
03 전자력과 전자유도 — 50
04 직류회로 — 66
05 교류회로 — 86
06 전류의 열작용과 화학작용 — 122
07 변압기 — 130
08 직류기 — 148
09 유도기 — 172
10 동기기 — 184
11 정류기 및 제어기기 — 196
12 보호계전기 — 206
13 배선재료와 공구 — 210
14 전선의 접속 — 234
15 배선설비공사 및 전선허용전류 계산 — 244
16 전선 및 기계기구의 보안공사 — 260
17 가공인입선 및 배전선공사 — 276
18 고압 및 저압 배전반공사 — 286
19 특수장소공사 — 292
20 전기응용 시설공사 — 300

2권 5개년 CBT 기출

2025년 1회 CBT 기출	4
2025년 2회 CBT 기출	16
2025년 3회 CBT 기출(예상)	28
2025년 4회 CBT 기출(예상)	40
2024년 1회 CBT 기출	52
2024년 2회 CBT 기출	64
2024년 3회 CBT 기출	76
2024년 4회 CBT 기출	88
2023년 1회 CBT 기출	100
2023년 2회 CBT 기출	112
2023년 3회 CBT 기출	124
2023년 4회 CBT 기출	136
2022년 1회 CBT 기출	148
2022년 2회 CBT 기출	160
2022년 3회 CBT 기출	172
2022년 4회 CBT 기출	186
2021년 1회 CBT 기출	198
2021년 2회 CBT 기출	210
2021년 3회 CBT 기출	222
2021년 4회 CBT 기출	234

1권

핵심테마
이론

Craftsman Electricity

1과목 전기이론

01	전기의 성질과 전하에 의한 전기장	16쪽
02	자기장의 성질과 전류에 의한 자기장	36쪽
03	전자력과 전자유도	50쪽
04	직류회로	66쪽
05	교류회로	86쪽
06	전류의 열작용과 화학작용	122쪽

2과목 전기기기

07	변압기	130쪽
08	직류기	148쪽
09	유도기	172쪽
10	동기기	184쪽
11	정류기 및 제어기기	196쪽

3과목 전기설비

12	보호계전기	206쪽
13	배선재료와 공구	210쪽
14	전선의 접속	234쪽
15	배선설비공사 및 전선허용전류 계산	244쪽
16	전선 및 기계기구의 보안공사	260쪽
17	가공인입선 및 배전선공사	276쪽
18	고압 및 저압 배전반공사	286쪽
19	특수장소공사	292쪽
20	전기응용 시설공사	300쪽

01 전기의 성질과 전하에 의한 전기장

1과목 | 전기이론

테마 1 전기의 본질

1 물질의 구성

지구상에 존재하는 모든 물질은 주기율표에 있는 100여개의 원소 조합으로 구성된다.
(1) 원자: 물질을 이루는 가장 작은 단위
(2) 분자: 원자들 간의 화학적 결합 상태
 • 예) H_2O(물분자)
  – H(수소)원자 2개와 O(산소)원자 1개로 구성된 분자
  – 여기서 H와 O는 각각 원소이다.

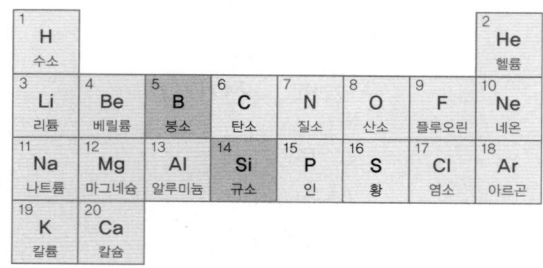

[그림] 주기율표

2 원자 구성

(1) 원자는 핵과 전자로 구성
(2) 전자는 에너지를 가지고 핵 주위에 존재(보어모형)
 • 보어모형: 원자를 구성하는 원자핵과 전자의 관계를 태양계의 구조에 비유하여 설명한 원자 모형

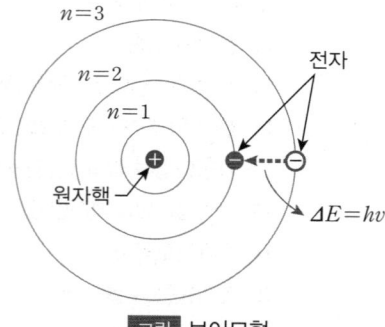

[그림] 보어모형

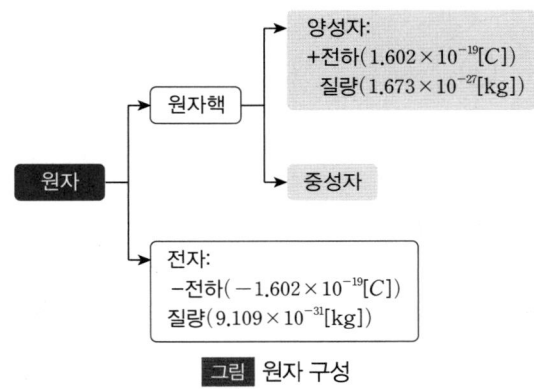

[그림] 원자 구성

3 전하와 전하량

(1) 전하: 전기를 띠는 입자(양성자, 전자)
(2) 양전하: 양성자
(3) 음전하: 전자
(4) 전하량: 전하가 가지는 전기량으로 $Q[C]$로 표시하고 단위는 쿨롱(Coulomb)을 사용
  ① 양전하량 $+Q = 1.602 \times 10^{-19}[C]$
  ② 음전하량 $-Q = -1.602 \times 10^{-19}[C]$

핵심테마 실전문제

1[C]의 전하량은 몇 개의 전자가 모이면 생기는 전하량인가?
① 0.624×10^{19}개
② 1.6×10^{-19}개
③ 1개
④ 9.1×10^{-31}개

| 해설 | 전자 1개가 갖는 전하량 $e = 1.602 \times 10^{-19}[C]$
전자개수가 n개라면 $1.602 \times 10^{-19} \times n = 1[C]$
$$\therefore n = \frac{1}{1.602 \times 10^{-19}} = 0.624 \times 10^{19} [개]$$

| 정답 | ①

4 자유전자

(1) 모든 물질(책받침, 구리 등)은 전기적으로 중성이다. 즉, 양성자와 전자의 개수가 같아 전하량이 0이므로 전기에 너지가 없다.
(2) 전기적으로 중성인 물질에 외부 에너지(열에너지 등)가 가해지면 원자핵 주위를 도는 전자의 결합력이 약해져 궤도를 이탈하며 자유롭게 이동할 수 있다.
(3) 외부에너지에 의해서 자유전자가 발생하면 물질은 전기적 성질을 갖는다.
(4) 전기전도에 관여하는 전자이다.

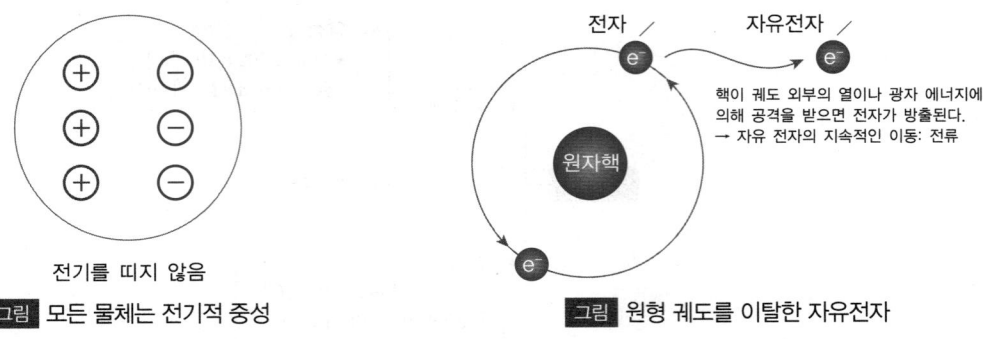

5 대전과 대전체

(1) 대전: 전기적으로 중성인 물체가 전기를 띠는 현상
(2) 대전체: 전기를 띠는 물체

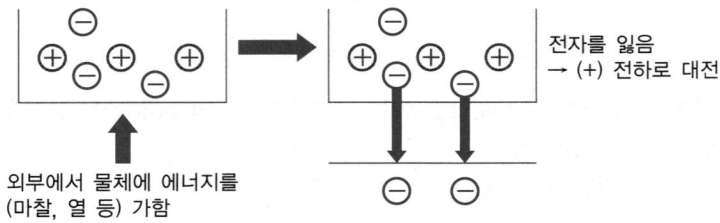

그림 전기적 중성인 물체의 대전

6 도체와 부도체 및 반도체

(1) 도체: 외부에서 에너지(마찰, 전기, 열)를 가하면 대전되어 전류가 잘 흐르는 물체
(2) 부도체: 외부에서 에너지를 가해도 대전되지 않아 전류가 잘 흐르지 않은 물체
(3) 반도체: 특별한 조건에 맞으면 전류가 통하는 물질로, 인위적인 조작을 통해 자유전자가 이동할 수 있도록 만든 물질(다이오드, 트랜지스터 등)

테마 2 정전계 성질 및 특수현상

1 전기장(전계)

(1) 물체가 대전되어 전하가 발생하면 전하가 가지고 있는 전기적인 힘이 미치는 공간
(2) 전기장의 표현: E
(3) 전기장은 전하에 가까울수록 강하고, 거리가 멀어질수록 약해진다.

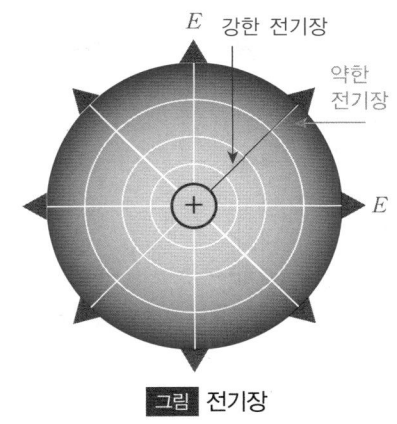

그림 전기장

2 정전유도와 정전차폐

(1) 정전유도
대전된 물체의 전기장 내에 전기적으로 중성인 물체가 근접할 때, 대전체의 전하에 의해 중성 물체 내의 전자가 이동하여 한쪽은 양전하, 다른 한쪽은 음전하로 재분배되는 현상

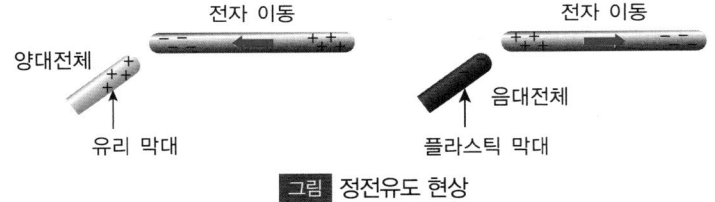

그림 정전유도 현상

(2) 정전차폐
대전체(도체 1)를 다른 도체(도체 2)로 감싼 후 접지하면 도체 3이 도체 1의 정전유도 영향을 받지 않는 현상

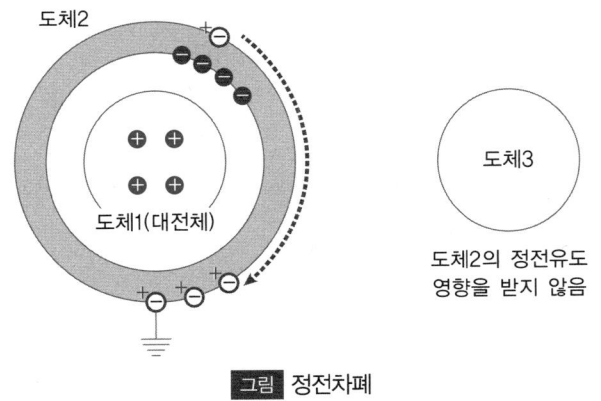

그림 정전차폐

3 전기력(F)

(1) 두 전하를 가진 대전체 사이에는 전하의 종류에 따라 흡인력(서로 끌어당기는 힘) 또는 척력(서로 밀어내는 힘)이 발생하는데, 이를 전기력(F)이라 한다.

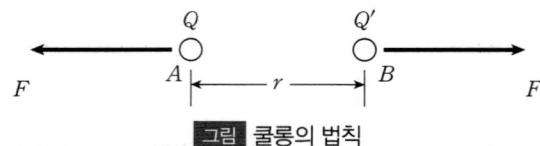

그림 전기력(F)과 방향

(2) 쿨롱의 법칙

전기력(F)의 크기는 쿨롱의 법칙으로 계산한다.

그림 쿨롱의 법칙

$$F = \frac{1}{4\pi\varepsilon_0}\frac{QQ'}{r^2} = k\frac{QQ'}{r^2} = 9 \times 10^9 \times \frac{QQ'}{r^2}[\text{N}]$$

- F: 전기력(흡인력 또는 척력)[N]
- r: 두 전하 사이의 거리[m]
- ε_0: 공기 중 유전율($\varepsilon_0 = 8.85 \times 10^{-12}$[F/m])

4 유전율

(1) 두 전하 사이에 전기력이 작용할 때, 매질이 전기력에 미치는 영향의 정도를 나타내는 상수
(2) 유전율 $\varepsilon = \varepsilon_s \varepsilon_0$
(3) ε_s는 비유전율로, 매질(공기, 고무, 기름 등)마다 다르다.
(4) 공기의 비유전율 $\varepsilon_s = 1$이므로 공기에서의 유전율 $\varepsilon = \varepsilon_0$이다.

5 전기력선

(1) 전기력선은 전하에서 나오는 전기력의 크기와 방향을 나타내는 가상의 선이다.
(2) 전기력선은 양전하에서 나와 음전하로 들어간다.
(3) 전기력선의 개수는 전하의 양에 비례한다.
(4) 전기력선의 간격이 좁을수록 전기력이 크다.
(5) 전기력선은 서로 교차하거나 중간에서 끊어지지 않는다.
(6) 같은 부호를 가진 전기력선은 서로 반발한다.
(7) 도체 내부에는 전기력선이 존재하지 않는다.
(8) 전기력선은 자체적으로 폐곡선을 형성할 수 없다.
(9) 전기력선의 접선 방향이 전계의 방향이다.
(10) 임의의 점에서 전기력선의 밀도는 그 점의 전계의 세기와 같다.

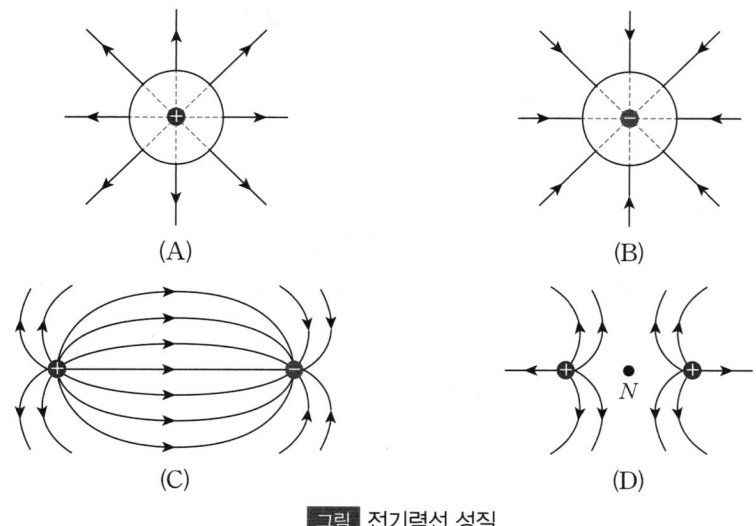

그림 전기력선 성질

핵심테마 실전문제

다음 중 전기력선 설명 중 옳지 않은 것을 고르면?
① 전기력선의 접선 방향이 전계의 방향이다.
② 전기력선은 양전하로 나와서 음전하로 들어간다.
③ 전기력선의 밀도로 전계의 세기를 계산한다.
④ 전기력선은 등전위면이다.

| 해설 | • 전기력선은 전계의 방향을 나타내는 선으로, 등전위면과 수직이다.
• 등전위면은 같은 전위(전기 퍼텐셜)를 가지는 점들을 연결한 면으로, 그 위에서는 전위 차가 없어 전기력이 작용하지 않는다.

| 정답 | ④

6 전계(E)

(1) 전계는 전기력(F)이 미치는 영역 내에 $+1[C]$의 전하를 놓았을 때 그 전하가 받는 힘의 세기를 의미하며, 이는 해당 점에서 전계의 크기이다.

$$E = \frac{1}{4\pi\varepsilon_0} \times \frac{Q \times 1[C]}{r^2} = k\frac{Q \times 1[C]}{r^2} = 9 \times 10^9 \times \frac{Q}{r^2}[\text{V/m}]$$

(2) $F = qE[\text{N}]$

(3) 전기력선의 밀도: 전계의 세기

$$\text{전계 } E = \text{전기력선 밀도} = \frac{\text{전기력선 수}}{\text{면적}} = \frac{N}{S}$$

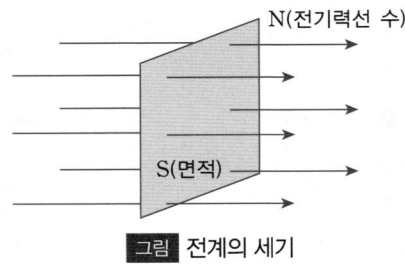

그림 전계의 세기

(4) 전기력선의 개수는 단면적 벡터 방향과 일치하는 전기력선만 유효하다. 즉, 단면적을 수직으로 통과하는 전기력선만 유효하다.

7 전기력선 수 계산

(1) 전계의 세기(E)

$$E = \frac{N}{S}\text{[V/m]}$$

(N: 전기력선 수, S: 전기력선이 통과하는 단면적)

(2) 미소 면적을 통과하는 전계(E)

$$E = \frac{dN}{dS}$$

$$dN = \vec{E} \cdot d\vec{S}$$

$$N = \int \vec{E} \cdot d\vec{S} = E \int dS$$

(3) 전기력선 수 계산

반지름이 r인 구의 표면적을 통과하는 전기력선 수 N

$$N = \int dN = \int \vec{E} \cdot d\vec{S} = E \int dS$$

$$E = \frac{Q}{4\pi\varepsilon_0 r^2}\text{[V/m]} \ (r: \text{구의 반지름})$$

$$N = \frac{Q}{4\pi\varepsilon_0 r^2} \int dS$$

$$= \frac{Q}{4\pi\varepsilon_0 r^2} \times 4\pi r^2 = \frac{Q}{\varepsilon_0}\text{[개]}$$

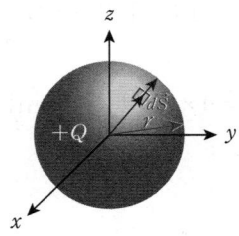

그림 전기력선 수 계산

(4) 전기력선의 수의 공식 $N = \frac{Q}{\varepsilon_0}$에서 알 수 있듯이 전하가 놓여 있는 유전체의 종류에 따라 구 표면적을 통과하는 전기력선의 수는 달라진다.

핵심테마 실전문제

전하가 공기 중에 있을 때 P점에서의 전계의 세기[V/m]를 고르면?

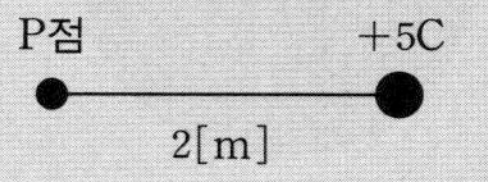

```
    P점        +5C
    ●——————————●
         2[m]
```

① 11.2×10^9
② 13.4×10^9
③ 10.5×10^9
④ 8.8×10^9

| 해설 | 전계의 세기 $E = \dfrac{Q}{4\pi\varepsilon_0 r^2} = \dfrac{5}{4 \times 3.14 \times 8.85 \times 10^{-12} \times 2^2} = 1.12 \times 10^{10} = 11.2 \times 10^9 [\text{V/m}]$

| 정답 | ①

8 전속과 전속밀도

(1) 전속

전기력선의 수는 전하가 위치한 매질에 따라 달라지므로 전기 현상을 해석하는 데 어려움이 있다. 이를 보다 편리하게 해석하기 위해 변하지 않는 전속을 정의하여 사용한다.

① 전속의 정의

매질에 상관없이 $Q[\text{C}]$의 전하에서 Q개의 전기력선이 나온다고 가정한 선

Ψ(프사이) $= Q$[개] (Q: 전하량)

② 전속선 수는 전하량(Q)과 같다.

③ 단위도 전하량과 같은 쿨롱[C]을 사용한다.

(2) 전속밀도 D

- 정의: 전속선을 면적으로 나눈 값

$D = \dfrac{Q}{S}[\text{C/m}^2]$ (Q: 전하량[C], S: 단면적[m²])

(3) 가우스 법칙

폐곡면을 통과하는 전속의 수와 폐곡면 안에 있는 전하량은 동일하다.

$D = \dfrac{Q}{S} = \dfrac{dQ}{dS}$

$dQ = \vec{D} \cdot d\vec{S}$

$\int dQ = \int \vec{D} \cdot d\vec{S} = Q$

$\int \vec{D} \cdot d\vec{S} = Q$

가우스 법칙으로 전속밀도(D)를 구하면 전계도 구할 수 있다.

(4) 가우스 법칙을 이용한 전속 계산

그림과 같이 반지름이 r인 구 내부에 전하량 Q가 놓여 있을 때의 전속 D

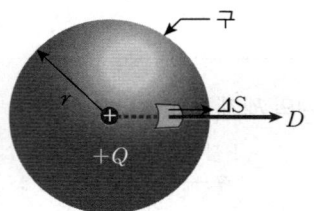

그림 전속밀도 계산

$$D = \frac{Q}{S} = \frac{Q}{4\pi r^2}[\text{C/m}^2]$$

(5) 전속밀도 D와 전계 E의 관계

$$D = \frac{Q}{4\pi r^2},\ E = \frac{Q}{4\pi\varepsilon_0 r^2}$$

$$\therefore D = \varepsilon_0 E$$

(6) 가우스 법칙으로 전계 계산

① 무한장 직선도체에서의 전계

선전하 밀도 λ[C/m]일 때 전속(D), 전계(E), 전위(V)

$$D = \frac{\lambda}{2\pi r}[\text{C/m}^2],\ E = \frac{\lambda}{2\pi\varepsilon_0 r}[\text{V/m}]$$

$$V_{AB} = \frac{\lambda}{2\pi\varepsilon_0}\ln\frac{r_2}{r_1}[\text{V}]$$

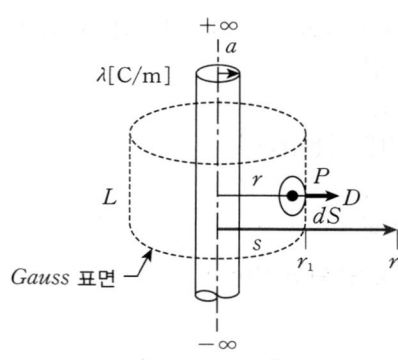

그림 무한장 직선도체

② 무한평판 도체 전계

면전하 밀도 σ가 균일하게 분포($Q = \sigma S$)할 때, 전속(D), 전계(E), 전위(V)

• 무한평판이 1개일 때

$$\oint_s \vec{D} \cdot d\vec{S} = 2DS = \sigma S\ \left(\therefore D = \frac{\sigma}{2}\right)$$

$$\therefore E = \frac{\sigma}{2\varepsilon_0}[\text{V/m}]$$

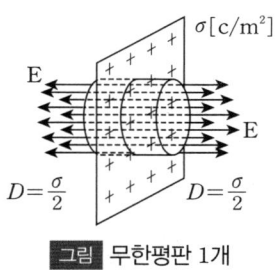

그림 무한평판 1개

- 무한평판이 2개일 때

$$E = \frac{\sigma}{\varepsilon_0}[\text{V/m}]$$

$$V = -\int_d^0 \frac{\sigma}{\varepsilon_0}dl = \frac{\sigma}{\varepsilon_0}d[\text{V}]$$

$$\therefore V = Ed[\text{V}]$$

테마 3　일, 에너지, 전위, 전압, 전류, 저항

1 일(W)

(1) 물리적인 일은 중력장에서 질량이 $m[\text{kg}]$인 물체에 힘을 가하여 변위 방향으로 d만큼 이동했을 때로 정의한다.
(2) 변위 방향으로 힘은 $F\cos\theta$이다.
(3) 변위 방향으로 일 $W = \vec{F} \cdot \vec{d} = Fd\cos\theta[\text{J}]$
(4) 일의 단위는 줄[J]

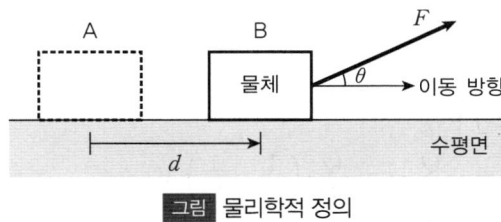

그림 물리학적 정의

2 에너지

(1) 일을 하는 능력이다.
(2) 에너지는 일과 같다.
(3) 에너지 단위는 [J]이다.
(4) 에너지는 일을 계산하면 된다.

3 전위(전기적인 위치에너지)

(1) 전위는 정전계(시간에 따라 변하지 않는 전기장) 안에서 +1[C]을 전계가 0인 무한 원점에서 전기력 방향과 거스르는 방향으로 P점까지 이동할 때 필요한 일의 양이 P점에서 전위가 된다.
(2) 전위는 정전계에서 양전하 1[C]이 갖는 위치에너지이다.

(3) 단위는 볼트[V]이다.
(4) P점 전위

$$V = -\int_{\infty}^{r} \vec{E} \cdot d\vec{l} = \frac{Q}{4\pi\varepsilon_0 r}[V]$$

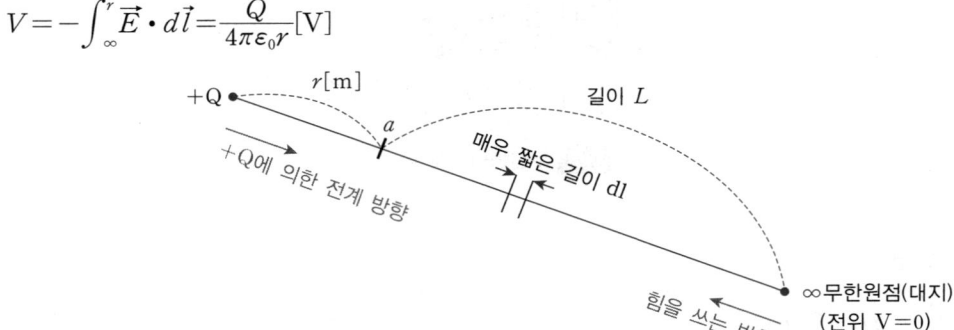

그림 전위 정의

4 전압(V)

(1) 전압은 전기장 안에서 전하가 갖는 전위의 차
(2) 단위는 볼트[V]
(3) 전압 크기

r_1점 전계 $E_{r_1} = \dfrac{Q}{4\pi\varepsilon_0 r_1^2}[V/m]$

r_2점 전계 $E_{r_2} = \dfrac{Q}{4\pi\varepsilon_0 r_2^2}[V/m]$

$V_A = \dfrac{Q}{4\pi\varepsilon_0 r_1}[V]$

$V_B = \dfrac{Q}{4\pi\varepsilon_0 r_2}[V]$

A점과 B점의 전위차인 전압 V_{AB}

$$V_{AB} = V_A - V_B = \frac{Q}{4\pi\varepsilon_0 r_1} - \frac{Q}{4\pi\varepsilon_0 r_2} = \frac{Q}{4\pi\varepsilon_0}\left(\frac{1}{r_1} - \frac{1}{r_2}\right)[V]$$

그림 전압 정의

5 유기기전력

(1) 발전기에서 전자유도법칙(자속이 시간에 따라 변화하면 도체에 기전력이 발생)에 의해 만들어지는 전압(전기에너지)이다.

(2) 발전기는 전자유도법칙을 사용하여 유기기전력을 만들기 때문에 유도기전력이라고도 한다.
(3) 기호는 전압과 구별하기 위해 E를 사용한다.
(4) 단위는 전압과 같이 [V]를 사용한다.

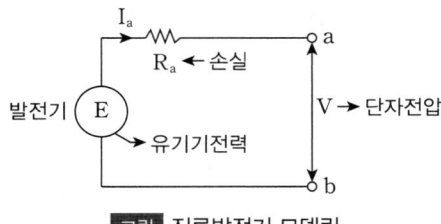

그림 직류발전기 모델링

핵심테마 실전문제

다음 그림에서 Q점과 P점의 전위 차를 고르면?

```
Q점         P점         5×10⁻⁷[C]
●           ●           ●
    2[m]         2[m]
```

① 1,125[V]
② 2,225[V]
③ 4,175[V]
④ 4,498[V]

| 해설 | 전위 $V = \dfrac{Q}{4\pi\varepsilon_0}\left(\dfrac{1}{r_P} - \dfrac{1}{r_Q}\right)$

$= \dfrac{5 \times 10^{-7}}{4 \times 3.14 \times 8.85 \times 10^{-12}}\left(\dfrac{1}{2} - \dfrac{1}{4}\right)$

$= 1,125 [\text{V}]$

| 정답 | ①

6 전류(Current)

(1) 정의: 단위시간당 이동한 전하량

전류 $I = \dfrac{Q}{t}$ [A] (Q: 전하량[C], t: 단위시간[sec])

(2) 전류의 기호
- 직류일 경우: I
- 교류일 경우: $i(t)$

(3) 단위: 암페어[A]

(4) 전류의 방향은 양전하의 이동 방향과 같으며, 음전하의 이동 방향과는 반대 방향으로 정의한다.

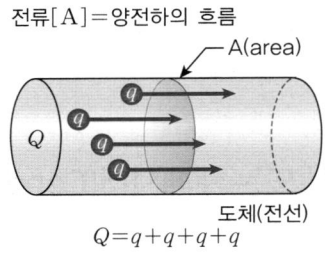

전류[A]=양전하의 흐름

$Q = q + q + q + q$

그림 전류

7 저항(Resistance)

(1) 저항은 도체에서 전류의 흐름을 제한하는 정도를 말한다.
(2) 저항은 R로 나타낸다.
(3) 저항값 $R=\rho\dfrac{l}{S}$ (l: 도체 길이[m], S: 도체 단면적[m²], ρ: 도체 물질의 고유저항[Ω·m])
(4) 고유저항은 단위체적당 물질이 갖는 저항으로 정의한다.
(5) 고유저항은 물질마다 다르며, 단위는 옴 미터[Ω·m]이다.
(6) 고유저항이 작은 물질이 좋은 도체가 된다.
(7) 고유저항은 비저항 용어로 사용한다.
(8) 전도율(σ)은 고유저항의 역수로, 전류를 흘리는 정도를 나타낸다.

전도율 $\sigma=\dfrac{1}{\rho}[\Omega^{-1}/m]=\dfrac{1}{\rho}[\mho/m]$

물질	비저항[Ω·m]
은	1.6×10^{-8}
구리	1.7×10^{-8}
알루미늄	2.7×10^{-8}
텅스텐	5.6×10^{-8}
철	9.7×10^{-8}
흑연(반도체)	3.5×10^{-5}
규소(반도체)	2,300
유리	1,010~1,014
고무	1,013~1,016
나무	108~1,011

표 주요물질 고유저항율(비저항율)

8 컨덕턴스(Conductance)

(1) 컨덕턴스 G는 저항의 역수이다.

$G=\dfrac{1}{R}[\mho]=\dfrac{1}{R}[S]$

(2) 컨덕턴스 단위는 모[℧] 또는 지멘스[S]를 사용한다.
(3) 컨덕턴스 값이 크면 저항값이 작아지므로 전류가 더 잘 흐른다.

테마 4 콘덴서 또는 캐패시터(Condenser 또는 Capacitor)

1 콘덴서 구조

(1) 콘덴서는 두 도체에 더 많은 전하를 저장하기 위해 도체 사이에 절연체(유전체)를 삽입한다.

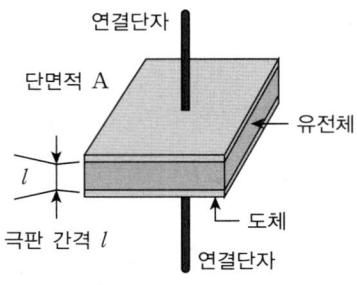

그림 평행 평판 콘덴서 구조

(2) 콘덴서 기호

그림 콘덴서 기호

(3) 콘덴서에서 사용하는 단위는 패럿[F]이다. ($1[pF] = 10^{-12}[F]$)

2 콘덴서 정전용량(Capacitance)

(1) 정전용량은 전하를 축적할 수 있는 능력이다.
(2) 다음 그림과 같이 단면적이 $A[m^2]$인 도체 2개의 극판 간 거리를 $d[m]$로 하여 유전율이 ε인 유전체를 채워 외부에서 전압 $V[V]$를 인가하면 도체에 $+Q$와 $-Q$가 축적된다.

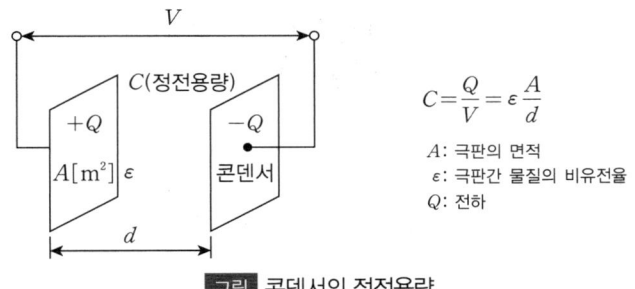

$$C = \frac{Q}{V} = \varepsilon \frac{A}{d}$$

A: 극판의 면적
ε: 극판간 물질의 비유전율
Q: 전하

그림 콘덴서의 정전용량

(3) 축적한 전하 Q와 전압 V의 관계는 $V \propto Q$이다.
(4) 정전용량 C, 전압 V와 전하량 Q의 관계는 $Q = CV$이다.
(5) 정전용량 C와 단면적 A, 유전율 ε, 거리 d

$$C = \varepsilon \frac{A}{d}[F]$$

3 콘덴서 기능

(1) 콘덴서는 전선과 같은 두 도체가 서로 마주하면 자동으로 형성된다.
(2) 콘덴서는 전기에너지인 전압을 전하 형태로 저장한다.
(3) 콘덴서는 두 도체 사이에 부도체를 삽입해서 전류를 통과하지 않는 기본 성질을 가지고 있다.
(4) 콘덴서는 두 도체 사이에 전압을 변경해 주고, 교류전압을 인가하면 전류가 흐른다.
(5) 콘덴서에 직류전압을 인가하면 콘덴서 양단에 전압이 변경되지 않기 때문에 직류는 흐르지 않는다.

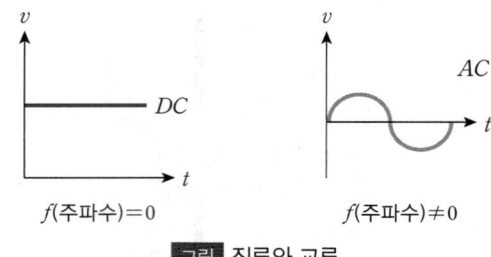

그림 직류와 교류

(6) 콘덴서 용량이 클수록 더 많은 전하를 저장한다.

4 콘덴서 특징

(1) 콘덴서 양단에 전압을 점차 높일 때 일정 전압이 되면 콘덴서는 전류가 통하게 되는데 이때 전압을 콘덴서 절연파괴 전압이라 한다.
(2) 콘덴서가 견딜 수 있는 전압, 즉 절연파괴 전압 직전의 전압을 콘덴서 내압전압이라 한다.

5 콘덴서 용량 읽는 법

(1) 콘덴서 용량은 세 자리의 수로 표시하는데 첫 번째와 두 번째 수는 용량을 나타내고 세 번째의 수는 승수를 나타낸다.

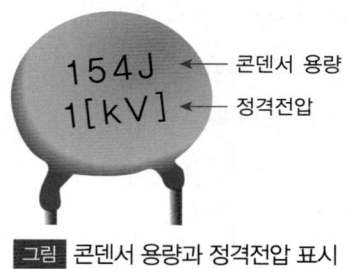

그림 콘덴서 용량과 정격전압 표시

154 → $15 \times 10^4 [pF] = 150,000 [pF] = 0.15 [\mu F]$
223 → $22 \times 10^3 [pF] = 22,000 [pF] = 0.022 [\mu F]$
104 → $10 \times 10^4 [pF] = 100,000 [pF] = 0.1 [\mu F]$

(2) 콘덴서 용량 밑 숫자는 콘덴서 운영에 필요한 정격전압이다.

6 주요 콘덴서 종류

(1) 전해콘덴서

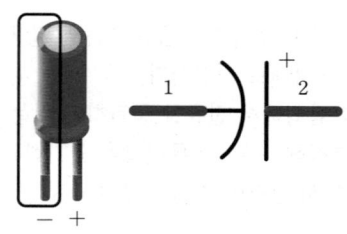

그림 전해콘덴서 기호

① 리드단자 긴 쪽 (+), 짧은 쪽 (−) (유극성)
② 전해 콘덴서는 극성이 있다. 흰색 띠가 (−)이다.
③ 적은 양의 전기를 잠깐 저장한다.
④ 교류는 잘 흘려주고, 직류는 잘 흘려주지 않는다.
⑤ 전기분해를 응용, 두 장의 알루미늄과 금속피막을 이용한다.
⑥ 용도는 평활 회로, 저주파 바이패스 등에 사용되며 고주파용으로는 사용되지 않는다.
⑦ 몸체에 용량값과 전압한계 값이 쓰여 있다.

(2) 세라믹콘덴서
① 세라믹콘덴서는 극성이 없다.
② 적은 양의 전기를 잠깐 저장한다.
③ 교류는 잘 흘려주고, 직류는 잘 흘려주지 않는다.
④ 두 개의 은박으로 된 전극 사이에 세라믹 판을 넣고 만든다.
⑤ 높은 주파수를 잘 통과시킨다. 고주파 회로부에 많이 사용한다.

(3) 탄탈콘덴서

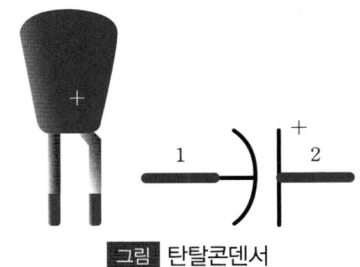

그림 탄탈콘덴서

① 극성이 있다.
② 탄탈(Ta)은 도체이나 산화시킨 산화탄탈은 절연체이다.
③ 누설전류가 적다.
④ 온도에 의한 용량 변화가 적다.
⑤ 주파수 특성이 우수하다.

7 콘덴서 연결

(1) 직렬연결
① 콘덴서 직렬연결은 다음 그림과 같다.

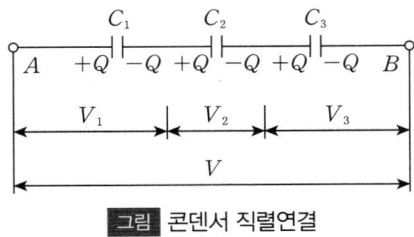

그림 콘덴서 직렬연결

② 직렬연결한 콘덴서를 통과하는 전하량 Q는 일정하다.
③ 각 콘덴서에 걸리는 전압은 다음과 같다.

$$V_1 = \frac{Q}{C_1},\ V_2 = \frac{Q}{C_2},\ V_3 = \frac{Q}{C_3}$$

④ 전원전압과 각 콘덴서에 걸리는 전압의 합은 같다.
$$V = V_1 + V_2 + V_3$$
$$= \frac{Q}{C_1} + \frac{Q}{C_2} + \frac{Q}{C_3}$$
$$= Q\left(\frac{1}{C_1} + \frac{1}{C_2} + \frac{1}{C_3}\right)[V]$$

⑤ $Q = CV$에서 합성정전용량 C는 다음과 같다.
$$V = \frac{Q}{C} = Q\left(\frac{1}{C_1} + \frac{1}{C_2} + \frac{1}{C_3}\right)[V]$$
$$\frac{1}{C} = \frac{1}{C_1} + \frac{1}{C_2} + \frac{1}{C_3}$$
$$\therefore C = \frac{1}{\frac{1}{C_1} + \frac{1}{C_2} + \frac{1}{C_3}}[F]$$

⑥ 전하량 Q
$$Q = CV = \frac{V}{\frac{1}{C_1} + \frac{1}{C_2} + \frac{1}{C_3}}[C]$$

⑦ 각 콘덴서에 걸리는 전압 $V_1,\ V_2,\ V_3$
- $Q_1 = Q_2 = Q_3 = Q$
- $C_1 V_1 = C_2 V_2 = C_3 V_3 = CV$
- $V_1 = \frac{C}{C_1}V,\ V_2 = \frac{C}{C_2}V,\ V_3 = \frac{C}{C_3}V$

(2) 병렬연결

① 콘덴서의 병렬연결은 다음 그림과 같다.

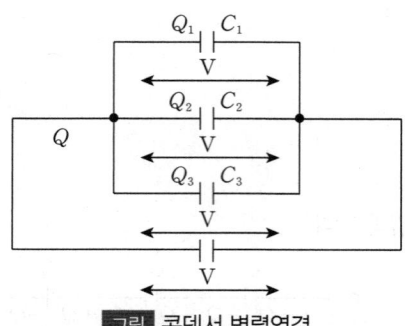

[그림] 콘덴서 병렬연결

② 콘덴서가 병렬 연결되면 각 콘덴서에 걸리는 전압은 V이다.

③ 각 콘덴서 $C_1,\ C_2,\ C_3$에 흐르는 전하
$$Q_1 = C_1 V,\ Q_2 = C_2 V,\ Q_3 = C_3 V$$

- 합성정전용량 C
$$Q = Q_1 + Q_2 + Q_3 = C_1 V + C_2 V + C_3 V$$
$$= (C_1 + C_2 + C_3)V$$
$$= CV[C]$$

합성정전용량 $C = C_1 + C_2 + C_3$ [F]

테마 5   정전용량 계산과 정전에너지

1 정전용량 계산

(1) 평행평판 정전용량

① 평행평판 콘덴서는 다음 그림처럼 두 평행판 도체 사이에 유전체를 삽입하여 제작한다.

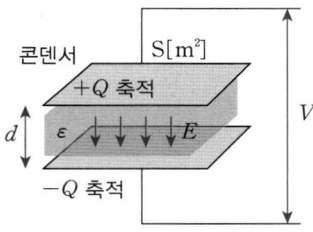

그림 평행평판 콘덴서

② 전계(E)는 $+Q$전하에서 $-Q$전하로 진행된다.
③ 평행평판의 정전용량 C

전속밀도 $D = \dfrac{Q}{S}$ [C/m²], 면적밀도 $\sigma = \dfrac{Q}{S}$ [C/m²]

$D = \sigma$ [C/m²]
$D = \varepsilon_0 E$ [C/m²]
$E = \dfrac{D}{\varepsilon_0} = \dfrac{\sigma}{\varepsilon_0}$ [V/m]

평행판 도체 전위 V
$V = Ed$ [V]

$C = \dfrac{Q}{V} = \dfrac{\sigma S}{V} = \dfrac{\sigma S}{Ed} = \dfrac{\sigma S}{\dfrac{\sigma}{\varepsilon_0} d} = \dfrac{\varepsilon_0 S}{d}$ [F]

(2) 정전에너지

① 콘덴서에 전압 V[V]를 인가하고 평행판에 전하 Q가 축적되어 있을 때 콘덴서에 축적되는 에너지 W

$W = VQ$ [J]

$W = \dfrac{Q^2}{2C}$ [J]

$ = \dfrac{1}{2} CV^2$ [J] ($\because Q = CV$)

$ = \dfrac{1}{2} QV$ [J]

② 단위 체적당 정전에너지 w

$w = \dfrac{W(\text{정전에너지})}{\text{체적}}$ [J/m³]

$ = \dfrac{1}{2} \varepsilon_0 E^2 = \dfrac{1}{2} DE = \dfrac{D^2}{2\varepsilon_0}$ [J/m³] ($\because D = \varepsilon_0 E$ [C/m²])

테마 01 | 전기의 성질과 전하에 의한 전기장

01
다음 중 원자의 구성 요소로 옳지 않은 것은?

① 양성자　　② 중성자
③ 전자　　　④ 분자

| 해설 |
원자는 물질을 이루는 가장 작은 단위로, 양성자, 중성자, 전자로 구성된다. 양성자(+), 중성자(중성)는 원자핵에, 전자(-)는 원자핵 주위를 도는 궤도에 존재한다. 반면 분자는 원자들이 화학적으로 결합한 입자로, 원자의 구성 성분이 아니라 물질의 더 큰 단위이다.

| 정답 | ④

02
다음 중 전하량의 단위로 옳은 것은?

① [A]　　② [V]
③ [C]　　④ [J]

| 해설 |
전하량의 단위는 쿨롱(Coulomb)으로, 기호는 [C]이다. 전류[A]는 단위시간당 전하의 흐름을 나타내고, 전압[V]은 전위차, 줄[J]은 에너지 단위이다.

| 정답 | ③

03
다음 중 자유전자의 설명으로 옳은 것은?

① 핵 안에서 자유롭게 움직이는 전자
② 외부 에너지에 의해 핵을 이탈한 전자
③ 항상 도체 내부에 고정된 전자
④ 원자핵에 강하게 결합된 전자

| 해설 |
물질에 열, 마찰 등의 외부 에너지가 가해지면, 원자핵에 약하게 결합된 전자가 결합을 이탈해 자유롭게 움직이게 된다. 이렇게 자유롭게 이동할 수 있는 전자를 자유전자라 하며, 전류가 흐르게 하는 핵심 요소이다.

| 정답 | ②

04
다음 중 전기적으로 중성인 물체가 전기적 성질을 갖게 되는 현상은?

① 정전유도　　② 대전
③ 전기력　　　④ 절연

| 해설 |
대전이란 전기적으로 중성인 물체(양성자 수=전자 수)가 전자를 잃거나 얻어 전하를 띠게 되는 현상이다.

| 정답 | ②

05
다음 중 전기장의 세기에 영향을 주지 않는 것은?

① 전하의 크기　　② 전하 간의 거리
③ 공기의 유전율　④ 전선의 두께

| 해설 |
전기장의 세기 E는 다음과 같이 계산된다.
$$E = \frac{1}{4\pi\varepsilon_0} \cdot \frac{Q}{r^2}[\text{V/m}]$$
여기서 Q: 전하량[C], r: 거리[m], ε_0: 공기의 유전율[F/m]
즉, 전기장의 세기는 전하량, 거리, 유전율에 영향을 받는다.

| 정답 | ④

06
다음 중 전기력선의 성질로 옳은 것은?

① 전기력선은 서로 교차할 수 있다.
② 전기력선은 음전하에서 나와 양전하로 들어간다.
③ 전기력선은 등전위면과 평행하게 그려진다.
④ 전기력선의 밀도가 높을수록 전계의 세기가 크다.

| 해설 |
- 전기력선은 양전하에서 나와 음전하로 들어간다.
- 전기력선은 서로 교차하지 않는다.
- 전기력선은 등전위면과는 수직으로 만난다.
- 전기력선은 도체 내부에는 존재하지 않으며, 자체적으로 폐곡선을 만들 수 없다.
- 전기력선은 밀도가 높을수록 전기장의 세기가 크다.

| 정답 | ④

07

다음 중 정전차폐에 대한 설명으로 옳은 것은?

① 도체 내부에 전기장이 더욱 강해진다.
② 도체로 둘러싸인 내부는 외부 전기장 영향을 받지 않는다.
③ 전기력이 도체 표면에서만 작용하지 않는다.
④ 절연체로 둘러싸야 정전차폐가 된다.

| 해설 |

정전차폐란 도체로 된 금속 상자 등으로 내부 공간을 감싸고 접지했을 때, 외부 전기장이 내부에 영향을 주지 않도록 차단되는 현상이다. 이는 전하가 도체 외부에만 분포하고, 도체 내부 전기장이 0이 되기 때문에 가능하다.

| 정답 | ②

08

다음 중 유전율(ε)에 대한 설명으로 틀린 것은?

① 전기력이 매질의 유전율에 따라 달라진다.
② 유전율이 작을수록 전기력은 커진다.
③ 공기의 비유전율은 1이다.
④ 유전율은 항상 일정한 상수이다.

| 해설 |

유전율은 매질이 전기력에 미치는 영향의 정도를 나타내는 값으로, 매질에 따라 다르다. 즉, 공기, 고무, 유리 등 매질이 달라지면 ε값도 달라진다.

| 정답 | ④

09

다음 중 도체 내부에서 관찰할 수 없는 것은?

① 자유전자
② 전기력선
③ 정전유도
④ 대전

| 해설 |

전기력선은 전기장이 존재하는 방향과 크기를 나타내는 가상의 선이다. 도체 내부에서는 전기장이 0이므로 전기력선이 존재하지 않는다.

| 정답 | ②

10

쿨롱의 법칙에 따라 두 전하 간 전기력이 가장 작아지는 경우는?

① 전하가 크고, 거리가 가깝다.
② 전하가 작고, 거리가 가깝다.
③ 전하가 작고, 거리가 멀다.
④ 전하가 크고, 거리가 가깝다.

| 해설 |

쿨롱의 법칙은 다음과 같이 계산된다.
$$F = k \cdot \frac{Q_1 Q_2}{r^2} [N]$$
여기서 F: 전기력[N], Q_1, Q_2: 전하량[C], r: 거리[m]
즉, 전기력은 전하가 작을수록, 거리 r이 멀수록 작아진다.

| 정답 | ③

02 자기장 성질과 전류에 의한 자기장

1과목 | 전기이론

테마 1 자석에 의한 자기작용

1 자기현상

자기현상은 자기력, 자기장, 자화 현상을 포함한다. 또 자석이 가지고 있는 물리적 현상을 말하며 전기현상과 밀접한 관계가 있다.

2 자석

(1) 자기 현상을 지닌 물체이다.
(2) 자석은 천연자석과 전자석으로 나뉜다.

  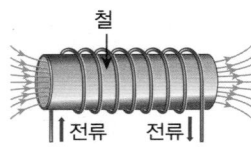

그림 천연자석과 전자석

(3) 천연자석은 자연에 존재하는 자철석 같은 광석을 말하며, 전자석은 전류가 만든 자석을 말한다.
(4) 전자석은 전류가 흐르는 동안 자기현상이 만들어지는 자석으로, 전기(전류)와 자기는 아주 밀접한 관계가 있다.
(5) 자석은 중화되지 않고, N극과 S극이 동시에 공존한다.
(6) 자석을 반으로 잘라도 자극은 분리되지 않으며, 다시 N극과 S극이 공존한다.

3 자화

(1) 모든 물체는 전기적 성질을 갖는 자하를 가지고 있고, 자기 성질을 갖는 자구들이 무질서하게 배치되어 있다.

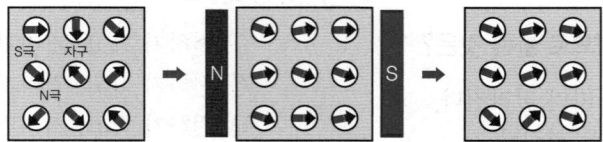

그림 자화과정

(2) 모든 물체는 전기적으로 중성이고, 자기적으로도 중성이다.
(3) 자기현상을 가진 자석 주위에 어떤 물체를 두면 물체 내 자구가 한 쪽 방향으로 배열되어 자화되어 간다.
(4) 물체가 자화되어 자석이 되는 현상을 자기유도 현상이라 한다.

4 자성체

자기적으로 중성인 물체가 자화되어 자석이 되는 물체를 자성체라 하며 자화되는 강도에 따라 강자성체, 상자성체, 반자성체로 분류된다.

(1) 강자성체
   ① 자석으로 어떤 물체(철, 니켈, 코발트)를 자화시킨 후 자석을 제거해도 자화된 자성체가 계속해서 자석의 성질을 유지하는 물체이다.
   ② 강자성체는 외부 자극과 반대로 자구들이 배열된다.

[그림] 강자성체 자구 배열

(2) 상자성체
   ① 자석으로 어떤 물체(공기, 알루미늄 등)를 자화시킨 후 자석을 제거하면 자화된 자성체가 바로 자석의 성질을 잃어버리는 물체이다.
   ② 상자성체도 강자성체처럼 자구 배열은 같다.

(3) 반자성체
   ① 자석으로 어떤 물체(아연, 구리, 납 등)를 자화시킨 후 자석을 제거해도 자화된 자성체가 계속해서 자석의 성질을 유지하는 물체이다.
   ② 반자성체는 자화될 때 자구들이 외부 자극과 같은 방향으로 배열된다.

[그림] 반자성체 자구 배열

핵심테마 실전문제

다음 중 강자성체는 어느 것인가?

① 철   ② 공기   ③ 알루미늄   ④ 구리

| 해설 | • 강자성체: 철, 니켈, 코발트
       • 상자성체: 공기, 알루미늄
       • 반자성체: 아연, 구리, 납

| 정답 | ①

5 자석의 성질

(1) 자석은 N극과 S극이 항상 쌍으로 존재한다.
(2) 자석은 같은 극끼리 반발력이 작용하고 다른 극끼리는 흡인력이 작용한다.
(3) 흡인력과 반발력을 자기력이라 한다.
(4) 반발력이나 흡인력은 자극에서 나오는 자극의 세기로 결정된다.
(5) 자극의 세기는 'm' 문자로 표현하고 단위는 '웨버[Wb]'이다.
(6) 전기는 정전하, 부전하가 분리될 수 있으나, 자극은 N극과 S극이 단독으로 존재할 수 없다. 즉, 중화현상이 없다.
(7) 자석은 퀴리온도(약 790°C) 이상으로 가열하면 자석의 성질이 사라진다.

6 자석의 용도와 기능

(1) 전기 에너지를 기계 에너지로, 기계적 에너지를 전기적 에너지로 바꾸는 모터나 발전기에 사용한다.
(2) 자석의 정보로 인코딩하는 하드디스크에 사용한다.
(3) MRI와 같은 의료장비에 강력한 자기장을 이용하여 신체 내부의 상세한 이미지를 나타낸다.
(4) 전기 신호와 상호 작용하여 스피커나 마이크가 제대로 작동하고 소리 낼 수 있도록 해준다.
(5) 텔레비전이나 컴퓨터 모니터에 부착되어 화면 조절에 쓰이고 있다.
(6) 고속철인 자기부상 열차에도 사용된다.

7 자석에 의한 쿨롱의 법칙

(1) 자석 사이에 작용하는 반발력이나 흡인력을 양적으로 취급하는 데에 사용한다.
(2) 자극 사이에 작용하는 힘(F)의 세기를 계산한다.

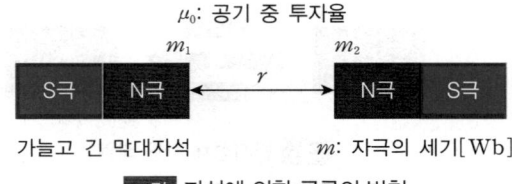

그림 자석에 의한 쿨롱의 법칙

$$F = \frac{m_1 m_2}{4\pi \mu_0 r^2} = k \frac{m_1 m_2}{r^2} [\text{N}]$$

$$k = \frac{1}{4\pi \mu_0} = 6.33 \times 10^4$$

$$\mu_0 = 4\pi \times 10^{-7}$$

(3) 투자율 μ는 어떤 매질에서 자기장이 주어질 때 어떤 물체가 자화되는 정도를 수치로 표현한 것이다.
(4) 투자율은 $\mu = \mu_0 \mu_s$로 표현한다.
(5) 진공 투자율 μ_0는 매질이 진공일 때 자석에 의해 어떤 물체가 자화되는 정도를 수치로 표현한 것으로 단위는 [H/m]이다.
(6) 비투자율 $\mu_s = \dfrac{\mu}{\mu_0}$는 진공 투자율에 대한 매질 투자율의 비를 나타낸 것이다.

핵심테마 실전문제

두 자극의 세기가 $10^{-6}[Wb]$와 $10^{-6}[Wb]$의 점자극을 공기 중에서 2[m] 거리에 놓았을 때, 작용하는 반발력[N]을 구하면?

① $1.6 \times 10^{-6}[N]$
② $1.6 \times 10^{-8}[N]$
③ $1.6 \times 10^{-9}[N]$
④ $1.6 \times 10^{-12}[N]$

| 해설 | 힘 $F = \dfrac{m_1 m_2}{4\pi\mu_0 r^2} = \dfrac{10^{-6} \times 10^{-6}}{4\pi \times 4\pi \times 10^{-7} \times 2^2} = 1.6 \times 10^{-8}[N]$

| 정답 | ②

8 자기장

(1) 자기장은 자석 주위나 전류가 흐르는 도선 주위에 자기력이 미치는 공간을 말한다.

그림 자기력이 미치는 공간

(2) 자기장의 단위는 T(테슬라)이다.
(3) 자기장의 방향은 N극이 가리키는 방향으로 한다.
(4) 전기장(전계)처럼 자기장은 자기현상을 시각적으로 표현하고 자기력 현상을 설명하기 위해서 가상선인 자기력선을 도입한다.
(5) 자기력선은 자기장 내에서 1[Wb]가 놓여 있을 때 아무런 저항 없이 자기력에 따라 이동하며 그려지는 가상의 선이다.
(6) 자극의 세기와 자기력선 수는 비례한다.
(7) 자기장 단위 1[T]는 단위면적에 작용하는 자극의 세기[Wb]이다.

$$1[T] = \dfrac{1[Wb]}{1[m^2]}$$

(8) 자극의 세기가 클수록 더 많은 자기력선이 생성된다. 따라서 1[T]는 단위면적을 통과하는 자기력선의 수를 의미하며, 이를 통해 자기력선의 밀도를 나타낸다.

9 자기력선의 성질

(1) 자기력선의 방향은 N극에서 S극을 향한다.
(2) 자기력선은 도중에 교차하거나 끊어지지 않는다.
(3) 자기력선의 밀도가 클수록 자기장의 세기는 크다.
(4) 자기력선의 방향은 자기장의 방향과 같다.

(5) 자기력선은 발산하지 않고 회전한다.

10 자기장의 세기(자계)

(1) 자극의 세기가 $m[\text{Wb}]$인 자석이 있고, 이 자석에서 거리가 r만큼 떨어진 점에 $1[\text{Wb}]$의 자극이 있을 때, 이 $1[\text{Wb}]$가 받는 힘의 세기를 그 점에서의 자기장의 세기 또는 자계라고 한다.

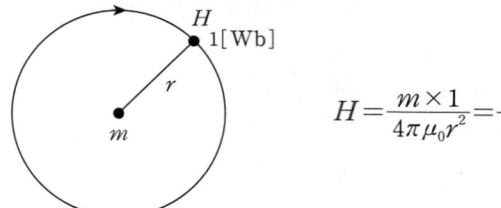

$$H = \frac{m \times 1}{4\pi\mu_0 r^2} = \frac{m}{4\pi\mu_0 r^2}[\text{AT/m}]$$

그림 자기장의 세기(H)

(2) 자기력 F와 자계 H의 관계

$$F = \frac{m_1 m_2}{4\pi\mu_0 r^2}[\text{N}], \ H = \frac{m}{4\pi\mu_0 r^2}[\text{AT/m}], \ F = mH[\text{N}], \ H = \frac{F}{m}[\text{N/Wb}]$$

(3) 자계 H의 단위는 $[\text{AT/m}]$(암페어턴 퍼 미터), $[\text{N/Wb}]$이다.

핵심테마 실전문제

다음 자기장의 세기에 대한 설명으로 옳지 않는 것은?

① 자극에서 일정한 거리에 있는 $1[\text{Wb}]$가 받는 힘의 세기이다.
② 단위 자극당 받는 힘의 세기이다.
③ 자기력선의 밀도이다.
④ 자기장의 세기 단위는 $[\text{Wb/m}^2]$이다.

| 해설 | • 자기장 세기(자계)는 자극에서 일정 거리에 있는 $1[\text{Wb}]$가 받는 힘의 세기로 정의한다.
  • 두 자극 사이에 작용하는 힘 F와 자계 H 관계는 $F = mH[\text{N}]$, $H = \frac{F}{m}[\text{N/Wb}]$이므로 단위 자극당 작용하는 힘의 비로 정의할 수 있다.
  • 자계는 어떤 단면적을 통과하는 밀도로 정의하기도 한다.
  • 자기장의 세기 단위는 $[\text{AT/m}]$이다.

| 정답 | ④

테마 2 전류에 의한 자기현상

도선에 전류가 흐르면 도선 주위에 자기장이 형성되는데 이를 전류에 의한 자기현상이라 한다.

1 전류에 의한 자기장

전류가 흐르고 있는 직선 도체 부근에 나침판을 놓으면 자침이 일정한 방향을 가리키고 전류의 방향을 바꾸면 자침의 방향은 반전된다. 자침의 방향이 바뀌면 도선 주변에 또 다른 자기장(자계)이 형성되는데 이를 전류의 자기현상 또는 자기작용이라 한다. 즉 도선에 전류가 흐르면 도선 주변에 폐경로 자기장이 형성된다.

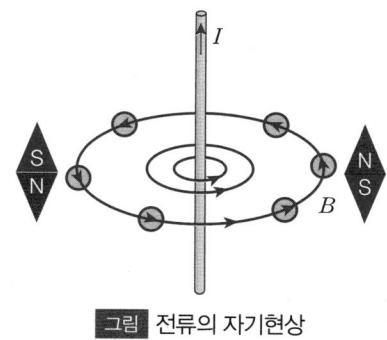

그림 전류의 자기현상

2 자기력선의 방향

(1) 암페어(앙페르)의 오른나사(오른손) 법칙

직선 도체에 전류가 오른나사가 진행하는 방향으로 전류가 흐를 때 도체 주위에 자기장(자계)이 형성되는데 나사를 돌리는 방향으로 동심원의 자기장(자계)이 발생하는 법칙이다. 전류에 의해 발생하는 자계와 전류의 관계를 나타낸 법칙을 암페어(앙페르)의 오른나사 법칙이라 한다.

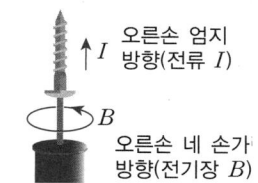

그림 암페어(앙페르)의 오른나사 법칙

(2) 전류의 방향은 오른나사가 진행하는 방향이고, 자기장의 방향은 나사가 회전하는 방향이다.

(3) 자기장의 방향을 알 수 있는 또 다른 방법은 오른손 법칙이다. 엄지가 전류의 방향일 때 나머지 네 손가락이 자기장이 회전하는 방향이 된다.

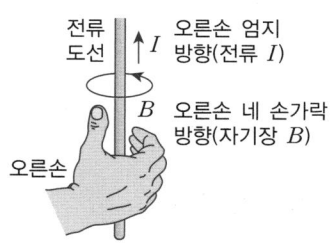

그림 암페어(앙페르)의 오른손 법칙

(4) 전류의 방향을 엄지를 제외한 네 손가락으로 지정하면 엄지손가락 방향이 자기장의 방향이 된다.

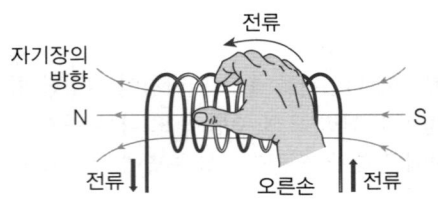

그림 암페어(앙페르)의 오른손 법칙

(5) 오른손을 이용하면 전류와 자기장의 방향을 정확히 알 수 있다.

3 전류에 의한 자기장 세기

(1) 도선에 전류가 흐르면 주변에 동심원 모양의 자기장이 발생한다.
(2) 동심원 모양의 자기장의 세기는 암페어 주회법칙으로 구한다.
(3) 암페어 주회법칙은 전류와 자기장 간에 양적인 관계를 나타내는 법칙이다.

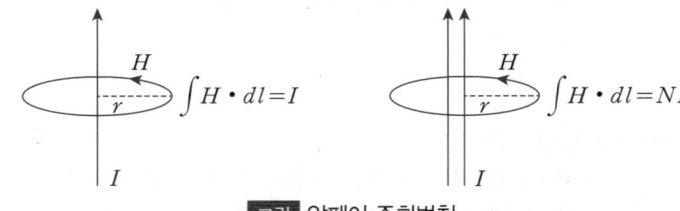

그림 암페어 주회법칙

(4) 암페어 주회법칙 $\int H \cdot dl = I$를 이용하여 자기장의 세기 H를 계산할 수 있다.

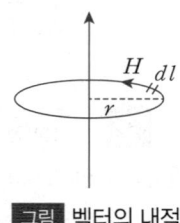

그림 벡터의 내적

두 벡터에 대해 한 벡터 방향으로의 에너지를 계산할 때 벡터의 내적을 사용한다.

$$\int \vec{H} \cdot \vec{dl} = I,\ H \int dl = I,\ H \times 2\pi r = I$$

$$\therefore H = \frac{I}{2\pi r} [\text{AT/m}]$$

(5) 자기장의 세기(자계) H는 자기장을 만드는 전류의 세기와 비례하고, 거리와는 반비례한다.

4 전류가 흐르는 도체가 자기장 내에서 받는 힘(F)

(1) 영구자석에서 발생한 자기장과 도체에 흐르는 전류가 형성한 자기장이 상호작용을 하여 서로 영향을 미친다. 두 자기력선의 방향이 같을 때는 자기력선의 밀도가 높아져 자계(H)의 세기가 커진다. 반면, 서로 반대 방향으로 향할 때는 자속이 상쇄되어 밀도가 낮아지고 자계(H)도 약해진다.

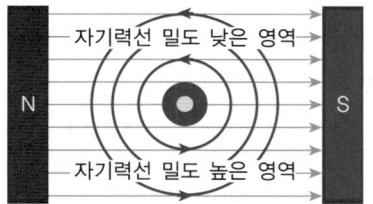

그림 자기력선 밀도

(2) 힘은 자기력선 밀도가 높은 곳에서 낮은 곳으로 발생한다.

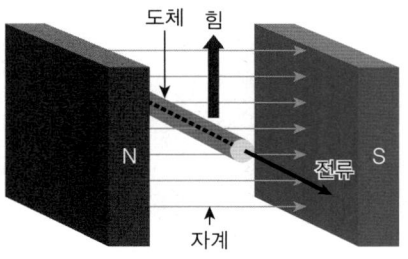

그림 도체가 받는 힘의 방향

(3) 도체가 받는 힘(F)의 방향을 결정하는 법칙이 플레밍의 왼손법칙이다.

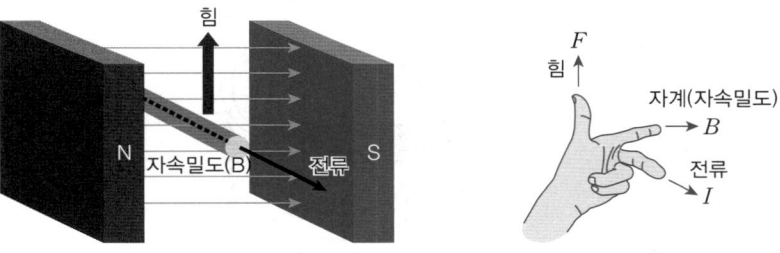

그림 플레밍의 왼손법칙

(4) 도체가 받는 힘을 전자력(F)이라 한다.
(5) 도체가 받는 전자력(F)의 크기는 두 벡터의 외적으로 계산한다.

$$F = I\vec{l} \times \vec{B}(외적) = IBl\sin\theta [\text{N}]$$

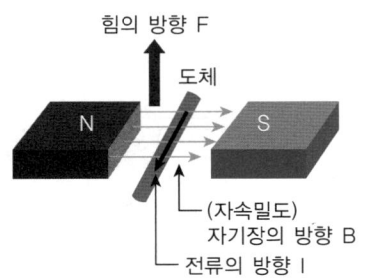

F: 전자력의 크기[N], I: 전류[A],
B: 자속 밀도[Wb/m²], l: 도체의 길이[m],
θ: 자기장과 도체가 이루는 각[rad]

그림 전자력 크기

핵심테마 실전문제

전류에 의해 발생하는 자기장의 방향을 알 수 있는 법칙은?
① 플레밍의 왼손법칙 ② 플레밍의 오른손법칙
③ 오른나사 법칙   ④ 쿨롱의 법칙

| 해설 | • 플레밍의 왼손법칙은 자기장 내에 있는 도체에 전류가 흐를 때 도체가 받는 힘의 방향을 결정할 때 사용한다.
• 플레밍의 오른손법칙은 자기장 내에 있는 도체에 힘을 가할 때 발생되는 기전력의 방향을 결정할 때 사용한다.
• 쿨롱의 법칙은 두 자극이 존재할 때 자극 사이에 작용하는 힘을 계산하기 위해 사용한다.

| 정답 | ③

테마 3 자기회로

1 자속(ϕ)

(1) 자기현상이 있으려면 반드시 자극의 세기가 $m[\mathrm{Wb}]$인 자극에서 자기력선이 나와야 한다.

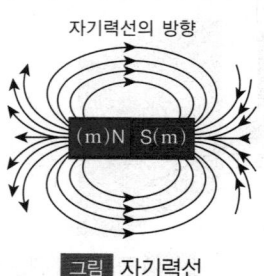

그림 자기력선

(2) 자극의 세기가 크면 자기력선이 더 촘촘하게 나온다. 즉, 자극의 세기와 자기력선의 밀도는 같다.
(3) 자속은 자극에서 나오는 자기력선의 묶음으로 정의한다.
   $\phi = m[\mathrm{Wb}]$
(4) 자극의 세기 m과 자속의 양은 같은 개념이다.
(5) 자속 ϕ는 자기장에서 어떤 단면적을 통과하는 자기력선의 묶음으로 정의하여 사용하기도 한다.

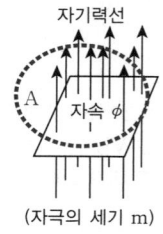 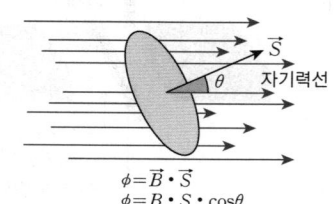

$\phi = \vec{B} \cdot \vec{S}$
$\phi = B \cdot S \cdot \cos\theta$

a. 자기력선 수직 통과   b. 자기력선이 면적벡터 S와 θ각으로 통과

그림 자속 정의

(6) 위 그림 a는 자극의 세기 m에서 나온 자기력선이 단면적 A를 전부 수직으로 통과하므로 자속 $\phi = m$이고 그림 b

에서 자속 $\phi = \vec{B} \cdot \vec{S}$(내적)이다.

(7) 자속 ϕ는 발전기에서 전압의 크기를 계산할 때 아주 중요한 물리량이다.

2 자속밀도(B)

(1) 자속밀도는 어떤 단면적을 통과하는 자속을 단면적으로 나눈 값으로 정의한다.

자속밀도 $B = \dfrac{\phi}{A}$[Wb/m²](ϕ: 자속[Wb], A: 단면적[m²])

$\phi = BA$[Wb]

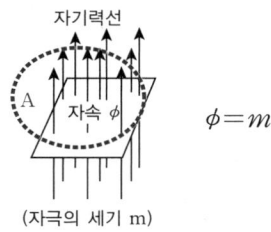

그림 자극의 세기

(2) 공기 중에 자극의 세기가 m인 자극이 반지름이 r인 구의 중심에 있을 때, 구표면에서의 자계의 세기(H)와 자속밀도(B)의 관계는 아래와 같다.

$H = \dfrac{m}{4\pi\mu_0 r^2}$[AT/Wb]

$B = \dfrac{\phi}{\text{구의 표면적}} = \dfrac{m}{4\pi r^2}$[Wb/m²]

$B = \mu_0 H$[Wb/m²]

3 자기회로

(1) 자기회로는 자속(ϕ)이 흐르는 회로를 말하고 전기회로는 전류가 흐르는 회로를 말한다.
(2) 자속을 흐르게 하는 것은 기자력(F)이고, 전류를 흐르게 하는 것은 전압이다.

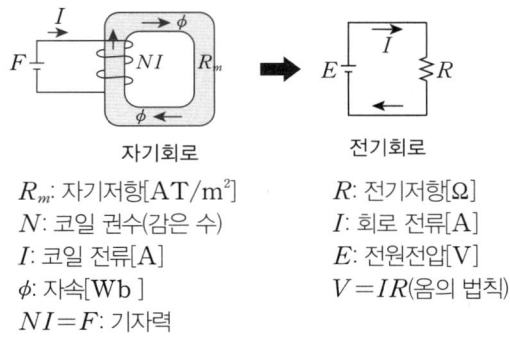

R_m: 자기저항[AT/m²]
N: 코일 권수(감은 수)
I: 코일 전류[A]
ϕ: 자속[Wb]
$NI = F$: 기자력

R: 전기저항[Ω]
I: 회로 전류[A]
E: 전원전압[V]
$V = IR$(옴의 법칙)

그림 자기회로와 전기회로

(3) 기자력 $F = NI$[AT]로 정의하며 기자력 $F = \phi R_m$[AT]의 관계를 갖는다.
(4) 기자력 $F = \phi R_m$[AT]과 자속 ϕ는 전기회로에서 전류에 대응되는 물리량이다.
(5) 자기저항 R_m은 자속 ϕ가 흐르는 것을 방해하는 자기저항으로 전기회로의 저항과 같은 개념이다.

(6) 자속 $\phi = \dfrac{NI}{R_m}$ [Wb]로 표현할 수 있다.

(7) 자기저항 $R_m = \dfrac{l}{\mu_0 S}$ [AT/Wb]로 계산한다.

(8) 자기회로와 전기회로를 비교하면 아래 표로 정리할 수 있다.

	자기회로		전기회로
기자력	$F = NI = \phi R_m$ [AT]	기전력	$E = IR$ [V]
자속	$\phi = \dfrac{F}{R_m}$ [Wb]	전류	$I = \dfrac{E}{R}$ [A]
자기저항	$R_m = \dfrac{l}{\mu S}$ [AT/Wb]	저항	$R = \rho \dfrac{l}{S} = \dfrac{l}{\sigma S}$ [Ω]
투자율	μ [H/m]	도전율	σ [℧/m]
자속밀도	$B = \dfrac{\phi}{S}$ [Wb/m²]	전류밀도	$i = \dfrac{I}{S}$ [A/m²]

표 자기회로와 전기회로

핵심문제 | 테마 02 | 자기장 성질과 전류에 의한 자기장

01

다음 중 강자성체에 해당하는 것은?

① 알루미늄 ② 공기
③ 코발트 ④ 구리

| 해설 |
강자성체는 외부 자기장에 의해 자화된 후에도 자성을 유지하는 물질이다. 대표적으로 철, 니켈, 코발트 등이 있다.

| 정답 | ③

02

자석의 성질로 옳지 않은 것은?

① 자석을 반으로 자르면 N극과 S극이 분리된다.
② 자석에는 항상 N극과 S극이 쌍으로 존재한다.
③ 같은 극끼리는 반발하고, 다른 극끼리는 인력이 작용한다.
④ 자석은 퀴리온도 이상으로 가열하면 자성을 잃는다.

| 해설 |
- 자석은 N극과 S극이 항상 쌍으로 존재하며, 단독으로 존재하지 않는다.
- 반으로 자른다고 해서 극이 분리되지 않고, 각 조각은 새로운 N극과 S극을 가진다.
- 퀴리온도 이상이 되면 자구 배열이 무질서해져 자성을 잃게 된다.

| 정답 | ①

03

공기 중에서 두 자극(1×10^{-6}[Wb], 1×10^{-6}[Wb])이 2[m] 떨어져 있을 때 작용하는 반발력[N]은?

① 1.6×10^{-8} ② 1.6×10^{-6}
③ 1.6×10^{-4} ④ 1.6×10^{-12}

| 해설 |
쿨롱의 법칙에 따라
$$F = \frac{m_1 \cdot m_2}{4\pi\mu_0 r^2} = \frac{10^{-6} \cdot 10^{-6}}{4\pi \cdot 4\pi \times 10^{-7} \cdot 2^2} = 1.6 \times 10^{-8} [N]$$
(자극 $m_1 = m_2 = 10^{-6}$[Wb], 거리 $r = 2$[m], 공기 중의 투자율 $\mu_0 = 4\pi \times 10^{-7}$)

| 정답 | ①

04

다음 중 자기력선의 성질로 옳은 것은?

① 자기력선은 S극에서 N극으로 향한다.
② 자기력선은 서로 교차할 수 있다.
③ 자기력선의 밀도가 클수록 자기장이 약하다.
④ 자기력선은 N극에서 S극으로 향한다.

| 해설 |
- 자기력선은 항상 N극에서 시작되어 S극으로 향한다.
- 자기력선은 서로 교차하지 않는다.
- 자기력선은 밀도가 높을수록 자기장이 강하다.

| 정답 | ④

05

다음 중 전류에 의해 형성되는 자기장의 방향을 결정하는 법칙은?

① 플레밍의 왼손법칙
② 플레밍의 오른손법칙
③ 오른나사 법칙
④ 렌츠의 법칙

| 해설 |
- 오른나사 법칙: 전류가 흐르는 방향이 나사의 진행 방향이면, 자기장은 나사의 회전 방향으로 형성된다.
- 플레밍의 법칙은 유도 전류 및 전자력 방향 관련한 내용이다.

| 정답 | ③

06

다음 중 자기장 세기의 단위로 옳은 것은?

① [T]　　　　② [A/m]
③ [Wb]　　　 ④ [V/m]

| 해설 |
- 자기장의 세기의 단위는 [A/m]이다.
- [T](테슬라)는 자속밀도의 단위이다.
- [Wb](웨버)는 자속의 단위이다.
- [V/m]은 전기장의 세기의 단위이다.

| 정답 | ②

07

전류가 흐르는 직선 도체 주위의 자기장 세기 H를 구하는 식은?

① $H = I \times r$　　② $H = \dfrac{I}{2\pi r}$
③ $H = \dfrac{2\pi r}{I}$　　④ $H = \dfrac{I^2}{r}$

| 해설 |
암페어의 주회법칙에 따른 자기장의 세기
$H = \dfrac{I}{2\pi r}[\mathrm{AT/m}]$
전류가 클수록 자기장의 세기는 커지고, 거리가 멀어질수록 약해진다.

| 정답 | ②

08

도선에 흐르는 전류가 자기장 내에서 받는 힘의 방향을 알 수 있는 법칙은?

① 렌츠의 법칙
② 플레밍의 왼손법칙
③ 플레밍의 오른손법칙
④ 오른나사 법칙

| 해설 |
플레밍의 왼손법칙은 자기장 내에 도선이 있을 때, 힘의 방향, 자기장, 전류를 엄지-검지-중지로 표현한 것이다. 플레밍의 오른손법칙은 유기기전력 방향을 계산할 때 사용한다.

| 정답 | ②

09

다음 중 자기회로에 대한 설명으로 틀린 것은?

① 자속은 전기회로에서 전류에 해당한다.
② 기자력은 전기회로의 전압과 같다.
③ 자기저항은 전기회로의 저항에 해당한다.
④ 자속밀도는 전기회로의 전압에 해당한다.

| 해설 |
자기회로와 전기회로의 비교
- 자속 ↔ 전류
- 기자력 ↔ 전압
- 자기저항 ↔ 저항
- 자속밀도 ↔ 전류밀도

| 정답 | ④

10

자기저항 R_m의 계산식으로 옳은 것은?

① $R_m = \dfrac{l}{\mu S}$
② $R_m = \dfrac{\mu S}{l}$
③ $R_m = \dfrac{NI}{\phi}$
④ $R_m = \mu \times S \times l$

| 해설 |
자기저항 $R_m = \dfrac{l}{\mu S}$ [AT/Wb]
여기서 l: 자속이 지나야 할 경로의 길이, S: 자속이 통과할 단면적, μ: 매질의 투자율

| 정답 | ①

1과목 | 전기이론

03 전자력과 전자유도
핵심테마 이론

테마 1 전자력의 방향과 크기

1 전자력의 방향

(1) 자기장 내에 있는 도체에 전류가 흐를 때 도체가 받는 힘을 전자력이라 한다.
(2) 전자력은 자석이 생성하는 자기장과 도체를 흐르는 전류에 의해 형성된 자기장이 상호작용하면서 발생한다.

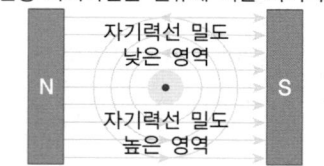

[그림] 자기력선 밀도

(3) 도체에서 전류가 흘려 나올 때 오른 나사법칙을 적용하면 위 그림처럼 자기력선은 반시계 방향으로 생성된다. 이 때 도체 윗부분은 자기력선이 상충하여 자기장 세기, 즉 자기력선 밀도가 낮아지고, 도체 아랫부분은 자기력선이 더해져서 자기장 세기, 즉 자기력선 밀도가 높아진다.
(4) 전자기력은 자기력선 밀도가 높은 곳에서 낮은 곳으로 발생한다.

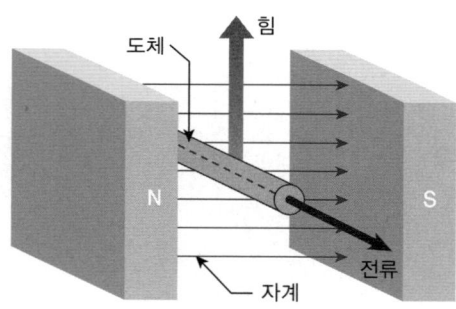

[그림] 도체가 받는 힘의 방향

(5) 전자력의 방향 결정은 플레밍의 왼손법칙으로 한다.

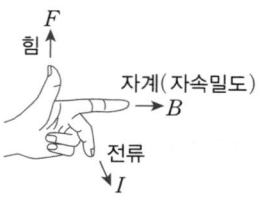

[그림] 플레밍의 왼손법칙

2 전자력의 크기

(1) 전자력의 크기는 벡터 I와 B의 수직인 벡터 F를 구하는 것이므로 벡터의 외적 연산을 통하여 구할 수 있다.

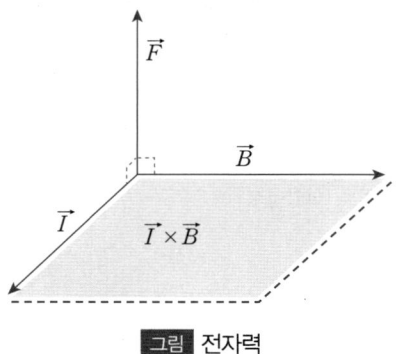

그림 전자력

(2) 전자력 크기는 다음 수식으로 계산하면 된다.
$$F = |\vec{I} \times \vec{B}| = IB\sin\theta [\text{N/m}]$$

(3) 전자력의 크기는 두 벡터가 수직일 때 최대이고, 같은 방향일 때 최소가 된다.

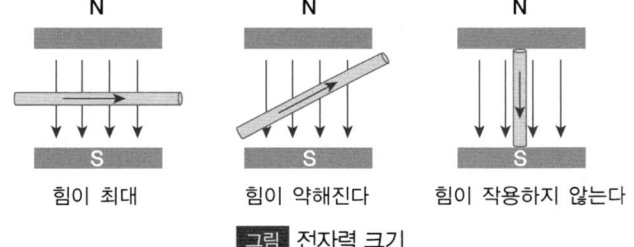

그림 전자력 크기

(4) 자기장 안에 있는 도체에 전류가 흐르면 도체가 힘을 받는데 도체의 길이가 길수록 더 큰 힘을 받을 것이므로 실제 전자력의 크기는 도체의 길이를 고려하여 다음과 같이 계산한다.

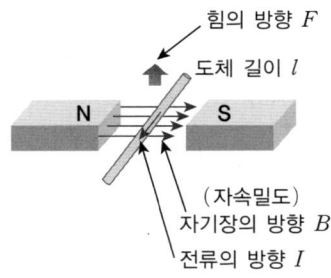

$$F = |I\vec{l} \times \vec{B}| = IlB\sin\theta [\text{N}] \ (I: 전류, \ l: 도체 길이, \ B: 자속밀도)$$

그림 길이에 따른 전자력의 크기

핵심테마 실전문제

진공 중에 자속밀도 5[Wb/m²]의 자기장 속에 길이 5[m]의 직선 도체를 자기장의 방향과 90°로 배치하고 4[A]의 전류가 흐를 때 도체가 받는 힘의 크기는 몇 [N]인가?

① 100
② 200
③ 300
④ 400

| 해설 | 힘 $F = IBl\sin\theta = 4 \times 5 \times 5 \times \sin 90° = 100[N]$

| 정답 | ①

(5) 평행 도체 사이에 작용하는 힘
   ① 아래 그림처럼 평행 도체에 흐르는 전류 방향이 같으면 흡인력이 작용하고, 전류 방향이 다르면 반발력이 작용한다. 이는 자기장의 밀도가 달라지기 때문이다.

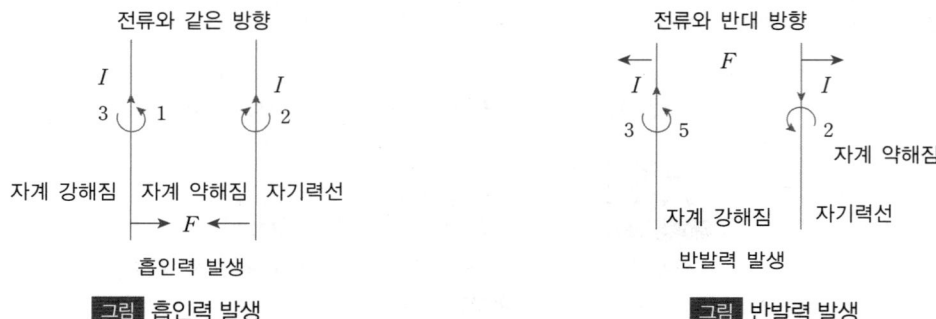

   ② 다음 그림과 같은 환경에서 흡인력 F의 크기

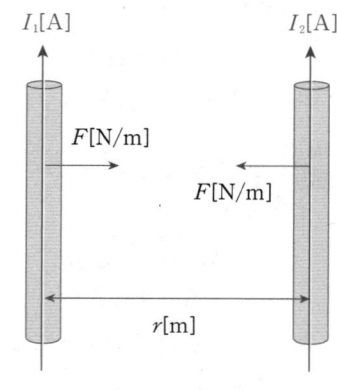

그림 흡인력

$$F = \frac{\mu_0 I_1 I_2}{2\pi r}[N/m]$$

F: 도체 1[m]당 전자력[N/m]
μ_0: 투자율(진공 또는 공기)= $4\pi \times 10^{-7}$[H/m]
I_1, I_2: 전류[A]
r: 도선 사이의 거리[m]

핵심테마 실전문제

평행한 두 도체에 같은 방향의 전류가 흘렸을 때 두 도체 사이에 작용하는 힘은 어떻게 되는가?

① 반발력이 작용한다.
② 힘은 0이다.
③ 흡인력이 작용한다.
④ $\frac{1}{2\pi r}$의 힘이 작용한다.

| 해설 | 흡인력이 작용한다.

| 정답 | ③

3 회전력 또는 토크(torque)

(1) 토크는 회전력으로 말 그대로 돌거나 구르는 등 회전하는 힘이다.
(2) 물체의 운동 상태를 기술하려면 직진 운동과 회전 운동, 두 가지를 기술해야 한다.
(3) 회전력 τ
$$\vec{\tau} = \vec{r} \times \vec{F}$$
$$\therefore \tau = rF\sin\theta [\text{N} \cdot \text{m}]$$

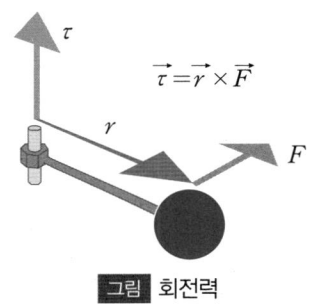

그림 회전력

4 전자력과 회전력

(1) 전자력에 의해서 발생하는 회전력을 이용하는 전기 부하가 모터이다.

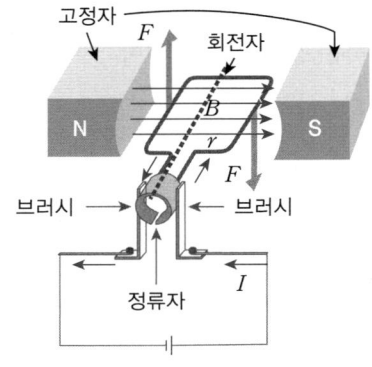

그림 모터의 구조 및 원리

(2) 위 그림에서 고정자인 자석에서 자기장이 발생하는 공간에 외부에서 전원을 인가하여 회전자에 전류를 공급하면 자속밀도 B와 회전자의 전류 I 사이에 전자력이 발생한다.

(3) 위 그림에서 회전자의 왼쪽은 플레밍의 왼손법칙에 의해 전자력 F가 위로 향하는 힘이 발생하고, 회전자의 오른쪽은 아래로 향하는 전자력 F가 발생하여 회전자는 회전하는데 이때 회전력 $\vec{\tau}=\vec{r}\times\vec{F}$가 발생한다.

5 자기쌍극자에 의한 회전력

(1) 아래 그림처럼 자극의 세기가 m인 두 자석이 거리 l만큼 떨어져 있을 때, 자기쌍극자 모멘트 $M=ml$로 정의한다.

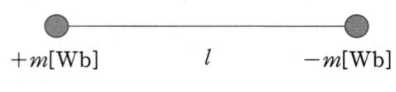

자기쌍극자 모멘트 M
$M=ml$

그림 자기쌍극자 모멘트

(2) 아래 그림처럼 자계 H가 있는 공간에 자기쌍극자가 있을 때 자기쌍극자는 자기력 $F=mH[\text{N}]$에 의해 회전력이 발생한다.

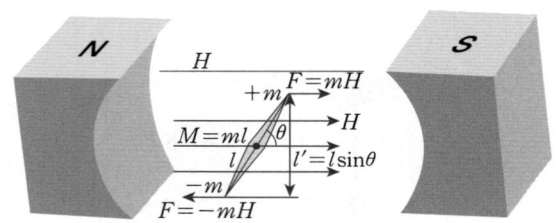

$\tau=Fl'=Fl\sin\theta$
$\therefore \tau=mHl\sin\theta[\text{N}\cdot\text{m}]$
$\tau=MH\sin\theta$
$\therefore \vec{\tau}=\vec{M}\times\vec{H}[\text{N}\cdot\text{m}]$

그림 자기쌍극자와 회전력

① 벡터의 외적은 3차원 공간에 있는 벡터 간 연산 중 하나
② 연산 결과는 두 벡터 $\vec{a}$와 $\vec{b}$에 수직인 벡터이다.
③ 방향: 두 벡터 $\vec{a}$와 $\vec{b}$에 동시에 수직
④ 크기: $\vec{a}$와 $\vec{b}$의 크기를 변으로 하는 평행사변형의 넓이

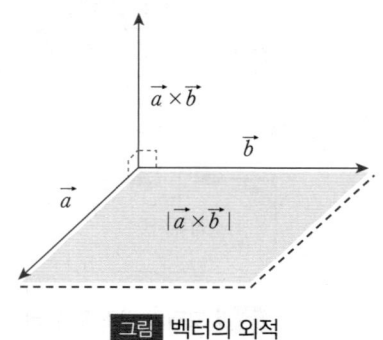

그림 벡터의 외적

테마 2 전자유도

1 전자유도작용 Ⅰ

(1) 자석을 움직여 도체로 만든 코일에 자기력선을 교차시키면 코일에 기전력이 자동으로 발생한다. 이를 전자유도작용이라 한다.

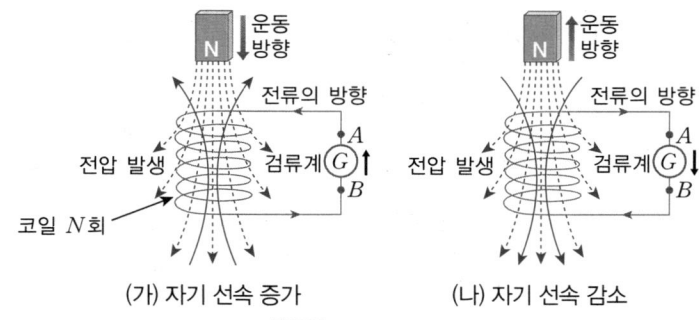

그림 자기유도현상

(2) 위 그림 (가)에서 자석을 도체로 만든 코일에 가깝게 접근하면 자기장이 코일과 쇄교하여 코일은 자기 선속이 증가하여 코일에 자기장 변화가 생겨 자동으로 코일에 유기된 전압에 의해 코일에 전류가 흐른다.
(3) 위 그림 (나)에서 자석을 코일에 멀어지도록 움직이면 코일에 쇄교한 자기선속이 감소하여 코일에 자기장 변화로 코일에 유기된 전압에 의해 코일에 전류가 흐른다.
(4) 도체에 자동으로 유기된 전압을 유기기전력 또는 유도기전력이라고 한다.
(5) 유기기전력에 의해 도체에 전류가 흐른다.
(6) 유기기전력은 E로 표시하고 단위는 [V]이다.
(7) 전자유도 작용을 이용해서 전기를 생산하는 전력설비가 발전기이다.
(8) 유기기전력(E) 크기

$$E = \frac{d\Phi}{dt} = -N\frac{d\phi}{dt}[\text{V}] \text{ (} -\text{부호는 자석에 의한 자속과 반대 방향을 의미한다.)}$$

E: 유도기전력[V], N: 코일권수, $d\Phi$: 자속의 변화량[Wb], dt: 시간의 변화량, $\Phi = N\phi$

핵심테마 실전문제

권수가 150인 코일에서 5초간 1[Wb]의 자속이 변화한다면, 코일에 발생되는 유도기전력의 크기는 몇 [V]인가?
① 50   ② 30
③ 10   ④ 150

| 해설 | 유도기전력의 크기

$$E = N\frac{d\phi}{dt} = 150 \times \frac{1}{5} = 30[\text{V}]$$

| 정답 | ②

2 발전기 원리

(1) 전자유도작용 I 원리를 이용한 전력설비 중 하나가 발전기이다.

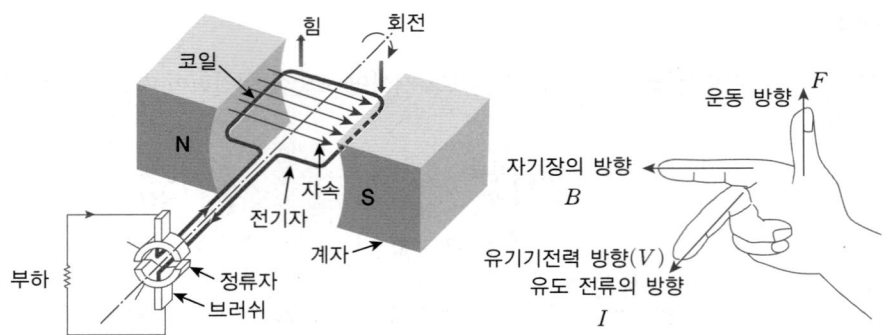

그림 직류발전기 원리와 플레밍의 오른손 법칙

(2) 위 그림은 직류발전기이다. 자기장을 만드는 부분인 자석을 계자(고정자), 코일로 표기된 부분은 전기자(회전자)라 한다.
(3) 전기자 부분을 회전시키면 전기자가 계자에서 나오는 자기장의 변화를 느껴 전기장에 전압이 유기되고 유기된 전압에 의해 전기자에 전류가 흐른다.
(4) 전기자에 흐르는 전류를 정류자를 통해 흐르게 하면 직류 전류가 부하에 공급된다.
(5) 발전기에서 유기기전력(전류) 방향은 플레밍의 오른손 법칙으로 결정한다. 즉, 운동 방향과 자기장의 방향을 알면 유기기전력(전류) 방향을 알 수 있다.

3 전자유도작용 II

(1) 아래 그림처럼 자기장 내에 있는 도체에 힘을 가하여 도체를 움직여서 도체와 자기력선을 교차시켜도 도체에 기전력이 유기된다. 전자유도작용한 형태가 된다.

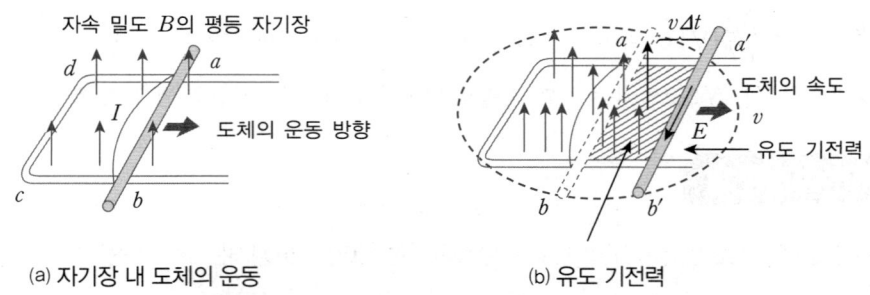

(a) 자기장 내 도체의 운동   (b) 유도 기전력

그림 자기장 내 도체 움직임으로 유기기전력 발생

(2) 위 그림 (b)에서 b 위치에 있는 도체를 b'로 이동하면 점선 원형 부분 중에서 빗금 친 부분을 통과하는 자속(ϕ: 코일을 통과하는 총 자속)만큼 증가한다.
(3) 자속(ϕ) 증가로 자속 변화를 느끼는 코일(도체)에 유기된 유기기전력

　　자속밀도 $B=\dfrac{\phi}{S}[\text{Wb/m}^2]$, $\phi=BS[\text{Wd}]$

　　빗금 친 부분 면적 $S=v\varDelta t \times l$, l: a'와 b'의 길이

유기기전력 E

$$E = \frac{\Delta\phi}{\Delta t} = \frac{Bvl\Delta t}{\Delta t}$$
$$= Blv[\text{V}]$$
$$= |(\vec{v} \times \vec{B})l| \,(\text{벡터외적으로 일반화})$$
$$= Blv\sin\theta[\text{V}]$$

(4) 유기기전력 E가 최대가 되기 위해서는 도체와 자속이 직각으로 쇄교하도록 도체를 움직이면 된다.

4 유도전류 방향 결정(렌츠의 법칙)

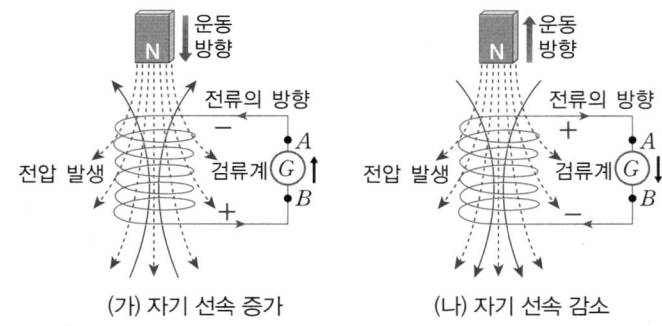

(가) 자기 선속 증가 (나) 자기 선속 감소

(1) 자석을 움직여 도체인 코일에 자기선속을 변화시킬 때 도체에 발생하는 유기기전력 방향은 자속의 변화를 감소하는 방향으로 발생한다.
(2) 위 그림 (가)에서 자석을 코일에 접근하면 코일은 자기선속이 증가하는데 이 증가를 방해하는 방향으로 전류가 흐르도록 유기기전력이 발생하여 그림 (가)에서 표시한 방향으로 전류가 흐른다.
(3) 그림 (가)에서 표시한 전류의 방향에 오른 나사법칙을 적용하면 자석에 의해 증가하는 자기선속을 방해하는 방향으로 자기선속이 발생한다.
(4) 위 그림 (나)에서 자석을 코일에서 멀리하면 코일은 자기선속이 감소하는데 이 감소를 방해하는 방향으로 전류가 흐르도록 유기기전력이 발생하여 그림 (나)에서 표시한 방향으로 전류가 흐른다.
(5) 그림 (나)에서 표시한 전류의 방향에 오른 나사법칙을 적용하면 자석에 의해 감소하는 자기선속을 방해하는 방향으로 자기선속이 발생한다.
(6) 결론적으로 자기선속이 증가하면 증가를 방해하는 방향으로, 자기선속이 감소하면 감소를 방해하는 방향으로 전류가 흐르도록 유기기전력이 발생한다. 이를 렌츠의 법칙이라 한다.
(7) 렌츠의 법칙은 전류의 방향을 결정하는 법칙이다.

테마 3 자기유도

1 자기인덕턴스(Inductance; L)

(1) 아래 그림에서 스위치를 ON 하면 회로에 흐르는 전류에 의해 자속 ϕ가 발생하고 자속은 코일과 쇄교(자속이 코일 내부를 통과)한다.

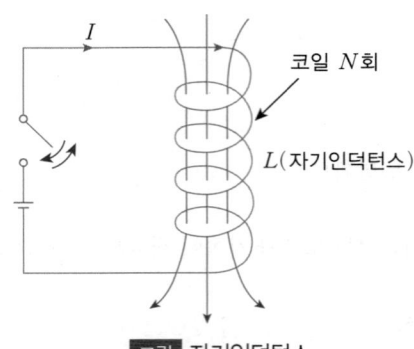

그림 자기인덕턴스

(2) 전류가 흐를 때 발생하는 자속 ϕ는 전류의 크기에 비례한다. 즉, 전류 크기가 변하면 코일과 쇄교하는 자속이 양도 변한다.
(3) 코일을 N회 감아서 만들었다면 코일과 쇄교하는 총 자속(Φ)은 $\Phi = N\phi$가 된다. 소문자로 표기하는 자속(ϕ)은 코일 N회 중 1회선을 통과하는 자속의 양이다.
(4) 쇄교 자속(Φ)과 전류(I) 관계는 비례($\Phi \propto I$)관계이다.
(5) Φ와 I 관계에서 비례상수에 해당하는 것이 자기인덕턴스이다.
$\Phi(N\phi) \propto I$
$\Phi = LI$ (L: 비례상수)
$L = \dfrac{\Phi}{I} = \dfrac{N\phi}{I}$[H]
$N\phi = LI$
(6) 단위는 H(헨리)이다. 1[H]는 1[A]의 전류가 흐를 때 코일에 발생하는 자속($\Phi = N\phi$)의 비이다.
$1[H] = \dfrac{\Phi}{I} = \dfrac{1[Wb]}{1[A]}$

2 인덕턴스 특징

(1) 도체에 전류가 흐를 때 발생하는 자기력선의 중첩으로 인해 발생하는 쇄교자속 수를 의미한다.
(2) 전류에 대한 비례상수 개념으로, 1[A]의 전류를 흘릴 때 얼마의 자속이 발생하는지를 나타낸다.
(3) 전압강하를 일으키며, 에너지를 자속 형태로 저장한다.
(4) 도선(코일)이 자기장에 반응하는 정도를 정량화시킨 비례상수이다.
(5) 자기장의 변화를 억제하도록 기전력이 코일에 발생하므로 전류변화에 대한 저항력을 의미한다.

3 상호인덕턴스 M

(1) 상호인덕턴스는 아래 그림처럼 두 코일이 있을 때 1차 코일에 전류가 흐르면 발생한 자속이 2차 코일에 영향을 주어 2차 코일에 전압을 유기한다. 이를 자기 상호유도작용이라 한다.

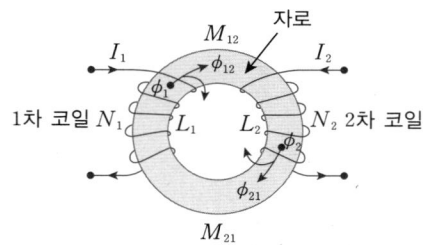

그림 상호유도작용

(2) 상호인덕턴스(M)와 자기인덕턴스(L)의 관계

$L_1 L_2 = M^2$

$M^2 = L_1 L_2$ ∴ $M = \sqrt{L_1 L_2}$

∴ $k = \dfrac{M}{\sqrt{L_1 L_2}}$ 또는 $M = k\sqrt{L_1 L_2}$

(3) 결합계수($0 \leq k \leq 1$)
- $k=0$: 자기적 결합이 전혀 되지 않음($M=0$)
- $0 < k < 1$: 일반적인 자기 결합 상태($M = k\sqrt{L_1 L_2}$)
- $k=1$: 완전한 자기 결합($M = \sqrt{L_1 L_2}$)

4 자기유도 현상

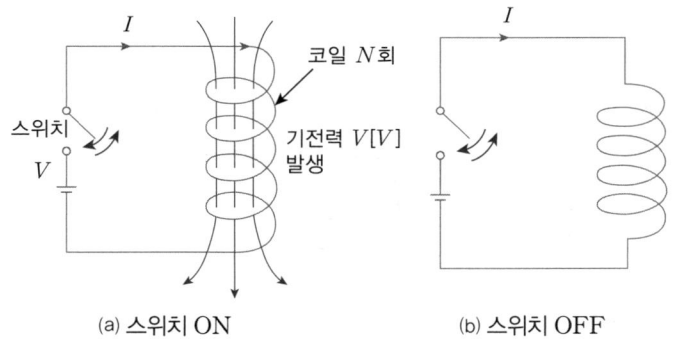

그림 자기유도 현상

(1) 위 그림에서 스위치를 ON 하면 전류가 흐르고 전류가 흐르면 코일에 자속 $\Phi = N\phi$가 발생하고 코일에 쇄교한다.

(2) 위 그림에서 스위치를 OFF 하면 전류가 흐르지 않고 동시에 코일의 자속 $\Phi = N\phi$가 사라진다.

(3) 스위치를 ON/OFF를 반복하면 코일에는 자속 발생과 소멸이 반복하여 자속의 변화가 코일에 있으면 코일에는 기전력이 발생하는데 이를 자기유도 작용이라 한다.

(4) 기전력 방향은 다음 그림과 같이 전류의 방향과 반대로 발생한다. 즉, 그림 (a)처럼 스위치를 ON 하면 전류 방향과 반대 방향으로 기전력을 발생하여 자속의 변화를 없애려 하고 그림 (b)처럼 스위치를 OFF 하여 전류가 사라지면 전류의 흐름과 동일한 방향으로 전류가 흐르도록 기전력이 발생한다.

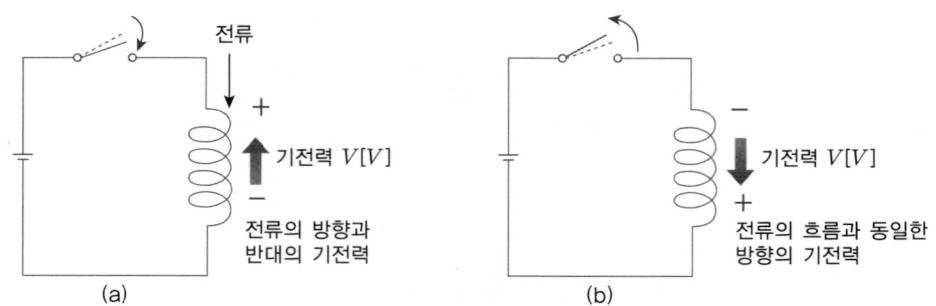

그림 기전력 방향

(5) 기전력은 렌츠의 법칙대로 자속의 변화를 방해하는 방향으로 발생한다.
(6) 기전력 크기 $V[\text{V}]$

$$V = L\frac{dI}{dt}[\text{V}]$$

5 인덕턴스 접속

(1) 코일 간에 상호인덕턴스가 없이 직렬로 접속될 때
아래 그림처럼 코일 간에 상호인덕턴스(M)가 없이 직렬로 결합된 경우 합성 인덕턴스 L

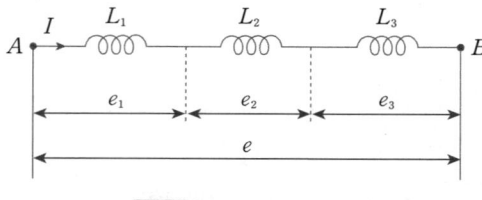

그림 합성 인덕턴스 L

$$e_1 = -L_1\frac{dI}{dt},\ e_2 = -L_2\frac{dI}{dt},\ e_3 = -L_3\frac{dI}{dt}$$

$$e = e_1 + e_2 + e_3 = -(L_1 + L_2 + L_3)\frac{dI}{dt} = -L\frac{dI}{dt}$$

$$L = L_1 + L_2 + L_3[\text{H}]$$

(2) 상호인덕턴스가 있을 때
① 아래 그림처럼 가동결합은 자속이 서로 합해지는 방향으로 결합되어 자속이 증가한다.
② 가동접속과 차동접속은 점을 찍어서 회로에 표시한다. 가동접속은 아래 그림처럼 코일에 들어가는 전류 인입점 위치가 같다.
③ 가동접속일 경우 상호인덕턴스 값은 양이다.
④ 다음 그림처럼 코일 간에 상호인덕턴스(M)가 가동으로 있을 때 직렬로 결합된 경우 합성 인덕턴스 L

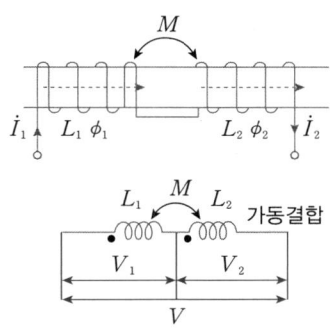

그림 가동결합 상호인덕턴스

$$L = L_1 + L_2 + 2M[\text{H}]$$

⑤ 아래 그림처럼 차동결합은 자속이 서로 상쇄되는 방향으로 결합되어 자속이 감소한다.
⑥ 가동접속과 차동접속은 점을 찍어서 회로에 표시한다. 차동접속은 아래 그림처럼 코일에 들어가는 전류 인입 점 위치가 다르다.
⑦ 차동접속일 경우 상호인덕턴스 값은 음이다.
⑧ 아래 그림처럼 코일 간에 상호인덕턴스(M)가 차동으로 있을 때 직렬로 결합된 경우 합성 인덕턴스 L

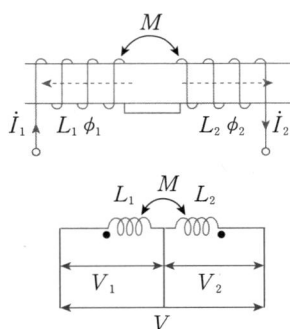

그림 차동결합 상호인덕턴스

$$L = L_1 + L_2 - 2M[\text{H}]$$

(3) 코일 간에 상호인덕턴스가 없이 병렬로 접속될 때

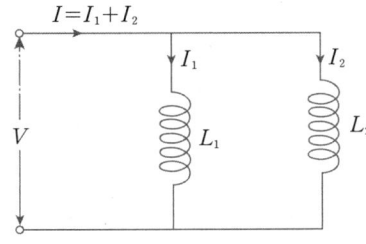

그림 합성 인덕턴스 L

$$L = \frac{L_1 L_2}{L_1 + L_2}[\text{H}]$$

(4) 코일 간에 가동으로 상호인덕턴스가 병렬로 접속될 때

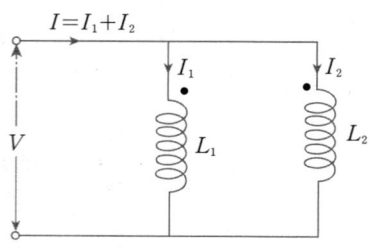

그림 가동결합 상호인덕턴스

$$L = \frac{L_1 L_2 - M^2}{L_1 + L_2 - 2M} [\text{H}]$$

(5) 코일 간에 차동으로 상호인덕턴스가 병렬로 접속될 때

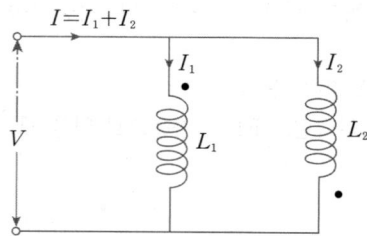

그림 차동결합 상호인덕턴스

$$L = \frac{L_1 L_2 - M^2}{L_1 + L_2 + 2M} [\text{H}]$$

핵심테마 실전문제

$A-B$ 양단에서 본 합성인덕턴스는?(단, 코일 간의 상호유도는 없다고 본다.)

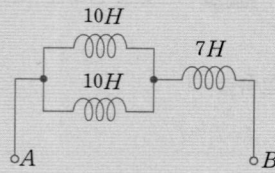

① 12[H]
② 10[H]
③ 15[H]
④ 18[H]

| 해설 | 합성인덕턴스 $L = \frac{L_1 \cdot L_2}{L_1 + L_2} + L_3 = \frac{10 \times 10}{10 + 10} + 7 = 12[\text{H}]$

| 정답 | ①

6 자계에너지

(1) 코일에 축적되는 에너지가 자계에너지이다.
(2) 코일에는 전기에너지가 자속 형태인 자계에너지로 변환되어 저장된다.
(3) 코일에 저장되는 에너지

$$W = \frac{1}{2}LI^2 [J]$$

핵심테마 실전문제

인덕턴스 L[H]인 코일에 I[A]의 전류가 흐른다면 이 코일에 축적되는 에너지[J]는?

① LI^2
② $2LI^2$
③ $\frac{1}{2}LI^2$
④ $\frac{1}{4}LI^2$

| 해설 | 코일에 축적되는 에너지: $W = \frac{1}{2}LI^2 [J]$

| 정답 | ③

핵심테마 실전문제

자기인덕턴스 5[mH]의 코일에 5[A]의 전류를 흘렸을 때 여기에 축적되는 에너지는 얼마인가?

① 0.04[W]
② 0.04[J]
③ 0.08[W]
④ 0.06[J]

| 해설 | 코일에 축적되는 에너지 [J]
축적 에너지 $W = \frac{1}{2}LI^2 = \frac{1}{2} \times (5 \times 10^{-3}) \times 5^2 = 0.06 [J]$

| 정답 | ④

테마 03 | 전자력과 전자유도

01
다음 중 전자력 F의 크기를 계산하는 식으로 옳은 것은?

① $F = BIL\sin\theta$
② $F = BIL\cos\theta$
③ $F = \dfrac{B}{I}$
④ $F = \dfrac{B}{L}$

| 해설 |
자기장 안의 도체에 전류가 흐를 때 도체에 작용하는 힘
$F = BIL\sin\theta$ [N]
θ는 전류와 자기장 사이의 각도이며, 최대 힘은 각도가 90°일 때 발생한다.

| 정답 | ①

02
다음 중 유도기전력 크기를 나타내는 식은?

① $E = -N\dfrac{d\phi}{dt}$
② $E = -\dfrac{\phi}{dt}$
③ $E = \dfrac{N}{\phi}$
④ $E = \phi N$

| 해설 |
패러데이의 법칙에 따른 유도기전력 공식
$E = -N\dfrac{d\phi}{dt}$
여기서 N: 코일 권수, ϕ: 자속이고 (−) 부호는 방향이 반대인 렌츠의 법칙을 반영한 것이다.

| 정답 | ①

03
전자유도에 의한 발전기의 원리를 설명하는 법칙은?

① 렌츠의 법칙
② 플레밍 왼손 법칙
③ 플레밍 오른손 법칙
④ 키르히호프 전압법칙

| 해설 |
플레밍 왼손 법칙: 전동기의 원리를 설명
플레밍 오른손 법칙: 발전기의 원리를 설명

| 정답 | ③

04
1[H]의 자기인덕턴스란 어떤 의미인가?

① 1[A]의 전류가 흐를 때 1[V]의 전압이 발생
② 1[V]의 전압에 1[A]가 흐름
③ 1[A]의 전류가 흐를 때 1[Wb]의 자속이 발생
④ 1[Wb]의 자속이 흐를 때 1[A]가 흐름

| 해설 |
자기인덕턴스
$L = \dfrac{N\phi}{I}$ [H]
즉, 1[H]는 1[A]의 전류가 흐를 때 1[Wb]의 자속이 쇄교된다는 것을 의미한다.

| 정답 | ③

05

서로 밀접하게 결합된 두 코일이 있을 때, 상호인덕턴스 M의 크기는 무엇에 비례하는가?

① 두 코일의 전류
② 결합 계수와 각 코일의 자기인덕턴스
③ 자계의 방향
④ 자속밀도와 속도

| 해설 |
상호인덕턴스
$M = k \cdot \sqrt{L_1 L_2} [\text{H}]$
여기서 k: 결합 계수(0~1), L_1, L_2: 각 코일의 자기인덕턴스

| 정답 | ②

06

인덕턴스가 직렬 연결될 때, 합성 인덕턴스를 구하는 방법은?

① 역수의 합
② 곱의 합
③ 단순 합
④ 차의 합

| 해설 |
직렬 연결 시 합성 인덕턴스는 다음과 같다.
$L = L_1 + L_2 + L_3 + \cdots$
즉, 직렬 연결 시 합성 인덕턴스는 인덕턴스들의 단순 합과 같다.

| 정답 | ③

07

상호인덕턴스를 고려한 가동 직렬 접속의 합성 인덕턴스 식은?

① $L = L_1 + L_2 - 2M$
② $L = L_1 + L_2 + 2M$
③ $L = L_1 + L_2 - M$
④ $L = L_1 + L_2 + M$

| 해설 |
가동 접속은 코일 자속이 같은 방향으로 결합되어 서로 증가한다. 따라서 합성 인덕턴스는 다음과 같다.
$L = L_1 + L_2 + 2M [\text{H}]$
(차동 접속의 경우, $L = L_1 + L_2 - 2M [\text{H}]$)

| 정답 | ②

08

다음 중 병렬 연결된 인덕턴스의 합성 계산식으로 옳은 것은?

① $\dfrac{1}{L} = \dfrac{1}{L_1} + \dfrac{1}{L_2}$
② $L = L_1 + L_2$
③ $L = L_1 \cdot L_2$
④ $\dfrac{1}{L} = L_1 + L_2$

| 해설 |
인덕턴스의 병렬 연결 시는 저항과 마찬가지로 역수의 합으로 계산한다.
$\dfrac{1}{L} = \dfrac{1}{L_1} + \dfrac{1}{L_2}$ (또는 $L = \dfrac{L_1 L_2}{L_1 + L_2}$)

| 정답 | ①

1과목 | 전기이론

핵심테마 이론 04 | 직류회로

테마 1 전류와 전압

1 기본용어 정의

(1) 전기: 도체의 전자 이동으로 생기는 에너지의 한 형태
(2) 전자: 전기적인 성질인 음전하를 가지고 원자핵 주위에 있는 입자
(3) 부하: 전동기, 전구 및 전열기 등과 같이 전원에 연결되어 전류가 흐르면서 외부로 일을 하는 장치, 즉 전기에너지를 다른 에너지로 소비하거나 변환하는 장치
(4) 전원: 전기에너지의 근원을 말한다. 휴대폰에서 사용하는 전기에너지의 근원은 배터리로 배터리가 전원이고 콘센트에서 나오는 전기에너지의 근원은 발전기이므로 발전기가 전원이 된다.
(5) 능동소자: 회로에 전기에너지를 공급하는 역할을 하는 전원(전압원, 전류원)
(6) 수동소자: 전원으로부터 공급받은 전기에너지를 소비 또는 변환하는 소자(저항, 인덕터, 커패시터)
(7) 도체
   ① 원자핵에 의한 전자의 구속력이 비교적 적어서 물질 내를 자유로이 이동할 수 있는 전자, 즉 자유전자를 많이 가지고 있음
   ② 전하(자유전자)의 이동을 자유로이 허용하는 물질
   ③ 금속, 탄소(비금속), 전해액 등이 대표적 물질
(8) 부도체
   ① 원자핵에 대한 전자의 구속력이 강하여 전자(전하)는 물질 내를 이동하기가 어렵고 외부의 전기력에 의해 전자와 원자핵의 변위만 일으킴
   ② 공기, 고무, 유리, 기름, 플라스틱, 순수한 물(증류수) 등이 대표적 물질
(9) 반도체
   정공(양전하) 또는 자유전자(음전하)를 극히 일부 가지고 있기 때문에 도체와 부도체의 중간 성질의 전기 전도성을 갖는 물질(실리콘(Si), 게르마늄(Ge), 셀렌(Se) 등)

2 전류 I

(1) 전류는 아래 그림처럼 단위시간(t)에 이동하는 전하량(Q)의 비이다.

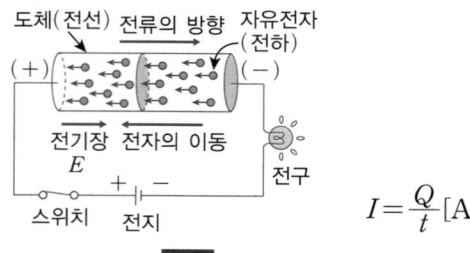

$$I = \frac{Q}{t}[\text{A}]$$

그림 전류의 정의

(2) 전자(전하)의 이동은 (−)극에서 (+)극으로 이동하고, 전류는 전자의 이동과 반대 방향으로 이동한다.
(3) 전류의 단위는 암페어[A]이다.
(4) 1[A]는 단위시간에 대한 단위전하량의 비이다.

$$1[\text{A}] = \frac{Q}{t} = \frac{1[\text{C}]}{1[\text{s}]}$$

(5) 전기에너지는 전류를 통해서 부하에게 전달된다.
(6) 전류는 전압이 높은 곳에서 낮은 곳으로 흐른다.

3 전압 V

(1) 전압의 정의

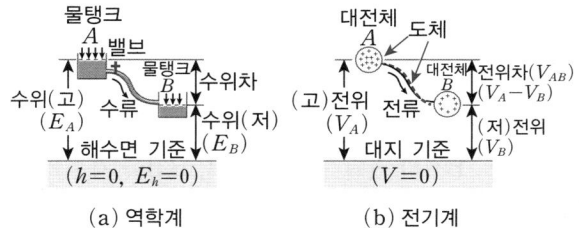

그림 역학계와 전기계 비교

① 역학계에서 높고 낮음의 기준은 바다 수면이고 전기계에서 높고 낮음의 기준은 대지(땅)이다.
② 바다나 대지를 기준으로 삼는 이유는 비가 많이 와도 태풍이 불어도 쉽게 바다의 수위는 변하지 않고, 대지에 아무리 많은 전하가 유입되어도 대지의 전위는 변하지 않기 때문이다. 즉, 쉽게 변하지 않는 것을 기준으로 한다.
③ 영전위는 이론적으로는 무한원점이고 현실에서는 대지에 해당한다.
④ 전류는 전위가 높은 곳에서 낮은 곳으로 흐른다.
⑤ 전압은 두 지점의 전위(전기적 위치에너지) 차로 정의한다.
⑥ 위 그림에서 전압은 두 지점의 전위차 $V_{AB} = V_A - V_B [\text{V}]$이다.
⑦ 전압은 $Q[\text{C}]$의 전하가 전위차 또는 전압 V인 두 점 사이를 이동하였을 때 전하가 한 일로 정의한다.

$$W = QV[\text{J}] \quad \therefore V = \frac{W}{Q}[\text{V}]$$

(2) 전압 극성 표시
① 전위차 V_{AB}와 V_{BA}의 관계
$V_{AB} = V_A - V_B = -(V_B - V_A) = -V_{BA}$
$\therefore V_{AB} = -V_{BA}, \ V_{BA} = -V_{AB}$

② 전압의 표현법
• 아래 그림 (a)처럼 소자가 수동소자일 때 전류가 소자에 들어가는 곳을 (+)로 표시하면 소자 양단의 전위차인 전압을 $+V$값으로 표기한다.
• 아래 그림 (b)처럼 소자가 수동소자일 때 전류가 소자에 들어가는 곳을 (−)로 표시하면 소자 양단의 전위차인 전압을 $-V$값으로 표기한다.

(a) $V_{AB} = V_0$　　(b) $V_{BA} = -V_0$

그림 수동소자 전압의 표현법

- 아래 그림처럼 능동소자의 기준 방향은 전류 i가 유입하는 단자에 저전위(−), 유출하는 단자에 고전위(+)로 전압 상승이 일어나는 방향으로 전압 V의 극성을 $+V$로 표시

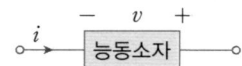

그림 능동소자의 전압의 표현법

(3) 접지와 전압의 기준

① 접지: 전위의 기준점(영전위)은 대지이며, 기호는 다음 그림과 같다.

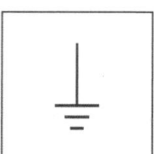

그림 접지 기호

② 접지의 위치 선정에 따른 전위
- 그림 ⓐ는 C점을 기준으로 B점의 전위가 3[V] 높고, B점을 기준으로는 A점이 3[V] 높다. C점을 기준으로 6[V]가 높다는 의미이다. 만약 C점의 전위가 3[V]라면 B점은 6[V]가 될 것이고, A점은 9[V]가 된다.
- 그림 ⓑ는 C점을 기준으로 B점의 전위가 3[V] 높고, B점을 기준으로는 A점이 6[V] 높다. C점을 기준으로 9[V]가 높다는 의미이다.
- 그림 ⓒ는 C점에 비해 B점 전위가 3[V] 높지만 B점을 대지에 접지했으므로, 즉 3[V]를 0[V]로 했기 때문에 C점의 전위는 −3[V]가 된다. A점의 전위는 B점을 기준으로 6[V] 높고 C점을 기준으로는 9[V] (6[V]−(−3[V]))가 높다.

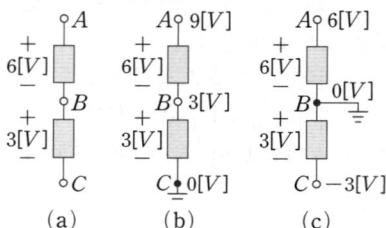

그림 기준(접지)에 따른 전압

4 전압상승과 전압강하

(1) **전압상승**: 양전하(양성자)가 전원과 같이 저전위(−)에서 고전위(+)로 지나면서 에너지를 얻는 것으로 전원이 이에 해당하며 전원은 에너지를 얻어 부하에게 에너지를 계속 공급하게 된다.

(2) **전압강하**: 양전하(양성자)가 부하와 같이 고전위(+)에서 저전위(−)로 지나면서 에너지를 잃는 것으로 부하가 이에 해당한다. 즉, 부하는 에너지를 소비하는 것으로 전압강하가 일어난다.

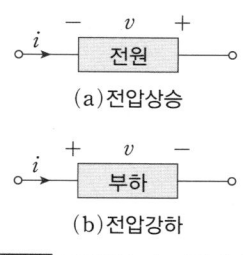

(a) 전압상승

(b) 전압강하

그림 전압상승과 전압강하

테마 2 전기저항(Resistor)

1 저항의 정의

(1) 전기의 흐름을 제한, 저항하는 수동소자
(2) 전기회로 안에서 전기의 흐름을 제한하여 전류(또는 전압)의 크기를 제어하는 수동소자

2 물체의 저항 계산

(1) 다음 그림과 같이 어떤 물질로 전선을 만들었을 때 저항값 계산은 다음 수식으로 한다.

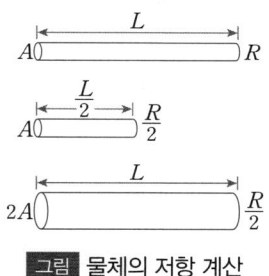

그림 물체의 저항 계산

$R = \rho \dfrac{L}{A}[\Omega]$ (A: 단면적[m²], L: 물질의 길이[m], ρ: 물질의 고유(비)저항[$\Omega \cdot$m])

(2) 주요 물질의 고유 저항은 다음과 같다.

물질	비저항 (단위: $\times 10^{-8}$[$\Omega \cdot$m])
은	1.59
구리	1.68
알루미늄	2.65
텅스텐	5.6
철	9.71
백금	10.6
납	22

표 물질의 상온 고유저항

(3) 도전율 또는 전도율 σ는 물질의 고유저항의 역수와 같다. 도전율은 물질에서 전류가 흐르는 정도를 수치화하여 나타낸 것이다.

도전율 $\sigma = \dfrac{1}{\rho}[\mho/m]$

(4) 저항의 단위는 옴(Ω)이다.
(5) 전기회로에서 저항의 기호는 다음과 같다.

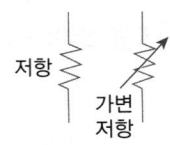

그림 저항 기호

(6) 컨덕턴스 G는 저항의 역수이고 단위는 [℧]: mho[모] 또는 S(지멘스)이다.

$G = \dfrac{1}{R}[\mho]$

테마 3 옴 법칙

1 옴 법칙은 전기의 기본 법칙으로 아래 그림처럼 도체에 흐르는 전류는 전압에 비례하고, 저항에 반비례하는 법칙이다.

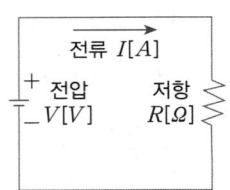

그림 옴의 법칙

$$V = IR[V]$$
$$I = \dfrac{V}{R}[A]$$
$$R = \dfrac{V}{I}[\Omega]$$

2 저항은 아래 그림처럼 기울기에 해당한다.

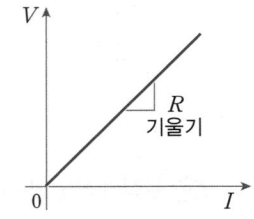

그림 저항과 전압과 전류 관계

핵심테마 실전문제

옴의 법칙으로 옳은 것은?
① 전압은 저항에 비례한다.
② 전류는 저항에 비례한다.
③ 전압은 저항에 반비례한다.
④ 전류는 전압에 반비례한다.

| 해설 | 전압은 전류와 저항에 비례하고, 전류는 저항에 반비례하고 전압에 비례한다.

| 정답 | ①

테마 4 저항의 연결(접속)

1 저항의 직렬 연결

(1) 아래 그림처럼 나타낸 것이 저항의 직렬 연결이다.

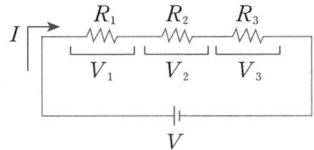

그림 저항의 직렬 연결(접속)

(2) 저항을 직렬 연결하면 각 저항에 흐르는 전류 I는 같다.
(3) 저항 직렬 연결 시 합성저항은 모두 합하면 된다. 즉, 합성저항 $R=R_1+R_2+R_3$로 계산한다.

$V_1=IR_1,\ V_2=IR_2,\ V_3=IR_3$
$V=V_1+V_2+V_3$
$\quad=IR_1+IR_2+IR_3$
$\quad=I(R_1+R_2+R_3)$
$\quad=IR[\text{V}]$

∴ 합성저항 $R=R_1+R_2+R_3[\Omega]$

$I=\dfrac{V}{R}=\dfrac{V}{R_1+R_2+R_3}[\text{A}]$

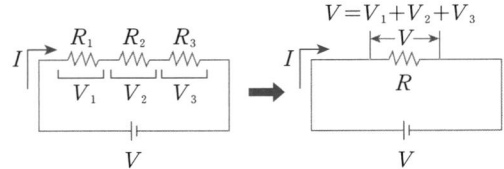

그림 합성저항으로 만든 등가회로

(4) 같은 R_1저항 N개를 직렬 연결하면 합성저항 $R=NR_1$이다.
(5) 위 회로에서 옴의 법칙을 적용하여 각 소자에 걸리는 전압 및 회로에 흐르는 전류는 아래와 같다.

$$I=\frac{V}{R}=\frac{V}{R_1+R_2+R_3}[A]$$
$$V_1=IR_1,\ V_2=IR_2,\ V_3=IR_3$$
$$V=V_1+V_2+V_3$$

(6) 저항의 직렬 연결에서 각 저항에 걸리는 전압은 전원전압을 전체 저항에 대한 각각의 저항값에 비례해서 분배된다.

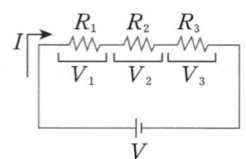

그림 각 저항에 걸리는 전압

$$V_1=\frac{R_1}{R}V,\ V_2=\frac{R_2}{R}V,\ V_3=\frac{R_3}{R}V$$

핵심테마 실전문제

저항 5[Ω], 15[Ω], 25[Ω]을 직렬로 연결하면 합성저항은?
① 40[Ω]　　　　　　　　　　　　② 45[Ω]
③ 50[Ω]　　　　　　　　　　　　④ 55[Ω]

| 해설 | 저항 직렬 연결은 모든 저항값을 합하면 된다.
　　　즉, 합성저항은 5+15+25=45[Ω]이다.

| 정답 | ②

2 저항의 병렬 연결

(1) 아래 그림처럼 저항을 연결하면 저항 병렬 연결이다.

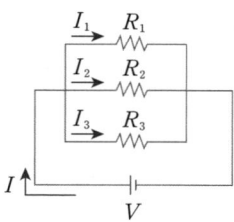

그림 저항 병렬 연결

(2) 저항을 병렬 연결하면 각 저항에 걸리는 전압은 동일하다.
(3) 전체 전류 I는 아래와 같다.

$$I=I_1+I_2+I_3$$

$$= \frac{V}{R_1} + \frac{V}{R_2} + \frac{V}{R_3}$$

$$= \left(\frac{1}{R_1} + \frac{1}{R_2} + \frac{1}{R_3}\right)V$$

$$= \frac{1}{R}V$$

∴ 합성저항 $\frac{1}{R} = \frac{1}{R_1} + \frac{1}{R_2} + \frac{1}{R_3}$

$$R = \frac{1}{\frac{1}{R_1} + \frac{1}{R_2} + \frac{1}{R_3}}$$

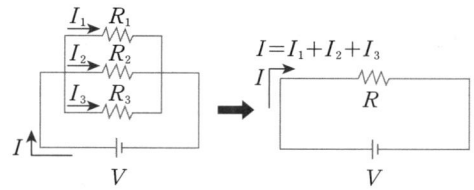

그림 저항 병렬 연결 시 합성저항

(4) 같은 R_1 저항을 N개 병렬 연결하면 합성저항은 $R = \frac{R_1}{N}$이다.

핵심테마 실전문제

저항 2[Ω], 4[Ω], 8[Ω]을 병렬로 연결할 경우 합성저항은?

① 1.14[Ω]
② 1.25[Ω]
③ 1.32[Ω]
④ 1.44[Ω]

| 해설 | 저항 병렬 연결 합성저항

$$R = \frac{1}{\frac{1}{R_1} + \frac{1}{R_2} + \frac{1}{R_3}} = \frac{1}{\frac{1}{2} + \frac{1}{4} + \frac{1}{8}} = \frac{1}{0.5 + 0.25 + 0.125} = 1.14[\Omega]$$

| 정답 | ①

3 저항의 직병렬 혼합 연결 시 합성저항

(1) 다음과 같은 저항의 연결을 저항 직병렬 혼합 연결이라 한다.

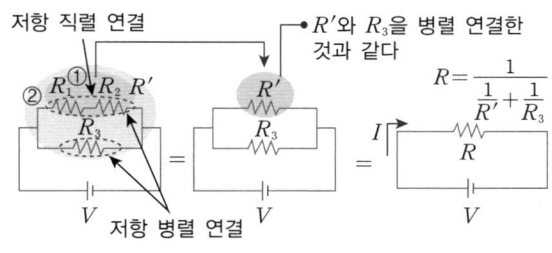

그림 저항 직병렬 혼합 연결

(2) 저항 직렬 연결 부분의 합성저항 R'
$R' = R_1 + R_2$
(3) 합성저항 R
$R = \dfrac{1}{\dfrac{1}{R'} + \dfrac{1}{R_3}}$
(4) 저항 직병렬 혼합 연결 방법은 다양하지만, 직렬은 직렬대로 계산하고 병렬은 병렬대로 계산해 가면 합성저항을 쉽게 구할 수 있다.

핵심테마 실전문제

저항 5[Ω] 2개를 직렬로 연결한 경우와 병렬로 연결할 경우의 저항값 차이는?

① 7.5[Ω] ② 7.6[Ω]
③ 7.7[Ω] ④ 7.8[Ω]

| 해설 | 저항 직렬 연결인 경우 합성저항 R(직렬) $= 5 + 5 = 10$[Ω]

저항을 병렬로 연결한 경우 합성저항 R(병렬) $= \dfrac{5 \times 5}{5 + 5} = 2.5$[Ω]

두 경우의 저항값 차이는 $10 - 2.5 = 7.5$[Ω]이다.

| 정답 | ①

4 저항의 직렬과 병렬 연결에서 전류와 전압 분배

(1) 저항 직렬 연결 시 전류와 전압 분배

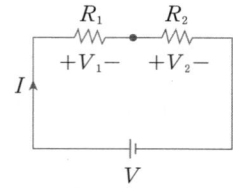

그림 저항 직렬 연결

① 저항의 직렬 연결 시 전류는 모든 저항에서 같으므로 분배되지 않는다.
② 저항 연결 시 전압 분배는 전원전압을 합성저항($R_1 + R_2$)에 대한 자기자신의 저항(R_1 또는 R_2)의 비로 분배된다.

$V_1 = \dfrac{R_1}{R_1 + R_2} V$, $V_2 = \dfrac{R_2}{R_1 + R_2} V$

핵심테마 실전문제

다음 회로에서 V_2값을 계산하여 고르면?

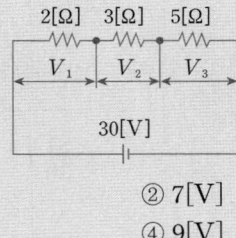

① 6[V] ② 7[V]
③ 8[V] ④ 9[V]

| 해설 | 전류 $I = \dfrac{V}{R} = \dfrac{30}{10} = 3[A]$, $V_2 = IR_2 = 3[A] \times 3[\Omega] = 9[V]$

$\left(\text{또는 } V_2 = \dfrac{3}{2+3+5} \times 30 = 9[V]\right)$

| 정답 | ④

(2) 저항 병렬 연결 시 전류와 전압 분배

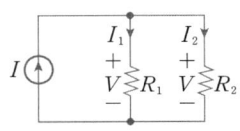

그림 저항 병렬 연결

① 저항의 병렬 연결 시 각 저항에 걸리는 전압은 모두 같기 때문에 분배되지 않는다.
② 저항 병렬 연결 시 전류의 분배

$I_1 = \dfrac{V}{R_1}$ 과 $I_2 = \dfrac{V}{R_2}$

③ I_1과 I_2를 구하기 위해서는 V값이 필요

- 합성저항 $R = \dfrac{R_1 R_2}{R_1 + R_2}$

- 전압 $V = IR = I\dfrac{R_1 R_2}{R_1 + R_2}$

④ $I_1 = \dfrac{V}{R_1} = \dfrac{1}{R_1} \times \dfrac{R_1 R_2}{R_1 + R_2} I = \dfrac{R_2}{R_1 + R_2} I$

⑤ $I_2 = \dfrac{V}{R_2} = \dfrac{1}{R_2} \times \dfrac{R_1 R_2}{R_1 + R_2} I = \dfrac{R_1}{R_1 + R_2} I$

핵심테마 실전문제

다음 회로에서 I_1값은?

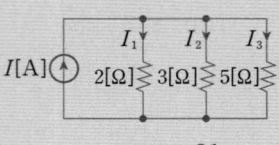

① $\frac{29}{31}I$ ② $\frac{15}{31}I$ ③ $\frac{31}{30}I$ ④ $\frac{31}{29}I$

| 해설 | $I_1 = \frac{V}{R_1} = \frac{IR_t}{R_1}$

합성저항 $R_t = \dfrac{1}{\dfrac{1}{R_1}+\dfrac{1}{R_2}+\dfrac{1}{R_3}} = \dfrac{1}{\dfrac{1}{2}+\dfrac{1}{3}+\dfrac{1}{5}} = \dfrac{30}{31}[\Omega]$

$I_1 = \dfrac{\frac{30}{31}}{2}I = \dfrac{30}{62}I = \dfrac{15}{31}I$

| 정답 | ②

핵심테마 실전문제

다음 회로에서 I_1값을 고르면?

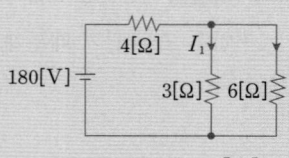

① 18[A]   ② 19[A]
③ 20[A]   ④ 21[A]

| 해설 | $R = 4 + \dfrac{3\times 6}{3+6} = 6[\Omega]$

$I = \dfrac{V}{R} = \dfrac{180}{6} = 30[A]$

$\therefore I_1 = \dfrac{R_2}{R_1+R_2} \times I = \dfrac{6}{3+6} \times 30 = 20[A]$

| 정답 | ③

테마 5 컨덕턴스 G

컨덕턴스는 저항 R의 역수로 단위는 모[℧] 또는 지멘스[S]를 사용한다. 저항 회로와 역대응 관계를 갖는다.

1 컨덕턴스 직렬 연결

(1) 컨덕턴스를 직렬로 접속하면 다음과 같이 합성 컨덕턴스를 계산한다.
(2) 저항 연결의 직렬과 같이 계산한다.

$$\frac{1}{G_{eq}} = \frac{1}{G_1} + \frac{1}{G_2} + \frac{1}{G_3}$$

$$\therefore G_{eq} = \frac{1}{\frac{1}{G_1} + \frac{1}{G_2} + \frac{1}{G_3}} \ [℧]$$

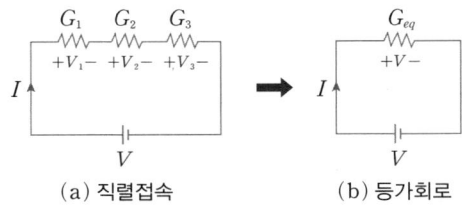

(a) 직렬접속　　(b) 등가회로

그림 컨덕턴스 직렬 연결

2 컨덕턴스 병렬 연결

(1) 컨덕턴스를 병렬로 접속하면 다음과 같이 합성 컨덕턴스를 계산한다.
(2) 저항 연결의 병렬과 같이 계산한다.

$$G_{eq} = G_1 + G_2 + G_3 \ [℧]$$

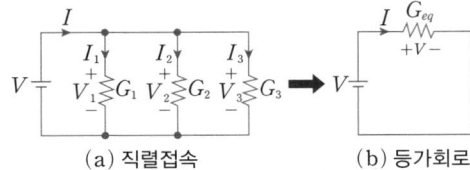

(a) 직렬접속　　(b) 등가회로

그림 컨덕턴스 병렬접속

핵심테마 실전문제

저항 2[Ω]과 5[Ω]을 직렬로 접속했을 때 합성 컨덕턴스 G는?

① 0.14　　　　　　　　　　　　② 1.14
③ 2.14　　　　　　　　　　　　④ 3.14

| 해설 | 합성저항 $R=2+5=7[\Omega]$

　　　　합성 컨덕턴스 $G=\dfrac{1}{7}=0.14[\mho]$

| 정답 | ①

 핵심테마 실전문제

컨덕턴스 2[℧]과 5[℧]을 직렬로 접속했을 때 합성 컨덕턴스 G는?

① 1.43　　　　　　　　　　　　② 1.14
③ 2.14　　　　　　　　　　　　④ 3.14

| 해설 | 합성 컨덕턴스 $G=\dfrac{1}{\dfrac{1}{2}+\dfrac{1}{5}}=1.43[\mho]$

| 정답 | ①

테마 6 전위의 평형

1 키르히호프 전류 법칙(KCL)

(1) 아래 그림처럼 회로의 임의 접속점 O에서 O점에 유입하는 전류의 합과 유출하는 전류의 합은 같다.

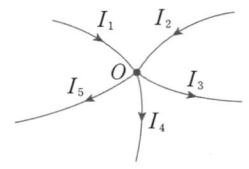

유입 전류의 합 = 유출 전류의 합
$I_1+I_2=I_3+I_4+I_5$

그림 키르히호프 전류 법칙

(2) 전류의 부호는 들어가는 전류를 양의 값으로 하고 나가는 전류는 음의 값으로 설정한다.

핵심테마 실전문제

다음 회로에서 전류 I_2를 계산하는 식 중 옳은 것은?

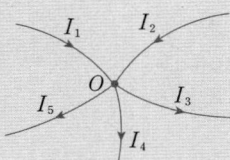

① $I_1+I_2=I_3+I_4+I_5$
② $I_1+I_3=I_2+I_4+I_5$
③ $I_4+I_2=I_3+I_1+I_5$
④ $I_1+I_5=I_3+I_4+I_2$

| 해설 | 키르히호프 전류 법칙은 접속점 O에서 들어오는 전류와 나가는 전류의 합은 같다.
$I_1+I_2=I_3+I_4+I_5$

| 정답 | ①

2 키르히호프 전압 법칙(KVL)

(1) 키르히호프 전압 법칙은 전류 방향을 정했을 때 폐회로에서 전압 강하하는 전압의 합과 전압 상승하는 전압의 합은 같다는 것이다.

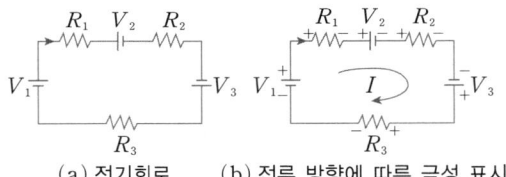

(a) 전기회로   (b) 전류 방향에 따른 극성 표시

그림 키르히호프 전압 법칙

(2) 위 그림 (b)에서

전압 상승: V_1, V_3

전압 강하: IR_1, V_2, IR_2, IR_3

(전압 상승는 전류가 낮은 전위(−)에서 높은 전위(+) 방향으로 흐를 때이고, 전압 강하는 전류가 높은 전위에서 낮은 전위 방향으로 흐를 때이다.)

(3) 전압 상승을 양의 값으로 전압강하는 음의 값으로 설정하면 다음 수식 형태로 키르히호프 전압 법칙을 표현할 수 있다.

∴ $V_1+V_3-IR_1-V_2-IR_2-IR_3=0$

3 휘스톤브리지

(1) 브리지 회로 평형 조건

① 브리지 회로는 4개의 변을 갖는 정사각형 평형 회로이다.

② 평형 조건은 마주 보는 변의 곱의 값은 같다.

③ 브리지 회로를 이용하여 직류회로는 미지 저항값을 측정할 때 사용하고 교류회로에서는 미지의 L, C값을 측정할 때 사용한다.
평형 조건: $Z_1Z_3=Z_2Z_4$

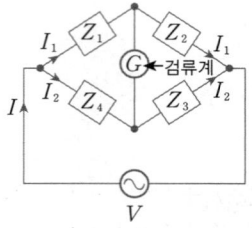

평형 조건: $Z_1Z_3=Z_2Z_4$
(대각 Z의 곱은 서로 같다.)

[그림] 교류브리지 회로 평형 조건

(2) 휘스톤 브리지 회로는 아래 그림처럼 브리지 회로를 이용하는 계측기이다.

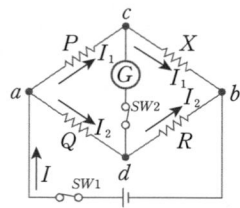

[그림] 휘스톤 브리지 회로

검류계 $G=0$일 때, 미지의 X 저항값은 다음 수식으로 측정한다.
$PR=QX$
$X=\dfrac{PR}{Q}[\Omega]$

테마 7 전지의 연결

1 전지의 전압과 단자전압

(1) 아래와 같이 전기회로가 있을 때 전원(전지)은 전압과 전지의 내부 저항 r로 모델링한다.

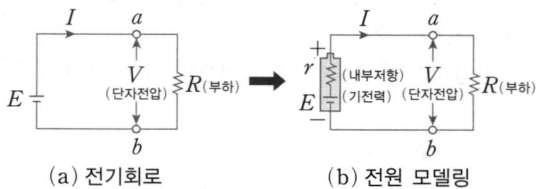

(a) 전기회로　　(b) 전원 모델링

[그림] 전지의 전압과 단자전압

(2) 단자전압 V와 전원전압 E의 관계
$E=(R+r)I[V],\ E=IR+Ir[V]$
$V=IR=E-Ir[V]$

핵심테마 실전문제

기전력이 1.5[V]이고, 내부 저항이 1[Ω]인 전지를 2.5[Ω]의 저항에 연결하였다. 전지 양단의 단자전압[V]을 구하면?

① 1.07[V] ② 2.07[V]
③ 3.07[V] ④ 4.07[V]

| 해설 |

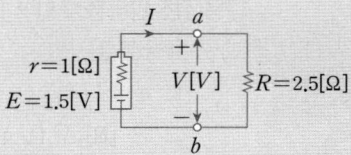

$E = (r + R)I$[V]

$I = \dfrac{E}{r+R} = \dfrac{1.5}{1+2.5} = 0.43$[A]

$\therefore V = RI = 2.5 \times 0.43 = 1.07$[V]

| 정답 | ①

2 전지의 직렬 연결

(1) 아래 그림 (a)와 같이 전지의 직렬 연결은 (b)와 같이 모델링하여 전류를 계산한다.

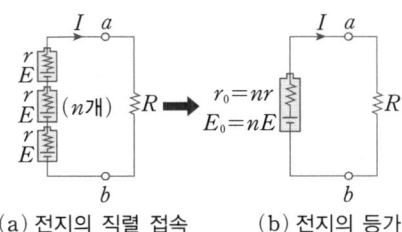

(a) 전지의 직렬 접속   (b) 전지의 등가

그림 전지의 직렬 연결

(2) 전류 I
  ① 전지의 총기전력: $E_0 = nE$[V]
  ② 전지의 합성 내부저항: $r_0 = nr$[Ω]
  ③ 회로의 전체 합성저항: $R_0 = R + nr$[Ω]

$$I = \dfrac{E_0}{R_0} = \dfrac{nE}{R+nr} \text{[A]}$$

3 전지의 병렬 연결

(1) 다음 그림처럼 전지의 병렬 연결은 (b)처럼 모델링한다.

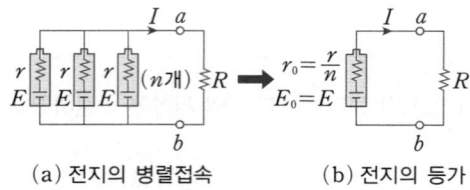

(a) 전지의 병렬접속   (b) 전지의 등가

그림 전지의 병렬 연결

(2) 전류 I
① 전지의 총기전력: $E_0 = E[V]$(불변)
② 전지의 합성 내부저항: $r_0 = \dfrac{r}{n}[\Omega]$
③ 회로의 전체 합성저항: $R_0 = R + \dfrac{r}{n}[\Omega]$

$$I = \dfrac{E_0}{R_0} = \dfrac{E}{R + \dfrac{r}{n}}[A]$$

테마 8 전압과 전류 측정

1 배율기

(1) 아래 그림처럼 전압계(V)의 전압 측정 범위를 벗어나는 저항소자 R 양단의 전압인 V_0를 측정하기 위해서는 전압계(V)의 측정 범위를 확장할 때 측정이 가능하다.

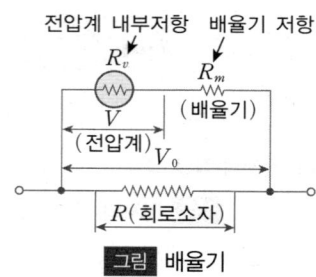

그림 배율기

(2) 배율기 저항은 전압계(V)의 측정 범위를 확장할 때 사용한다.
(3) 위 그림처럼 전압계의 측정 범위를 확장할 때 전압계와 직렬로 배율기 저항 R_m을 연결한다.

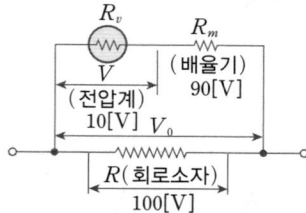

(4) 위 그림에서 전압계 측정 범위가 최대 10[V]이고 측정하고자 하는 R 양단의 전압이 100[V]일 때 전압계로는 측정이 불가능하다. 이런 경우에 전압계의 측정 범위를 확장하여 저항 R 양단의 전압을 측정하기 위해 배율기 저항

R_m을 직렬로 연결한다. 그래서 배율기 저항에 90[V]를 분배하도록 하여 저항 R 양단의 전압을 측정할 수 있다. 즉, R 소자의 양단 전압은 전압계 전압과 배율기 저항 양단에 걸리는 전압의 합이 된다.

(5) 측정하는 전압의 일부분을 배율기 저항에 분배되도록 하기 위한 배율기 저항 R_m 값은 아래와 같다.

$$V = \frac{R_v}{R_v + R_m} V_0 [\text{V}] \text{ (전압 분배)}$$

$$\frac{V_0}{V} = \frac{R_m}{R_v} + 1 \Rightarrow R_m = (m-1)R_v [\Omega] \left(\because \frac{V_0(측정해야\ 할\ 값)}{V(전압계의\ 지시\ 값)} = m(배율비) \right)$$

2 분류기

(1) 분류기는 아래 그림처럼 전류계의 측정 전류 범위를 벗어나는 전류 I_o를 측정하기 위해 전류계의 측정 범위를 확장할 때 사용한다.

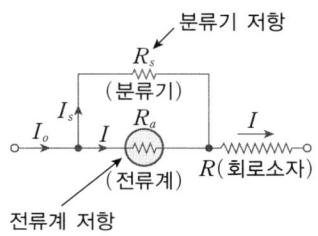

그림 분류기

(2) 분류기는 위 그림처럼 전류계와 병렬로 분류기 저항 R_s를 병렬로 연결하여 전류를 분배시킨다.

(3) 분류기 저항 R_s 결정은

$$I = \frac{R_s}{R_s + R_a} I_0 [\text{A}] \text{ (전류 분배)}$$

$$\frac{I_0}{I} = \frac{R_a}{R_s} + 1 \Rightarrow \frac{R_a}{R_s} = n - 1 \left(\because \frac{I_0(측정해야\ 할\ 값)}{I(전류계의\ 지시값)} = n(분류비) \right)$$

$$\therefore R_s = \frac{1}{n-1} \cdot R_a [\Omega]$$

(4) 분류기 저항값을 알면 분류기 저항에 흐르는 전류 I_s값을 알 수 있고 전류계에서 측정한 전류와 분류기 저항에 흐르는 전류 I_s와 합이 측정하고자 하는 전류 I_0가 된다.

핵심문제 — 테마 04 | 직류회로

01

저항 8[Ω], 14[Ω], 28[Ω]을 직렬로 연결할 경우 합성저항은?

① 50[Ω]   ② 60[Ω]
③ 70[Ω]   ④ 90[Ω]

| 해설 |
저항을 직렬 연결할 경우, 저항값을 모두 더한다.
합성저항 $R = 8 + 14 + 28 = 50[Ω]$

| 정답 | ①

02

다음 중 저항을 병렬로 연결했을 때 합성저항이 가장 작은 경우는?

① 2[Ω], 4[Ω]   ② 10[Ω], 20[Ω]
③ 5[Ω], 5[Ω]   ④ 1[Ω], 100[Ω]

| 해설 |
저항의 병렬 연결 시 합성저항은 가장 작은 값보다 더 작아진다.
$R = \dfrac{R_1 \times R_2}{R_1 + R_2}$
① 1.33[Ω] ② 6.67[Ω] ③ 2.5[Ω] ④ 0.99[Ω]

| 정답 | ④

03

저항의 직렬과 병렬 연결 시 전압, 전류의 분배에 대한 설명 중 옳은 것은?

① 직렬 연결 시 전압은 동일하게 분배된다.
② 병렬 연결 시 전류는 모두 동일하다.
③ 직렬 연결 시 전류는 모두 동일하다.
④ 병렬 연결 시 전압은 분배된다.

| 해설 |
- 직렬 연결: 전류 동일, 전압 분배
- 병렬 연결: 전압 동일, 전류 분배

| 정답 | ③

04

어떤 회로의 저항이 0.5[Ω]일 때, 이 회로의 컨덕턴스 G는 얼마인가?

① 0.5[S]   ② 1[S]
③ 2[S]   ④ 5[S]

| 해설 |
컨덕턴스는 저항의 역수로 다음과 같이 계산할 수 있다.
$G = \dfrac{1}{R} = \dfrac{1}{0.5} = 2[S]$

| 정답 | ③

05

전위 평형 상태에서 키르히호프 전류 법칙(KCL)의 정의로 옳은 것은?

① 전압의 합은 0이다.
② 접속점에 유입되는 전류의 합과 유출되는 전류의 합이 같다.
③ 폐회로에서 기전력의 합은 전류의 합과 같다.
④ 접속점에서 전류의 방향은 무작위이다.

| 해설 |
키르히호프 전류 법칙(KCL)
한 접점에서 유입되는 전류의 합은 유출되는 전류의 합과 같다는 전류의 보존 법칙이다.

| 정답 | ②

06

1.5[V] 전지를 직렬로 4개 연결한 경우, 전체 출력 전압은 얼마인가?

① 1.5[V]
② 3.0[V]
③ 6.0[V]
④ 0[V]

| 해설 |
전지를 직렬로 연결하면 전압이 모두 더해진다.
즉, 전체 출력 전압 $V = 1.5[V] \times 4 = 6[V]$
전지의 직렬 연결 시 전류 용량은 동일하나, 전압만 누적된다.

| 정답 | ③

07

전류계에 분류기를 접속하는 목적은?

① 전류계를 전압계로 만들기 위해
② 전류계의 측정 범위를 줄이기 위해
③ 전류계의 측정 범위를 넓히기 위해
④ 전류계의 저항을 제거하기 위해

| 해설 |
분류기는 전류계와 병렬로 연결되어 일부 전류를 분배시켜 측정 가능한 전류의 범위를 넓혀준다.

| 정답 | ③

08

전압계에 배율기를 접속하는 주된 목적은?

① 전압계의 측정 범위를 넓히기 위해
② 전압계의 감도를 줄이기 위해
③ 전류계를 만들기 위해
④ 전압계의 내부저항을 줄이기 위해

| 해설 |
배율기는 전압계와 직렬로 연결되어 더 높은 전압도 측정 가능하도록 해주는 장치이다. 즉, 전압계의 측정 범위 확장이 목적이다.

| 정답 | ①

05 교류회로

1과목 | 전기이론

핵심테마 이론

테마 1 정현파 교류회로

1 교류 발생원의 특성

(1) 교류와 직류

전류가 흐르는 유형에 따라 직류와 교류로 분류한다. 직류(DC)는 전류의 흐름(크기와 방향)이 항상 일정하고, 교류(AC)는 전류의 흐름(크기와 방향)이 시간에 따라 변하는 전류이다.

① 직류(Direct Current; DC)
- 직류는 전류의 크기와 방향이 시간에 따라 변하지 않고 항상 일정한 전류를 말하며 전압의 크기도 일정하게 유지된다.
- 휴대폰과 같은 대부분의 전자제품에 사용된다.
- 저장이 용이하고 휴대하기 편리하다.
- 변압이 어렵다는 단점이 있어 송전 방면에서는 효율이 낮다.

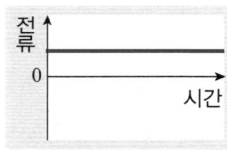

[그림] 직류파형

② 교류(Alternating Current; AC)

교류는 시간에 따라 그 크기와 방향이 규칙적으로 변하는 전류를 말한다.

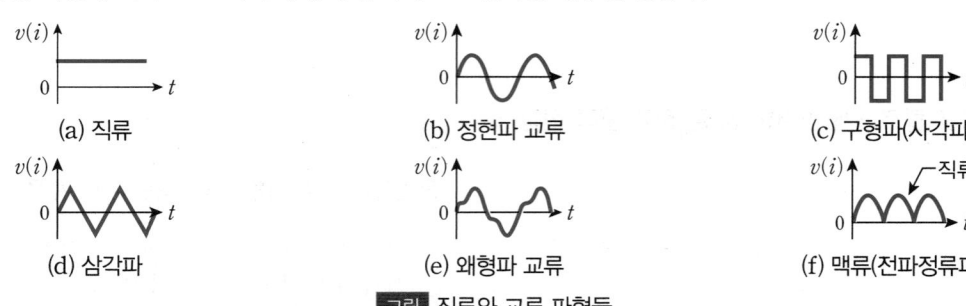

[그림] 직류와 교류 파형들

(2) 교류의 표현

교류는 매질과 파의 진행 방향에 따라 횡파와 종파로 구분한다.
① 파원
　파동이 처음 생긴 곳
② 매질

파동을 전파하는 물질로 제자리에서 진동할 뿐, 파동과 함께 이동하지 않는다.
③ 파동의 전파
어떤 에너지에 의해 매질을 이루는 입자가 진동하고 진동하는 입자에 의해 에너지가 전달된다.

(3) 파동의 표현
파동 표현은 아래 그림처럼 주기, 주파수, 파장, 진폭, 각속도 등으로 표현한다.

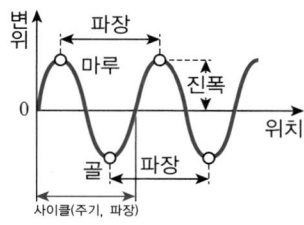

그림 파동의 표현

① 주파수(Frequency; f)
- 주파수는 진동수의 단위로 주기적인 현상(사이클)이 단위 시간에 몇 번 반복되는지 뜻한다.

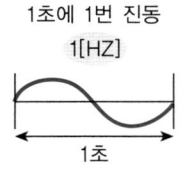 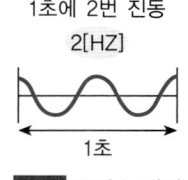 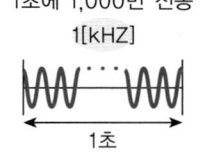

그림 주파수 개념

- 단위는 헤르츠[Hz]를 사용한다.
- 사이클은 파의 시작점에서 다음 파의 같은 시작점 위치로 변위될 때까지를 말한다.
- 대한민국 전기주파수는 60[Hz]로, 전기사업법에서 ±0.2[Hz]까지 오차를 인정하고 있다.

② 주기(Period, Cycle; T)
- 1사이클(진동)이 진행하는 데 걸리는 시간이다.
- 주기(T)는 주파수(진동수)의 역수이다.

$$T = \frac{1}{f}[\text{s}]$$

③ 파장
- 파장은 사이클이 진행하는 과정에서 마루에서 마루까지 또는 골에서 골까지의 거리를 의미한다.
- 파장(파의 거리)은 다음 식으로 계산할 수 있다.

거리=속도×시간

$\lambda = v \times t[\text{m}]$ (v: 파의 속도[m/s], t: 시간[S])

1주기의 파장 λ_T

$\lambda_T = v \times T$ (T: 1주기 시간)

$$= \frac{v}{f}[\text{m}] \left(\because f = \frac{1}{T} \right)$$

④ 진폭
매질이 진동하는 최대 변위를 진폭이라 한다.

2 평면각도 표시법

평면각 표시법에는 60분법과 호도법이 있다.

(1) 60분법
  ① 원을 360도로 나누어 표현하는 전통적인 각도 표현법이다.
  ② 원=360도(°), 1도=60분('), 1분=60초(")

그림 60분법

(2) 호도법
  ① 반지름의 길이 r과 호의 길이 l의 비율로 각도 θ를 표현하는 방법이다.
  $$\theta = \frac{l}{r} [\text{rad}]$$
  ② 단위는 라디안[rad]이다.
  ③ 호도법은 각도를 길이로 나타낸 개념이다.

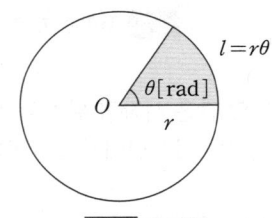

그림 호도법

  ④ 1[rad]의 정의는 반지름의 길이가 r인 원의 호의 길이가 l일 때 각도를 θ라 하면 호의 길이는 중심각 θ와 정비례하기 때문에 다음과 같이 표현할 수 있다.
  $r : 2\pi r = \theta : 360°$
  $\therefore \theta = \frac{180}{\pi} = 57.17° = 1[\text{rad}]$

  ⑤ 60분법과 호도법 관계

60분법	0°	30°	45°	60°	90°	120°	135°	150°	180°	270°	360°
호도법	0	$\frac{\pi}{6}$	$\frac{\pi}{4}$	$\frac{\pi}{3}$	$\frac{\pi}{2}$	$\frac{2\pi}{3}$	$\frac{3\pi}{4}$	$\frac{5\pi}{6}$	π	$\frac{3\pi}{2}$	2π

표 60분법과 호도법

핵심테마 실전문제

$\frac{\pi}{3}$[rad]는 몇 도인가?

① 30° ② 45°
③ 60° ④ 90°

| 해설 | $\pi : 180° = \frac{\pi}{3} : \theta$ ∴ $\theta = 60°$

| 정답 | ③

3 각속도와 주파수

(1) 회전체가 t[sec] 동안 θ[rad]만큼 이동하면 각속도 $\omega = \frac{\theta}{t}$[rad/sec]이다.

(2) 회전체에서 주파수는 회전속도와 비례 관계에 있다.

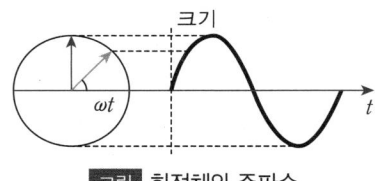

그림 회전체와 주파수

(3) 위 그림에서 회전체가 1회전하면 1사이클이 진행된다. 2회전하면 2사이클이 진행될 것이므로 회전체의 회전수와 주파수는 같다.

(4) 주파수와 각속도 관계

$$\omega = \frac{\theta}{t} = \frac{2\pi}{t} = 2\pi f [\text{rad/sec}]$$

테마 2 정현파 교류 표현

1 정현파

등속 원운동을 하는 물체의 운동을 삼각함수 중 하나인 사인함수로 나타낸 파형이다. 주기적으로 변하는 파형을 의미한다.

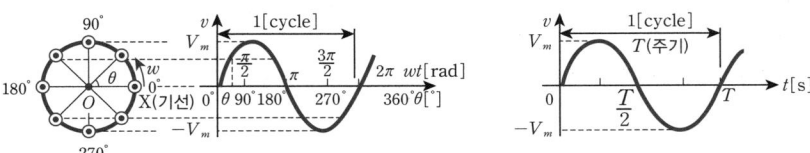

그림 등속 원운동 정현파 표현

2 정현파 교류 표현식

(1) 정현파는 다음과 같은 삼각함수의 사인함수를 표준으로 표현한다.

$$v(t) = V_m \sin(\omega t + \theta) = V_m \sin(2\pi f t + \theta) = V_m \sin\left(\frac{2\pi}{T} t + \theta\right)$$

(V_m: 최댓값, ω: 각속도, θ: 위상, f: 주파수, t: 시간)

(2) 최댓값 V_m은 정현파의 진폭을 의미한다.
(3) θ는 위상으로 정현파의 시작점을 의미한다.

3 순싯값

(1) 변수가 시간 t로 이루어진 함수이다.
(2) 교류신호가 특정한 시간에 값이 얼마인지를 나타내는 표시법이다.
(3) 교류(정현파)에서 순싯값은 다음 그림과 같이 시간에 따라 변하는 값이다.

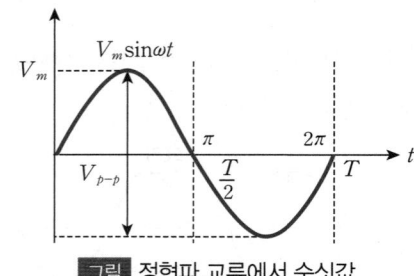

[그림] 정현파 교류에서 순싯값

(4) 순싯값은 진폭, 주파수, 위상을 통해서 나타낼 수 있다.
(5) 다음 그림은 다양한 순싯값의 표현 방법이다.

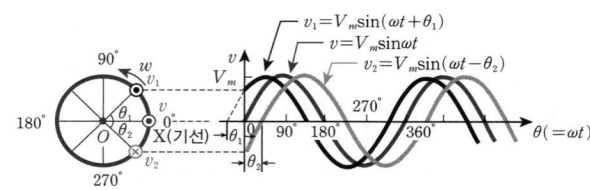

(a) 시작점이 다른 원운동   (b) 정현파의 위상과 위상차

[그림] 다양한 정현파 교류의 순싯값 표현

(6) 위상차는 두 파형의 위상차이다. 위 그림에서 v, v_1, v_2의 위상차는 다음과 같이 표현한다.
- v와 v_1의 위상차: $\theta = \theta_1 - 0 = \theta_1$
  v_1은 v보다 θ_1만큼 위상이 앞선다. 또는 v는 v_1보다 θ_1만큼 위상이 뒤진다.
- v와 v_2의 위상차: $\theta = 0 - (-\theta_2) = \theta_2$
  v는 v_2보다 θ_2만큼 위상이 앞선다. 또는 v_2는 v보다 θ_2만큼 위상이 뒤진다.
- v_1과 v_2의 위상차: $\theta = \theta_1 - (-\theta_2) = \theta_1 + \theta_2$
  v_1은 v_2보다 $\theta_1 + \theta_2$만큼 위상이 앞선다. 또는 v_2는 v_1보다 $\theta_1 + \theta_2$만큼 위상이 뒤진다.

핵심테마 실전문제

다음 전압파형에서 주파수는 몇 [Hz]인가?

$e(t) = 5\sin(380t - 30°)$

① 70.5
② 60.5
③ 50.5
④ 40.5

| 해설 | $\omega = 2\pi f$
$380 = 2 \times 3.14 \times f$
$f = \dfrac{380}{6.28} = 60.5[\text{Hz}]$

| 정답 | ②

4 평균값

(1) 정현파 교류를 순싯값으로 표현하면 순싯값은 매순간마다 변하는 값이므로 정현파를 대표하는 값으로 사용할 수가 없다.
(2) 정현파를 대표하는 값으로 사용하기 위해서 평균값 개념을 도입하였다.
(3) 평균값은 다음 식으로 계산한다.

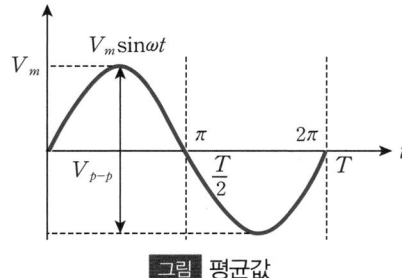

$$V_{avg} = \frac{1}{T}\int_0^T V(t)dt [\text{V}]$$

그림 평균값

(4) 일반 주기 대칭파의 평균값은 값이 계산되지만 정현파 같은 경우는 평균값이 0이 된다.

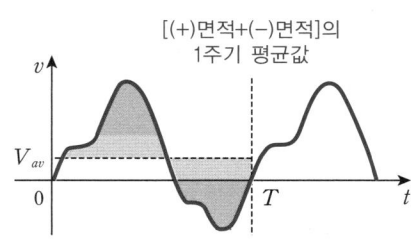

그림 일반 주기 대칭파의 평균값

(5) 정현파는 한 주기의 평균값이 0이므로 반주기의 평균값으로 사용하기도 한다.

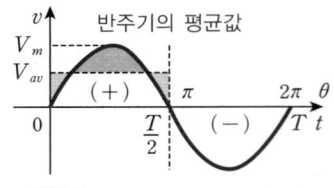

$$V_{avg} = \frac{2}{T}\int_0^{\frac{T}{2}} V(t)dt = \frac{2}{T}\int_0^{\frac{T}{2}} V_m \sin\omega t\, dt = \frac{2}{\pi}V_m[\text{V}]$$

[그림] 정현파의 반주기 평균값

5 실횻값

(1) 정현파 교류에서 반주기의 평균값을 대푯값으로 사용하기에는 한계가 있다.
(2) 정현파의 대푯값으로 사용하기 위해 실횻값을 정의해 사용한다.

$$V = \frac{V_m}{\sqrt{2}}[\text{V}]$$

- 정현파의 실효치는 최대치를 $\sqrt{2}$로 나눈 값과 같다. 즉 실효치는 최대치의 $70.7[\%](0.707V_m)$이다.
- 교류의 실효치는 같은 소비전력을 갖는 직류 전원의 크기이다.

핵심테마 실전문제

$v_1 = 20\sqrt{2} \sin \omega t[\text{V}]$, $v_2 = \sqrt{2} \cos\left(\omega t - \frac{\pi}{6}\right)[\text{V}]$일 때, $v_1 + v_2$의 실횻값[V]은?

① 20
② 21
③ 22
④ 23

| 해설 | $v_1 + v_2 = \frac{20\sqrt{2}}{\sqrt{2}} + \frac{\sqrt{2}}{\sqrt{2}} = 20 + 1 = 21[\text{V}]$

| 정답 | ②

6 주요 파형의 최댓값, 실횻값, 평균값

구분	파형	최댓값	실횻값	평균값
정현파	∿	V_m	$\dfrac{V_m}{\sqrt{2}}$	$\dfrac{2V_m}{\pi}$
반파 정현파	⌒⌒	V_m	$\dfrac{V_m}{2}$	$\dfrac{V_m}{\pi}$
구형파	⊓⊔⊓	V_m	V_m	V_m
반파 구형파	⊓ ⊓	V_m	$\dfrac{V_m}{\sqrt{2}}$	$\dfrac{V_m}{2}$
삼각파	∧∧	V_m	$\dfrac{V_m}{\sqrt{3}}$	$\dfrac{V_m}{2}$
톱니파	⋀⋀⋀	V_m	$\dfrac{V_m}{\sqrt{3}}$	$\dfrac{V_m}{2}$

7 파고율과 파형률

(1) 파고율은 정현파의 뾰족한 정도를 나타내는 값이다.

$$\text{정현파 파고율} = \frac{\text{최댓값}}{\text{실횻값}} = \sqrt{2} = 1.414$$

(2) 파형률은 정현파의 편평한 정도를 나타내는 값이다.

$$\text{정현파의 파형률} = \frac{\text{실횻값}}{\text{평균값}} = \frac{\pi}{2\sqrt{2}} = 1.111$$

테마 3 RLC의 직병렬 회로

1 복소수 정의

(1) 수의 개념을 확장하여 실수와 허수를 포함하는 수이다.
(2) 복소수 $A = a + jb$ 형태로 표현할 수 있는 모든 수를 말한다.
(3) 허수 $j = \sqrt{-1}$ 값으로 정의한다.

2 복소수 표현법

(1) 직각좌표법

복소평면의 한 좌표를 실수부와 허수부의 복소수로 표현하는 방식

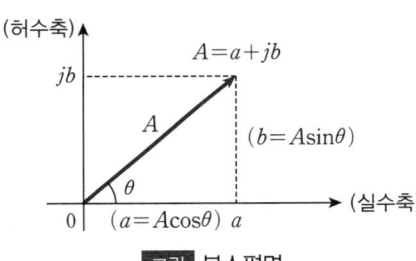

그림 복소평면

$A = a + jb$
- 크기: $|A| = A = \sqrt{a^2 + b^2}$
- 편각: $\theta = \tan^{-1} \dfrac{b}{a}$

$a = A\cos\theta,\ b = A\sin\theta$

(2) 삼각함수 형식

복소수 삼각함수 표현은 $a = A\cos\theta$, $b = A\sin\theta$ 값으로 대체하여 표현한 것이다.
$C = a + jb = A\cos\theta + jA\sin\theta = A(\cos\theta + j\sin\theta)$

(3) 극좌표 형식

복소평면의 한 좌표를 크기와 편각으로 표현하는 형식

$A = a + jb = A\angle\theta = \sqrt{a^2 + b^2} \angle \tan^{-1}\left(\dfrac{b}{a}\right)$

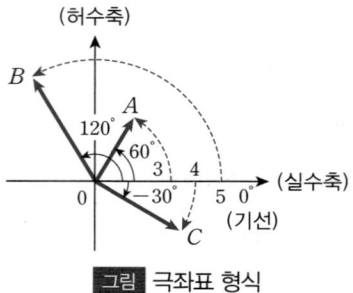

그림 극좌표 형식

3 리액턴스

(1) 리액턴스는 교류회로에서 인덕터와 커패시터에서 발생하는 것으로 전류의 흐름을 방해하는 교류 저항 성분이며 주파수에 따라서 리액턴스의 크기가 달라진다.

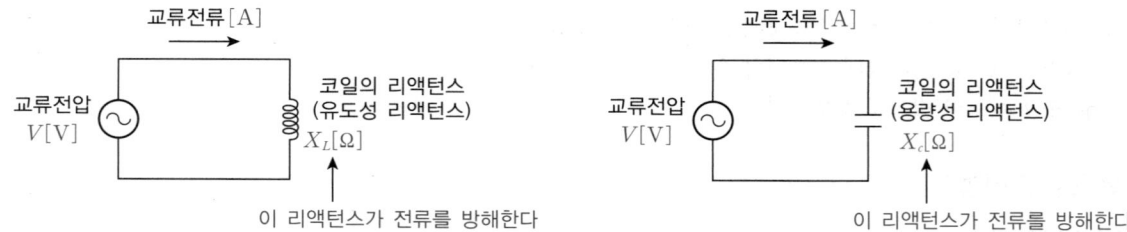

그림 유도성 리액턴스와 용량성 리액턴스

(2) 기호는 [Ω]를 사용하고 단위는 옴이다.
(3) 리액턴스에는 용량성과 유도성의 두 종류가 있으며 주파수가 높아지면 용량성 리액턴스는 감소하고, 유도성 리액턴스는 증가한다.
(4) 유도성 리액턴스는 교류 전류가 변화할 때 인덕터(코일)에 의해 발생하는 저항값으로 $jX_L = j\omega L$, $X_L = \omega L[\Omega]$이다.
(5) 용량성 리액턴스는 교류 전류가 변화할 때 커패시터(콘덴서)에 의해 발생하는 저항값으로
$-jX_C = \dfrac{1}{j\omega C} = -j\dfrac{1}{\omega C}$, $X_C = \dfrac{1}{\omega C}[\Omega]$이다.

4 임피던스

(1) 임피던스는 교류 전압과 교류 전류의 비를 의미하며, 주파수에 따라 달라지는 교류회로에서 저항의 성질을 갖는다.
(2) 직류회로에서는 전압과 전류의 비를 저항이라 하고 교류에서는 임피던스 Z라 하며, 다음과 같이 복소수 형식으로 표현한다.

$$Z = R + jX[\Omega]\ (R: \text{저항}[\Omega],\ X: \text{리액턴스}[\Omega])$$

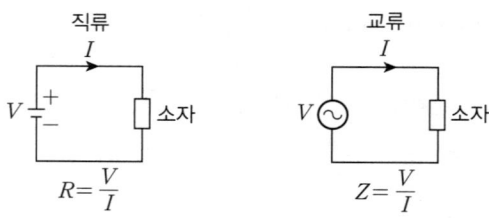

그림 임피던스

(3) 임피던스를 나타내는 기호는 Z이고, 단위는 직류회로 저항과 마찬가지로 옴[Ω]이다.
(4) 리액턴스는 임피던스를 구성하는 하나의 요소이다. 저항 R과 인덕턴스 L, 커패시턴스 C를 임피던스 형식으로 표현하면 다음과 같다.

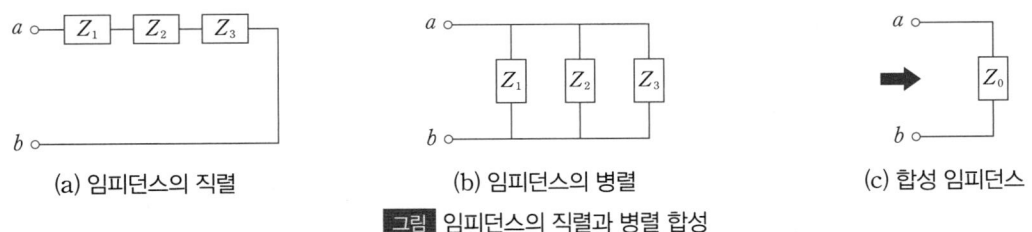

(a) 저항 (b) 인덕터 (c) 커패시터

$Z_R = R = R\underline{/0°}\,[\Omega]$

$Z_L = j\omega L = jX_L = X_L\underline{/90°}\,[\Omega] : (X_L = \omega L)$

$Z_C = \dfrac{1}{j\omega C} = -j\dfrac{1}{\omega C} = -jX_C = X_C\underline{/-90°}\,[\Omega] : \left(X_C = \dfrac{1}{\omega C}[\Omega]\right)$

[그림] R, L, C의 임피던스 표현법

(5) 합성 임피던스 계산
- 직렬 합성 $Z_0 = Z_1 + Z_2 + Z_3\,[\Omega]$
- 병렬 합성 $\dfrac{1}{Z_0} = \dfrac{1}{Z_1} + \dfrac{1}{Z_2} + \dfrac{1}{Z_3}$, ∴ $Z_0 = \dfrac{1}{\dfrac{1}{Z_1} + \dfrac{1}{Z_2} + \dfrac{1}{Z_3}}\,[\Omega]$
- 병렬 합성(두 임피던스의 경우) $Z_0 = \dfrac{Z_1 Z_2}{Z_1 + Z_2}\,[\Omega]$

(a) 임피던스의 직렬 (b) 임피던스의 병렬 (c) 합성 임피던스

[그림] 임피던스의 직렬과 병렬 합성

5 페이저

(1) 정현파 교류를 정지 벡터의 크기와 각의 복소수(극좌표 형식)로 나타내는 표현법이다.
(2) 정현파 교류의 페이저 표시는 최댓값 대신에 실횻값을 사용한다.
(3) 정현파 교류를 페이저로 표현하여 취급하는 이유는 정현파 교류 전원에 의해 동작하는 교류회로의 해석을 직류회로를 해석할 때처럼 쉽게 교류회로를 해석하기 위해서다.
(4) 순시치를 페이저로 표시할 때 순시치는 반드시 사인함수로 표현한 후 페이저로 표현한다. 만약 순시치가 코사인함수로 표현되었으면 사인함수로 변환 후 페이저로 표현한다.
(5) 순싯값의 페이저 표시

$v = V_m \sin(\omega t + \theta_1) = \sqrt{2}\,V \sin(\omega t + \theta_1)\,[\text{V}]$ $\xrightarrow{\text{페이저 표시}}$ $V = V\underline{/\theta_1}$ ← 위상 (실효치)

$i = I_m \sin(\omega t + \theta_2) = \sqrt{2}\,I \sin(\omega t + \theta_2)\,[\text{A}]$ $\xrightarrow{\text{페이저 표시}}$ $I = I\underline{/\theta_2}$

$V = V\underline{/\theta_1}\,[\text{V}],\ I = I\underline{/\theta_2}\,[\text{A}]$ 위상차 $(\theta = \theta_1 - \theta_2)$

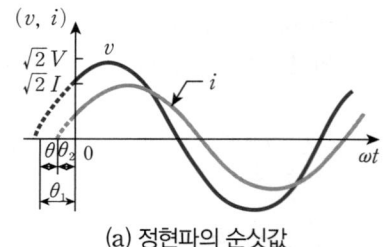
(a) 정현파의 순싯값

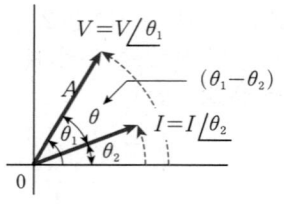
(b) 페이저도

그림 정현파의 페이저 표시법

(6) 순싯값을 페이저로 표현할 때 주파수 성분을 포함하는 ω가 없는 것은 주파수가 60[Hz] 상수 값이므로 페이저를 순시치로 표현할 때, ω를 고려하여 표현할 수 있기 때문이다.

테마 4 교류회로 해석

1 순 저항 회로

(1) 다음 그림과 같이 순 저항만 있는 회로의 저항에 흐르는 전류가 i일 때 저항 양단에 걸리는 전압 v
  ① 저항에 흐르는 전류 $i = I_m \sin \omega t = \sqrt{2} I \sin \omega t = I\underline{/0°}$
  ② 저항 양단의 전압
  $$v = i \cdot R = \sqrt{2} I \sin \omega t \cdot R = \sqrt{2} IR \sin \omega t = \sqrt{2} V \sin \omega t = V\underline{/0°}$$

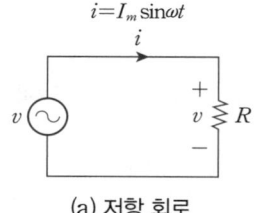
(a) 저항 회로

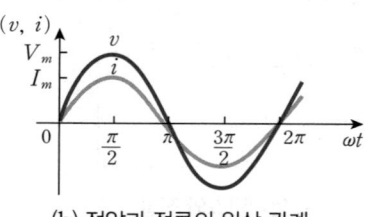
(b) 전압과 전류의 위상 관계

그림 순 저항 회로

(2) 저항 양단에 걸리는 전압 즉, 전원전압과 저항에 흐르는 전류는 그림 (b)와 같이 위상차가 없다. 즉, 동상이다.
(3) 순 R회로의 교류 특성
  • 전압의 주파수와 전류의 주파수는 같다.
  • 전압과 전류는 동상이다.
  • 실횻값 $V = IR$[V]이다.

2 순 인덕턴스(L) 회로

(1) 다음 그림과 같이 순수 L만 있는 회로에서 L에 흐르는 전류가 i일 때 전원전압 V는
  ① 코일에 흐르는 전류
  $$i = I_m \sin \omega t = \sqrt{2} I \sin \omega t = I\underline{/0°}$$
  ② 전원전압
  $$V = L\frac{di}{dt} = L\frac{d}{dt}(I_m \sin \omega t)$$

$$= LI_m\omega \cos \omega t$$
$$= LI_m\omega \sin(\omega t + 90°)$$
$$= j\omega L \cdot I_m \sin \omega t [V]$$

③ 유도성 리액턴스 $X_L = \omega L [\Omega]$

④ 전류 $I = \dfrac{V}{X_L} = \dfrac{V}{\omega L} = \dfrac{V}{2\pi f L}[A]$

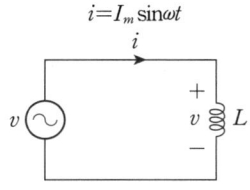

(a) 인덕터 회로

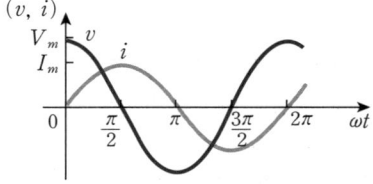

(b) 전압과 전류의 위상 관계

그림 순 L회로

(2) 결과적으로 인덕턴스만 있는 회로는 L 양단에 걸리는 전압 즉, 전원전압과 L에 흐르는 전류는 그림 (b)와 같이 위상차가 90°이다. 전류가 전원전압보다 90° 뒤진(지상)다.

(3) 순 L 회로의 교류 특성
- 전압의 주파수와 전류의 주파수는 같다.
- 전류가 전압보다 90° 뒤진 지상전류가 흐른다.
- 유도성 리액턴스 $X_L = \omega L[\Omega]$이다.

핵심테마 실전문제

인덕턴스 1[H]에 주파수가 60[Hz]이고 전압이 220[V]인 교류전압이 가해질 때 흐르는 전류는 약 몇 [A]인가?

① 0.59
② 0.87
③ 0.58
④ 0.53

| 해설 | 전류 $I = \dfrac{V}{X_L} = \dfrac{V}{2\pi f L} = \dfrac{220}{2\pi \times 60 \times 1} = 0.58[A]$

| 정답 | ③

3 순 커패시턴스(C) 회로

(1) 다음 그림과 같이 순수 C만 있는 회로에 C에 흐르는 전류가 i일 때 C 양단에 걸리는 전압 v

① $v = \dfrac{1}{C}\int i dt = \dfrac{1}{C}\int (I_m \sin \omega t) dt = -\dfrac{1}{\omega C} I_m \cos \omega t$

$= \dfrac{1}{\omega C} I_m \sin\left(\omega t - \dfrac{\pi}{2}\right) = \dfrac{1}{\omega C} I_m \sin(\omega t - 90°) = -j\dfrac{1}{\omega C} \cdot I_m \sin \omega t [V]$

② 용량성 리액턴스 $X_C = \dfrac{1}{\omega C}[\Omega]$

③ 전류 $I = \dfrac{V}{X_C} = \dfrac{V}{\dfrac{1}{\omega C}} = \omega C V [A]$

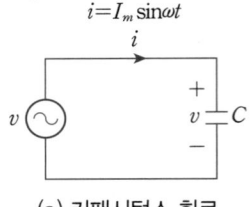

(a) 커패시턴스 회로

(b) 전압과 전류의 위상 관계

그림 순 C회로

(2) C 양단에 걸리는 전압 즉, 전원전압과 C에 흐르는 전류는 그림 (b)와 같이 위상차가 90°이다. 전류가 전원전압보다 전류 위상이 90° 앞선(진상)다.

(3) 순 C 회로의 교류 특성
- 전압의 주파수와 전류의 주파수는 같다.
- 전류가 전압보다 90° 앞선 진상 전류가 흐른다.
- 용량성 리액턴스 $X_C = \dfrac{1}{\omega C}[\Omega]$이다.

4 RL 직렬회로

(1) 다음 그림과 같이 R과 L이 직렬로 연결되어 있을 때 회로의 전체 전압은 다음과 같다.

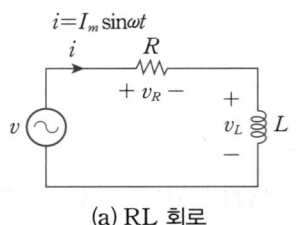

(a) RL 회로

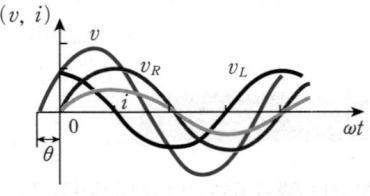

(b) 전압과 전류의 위상 관계

그림 RL 직렬회로

① 전 전압
$$V = V_R + V_L = IR + I(j\omega L)$$
$$= I(R + j\omega L) = IZ$$

② 임피던스
$$Z = R + j\omega L$$

③ 역률
$$\cos\theta = \dfrac{R}{Z} = \dfrac{R}{\sqrt{R^2 + (\omega L)^2}}$$

④ 위상 $\theta = \tan^{-1}\dfrac{\omega L}{R}$

(2) R과 L로 구성된 임피던스에 의해서 회로에 흐르는 전류는 전원전압보다 θ만큼 뒤진다.

(3) 다음 그림은 임피던스 삼각도로 RL회로에서 저항 R, 인덕턴스 L과 임피던스 Z관계를 나타낸 것이다.
임피던스 $Z = R + jX_L = R + j\omega L = \sqrt{R^2 + X_L^2}$로 $j\omega L$값은 양의 값이며 크기는 $|Z| = \sqrt{R^2 + X_L^2}$이다.
$$Z = \dfrac{V}{I} = \sqrt{R^2 + X_L^2} = \sqrt{R^2 + (\omega L)^2}[\Omega]$$

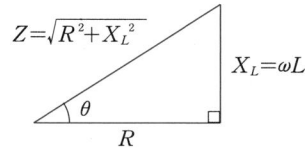

그림 RL회로 임피던스 삼각도

(4) RL 직렬회로 교류 특성
- 전압의 주파수와 전류의 주파수는 같다.
- 전류가 전압보다 $\theta(0° < \theta < 90°)$만큼 뒤진 지상전류가 흐른다.
- 합성 임피던스는 $Z=\sqrt{R^2+(\omega L)^2}[\Omega]$이다.

핵심테마 실전문제

$R=10[\Omega]$, $L=20[H]$의 RL 직렬회로에 $V=200[V]$, $f=60[Hz]$의 교류전압을 가할 때 전류의 크기는 약 몇 [mA]인가?

① 27.5[mA]   ② 26.5[mA]
③ 25.5[mA]   ④ 24.5[mA]

| 해설 | $X_L=\omega L=2\pi f L=2\pi \times 60 \times 20 = 7,540[\Omega]$
임피던스 $Z=\sqrt{R^2+X_L^2}=\sqrt{10^2+7,540^2}=7,540[\Omega]$
전류 $I=\dfrac{V}{Z}=\dfrac{200}{7,540}=0.0265[A]=26.53[mA]$

| 정답 | ②

5 RC 직렬회로

(1) 다음 그림과 같이 R과 C가 직렬로 연결되어 있을 때 회로의 전체 전압은 다음과 같다.

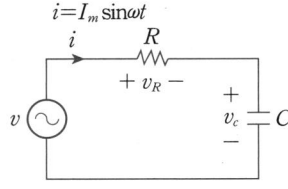

그림 RC 직렬회로

① 전 전압
$$V=V_R+V_C=IR+I\left(-j\dfrac{1}{\omega C}\right)$$
$$=I\left(R-j\dfrac{1}{\omega C}\right)=IZ$$

② 임피던스
$$Z=R-j\dfrac{1}{\omega C}$$

③ 역률
$$\cos\theta = \frac{R}{Z} = \frac{R}{\sqrt{R^2+\left(\frac{1}{\omega C}\right)^2}}$$

④ 위상 $\theta = \tan^{-1}\frac{\frac{1}{\omega C}}{R}$

(2) R과 C로 구성된 임피던스에 의해서 회로에 흐르는 전류는 전원전압보다 θ만큼 앞선다.

(3) 다음 그림은 임피던스 삼각도로 RLC 회로에서 저항 R, 인덕턴스 L과 임피던스 Z 관계를 나타낸 것이다.

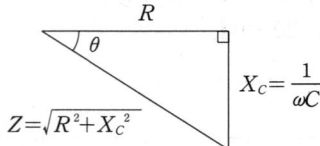

$$Z = \frac{V}{I} = \sqrt{R^2 + X_C^2} = \sqrt{R^2+\left(\frac{1}{\omega C}\right)^2}[\Omega]$$

[그림] RLC회로 임피던스 삼각도

(4) RC 직렬회로 교류 특성
- 전압의 주파수와 전류의 주파수는 같다.
- 전류가 전압보다 $\theta(0° < \theta < 90°)$만큼 앞선 진상전류가 흐른다.
- 합성 임피던스는 $Z = \sqrt{R^2 + X_C^2}[\Omega]$이다.

6 RLC 직렬회로

(1) 다음 그림과 같이 R, L, C가 직렬로 연결되어 있을 때 회로의 전체 전압은 다음과 같다.

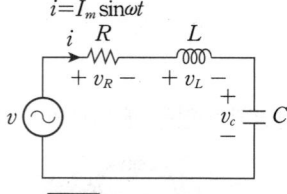

[그림] RLC 직렬회로

① 전 전압
$$V = V_R + V_L + V_C$$
$$= IR + I(j\omega L) + I\left(-j\frac{1}{\omega C}\right)$$
$$= I\left[R + j\left(\omega L - \frac{1}{\omega C}\right)\right]$$

② 임피던스
$$Z = R + j\left(\omega L - \frac{1}{\omega C}\right)$$

③ 역률 $\cos\theta = \frac{R}{Z} = \frac{R}{\sqrt{R^2+\left(\omega L - \frac{1}{\omega C}\right)^2}}$

④ 위상 $\theta = \tan^{-1} \dfrac{\omega L - \dfrac{1}{\omega C}}{R}$

(2) RLC 직렬회로에서 위상 θ

$$\theta = \tan^{-1}\dfrac{X}{R} = \tan^{-1}\dfrac{\omega L - \dfrac{1}{\omega C}}{R}$$

① $\omega L > \dfrac{1}{\omega C}$: 유도성 회로($+\theta$)

② $\omega L < \dfrac{1}{\omega C}$: 용량성 회로($-\theta$)

③ $\omega L = \dfrac{1}{\omega C}$: 공진(전압과 전류 동상)

(3) 다음 그림은 임피던스 삼각도로 RLC 회로에서 저항 R, 인덕턴스 L과 커패시턴스 C, 임피던스 Z 관계를 나타낸 것이다.

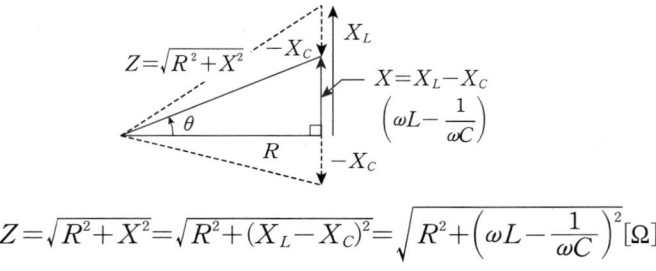

$$Z = \sqrt{R^2 + X^2} = \sqrt{R^2 + (X_L - X_C)^2} = \sqrt{R^2 + \left(\omega L - \dfrac{1}{\omega C}\right)^2}\,[\Omega]$$

[그림] RLC 회로 임피던스 삼각도

(4) RLC 직렬회로 교류 특성
- 전압의 주파수와 전류의 주파수는 같다.
- 전류와 전압의 위상은 $\theta(0° < \theta < 90°)$만큼 차가 있고, $X_L > X_C$이면 유도성 회로가 되어 지상전류가 흐르고, $X_L < X_C$이면 용량성 회로가 되어 진상전류가 흐른다.
- 합성 임피던스는 $Z = \sqrt{R^2 + (X_L - X_C)^2}\,[\Omega]$이다.

7 RL 병렬회로(임피던스로 해석)

(1) 전체 전류와 가지 전류

$$I_1 = \dfrac{V}{R},\ I_2 = \dfrac{V}{j\omega L}$$

$$I = I_1 + I_2 = \dfrac{V}{R} + \dfrac{V}{j\omega L} = \left(\dfrac{1}{R} + \dfrac{1}{j\omega L}\right)V\,[\text{A}]$$

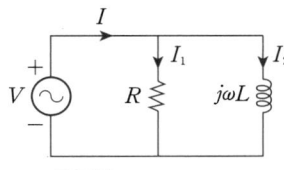

[그림] RL 병렬회로

(2) 합성임피던스

$$Z = \dfrac{1}{\dfrac{1}{R} + \dfrac{1}{j\omega L}} \quad \left(Z = \dfrac{1}{\dfrac{1}{Z_1} + \dfrac{1}{Z_2}}\right)$$

$$Z = \dfrac{Z_1 Z_2}{Z_1 + Z_2} = \dfrac{j\omega LR}{R + j\omega L}[\Omega]$$

8 RC 병렬회로(임피던스로 해석)

(1) 전체 전류와 가지 전류

$$I_1 = \dfrac{V}{R},\ I_2 = \dfrac{V}{\dfrac{1}{j\omega C}}$$

$$I = I_1 + I_2 = \dfrac{V}{R} + j\omega CV = \left(\dfrac{1}{R} + j\omega C\right)V[\text{A}]$$

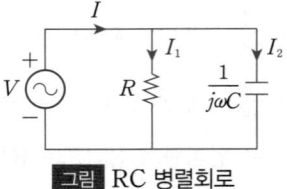

그림 RC 병렬회로

(2) 합성임피던스

$$Z = \dfrac{1}{\dfrac{1}{R} + j\omega C} \quad \left(Z = \dfrac{1}{\dfrac{1}{Z_1} + \dfrac{1}{Z_2}}\right)$$

$$Z = \dfrac{Z_1 Z_2}{Z_1 + Z_2} = \dfrac{\dfrac{R}{j\omega C}}{R + \dfrac{1}{j\omega C}} = \dfrac{R}{1 + j\omega CR}[\Omega]$$

9 RLC 병렬회로(임피던스로 해석)

(1) 전체 전류와 가지 전류

$$I_1 = \dfrac{V}{R},\ I_2 = \dfrac{V}{j\omega L},\ I_3 = \dfrac{V}{\dfrac{1}{j\omega C}} = j\omega CV$$

$$I = \dfrac{V}{R} + \dfrac{V}{j\omega L} + j\omega CV = \left(\dfrac{1}{R} + \dfrac{1}{j\omega L} + j\omega C\right)V[\text{A}]$$

그림 RLC 병렬회로

(2) 합성임피던스

$$Z = \dfrac{1}{\dfrac{1}{R} + \dfrac{1}{j\omega L} + j\omega C}[\Omega],\ \dfrac{1}{Z} = \dfrac{1}{R} + \dfrac{1}{j\omega L} + j\omega C[\mho]$$

10 어드미턴스(Y)

(1) 교류 병렬회로에서 전류가 얼마나 잘 흐르는가를 나타내는 복소수 페이저 양이다.
$Y = G + jB[\mho]$ (G: 컨덕턴스(실수부), B: 서셉턴스(허수부))

(2) 임피던스의 역수이다.
$$Y = \frac{1}{Z} = \frac{1}{R \pm jX} = \frac{R}{R^2 + X^2} \mp j\frac{X}{R^2 + X^2} = G \mp jB[\mho]$$

(3) 어드미턴스 단위는 모[$\mho$] 또는 지멘스[S] 사용하며 컨덕턴스와 서셉턴스도 같은 단위를 사용한다.

(4) 어드미턴스와 전압, 전류 관계
$$I = \frac{V}{Z} = YV[A]$$
$$Y = \frac{I}{V}[\mho], \; I = YV, \; V = \frac{I}{Y}[V]$$
$$Y = \frac{I\underline{/\theta_i}}{V\underline{/\theta_v}} = \frac{I}{V}\underline{/\theta_i - \theta_v}[\mho]$$

(5) 어드미턴스의 복소수 표현
$$Y = G + jB$$
$$= Y\underline{/\theta} = Y(\cos\theta + j\sin\theta) = Y\cos\theta + jY\sin\theta[\mho]$$
$$Y = \sqrt{G^2 + B^2}[\mho], \; \theta = \tan^{-1}\frac{\text{허수부}}{\text{실수부}} = \tan^{-1}\frac{B}{G}$$

(6) 단일 수동소자로 되어 있을 경우 어드미턴스
$$Y_R = \frac{1}{R} = G[\mho]$$
$$Y_L = \frac{1}{jX_L} = -j\frac{1}{X_L} = -jB_L = -j\frac{1}{\omega L}[\mho] \left(B_L = \frac{1}{\omega L}\right)$$
$$Y_C = \frac{1}{-jX_C} = j\frac{1}{X_C} = jB_C = j\omega C[\mho] \; (B_C = \omega C)$$

(7) RLC 직병렬회로의 합성어드미턴스

① 직렬 합성
$$Y_0 = \frac{1}{\frac{1}{Y_1} + \frac{1}{Y_2} + \frac{1}{Y_3}} = \frac{1}{Z_0}$$

② 병렬 합성
$$Y_0 = Y_1 + Y_2 + Y_3 = \frac{1}{Z_0}[\mho]$$

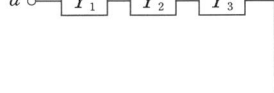 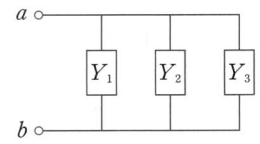 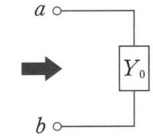

(a) 어드미턴스의 직렬　　(b) 어드미턴스의 병렬　　(c) 합성 어드미턴스

[그림] RLC 직·병렬회로 합성어드미턴스

(8) RL, RC 병렬회로 어드미턴스

$$Z = \frac{1}{\frac{1}{R} + \frac{1}{j\omega L}} \rightarrow Y = \frac{1}{Z} = \frac{1}{R} + \frac{1}{j\omega L} = Y_R + Y_L [\mho]$$

$$Z = \frac{1}{\frac{1}{R} + \frac{1}{j\omega C}} \rightarrow Y = \frac{1}{Z} = \frac{1}{R} + j\omega C = Y_R + Y_C [\mho]$$

$$Z = \frac{1}{\frac{1}{R} + \frac{1}{j\omega L} + j\omega C} \rightarrow Y = \frac{1}{Z} = \frac{1}{R} + \frac{1}{j\omega L} + j\omega C$$

$$= \frac{1}{R} + j\omega C - j\frac{1}{\omega L} = \frac{1}{R} + j\left(\omega C - \frac{1}{\omega L}\right)$$

$$= G + j(B_C - B_L)[\mho]$$

(9) RLC 직렬회로는 전류가 일정하여 직렬회로 해석 시 임피던스를 이용하고 RLC 병렬회로는 전압이 일정하여 병렬회로 해석 시 어드미턴스를 이용한다.

11 RL 병렬회로 해석

(1) 다음 그림과 같이 RL 병렬회로에서 회로에 흐르는 실효전류 I와 순시전류 $i(t)$

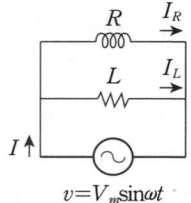

그림 RL 병렬회로

① 실횻값 전류 I

$$I = I_R + I_L = \frac{V}{R} - j\frac{V}{\omega L} = \left(\frac{1}{R} - j\frac{1}{\omega L}\right)V = YV [\text{A}]$$

$$Y = \frac{1}{R} - j\frac{1}{\omega L} = |Y| \angle -\theta [\mho]$$

$$|Y| = \sqrt{\left(\frac{1}{R}\right)^2 + \left(\frac{1}{X_L}\right)^2} [\mho]$$

② 실횻값 전류

$$I = V\sqrt{\left(\frac{1}{R}\right)^2 + \left(\frac{1}{X_L}\right)^2} = V\sqrt{\left(\frac{1}{R}\right)^2 + \left(\frac{1}{\omega L}\right)^2} [\text{A}]$$

③ 순시치 전류

$$i(t) = Yv = |Y|V_m \sin(\omega t - \theta) [\text{A}]$$

(2) 다음 그림은 RL 병렬회로의 어드미턴스 삼각도와 전류 벡터도이다.

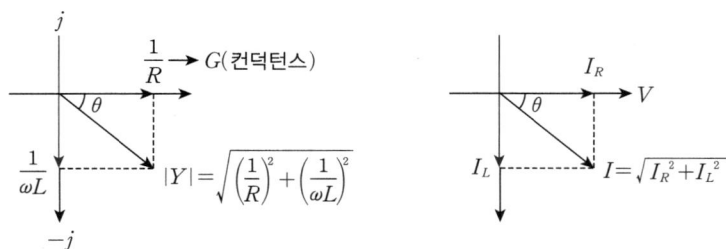

[그림] 어드미턴스 삼각도와 전류 벡터도

12 RC 병렬회로 해석

(1) 다음 그림과 같이 RC 병렬회로에서 회로에 흐르는 실효전류 I 와 순시전류 $i(t)$

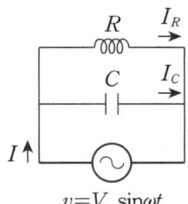

[그림] RC 병렬회로

$$I = I_R + I_C = \frac{V}{R} + j\omega CV = \left(\frac{1}{R} + j\omega C\right)V = YV [\text{A}]$$

$$Y = \frac{1}{R} + j\omega C [\mho]$$

$$|Y| = \sqrt{\left(\frac{1}{R}\right)^2 + (\omega C)^2} [\mho]$$

① 실횻값 전류
$$I = V\sqrt{\left(\frac{1}{R}\right)^2 + \left(\frac{1}{X_C}\right)^2} = V\sqrt{\left(\frac{1}{R}\right)^2 + (\omega C)^2} [\text{A}]$$

② 순시치 전류
$$i(t) = Yv = |Y|V_m \sin(\omega t + \theta) [\text{A}]$$

(2) 다음 그림은 RC 병렬회로의 어드미턴스 삼각도와 전류 벡터도이다.

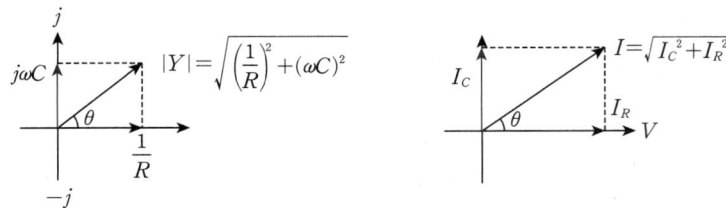

[그림] RC 회로 어드미턴스 삼각도와 전류 벡터도

13 RLC 병렬회로 해석

(1) 다음 그림과 같이 RLC 병렬회로에서 회로에 흐르는 실효전류 I와 순시전류 $i(t)$

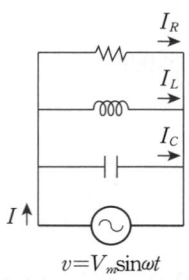

그림 RLC 병렬회로

$$I=I_R+I_L+I_C=\frac{V}{R}-j\frac{V}{\omega L}+j\omega CV=\left[\frac{1}{R}+j\left(\omega C-\frac{1}{\omega L}\right)\right]V=YV[A]$$

$$Y=\frac{1}{R}+j\left(\omega C-\frac{1}{\omega L}\right)[\mho]$$

$$|Y|=\sqrt{\left(\frac{1}{R}\right)^2+\left(\omega C-\frac{1}{\omega L}\right)^2}[\mho]$$

① 실횻값 전류

$$I=V\sqrt{\left(\frac{1}{R}\right)^2+\left(\frac{1}{X_C}-\frac{1}{X_L}\right)^2}=V\sqrt{\left(\frac{1}{R}\right)^2+\left(\omega C-\frac{1}{\omega L}\right)^2}[A]$$

② 순시치 전류

$$i(t)=Yv=|Y|\angle\theta\cdot V_m\sin\omega t=|Y|V_m\sin(\omega t+\theta)[A]$$

(2) 다음 그림은 RLC 병렬회로의 어드미턴스 삼각도와 전류 벡터도이다.

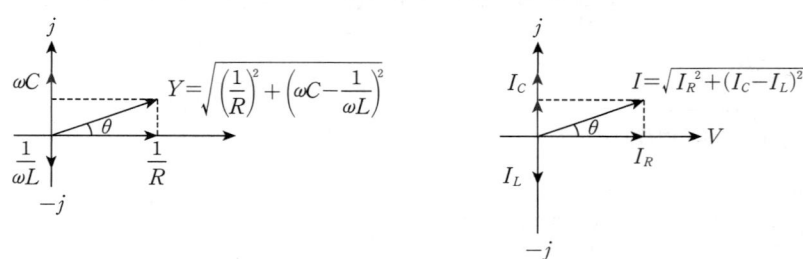

그림 RLC 회로 어드미턴스 삼각도와 전류 벡터도

14 공진회로

어떤 물체가 외부로부터 자신의 고유 진동수와 동일한 힘을 받을 경우에, 그 진동이 증폭되는 현상이다. 공진은 인덕턴스(L)와 캐패시턴스(C)의 리액턴스 값이 같아지는 것을 말한다.

(1) RLC 직렬공진

① 다음 그림과 같은 RLC 직렬회로에서 직렬공진은 임피던스 Z의 허수부가 0이 되는 것이다.

그림 RLC 직렬공진회로

$$Z = R + jX = R + j(X_L - X_C) = R + j\left(\omega L - \frac{1}{\omega C}\right) [\Omega]$$

$$Z = \sqrt{R^2 + X^2}\,[\Omega],\ \theta = \tan^{-1}\frac{X}{R}$$

공진 조건: $X_L = X_C,\ \omega_0 L = \dfrac{1}{\omega_0 C}$

공진주파수 f_0

$$\omega_0 = \frac{1}{\sqrt{LC}}\,[\text{rad/s}],\ f_0 = \frac{1}{2\pi\sqrt{LC}}\,[\text{Hz}]$$

② 공진주파수에서 임피던스가 최소가 되기 때문에 전류가 최대가 되며 전압과 전류의 위상은 동상이다.

공진주파수에서 흐르는 전류 I_0

$$I_0 = \frac{V}{Z_0} = \frac{V}{R}\angle 0°\,[\text{A}]$$

$$I_0 = \frac{V}{R}\,[\text{A}],\ \theta = \tan^{-1}\frac{0}{R} = 0°$$

③ 주파수에 따른 리액턴스 변화 및 공진곡선

$f < f_0$인 경우: $X_L < X_C$이므로 용량성 회로(진상전류)

$f = f_0$인 경우: $X_L = X_C$이므로 저항성 회로의 공진회로(동상)

$f > f_0$인 경우: $X_L > X_C$이므로 유도성 회로(지상전류)

(2) RLC 병렬공진

① 다음 그림과 같은 RLC 병렬회로에서 공진은 어드미턴스 Y의 허수부가 0이 되는 것이다.

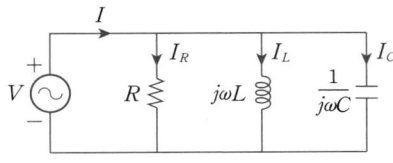

그림 RLC 병렬공진회로

$$Y = G + j(B_C - B_L) = \frac{1}{R} + j\left(\omega C - \frac{1}{\omega L}\right)[\mho]$$

공진 조건: $B_L = B_C,\ \omega_0 C = \dfrac{1}{\omega_0 L}$

$$\therefore\ \omega_0 = \frac{1}{\sqrt{LC}}\,[\text{rad/s}],\ f_0 = \frac{1}{2\pi\sqrt{LC}}\,[\text{Hz}]$$

② 공진 주파수에서 어드미턴스가 최소가 되기 때문에 전류 I_0가 최소가 되며 전압과 전류의 위상은 동상이다.

$$I_0 = Y_0 V = \frac{V}{R}\,[\text{A}]$$

③ 주파수에 따른 서셉턴스 변화 및 공진곡선

$f < f_0$인 경우: $B_L > B_C$이므로 유도성 회로(지상전류)

$f = f_0$인 경우: $B_L = B_C$이므로 저항성 회로의 공진회로(동상)

$f > f_0$인 경우: $B_L < B_C$이므로 용량성 회로(진상전류)

테마 5 교류전력

교류전력 종류에는 순시전력, 평균전력, 유효전력, 무효전력, 피상전력이 있다.

1 순시전력

임의의 시간에서 소자가 소비하는 전력으로 순시전압과 순시전류의 곱으로 정의한다.
순시전력 $p(t)$
$p(t) = v(t) \cdot i(t) [\mathrm{W}]$
$\begin{cases} v = V_m \sin(\omega t + \theta_v) [\mathrm{V}] \\ i = I_m \sin(\omega t + \theta_i) [\mathrm{A}] \end{cases}$
$p(t) = v(t) \cdot i(t) = V_m I_m \sin(\omega t + \theta_v)\sin(\omega t + \theta_i)$
$\quad\quad = \dfrac{V_m I_m}{2} \cos(\theta_v - \theta_i) - \dfrac{V_m I_m}{2} \cos(2\omega t + \theta_v + \theta_i)[\mathrm{W}]$
$\left(\because \sin x \sin y = \dfrac{1}{2}[\cos(x-y) - \cos(x+y)] \right)$

2 평균전력

(1) 순시전력의 1주기 평균값을 말한다.

$P = \dfrac{1}{T} \int_0^T p(t) dt$

$P = \dfrac{1}{T} \int_0^T \left[\dfrac{V_m I_m}{2} \cos(\theta_v - \theta_i) - \dfrac{V_m I_m}{2} \cos(2\omega t + \theta_v + \theta_i) \right] dt$

$\quad = \dfrac{V_m I_m}{2T} \cos(\theta_v - \theta_i)[t]_0^T$

$\therefore P = \dfrac{V_m I_m}{2} \cos(\theta_v - \theta_i) = VI \cos(\theta_v - \theta_i) = VI \cos\theta [\mathrm{W}]$ (θ: 전압과 전류의 위상차)

(2) 평균전력은 실효치인 전압(V)과 전류(I)에 $\cos\theta$ 곱한 값으로 교류전력을 의미한다.

3 유효전력(P)

(1) 유효전력은 저항에서 소비하는 평균전력이다.
(2) 아래 그림에서 저항 R에서 소비하는 전력이 유효전력이다.

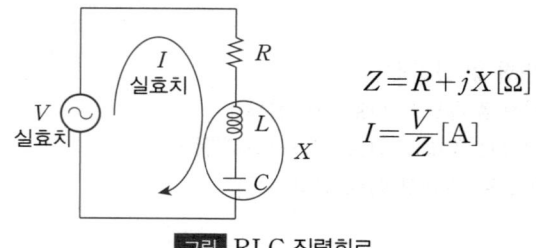

$Z = R + jX [\Omega]$
$I = \dfrac{V}{Z} [\mathrm{A}]$

그림 RLC 직렬회로

유효전력 $P[\text{W}] = I^2 R$
$= \dfrac{V}{Z} \cdot I \cdot R$
$= V \cdot I \cdot \dfrac{R}{Z}$
$= VI \cdot \cos\theta$

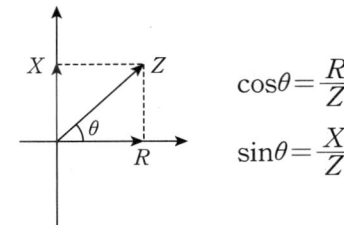

$\cos\theta = \dfrac{R}{Z}$
$\sin\theta = \dfrac{X}{Z}$

[그림] 임피던스 삼각도

(3) 유효전력의 단위는 와트[W]이다.

4 무효전력(P_r)

(1) 아래 그림의 리액턴스 X에서 소비하는 전력을 무효전력이라 한다.

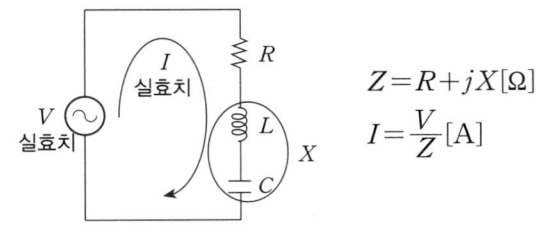

$Z = R + jX [\Omega]$
$I = \dfrac{V}{Z} [\text{A}]$

[그림] RLC 직렬회로

무효전력 $P_r[\text{Var}] = I^2 X$
$= \dfrac{V}{Z} \cdot I \cdot X$
$= VI \cdot \sin\theta$

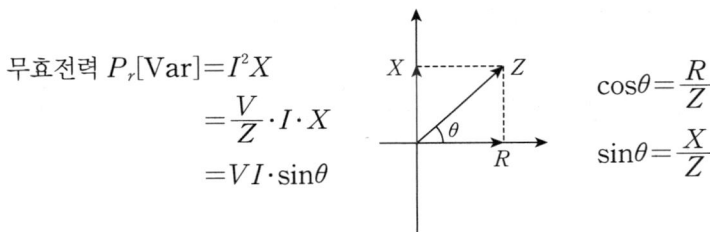

$\cos\theta = \dfrac{R}{Z}$
$\sin\theta = \dfrac{X}{Z}$

[그림] 임피던스 삼각도

(2) 무효전력의 단위는 바[Var]이다.
$P_a = \sqrt{P^2 + P_r^2}\,[\text{kVA}]\,(P[\text{kW}],\ P_r[\text{kVar}])$

5 피상전력(P_a)

(1) 피상전력은 겉보기 전력으로 단위는 [VA]이다.

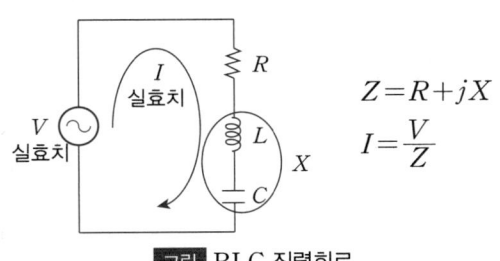

$Z = R + jX$
$I = \dfrac{V}{Z}$

[그림] RLC 직렬회로

피상전력 $P_a[\text{VA}] = I^2 Z$
$= \dfrac{V}{Z} IZ$
$= VI$

(2) 임피던스 삼각도에서 I^2 값을 곱하면 전력삼각도를 얻을 수 있다.

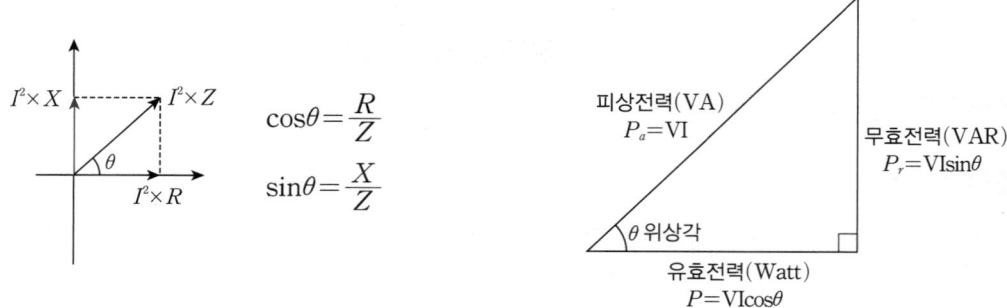

그림 임피던스 삼각도와 전력 삼각도

테마 6 역률

1 역률은 전압과 전류의 위상차 θ에 대한 $\cos\theta$ 값이다.

2 역률은 임피던스 삼각도와 전력 삼각도에서 구할 수 있다.

$\cos\theta = \dfrac{R}{Z} = \dfrac{P}{P_a}$

핵심테마 실전문제

교류회로에서 역률이란 무엇인가?
① 전압과 전류의 위상차의 sin값
② 전압과 전류의 위상차의 cos값
③ 임피던스와 리액턴스의 위상차의 cos값
④ 임피던스와 저항의 위상차의 sin값

| 해설 | 역률은 전압과 전류의 위상차의 cos값이다.

| 정답 | ②

핵심테마 실전문제

부하에 100∠30°[V]의 전압을 가했을 때 5∠60°[A]의 전류가 흘렀다면 부하에서 소비되는 유효전력은 몇 [W]인가?

① 333
② 433
③ 533
④ 633

| 해설 | $P = VI\cos\theta = 100 \times 5 \times \cos(-30°) = 433[W]$

| 정답 | ②

테마 7 3상교류

1 용어정리

(1) 다상 방식
주파수는 같지만 위상이 다른 여러 개의 기전력이 동시에 존재하는 교류 방식이다.

(2) 단상 방식
기전력이 오직 한 개만 존재하는 방식이다.

(3) n상 방식
다상 방식 중에서 n개의 기전력이 존재하는 방식이다.

(4) 대칭 다상 방식
n상 방식에서 n개의 기전력이 서로 크기가 같고 기전력 사이에 위상차가 $\frac{2\pi}{n}$[rad]로 같은 방식이다.

(5) 대칭 3상 회로: 3상의 기전력의 크기가 같고 기전력 사이에 위상차가 같은 방식이다.

2 3상 교류

(1) 3상 방식을 선택한 이유
① 전력을 주로 소비하는 전력설비가 전동기인데 3상은 회전자계를 자동으로 얻을 수 있어 전동기를 편하게 회전시킬 수 있다.
② 같은 전력을 전송하는 데 도체의 수 즉, 선로의 수를 절감할 수 있다.
③ 선로의 전력 손실을 경감할 수 있다.

(2) 3상 교류 발생과 표시법
① 3상 교류는 3상 대칭과 3상 비대칭으로 나눈다.
② 동일한 권선 구조를 갖는 3개의 권선이 120° 간격으로 철심에 감겨져 있다.
③ 아래 그림 (b)처럼 크기와 주파수는 같고 위상만 120° 차이 나는 전압이 발생한다.
　　a상 전압 $V_a = V\angle 0°$[V]
　　b상 전압 $V_b = V\angle -120°$[V]

c상 전압 $V_c = V\angle -240°$

④ a상을 기준으로 b상은 120° 뒤지고 c상은 240° 뒤진다.
⑤ 정상적으로 동작할 때는 3상 대칭(평형)이나 지락사고 등 고장 시에는 3상 비대칭(불평형)된다.

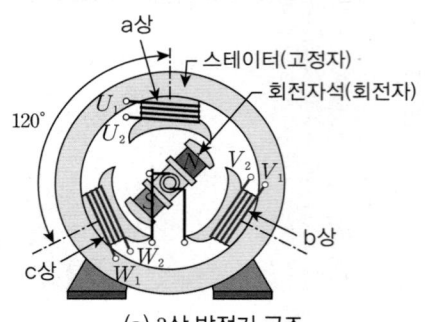

(a) 3상 발전기 구조

(b) 3상 전압의 순시치

그림 3상 발전기 구조와 출력

(3) 3상 대칭 교류
① 주파수와 전압의 크기는 같다.
② 파형 모양은 같고 위상차는 120°이다.
③ 각상 전압을 페이저로 표시하면 아래와 같다.

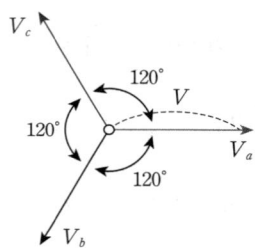

$$V_a = V\angle 0°, \ V_b = V\angle -120°, \ V_c = V\angle -240°$$

④ 3상 대칭일 경우 $V_a + V_b + V_c = 0$

3 3상 교류의 결선법

3상 교류의 결선법은 Y결선과 △결선 방법이 있다.

(1) 전원의 Y결선
① 아래 그림과 같이 Y모양으로 각 상의 한 단자를 공통으로 묶어 별 모양으로 결선한 방식이며, 성형결선이라고도 한다.

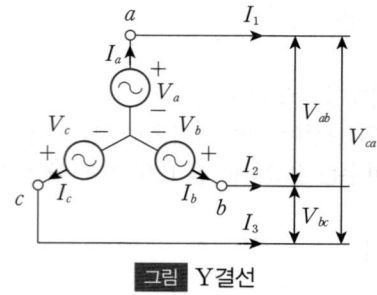

그림 Y결선

② 각 상을 한데 묶은 공통점 n을 공통점이라 한다.
③ 각상의 a, b, c와 중성점 n과의 전압을 상전압이라 한다. V_a, V_b, V_c가 상전압이다.
④ 선간전압은 단자 상호 간의 전압으로 V_{ab}, V_{bc}, V_{ca}이다.
⑤ 상전류는 각 상에 흐르는 전류로 I_a, I_b, I_c이다.
⑥ 선전류는 부하와 연결한 선에 흐르는 전류로 I_1, I_2, I_3이다.
⑦ Y결선은 상전류와 선전류가 같다.
  $I_1 = I_a$, $I_2 = I_b$, $I_3 = I_c$
⑧ 상전압과 선간전압, 상전류와 선간전류와 관계는 다음과 같다.

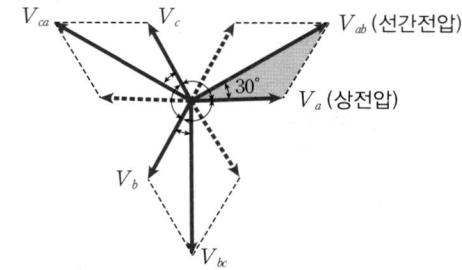

[그림] 상전압과 선간전압

$V_{ab} = V_a - V_b = V_a + (-V_b) = \sqrt{3}\, V_a \underline{/30°}\,[\text{V}]$
$V_{bc} = V_b - V_c = V_b + (-V_c) = \sqrt{3}\, V_b \underline{/30°}\,[\text{V}]$
$V_{ca} = V_c - V_a = V_c + (-V_a) = \sqrt{3}\, V_c \underline{/30°}\,[\text{V}]$

⑨ Y결선에서 선간전압, 상전압, 선전류, 상전류의 관계는 상전류와 선전류는 크기와 위상은 같고 선간전압은 상전압의 $\sqrt{3}$배이고 위상은 30° 앞선다.

(2) 전원의 델타(Δ) 결선

① 아래 그림과 같이 Δ 모양으로 각 상 연결은 전위가 높은 쪽에서 낮은 쪽으로 삼각형 형태로 접속하고 접속점에서 3상의 단자가 되도록 연결하는 방식이다.

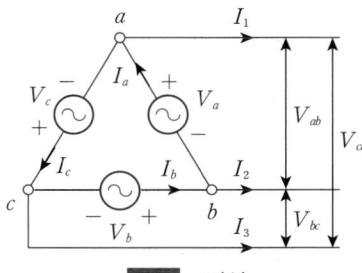

[그림] Δ결선

② Δ결선에서 단자 $a-b$, $b-c$, $c-a$ 간의 기전력 V_a, V_b, V_c가 상전압이다.
③ Δ결선에서 각 상에 흐르는 전류 I_a, I_b, I_c가 상전류이다.
⑤ Δ결선에서 각 상에서 나가 선로에 흐르는 전류 I_1, I_2, I_3 선전류이다.
⑥ Δ결선은 상전압과 선간전압은 같다.
  $V_{ab} = V_a$, $V_{bc} = V_b$, $V_{ca} = V_c$
⑦ 상전류와 선간전류와 관계는 다음과 같다.

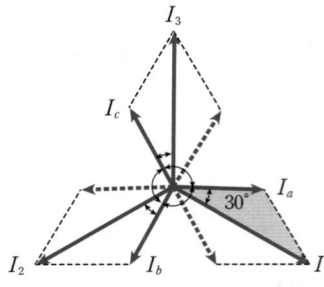

$I_1 = I_a - I_c = I_a + (-I_c) = \sqrt{3}\, I_a \underline{/-30°}\,[A]$
$I_2 = I_b - I_a = I_b + (-I_a) = \sqrt{3}\, I_b \underline{/-30°}\,[A]$
$I_3 = I_c - I_b = I_c + (-I_b) = \sqrt{3}\, I_c \underline{/-30°}\,[A]$

그림 Δ결선에서 상전류와 선간전류 관계

⑧ Δ결선에서 선간전압, 상전압, 선전류, 상전류의 관계는 상전압과 선간전압은 같고, 선전류는 상전류의 $\sqrt{3}$배이고 위상은 30° 뒤진다.

(3) 3상 대칭(평형)인 Δ와 Y결선된 부하 변환($\Delta \Leftrightarrow Y$)

① $\Delta \Leftrightarrow Y$ 결선간 부하 변환을 하는 이유는 회로 해석을 쉽게 하기 위해서이다.

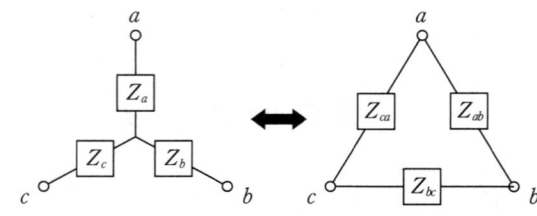

그림 Y결선과 Δ결선

$Z_a = \dfrac{Z_{ab} Z_{ca}}{Z_{ab} + Z_{bc} + Z_{ca}}\,[\Omega]$ $\quad Z_{ab} = \dfrac{Z_a Z_b + Z_b Z_c + Z_c Z_a}{Z_c}\,[\Omega]$

$Z_b = \dfrac{Z_{ab} Z_{bc}}{Z_{ab} + Z_{bc} + Z_{ca}}\,[\Omega]$ $\quad Z_{bc} = \dfrac{Z_a Z_b + Z_b Z_c + Z_c Z_a}{Z_a}\,[\Omega]$

$Z_c = \dfrac{Z_{bc} Z_{ca}}{Z_{ab} + Z_{bc} + Z_{ca}}\,[\Omega]$ $\quad Z_{ca} = \dfrac{Z_a Z_b + Z_b Z_c + Z_c Z_a}{Z_b}\,[\Omega]$

② 3상 평형인 부하 임피던스가 모두 같은 경우 $\Delta \Leftrightarrow Y$ 변환 식을 적용하면 다음과 같다.

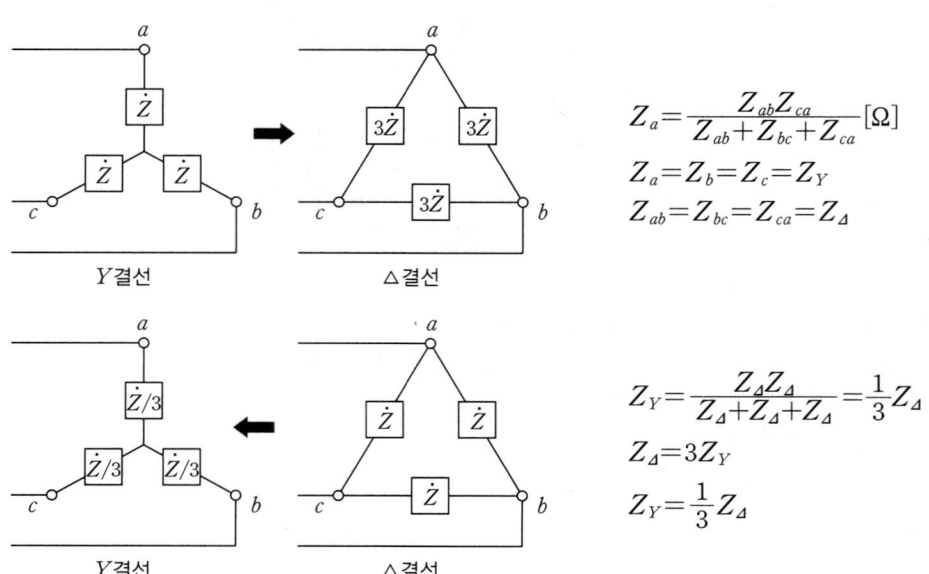

$Z_a = \dfrac{Z_{ab} Z_{ca}}{Z_{ab} + Z_{bc} + Z_{ca}}\,[\Omega]$

$Z_a = Z_b = Z_c = Z_Y$

$Z_{ab} = Z_{bc} = Z_{ca} = Z_\Delta$

$Z_Y = \dfrac{Z_\Delta Z_\Delta}{Z_\Delta + Z_\Delta + Z_\Delta} = \dfrac{1}{3} Z_\Delta$

$Z_\Delta = 3 Z_Y$

$Z_Y = \dfrac{1}{3} Z_\Delta$

(4) 3상 교류 전력

부하에서 소비하는 교류 전력에는 피상전력, 유효전력, 무효전력이 있다.

① Y와 Δ결선 소비 전력

- 부하가 다음 그림과 같이 Y결선 방식으로 구성되었을 경우 소비 전력은 아래와 같다.

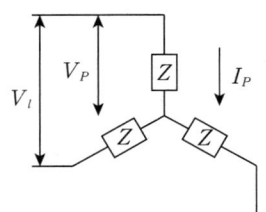
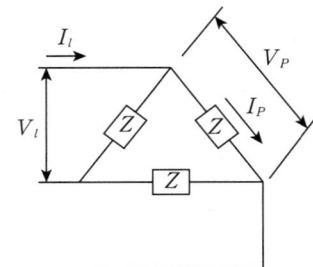

V_P: 상전압
I_P: 상전류
Z: 상임피던스
V_l: 선간전압
I_l: 선전류

$I_P = \dfrac{V_P}{Z}$, $Z = R + jX$

$I_P{}^2 = \left(\dfrac{V_P}{Z}\right)^2 = \dfrac{V_P{}^2}{R^2 + X^2}$

$\cos\theta = \dfrac{R}{Z}$, $\sin\theta = \dfrac{X}{Z}$

[그림] Y결선과 Δ결선 소비 전력

- 상전압, 상전류로 피상전류, 유효전력, 무효전력을 계산하면 아래와 같다.

피상전류 $P_a = 3V_P I_P = 3I_P{}^2 \cdot Z$
$ = 3 \cdot \dfrac{V_P{}^2}{R^2 + X^2} \cdot Z$
$ = 3P_{a1}$ (P_{a1}: 1상의 피상전력)

유효전력 $P = 3V_P I_P \cdot \cos\theta = 3I_P{}^2 \cdot R$
$ = \dfrac{3V_P{}^2 \cdot R}{R^2 + X^2}$
$ = 3P_1$ (P_1: 1상의 유효전력)

무효전력 $P_r = 3V_P I_P \cdot \sin\theta = 3I_P{}^2 \cdot X$
$ = \dfrac{3V_P{}^2 \cdot X}{R^2 + X^2}$
$ = 3P_{r1}$ (P_{r1}: 1상의 무효전력)

- 선간전압, 선전류로 피상전류, 유효전력을 계산하면 아래와 같다.
  - Y결선
    $V_l = \sqrt{3}\,V_P$, $I_l = I_P$
  - Δ결선
    $V_l = V_P$, $I_l = \sqrt{3}\,I_P$
  - 피상전력
    $P_a = 3V_P I_P = \sqrt{3}\sqrt{3}\,V_P I_P = \sqrt{3}\,V_l I_l$ (V_l: 선간전압, I_l: 선전류로 표현)
  - 유효전력
    $P = 3V_P I_P \cos\theta = \sqrt{3}\sqrt{3}\,V_P I_P \cos\theta = \sqrt{3}\,V_l I_l \cos\theta$ (V_l: 선간전압, I_l: 선전류로 표현)

핵심테마 실전문제

3상 평형부하의 전압이 100[V]이고 전류가 1[A]이다. 이때 소비전력 W은?(단, 역률은 0.8이다.)

① 138.5
② 1,385
③ 13,850
④ 138,500

| 해설 | $P=\sqrt{3}\,V_l I_l \cos\theta = \sqrt{3}\times 100 \times 1 \times 0.8 = 138.5[W]$

| 정답 | ①

테마 8 비정현파 교류회로

1 비정현파 정의

(1) 정현파를 제외한 모든 파를 말한다.
(2) 파형이 일그러져 규칙적으로 반복하는 교류 파형이다.
(3) 비정현파는 직류분, 기본파형, 고조파형으로 구성되어 있다.

$v(t) = V_0 + \sqrt{2}V_1\sin\omega t + \sqrt{2}V_2\sin 2\omega t + \sqrt{2}V_3\sin 3\omega t + \sqrt{2}V_4\sin 4\omega t + \sqrt{2}V_5\sin 5\omega t + \cdots$

(V_0: 직류성분, V_1: 기본파 최댓값, V_2: 2고조파 최댓값, V_3: 3고조파 최댓값, …)

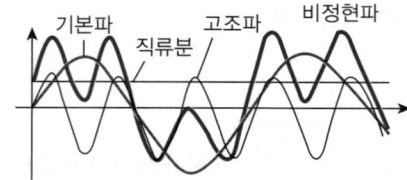

그림 비정현파 구성성분

(4) 비정현파에는 왜형파, 삼각파, 구형파 등이 있다.

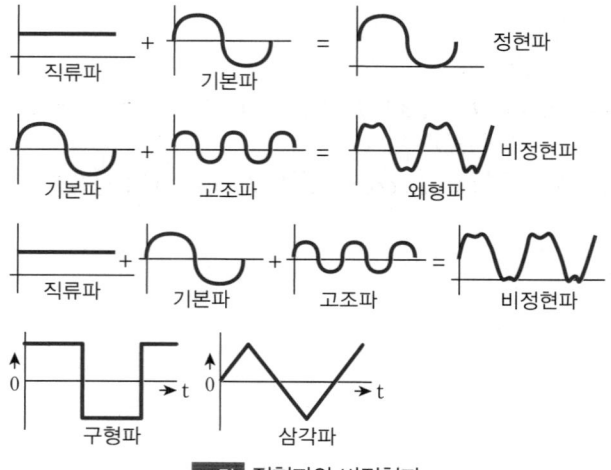

그림 정현파와 비정현파

(5) 비정현파를 구성하는 성분인 직류성분, 기본파, 고조파 성분은 푸리에 급수 방식을 이용하여 해석할 수 있다.

2 비정현파 실횻값

(1) 비정현파 실횻값은 각각의 주파수 성분 실횻값의 제곱의 합의 제곱근으로 구한다.

전압 $V = \sqrt{V_0^2 + \left(\dfrac{V_1}{\sqrt{2}}\right)^2 + \left(\dfrac{V_2}{\sqrt{2}}\right)^2 + \cdots + \left(\dfrac{V_n}{\sqrt{2}}\right)^2}$

전류 $I = \sqrt{I_0^2 + \left(\dfrac{I_1}{\sqrt{2}}\right)^2 + \left(\dfrac{I_2}{\sqrt{2}}\right)^2 + \cdots + \left(\dfrac{I_n}{\sqrt{2}}\right)^2}$

3 비정현파 전력

(1) 비정현파 전력은 같은 주파수 성분의 전압 실효치와 전류 실효치 값을 가지고 계산한다.

$v(t) = V_0 + V_1\sin\omega t + V_2\sin 2\omega t + V_3\sin 3\omega t + V_4\sin 4\omega t + V_5\sin 5\omega t + \cdots[V]$
(V_0: 기본파, V_1: 기본파 최댓값, V_2: 2고조파 최댓값, V_3: 3고조파 최댓값, …)

$i(t) = I_0 + I_1\sin(\omega t - \theta_1) + I_2\sin(2\omega t - \theta_2) + I_3\sin(3\omega t - \theta_3) + I_4\sin(4\omega t - \theta_4) + I_5\sin(5\omega t - \theta_5) + \cdots[A]$
(I_0: 기본파, I_1: 기본파 최댓값, I_2: 2고조파 최댓값, I_3: 3고조파 최댓값, …)

① 유효전력 $P = V_0 I_0 + \dfrac{V_1}{\sqrt{2}} \cdot \dfrac{I_1}{\sqrt{2}}\cos\theta_1 + \dfrac{V_2}{\sqrt{2}} \cdot \dfrac{I_2}{\sqrt{2}}\cos\theta_2 + \dfrac{V_3}{\sqrt{2}} \cdot \dfrac{I_3}{\sqrt{2}}\cos\theta_3 + \cdots[W]$

② 무효전력 $P_r = \dfrac{V_1}{\sqrt{2}} \cdot \dfrac{I_1}{\sqrt{2}}\sin\theta_1 + \dfrac{V_2}{\sqrt{2}} \cdot \dfrac{I_2}{\sqrt{2}}\sin\theta_2 + \dfrac{V_3}{\sqrt{2}} \cdot \dfrac{I_3}{\sqrt{2}}\sin\theta_3 + \cdots[Var]$

③ 피상전력 $P_a = \sqrt{V_0^2 + \left(\dfrac{V_1}{\sqrt{2}}\right)^2 + \left(\dfrac{V_2}{\sqrt{2}}\right)^2 + \cdots} \times \sqrt{I_0^2 + \left(\dfrac{I_1}{\sqrt{2}}\right)^2 + \left(\dfrac{I_2}{\sqrt{2}}\right)^2 + \cdots}[VA]$

④ 역률 $\cos\theta = \dfrac{P}{P_a}$

핵심테마 실전문제

$i = \sqrt{2}\sin(\omega t + 10°) + 5\sqrt{2}\sin(3\omega t - 30°) + 3\sqrt{2}\sin(5\omega t + 90°)$[mA]인 비정현파 전류의 실횻값은 약 몇 [mA]인가?

① 5.91
② 6.91
③ 7.91
④ 8.91

| 해설 | 비정현파 전류의 실횻값

$I = \sqrt{\left(\dfrac{I_{m1}}{\sqrt{2}}\right)^2 + \left(\dfrac{I_{m2}}{\sqrt{2}}\right)^2 + \left(\dfrac{I_{m3}}{\sqrt{2}}\right)^2}$
$= \sqrt{\left(\dfrac{\sqrt{2}}{\sqrt{2}}\right)^2 + \left(\dfrac{5\sqrt{2}}{\sqrt{2}}\right)^2 + \left(\dfrac{3\sqrt{2}}{\sqrt{2}}\right)^2} = 5.91$[mA]

| 정답 | ①

4 왜형률(D), 파고율, 파형률

(1) 기본파에 대해 고조파 성분이 얼마나 포함되었는지를 나타낸 것

$$왜형률 = \frac{고조파\ 실횻값}{기본파\ 실횻값} \times 100 = \frac{\sqrt{V_2^2 + V_3^2 + \cdots + V_n^2}}{V_1} \times 100[\%]$$

(V_1: 기본파 실횻값, V_2, V_3, V_n: 고조파 실횻값)

(2) 다음은 주요 파형의 파고율, 파형률이다.

$$파고율 = \frac{최댓값}{실횻값}$$

$$파형률 = \frac{실횻값}{평균값}$$

파형	최댓값	실횻값	평균값	파형률	파고율
정현파 전파정류파 반구형파	V_m	$\dfrac{V_m}{\sqrt{2}}$	$\dfrac{2V_m}{\pi}$	1.111	1.414
삼각파 톱니파	V_m	$\dfrac{V_m}{\sqrt{3}}$	$\dfrac{V_m}{2}$	1.155	1.732
구형파	V_m	V_m	V_m	1	1
반파정류파	V_m	$\dfrac{V_m}{2}$	$\dfrac{V_m}{\pi}$	1.571	2
반파형파	V_m	$\dfrac{V_m}{\sqrt{2}}$	$\dfrac{V_m}{2}$	1.414	1.414

핵심테마 실전문제

다음 중 파고율을 나타낸 것이다. 옳은 것은?

① $\dfrac{실횻값}{평균값}$ ② $\dfrac{최댓값}{평균값}$

③ $\dfrac{기댓값}{평균값}$ ④ $\dfrac{최댓값}{실횻값}$

| 해설 | 파고율 $= \dfrac{최댓값}{실횻값}$

파형율 $= \dfrac{실횻값}{평균값}$

| 정답 | ④

핵심문제 | 테마 05 | 교류회로

01
최댓값이 100[V]인 정현파의 실횻값은?

① 50[V]
② 70.7[V]
③ 100[V]
④ 141[V]

| 해설 |
정현파의 실횻값과 최댓값의 관계는 다음과 같다.
$V_{rms} = \dfrac{V_{max}}{\sqrt{2}}[V]$
따라서 최댓값이 100[V]인 정현파의 실횻값은 다음과 같다.
$V_{rms} = \dfrac{100}{\sqrt{2}} = 70.7[V]$

| 정답 | ②

02
정현파 교류의 평균값은 다음 중 어떤 식으로 표현되는가?

① $V_{avg} = \dfrac{V_{max}}{\pi}$
② $V_{avg} = \dfrac{2V_{max}}{\pi}$
③ $V_{avg} = \dfrac{V_{max}}{\sqrt{2}}$
④ $V_{avg} = \dfrac{V_{max}}{2}$

| 해설 |
정현파의 평균값은 다음과 같다.
$V_{avg} = \dfrac{2V_{max}}{\pi}[V]$

| 정답 | ②

03
정현파 교류 전류의 주기 T는 다음 중 어느 식으로 표현되는가?

① $T = f$
② $T = 2\pi f$
③ $T = \dfrac{1}{f}$
④ $T = f^2$

| 해설 |
주기와 주파수의 관계: 주기 T는 주파수 f의 역수이다. 이를 식으로 표현하면 다음과 같다.
$T = \dfrac{1}{f}[S]$

| 정답 | ③

04
다음 중 파형률(Form Factor)을 옳게 표현한 것은?

① $\dfrac{실횻값}{평균값}$
② $\dfrac{최댓값}{평균값}$
③ $\dfrac{실횻값}{최댓값}$
④ $\dfrac{평균값}{실횻값}$

| 해설 |
- 파형률 = $\dfrac{실횻값}{평균값}$
- 파고율 = $\dfrac{최댓값}{실횻값}$

| 정답 | ①

05

커패시터(C)만 있는 회로에서 전류는 전압보다 어떻게 되는가?

① 90° 빠르다.   ② 90° 늦다.
③ 동위상이다.   ④ 역위상이다.

| 해설 |
커패시터만 있는 회로에서의 교류 특성
전류가 전압보다 90° 앞선(빠른) 진상 전류가 흐른다.

| 정답 | ①

06

코일(L)만 있는 회로에서 전류는 전압보다 어떻게 되는가?

① 90° 빠르다.   ② 90° 늦다.
③ 동위상이다.   ④ 역위상이다.

| 해설 |
인덕턴스만 있는 회로에서의 교류 특성
전류가 전압보다 90° 뒤진(느린) 지상 전류가 흐른다.

| 정답 | ②

07

어떤 직렬 RLC 회로에서 공진주파수는 다음 중 어떤 식으로 표현되는가?

① $f_0 = \dfrac{1}{2\pi RC}$
② $f_0 = 2\pi\sqrt{LC}$
③ $f_0 = \dfrac{L}{C}$
④ $f_0 = \dfrac{1}{2\pi\sqrt{LC}}$

| 해설 |
공진주파수 공식은 다음과 같다.
$f_0 = \dfrac{1}{2\pi\sqrt{LC}}[\text{Hz}]$
공진 시 리액턴스가 상쇄되어 전류가 최대가 된다.

| 정답 | ④

08

교류회로에서 유효전력 P를 구하는 공식은?

① $P = VI$
② $P = VI\cos\theta$
③ $P = VI\sin\theta$
④ $P = \dfrac{V^2}{R}$

| 해설 |
유효전력 $P = VI\cos\theta[\text{W}]$
무효전력 $P_r = VI\sin\theta[\text{Var}]$
피상전력 $P_a = VI[\text{VA}]$

| 정답 | ②

09

Y결선에서 선간전압 V_l과 상전압 V_p의 관계로 옳은 것은?

① $V_l = V_p$
② $V_l = \dfrac{V_p}{\sqrt{3}}$
③ $V_l = \sqrt{3}\,V_p$
④ $V_l = 3V_p$

| 해설 |
Y결선에서의 선간전압과 상전압의 관계
$V_l = \sqrt{3}\,V_p$
Y결선에서의 선간전류과 상전류의 관계
$I_l = I_p$

| 정답 | ③

10

Δ결선에서 선간전압 V_l과 상전압 V_p의 관계로 옳은 것은?

① $V_l = V_p$
② $V_l = \dfrac{V_p}{\sqrt{3}}$
③ $V_l = \sqrt{3}\,V_p$
④ $V_l = 3\,V_p$

| 해설 |
Δ결선에서의 선간전압과 상전압의 관계
$V_l = V_p$
Δ결선에서의 선간전류과 상전류의 관계
$I_l = \sqrt{3}\,I_p$

| 정답 | ①

1과목 | 전기이론

핵심테마 이론

06 | 전류의 열작용과 화학작용

테마 1 전류의 열작용

1 전력과 전력량

(1) 전력(P)
 ① 단위 시간에 전송하는 전력량(전기에너지)의 비이다.
$$P = \frac{W}{t} \left[\frac{J}{s} = W \right]$$
 ② 전력 단위는 와트[W]이고 1[W]=1[J/s]이다.
 ③ 전력(P)을 다르게 표현하면 아래와 같다.
$$P = \frac{W}{t} \left[\frac{J}{s} = W \right]$$
$$= \frac{VQ}{t} = VI = I^2R = \frac{V^2}{R}$$

(2) 전력량(W)
  전기가 일정한 시간 t 동안에 한 일의 양이다.
  $W = Pt[J = W \cdot sec]$

핵심테마 실전문제

저항 R에 5[A]의 전류가 흐를 때 소비전력이 1,000[W]이었다. 이때 저항 $R[\Omega]$을 구하면?

① 10 ② 20
③ 30 ④ 40

| 해설 | $R = \dfrac{P}{I^2} = \dfrac{1,000}{5^2} = 40[\Omega]$

| 정답 | ④

2 줄의 법칙

(1) 도체에 전류가 흐르면 자유전자와 원자핵 간의 충돌에 의해 열이 발생한다. 이 충돌 현상으로 전류가 도체에 흐르면 도체에서 열이 발생하는데 이를 전류의 열작용이라 한다.

(2) 도체에서 전류의 열작용에 의해서 전류의 흐름을 방해하는 저항이 작용한다. 도체의 저항값은 $R = \rho \dfrac{l}{S}$ (l: 도체

의 길이, S: 도체의 단면적, ρ: 고유 저항) 식으로 나타낼 수 있다.

(3) 전류의 열작용에 의해 발생하는 열을 줄열이라 한다.
(4) 아래 회로처럼 히터에 전류를 통과시킬 때 히터에서 손실이 없다면 전기에너지가 전부 열로 변환될 것이다. 이때 발생하는 열량(H)은 에너지 보존법칙에 근거하여 다음처럼 표현할 수 있다. 전력량 단위는 [J]이다.

$$\text{발열량 } H = I^2 Rt [\text{J}]$$

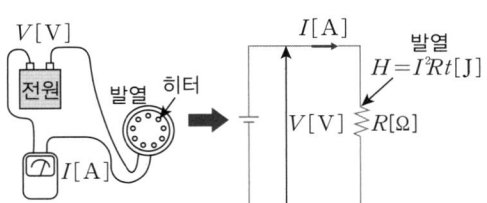

그림 저항에 의한 발열

(5) 열량(H)의 단위는 에너지 단위인 [J] 이외에도 [cal]도 많이 사용하는데 1[cal]는 물 1[g]을 1[℃]로 높이는 데 드는 열량으로 정의한다.
(6) 비열은 물질마다 다르다. 비열은 어떤 물질의 1[g]을 1[℃] 올리는 데 필요한 열량(cal)으로 정의한다.

$$\text{비열 } c = \frac{\text{cal}}{1\text{g} \cdot 1℃} = \frac{H}{mT} [\text{cal/g} \cdot ℃]$$

(7) 물질은 각각 다른 비열을 가지고 있다. 비열이 큰 물질은 온도를 올리는 데 더 많은 에너지가 필요하다. 비열의 기준은 공기로 비열 값은 1이다. 물질의 비열을 알면 열량을 계산할 수 있다.

$H = mcT [\text{cal}]$ (m: 물질의 질량, c: 비열, T: 온도 변화)

(8) 물의 비열 $c = 4.18$이다. 공기 1[g]을 1[℃] 올리는 것보다 물 1[g]을 1[℃] 올리는 데 약 4배 이상의 에너지가 필요하다. 따라서 1[cal] = 4.2[J]로 계산한다.

1[cal] = 4.2[J]
1[J] = 0.24[cal]

(9) 줄의 법칙은 줄열의 양을 계산할 때 사용하며, 전력량과 열량에 관계한 법칙이다.

$H = 0.24W = 0.24P \cdot t$

$$\therefore H = 0.24VIt = 0.24I^2Rt = 0.24\frac{V^2}{R}t [\text{cal}]$$

$1[\text{kWh}] = 1,000[\text{W}] \times 1[\text{h}] = 3.6 \times 10^6[\text{W} \cdot \text{s}] = 3.6 \times 10^6[\text{J}]$
$\quad\quad\quad\quad = 0.24 \times 3.6 \times 10^6[\text{cal}] = 860,000[\text{cal}] = 860[\text{kcal}]$

$1[\text{kWh}] = 860[\text{kcal}]$, $1[\text{J}] = 0.24[\text{cal}]$

핵심테마 실전문제

6[Wh]는 몇 [J]인가?
① 720
② 1,800
③ 7,200
④ 21,600

| 해설 | $W = Pt[\text{J}] = 6[\text{Wh}] = 6[\text{W}] \times 3,600[\text{sec}] = 21,600[\text{J}]$

| 정답 | ④

3 열전 효과

열전 효과는 열을 흘렸을 때 발생하는 전기적 현상 또는 전기를 흘렸을 때 발생하는 열적 현상을 말하며 제벡 효과, 펠티에 효과, 톰슨 효과가 있다.

(1) 제벡 효과
① 온도차에 의해 전위차가 발생하는 열전 효과의 대표적인 현상이다.
② 아래 그림처럼 서로 다른 두 도체를 접합하여 폐회로를 형성하여 열을 가하면 고온부는 (+)로 대전되고, 저온부는 (−)로 대전된다. 이때 접합점에서 전위차가 발생하여 기전력이 발생하는데 이것을 열기전력이라 한다.

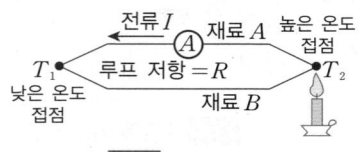

그림 제벡 효과

③ 제벡 효과는 열을 전기로 변환하는 현상이다.

(2) 펠티에 효과
① 펠티에 효과는 아래 그림처럼 서로 다른 금속을 연결하고 전류를 흐르게 했을 때, 금속의 양 단면에 온도차가 발생하는 현상이다.

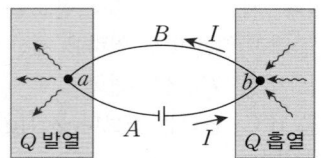

그림 펠티에 효과

② 접합점에서 열이 발생되거나 흡수되어 접합점 간 온도차가 발생한다.
③ 열전 냉각기는 펠티에 효과를 이용해 만든 것이다.
④ 뜨거운 면은 방열판 등으로 과열을 방지하고, 온도가 낮은 면은 냉각에 사용한다.
⑤ 펠티에 효과는 전기를 열로 변환하는 현상이다.

(3) 톰슨 효과
톰슨 효과는 아래 그림처럼 같은 종류의 금속 양 끝에 온도차를 주고 전류를 흐르게 하면 줄열 이외에 발열 또는 흡열되는 현상이다.

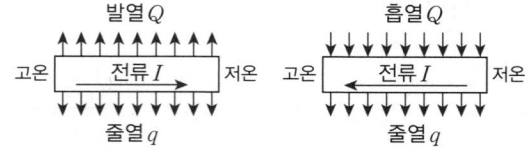

그림 톰슨 효과

핵심테마 실전문제

서로 다른 금속을 접속하고 전류를 흘려주면 그 접점에서 열을 흡수하거나 방출하는 효과는?
① 펠티에 효과　　　　　　　　　　　　② 제벡 효과
③ 홀 효과　　　　　　　　　　　　　　④ 줄 효과

| 해설 |
- 제벡 효과: 서로 다른 금속을 접속하여 열을 가하면 기전력이 발생
- 홀 효과: 자속이 일정한 곳에 물체를 두고 물체에 전류를 통하면 물체 양단에 기전력이 발생
- 톰슨 효과: 동일 금속의 두 점 간의 온도차를 만들고 금속에 전류가 흐르면 금속 내부에서 열을 흡수하거나 발생
- 펠티에 효과: 서로 다른 금속을 접속하고 전류를 통하게 하면 접속점에서 열을 흡수하거나 방출

| 정답 | ①

테마 2 전류의 3대 작용

전류의 기능을 크게 나누면 전류 발열 작용, 전류 자기 작용, 전류 화학 작용 3가지가 있다. 이를 전류 3대 작용이라 한다.

1 전류의 발열 작용
(1) 도체에 전류를 흐르게 하여 발생하는 줄열을 이용한 것이다.
(2) 대표적인 전류 발열 작용을 이용한 예가 밥솥, 히터, 토스터, 다리미 등이 있다.

2 전류의 자기 작용
(1) 도체에 전류를 흘려 발생하는 자기장을 이용하는 것이다.
(2) 전류의 자기 작용을 이용한 예가 휴대전화, TV 등이 있다.

3 전류의 화학 작용
(1) 전류를 흐르게 하여 물질에 다양한 화학 변화를 이용하는 것이다.
(2) 전류의 화학 작용의 대표적인 예가 배터리(건전지나 축전지), 물의 전기분해이다.

테마 3 전류의 화학 작용

1 전기분해
(1) 전해액에 두 전극을 담아 전극에서 원하는 물질을 추출하는 것을 말한다.
(2) 물의 전기분해는 아래 그림처럼 전해액을 통해 전류가 흐르면 물에 화학작용을 하여 두 전극에서 수소(H_2)와 산소(O_2)를 추출하는 과정이다.

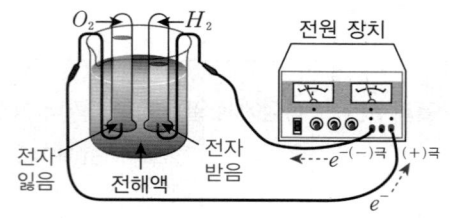

전해질: 물에 용해되어 전류가 흐르게 할 수 있는 물질
전해액: 전해질이 녹아 양이온과 음이온으로 전리한 용액

[그림] 전기분해

(3) 전해질은 물에 녹아 전류를 잘 흐르게 하는 것으로 수산화나트륨(NaOH), 황산(H_2SO_4)을 사용한다.
(4) (−) 전극 표면에서 물 분자는 전자를 얻는 반응이 일어나게 되고 물은 수소 기체(H_2)와 수산화 이온(OH^-)으로 분해된다. (+) 전극에서는 전자를 잃는 반응이 일어나게 되고, 산소 기체(O_2)와 수소이온(H^+)으로 분해된다.
(5) 물의 전기분해 현상을 화학식으로 표현하면 다음과 같으며 (−)극은 수소를 (+)극은 산소를 추출한다.

$$(-)\text{극}: 4H_2O + 4e^- \rightarrow 2H_2 + 4OH^-$$
$$(+)\text{극}: 2H_2O \rightarrow O_2 + 4H^+ + 4e^-$$
$$\overline{\qquad 2H_2O \rightarrow 2H_2 + O_2 \qquad}$$

2 패러데이 전기분해 법칙

전기분해 시 전극에 흐르는 전하량과 전기분해로 생긴 화학 변화량 관계를 정량적으로 나타낸 법칙이다.
석출량 $W = kQ = kIt$ [g] (k: 전기화학당량 상수[g/C], Q: 전하량[C], I: 전류[A], t: 전류가 흐른 시간[sec])

3 전지

전지는 1차 전지와 2차 전지로 분류된다.
(1) 1차 전지
 ① 1차 전지는 한 번 방전하면 재차 사용할 수 없는 전지이다.
 ② 망간건전지, 리튬 1차 전지, 수은전지, 공기전지, 산화은전지 등이 있다.
 ③ 건전지의 화학 원리
  • 건전지는 양극과 음극으로 구성된다. 양극은 일반적으로 산화물이고, 음극은 환원물질로 구성된다.
  • 양극과 음극 사이에는 전해질(액체 또는 고체 전도체)이 들어있다. 이 전해질을 통해 이온(전기적으로 충전된 입자)이 이동할 수 있다.
  • 건전지 작동 시 화학 반응이 일어나는데, 양극에서는 환원 반응이 일어나며 음극에서는 산화 반응이 일어난다. 이로 인해 전해질에 있는 이온들이 양극에서 음극으로 이동하게 된다.
  • 이온들의 이동과 동시에, 전자도 양극에서 음극으로 이동한다. 이때 전자의 이동은 전기적인 에너지를 생성하게 된다.
  • 전자의 이동은 회로를 통해 완전한 전기회로를 형성하며, 이로 인해 전기적인 에너지가 생성된다.
  • 건전지에 따라 양극 물질, 음극 물질 등 전해질이 다르다. 망간 건전지는 양극(이산화망간), 음극(아연), 전해액(염화암모늄)을 사용하고, 알칼리전지는 양극(이산화망간), 음극(아연), 전해액(수산화칼륨)을 사용한다.
(2) 2차 전지
 ① 2차 전지는 방전 시 충전하여 재사용할 수 있는 전지를 말한다.

② 납축전지, 리튬 2차 전지, 아연공기전지, 니켈-수소전지 등이 있다.
③ 납축전지 원리

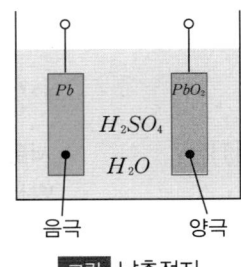

그림 납축전지

- 납(음극)과 이산화납(양극)을 두 전극으로 사용하며 두 전극은 전해질인 황산 수용액에 잠겨져 있다.
- 방전 시에는 음극에서 산화 반응이 일어난다. 즉, 납 전극에서는 황산이온이 납과 결합하면서 전자 2개가 방출된다.

$$Pb + SO_4^{-2} \rightarrow PbSO_4 + 2e^-$$

그림 방전 시 음극 산화 반응

- 방전 시에는 양극에서 환원 반응이 일어난다. 이산화납 전극 표면에서는 황산이온과 수소이온이 이산화납과 반응한다. 이때 전자 2개가 납과 결합하면서 황산납이 된다. 그리고 산소이온은 전해질의 수소이온과 반응하여 물 분자가 생성된다.

$$PbO_2 + SO_4^{-2} + 4H^+ + 2e^- \rightarrow PbSO_4 + 2H_2O$$

그림 방전 시 양극 환원 반응

④ 납축전지의 셀당 전압은 2[V/Cell]이므로 12[V] 전압을 만들기 위해 6개의 셀을 직렬로 연결하여 만든다.
⑤ 충전은 방전과 반대로 진행되며, 충전과 방전 과정을 수식으로 표현하면 다음과 같다.

$$Pb + PbO_2 + H_2SO_4 \rightleftarrows 2PbSO_4 + 2H_2O$$

⑥ 셀이 과충전되면 가스가 발생하여 배터리의 수명이 떨어진다.

테마 06 | 전류의 열작용과 화학작용

01

전력량이 6[Wh]일 때, 이에 해당하는 에너지[J]는?

① 720
② 1,800
③ 7,200
④ 21,600

| 해설 |
에너지 $W = P \cdot t = 6[W] \times 3,600[s] = 21,600[J]$

| 정답 | ④

02

줄의 법칙에 따라 도체에 전류가 흐를 때 발생하는 열량의 식은?

① $H = VIt$
② $H = I^2Rt$
③ $H = \dfrac{V^2}{R}$
④ $H = IR$

| 해설 |
줄의 법칙에 따른 전류의 열작용
$H = I^2Rt$
전류, 저항이 클수록 시간 경과가 길수록 많은 열이 발생한다.

| 정답 | ②

03

서로 다른 금속 접합점에 온도차를 줄 경우, 전위차가 발생하여 기전력이 발생하는 효과는?

① 펠티에 효과
② 톰슨 효과
③ 제벡 효과
④ 줄 효과

| 해설 |
제벡 효과
서로 다른 금속 접합점에 온도차에 의한 전위차가 발생하는 현상

| 정답 | ③

04

전기분해에 의해 전극에 석출된 물질의 양은 통과한 전기량과 그 물질의 전기 화학당량에 비례하는 것은?

① 패러데이의 법칙
② 렌츠의 법칙
③ 줄의 법칙
④ 앙페르의 법칙

| 해설 |
패러데이의 법칙
전기분해 시 전극에 흐르는 전하량과 전기분해로 생긴 화학 변화량 관계를 정량적으로 나타낸 것

| 정답 | ①

05

납축전지의 전해액으로 사용되는 물질은?

① 수산화나트륨
② 묽은 황산
③ 염화암모늄
④ 염화칼륨

| 해설 |
납축전지의 전해질은 묽은 황산(H_2SO_4)이다. 전지의 종류에 따라 전해질이 다르며, 망간건전지의 전해질은 염화암모늄, 알칼리전지의 전해질은 수산화칼륨이다.

| 정답 | ②

06

1차 전지로 가장 많이 사용되는 것은?

① 연료전지
② 니켈·카드뮴전지
③ 망간건전지
④ 납축전지

| 해설 |
1차 전지는 한 번 방전하면 재차 사용할 수 없는 전지이다. 망간건전지, 리튬 1차 전지, 수은전지, 공기전지, 산화은전지 등이 있다.

| 정답 | ③

07 | 변압기

2과목 | 전기기기

핵심테마 이론

테마 1 전기기기의 구분

전기기기는 회전기와 정지기로 구분된다. 전기기기에서 회전기 중 발전기는 기계적(역학적) 에너지를 전기적 에너지로, 전동기는 전기적 에너지를 기계적 에너지로 변환하는 역할을 한다.

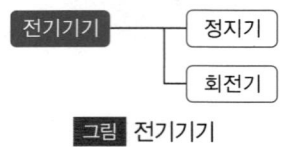

그림 전기기기

1 정지기

(1) **정지기**: 전기에너지를 변성하는 기기
(2) **변압기**: 전압을 승압 또는 강압하는 기기
(3) **변환기**: 교류를 직류로 변환하는 컨버터, 직류를 교류로 변환하는 인버터

2 회전기

(1) **동기기**: 동력을 사용하여 전기를 이용하는 기기
(2) **발전기**: 기계적 에너지를 전기적 에너지로 변환하는 기기
(3) **전동기**: 전기적 에너지를 기계적 에너지로 변환하는 기기

핵심테마 실전문제

에너지의 변환 과정을 통해 전압을 승압 또는 강압하는 기기는?
① 발전기　　　　　　　　　　② 전동기
③ 변압기　　　　　　　　　　④ 정류기

| 해설 | 변압기는 전기적 에너지를 변환하여 전압을 승압 또는 강압하는 기기이다.

| 정답 | ③

테마 2 유기기전력

권선을 통과하는 자속이 발생할 경우, 또는 균일한 자속과 권선의 상호 작용으로 권선을 통과하는 자속이 발생할 경우, 자속의 변화율에 따라 권선에 작용되는 기전력이 발생되는 현상을 전자유도 작용이라 하며, 발생되는 기전력을 유도(유기)기전력이라고 한다. 이때 기전력은 자속을 방해하는 방향으로 발생하므로 (−)로 나타낸다. 권수가 N인 권선에 자속 ϕ[Wb]가 쇄교할 때 발생하는 기전력은 다음과 같다.

$e = -N\dfrac{d\phi}{dt}$[V]

테마 3 변압기의 원리와 구조

1 변압기

(1) 변압기는 폐회로에서 교류전력을 받아 이것을 같은 주파수의 교류전력으로 변성해서 다른 회로에 공급하는 기기를 말한다.

(2) 변압기의 구조
전력이 공급되는 입력을 1차측(Primary coil, PRI), 유도되는 전류가 출력되는 부분을 2차측(Secondary coil, SEC)이라 한다. 두 구조를 통해 전압을 목적에 따라 승압하거나 강압할 수 있다.

핵심테마 실전문제

변압기의 2차측이란?
① 고압측
② 전원측
③ 저압측
④ 부하측

| 해설 | 변압기는 폐회로에서 교류전력을 받아 전자유도 작용에 의해 동일 주파수의 교류전력으로 변성해서 다른 회로에 공급하는 기기를 말한다. 일반적으로 전력이 들어가는 전원측을 1차(P: Primary), 나오는 부하측을 2차(S: Secondary)라 한다.

| 정답 | ④

2 변압기의 원리

패러데이의 전자기 유도 법칙에 따라 철심을 중심으로 1차측 권선 N_1과 2차측 권선 N_2에 장착하고, 교류전압 V_1을 공급하면 2차측 부하에서 유도기전력 e_2가 발생된다.

$e_1 = -N_1\dfrac{d\phi}{dt}$[V], $e_2 = -N_2\dfrac{d\phi}{dt}$[V]

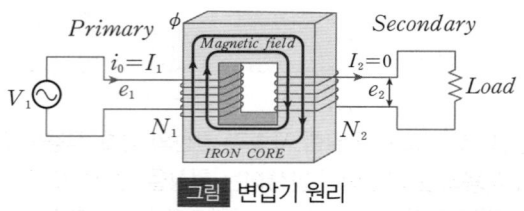

그림 변압기 원리

핵심테마 실전문제

1차측으로 공급된 코일의 자속의 변화가 2차측 코일에 전류를 유도하는 법칙은?
① 전기자 반작용
② 전자유도 작용
③ 플레밍의 오른손 법칙
④ 플레밍의 왼손 법칙

|해설| 변압기의 1차 권선의 교류 전압에 의한 자속이 철심을 지나 2차 권선과 쇄교하면서 전자유도 작용이 발생한다. 이때 기전력을 유도한다.

|정답| ②

3 변압기의 구조

자기회로를 규소강판으로 성층된 철심과 전기회로를 위한 1차측과 2차측 권선이 상호 쇄교하는 구조로 구성된다.
(1) 변압기 형식
    ① **내철형**: 철심을 중심으로 권선은 철심 각 양쪽에 감겨져 있는 구조
    ② **외철형**: 권선이 철심의 안쪽에 감겨져 있고, 권선을 철심이 둘러싸고 있는 구조
    ③ **권철심형**: 규소강판을 성층하지 않고 권선 주위에 방향성 규소강대를 나선형으로 감아서 만드는 구조로 주상 변압기에 사용

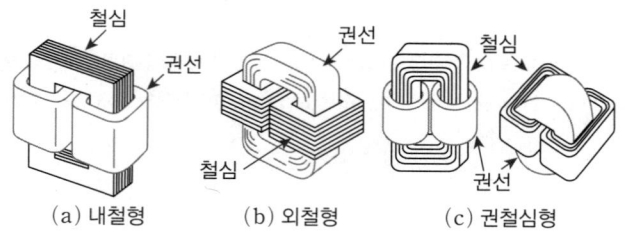

(a) 내철형   (b) 외철형   (c) 권철심형

그림 변압기 형식

(2) 변압기의 용도에 따른 분류
    ① **주변압기**: 발전기에서 생산된 전력을 송전전압으로 승압
    ② **소내 변압기**: 소내 보조 기기용 전원 수전
    ③ **기동 변압기**: 발전기 기동 시 소내 보조 기기용 전원 확보용 변압기
    ④ **저압 동력용 변압기**: 저압 보조 기기용 동력 수전
    ⑤ **연결용 변압기**: 송전 선로와 수전 선로를 전기적으로 연결
(3) 변압기 재료
    ① **철심**: 철손 감소 목적으로 규소강판을 성층하여 사용

② 도체: 권선의 도체(구리, 알루미늄)는 동선에 피복(에나멜, 면사, 종이테이프 등)하여 사용
③ 절연재
- 변압기의 절연재는 절연유, 절연지, 절연테이프 등을 사용
- 변압기 절연은 철심과 권선 사이의 절연, 권선 상호 간의 절연, 권선의 층간 절연으로 구분
- 절연체의 분류는 절연물의 최고허용온도에 따라 분류

절연 구분	Y종	A종	E종	B종	F종	H종	C종
최고허용온도[°C]	90	105	120	130	155	180	180 초과

테마 4 변압기 이론

1 1차 유기기전력

(1) 자속

1차측으로 공급되는 전류 $i = I_m \sin\omega t$[A]가 권선으로 공급되면 쇄교하는 자속
$\phi = \phi_m \cos\omega t$[Wb]

(2) 유기 전압
$$e_1 = -N_1\frac{d\phi}{dt} = -N_1\frac{d}{dt}(\phi_m \cos\omega t) = \omega N_1 \phi_m \sin\omega t [V]$$

(3) 실횻값
$$E_1 = \frac{e_m}{\sqrt{2}} = \frac{\omega N_1 \phi_m}{\sqrt{2}} = \frac{2\pi f}{\sqrt{2}} N_1 \phi_m = 4.44 f N_1 \phi_m [V]$$

2 2차 유기기전력

(1) 자속

부하가 연결된 2차측에서 쇄교하는 자속
$\phi = \phi_m \cos\omega t$[Wb]

(2) 유기 전압
$$e_2 = -N_2\frac{d\phi}{dt} = -N_2\frac{d}{dt}(\phi_m \cos\omega t) = \omega N_2 \phi_m \sin\omega t [V]$$

(3) 실횻값
$$E_2 = \frac{e_m}{\sqrt{2}} = \frac{\omega N_2 \phi_m}{\sqrt{2}} = \frac{2\pi f}{\sqrt{2}} N_2 \phi_m = 4.44 f N_2 \phi_m [V]$$

3 권수비

(1) 공식
$$a = \frac{N_1}{N_2} = \frac{E_1}{E_2} = \frac{V_1}{V_2} = \frac{I_2}{I_1} = \sqrt{\frac{R_1}{R_2}} = \sqrt{\frac{Z_1}{Z_2}}$$

(2) 승압용 변압기($E_2 > E_1$)의 권수비
$a < 1$

(3) 강압용 변압기($E_2 < E_1$)의 권수비
   $a > 1$

4 여자 전류

(1) 변압기의 부하가 연결되지 않은 무부하 상태에서 1차측으로 흐르는 전류를 말한다. 이 전류는 변압기 철심에 자속을 만들기 위해 필요한 전류로, 자화전류와 철손전류로 구성된다.

(2) 여자 전류의 크기
   $I_0 = \sqrt{I_\phi^2 + I_i^2}\,[\mathrm{A}]$

(3) 자화 전류: 변압기 철심에 자속을 만드는 데 필요한 전류
   $I_\phi = \sqrt{I_0^2 - I_i^2}\,[\mathrm{A}]$

(4) 철손 전류: 철심에서 발생되는 히스테리시스 현상과 와류 현상으로 인해 발생하는 에너지 손실 전류
   $I_i = \dfrac{P_i}{V_i}\,[\mathrm{A}]$

5 등가회로

(1) 등가회로의 정의

변압기 회로는 일반적으로 1차측, 2차측으로 구분한다. 1차측과 2차측 회로 사이에는 전자유도 작용에 따른 결합회로가 구성되며, 이를 간략하게 표현한 회로를 변압기의 등가회로라고 한다.

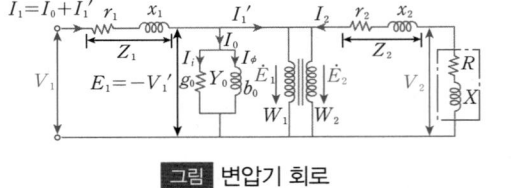

그림 변압기 회로   그림 변압기 등가회로

(2) 등가회로 계산

변압기의 등가회로를 사용하면 특성을 이해할 수 있다. 다음과 같이 권수비가 a인 변압기의 2차측을 1차측으로, 1차측을 2차측으로 각각 환산한 등가회로 모델은 다음과 같다.

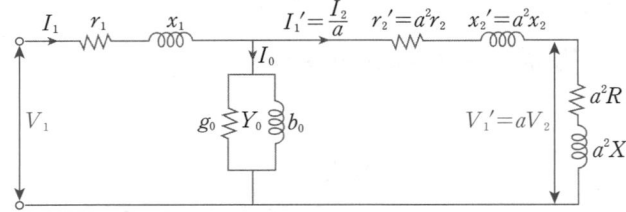

그림 2차측을 1차측으로 환산한 등가회로

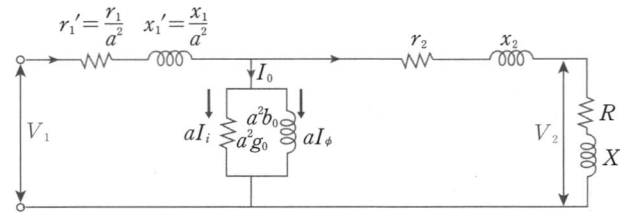

그림 1차측을 2차측으로 환산한 등가회로

변압기 특성을 해석하기 위해서 등가회로를 적용하여 1차 요소와 2차 요소를 환산하는 방식은 다음 표와 같다.

구분	2차를 1차로 환산	1차를 2차로 환산
기전력(전압)	$E_1 = aE_2 (V_1 = aV_2)$	$E_2 = \dfrac{E_1}{a} \left(V_2 = \dfrac{V_1}{a} \right)$
전류	$I_1 = \dfrac{I_2}{a}$	$I_2 = aI_1$
저항(부하저항)	$r'_2 = a^2 r_2 (R' = a^2 R)$	$r'_1 = \dfrac{r_1}{a^2}$
리액턴스(부하리액턴스)	$x'_2 = a^2 x_2 (X' = a^2 X)$	$x'_1 = \dfrac{x_1}{a^2}$

핵심테마 실전문제

권수비 20의 출력 10[kVA]인 변압기가 있다. 1차 저항이 3[Ω]이라면 2차로 환산한 저항값[Ω]은?

① 0.0075   ② 0.15   ③ 60   ④ 1,200

| 해설 | $a = \sqrt{\dfrac{r_1}{r_2}} = 20$에서 $r_2 = \dfrac{r_1}{a^2} = \dfrac{3}{20^2} = \dfrac{3}{400} = 0.0075[\Omega]$

| 정답 | ①

테마 5 변압기유

1 사용 목적
변압기의 안정성과 효율성을 유지하기 위해 권선의 절연과 냉각 작용을 유도하기 위해서 사용한다.

2 온도 상승
변압기 권선에 부하 전류가 흐르면 변압기의 철손과 동손이 발생하여 변압기의 온도가 상승하게 되며, 내부의 절연물을 변질시킬 우려가 있다.

3 변압기유의 구비 조건
  (1) 절연 내력이 클 것
  (2) 비열이 커서 냉각 효과가 클 것
  (3) 인화점이 높고, 응고점이 낮을 것
  (4) 고온에서도 산화하지 않을 것
  (5) 절연재료와 화학작용을 일으키지 않을 것

4 변압기유의 열화 방지 대책

절연유 냉각방식 변압기의 경우 열화에 의한 호흡작용으로 절연내력 및 냉각 효과가 감소하게 된다. 이러한 열화 현상 감소와 절연내력을 강화하기 위한 부속 설비는 다음과 같다.

(1) 브리더: 변압기의 호흡작용에 의한 외부 공기와의 접촉 때문에 발생한 습기를 흡수
(2) 콘서베이터: 공기가 변압기 외함 속으로 들어갈 수 없게 하여 기름의 열화를 방지(질소를 봉입하여 콘서베이터 유면 위에 공기와의 접촉 방지)
(3) 부흐홀츠 계전기: 변압기 본체와 콘서베이터 사이에 설치하며, 내부 고장으로 인한 절연유의 온도 상승 시 발생하는 유증기를 검출하여 경보 및 차단하기 위한 계전기
(4) 비율차동 계전기
   ① 변압기 내부 고장 발생 시 1, 2차측에 설치한 변류기(CT) 2차측의 억제 코일에 흐르는 전류차가 일정 비율 이상이 되었을 때 계전기가 동작하는 방식
   ② 용도: 변압기 단락보호용

5 변압기의 냉각 방식

(1) 건식 자냉식: 철심 및 권선을 공기에 의해서 냉각하는 방식
(2) 건식 풍냉식: 건식 자냉식 변압기를 송풍기 등으로 강제 냉각하는 방식
(3) 유입 자냉식: 변압기 외함 속에 절연유를 넣어 발생한 열을 기름의 대류작용으로 외함 및 방열기에 전달되어 대기로 발산시키는 방식
(4) 유입 풍냉식: 방열기를 부착한 유입 변압기에 송풍기를 설치해 강제통풍으로 냉각 효과를 높이는 방식
(5) 유입 송유식: 변압기 외함 내에 들어 있는 기름을 펌프를 이용하여 외부에 있는 냉각장치로 보내서 냉각시킨 뒤 다시 내부로 공급하는 방식

테마 6 변압기의 특성

1 전압변동률

(1) 변압기의 전압변동률은 2차측 전압의 변화를 기준으로 계산한다.
(2) V_{20}: 무부하 2차 전압[V], V_{2n}: 정격 2차 전압[V]일 때의 전압변동률
$$\varepsilon = \frac{V_{20} - V_{2n}}{V_{2n}} \times 100[\%]$$
(3) 백분율 저항 강하를 $p[\%]$, 백분율 리액턴스 강하를 $q[\%]$라 할 때의 전압변동률
$\varepsilon = p \cos\theta + q \sin\theta[\%]$
   ① %R(퍼센트 저항) 강하($p[\%]$): 정격전류가 흐를 때 권선 저항에서 전압 강하의 비율을 퍼센트로 나타낸 것
   ② %X(퍼센트 리액턴스) 강하($q[\%]$): 정격전류가 흐를 때 리액턴스에서 전압 강하의 비율을 퍼센트로 나타낸 것
   ③ %Z(퍼센트 임피던스) 강하: 전압변동률의 최댓값
   $$\%Z = \varepsilon_{\max} = \sqrt{p^2 + q^2}$$

2 임피던스 전압, 임피던스 와트

(1) **임피던스 전압**(V_s)
변압기 2차측을 단락한 상태에서 1차측에 정격 전류(I_{1n})가 흐르도록 1차측에 인가하는 전압으로 변압기 내의 임피던스 강하 측정

(2) **임피던스 와트**(P_s)
임피던스 전압을 인가한 상태에서 발생하는 와트(동손)로 변압기 내의 부하손 측정

3 변압기의 손실

(1) **부하손**: 부하가 연결된 상태에서 발생하는 손실로, 부하손의 대부분은 동손(P_c)으로 표현하며 단락 시험으로 측정한다.
$$P_c = (r_1 + a^2 r_2) \cdot I_1^2 [\text{W}] = I^2 R \ (a: \text{권수비})$$

(2) **무부하손**: 변압기가 무부하 상태일 때 발생하는 손실로, 히스테리시스손과 와류손의 합으로 표현되며 무부하 시험으로 측정된다.
$$P_i = P_h + P_e$$

- 히스테리시스손(철손의 약 80[%]): 철심이 자화와 자기장의 변화 과정에서 발생하는 에너지 손실
  $$P_h = k_h f B_m^{1.6} [\text{W/m}^3]$$
  (B_m: 최대 자속밀도, f: 주파수[Hz], k_h: 히스테리시스 상수)

- 와류손(맴돌이 전류손): 철심 내부에 유도된 전류로 인해 발생하는 손실
  $$P_e = k_e (tfB_m)^2 [\text{W/m}^3]$$
  (t: 강판두께, k_e: 와류 상수)

4 효율

(1) **규약효율**: 변압기의 효율을 나타내는 지표로, 변압기에서 실제로 전달되는 전력과 입력 전력 사이의 비율을 의미
$$\eta = \frac{출력[\text{kW}]}{출력[\text{kW}] + 손실[\text{kW}]} \times 100 [\%]$$

(2) 변압기의 규약효율은 발전기의 규약효율과 같고, 전동기의 규약효율과는 다르다.

(3) **전부하 효율**: 변압기가 최대 부하 상태에서 작동할 때의 효율을 나타내는 지표
$$\eta = \frac{출력}{출력 + 철손 + 부하손} \times 100 [\%]$$
$$= \frac{V_{2n} I_{2n} \cos\theta}{V_{2n} I_{2n} \cos\theta + P_i + P_c} \times 100 [\%]$$

5 최대효율 조건

(1) **전부하 시(고정손=부하손)**: 철손(P_i)=동손(P_c)

(2) $\frac{1}{m}$ **부하 시**: $\frac{1}{m} = \sqrt{\frac{P_i}{P_c}}$

즉, 부하율 $\frac{1}{m}$일 때, 철손(P_i)과 동손$\left(\left(\frac{1}{m}\right)^2 P_c\right)$이 같으면 최대효율

(3) 전력용 변압기는 전부하의 75[%] 정도, 배전용 변압기는 전부하의 60[%] 정도에서 최대효율이 된다. 즉, 어느 정도 경부하에서 철손(P_i)과 동손(P_c)이 같아져 최대효율이 되도록 제작한다.

6 무부하 시험(2차측을 개방한 상태에서의 시험)

2차를 개방하고 유도전압조정기로 정격주파수, 정격전압을 가하여 여자전류와 전력을 측정한다. 이 전력에서 동손을 빼 철손을 구한다.
(1) 전력계: 입력 P_i(철손) 측정
(2) 전류계: 여자전류 I_0 측정

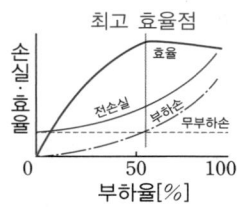

그림 변압기 효율

7 단락시험(2차측을 단락한 상태에서의 시험)

2차측을 단락한 상태에서 유도전압조정기로 전압을 상승시켜 1차 전류가 정격전류일 때 전압강하와 전력손실을 산정하는 방식으로, 입력이 부하손이 된다.
(1) 전압계: 임피던스 전압(V_s), 임피던스 강하 측정
(2) 전력계: 임피던스 와트(P_s), 변압기의 부하손 측정

8 변압기의 시험 및 보수

(1) 절연내력 시험: 유도 시험, 가압 시험, 충격전압 시험
(2) 온도 상승 시험: 실부하법, 반환 부하법

테마 7 변압기의 극성 및 결선

1 변압기의 극성

(1) 변압기의 극성
1차 권선과 2차 권선에서 발생하는 전압의 유도기전력의 상호 관계에 따른 방향을 표시하는 것
(2) 변압기의 극성은 변압기를 단독으로 사용하는 경우에는 거의 문제가 되지 않지만, 3상 결선 시 극성에 따른 단락이나 또는 손실이 발생할 수 있으므로 극성을 명확히 해야 한다. 그림에서 가극성과 감극성은 점(·)의 위치로 극성을 표시한다.

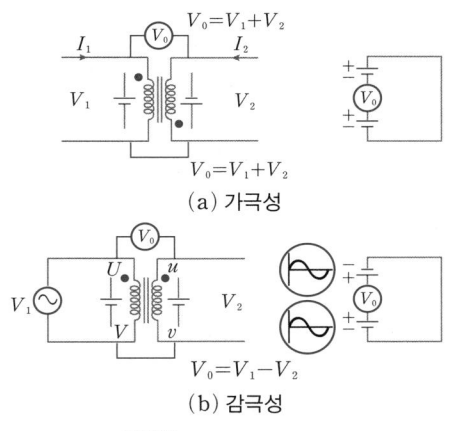

(a) 가극성

(b) 감극성

그림 가극성과 감극성

2 단상 변압기의 3상 결선

단상 변압기를 사용하여 3상 변압을 할 때에는 대개 3개 또는 2개의 변압기를 사용한다. 이때 변압기는 용량, 전압, 주파수 등의 정격이 동일하고, 권선의 저항, 누설 리액턴스, 여자 전류 등이 모두 같아야 한다.

(1) △ − △결선

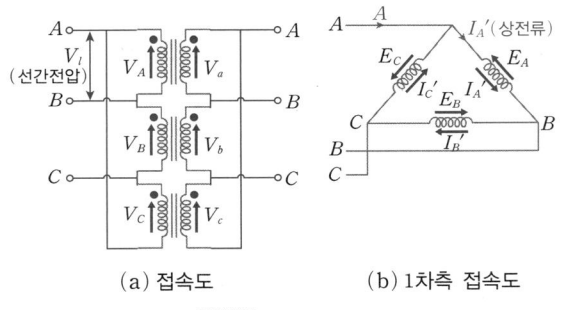

(a) 접속도　　(b) 1차측 접속도

그림 △ − △결선

① 단상 변압기 3대 중 1대가 고장 나면 나머지 2대로 V결선하여 송전이 가능하다.
② △결선 내 제3고조파가 순환하여 통신유도장해의 위험이 낮다.
③ 선간전압과 상전압의 크기가 같다. ($V_l = V_p$)
④ 지락사고 발생 시 중성점을 접지할 수 없기 때문에 보호가 곤란하다.
⑤ 33[kV] 이하 배전 변압기에 주로 사용되는 방식이다.

(2) Y-Y결선

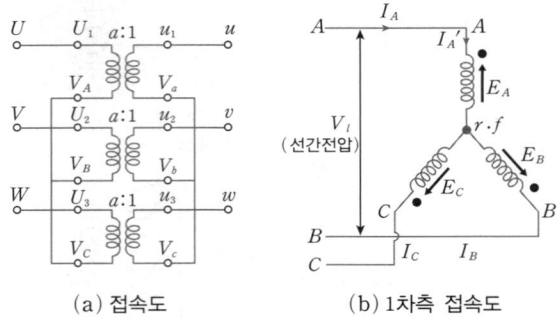

(a) 접속도   (b) 1차측 접속도

그림 Y-Y결선

① 중성점 접지가 가능하여 지락사고 시 보호계전기로 보호할 수 있다.
② 상전압(V_p)이 선간전압(V_l)의 $\dfrac{1}{\sqrt{3}}$이 되어 절연이 용이하다. ($V_l = \sqrt{3}V_p$)
③ 선로에 제3고조파를 포함한 충전전류가 흘러 통신선 유도장해가 발생할 수 있다.
④ 3차 권선을 설치하여 $Y-Y-\triangle$의 3권선 변압기로 송전용에 널리 사용된다.

(3) △-Y결선

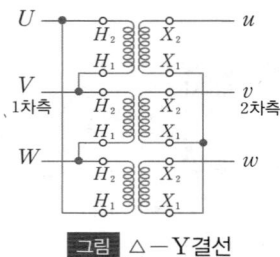

그림 △-Y결선

① 발전소용 변압기와 같이 낮은 전압을 높은 전압으로 승압하는 경우에 주로 사용한다.
② 1차측에 △결선이 있어서 제3고조파에 의한 장해가 낮다.
③ 2차측에 Y결선이 있어 중성점 접지가 가능하다.
④ 1차측과 2차측 선간전압의 위상차 $\left(\dfrac{\pi}{6}\right)$가 발생한다.

(4) Y-△결선

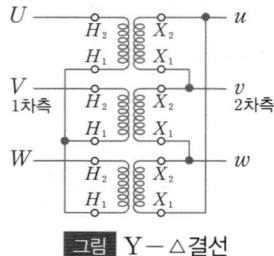

그림 Y-△결선

① 수전단 변전소용 변압기 강압용으로 주로 사용된다.
② 변압기의 2차측이 △로 결선되어 있어서 제3고조파에 의한 장해가 낮다.
③ 1차측 Y결선이 있어 중성점 접지가 가능하다.

④ 1차측과 2차측 선간전압의 위상차 $\left(\dfrac{\pi}{6}\right)$가 발생한다.

(5) V결선

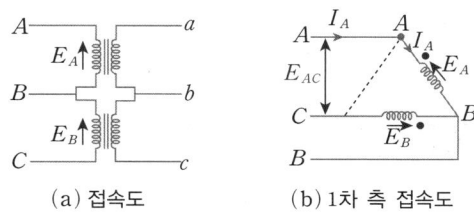

그림 V결선

① 변압기 △-△ 운전 중 1대 고장 시 나머지 2대를 이용한 결선법이다.
② V결선과 △결선의 출력비
$$\dfrac{P_v}{P_\triangle} = \dfrac{\sqrt{3}\,V_{2n}I_{2n}}{3\,V_{2n}I_{2n}} = \dfrac{1}{\sqrt{3}} \fallingdotseq 0.577(\therefore 57.7[\%])$$
③ V결선한 변압기의 이용률
$$\dfrac{\sqrt{3}\,V_{2n}I_{2n}}{2\,V_{2n}I_{2n}} = \dfrac{\sqrt{3}}{2} \fallingdotseq 0.866(\therefore 86.6[\%])$$

테마 8 변압기 상수의 변환

1 3상-2상 간의 상수 변환

(1) 스코트 결선(T결선)

T변압기 1차 권선의 $\dfrac{\sqrt{3}}{2}$ 지점에 탭 C를 만들고, 다른 단자는 주좌변압기 1차 권선 중앙에 연결하는 방식

① 이용률$= \dfrac{\sqrt{3}\,VI}{2\,VI} = \dfrac{\sqrt{3}}{2} \fallingdotseq 0.866$

② 2상의 각 상 단선 구간의 급전에 사용한다.
③ 단상 교류 전기철도의 변전소에 사용한다.

(2) 메이어 결선
2대의 단상 변압기를 이용하여 3상을 2상으로 변환하는 방법

(3) 우드브리지 결선
3대의 단상 변압기를 이용하여 2상으로 변환하는 결선법

2 3상-6상 간의 상수 변환

대칭 3상 전압 E_u, E_v, E_w가 있을 때, 이 위상에서 각각 p만큼씩 이동한 E'_u, E'_v, E'_w를 만들면 이들은 대칭 6상식의 전압을 형성한다.

(1) 환상 결선: 한 상전압의 (+)단자를 다른 상전압의 (-)단자에 묶어 나가는 결선 방법
(2) 대각 결선: 2차 코일을 평형 6상 부하 단자 사이에 대각선으로 결선하여 6상 전압을 얻는 방법으로, 회전변류기에 주로 사용

(3) 2중 3각(델타) 결선
  ① 평형 부하에 사용되는 방식으로 독립된 삼각 결선을 이중으로 결선
  ② 2개의 3각 결선으로부터 6상이 출력되는 방식
(4) 포크 결선: 변압기의 2차 권선을 3등분한 9개의 코일을 이용하는 것으로, 주로 수은 정류기의 전원에 활용

테마 9 변압기의 병렬운전

1 변압기의 병렬운전
두 대 이상의 변압기를 동시에 동일한 부하에 연결하여 운전하는 것을 말한다. 변압기의 용량을 확장하거나, 한 변압기의 고장 시 다른 변압기를 통해 안정적인 전력을 공급할 수 있다.

2 변압기의 병렬운전 조건

(1) 단상 변압기의 병렬운전 조건
  ① 각 변압기의 1차와 2차의 정격전압과 권수비가 같을 것
  ② 각 변압기의 극성이 같을 것
  ③ 내부저항과 누설리액턴스 비가 같을 것
  ④ 각 변압기의 $\%Z$(임피던스) 강하가 같을 것

(2) 3상 변압기의 병렬운전 조건
  ① 각 변압기의 1차와 2차의 정격전압과 권수비가 같을 것
  ② 각 변압기의 극성이 같을 것
  ③ 내부저항과 누설리액턴스 비가 같을 것
  ④ 각 변압기의 $\%Z$(임피던스) 강하가 같을 것
  ⑤ 각 변압기의 상회전 방향이 같을 것
  ⑥ 각 변압기의 위상 변위가 같을 것

(3) 3상 변압기의 병렬운전 결선 조합

가능	불가능
$\triangle - \triangle$와 $\triangle - \triangle$	$\triangle - \triangle$와 $\triangle - Y$
$Y - Y$와 $Y - Y$	$\triangle - Y$와 $Y - Y$
$Y - \triangle$와 $Y - \triangle$	$\triangle - Y$와 $\triangle - \triangle$
$\triangle - Y$와 $\triangle - Y$	$Y - Y$와 $\triangle - Y$
$\triangle - \triangle$와 $Y - Y$	
$\triangle - Y$와 $Y - \triangle$	

테마 10 각종 변압기

1 3상 변압기

세 개의 단상 변압기를 결합한 형태로, 3상 전력을 변환하거나 전송하는 데 사용된다. 3상 변압기는 제3고조파 자속 및 영상 자속에 대하여 자기회로가 없어서 자기저항이 대단히 높다. 이에 대한 주로 산업용, 상업용 및 대형 전력 시스템에서 사용되며 내철형과 외철형으로 구분된다.

2 3권선 변압기

세 개의 권선을 가진 변압기로, 전력 시스템에서 다양한 전압 레벨을 제공하기 위해 사용된다. 주로 송전선의 전압조정과 역률 개선에 사용된다. 일반적으로 $Y-Y-\triangle$결선을 이용한다.
3권선 변압기의 주요 구성 요소와 특징은 다음과 같다.
(1) 1차 권선: 전원을 공급받는 권선
(2) 2차 권선: 1차 권선에서 변환된 전압을 출력하는 권선
(3) 3차 권선: 추가적인 전압 레벨을 제공하며, 보조 전력공급 또는 전력 시스템의 안정화를 위해 사용

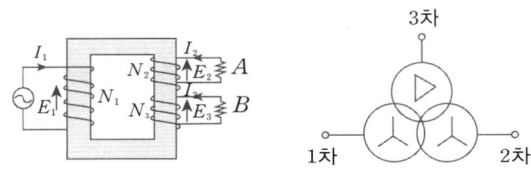

[그림] 3권선 변압기

3 단권변압기

단권변압기란 1차 권선과 2차 권선이 전기적으로 결합된 형태의 변압기를 말한다. 일반적인 변압기와 달리 그림과 같이 하나의 권선을 공유한다. cb 부분을 직렬권선, ba 부분을 분로권선이라고 한다. 권수비가 1의 근처일 때에 경제적이고 특성도 좋다.

(1) 강압용 단권변압기

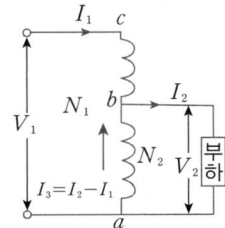

[그림] 강압용 단권변압기

$(V_1-V_2)I_1 = V_2(I_2-I_1) = P$ (P: 단권변압기의 등가(자기)용량)

$$\frac{등가용량}{부하용량} = \frac{V_2(I_2-I_1)}{V_2 I_2} = \frac{I_1(V_1-V_2)}{I_1 V_1} = 1-\frac{V_2}{V_1}$$

(2) 승압용 단권변압기

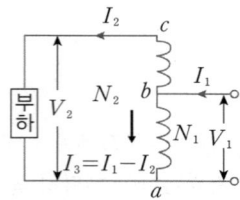

그림 승압용 단권변압기

$$V_1(I_2-I_1)=I_2(V_2-V_1)=P$$

$$\frac{등가용량}{부하용량}=\frac{I_2(V_2-V_1)}{I_2V_2}=1-\frac{V_1}{V_2}$$

(3) 단권변압기는 강압용 또는 승압용 모두 다음 식이 성립한다.

$$\frac{등가용량}{부하용량}=\frac{직렬권선\ 부분의\ 전류\times승압(강압)전압}{출력}=1-\frac{V_l}{V_h}$$

(V_l: 고압측 전압[V], V_h: 저압측 전압[V])

(4) 단권 변압기의 용도
  ① 1차측 역률을 개선하는 목적으로 3차 권선에 콘덴서를 접속(선로조상기)하여 사용
  ② 3차 권선으로부터 발전소나 변전소의 구내 전력을 공급
  ③ 두 개의 권선을 1차측으로 하여 서로 다른 계통에서 전력을 공급받고, 나머지 권선을 2차측으로 하여 전력을 공급할 수도 있다.

4 누설 변압기(정전류 변압기)

변압기의 철심에 공극을 두어 2차측 전류가 일정하게 유지되도록 하는 변압기이다.

5 계기용 변성기

고전압이나 대전류를 계기 또는 계전기용의 저전압과 소전류로 변성하는 기기이다.

(1) 계기용 변압기(PT)
  ① 용도: 계전기의 계측을 목적으로 고전압을 저전압으로 변압하여 공급
  ② 구조: 1차측을 피측정 회로, 2차측을 전압계 또는 전력계의 전압 코일 등에 접속
  ③ 2차측 정격전압: 110[V]

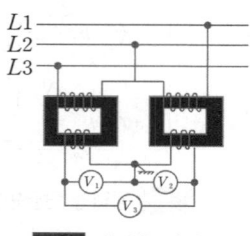

그림 계기용 변압기

(2) 변류기(CT)
  ① 용도: 대전류를 소전류로 변류하여 계기나 계전기에 공급

② 측정회로에 직렬로 1차측 권선을 접속하고, 2차측 권선에는 계측기(전류계 또는 전력계)의 전류코일 등을 접속하여 측정한다.
③ 2차측 표준전류: 5[A]

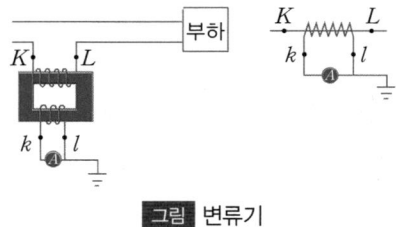

그림 변류기

④ 변류기 점검

점검 시 변류기를 개방하면 부하전류가 모두 여자전류로 변하여 2차측에 고전압이 유기되고, 이로 인해 절연이 파괴될 수 있으므로 반드시 단락한 상태에서 점검해야 한다.(2차측 단락)

핵심문제 테마 07 | 변압기

01

1차 전압이 13,200[V], 2차 전압이 220[V]인 단상 변압기의 1차에 6,000[V]의 전압을 가하면 2차 전압은 몇 [V]인가?

① 10
② 20
③ 100
④ 200

| 해설 |

권수비 $a = \dfrac{V_1}{V_2} = \dfrac{N_1}{N_2}$ 에서 $a = \dfrac{13,200}{220} = 60$

따라서 구하고자 하는 2차 전압은 다음과 같다.

$V_2 = \dfrac{V_1}{a} = \dfrac{6,000}{60} = 100[\text{V}]$

| 정답 | ③

02

다음 중 변압기의 원리는 어느 작용을 이용한 것인가?

① 전자유도작용
② 정류작용
③ 화학작용
④ 발열작용

| 해설 |

변압기는 전자유도작용을 통해 발생한 유도된 기전력을 이용한다.

| 정답 | ①

03

3상 전원에서 2상 전원을 얻기 위한 변압기 결선 방법은?

① 포크 결선
② 대각 결선
③ 스코트 결선
④ 2차 2중 Y결선

| 해설 |

스코트 결선

단상 변압기 2대를 이용하여 3상에서 2상 전원을 얻는 결선 방법으로, 이용률은 86.6%이다.

| 정답 | ③

04

단상 변압기를 병렬로 운전하기 위한 조건으로 옳지 않은 것은?

① 정격전압이 같을 것
② 권수비가 같을 것
③ 극성이 다를 것
④ %임피던스 강하가 같을 것

| 해설 |

변압기 병렬운전 조건
- 정격전압 동일
- 권수비 동일
- 극성 동일
- %임피던스 강하가 같을 것

| 정답 | ③

05

단권 변압기의 특징으로 옳지 않은 것은?

① 1권선으로 승압 또는 강압이 가능하다.
② 권선 수가 적어 경제적이다.
③ 1차와 2차가 전기적으로 절연되어 있다.
④ 동량이 적게 든다.

| 해설 |

단권 변압기는 1개의 권선에서 탭을 나누어 승압 또는 강압한다. 1차와 2차는 직접 연결되어 전기적 절연이 불가하다.

| 정답 | ③

06

다음 중 변압기의 규약 효율을 나타내는 식은?

① $\dfrac{(출력)}{(입력)}$ ② $\dfrac{(출력)}{(출력)+(손실)}$

③ $\dfrac{(출력)}{(입력)+(손실)}$ ④ $\dfrac{(입력)-(손실)}{(입력)}$

| 해설 |

변압기의 규약 효율

$\eta = \dfrac{출력}{출력+손실} \times 100[\%]$

| 정답 | ②

07

변압기에서 V결선의 이용률은?

① 0.577 ② 0.707
③ 0.866 ④ 0.977

| 해설 |

변압기 Δ결선과 비교한 V결선의 이용률: $86.6[\%]$ (0.866)

| 정답 | ③

08

변류기 개방 시 2차측을 단락하는 이유는?

① 2차측 절연보호 ② 측정오차 감소
③ 2차측 과전류 보호 ④ 변류비 유지

| 해설 |

변류기 점검 시 변류기를 개방하면 부하전류가 모두 여자전류로 변하여 2차측에 고전압이 유기되고, 이로 인해 절연이 파괴될 수 있으므로 반드시 2차측을 단락한 상태에서 점검한다.

| 정답 | ①

09

변류기(CT) 사용 시 주의사항으로 옳은 것은?

① 2차측을 개방한 상태로 운전해야 한다.
② 2차측을 접지해서 사용하면 안 된다.
③ 2차측은 반드시 부하를 연결해야 한다.
④ 2차측에 퓨즈를 삽입하여 보호해야 한다.

| 해설 |

CT는 2차측이 개방되면 고전압이 유기되어 매우 위험하다. 즉, 반드시 부하나 계기를 연결하거나 단락하여야 한다.(CT 2차측 개방 금지)

| 정답 | ③

10

다음 중 3상 변압기 병렬 운전이 가능한 결선 조합은?

① Y-Y결선과 Δ-Y결선
② Δ-Δ결선과 Y-Δ결선
③ Y-Δ결선과 Y-Y결선
④ Δ-Δ결선과 Δ-Δ결선

| 해설 |

3상 변압기를 병렬 운전하기 위해서는 각 변압기의 위상 변위가 같아야 한다. 즉, 보기 중 같은 결선과 같은 위상인 Δ-Δ결선과 Δ-Δ결선이 병렬 운전 가능한 조합이다.

| 정답 | ④

08 | 직류기

2과목 | 전기기기

직류기는 직류 발전기와 직류 전동기로 구분한다. 직류 전동기는 속도 및 토크 특성이 우수하여 전기철도용, 제철용, 전동용 공구와 같은 특수용도로 사용되고 있다. 직류 전원이 필요한 곳에 사용되는 직류 발전기는 전기화학 공업 등에 사용되고 있다.

핵심테마 실전문제

에너지의 변환 과정 중에서 기계적(역학적) 에너지를 전기적 에너지로 바꾸는 것은?
① 발전기   ② 전동기
③ 변압기   ④ 정류기

| 해설 | 발전기는 기계적 에너지를 전기적 에너지로 변환하는 기기이다.

| 정답 | ①

테마 1 발전기의 원리

1 전자유도 작용

전자유도 작용이란 권선을 지나가는 자속이 권선과 자속 사이의 상호 작용으로 권선에 기전력이 발생되는 현상을 말하며, 이 현상은 패러데이의 전자기 유도 법칙에 의해 설명된다. 이때 발생되는 기전력을 유도 또는 유기 기전력이라고 한다.

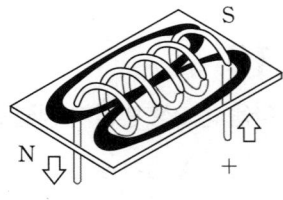 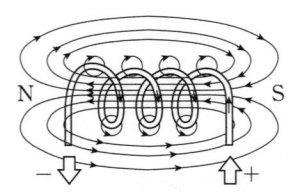

[그림] 전자유도 작용

2 패러데이의 법칙

패러데이의 전자유도 법칙은 '임의의 폐회로로 쇄교하는 자속이 시간에 따라 변화할 때 자속의 변화를 억제하는 방향으로 유도 기전력이 발생한다.'라는 것이다. 즉, 권수가 N인 권선에 자속 $\phi[\text{Wb}]$가 쇄교할 때 발생하는 기전력은 다음과 같다.

$$e = -N\frac{d\phi}{dt}[\text{V}]\ (\phi: \text{폐회로를 쇄교하는 자속})$$

이때 발생되는 기전력은 (−)부호로 자속을 방해하는 방향으로 발생한다. (렌츠의 법칙)

3 플레밍의 오른손 법칙

유도에 의해 발생하는 기전력의 방향을 결정하는 규칙이다. 엄지는 도체(힘)의 운동 방향, 검지는 자기장의 방향, 중지는 유도된 전류의 방향을 나타낸다.

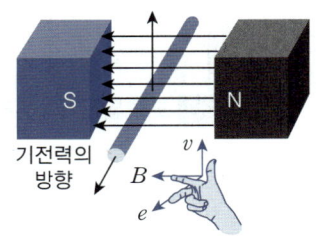

그림 플레밍의 오른손 법칙

자속밀도 $B[\text{Wb/m}^2]$의 자계 안에 길이 $l[\text{m}]$인 도체가 $v[\text{m/s}]$의 속도로 자계의 방향과 θ의 각도로 움직였을 때 도체에 유기되는 기전력 e는 아래와 같이 나타낸다.
$e = Blv\sin\theta[\text{V}]$ (θ: 자속밀도와 도체의 운동 방향이 이루는 각도)

핵심테마 실전문제

자속밀도 0.8[Wb/m²]인 자계에서 길이가 50[cm]인 도체가 30[m/s]로 회전할 때 유기되는 기전력[V]은?
① 8 ② 12
③ 15 ④ 24

| 해설 | 유도 기전력은 권선 주변 속도 $v[\text{m/s}]$, 자속밀도 $B[\text{Wb/m}^2]$, 도체 길이 $l[\text{m}]$일 때
$e = Blv = 0.8 \times 0.5 \times 30 = 12[\text{V}]$

| 정답 | ②

4 직류 발전기의 원리

N극과 S극으로 구성된 일정 자계 안에서 도체를 일정 속도로 회전하면 플레밍의 오른손 법칙에 따라 도체는 화살표 방향의 기전력이 유기한다. 코일의 양 끝의 정류자편을 도체에 연결하고 브러시를 설치하면 직류 전류가 발생한다.

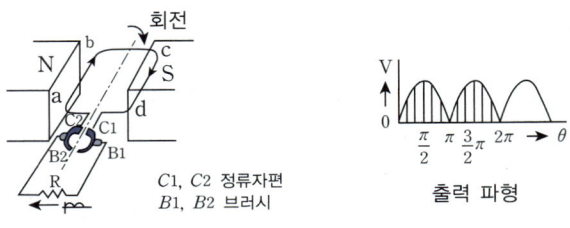

직류 발전기의 구성 요소 / 출력 파형

그림 직류 발전기의 원리

5 교류 발전기의 원리

기본적인 발전기 구조에서 슬립링과 브러시를 통해 외부 회로와 접속하면 교차되는 방향으로 기전력이 유기되어 교류기전력을 유기하게 된다. 즉, 도체에 연결된 슬립링 또는 정류자 편에 따라 교류 발전기와 직류 발전기로 구분된다.

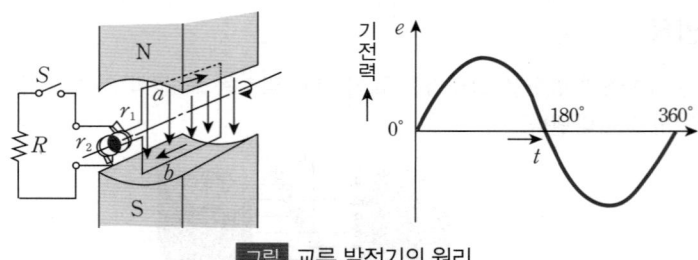

그림 교류 발전기의 원리

테마 2 직류 발전기의 구조

1 직류 발전기의 구성 요소

(1) 계자: 자속을 발생하는 부분
(2) 전기자: 자속을 끊어 기전력을 유기시키는 부분으로 전기자 철심은 철손을 줄이기 위해 얇은(두께 0.35~0.5[mm]) 규소 강판을 성층하여 제작
(3) 정류자: 전기자에서 교류로 발생된 교류(AC)를 직류(DC)로 바꾸어 주는 부분
(4) 브러시: 정류자편에 장착되어 전기자 권선과 외부 회로를 연결
   ① 탄소 브러시: 탄소분말을 원료로 하여 전기 전도성이 우수한 재료로 성형 소결한 것으로, 전류용량이 작은 소형기에 주로 사용된다.
   ② 전기 흑연 브러시: 고순도 탄소를 전기로에서 열처리하고 흑연화하여 성형 소결한 것이다. 가장 우수하며 각종 기계에 널리 사용된다.
   ③ 금속 흑연 브러시: 금속과 흑연을 혼합하여 만든 브러시로 저전압 대전류 환경에서 효과적으로 사용된다.
   ④ 브러시 홀더: 모터나 발전기에서 브러시를 고정하고 위치를 유지하는 장치로 브러시가 정류자나 슬립링과 적절히 접촉하도록 도와 전류를 안정적으로 전달한다.

테마 3 전기자 권선법

전기자 권선의 각 도체는 시간과 위상에 따라 각각 서로 다른 방향의 기전력이 유기되며, 기안정된 전력이 유기되도록 전기자 권선법을 적용한다.

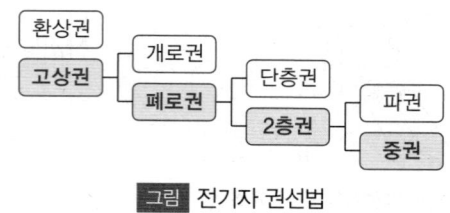

그림 전기자 권선법

1 환상권과 고상권

(1) 환상권: 환상 철심의 내외 양쪽 면에 절연도선을 링모양으로 감는 방식
(2) 고상권: 원통형 전기자 철심의 외부에 슬롯을 만들고 슬롯에 따라 감는 방식

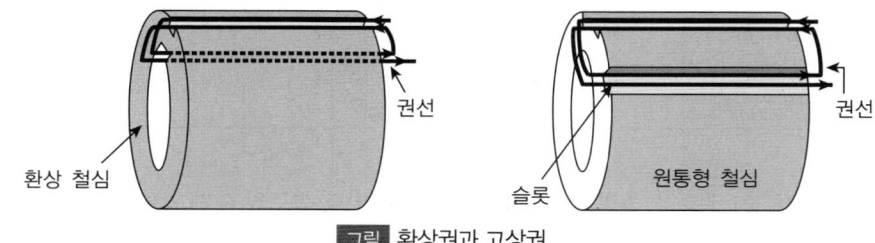

그림 환상권과 고상권

2 개로권과 폐로권

(1) 개로권: 각 권선을 독립적으로 철심에 감아 외부 회로에 연결하는 방식
(2) 폐로권: 하나의 권선의 시작점과 끝점이 연결되어 폐회로를 형성하는 방식

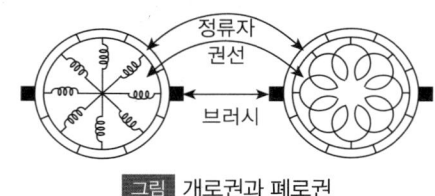

그림 개로권과 폐로권

3 단층권과 2층권

(1) 단층권: 슬롯 안에 코일 변 1개의 뭉치로 하는 방식
(2) 2층권: 슬롯 안에 코일 변 2개의 뭉치를 상하로 하는 방식

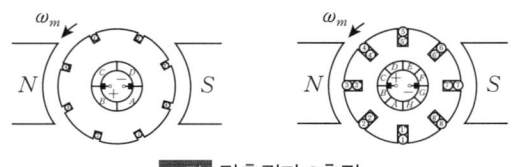

그림 단층권과 2층권

4 파권(직렬권)과 중권(병렬권)

(1) 파권: 코일의 한쪽 끝을 다른 코일의 시작점과 연결하는 방식
(2) 중권: 자극 밑에 여러 개의 코일 변이 같은 전압의 극성을 가지면서 여러 코일을 겹치도록 감는 방식

그림 파권   그림 중권

5 파권과 중권의 비교표

비교	파권(직렬권)	중권(병렬권)
병렬 회로수(a)	2개	극수와 동일($a=p$)
브러시 수(b)	2개 또는 극수(p)	극수와 동일($b=p$)
용도(적용)	고전압, 소전류용	저전압, 대전류용
균압 결선(균압환)	필요 없음	(4극 이상일 경우) 필요

(1) 균압환

직류 발전기의 전기자 권선을 중권 방식으로 연결할 때, 병렬 회로의 수가 많아지면서 각 회로 간의 전압 차이가 발생한다. 권선의 병렬 회로의 유기 기전력 불균형을 개선하기 위해 각 회로의 등전위 점을 연결하여 전압 차이를 줄인다. 브러시의 불꽃 방지 및 안전성과 효율 향상을 기대할 수 있다.

그림 균압환

테마 4 직류 발전기의 유도 기전력

1 유도 기전력

$$E = e\frac{Z}{a} = \frac{pZ}{60a}\phi N = K\phi N [\text{V}] \left(K = \frac{pZ}{60a}\right)$$

(단, e: 도체 1개의 유도기전력[V], p: 극수, a: 병렬회로수, Z: 전기자 총 도체수, N: 1분당 회전수[rpm], ϕ: 자속[Wb])

핵심테마 실전문제

10극의 직류 파권 발전기의 전기자 도체 수 400, 매극의 자속 수 0.02[Wb], 회전수 600[rpm]일 때 기전력은 몇 [V]인가?

① 200 ② 220
③ 380 ④ 400

| 해설 | 파권에서는 극수와 관계없이 병렬 회로 수가 항상 2개이다.($a=2$)

$$E = \frac{pZ}{60a}\phi N = \frac{10 \times 400}{60 \times 2} \times 0.02 \times 600 = 400[\text{V}]$$

| 정답 | ④

테마 5 전기자 반작용과 정류작용

1 전기자 반작용 및 영향
전기자 반작용은 전기자에 흐르는 전류에 따른 자속이 계자에서 나오는 주자속에 영향을 미치는 현상을 말한다.

(1) 편자 작용 발생
　① 부하 접속 시 전기자 및 계자전류로 인하여 자속 분포가 한쪽으로 기울어지는 현상
　② 중성축 이동
　　• 발전기: 회전 방향
　　• 전동기: 회전 반대 방향

(2) 감자 작용 발생
　① 기계 내부에는 철심의 자기 포화 현상으로 인하여 극당 자속이 감소되는 현상
　　• 발전기: 유기기전력 감소($E\downarrow = K\phi\downarrow N$)
　　• 전동기
　　　- 유기기전력(역기전력) 감소($E\downarrow = K\phi\downarrow N$)
　　　- 토크(회전력) 감소($\tau\downarrow = K\phi\downarrow I_a$)
　　　- 회전속도 증가 $\left(N\uparrow = K\dfrac{E}{\phi\downarrow}\right)$

🎯 핵심테마 실전문제

직류 발전기에서 전기자 반작용의 영향이 아닌 것은?
① 절연내력의 저하　　　　　② 유도기전력의 저하
③ 중성축의 이동　　　　　　④ 자속의 감소

| 해설 | • 전기자 반작용: 직류 발전기에 부하를 접속하면 전기자 권선에 흐르는 전류의 기자력이 주 자속에 영향을 미치는 작용
　　　　- 브러시에 불꽃 발생
　　　　- 중성축 이동
　　　　- 유도기전력 감소

| 정답 | ①

---

2 전기자 반작용 방지 대책
　(1) 브러시를 중성축 이동 방향과 같은 방향으로 이동
　(2) 보상 권선을 설치(전기자 반작용의 가장 좋은 대책)
　(3) 보극을 설치

핵심테마 실전문제

직류기에서 전기자 반작용을 방지하기 위한 보상 권선의 전류 방향은 어떻게 되는가?

① 전기자 권선의 전류 방향과 같다.
② 전기자 권선의 전류 방향과 반대이다.
③ 계자 권선의 전류 방향과 같다.
④ 계자 권선의 전류 방향과 반대이다.

| 해설 | 전기자 권선에 흐르는 전류에 의한 기자력으로 인해 전기자 반작용이 생기므로 보상 권선을 연결하여 같은 크기의 반대 방향 전류를 흐르게 해서 방지한다.

| 정답 | ②

3 정류작용

전기자 도체에 흐르는 전류가 정류자편에 부착된 브러시 밑을 통과하면서 전류의 방향이 바뀌는 현상이다. 전기자 코일에 흐르는 전류의 방향은 코일이 브러시를 지날 때마다 반전된다.

(1) 정류를 좋게 하는 방법
　① 접촉 저항이 큰 탄소브러시를 사용한다.(저항정류 효과)
　② 보극을 적당한 위치에 설치한다.(전압정류 효과)
　③ 리액턴스 전압을 작게 한다.(브러시 접촉 전압 강하 > 리액턴스 전압)
　④ 정류 주기를 길게 한다.(회전자 속도를 낮춤)
　⑤ 전기자 권선을 전절권 대신 단절권으로 한다.

(2) 정류 곡선: 정류시간 중에서 단락코일 내부의 전류 변화를 나타낸 곡선
　① **직선정류**: 가장 이상적인 정류
　② **정현파정류**: 양호한 정류
　③ **부족정류**: 브러시 말단 부분에서 불꽃 발생
　④ **과정류**: 브러시 앞단 부분에서 불꽃 발생

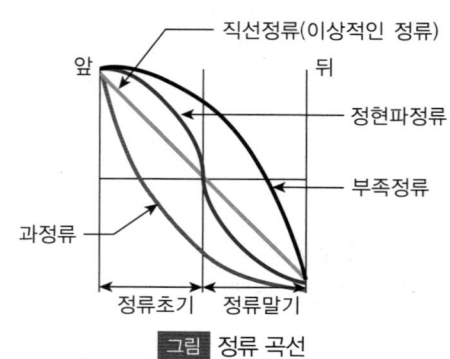

그림 정류 곡선

핵심테마 실전문제

다음 정류 곡선 중에서 브러시의 말단에 불꽃이 발생하기 쉬운 정류는?
① 직선정류
② 정현파정류
③ 과정류
④ 부족정류

| 해설 | ① 직선정류: 가장 이상적인 정류
② 정현파정류: 양호한 정류
③ 과정류: 브러시 앞단 부분에서 불꽃 발생
④ 부족정류: 브러시 말단 부분에서 불꽃 발생

| 정답 | ④

테마 6 직류 발전기의 종류

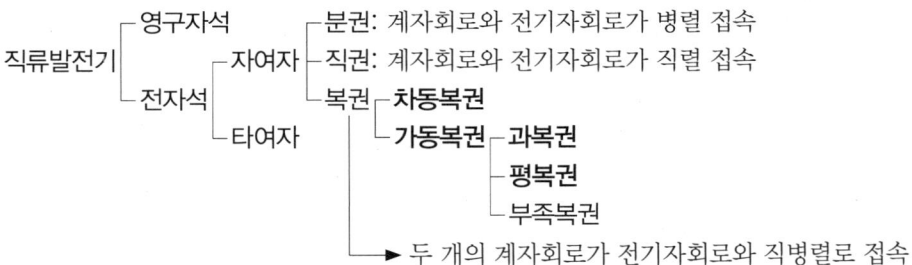

1 영구자석 발전기

계자로 영구자석을 사용하는 발전기이다.

2 타여자 방식

독립된 직류 전원으로부터 여자전류를 공급하여 계자 자속을 만드는 방식이다.

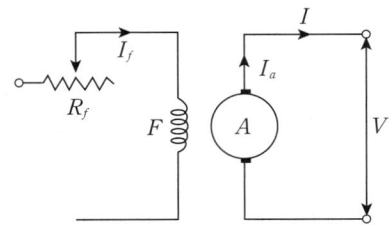

A: 발전기(전기자)
I_a: 전기자 전류
I_f: 계자 전류
F: 계자
R_f: 계자 저항

그림 타여자 발전기

핵심테마 실전문제

독립된 직류 전압으로 계자 권선에 전류를 흘려 자속을 발생하는 발전기는 어느 것인가?

① 자여자 발전기　　　　　　　　　　② 직권 발전기
③ 복권 발전기　　　　　　　　　　　④ 타여자 발전기

| 해설 |
- 타여자 발전기: 계자 전류를 전기자 전류와 다른 직류전원(축전지 또는 다른 직류전원)에서 취하는 것으로 계자 회로와 전기자 회로가 전기적으로 절연되어 있다.
- 자여자 발전기: 전기자에서 발생한 기전력이 계자 전류를 흘리게 하는 것으로 전기자 권선과 계자 권선의 접속 방법에 따라 직권, 분권, 복권으로 구분한다.

| 정답 | ④

3 자여자 발전기

발전기 자체에 발생되는 기전력에 의해 계자전류를 공급하여 여자하는 방식으로 전기자 권선과 계자 권선의 접속 방법에 따라 직권, 분권, 복권으로 분류한다.

(1) 직권 발전기: 계자 권선과 전기자 권선이 직렬로 접속되어 있고 부하 전류에 의해 여자

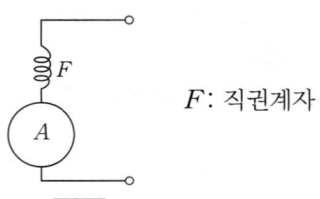

F: 직권계자

그림 직권 발전기

(2) 분권 발전기: 계자 권선과 전기자 권선이 병렬로 연결되어 자체 여자

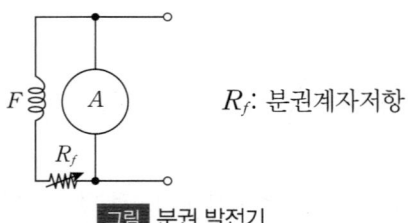

R_f: 분권계자저항

그림 분권 발전기

(3) 복권 발전기: 분권 계자 권선과 직권 계자 권선을 병용하여 자속 방향에 따른 분류로 가동복권, 차동복권으로 나뉘며 권선 결선에 따라 내분권, 외분권으로 구분한다.

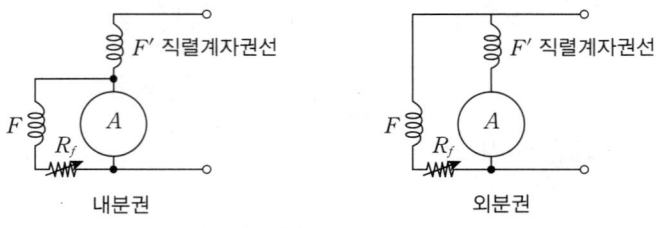

내분권　　　　　　외분권

그림 복권 발전기

테마 7 직류 발전기의 특징

직류 발전기에서 유도 기전력(E), 부하 전류(I), 계자 전류(I_f), 계자 저항(R_f), 회전수(N) 등이 중요한 변수이다. 이들 중 2개 변수 사이의 관계를 나타낸 것을 특성 곡선이라 한다.

1 특성 곡선

(1) **무부하 포화 곡선**: 정격속도는 일정, 무부하 운전 시 I_f와 E의 관계를 나타낸 곡선이다.

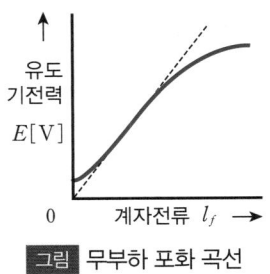

그림 무부하 포화 곡선

(2) **부하 포화 곡선**: 정격속도는 일정, 전부하 상태에서 계자 전류 I_f의 변화에 따른 발전기 단자 전압 V의 관계를 표시한 특성 곡선이다.

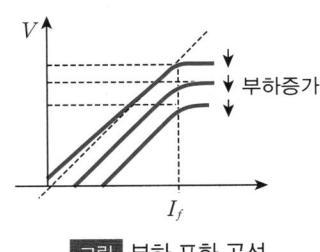

그림 부하 포화 곡선

(3) **외부 특성 곡선**: 정격속도가 일정한 상태에서 계자 저항 R_f가 일정하고 부하 전류 I를 변화시킬 때에 단자 전압 V의 변화를 나타낸 곡선으로 가장 중요한 특성 곡선이다.

핵심테마 실전문제

직류발전기의 외부 특성 곡선은 다음에 제시한 사항에서 어느 관계를 말하는가?

① 부하 전류와 여자 전류
② 단자 전압과 부하 전류
③ 단자 전압과 계자 전류
④ 부하 전류와 유기 기전력

| 해설 | 직류 발전기에서 유기 기전력(E), 부하 전류(I), 계자 전류(I_f), 계자 저항(R_f), 회전수(N)일 때
• 무부하 포화 곡선: I_f와 E의 관계
• 부하 포화 곡선: I_f와 V의 관계
• 외부 특성 곡선: I와 V의 관계

| 정답 | ②

2 자여자 발전기 특성

(1) 분권 발전기
　① **전압의 확립**: 잔류자속으로 생성된 단자 전압은 계자자속이 강화되면서 점차 상승하므로 처음 기동 시 잔류자속이 없으면 발전이 불가능하다.
　② **역회전 운전 금지**: 잔류자속이 소멸되기 때문에 발전이 불가능하다.
　③ **운전 중 무부하 금지**: 상태가 되면 계자 권선에 출력전압이 유기되어 최고치가 된다. 계자 권선에 최대 전류가 흐르게 되면 권선 소손이 발생한다.

(2) 직권 발전기
　① 계자 권선과 전기자 권선이 직렬로 연결된 구조로 계자 전류와 전기자 전류는 부하 전류와 같다.
　② 전압 확립을 기반으로 발전하므로 무부하 상태에서는 ($I=I_a=I_f=0$) 발전이 불가능하다.
　③ 부하 전류는 계자 전류와 단자전압과 비례하므로 일반적인 용도로는 사용할 수 없다.

(3) 복권 발전기
　① **가동복권**: 직권과 분권계자권선의 기자력이 서로 합쳐지도록 한 것으로 부하 증가에 따른 전압감소를 보충한다. 평복권과 과복권 발전기가 있으며, 과복권은 평복권발전기보다 직권계자 기자력을 크게 만든 것이다.
　② **차동복권**: 직권과 분권계자권선의 기자력이 서로 상쇄되게 한 것으로, 부하 증가에 따라 전압이 크게 감소하는 수하특성을 가진다. 이러한 특성은 용접기용 전원으로 적합하다.

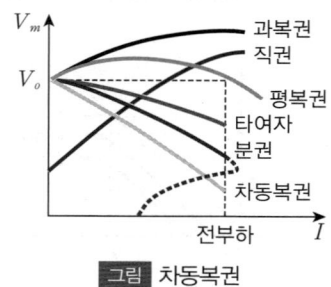

[그림] 차동복권

(4) 자여자 발전기의 전압 확립 조건
　① 잔류자속이 존재할 것
　② 무부하 특성 곡선은 자기포화를 가질 것
　③ 계자 저항이 임계저항 이하일 것
　④ 회전 방향이 바르며, 그 값이 어느 값 이상일 것

핵심테마 실전문제

자여자 발전기의 전압 확립 조건에 해당하지 않는 것은?
① 잔류자속이 존재할 것
② 무부하 특성 곡선은 자기포화를 가질 것
③ 계자 저항이 임계저항 이상일 것
④ 회전 방향이 설계 방향과 일치할 것

| 해설 | 자여자 발전기의 전압 확립 조건
  • 초기전압을 위한 잔류자속이 존재할 것
  • 자기포화 기반의 무부하 특성 곡선을 가질 것
  • 계자 저항이 임계저항 이하일 것
  • 회전 방향이 설계 방향과 일치할 것

| 정답 | ③

테마 8 직류 발전기의 병렬운전

1 발전기의 병렬운전

사용자가 발전 용량이 부족하거나, 경부하 운전에 따른 발전효율 향상을 위해 발전기를 병렬연결하여 운전한다. 2대 이상의 발전기를 연결하여 사용하고자 할 때 병렬운전을 사용한다.

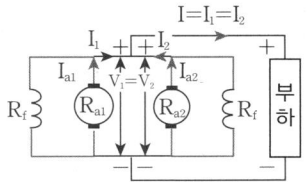

그림 발전기의 병렬운전

2 직류 발전기의 병렬운전 조건

(1) 극성이 동일할 것
(2) 단자(정격)전압이 동일할 것
(3) 외부 특성 곡선이 수하 특성일 것
(4) %I(퍼센트 부하전류)가 일치할 것
(5) 용량은 임의의 값이어도 병렬운전 가능

3 균압모선 설치

(1) 전기자와 계자가 직렬로 연결된 발전기를 병렬로 연결하여 운전을 안정적으로 하기 위하여 설치한 모선
　① 균압선이 필요한 발전기: 직권, 복권
　② 균압선이 필요 없는 발전기: 타여자, 분권
(2) 계자전류와 부하 용량과의 관계: 비례관계

핵심테마 실전문제

직류 분권 발전기의 병렬운전을 하기 위한 발전기 용량(P)과 정격전압(V)의 조건은?

① P와 V가 모두 같아야 한다.
② P와 V가 모두 달라야 한다.
③ P는 같고, V는 달라도 된다.
④ P는 달라도 되고, V는 같아야 한다.

| 해설 | 직류 분권 발전기의 분권 운전은 정격전압은 같아야 하고, 용량은 달라도 된다.

| 정답 | ④

핵심테마 실전문제

직류 발전기의 병렬운전에서 계자전류를 변화시키면 부하 분담은?

① 계자전류를 감소시키면 부하 분담이 줄어든다.
② 계자전류를 증가시키면 부하 분담이 줄어든다.
③ 계자전류를 감소시키면 부하 분담이 늘어난다.
④ 계자전류와는 무관하다.

| 해설 | 직류 발전기의 병렬운전에서 계자전류를 변화시키는 것은 각 발전기 간의 부하 분담에 중요한 요소이다. 계자전류를 증가시키면 자속이 증가하여 단자전압이 상승하게 되며, 이로 인해 해당 발전기가 더 많은 부하를 분담하게 된다. 계자전류를 감소시키면 자속이 감소하여 단자전압이 낮아지고, 해당 발전기가 분담하는 부하가 줄어들게 된다.

| 정답 | ①

핵심테마 실전문제

직류 복권 발전기의 병렬 운전에 있어 균압모선을 붙이는 목적은 무엇인가?

① 전압의 이상 상승을 방지한다.
② 손실을 경감한다.
③ 운전을 안정하게 한다.
④ 고조파의 발생을 방지한다.

| 해설 | 전기자와 계자가 직렬로 연결된 발전기를 병렬로 연결하여 운전을 안정적으로 하기 위하여 설치한다.

| 정답 | ③

테마 9 전압변동률

정격 부하에서 무부하로 변화시켰을 때 전압변동의 정도를 백분율로 나타낸 것

전압변동률 $\varepsilon = \dfrac{\text{무부하 단자전압} - \text{정격전압}}{\text{정격전압}} \times 100[\%] = \dfrac{V_0 - V_n}{V_n} \times 100[\%]$

테마 10 직류 전동기의 이론

1 직류 전동기의 원리

직류 전동기는 전기에너지를 기계적에너지로 변환하는 회전기기이다. 작동 원리는 전자기 유도 법칙과 플레밍의 왼손 법칙에 기반한 것으로, 전류가 자속 내에서 흐를 때 토크가 발생하여 코일 전체가 회전 운동하는 원리이다.

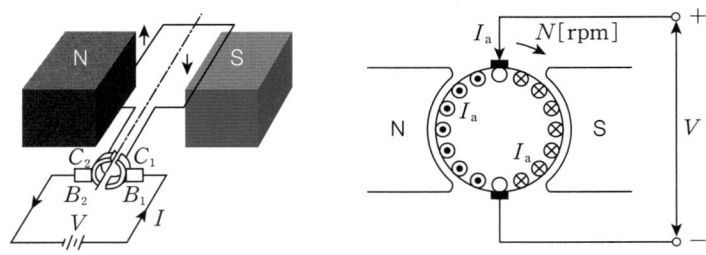

그림 직류 전동기의 원리

> **핵심테마 실전문제**
>
> 직류 전동기의 토크 발생 원리와 관계되는 법칙은?
> ① 플레밍의 오른손 법칙　　　　② 플레밍의 왼손 법칙
> ③ 렌즈의 법칙　　　　　　　　④ 앙페르의 오른나사 법칙
>
> | 해설 | 직류 전동기의 토크 발생 원리는 플레밍의 왼손 법칙과 전자기 유도 법칙을 기반으로 한다.
>
> | 정답 | ②

2 단자 전압(역기전력) 및 전기자 전류

단자 전압은 전동기에 공급되는 외부 전원의 전압으로 전동기의 정상 동작에 필요한 전력을 공급한다. 전동기 내부에서 입력 전압은 전압 강하와 역기전력으로 사용된다.

(1) 역기전력(E): 전동기 내에서 유도되는 전압으로, 공급 전압과 반대 방향으로 작용한다.

(2) 전압강하($I_a R_a$): 전기자 저항(R_a)에 의한 전압 손실로, 전기자 전류(I_a)에 의해 결정된다.

① 전기자 전류
$$I_a = \frac{V-E}{R_a}[\text{A}] \ (R_a: 전기자 저항)$$

② 단자 전압과 역기전력의 관계식
$$V = E + I_a R_a [\text{V}]$$

3 직류 전동기의 회전 속도

(1) 발전기의 유기 기전력식에서
$$E = \frac{pZ}{60a}\phi N = K\phi N[\text{V}]\left(K = \frac{pZ}{60a}\right)$$

($E[\text{V}]$: 기전력의 크기, p: 극수, $\phi[\text{Wb}]$: 1극당의 자속, Z: 전기자 총도체 수, a: 전기자의 병렬 회로수, $N[\text{rpm}]$: 1분당 회전수)

(2) 회전수
$$N = K_1 \frac{V - I_a R_a}{\phi}[\text{rpm}]\left(단, K_1 = \frac{60a}{pZ}, K_1 \ 기계정수\right)$$

4 회전력(Torque, 토크)

$$T = F \times r = BlI_a \times \frac{Z}{a} \times \frac{D}{2} = \frac{p\phi}{\pi Dl} \times l \times I_a \times \frac{Z}{a} \times \frac{D}{2} = \frac{pZ}{2\pi a}\phi I_a = K_2 \phi I_a [\text{N}\cdot\text{m}]$$

(1) 회전자 각속도를 이용한 토크
$$T = \frac{P}{\omega} = \frac{P}{2\pi \frac{N}{60}} = \frac{60 E I_a}{2\pi N}[\text{N}\cdot\text{m}](P = EI_a)$$

(2) 출력이 주어진 경우의 토크

$$1[\text{kg}\cdot\text{m}] = 9.8[\text{N}\cdot\text{m}] \rightarrow [\text{N}\cdot\text{m}] = \frac{1}{9.8}[\text{kg}\cdot\text{m}]$$ 환산하여 적용

$$T = \frac{1}{9.8} \times \frac{P}{\omega} = \frac{1}{9.8} \times \frac{60P}{2\pi N} = 0.975\frac{P}{N}[\text{kg}\cdot\text{m}]$$

5 전기에너지 입력과 기계적 출력

전동기는 전기적인 에너지 입력을 기계적인 에너지로 출력하는 기기로 변환 식은 다음과 같다.

(1) 입력: $P = VI[\text{W}]$

(2) 출력: $P_{out} = EI_a = 2\pi\frac{N}{60} \times 9.8T = 1.026NT[\text{W}](T[\text{kg}\cdot\text{m}])$

따라서 전동기 출력(P_{out})은 토크와 회전수의 곱에 비례한다.

핵심테마 실전문제

출력 3[kW], 15,000[rpm]인 전동기의 토크[kg·m]는?

① 1 ② 1.95
③ 3 ④ 15

| 해설 | $T = 0.975\frac{P}{N} = 0.975 \times \frac{30 \times 10^3}{15,000} = 1.95[\text{kg}\cdot\text{m}]$

| 정답 | ②

테마 11 직류 전동기의 구조 및 종류

1 구조 및 종류

직류 발전기와 직류 전동기는 구조와 종류가 거의 동일하다. 즉, 직류 발전기에 전기에너지를 투입하면 직류 전동기로 동작하게 된다.

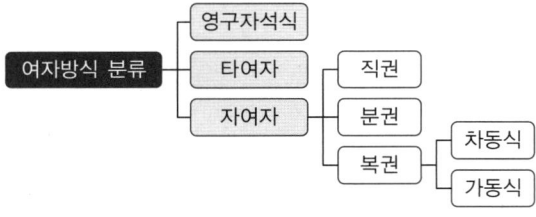

2 타여자 전동기: 외부에서 계자전류를 공급하며 고정자 권선부와 전기적으로 절연

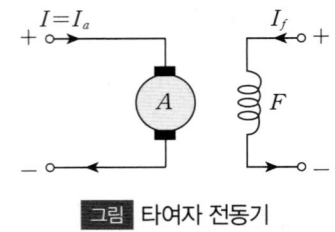

그림 타여자 전동기

3 자여자 전동기

계자와 전기자의 전원이 연결되어 있어서, 극성을 바꾸어 주어도 전기자와 계자 모두 변화하여 회전 방향이 변화하지 않는다.

(1) 직권 전동기: 계자와 전기자 권선이 직렬로 접속되어 있고 부하 전류에 의해 여자

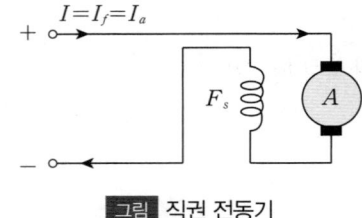

그림 직권 전동기

(2) 분권 전동기: 계자와 전기자 권선이 병렬로 접속되어 여자

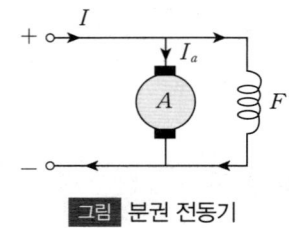

그림 분권 전동기

(3) 복권 전동기: 분권 권선과 직권 권선이 조합된 형태로 자속 방향에 따라 가동복권, 차동복권으로 나뉘며, 권선 결선 형태에 따라 내분권, 외분권으로 구분한다.
① **가동 복권:** 분권 자속과 직권 자속이 서로 보강하여 더 높은 토크와 안정된 속도 특성을 제공한다.
② **차동 복권:** 분권 자속과 직권 자속이 서로 상쇄하여 특수한 응용 분야에 사용된다.

테마 12 직류 전동기의 특성

1 타여자 전동기

(1) 속도 특성

$$N = K_1 \frac{V - I_a R_a}{\phi} [\text{rpm}]$$

① 전기자 저항 R_a가 매우 적고, 자속이 일정하여 부하 변화에 따른 부하전류 I_a가 변하여도 속도가 크게 변하지 않는 정속도 특성을 갖는다.
② 계자 전류가 0이 되면 역기전력이 발생하지 않으며, 무부하 상태로 속도가 상승하려는 탈속 현상이 발생할 수 있다. 계자 전류가 0으로 떨어지지 않도록 하는 보호 장치를 설치해야 한다.(퓨즈 장착 금지)

(2) 토크 특성

$T = K_2 \phi I_a [\text{N·m}]$, $T \propto I_a$

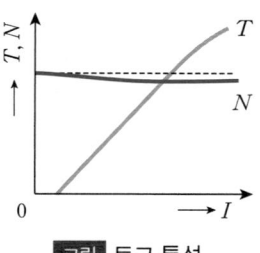

그림 토크 특성

타여자 전동기는 계자 회로와 전기자 회로가 독립적으로 구성되어 있기 때문에, 계자 자속(ϕ)은 일정하게 유지될 수 있으므로, 토크는 전기자 전류(I_a)에 비례한다.

2 분권 전동기

(1) 속도 및 토크 특성

전기자와 계자 권선이 병렬로 접속되어 있어서 단자전압이 일정하면, 부하전류에 관계없이 자속이 일정하므로 타여자 전동기와 거의 동일한 특성을 가진다.

(2) 타여자 전동기와 분권 전동기는 속도 제어가 쉽고 정속도의 특성이 우수하지만, 비슷한 특성의 3상 유도전동기가 주로 사용된다.

3 직권 전동기

(1) 속도 특성

$N = K_1 \dfrac{V - I_a(R_a + R_s)}{\phi} [\text{rpm}]$

① 부하에 따라 자속이 비례하므로, 속도는 부하의 변화에 따라 반비례
② 무부하가 되면 회전속도가 급격히 상승하기 때문에 무부하 운전이나 벨트 운전 금지

(2) 토크 특성

$T = K_2 \phi I_a [\text{N·m}]$

① 계자와 전기자의 권선이 직렬 접속되어 있어서 계자전류 I_f와 전기자 전류 I_a가 같다. 이때 자속 ϕ는 I_f에 비례하므로 토크는 전기자 전류 I_a의 제곱에 비례한다.

$\left(T \propto I_a^2 \propto \dfrac{1}{N^2}\right)$

② 부하 변동이 심하고 큰 기동 토크가 요구되는 전동차, 크레인, 전기철도 등에 사용한다.

핵심테마 실전문제

무부하로 운전하고 있는 직권 전동기의 계자 회로가 단선되는 경우 전동기의 속도는?
① 전동기가 급정지한다.
② 속도가 약간 낮아진다.
③ 속도가 약간 빨라진다.
④ 전동기가 갑자기 가속하여 고속이 된다.

| 해설 | $N = K_1 \dfrac{V - I_a R_a}{\phi}$ [rpm]에서 계자 회로가 단선되면 자속 $\phi = 0$이 된다. 그리고 전동기 속도가 급가속하여 고속운전한다.

| 정답 | ④

핵심테마 실전문제

직권 전동기에서 위험 속도가 되는 경우는?
① 저전압, 과여자
② 정격 전압, 과부하
③ 정격 전압, 무부하
④ 전기자에 저저항 접속

| 해설 | 직류 직권 전동기는 계자 권선과 전기자 권선이 직렬로 연결되어 있으므로 무부하가 되면 회전속도가 급격히 상승하기 때문에, 직권 전동기에는 안전한 속도로 운전될 수 있는 정도의 최소 부하가 항상 걸려 있어야 한다.

| 정답 | ③

4 복권전동기

(1) 가동복권 전동기
 ① 기동 토크가 크고, 경부하에서 위험하게 급속히 속도가 상승하지 않는다.
 ② 크레인, 엘리베이터, 공작기계, 공기압축기 등에 사용한다.

(2) 차동복권 전동기
 직권 계자 자속과 분권 계자 자속이 서로 상쇄되는 구조로 과부하의 경우에는 위험 속도가 되고, 토크 특성도 좋지 않아 거의 사용하지 않는다.

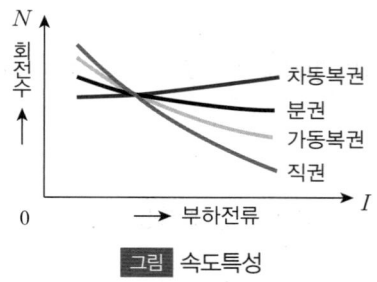

그림 속도특성

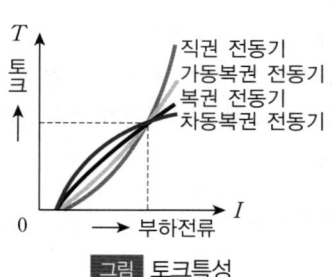

그림 토크특성

직류 전동기의 속도 및 토크 변화는 '직권 > 가동복권 > 분권 > 차동복권' 순서로 큰 특성을 갖는다.

테마 13 직류 전동기의 운전

1 기동
(1) 기동 시 역기전력이 0이므로 정격전류의 3~6배 이상의 기동전류가 흘러 전동기의 손상(정류자 및 브러시 손상 우려) 및 전원계통의 전압강하가 발생하므로 기동전류 저감 대책이 요구된다.
(2) 기동저항을 전기자에 직렬로 삽입하여 기동 시 기동저항을 최대로 하면 정격전류의 2배 이내의 기동전류로 최소화하고, 토크를 유지하기 위하여 계자 저항을 최소로 하여 기동한다.

2 전동기 속도 제어
전동기의 속도는 $N = K_1 \dfrac{V - I_a R_a}{\phi}$ [rpm]을 기반으로 다음과 같이 제어한다.

(1) 계자 제어법
계자전류를 조정하여 자속 ϕ를 변화시키는 방식으로, 넓은 속도 제어 범위와 정출력 가변 속도 운전에 적합한 방법이다.
(2) 저항 제어법
전기자에 직렬로 삽입된 저항에 따라 R_a의 값을 변화시키는 방법으로 소형 전동기의 정밀제어용으로 사용된다.
(3) 전압 제어법
① 전기자에 가하는 전압 V를 변화시키는 방법으로 넓은 속도 제어와 정토크 제어가 가능하다.
② 워드 레오나드 방식과 일그너 방식을 사용하지만 설치비용이 많이 든다.

3 직류 전동기의 제동
(1) 발전 제동: 전동기의 운동 에너지로 발전되며, 전력을 제동용 저항에 열로 소비시키는 방식
(2) 역상 제동: 제동 시 전원을 개방하지 않고 발전기로 이용하여 발전되는 방식(플러깅 제동)
(3) 회생 제동: 전동기의 발전된 전력을 다시 전원으로 돌려보내는 방식

테마 14 직류기의 손실과 효율

1 직류기의 손실
직류기의 운전 중에 생기는 손실은 철손(고정손), 동손(가변손), 기타 손실로 분류
(1) 동손(P_c, 저항손): 부하전류(전기자 전류) 및 여자전류에 의한 권선에서 생기는 줄열로 발생하는 손실
(2) 철손(P_i): 철심에서 발생되는 손실로 히스테리시스손과 와류손이 있음
  ① 히스테리시스손(P_h): 철심의 재질에서 생기는 손실로 자속밀도가 변화하여 히스테리시스 루프 면적에 비례하여 손실 발생
  $P_h = \eta_h \cdot f \cdot B_m^{1.6 \sim 2.0}$ [W/m^3]
  ② 와류손(P_e): 철심 내부에서 발생하는 유도 전류(맴돌이 전류)에 의해 발생하는 손실
  $P_e = \eta_e (t f B_m)^2$ [W/m^3]
  (η_e: 철심 재료에 따른 고유 상수, f: 주파수[Hz], B_m: 최대 자속 밀도[Wb/m^2], t: 도체의 두께)

(3) 기타 손실
　① **기계손**: 회전 시에 생기는 손실로 마찰손, 풍손 등
　② **표유 부하손**: 전류의 표피 효과로 인한 손실로 철손, 기계손, 동손을 제외한 손실

2 효율

(1) 입력과 출력의 백분율의 비로 나타낸다.
- 실측 효율: $\eta = \dfrac{출력}{입력} \times 100[\%]$

(2) 규약 효율: 규정된 방법에 의하여 각 손실을 측정 또는 산출하고 입력 또는 출력을 구하여 효율을 계산하는 방법이다.
　① 발전기, 변압기 효율
$$\eta = \dfrac{출력}{출력+손실} \times 100[\%]$$
　② 전동기 효율
$$\eta = \dfrac{입력-손실}{입력} \times 100[\%]$$
　③ 속도변동률
$$속도변동률\ \varepsilon = \dfrac{무부하\ 회전속도 - 정격\ 회전속도}{정격\ 회전속도} \times 100[\%] = \dfrac{N_0 - N_n}{N_n} \times 100[\%]$$

(3) 최대 효율 조건: 철손(P_i, 고정손)과 동손(P_c, 가변손)이 같아지는 운전 상태에서 나타난다.
　철손 P_i = 동손 P_c

01

발전기의 유도기전력의 방향을 나타내는 것은?

① 패러데이의 법칙
② 오른나사의 법칙
③ 플레밍의 오른손 법칙
④ 렌츠의 법칙

| 해설 |
플레밍의 오른손 법칙
유도기전력의 방향을 결정하는 데 사용되는 규칙으로, 엄지는 도체(힘)의 운동 방향, 검지는 자기장의 방향, 중지는 유도된 전류의 방향을 나타낸다.

| 정답 | ③

02

직류기에서 브러시의 역할은?

① 정류 작용
② 전기자 권선과 외부회로 접속
③ 자속 생성
④ 기전력 유도

| 해설 |
브러시
정류자편에 장착되어 전기자 권선과 외부 회로를 연결

| 정답 | ②

03

직류발전기를 구성하는 부분 중 정류자란?

① 전기자와 쇄교하는 자속을 만들어 주는 부분
② 계자 권선과 외부 회로를 연결시켜 주는 부분
③ 전기자 권선에서 생긴 교류를 직류로 바꾸어 주는 부분
④ 자속을 끊어서 기전력을 유기하는 부분

| 해설 |
정류자
전기자에서 교류로 발생된 교류(AC)를 직류(DC)로 바꾸어 주는 부분

| 정답 | ③

04

직류기에 있어서 불꽃 없는 정류를 얻는 데 가장 유효한 방법은?

① 자기포화와 브러시 이동
② 탄소브러시와 보상권선 사용 및 설치
③ 보극과 탄소브러시 사용
④ 보극과 보상권선 설치

| 해설 |

정류를 좋게 하는 방법
- 접촉 저항이 큰 탄소브러시를 사용한다.
- 보극을 설치한다.
- 정류 주기를 길게 한다.
- 리액턴스 전압을 작게 한다.

| 정답 | ③

05

다극 중권 직류발전기의 전기자 권선에 균압 고리를 설치하는 이유는?

① 전압 강하를 방지하기 위하여
② 전기자 반작용을 방지하기 위하여
③ 정류 기전력을 높이기 위하여
④ 브러시에서 불꽃을 방지하기 위하여

| 해설 |

균압환(균압 고리)
직류 발전기의 전기자 권선을 중권 방식으로 연결할 때, 병렬 회로의 수가 많아지면서 각 회로 간의 전압 차이가 발생한다. 권선의 병렬 회로의 유기 기전력 불균형을 개선하기 위해 각 회로의 등전위 점을 연결하여 전압 차이를 줄이는 역할을 한다. 브러시의 불꽃 방지 및 안전성과 효율 향상을 기대할 수 있다.

| 정답 | ④

06

직류 분권 발전기의 병렬운전의 조건에 해당되지 않는 것은?

① 극성이 같을 것
② 균압모선을 접속할 것
③ 외부특성 곡선이 수하특성일 것
④ 단자전압이 같을 것

| 해설 |

직류 발전기의 병렬운전 조건
- 극성이 동일할 것
- 단자(정격)전압이 동일할 것
- 외부 특성 곡선이 수하 특성일 것
- %I(퍼센트 부하전류)가 일치할 것

| 정답 | ②

07

직류 발전기의 정격전압 100[V], 무부하 전압 103[V]이다. 이 발전기의 전압 변동률 ε[%]은?

① 9
② 6
③ 3
④ 1

| 해설 |

전압변동률은 정격 부하에서 무부하로 변화시켰을 때 전압변동의 정도로 다음과 같다.

전압변동률 $\varepsilon = \dfrac{103-100}{100} \times 100 = 3[\%]$

| 정답 | ③

08

직류전동기의 규약 효율을 표시하는 식은?

① $\dfrac{출력}{(출력+손실)} \times 100\%$

② $\dfrac{출력}{입력} \times 100\%$

③ $\dfrac{입력}{출력+손실} \times 100\%$

④ $\dfrac{입력-손실}{입력} \times 100\%$

| 해설 |

규약 효율: 규정된 방법에 의하여 각 손실을 측정하고 입력 또는 출력을 구하여 효율을 계산하는 방법이다.

- 전동기의 규약 효율: $\eta = \dfrac{입력-손실}{입력} \times 100[\%]$
- 발전기, 변압기의 규약 효율: $\eta = \dfrac{출력}{출력+손실} \times 100[\%]$

| 정답 | ④

09 유도기

테마1 유도 전동기의 원리

1 유도 전동기의 원론

자속이 도체를 통과하면, 플레밍의 오른손 법칙에 따라 도체에 기전력이 발생하게 되는데, 이 기전력에 의해 도체에 전류가 발생하게 된다. 이 유도된 전류와 자속의 상호 작용(플레밍의 왼손법칙)에 의해, 자속의 회전 방향으로 도체(동판)가 이끌려서 회전한다. 자속이 도체를 통과하지 않으면, 유도기전력이 발생되지 않기 때문에 동판은 자속의 회전보다 느린 속도로 회전한다.

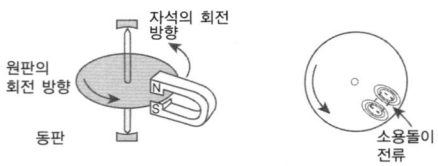

그림 유도 전동기의 원리

2 회전 방향

(1) 3상 유도 전동기에서는 고정된 3상 권선에 3상 교류를 인가하면 전기적으로 회전하는 회전자기장을 만들 수 있다.
(2) 3상 유도 전동기는 고정자 입력 권선 3개의 단자 중 2개의 단자를 반대로 바꾸어 전원을 공급하면 회전 자계의 회전 방향도 반대로 되어 회전 방향이 반대로 된다.

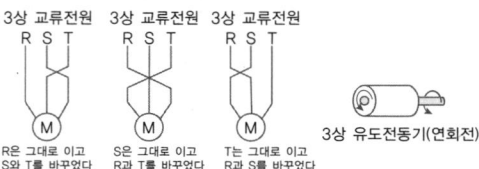

그림 3상 유도 전동기를 역회전시키는 예

3 슬립(Slip)

전동기의 회전자 속도 $N[\text{rpm}]$과 동기속도 $N_s[\text{rpm}]$의 속도 차이인 상대 속도가 발생된다. 이 상대속도와 동기속도 차의 비를 s로 표현하고 슬립이라고 한다.

(1) 슬립

$$s = \frac{N_s - N}{N_s}$$

(N_s: 동기속도[rpm], N: 회전자의 속도[rpm], s: 슬립)

(2) 슬립의 범위
① 발전기: $s<0$
② 전동기: $0<s<1$
③ 역상제동: 3선 중 2선의 접속을 바꾸어서 전동기를 급정지시키는 방법($s>1$)
(3) 상대속도: $N_s-N=sN_s$
$s=1$일 때, $N=0$이고 전동기는 정지
$s=0$일 때, $N_s=N$으로 전동기는 동기속도 회전(이상적 무부하 상태)

테마 2 유도 전동기의 구조

1 고정자

(1) 고정자 프레임: 전동기 전체를 지탱하는 것으로, 내부에 고정자 철심을 부착한다.
(2) 고정자 철심: 두께 0.35~0.5[mm]의 규소강판을 성층하여 만든다.
(3) 고정자 권선: 대부분이 2층권으로 되어 있고, 1극 1상 슬롯 수는 거의 2~3개이다.

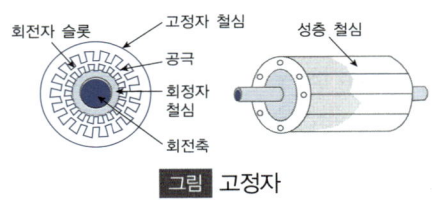

그림 고정자

2 회전자

규소강판을 성층하여 둘레에 홈을 파고 코일을 넣어서 만든다. 홈 안에 끼워진 코일의 종류에 따라 농형 회전자와 권선형 회전자로 구분된다.

(1) 농형 회전자
① 회전자 둘레의 홈에 원형이나, 다른 모양의 구리 막대를 넣어서 양 끝을 구리로 단락고리에 붙여 전기적으로 접속하여 만든 것이다.
② 회전자 구조가 간단하고 튼튼하여 운전 성능은 좋으나, 기동 시에 큰 기동 전류가 흐를 수 있다.
③ 회전자 둘레의 홈은 축 방향에 평행하지 않고 비뜰어져 있는데, 소음 발생을 억제하는 효과가 있다.

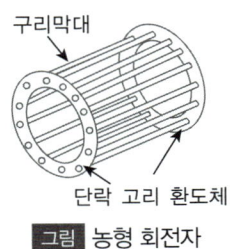

그림 농형 회전자

(2) 권선형 회전자
① 회전자 둘레의 홈에 3상 권선을 넣어서 결선한 것이다.
② 회전자 내부 권선의 결선은 슬립 링에 접속하고, 브러시를 통해 바깥에 있는 기동 저항기와 연결한다.

③ 회전자의 구조가 복잡하고 농형에 비해 운전이 어려우나 기동저항기를 이용하여 기동전류를 감소시킬 수 있고, 속도 조정도 자유로이 할 수 있다.

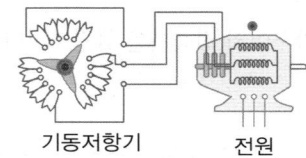

그림 권선형 회전자

(3) 공극
- 공극이 넓으면: 기계적으로 안전하지만, 전기적으로는 자기저항이 커지므로 여자 전류가 커지고 전동기의 역률이 낮아진다.
- 공극이 좁으면: 기계적으로 약간의 불평형이 발생하여 진동과 소음의 원인이 되고, 전기적으로는 누설리액턴스가 증가하여 전동기의 순간 최대 출력이 감소하고 철손이 증가한다.

테마 3 　유도 전동기의 등가회로

유도기의 전기적 특성과 동작 원리는 변압기의 구조와 동작을 기반으로 한다. 전자유도 작용으로 전력을 2차 권선에 공급하는 회전기계이다. 유도 전동기의 2차 권선은 전력을 공급받아 토크를 발생하여 전기적 에너지를 기계적 에너지로 변환한다.

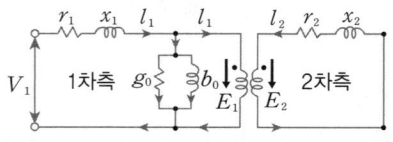

그림 유도 전동기의 등가 회로

1 유도 기전력

(1) 고정자 관계식
① 1차 권선에 여자 전류가 흐르면 1차, 2차 권선은 각각 기전력이 유도되는 변압기와 동일하게 동작한다.
$E_1 = 4.44 k_1 n_1 f_1 \phi$ [V] (k_1: 1차 권선계수)
② 정지 시 회전 자계가 1차 권선으로 쇄교하면 2차 권선도 동일한 속도로 쇄교한다. 이때 2차 유도기전력을 발생한다.
$E_2 = 4.44 k_2 n_2 f_2 \phi$ [V] (k_2: 2차 권선계수)
③ 전동기가 정지하면 슬립 $s=0$이므로 $f_2 = f_1$을 만족하고, 따라서 2차 유도기전력은 $E_2 = 4.44 k_2 n_2 f_1 \phi$ [V]로도 표현이 가능하다.
④ 권수비
$$a = \frac{E_1}{E_2} = \frac{k_1 n_1}{k_2 n_2}$$

(2) 회전자 관계식

유도 전동기 2차 권선에 유도기전력은 정지 시에는 동기속도 N_s로 회전하는 자속에 의하여 결정되지만, 운전 시에는 상대 속도 sN_s에 의해 결정된다. 따라서 운전 시에는 주파수와 유도기전력 모두 슬립 s만큼 변화하게 된다.

① 상대 속도: $N_s - N = sN_s$
② 회전 시 주파수: $f_2 = sf_1$
③ 회전 시 유도기전력: $E_{2s} = sE_2$
④ 1차 유도기전력: $E_1 = 4.44k_1n_1f_1\phi[\text{V}]$ (k_1: 1차 권선 계수)
⑤ 2차 유도기전력: $E_2 = 4.44k_2n_2sf_1\phi[\text{V}]$ (k_2: 2차 권선 계수)
⑥ 권수비: $a = \dfrac{E_1}{E_{2s}} = \dfrac{E_1}{sE_2} = \dfrac{k_1n_1}{sk_2n_2}$

2 등가회로

유도 전동기의 1차, 2차 전압, 전류를 쉽게 계산하기 위해서 복잡한 전기회로를 단순한 회로로 간단히 하여 회로를 해석할 수 있다.

(1) 유도 전동기의 2차 임피던스

$Z_{2s} = \sqrt{r_2^2 + (sx_2)^2}$

(r_2: 유도 전동기 2차 회로의 저항, x_2: 리액턴스)

(2) 전동기가 슬립 s로 운전하고 있을 때의 2차 전류[A]와 역률

$I_2 = \dfrac{E_{2s}}{Z_{2s}} = \dfrac{sE_2}{\sqrt{r_2^2 + (sx_2)^2}} = \dfrac{E_2}{\sqrt{\left(\dfrac{r_2}{s}\right)^2 + x_2^2}}[\text{A}]$, $\cos\theta = \dfrac{r_2}{\sqrt{r_2^2 + (sx_2)^2}}$

3 전력의 변환

유도 전동기에서 공급되는 1차 입력의 대부분은 2차 입력으로 되고 2차 입력의 일부는 주로 2차 저항손이 되어서 없어지며 나머지 대부분은 기계적인 출력으로 된다.

(1) 유도 전동기 2차 전류

① 정지 시 2차 권선의 임피던스: $Z_2 = r_2 + jx_2 = \sqrt{r_2^2 + x_2^2}[\Omega]$

② 정지 시 2차 전류: $I_2 = \dfrac{E_2}{\sqrt{r_2^2 + x_2^2}}[\text{A}]$

③ 운전 시 2차 전류: $I_2 = \dfrac{sE_2}{\sqrt{r_2^2 + (sx_2)^2}} = \dfrac{sE_2}{\sqrt{\left(\dfrac{r_2}{s}\right)^2 + x_2^2}}$

$= \dfrac{E_2}{\sqrt{(r_2 + R)^2 + x_2^2}}[\text{A}]$

(2) 슬립과 출력, 속도의 관계

$s = \dfrac{P_{c2}}{P_2} = \dfrac{2\text{차 동손}}{2\text{차 입력}}$, $\dfrac{N}{N_s} = 1 - s = \dfrac{P_0}{P_2} = \dfrac{2\text{차 출력}}{2\text{차 입력}} = \eta(\text{효율})$

2차 출력 : 2차 동손 : 2차 입력 $= 1-s : s : 1 = P_0 : P_{c2} : P_2$

(3) 회전력

회전력은 기계적 출력으로부터 구할 수 있다.

$P_2 = \omega T = 2\pi \cdot \dfrac{N_s}{60}T[\text{W}]$

$$T = \frac{60}{2\pi}\frac{P_2}{N_s}[\text{N}\cdot\text{m}] = \frac{60}{9.8\times 2\pi}\frac{P_2}{N_s}[\text{kg}\cdot\text{m}] = 0.975\frac{P_2}{N_s}[\text{kg}\cdot\text{m}]$$

4 손실 및 효율

(1) 손실
  ① 고정손: 철손, 베어링 마찰손, 브러시 마찰손, 풍손
  ② 동손(부하손): 1차 권선의 동손, 2차 회로의 동손, 브러시 전기손
  ③ 표유 부하손: 부하에 전류가 공급되면 발생되는 손실로, 측정하기 곤란한 도체 속과 철 안에 생기는 약간의 손실이 발생되며, 일반적으로 무시한다.

(2) 효율
$$\eta = \frac{\text{출력}}{\text{입력}} \times 100 = \frac{\text{입력} - \text{손실}}{\text{입력}} \times 100[\%] = \frac{P_0}{\sqrt{3}\,VI\cos\theta_1} \times 100[\%]$$

출력 P_0와 2차 입력 P_2의 비를 2차 효율이라고도 한다.

$$\eta = \frac{2\text{차 출력}}{2\text{차 입력}} \times 100 = \frac{P_0}{P_2} \times 100 = \frac{P_2(1-s)}{P_2} \times 100 = \frac{N}{N_s} \times 100 = (1-s)\times 100[\%]$$

테마 4 3상 유도 전동기의 특성

1 유도 전동기의 토크

3상 유도 전동기의 2차 입력과 토크는 정비례하므로 2차 입력식을 통해서 토크와 슬립의 관계를 알 수 있다.

$$T = k\frac{sE_2^{\,2}}{r_2^{\,2} + (sx_2)^2}[\text{N}\cdot\text{m}]$$

위의 식에서 슬립에 대한 토크 변화를 곡선으로 표현한 것이 아래 속도 특성곡선이다.

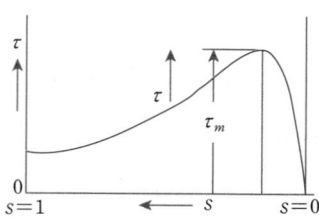

그림 토크와 슬립의 관계

2 슬립 – 토크 관계

일정전압 V_1이 가해진 경우 저항 및 리액턴스는 정수이기 때문에 슬립 s를 변화시켜 T를 종축, s를 횡축으로 나타낸다.

3 비례추이 특성

토크는 위의 식에서 $\dfrac{r_2}{s}$ 중 r_2를 m배하면 s도 m배로 변화하여 토크가 일정하게 된다. 슬립은 2차 저항을 변경함에 따라 비례하여 변경되는 특성을 비례추이라고 한다. 회로의 저항을 변화시킬 수 있는 권선형 유도전동기는 비례추이를 이용하여 r_2에 외부저항을 연결하여 2차 저항값을 변화하면 속도 제어가 가능하다. 단, 최대 토크는 변화되지 않는다.

$$\dfrac{r_2}{s} = \dfrac{r_2 + R}{s'}$$

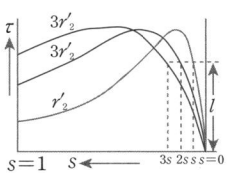

그림 비례추이 특성

테마 5 3상 유도 전동기의 기동 및 운전

1 기동법

기동전류는 정격전류의 5배 이상으로 큰 전류가 흘러 권선을 가열시킬 수 있다. 또한 전원 전압을 강하시켜 전원계통에 나쁜 영향을 주기 때문에 기동전류를 낮추어야 한다.

(1) 농형 유도전동기의 기동법
　① **전전압기동**: 5[kW] 이하의 소용량에 사용되는 방법으로 정격전류의 600[%]의 기동전류가 흐르게 되므로 대용량의 전원설비가 필요하다.
　② **리액터 기동법**: 전동기의 전원측에 직렬 리액터를 연결하여 기동하는 방법으로 중·대용량의 전동기에 사용할 수 있다. 다른 기동법이 곤란한 경우나 기동 시 충격을 방지할 필요가 있을 때 적합하다.
　③ **$Y-\varDelta$ 기동법**: 10~15[kW] 이하의 중용량 전동기에 쓰이며, 이 방법은 고정자권선을 Y로 하여 상전압과 기동전류를 줄여서 운전하는 방식이다. 기동전류는 정격전류의 $\dfrac{1}{3}$로 줄어들지만, 기동토크도 $\dfrac{1}{3}$로 감소한다.
　④ **기동보상기법**: 15[kW] 초과의 전동기나 고압전동기에 사용되며, 단권변압기를 써서 공급전압을 낮추어 기동시키는 방법으로 기동전류를 1배 이하로 낮출 수가 있다.

(2) 권선형 유도전동기의 기동법(2차 저항법)
　비례추이의 원리에 의해 2차 회로에 가변 저항기를 접속하여 운전하는 방식으로 큰 기동토크를 얻고 기동전류도 억제할 수 있다.

2 속도제어

유도 전동기의 속도 N은 다음의 식과 같다.

$N = (1-s)N_s\,[\text{rpm}]$ $\left(\text{여기서 } N_s = \dfrac{120f}{p}\,[\text{rpm}]\right)$

(1) 주파수 제어법
① 공급전원에 주파수를 변화시켜 동기속도를 바꾸는 방법이다.
② $VVVF$ 제어: 주파수를 가변하면 $\phi \propto \dfrac{V}{f}$ 와 같이 자속 제어가 가능하다. 자속을 일정하게 유지하기 위해 전압과 주파수를 비례하게 가변시키는 제어법이다.

(2) 1차 전압제어
전압의 2승에 비례하여 토크는 변화하므로 이것을 이용해서 속도를 바꾸는 제어법이다.

(3) 극수 변환에 의한 속도 제어
고정자권선의 접속을 바꾸어 극수를 바꾸면 단계적이지만 속도를 바꿀 수 있는 제어법이다.

(4) 2차 저항제어
권선형 유도전동기에 사용되는 방법으로 비례추이를 이용하여 외부저항을 삽입하여 속도를 제어한다.

(5) 2차 여자제어
2차 저항제어 방법을 발전시킨 형태로 저항에 의한 전압강하 대신에 반대의 전압을 인가하여 전압강하가 발생하도록 한 것이다.

3 제동법

(1) 발전제동(직류제동)
제동 시 전원으로 분리한 후 직류전원을 연결하면 계자에 고정자속이 생기고 회전자에 교류기전력이 발생하여 제동력이 발생한다.

(2) 역상제동(플러깅)
운전 중인 유도전동기에 회전 방향과 반대 방향의 토크를 발생하여 급속하게 정지하는 방법이다.

(3) 회생제동
제동 시 전원에 연결시킨 상태로 외력에 의해서 동기속도 이상으로 회전하면 유도기전력이 발생하여 전력을 전원으로 반환하여 제동하는 방법이다.

(4) 단상제동
권선형 유도전동기에서 2차 저항이 클 때 전원에 단상전원을 연결하면 제동토크가 발생한다.

핵심테마 실전문제

3상 유도 전동기의 10[%] 전압강하가 발생했을 때 기동토크는 약 몇 [%] 감소하는가?
① 30　　　　　　　　　　　　② 20
③ 10　　　　　　　　　　　　④ 5

|해설| 기동토크 T는 전압 V의 제곱에 비례하므로 토크는 $(1-0.1)^2 = 0.81$로 저하한다.
따라서, $1-0.81 ≒ 0.2$, 약 20[%] 감소한다.

|정답| ②

핵심테마 실전문제

유도 전동기를 기동하기 위하여 Δ를 Y로 전환했을 때 토크는 몇 배가 되는가?

① $\frac{1}{3}$배
② $\frac{1}{\sqrt{3}}$배
③ $\sqrt{3}$배
④ 3배

| 해설 | Δ에서 Y로 전환하면 한 상에 가해지는 전압은 $\frac{1}{\sqrt{3}}$배가 되므로 토크는 그 제곱인 $\frac{1}{3}$배가 된다.

| 정답 | ①

테마 6 이상 기동 현상

1 크로우링 현상

농형 유도 전동기에서 발생하는 이상 현상으로, 전동기가 정격 속도에 도달하지 못하고 정격 속도보다 낮은 특정 속도에서 안정화되는 현상이다. 주요 원인은 고조파의 영향, 공극의 불균일, 슬롯의 부적합이 있다.

2 게르게스 현상

권선형 유도 전동기에서 발생하는 이상 현상으로, 전동기가 무부하 또는 경부하 상태에서 특정 조건에서 속도의 약 50% 부근에서 더 이상 가속되지 않는 현상이다.

핵심테마 실전문제

60[Hz], 8극의 유도 전동기의 슬립이 4[%]인 때의 매분 회전수는?

① 410[rpm]
② 864[rpm]
③ 970[rpm]
④ 1,500[rpm]

| 해설 | $N_s = \frac{120f}{p} = \frac{120 \times 60}{8} = 900[\text{rpm}]$

$\therefore N = (1-s)N_s = (1-0.04) \times 900 = 864[\text{rpm}]$

| 정답 | ②

테마 7 단상 유도 전동기의 기동

단상 유도 전동기의 고정자 권선에는 단상 교류 전류가 흐르면 교번 자계에 따라 회전력이 발생한다.

1 분상 기동형

기동권선은 저항을 크게 하기 위해서 운전권선보다 가는 코일을 사용한다. 권수를 적게 감으면 권선저항을 크게 만들어 주권선과의 전류 위상차를 발생하여 기동한다.

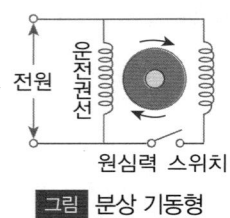

그림 분상 기동형

2 콘덴서 기동(운전)형

기동권선에 직렬로 콘덴서를 장착하고, 권선에 흐르는 기동전류를 앞선 전류로 하고 운전권선에 흐르는 전류와 위상차를 갖도록 하여 기동한다. 기동 시 위상차가 2상 교류처럼 동작하도록 설계되어 기동특성을 향상, 시동전류가 감소, 시동토크가 증대된다.

(1) 콘덴서 기동형 단상 유도 전동기
(2) 콘덴서 기동·콘덴서 운전 단상 유도 전동기
(3) 영구 콘덴서형 단상 유도 전동기

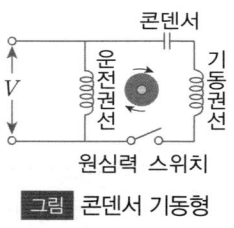

그림 콘덴서 기동형

3 반발 기동형

회전자에 직류전동기 같이 전기자 권선과 정류자로 구성되어 있어서 브러시를 단락하면 기동 시에 큰 기동토크를 얻을 수 있는 전동기이다.

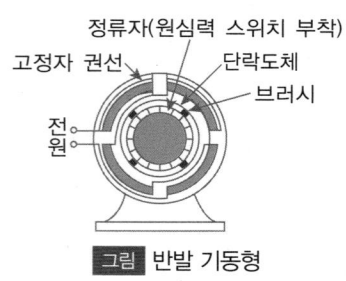

그림 반발 기동형

4 셰이딩 코일형

고정자에 돌극을 만들어서 단락코일(셰이딩 코일)을 장착한다. 이 코일은 이동자계를 만들고 그 방향으로 회전한다. 슬립이나 속도 변동이 크고, 효율이 낮아, 일반적으로 극소형 전동기에 사용한다.

핵심테마 실전문제

단상 유도 전동기 기동장치에 의한 분류가 아닌 것은?
① 분상 기동형
② 콘덴서 기동형
③ 회전 전기자형
④ 셰이딩 코일형

| 해설 | 단상 유도 전동기의 코일 구성은 주권선과 보조권선으로 되어 있으며, 기동 방법에 따라 원심 분상 기동형과 콘덴서 기동형(영구 콘덴서형), 반발 기동형, 반발 유도형, 셰이딩 코일형 등으로 구분한다.

| 정답 | ③

핵심문제 테마 09 | 유도기

01
3상 유도 전동기의 동기속도가 1,800[rpm]일 때, 극수 (p)가 4일 경우의 주파수는?

① 50[Hz]
② 60[Hz]
③ 75[Hz]
④ 90[Hz]

| 해설 |
극수와 동기속도를 알고 있을 때, 공식에서 주파수를 구할 수 있다.
$N_s = \frac{120f}{p}$ 에서
주파수 $f = \frac{N_s \cdot p}{120} = \frac{1,800 \cdot 4}{120} = 60[Hz]$

| 정답 | ②

02
3상 유도 전동기의 슬립이 0.05일 때, 동기속도가 1,500[rpm]이면 회전자 속도는?

① 1,450[rpm]
② 1,425[rpm]
③ 1,575[rpm]
④ 1,350[rpm]

| 해설 |
회전자 속도
$N = (1-s)N_s$
$= (1-0.05) \times 1,500 = 1,425[rpm]$

| 정답 | ②

03
유도 전동기의 슬립이 1에 가까워질수록 어떤 상태에 가까운가?

① 동기속도 회전 상태
② 역회전 상태
③ 전동기 정지 상태
④ 역률 1 상태

| 해설 |
- 슬립 $s=1$ → 회전자 속도=0이므로 정지 상태에 가까워진다.
- 슬립 $s=0$ → 회전자 속도=동기속도 (이상적인 무부하 상태)

| 정답 | ③

04
단상 유도 전동기의 회전 방향을 바꾸기 위한 방법으로 가장 적절한 것은?

① 보조권선의 극성을 바꾼다.
② 주권선의 극성을 바꾼다.
③ 전원주파수를 바꾼다.
④ 전압을 낮춘다.

| 해설 |
단상 유도 전동기에서 기동권선(보조권선) 방향을 바꾸면 회전 방향이 반대로 된다.

| 정답 | ①

05

농형 유도 전동기의 특징으로 옳지 않은 것은?

① 구조가 간단하고 견고하다.
② 기동 시 큰 기동전류가 흐를 수 있다.
③ 속도 제어가 용이하다.
④ 유지보수가 쉽다.

| 해설 |

농형 유도 전동기는 구조가 단순하고 내구성이 높다. 속도 제어가 어렵고, 기동전류가 크다.

| 정답 | ③

06

유도 전동기에서 슬립 $s=0.02$, 2차 입력이 $50[\text{kW}]$일 때 기계적 출력은?

① $49[\text{kW}]$
② $48[\text{kW}]$
③ $47[\text{kW}]$
④ $45[\text{kW}]$

| 해설 |

기계적 출력
$P_2 : P_0 = 1 : (1-s)$
$P_0 = (1-s) \times P_2 = (1-0.02) \times 50 = 49[\text{kW}]$

| 정답 | ①

07

농형 유도전동기의 기동법이 아닌 것은?

① $Y-\triangle$ 기동법
② 2차 저항기동법
③ 리액터 기동법
④ 기동보상기에 의한 기동법

| 해설 |

농형 유도전동기의 기동법
- 전전압 기동법
- 리액터 기동법
- $Y-\triangle$ 기동법
- 기동보상기법

권선형 유도전동기의 기동법: 2차 저항기동법

| 정답 | ②

08

다음 중 단상 유도 전동기의 기동 방법 중 기동 토크가 가장 큰 것은?

① 콘덴서 기동형
② 분상 기동형
③ 반발 유도형
④ 반발 기동형

| 해설 |

단상 유도전동기의 기동 토크 순서
반발 기동형 > 반발 유도형 > 콘덴서 기동형 > 분상 기동형 > 셰이딩 코일형

| 정답 | ④

2과목 | 전기기기

10 동기기

핵심테마 이론

테마 1 동기 발전의 원리 및 종류

1 발전 원리
(1) 자속과 도체가 서로 상쇄하여 기전력을 발생하는 플레밍의 오른손 법칙으로 같지만, 정류자 대신 슬립링을 사용하여 교류 기전력을 출력한다.
(2) 동기기는 교류신호를 사용하여 주파수 f[Hz]과 자극수 p로 속도 N_s[rpm]를 발생한다.

$$N_s = \frac{120f}{p} [\text{rpm}]$$

2 동기 발전의 종류
(1) 회전 전기자형: 자극이 고정되고 전기자가 회전하는 방식(직류 발전기에서 사용)
(2) 회전 계자형: 전기자를 고정하고 계자를 회전시키는 방식(동기 발전기에서 사용)

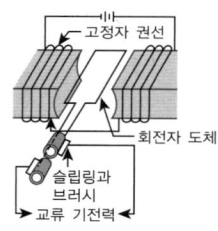
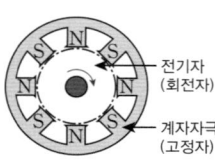
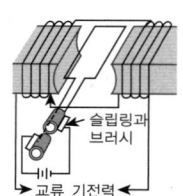
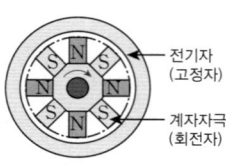

그림 회전 전기자형과 회전 계자형

핵심테마 실전문제

전기자를 고정하고 계자를 회전시키는 방식을 사용하는 전기 기계는?
① 직류 발전기
② 동기 발전기
③ 회전 변류기
④ 유도 발전기

| 해설 | 동기 발전기는 회전 계자형을 적용하여 전기자 권선을 고정자로 계자 권선 회전자로 사용한다.

| 정답 | ②

테마 2   동기 발전기의 구조

1 동기 발전기의 전기자 권선법

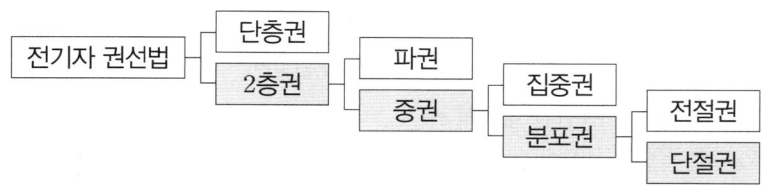

그림 전기자 권선법

(1) **중권, 파권**: 권선을 감는 방법에 따라 중권과 파권으로 구분된다.

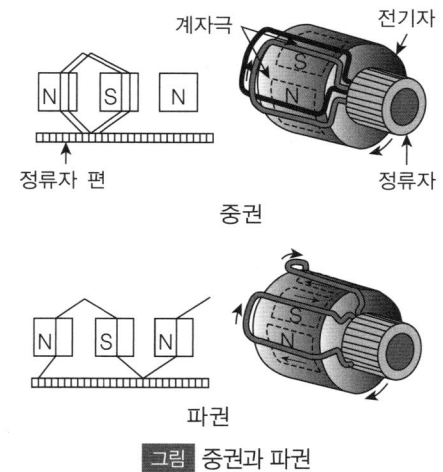

그림 중권과 파권

(2) **집중권과 분포권**
  ① **집중권**: 1극 1상당 슬롯 수가 1개인 권선법
  ② **분포권**: 동기기에 주로 사용되는 방식으로 1극 1상당 슬롯 수가 2개 이상인 권선법
   • 기전력의 파형이 좋아진다.
   • 권선의 누설 리액턴스를 감소시킨다.
   • 전기자 동손에 따른 발열을 고르게 분포하여 과열을 방지한다.

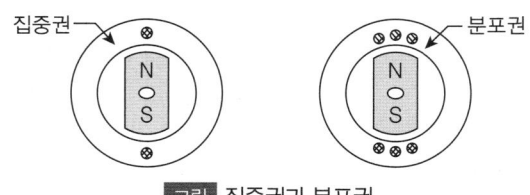

그림 집중권과 분포권

(3) **전절권과 단절권**
  ① **전절권**: 코일의 간격을 자극의 간격과 동일하도록 감는 권선법
  ② **단절권**: 동기기에 주로 사용하는 방식으로 코일의 간격을 자극의 간격보다 작게 하는 권선법
   • 특정 고조파를 제거하여 파형이 좋아진다.

• 권선단의 길이가 단축되어 동량이 적게 사용된다.

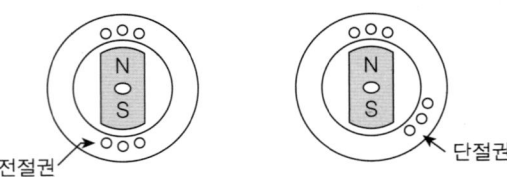

그림 전절권과 단절권

(4) 권선 계수(K_ω): 분포권 계수와 단절권 계수의 곱($K_\omega = K_d \times K_p$)

• **분포권 계수(K_d)**: 분포권을 사용하는 경우, 집중권에 비교하여 기전력이 감소하게 되고 감소 비율은 일반적으로 0.955 이상이 된다.

$$K_d = \frac{\sin\frac{\pi}{2m}}{q\sin\frac{\pi}{2mq}} \left(\text{단, } m: \text{상수, } q: \text{매극 매상의 슬롯수, } q = \frac{\text{전슬롯수}}{\text{극수} \times \text{상수}} \right)$$

n차 고조파가 포함된 경우 → $K_d = \dfrac{\sin\frac{n\pi}{2m}}{q\sin\frac{n\pi}{2mq}} < 1$

• **단절권 계수(K_p)**: 단절권을 채용하면 전절권에 비해 기전력이 감소하며, 그 감소 비율은 일반적으로 0.914 이상이 된다.

$$K_p = \sin\beta\frac{\pi}{2}, \left(\beta = \frac{\text{코일 간격}}{\text{극 간격}} \right)$$

n차 고조파가 포함된 경우 → $K_p = \sin\beta\dfrac{n\pi}{2} < 1$

핵심테마 실전문제

동기 발전기에서 권선단의 길이가 단축되어 동량이 적게 사용되고 특정 고조파 제거로 파형이 좋아지는 권선법은?

① 집중권　　　　　　　　　　② 단절권
③ 분포권　　　　　　　　　　④ 전절권

| 해설 | 단절권은 동기기에 주로 사용하는 방식으로 코일의 간격을 자극의 간격보다 작게 하는 권선법이다.

| 정답 | ②

테마 3　동기 발전의 이론

1 유기 기전력

패러데이의 전자유도법칙에 의한 기전력 실횻값
$E = 4.44K_\omega f n\phi$ [V] (단, f: 주파수[Hz], n: 권수, ϕ: 자속[Wb], K_ω: 권선계수)

2 전기자 반작용

전기자 전류가 생성하는 자기장이 계자 자기장에 영향을 주는 현상으로 전기자 자기장이 계자 자기장과 반대 방향으로 작용하여 전체 자속을 감소시킨다.

3 전기자 반작용의 구분

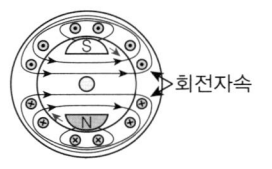
그림 교차자화작용

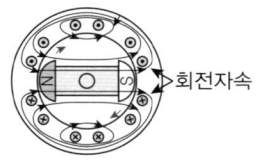
그림 감자작용

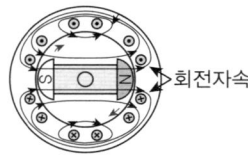
그림 증자작용

(1) **교차자화작용**: 동기 발전기에 저항 부하를 연결하면 기전력과 전류가 동위상이 된다. 이때 전기자 전류에 의한 기자력과 주자속이 직각이 되는 현상이다.
(2) **감자작용**: 동기 발전기에 리액터 부하를 연결하면 전류가 기전력보다 90° 늦은 위상이 된다. 전기자 전류에 의한 자속이 주자속을 감소시키는 방향으로 작용하여 유도기전력이 작아지는 현상이다.
(3) **증자작용**: 동기 발전기에 콘덴서 부하를 연결하면 전류가 기전력보다 90° 앞선 위상이 된다. 전기자 전류에 의한 자속이 주자속을 증가시키는 방향으로 작용하여 유도기전력이 증가하게 되는데, 이런 현상을 동기 발전기의 자기여자작용이라고도 한다.

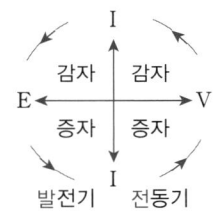
그림 동기 발전기 동기 전동기 특징

핵심테마 실전문제

동기 발전기에서 전기자 전류가 기전력보다 90°만큼 위상이 앞설 때의 전기자 반작용은?

① 교차자화작용 ② 증자작용
③ 감자작용 ④ 직축반작용

| 해설 | 전기자 전류가 기전력보다 90°만큼 앞선다면 증자작용이 된다. 반대로 뒤진다면 감자작용이 된다.

| 정답 | ②

4 동기 리액턴스

(1) **누설 리액턴스(x_l)**: 누설자속에 의해 발생하는 리액턴스
(2) **동기 리액턴스(x_s)**: 전기자 반작용 리액턴스(x_a)와 누설 리액턴스(x_l)의 합 $x_s = x_a + x_l$

(3) 동기 임피던스(Z_s): 전기자 저항과 동기 리액턴스의 합 $Z_s = r_a + jx_s$ (일반적으로 $Z_s ≒ jx_s$)

5 동기기의 전압변동률

부하가 가해지기 전 무부하 상태의 단자전압과 부하가 가해진 후의 부하 상태의 단자전압 간의 차이를 무부하 단자 전압으로 나눈 백분율로 표현되며 부하의 역률과 유형(유도성, 용량성 등)은 전압변동률에 영향을 준다.

(1) 전압변동률

$$\varepsilon = \frac{V_0 - V_n}{V_n} \times 100 [\%]$$

$V_n[V]$: 정격단자전압, $V_0[V]$: 정격출력에서 무부하 시 전압

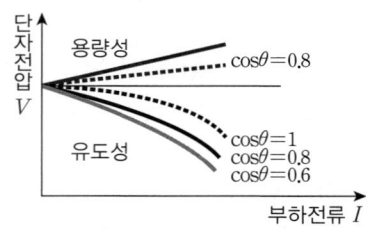

그림 전압변동률

(2) 유도 부하의 경우 전압변동률: $+ (\because V_0 > V_n)$
(3) 용량 부하의 경우 전압변동률: $- (\because V_0 < V_n)$

핵심테마 실전문제

동기기에서 동기 리액턴스가 커지면 동작 특성이 어떻게 되는가?
① 전압변동률이 커지고 병렬 운전 시 동기 출력이 작아진다.
② 전압변동률이 커지고 병렬 운전 시 동기 출력이 커진다.
③ 전압변동률이 작아지고 지속 단락 전류가 감소한다.
④ 전압변동률이 작아지고 지속 단락 전류가 증가한다.

| 해설 | 동기 리액턴스(동기 임피던스)가 커지면 단락비는 작아지고 전압변동률은 커진다. 또한 동기 출력은 동기 리액턴스에 반비례한다.

| 정답 | ①

6 동기 발전기의 출력

(1) 비돌극(원통)형 동기 발전기에서 V와 E 사이의 각 δ를 부하각이라 하며, 전기자 저항은 매우 작은 값으로 ($Z_s ≒ x_s$)가 되어 한 상의 출력은 다음과 같은 식이 된다.

$$P = \frac{EV}{Z_s} \sin\delta = \frac{EV}{x_s} \sin\delta [W]$$

(2) 비돌극기(원통기)의 출력은 $\delta = 90°$에서 최대, 돌극기(철극기)는 $\delta = 60°$에서 출력이 최대이다.

핵심테마 실전문제

돌극(철극) 회전자를 가진 동기 발전기는 부하각 δ가 몇 도일 때 최대 출력을 낼 수 있는가?

① 0° ② 30°
③ 90° ④ 60°

| 해설 | 돌극(철극)의 출력은 부하각 $\delta=60°$에서 최대가 된다.

| 정답 | ④

7 동기 발전기의 특성

(1) 무부하 포화 곡선

무부하 포화 곡선은 동기 발전기의 계자 전류(I_f)와 단자전압(E) 간의 관계를 나타내는 곡선으로 전압이 낮은 부분에서는 유도기전력이 계자 전류에 정비례하여 증가하지만, 전압이 높아져서 철심의 자기포화 때문에 전압의 상승 비율은 매우 완만해진다.

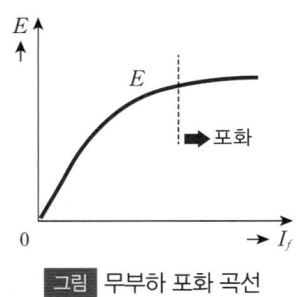

[그림] 무부하 포화 곡선

(2) 3상 단락 곡선

① 동기 발전기의 모든 단자를 단락시키고 정격속도로 운전할 때 계자 전류와 단락 전류와의 관계 곡선

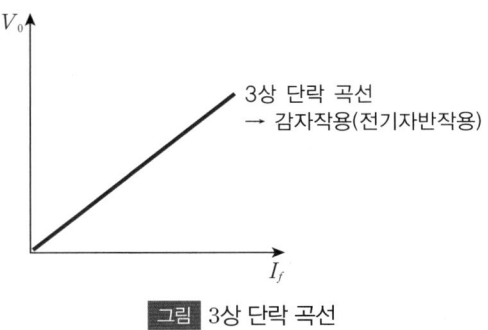

[그림] 3상 단락 곡선

핵심테마 실전문제

전기자 반작용으로 3상 단락 곡선이 직선이 되는 기기는?
① 동기기 ② 유도기
③ 변압기 ④ 직류기

| 해설 | 동기기는 전기자 반작용에 의해 철심이 자기포화되지 않기 때문에 단락 곡선이 직선이 된다.

| 정답 | ①

(3) 단락비
① 부하측을 단락했을 때와 개방했을 때, 각각 정격전류와 정격전압을 가지게 하는 계자전류의 비

$$K_s = \frac{단락전류}{정격전류} = \frac{I_s}{I_n} = \frac{100}{\%Z_s} \ (\%Z: \%임피던스)$$

② 시험
- 무부하 포화 시험(개방시험): 철손, 단락비
- 3ϕ 단락시험: 동손, 동기임피던스, 단락비

(4) 단락비와 발전기 특성 관계

단락비가 큰 동기기(철기계)	단락비가 작은 동기기(동기계)
전기자 반작용이 작다.	전기자 반작용이 크다.
공극이 크고 계자 자속이 크다.	공극이 좁고 계자 자속이 작다.
동일 정격에 대하여 동기 임피던스가 작다.	동기 임피던스가 크다.
전압변동률이 작다.(안정도가 좋다.)	전압변동률이 크다.(안정도가 나쁘다.)
중량이 무겁고 가격이 고가이다.	중량이 가볍고 재료가 적게 들어 저렴하다.
부하 내량 및 충전 용량이 크다.	계자의 동과 철을 절약하여 설계할 수 있다.

(5) 단락 전류의 종류
① 돌발 단락 전류: 동기 발전기를 갑자기 단락시켰을 때 흐르는 단락 전류
② 지속 단락 전류: 동기 발전기를 단락시킨 후 시간이 지나 단락 전류의 크기가 일정한 전류

8 동기 발전기의 운전

(1) 동기 발전기의 병렬 운전
① 두 대 이상의 동기 발전기를 동시에 모선에 접속하여 부하에 전력을 공급하는 방식
② 병렬 운전조건
- 기전력의 크기가 같을 것
- 기전력의 위상이 같을 것
- 기전력의 주파수가 같을 것
- 기전력의 파형이 같을 것

(2) 동기 발전기의 안정도 향상 대책
① 과도 리액턴스는 작게 하고 단락비를 크게 한다.
② 관성을 크게 하거나 플라이휠 효과를 크게 한다.

③ 자동전압조정기의 속응도를 크게 한다.
④ 영상 및 역상 임피던스를 크게 한다.

(3) 동기 이탈과 난조 방지 대책
① 난조: 부하가 급변하는 경우 발전기의 회전수가 동기속도 부근에서 진동하는 현상이다.
② 방지 대책: 제동권선 또는 플라이휠을 설치한다.

9 동기 전동기

(1) 동기 전동기의 원리 및 구조
① 영구자석을 회전자로 사용하며, 회전자의 자극 가까이에 배치된 권선형 전자석을 통해 구동된다. 전자석에 전류가 흐르면 회전자와 상호 작용하여 회전자가 동기속도로 회전하는 원리이다.

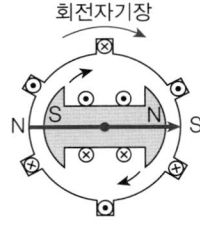

그림 동기 전동기

② 동기 전동기의 장점
- 역률 1로 운전이 가능하다.
- 필요 시 지상, 진상으로 변환이 가능하다.
- 정속도 전동기로 속도가 거의 불변이다.
- 타 기기에 비해 효율이 양호하다.

③ 동기 전동기의 단점
- 기동토크가 없어서 기동장치가 필요하다.
- 구조가 복잡하고 가격이 높다.
- 속도 조정이 어렵다.
- 난조가 일어나기 쉽다.

(2) 동기 전동기의 특성
① 회전 속도
동기 발전기의 교류주파수에 의해 만들어진 회전자기장 속도 N_s와 같은 속도로 회전한다.

$$N = N_s = \frac{120f}{p} [\text{rpm}]$$

② 동기 전동기의 기동법
- **자기 기동법**: 회전자의 제동권선을 이용하여 기동 토크를 발생시켜 기동하는 방식이다.
- **타 전동기 기동법**: 기동용 전동기로 유도 전동기를 이용하여 기동하는 방법으로 동기 전동기에 비해 2극 적은 전동기를 선정한다.

③ 위상 특성 곡선(V 곡선)
동기 전동기의 단자전압을 일정하게 유지할 때 전기자 전류(I_a)와 계자 전류(I_f)의 관계를 나타낸 곡선이다.

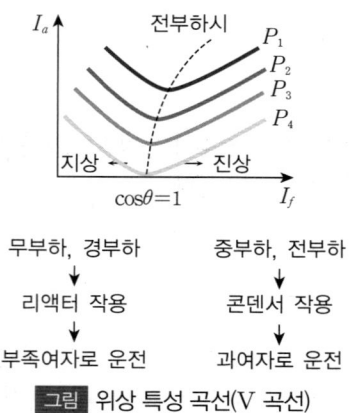

그림 위상 특성 곡선(V 곡선)

- 여자가 약할 때(부족여자): I가 V보다 지상(뒤짐)
- 여자가 강할 때(과여자): I가 V보다 진상(앞섬)
- 여자가 적합할 때: I와 V가 동위상이 되어 역률이 $100[\%]$

(3) 동기 조상기

① 기능

무효 전력을 조절하고 전력망의 전압을 안정적으로 유지하기 위해 사용되는 동기 기계이다. 외형은 동기 발전기와 유사하지만, 전력을 공급하지 않고 대신 무효 전력의 크기를 조정하여 전압 조정 및 역률을 개선하는 역할을 한다.

② **부족여자 운전**: 지상 무효 전류가 증가하여 리액터 역할로 자기 여자에 의한 전압 상승을 방지한다.

③ **과여자 운전**: 진상 무효 전류가 증가하여 콘덴서 역할로 역률을 개선하고 전압강하를 감소시킨다.

핵심문제 — 테마 10 | 동기기

01
동기 발전기의 회전자 구조로서, 자극을 회전시키고 전기자를 고정하는 방식의 장점으로 옳은 것은?

① 전기자 전류가 고속 회전에 적합하다.
② 큰 전류를 슬립링으로 전달할 수 있다.
③ 고정자에 직접 전력을 취득할 수 있어 대용량에 적합하다.
④ 정류자가 있어 직류 출력이 가능하다.

| 해설 |
동기 발전기에서 사용하는 회전계자형 구조는 슬립링을 통해 소전류의 계자전류만 회전부에 공급하면 되므로 효율적이다. 출력은 고정된 전기자에서 직접 취득할 수 있어 대용량 발전기에 적합하다.

| 정답 | ③

02
다음 중 동기기의 전기자 권선법이 아닌 것은?

① 전절권
② 분포권
③ 중권
④ 2층권

| 해설 |
동기기의 전기자 권선법
- 2층권
- 중권
- 분포권
- 단절권

| 정답 | ①

03
동기 발전기에서 전기자 권선에 분포권과 단절권을 사용하는 주요 목적은?

① 자속을 감소시키기 위해
② 고조파 제거 및 파형 개선을 위해
③ 권선량을 증가시키기 위해
④ 계자 전류를 감소시키기 위해

| 해설 |
- 분포권: 슬롯에 권선을 나누어 감아 기전력 파형을 개선하고 누설 리액턴스를 감소시킴
- 단절권: 코일 간격을 줄여 특정 고조파 성분을 제거하고 파형을 개선함

| 정답 | ②

04
동기 발전기에서 무부하 상태일 때 계자 전류와 단자전압의 관계를 나타내는 곡선은?

① 단락 곡선
② 전압변동률 곡선
③ 부하각 곡선
④ 무부하 포화 곡선

| 해설 |
무부하 포화 곡선
계자 전류와 무부하 단자전압 관계를 나타내는 곡선

| 정답 | ④

05

동기 발전기의 부하각 δ가 0°일 때, 출력은 어떤가?

① 최대
② 최소
③ 0
④ 정격 출력

| 해설 |

출력 $P = \dfrac{EV}{X_s}\sin\delta$에서 부하각 δ가 0°이면 $\sin 0° = 0$이므로 출력도 0이다.

| 정답 | ③

06

동기 발전기의 단락비가 크다는 것은 어떤 특성을 의미하는가?

① 전기자 반작용이 크다.
② 동기 임피던스가 크다.
③ 전압변동률이 작다.
④ 기기의 효율이 낮다.

| 해설 |

단락비 $K = \dfrac{100}{\%Z_s}$에서 단락비가 크면, 임피던스가 낮고, 전압변동률이 작다. 또한, 전기자 반작용이 작고, 병렬 운전 시 안정성이 높아진다.

| 정답 | ③

07

동기 발전기 병렬 운전 조건으로 옳지 않은 것은?

① 기전력의 크기가 같을 것
② 기전력의 위상이 같을 것
③ 계자 전류가 동일할 것
④ 기전력의 주파수가 같을 것

| 해설 |

동기 발전기의 병렬 운전 조건
- 기전력의 크기가 같을 것
- 기전력의 위상이 같을 것
- 기전력의 주파수가 같을 것
- 기전력의 파형이 같을 것

| 정답 | ③

08

동기 전동기의 위상 특성 곡선(V 곡선)에서 전기자 전류가 최소가 되는 지점은 어떤 운전 상태인가?

① 동기 전동기 진상 운전
② 동기 전동기 정전압 운전
③ 동기 전동기 정격 운전
④ 동기 전동기 역률 1 운전

| 해설 |

V 곡선은 전기자 전류와 계자 전류의 관계를 나타낸 곡선이다. 전기자 전류가 가장 작을 때는 역률이 1인 지점인 정격 역률 운전 시이다. 과여자 시 진상, 부족여자 시 지상 역률이다.

| 정답 | ④

09

동기 조상기의 주된 기능은?

① 역률 개선
② 전기자 반작용 방지
③ 유도 전류 생성
④ 회전자계 형성

| 해설 |

동기 조상기

동기 전동기를 무부하 운전시켜 역률 개선 장치로 사용한다. 계자전류를 조절하여 진상 전류 공급이 가능하다. 주된 기능은 무효 전력을 조절하여 전체 부하의 역률을 개선한다.

| 정답 | ①

10

동기 발전기를 병렬 운전할 때 위상이 다르면 어떤 현상이 발생하는가?

① 전류 불평형이 발생한다.
② 전압이 상승한다.
③ 기기가 정지한다.
④ 순환 전류가 흐른다.

| 해설 |

동기 발전기의 병렬 운전 조건
- 기전력의 크기가 같을 것
- 기전력의 위상이 같을 것 → 위상이 다르면 위상차로 인해 큰 순환 전류가 흐른다.
- 기전력의 주파수가 같을 것
- 기전력의 파형이 같을 것

| 정답 | ④

2과목 | 전기기기

11 정류기 및 제어기기

테마 1 반도체 소자의 종류

1 반도체
도체와 절연체의 중간 특성을 갖는 물체로 온도 상승에 따른 부(−)의 특성을 갖는다.

2 진성 반도체
실리콘(Si)이나 게르마늄(Ge) 등과 같이 불순물이 함유되지 않은 반도체이다.

3 불순물 반도체
진성 반도체에 특정 불순물을 의도적으로 도핑하여 전기적 특성을 조절한 반도체이다. 첨가된 불순물에 의해 다수 캐리어(전하 운반자)가 과잉 생성되며, 이들이 전류 흐름을 주도한다.
(1) N형 반도체(도너): 많은 전도전자를 생성하기 위해 진성 반도체에 5가 원소인 인(P), 비소(As), 안티몬(Sb), 비스무트(Bi) 등을 섞어 만든 반도체이다.
(2) P형 반도체(억셉터): 많은 정공을 생성하기 위해 진성 반도체에 3가 원소인 붕소(B), 알루미늄(Al), 갈륨(Ga), 인듐(In) 등을 섞어 만든 반도체이다.

4 PN 접합에 의한 정류 효과
P형 반도체의 단자를 애노드, N형 반도체의 단자를 캐소드라고 하며, 애노드에서 캐소드로 N형 반도체 쪽은 양(+)으로, P형 반도체 쪽은 음(−)으로 대전되어 있기 때문에 내부에 전기장이 발생한다. 외부에서 공급된 전압의 방향에 따라 전류의 흐름을 조절하는 정류 특성을 가지며, 이는 교류(AC)를 직류(DC)로 변환하는 역할을 한다.

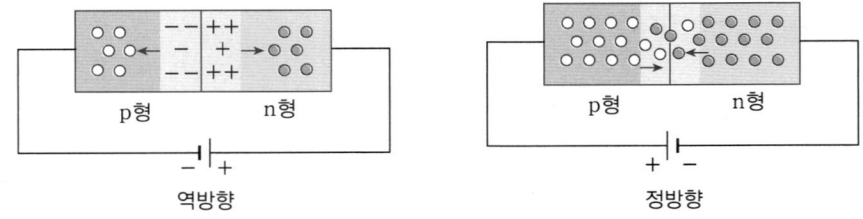

그림 PN 접합에 의한 정류 효과

5 다이오드
전류를 한쪽 방향으로 흘리는 반도체 부품으로 PN 접합 반도체이다.

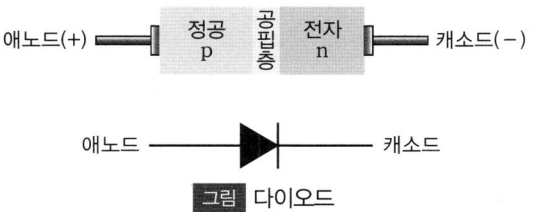

그림 다이오드

테마 2 전력용 반도체 소자와 특징

소자	기호	특징
다이오드	A(양극/애노드) — K(음극/캐소드)	정류작용(AC → DC) 직렬 연결(과전압 보호) 병렬 연결(대전류 보호)
SCR	A, K, G(게이트)	단방향(역저지) 3단자 위상제어(0~180°)
GTO	A, K, G(게이트)	단방향(역저지) 3단자 자기소호 기능(on, off)
SCS	A, K, G(게이트)	단방향(역저지) 4단자
발광다이오드(LED)		디지털 계측기나 탁상 계산기 숫자 등에 사용
황화카드뮴(CdS)	Photoresistor	자동점멸기, 광통신회로 빛을 많이 받을수록 전자 증가(저항 감소)
DIAC	T_1, T_2	양방향 2단자
TRIAC	T_1, T_2, G	양방향 3단자 on/off 가능
IGBT	G, C, E	대전류·고전압
배리스터		피뢰침, 접점의 불꽃 소거용
제너다이오드		전압을 일정하게 유지(정전압 회로)

테마 3 정류회로 및 특성

인가된 전압의 방향에 따라 전류의 흐름을 제한하는 특성

1 단상 반파 정류회로

(1) 입력 전압의 (+)반주기(순방향 전압)만 통전하여 반파만 출력

(2) 출력 전압(E_d)은 사인파 교류 평균값의 $\frac{1}{2}$이 된다.

(3) 정류 후 반주기 동안 맥동이 발생한다.

$$E_d = \frac{1}{2\pi}\int_0^\pi \sqrt{2}E\sin\theta d\theta = \frac{\sqrt{2}E}{\pi} = 0.45E[V]$$

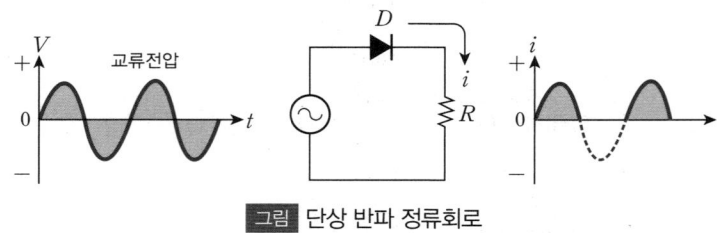

[그림] 단상 반파 정류회로

2 단상 전파 정류회로

(1) 변압기 중간탭 전파 정류

반파정류의 기준을 중간탭으로 하는 배치 방식으로 입력 전압의 (+)반주기는 D_1과 중간 탭, (−)반주기는 D_2와 중간탭의 전파 정류 전압이 출력

(2) 브리지 정류의 입력 전압의 (+)반주기 동안에는 D_1 부하(+, −), D_4로 통전하고, (−)반주기 동안에는 D_3 부하(+, −), D_2을 통전하여 전파 정류 전압이 출력

(3) 정류 후 도통 시간 동안 맥동이 발생한다.

[그림] 브리지 정류

$$E_d = 2 \times \frac{1}{2\pi}\int_0^\pi \sqrt{2}E\sin\theta d\theta = \frac{2\sqrt{2}E}{\pi} = 0.9E[V]$$

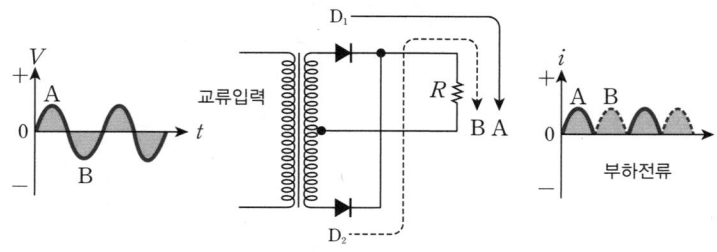

[그림] 중간탭 정류

3 3상 반파 정류회로

120도 간격으로 발생하는 3상 교류를 중성점 기준으로 정류하는 방식으로 단상 정류보다 리플 발생이 감소하여 고조파성분이 감소한다.

(1) 직류 전압 및 전류의 평균값

$$E_d = 1.17E[\text{V}], \quad I = 1.17\frac{E}{R}[\text{A}]$$

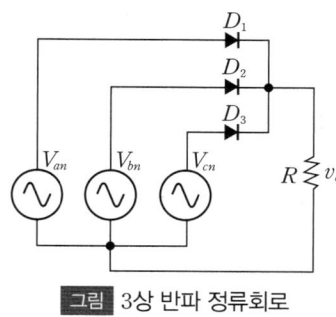

그림 3상 반파 정류회로

4 3상 전파 정류회로

120도 간격으로 발생하는 3상 교류를 선간 기준으로 정류하는 방식으로 단상 정류보다 리플 발생이 감소하여 고조파성분이 감소한다.

(1) 3상 전파 정류된 직류 전압 및 전류의 평균값

$$E_d = 1.35E[\text{V}]$$

$$I = 1.35\frac{E}{R}[\text{A}]$$

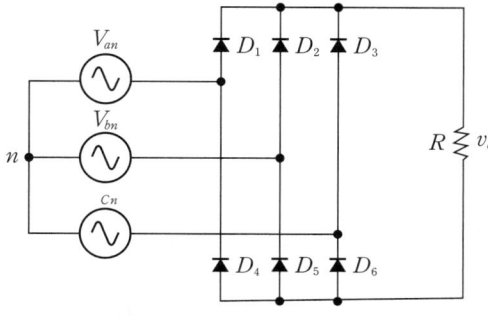

그림 3상 전파 다이오드 정류기 회로

5 맥동률

(1) 교류(AC)를 직류(DC)로 변환하는 정류 과정 이후 직류 전압이나 전류에 남아 있는 잔여 파형의 비율

$$\text{맥동률}[\%] = \frac{\text{맥동전압의 실횻값}}{\text{평균 직류전압}} \times 100$$

(2) 맥동률이 작을수록 직류의 품질이 좋다.
(3) 정류회로 중 3상 전파 정류회로가 맥동률(리플률)이 가장 작다.

6 정류 회로별 특성 비교

구분	직류 출력[V]	맥동 주파수[Hz]	효율[%]	맥동률[%]
단상반파	$E_d = 0.45E$	f	40.5	121
단상전파	$E_d = 0.9E$	$2f$	81.1	48
3상 반파	$E_d = 1.17E$	$3f$	96.7	18
3상 전파	$E_d = 1.35E$	$6f$	99.8	4

테마 4 사이리스터(SCR, Silicon Controlled Rectifier)

1 특성

PNPN의 4층 구조로 된 소자로 양극(Anode), 음극(Cathode) 및 게이트(Gate)의 3개의 단자를 가지고 있다. 통전 운전(turn-on)은 게이트에 전류를 통과시키면 양극과 음극 간이 도통되어 큰 전력을 제어할 수 있다.

2 용도

교류의 위상 제어를 필요로 하는 조광 장치, 전동기의 속도 제어에 사용된다.

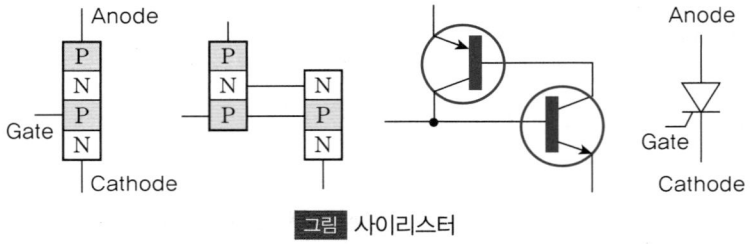

그림 사이리스터

3 동작 원리

(1) 위상각이 되는 점에서 SCR의 게이트에 트리거 펄스(turn-on)를 가해 주면 그때부터 SCR은 통전 상태가 되고, 직류 전류 i_d가 흐르기 시작한다.
(2) $\theta = \pi$에서 전압이 음(−)으로 되면, SCR에는 역으로 전류가 흐를 수 없어서 이때부터 SCR은 소호(turn-off)
(3) 다음 주기의 전압이 양(+)으로 되고, 게이트에 트리거 펄스(turn-on)를 가하기 전까지는 직류측 전압은 발생하지 않는다.

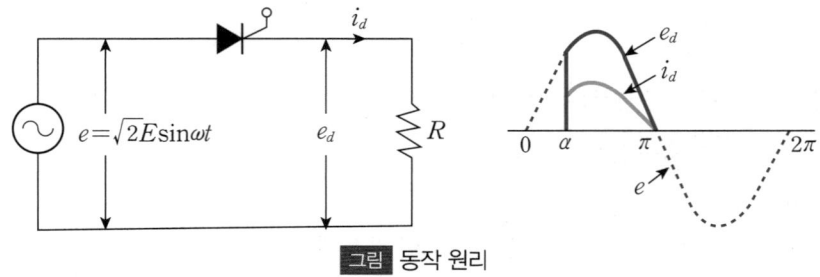

그림 동작 원리

(4) 사이리스터의 정류회로(점호각 제어)
게이트에 의하여 점호 시간에 따라 제어할 수 있으므로 단순히 교류를 직류로 변환할 뿐만 아니라, 출력 전압을 제어 가능하다.

① 단상 반파 정류회로

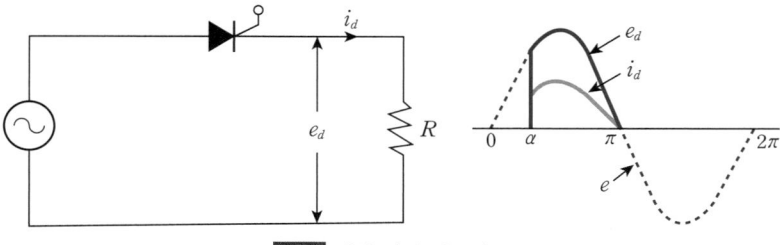

그림 단상 반파 정류회로

$$E_d = \frac{\sqrt{2}E}{\pi}\left(\frac{1+\cos\alpha}{2}\right) = 0.45E\left(\frac{1+\cos\alpha}{2}\right)$$

② 단상 전파 정류회로

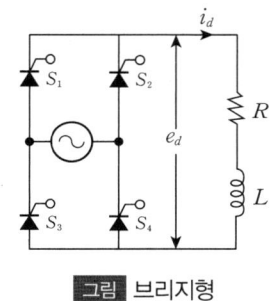

그림 브리지형

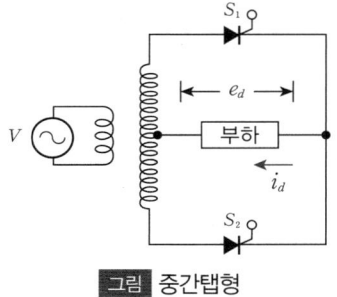

그림 중간탭형

- 저항만의 회로
$$E_d = \frac{\sqrt{2}E}{\pi}(1+\cos\alpha) = 0.9E\left(\frac{1+\cos\alpha}{2}\right)$$

- 유도성 부하
$$E_d = \frac{2\sqrt{2}E}{\pi}\cos\alpha = 0.9E\cos\alpha$$

③ 3상 반파정류 회로

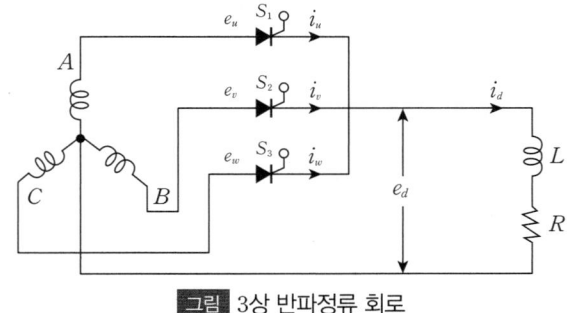

그림 3상 반파정류 회로

$$E_d = \frac{3\sqrt{6}}{2\pi}E\cos\alpha = 1.17E\cos\alpha \text{(유도성부하)}$$

④ 3상 전파 정류회로

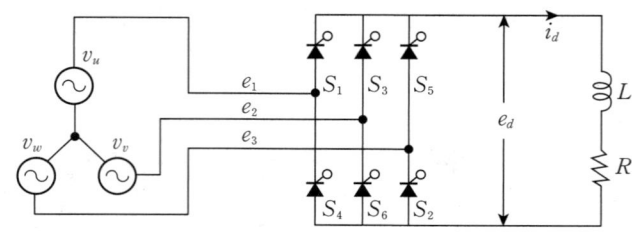

그림 3상 전파 정류회로

$$E_d = \frac{3\sqrt{2}}{\pi} E\cos\alpha = 1.35 E\cos\alpha \text{(유도성부하)}$$

4 제어기 및 제어장치

(1) 교류변환장치(AC-AC, 순변환 장치)
① 주파수의 변화는 없이 전압의 크기만을 바꾸는 전력 제어장치
② 사이리스터의 제어각 α를 변화 시 부하에 걸리는 전압의 크기를 제어
③ 전동기의 속도제어, 전등의 조광용으로 쓰이는 디머(Dimmer), 전기담요, 전기밥솥 등의 온도 조절 장치로 많이 이용되고 있다.

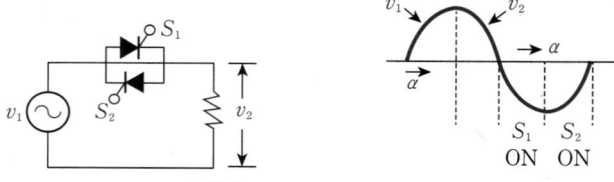

그림 단상 교류 전력 제어

(2) 사이클로 컨버터(AC-AC, 교류 변환)
① 주파수 및 전압의 크기까지 바꿔주는 교류-교류 전력제어 장치이다.
② 주파수 변환 방식에 따라 직접식과 간접식이 있다.
- **간접식**: 정류기와 인버터를 결합해 변환하는 방식이다.
- **직접식**: 교류에서 직접 교류로 변환시키는 방식으로, 사이클로 컨버터라고 한다.

(3) 인버터(DC-AC, 역변환 장치) 직류를 교류로 변환하는 장치이다.
① 직류를 교류로 변환하는 장치를 인버터(Inverter) 또는 역변환 장치라고 한다.
② 종류
- 단상 인버터
- 3상 인버터: 전류형 전압형, 전류형 인버터

핵심문제 테마 11 | 정류기 및 제어기기

01
다음 중 PN 접합 다이오드의 주요 기능은 무엇인가?

① 전압 증폭
② 전류 제한
③ 정류 작용
④ 전압 차단

| 해설 |
PN 접합 다이오드
P형과 N형 반도체가 접합된 구조로 한 방향으로만 전류가 흐르게 한다. 이 특성을 정류 작용이라 하며, 교류 → 직류 변환 회로에 주로 사용된다.

| 정답 | ③

02
양방향성 3단자 사이리스터의 대표적인 것은?

① SCR
② TRIAC
③ DIAC
④ SSS

| 해설 |
트라이악(TRIAC)
양방향성 3단자 소자로 교류 전력 제어에 적합하다.
SCR(실리콘 제어 정류기): 단방향성 3단자 소자
DIAC: 양방향성 2단자 소자
SSS: 양방향성 2단자 소자

| 정답 | ②

03
다음 중 정류 회로 중에서 가장 낮은 맥동률을 가지는 것은?

① 단상 반파 정류회로
② 단상 전파 정류회로
③ 3상 반파 정류회로
④ 3상 전파 정류회로

| 해설 |
맥동률은 직류 출력에서의 불순도로, 맥동률이 작을수록 직류 품질이 우수하다. 가장 작은 맥동률을 가지는 정류 회로는 3상 전파 정류 회로이다.(약 4%)

| 정답 | ④

04

전력용 반도체 소자 중 자기소호 기능이 있어 외부 소호 회로가 필요 없는 것은?

① SCR
② GTO
③ DIAC
④ IGBT

| 해설 |

GTO(Gate Turn-Off thyristor)
게이트에 신호를 주면 턴온되고 다시 게이트로 오프를 주면 꺼지는 반도체 소자이다. SCR은 외부 소호가 필요한 반면, GTO는 자기 소호가 가능하다.

| 정답 | ②

05

인버터의 기본적인 기능은 무엇인가?

① 직류 전압을 낮추는 것
② 교류를 직류로 바꾸는 것
③ 직류를 교류로 바꾸는 것
④ 전류를 정류하는 것

| 해설 |

- 인버터: 직류를 교류로 변환
- 컨버터: 교류를 직류로 변환
- 사이클로 컨버터: 교류를 다른 주파수의 교류로 변환

| 정답 | ③

06

사이클로 컨버터의 설명으로 옳은 것은?

① 직류를 교류로 바꾼다.
② 전압만 조절하는 장치다.
③ 교류를 주파수 변환하여 교류로 만든다.
④ 정전압 회로에 사용된다.

| 해설 |

- 사이클로 컨버터: 교류를 다른 주파수의 교류로 변환
- 인버터: 직류를 교류로 변환
- 컨버터: 교류를 직류로 변환

| 정답 | ③

07

60[Hz] 3상 반파 정류회로의 맥동 주파수는?

① 60[Hz]
② 120[Hz]
③ 180[Hz]
④ 360[Hz]

| 해설 |

3상 반파 정류회로의 맥동 주파수
$f_{ripple}=3f=3\times60=180[Hz]$

| 정답 | ③

12 보호계전기

3과목 | 전기설비

핵심테마 이론

테마 1 보호계전기의 종류 및 특성

1 보호계전기의 종류

(1) 과전류 계전기(OCR): 전류가 설정된 값을 초과했을 때 동작하는 계전기
(2) 과전압 계전기(OVR): 전압이 허용 범위를 초과했을 때 동작하는 계전기
(3) 부족 전압 계전기(UVR): 전압이 설정된 기준치보다 낮아질 경우 동작하는 계전기
(4) 비율차동 계전기(RDFR): 변압기, 발전기의 내부 고장 보호용 계전기
(5) 선택 단락 계전기(SSR): 병행 2회선 중에 고장이 발생한 회선을 선택하는 계전기
(6) 거리 계전기(ZR): 계전기 설치 위치에서 고장점까지의 전기적 거리에 비례하여 일정한 시간 후 동작하는 한시 계전기
(7) 단락 방향 계전기(DSR): 교류회로에 일정 값 이상의 단락전류가 특정 방향으로 흘렀을 때 동작
(8) 지락 과전류 계전기(OCGR): 지락 사고를 감지하고 보호 기능을 수행하는 계전기
(9) 지락 과전압 계전기(OVGR): 지락 사고 시 발생하는 영상전압 크기에 맞춘 과전압 계전기
(10) 지락 방향 계전기(SGR, DGR): 지락 과전류 계전기에 전류와 전압의 위상 관계를 분석하는 기능을 추가하여, 고장이 발생한 방향을 정확히 식별할 수 있도록 설계된 계전기

2 동작 시한에 의한 분류

(1) 순한시 계전기: 일정한 값 이상일 경우 즉시 동작(보통 0.3[초]), 고속도인 경우 0.5~2[Hz]에서 동작
(2) 정한시 계전기: 입력치에 관계없이 일정 시간 후 동작하는 것
(3) 반한시 계전기: 입력치의 증감에 따라 동작 속도가 반대로 동작하는 계전기(입력이 클 때: 신속 차단, 입력량이 적을 때: 정한시 차단)
(4) 반한시-정한시 계전기: 입력치의 일정 범위까지는 반한시 특성을, 그 이상이 되면 정한시 특성을 가지는 것

3 보호계전기의 동작 원리

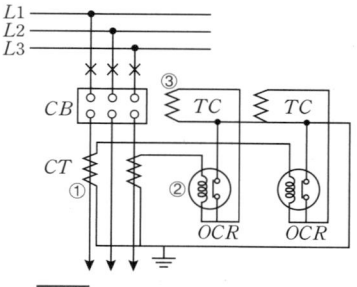

그림 보호계전기의 동작 원리

(1) 동작 원리
- 차단기 2차측 전류를 감지하는 ①(CT(변류기)의 1차 권선)에 전류가 흐르면 자기장 형성
- ②(CT 2차 권선)에도 권선비에 따라 전류가 발생
- 만약 CB 2차측 전로에서 고장 발생 시 고장 전류가 크게 발생하여 CT를 통해 OCR(과전류 계전기)이 감지
- OCR 코일에 동작하여 내부의 접점을 동작
- ③(트립코일(Trip Coil)) 측 회로가 닫히면 CB 차단신호를 발생 차단

핵심테마 실전문제

전류가 설정된 값을 초과했을 때 동작하는 계전기는?
① OCR   ② OVR   ③ UVR   ④ GR

| 해설 |
- OCR: 과전류 계전기(정정값 이상의 전류가 흘렀을 때 동작)
- OVR: 과전압 계전기
- UVR: 부족 전압 계전기
- GR: 접지(지락) 계전기

| 정답 | ①

4 계전기의 보호협조

전력 시스템에서 여러 보호계전기가 체계적으로 상호 작용하도록 설정하여, 고장이 발생했을 때 정확한 위치에서만 신속히 작동하고 다른 구역에는 영향을 미치지 않도록 하는 것

(1) 보호협조가 바뀌거나 같을 경우의 영향
   ① 말단의 사고가 모선의 사고와 동일하게 다른 선로의 정전 파급 초래
   ② 사고점의 단락전류 등의 확대로 큰 사고 피해가 발생
   ③ 선로 복구에 장시간이 소요
   ④ 전체 공급선로의 공급신뢰도가 저하

(2) 보호협조의 단계
   ① 시간 설정: 계전기의 동작 시간을 계층적으로 조정하여 상위 계전기보다 하위 계전기가 우선 작동하도록 설정
   ② 전류 설정: 계전기의 동작 전류값을 설정하여 특정 고장 조건에서 작동하도록 조율
   ③ 동작 영역 조정: 각 계전기의 보호 범위를 정확히 정의하여 중복 작동을 최소화함

핵심문제 — 테마 12 | 보호계전기

01
정전압 상태에서 전류가 일정값 이상 흘렀을 때 동작하여 회로를 차단하는 계전기는?

① OVR
② UVR
③ OCR
④ ZR

| 해설 |
OCR(Over Current Relay, 과전류 계전기)
전류가 정정값을 초과하면 차단기 트립 신호를 주어 차단하는 보호장치

| 정답 | ③

02
계전기에서 '반한시 특성'이란 무엇을 의미하는가?

① 입력 전류가 클수록 동작 시간이 길어진다.
② 입력 전류와 무관하게 일정 시간 후 동작한다.
③ 입력 전류가 클수록 더 빨리 동작한다.
④ 입력 전압에 따라 역률이 바뀐다.

| 해설 |
반한시 특성은 입력 전류가 커질수록 동작 속도가 빨라지는 특성을 말한다. 보호계전기의 동작 정밀도를 높이기 위해 사용한다.

| 정답 | ③

03
다음 중 지락 사고의 방향까지 판단할 수 있도록 설계된 계전기는?

① GR
② OCGR
③ OVGR
④ DGR

| 해설 |
DGR(Directional Ground Relay, 지락 방향 계전기)
전압과 전류의 위상 관계를 분석하여 지락이 발생한 방향까지 판단하여 동작하는 계전기

| 정답 | ④

04
변압기 내부 고장 보호를 위해 가장 적절한 보호계전기는?

① 과전류 계전기
② 비율차동 계전기
③ 과전압 계전기
④ 부족전압 계전기

| 해설 |
비율차동 계전기
발전기, 변압기 등의 내부 고장 보호를 위한 전용 계전기이다. 내부 고장 발생 시, 변류기 1차와 2차 전류의 불일치로 동작한다.

| 정답 | ②

05

영상 변류기(ZCT)는 어떤 사고에 사용되는가?

① 단락 사고
② 과전압 사고
③ 지락 사고
④ 과전류 사고

| 해설 |
ZCT(영상 변류기)
3상 전류의 벡터합이 0이 아닌 상태인 지락 사고 발생 시 그 차이를 검출하여 동작한다. (영상 전류＝지락 전류)

| 정답 | ③

06

정전압 상태에서 정해진 시간 후 동작하는 계전기는?

① 정한시 과전류 계전기
② 반한시 과전류 계전기
③ 한시 부족전압 계전기
④ 방향성 지락 계전기

| 해설 |
정한시 계전기
입력치에 관계없이 정해진 시간 후에 동작하는 계전기

| 정답 | ①

07

다음 중 회로에 사용된 보호계전기의 약호와 명칭이 바르게 연결된 것은?

① OVR - 부족전압 계전기
② OCR - 과전류 계전기
③ GR - 고조파 계전기
④ UVR - 과전류 계전기

| 해설 |
OCR(과전류 계전기, Over Current Relay)
OVR(과전압 계전기, Over Voltage Relay)
UVR(부족전압 계전기, Under Voltage Relay)
GR(지락 계전기, Ground Relay)

| 정답 | ②

08

차단기(CB)의 트립코일은 어떤 기능을 수행하는가?

① 차단기 접점을 용접한다.
② 회로를 보호하여 전압을 유지시킨다.
③ 보호계전기의 신호를 받아 차단기를 개방한다.
④ 누설전류를 감지하여 접지를 시킨다.

| 해설 |
트립코일(TC)
트립코일은 차단기 내부에 장착된 전자석식 코일로, 보호계전기에서 고장을 검출하고 트립 신호 발생 시 트립코일에 전류가 흘러 차단기를 개방한다.

| 정답 | ③

핵심테마 이론 13 | 배선재료와 공구

3과목 | 전기설비

테마 1 전선 및 케이블

전선에는 강전류 전기의 전송을 목적으로 하는 가공전선로의 ACSR 등의 나전선, 절연물로 피복한 절연전선, 평형 도체 합성수지 절연전선 또는 절연물로 피복한 전기도체를 다시 보호 피복한 케이블, 캡타이어케이블이 있다.

1 전선의 식별

교류(AC) 도체		직류(DC) 도체	
상(분자)	색상	극	색상
L1	갈색	L+	적색
L2	흑색	L-	백색
L3	회색	중성선	청색
N	청색	N	청색
보호도체	녹색-노란색	보호도체	녹색-노란색

2 전선 및 케이블의 구비 조건

(1) 도전율이 높고, 허용 전류가 클 것
(2) 기계적 강도 및 가요성(유연성)이 클 것
(3) 내구성, 내열성, 내식성이 클 것
(4) 비중이 작고, 가벼울 것
(5) 고유저항과 전압 강하가 작을 것
(6) 시공 및 보수의 취급이 용이하고 가격이 저렴할 것

핵심테마 실전문제

다음 중 전선이 구비해야 될 조건으로 옳은 것은?
① 무거울 것
② 도전율이 작을 것
③ 내구성이 클 것
④ 전압강하가 클 것

| 해설 | 전선의 구비 조건
- 도전율이 크고, 고유저항은 작을 것
- 기계적 강도 및 가요성(유연성)이 풍부할 것
- 내구성이 클 것
- 비중이 작을 것
- 시공 및 보수의 취급이 용이할 것
- 다량으로 또는 경제적으로 구입할 수 있을 것

| 정답 | ③

테마 2 전선의 종류

1 나전선

피복이 없는 전선으로 옥내시설하는 저압전선에는 사용할 수 없다.

2 나전선 시설 가능 장소

(1) 애자사용 공사에 의해 전개된 곳
  ① 전기로 전선
  ② 전선의 피복 절연물이 부식하는 장소에 시설하는 전선
  ③ 취급자 이외의 자가 출입할 수 없도록 설비한 장소에 시설하는 전선
(2) 버스 덕트 공사에 의하여 시설하는 경우
(3) 라이팅 덕트 공사에 의하여 시설하는 경우

구분	나전선	절연전선(Wire)	케이블(Cable)
구조	경동선	도체, 단심도체, 절연체	선심, 시스(외장)

핵심테마 실전문제

나전선 등의 금속선에 속하지 않는 것은?
① 경동선(지름 22[mm] 이하의 것)
② 연동선
③ 동합금선(단면적 25[mm²] 이하의 것)
④ 경동알루미늄선(단면적 35[mm²] 이하의 것)

| 해설 | 경동선은 지름 12[mm] 이하의 것에 한한다.

| 정답 | ①

3 전선 중 가장 많이 사용되는 재료

(1) 옥외 전선: 알루미늄 전선
(2) 옥내 전선: 동선으로서 경동선과 연동선으로 분류
　① 경동선: 인장강도가 커서 주로 옥외용 전선으로 사용
　② 연동선: 전기저항이 낮고 유연성이 뛰어나 구부리기 쉬운 전선으로, 주로 옥내 배선에 사용

4 단선과 연선

(1) 단선
　① 단면이 원형인 1본의 도체
　② 크기는 직경 [mm], 단면적은 [mm²]로 표시
(2) 연선
　① 1본의 중심선 위에 6배수로 증가하면서 꼬아놓은 전선
　② 크기는 공칭 단면적[mm²]을 사용하며, 공칭 단면적은 아래와 같다.

IEC 전선 규격[mm²]										
1.5	2.5	4	6	10	16	25	35	50	70	95
120	150	185	240	300	400	500	630			

　③ 공칭 단면적은 전선의 실제 단면적과 반드시 같지는 않으며 전선의 굵기를 나타내는 호칭이며 실제 사용되는 단면적의 계산식은 아래와 같다.
　　총소선수: $N = 3n(n+1) + 1$
　　바깥지름: $D = (2n+1)d$
　　단면적: $S = sN = \dfrac{\pi d^2}{4} \times N = \dfrac{\pi D^2}{4}$
　　여기서, n: 층수(가운데 한 가닥은 층수에 포함하지 않는다.)
　　　　　d: 소선의 지름[mm]
　　　　　s: 소선의 단면적[mm²]

핵심테마 실전문제

전기 저항이 작고 가요성이 커서 옥내 배선에 많이 사용하는 전선은?
① 강심 알루미늄선 ② 단선
③ 경동선 ④ 연동선

| 해설 | • 경동선은 인장강도가 좋아 가공전선로에 많이 사용한다.
　　　• 연동선은 전기 저항이 적으며 가요성(유연성)이 좋아 주로 옥내 배선용으로 사용된다.

| 정답 | ④

핵심테마 실전문제

다음 중 소선의 지름이 1.6[mm], 소선의 수가 19인 경동연선의 바깥지름[mm]은?
① 11 ② 10
③ 9 ④ 8

| 해설 | 총 소선 수 $N=3n(n+1)+1=19$ 에서 $n=2$
　　　연선의 바깥지름 $D=(2n+1)d=(2\times 2+1)\times 1.6=8[mm]$

| 정답 | ④

5 절연전선

(1) 나전선을 고무, 면사 등으로 피복하거나 또는 에나멜들을 말아 절연을 보호한 전선
(2) 절연전선의 종류

배선용 비닐 절연전선	
NR	450/750[V] 일반용 단심 비닐절연전선
NF	450/750[V] 일반용 유연성 단심 비닐절연전선
NFI	300/500[V] 기기 배선용 유연성 단심 비닐절연 전선
HR	450/750[V] 이하 고무절연 전선
OW	옥외용 비닐절연전선
DV	인입용 비닐절연전선
FL	형광 방전등용 전선
N	네온 방전등용 전선
IV	600[V] 비닐절연전선
HIV	내열용 비닐절연전선
IC	600[V] 폴리에틸렌 절연전선

테마 3 케이블

지중에 시설한 절연전선은 토양의 열저항이나 전선 사이로 침투한 절연물 등으로 인해 전기적 부식(전식)이 일어난다. 이를 방지하기 위하여 도체와 절연체 사이에 반도전층이나 금속 시스를 설비한 것을 케이블이라 한다.

1 케이블 약호

약호	명칭
C	클로로플렌
V	비닐
E	폴리에틸렌
R	고무
B	부틸 고무
N	네온전선

2 케이블 종류

(1) 캡타이어 케이블

캡타이어 케이블은 주석 도금한 연동 연선을 종이테이프나 무명실로 감싼 후, 순고무 30% 이상의 고무 혼합물로 1차 피복하고, 추가로 고무 혼합물로 한 번 더 피복한 케이블이다.

① 구조 또는 고무질에 따른 분류
- 제1종: 표면 피복에 캡타이어의 고무로 피복한 것으로 전기공사에는 사용하지 않는다.
- 제2종: 캡타이어의 고무 피복이 제1종보다 고무 재질이 우수하다.
- 제3종: 캡타이어의 고무 피복 중간에 면포를 넣어서 강도를 보강하였다.
- 제4종: 제3종과 같고, 각 심선 사이를 고무로 채워서 보강하였다.

② 캡타이어 케이블의 심선 색에 따른 분류
- 단심: 검정
- 2심: 검정, 흰색
- 3심: 검정, 흰색, 빨강
- 4심: 검정, 흰색, 빨강, 녹색
- 5심: 검정, 흰색, 빨강, 녹색, 노랑

(2) 비닐외장 케이블
① 연화비닐수지를 주재료로 구성(원형, 평형, 동심원형)
② 심선의 색깔은 캡타이어 케이블과 동일

핵심테마 실전문제

0.6/1[kV] 비닐절연 비닐 시스 케이블의 약호는?
① DV　　　　　　　　　　　　　　② CV
③ VV　　　　　　　　　　　　　　④ MI

| 해설 |　• VV: 0.6/1[kV] 비닐절연 비닐 시스 케이블
　　　　• CV: 0.6/1[kV] 가교 폴리에틸렌 절연 비닐 시스 케이블
　　　　• DV: 인입용 비닐 절연전선
　　　　• MI: 미네랄 인슈레이션 케이블

| 정답 | ③

 핵심테마 실전문제

전선 약호가 CNCV−W인 케이블의 품명은?
① 동심 중성선 차수형 전력케이블
② 동심 중성선 수밀형 전력케이블
③ 동심 중성선 수밀형 저독성 난연 전력케이블
④ 동심 중성선 차수형 저독성 난연 전력케이블

| 해설 |　• CNCV−W: 동심 중성선 수밀형 전력케이블

| 정답 | ②

테마 4　허용전류

(1) 전선에 흐르는 전류로 인해 발생되는 줄열은 절연체의 절연을 약화한다. 허용전류란 전선에서 안전하게 흘릴 수 있는 전류의 한도를 말하며 주위 온도와 공사 방법에 따라 다르다.

구리도체의 공칭단면적[mm^2]	450/750[V] 일반용 단심 비닐 절연전선(NR) (도체허용온도 70[℃], 단상, 단위[A])	0.6/1 [kV] 가교 폴리에틸렌 절연 비닐시스 케이블(CV1) (도체허용온도 90[℃], 단상, 단위[A])
1.5	14.5	19
2.5	19.5	26
4	26	35
6	34	45
10	46	61

16	61	81
25	80	106
35	99	131
50	119	158
70	151	200
95	182	241
120	210	278

(2) 전선의 허용전류는 도체의 굵기, 연체 종류에 따른 허용온도, 배선공사 방식, 주위온도, 복수회로 집합에 따른 보정 등을 고려하여 결정한다.

테마 5 배선의 재료

1 개폐기

(1) 나이프 스위치
  ① 대리석이나 베크라이트판 위에 고정된 칼과 칼방이의 접촉에 의해 전류의 흐름을 제어
  ② 일반용은 사용할 수 없고 전기실과 같이 취급자만 관리하는 장소의 배전반이나 분전반에 사용

(2) 커버 나이프 스위치
  ① 나이프 스위치 앞면의 충전부를 커버로 덮는 구조로 전기회로의 이상 시 퓨즈가 용단되어 회로를 차단
  ② 옥내배선의 인입 또는 분기 개폐기로 사용되며 주로 전등, 전열 및 동력용의 인입 개폐기 또는 분기 개폐기용으로 사용

(3) 안전(세프티)
  ① 나이프 스위치를 금속제의 함 내부에 장치하고, 외부에서 핸들을 조작하여 개폐할 수 있도록 만든 것
  ② 전류계나 표시등을 부착한 것도 있으며, 전등과 전열기구 및 저압전동기의 주개폐기로 사용

(4) 전자 개폐기
  ① 전자석의 힘으로 개폐조작을 하는 전자 접속기와 과전류를 감지하기 위한 열동계기를 조합한 것
  ② 전동기의 자동조작, 원격조작에 이용

2 점멸스위치

(1) 가정용 전등에는 등기구마다 점멸 스위치를 전압측 전선에 설치하여야 한다. 만약 중성선에 설치할 경우 스위치를 개방시켜도 미세한 불빛이 남아 있는 잔광현상이 발생할 수 있다.

구분	개로의 경우	폐로의 경우
색별	녹색 또는 검정색	빨간색 또는 흰색
문자	개 또는 OFF	폐 또는 ON

표 점멸기 상태 표시

(2) 호텔 또는 여관 객실 입구에는 센서등(타임 스위치 포함)을 시설하여야 한다.
  ① 숙박업 객실의 입구등: 1분 이내 소등
  ② 주택 및 아파트 현관등: 3분

(3) 점멸 스위치의 종류
　① 텀블러 스위치(tumbler switch)
　　• 형식: 노브를 위아래로 움직여 점멸하는 스위치
　　• 종류: 벽이나 기둥 등에 시설한 박스 안에 설치하는 매입형과 벽이나 기둥 등의 바깥면에 직접 붙이는 노출형
　　• 타입: 단로 스위치, 3로 스위치, 4로 스위치
　② 로터리 스위치(Rotary switch)
　　• 형식: 회전 스위치라고도 하며, 노브를 좌우로 돌려서 개로나 폐로 또는 강약을 조절하여 점멸하는 스위치
　　• 특징: 저항선이나 전구를 직병렬로 접속을 변경하여 발열량 또는 광도를 조절
　③ 누름버튼 스위치
　　• 용도: 매입형 스위치로 원격조정 장치나 소세력 회로에 사용
　　• 특징: 2개의 단추가 있어서 단추 스위치라고도 하며 위의 것을 누르면 점등과 동시에 밑에 있는 빨간 단추가 튀어 올라오는 연동장치로 구성
　④ 캐노피 스위치
　　• 형식: 풀스위치의 한 종류로 조명기구의 캐노피 안에 스위치가 시설된 구조
　　• 특징: 당김줄은 황동제의 쇠사슬이나 베실(기기나 장비에서 테두리 또는 덮개 같은 부분) 등을 손잡이에 연결하여 사용
　⑤ 코드 스위치
　　• 형식: 전기기구의 코드 도중에 넣에 회로를 개폐하는 것으로 중간 스위치라고 불림
　　• 용도: 선풍기나 전기 스탠드 등에 사용
　⑥ 도어 스위치
　　• 형식 문에 달거나 문기둥에 매입하여 문을 열고 닫는 동작을 자동으로 개폐하는 스위치
　　• 용도: 도어 스위치를 창문, 출입문, 금고문 등에 달아 도난 경보기와 연계하여 사용
　⑦ 토글 스위치
　　• 형식: 노브를 상하로 움직여 점멸하는 스위치
　　• 특징: 노출형
　⑧ 리미터 스위치
　　• 형식: 접촉자에 물체가 닿으면 접점이 개폐되도록 되어 기계적 동작의 한계점에 위치시켜 접점을 개폐하는 스위치
　　• 용도: 컨베이어 벨트, 승강기, 수위 조절 등

핵심테마 실전문제

승강기의 문 조절에 사용되며 접촉자에 물체가 닿으면 접점이 개폐되도록 되어 있어 기계적 동작의 한계점에 위치시켜 접점을 개폐하는 스위치는?

① 리미터 스위치　　　　　　　　　　　② 누름 버튼 스위치
③ 토글 스위치　　　　　　　　　　　　④ 로터리 스위치

| 해설 | 접촉자에 물체가 닿으면 접점이 개폐되도록 되어 있어 기계적 동작의 한계점에 위치시켜 접점을 개폐하는 스위치는 리미터 스위치이다.

| 정답 | ①

핵심테마 실전문제

코드 상호 간 또는 캡타이어 케이블 상호 간을 접속하는 경우 가장 많이 사용되는 기구는?
① T형 접속기 ② 코드 접속기
③ 와이어 커넥터 ④ 박스용 커넥터

| 해설 | • T형 접속기: T자형으로 분기 접속 시 사용
　　　• 코드 접속기: 코드 상호 및 캡타이어 케이블 접속 시 사용
　　　• 와이어 커넥터: 단선의 종단 접속 및 쥐꼬리 접속 시 사용

| 정답 | ②

3 콘센트 및 플러그

(1) 콘센트

① 시설 조건: 전기 배선과 코드의 접속에 사용되는 기구로, 벽이나 기둥의 표면에 부착하는 노출형과 벽이나 기둥에 매입되는 매입형이 있다. 시설 조건은 다음과 같다.
- 콘센트는 꽂음형 또는 걸림형의 것을 사용할 것
- 일반적인 옥내 장소에 시설 시 바닥면상 이격거리는 약 30[cm] 높이를 유지
- 옥외나 옥측에 시설할 경우, 콘센트는 지상 1.5[m] 이상의 높이에 설치하고, 방수함에 넣거나 방수형 콘센트를 사용해야 한다.
- 욕실 내에 콘센트를 설치할 경우, 방수형 콘센트를 사용하고, 사람이 쉽게 접촉하지 않는 위치에 바닥에서 80[cm] 이상의 높이에 설치해야 한다.
- 전기세탁기용과 전기조리대용의 콘센트는 접지극이 부착된 것을 사용하거나 콘센트 박스에 접지용 단자가 있는 것을 사용할 것

② 종류
- **방수용 콘센트**: 물이 들어가지 않도록 마개를 덮을 수 있는 구조
- **플러그 콘센트**: 플로어 덕트 공사 및 기타에 사용하는 방바닥용 콘센트로 물이 들어가지 않도록 마개가 붙어 있음
- **턴 로크 콘센트**: 플러그가 빠지는 것을 방지하기 위하여 플러그를 끼우고 약 90° 돌려 두면 고정된다.

③ 각종 콘센트 심벌

기호	명칭	기호	명칭
(벽 부착)	벽 부착 콘센트	T	걸림형 콘센트
(천장 부착)	천장 부착 콘센트	E	접지극 붙이 콘센트
(바닥 부착)	바닥 부착 콘센트	ET	접지단자 붙이 콘센트
20A	20[A] 이상은 표기한다.	EL	누전차단기 붙이 콘센트
2	2개 이상은 표기한다.	WP	방수형 콘센트
3P	3극 이상은 표기한다.	EX	방폭형 콘센트
LK	빠짐 방지형 콘센트	H	의료용 콘센트
		(2구)	비상용 콘센트

(2) 플러그
① **코드 접속기**: 코드 상호 접속할 때 사용하며 플러그와 커넥터 바디로 구성
② **멀티탭**: 하나의 콘센트에 둘 이상의 기구를 연결 시 사용
③ **테이블 탭(익스텐션 코드)**: 코드 길이가 짧을 때 연장하여 사용
④ **아이언 플러그**: 전기다리미나 온탕기 등에 사용되는 플러그로, 코드의 한쪽 끝은 고정 플러그로 되어 있어 전원 콘센트에 연결되며, 반대쪽 끝은 아이언 플러그로 되어 있어 전기기구에 끼워서 사용

핵심테마 실전문제

하나의 콘센트에 둘 이상의 기구를 연결 시 사용할 수 있는 기구는?

① 코드 접속기 ② 아이언 플러그
③ 테이블 탭 ④ 멀티 탭

| 해설 | 멀티 탭은 여러 개의 콘센트를 꽂는 곳이 필요할 때 사용한다.

| 정답 | ④

4 소켓과 리셉터클

(1) 키소켓
    ① 용도: 전구를 끼우는 용도로 사용하며, 코드의 끝에 붙여 점멸장치인 키가 일체형으로 구성되어 별도의 개폐기가 불필요하다.
    ② 종류: 키리스 소켓, 누름단추 소켓, 방수용 소켓 풀 소켓 등이 있다.
(2) 키리스 소켓
    ① 특징: 전구를 끼울 수 있는 소켓으로 코드 끝에 연결
    ② 용도: 먼지가 많은 곳에 설치
(3) 리셉터클
    ① 용도: 코드 없이 천장이나 벽에 직접 붙이는 일종의 소켓으로 주로 천장조명이나 글로브 조명 시 안에 부착
    ② 특징: 전선을 접속할 때 전원 측 전선을 중심 접촉면에 접속

테마 6   과전류 차단기와 퓨즈

1 과전류 차단기

① 역할
    전기회로에 큰 사고 전류가 흘렀을 때 자동적으로 회로를 차단하는 장치로 배선용 차단기와 퓨즈가 있다. 배선 및 접속기기의 파손을 막고 전기화재를 예방한다.
② 과전류 차단기의 시설 금지 장소
    • 접지공사의 접지도체
    • 다선식 전로의 중성선
    • 변압기 중성점 접지공사를 한 저압 가공전선로의 접지측 전선
③ 과전류 차단기의 정격용량
    • 단상: 정격차단용량＝정격차단전압(V_n)×정격차단전류(I_s)
    • 3상: 정격차단용량＝$\sqrt{3}$×정격차단전압(V_n)×정격차단전류(I_s)
④ 과전류 차단기로 저압전로에 사용되는 배선용 차단기의 동작 특성
    • 산업용 배선용 차단기

정격전류의 구분	트립 동작시간	정격전류의 배수(모든 극에 통전)	
		부동작 전류	동작 전류
63[A] 이하	60분	1.05배	1.3배
63[A] 초과	120분	1.05배	1.3배

    • 주택용 배선용 차단기

정격전류의 구분	트립 동작시간	정격전류의 배수(모든 극에 통전)	
		부동작 전류	동작 전류
63[A] 이하	60분	1.13배	1.45배
63[A] 초과	120분	1.13배	1.45배

- 순시트립에 따른 구분

Type	순시트립 (I_n: 차단기 정격전류)
B	$3I_n$ 초과 ~ $5I_n$ 이하
C	$5I_n$ 초과 ~ $10I_n$ 이하
D	$10I_n$ 초과 ~ $20I_n$ 이하

⑤ 동작 방식에 의한 분류
- **열동식**: 바이메탈의 열에 대한 변화(변형) 특성을 이용하여 동작하는 것
- **전자식**: 전자석에 의해 동작하는 것으로 동작 시간이 길어진다.
- **디지털 보호식**: CT를 설치하여 CT 2차 전류를 연산하고 연산 결과에 의해 소전류 영역에서는 긴 시간, 대전류 영역에서는 짧은 시간, 단락전류 영역에서는 순시에 동작
- **열동 전자식**: 열동식과 전자식 두 가지 동작 요소를 갖고 과부하 영역에서는 열동식 소자가 동작하고, 단락 대전류 영역에서는 전자식 소자에 의해 단시간에 동작

그림 열동 전자식

⑥ 용도에 의한 분류
- **배선보호용**: 일반 배선용 전압회로의 간선 및 분기회로에 일반적으로 사용(용량: 2.5~200[kA])
- **전동기보호 겸용**: 모터 정지용이라고 하며, 분기회로의 과전류 차단기로 사용(전동기의 과부하 보호)
- **반한시 차단 배선용 차단기**: 특수 용도로 저압 전로에서 선택 차단 협조를 도모하기 위해 몇 사이클 정도의 단시간 지연을 가진 과전류 차단 장치를 갖춘 차단기
- **순시 차단 배선용 차단기**: 특수용으로 단락전류에 대한 보호만을 목적으로 하는 것. 전동기 분기회로에서 전자개폐기의 과부하 계전기와 동작 협조를 유지시키고 콤비네이션, 컨트롤센터로 통합된 것 또는 과전류 내량이 적은 반도체회로의 보호용으로 순시차단 전류가 낮은 수치로 설정된 것이 사용
- **4극 배선용차단기**: 특수용으로 3상 4선식 전로에서 중성극을 동시에 개폐할 목적으로 중성선 전용극을 갖춘 차단기

2 과전류 차단기용 퓨즈

① 과전류에 의해 발생되는 열로 인해 퓨즈가 용단되어 전로를 차단하는 보호 장치
② 저압전로에 사용하는 퓨즈

정격전류의 구분	트립 동작시간	정격전류의 배수(모든 극에 통전)	
		부동작 전류	동작 전류
4[A] 이하	60분	1.5배	2.1배

4[A] 초과 16[A] 이하	60분	1.5배	1.9배
16[A] 초과 63[A] 이하	60분	1.25배	1.6배
63[A] 초과 160[A] 이하	120분	1.25배	1.6배
160[A] 초과 400[A] 이하	180분	1.25배	1.6배
400[A] 초과	240분	1.25배	1.6배

③ 고압전로에 사용하는 퓨즈
- 비포장 퓨즈는 정격전류 1.25배에 견디고, 2배의 전류로는 2분 안에 용단되어야 한다.
- 포장 퓨즈는 정격전류 1.3배에 견디고, 2배의 전류로는 120분 안에 용단되어야 한다.

그림 고압전로에 사용하는 퓨즈

테마 7 누전차단기

1 누전차단기의 설치 목적

누전차단기는 사람이 쉽게 접촉될 우려가 있는 장소에 시설하여 감전 등의 재해를 방지할 목적으로 설치

2 누전차단기 시설 장소

(1) 사람이 쉽게 접촉할 우려가 있는 장소에 사용전압이 50[V]를 초과하는 저압의 금속제 외함을 가지는 기계기구에 전기를 공급하는 전로에 지락이 발생하였을 때 자동으로 전로를 차단하는 장치를 시설
(2) 주택의 인입구
(3) 특고압, 고압 또는 저압전로와 변압기에 의하여 결합되는 사용전압 400[V] 초과의 저압전로
(4) 발전기에서 공급하는 사용전압 400[V] 초과의 저압전로

3 설치 예외 대상

(1) 기계기구를 발전소, 변전소, 개폐소 등에 시설하는 경우
(2) 기계기구를 건조한 곳에 시설하는 경우
(3) 대지전압 150[V] 이하인 기계기구를 물기가 있는 곳 이외에 시설하는 경우
(4) 이중절연구조의 기계기구를 시설하는 경우
(5) 절연변압기(2차측 300[V] 이하)의 부하 측의 전로에 접지하지 않은 경우
(6) 기계기구가 고무, 합성수지, 기타 절연물로 피복된 경우

(7) 기계기구가 유도전동기의 2차측 전로에 접속되는 경우

그림 누전차단기

핵심테마 실전문제

누전차단기를 사람이 쉽게 접촉할 수 있는 곳에 시설할 때의 사용전압 기준은 몇 [V] 초과인가?
① 50
② 110
③ 150
④ 220

| 해설 | 사람이 쉽게 접촉될 우려가 있는 장소에 시설하는 사용전압이 50[V]를 초과하는 저압의 금속제 외함 등에 지락이 발생했을 때 자동으로 전로를 차단하는 누전차단기 등을 설치한다.

| 정답 | ①

테마 8 전기설비에 관련된 공구

1 전기공사용 공구

(1) 펜치
  ① 용도: 전선의 절단, 전선 접속, 전선 바인드 등에 사용한다.
  ② 크기
    • 150[mm]는 소기구의 전선 접속용
    • 175[mm]는 옥내 일반 공사용
    • 200[mm]는 옥외 공사용

그림 펜치

(2) 와이어 스트리퍼
전선의 피복(절연 재질)을 간편하게 벗겨내는 공구이다.

그림 와이어 스트리퍼

(3) 토치램프
① **용도**: 전선 접속의 납땜과 합성수지관의 가공에 열을 가할 때 사용한다.
② **종류**: 가솔린용, 알코올용, 가스용

그림 토치램프

(4) 클리퍼
굵은 전선을 절단할 때 사용하는 도구로, 굵은 전선은 펜치로 절단하기가 힘들어 클리퍼를 사용하거나 쇠톱으로 절단한다.

그림 클리퍼

(5) 도래 송곳
① **용도**: 벽, 목판, 전주, 완목 등에 구멍을 뚫을 때 사용하는 나사 송곳이다.
② 머리 구멍에 약 30[cm] 정도의 손잡이를 끼워서 사용한다.
③ **돌보송곳**: 비트를 끼워서 사용하며 리머를 끼워 금속관 끝을 다듬는 것에도 사용한다.
④ 먼 곳에 구멍을 뚫을 때에는 돌보송곳과 비트 익스텐션을 사용한다.

(6) 스패너
① **용도**: 볼트나 너트를 조이고 푸는 데 사용한다.
② **종류**: 잉글리시 스패너, 몽키 스패너

그림 스패너

(7) 플라이어
　① 용도: 로크너트를 조일 때 사용되고, 때로는 전선의 슬리브 접속에 있어서 펜치와 같이 사용한다.
　② 펌프 플라이어: 파이프 렌치의 대용으로도 사용된다.
　③ 롱 노즈 플라이어: 앞부분이 악어 입 모양으로 만들어져 있으며 소형 기구에 사용한다.

그림 플라이어

(8) 쇠톱
　① 용도: 굵은 전선을 끊을 때 사용하는 것으로 날과 틀로 구성되어 있다.
　② 날의 길이[cm]: 20, 25, 30

그림 쇠톱

(9) 프레셔 툴
　① 용도: 솔더리스 커넥터 또는 솔더리스 터미널을 압착할 때 사용한다.(압착 툴)
　② 종류: 수동식, 유압식, 전동식

그림 프레셔 툴

(10) 벤더
금속관을 구부리는 공구로, 무게가 무거워 현장에서는 히키 벤더가 쓰인다.

그림 벤더

(11) 파이프 바이스
① 용도: 금속관을 절단할 때, 금속관에 나사를 낼 때, 파이프를 고정시킬 때 사용한다.
② 종류: 이동식, 고정식

그림 파이프 바이스

(12) 오스터
① 용도: 금속관 끝에 나사를 내는 수동 공구이다.
② 구성: 랫치와 다이스

그림 오스터

(13) 녹아웃 펀치
① 용도: 배전반, 분전반 등의 배관을 변경하거나 이미 설치되어 있는 캐비닛에 구멍을 뚫을 때 필요한 공구
② 종류: 수동식, 유압식, 전동식

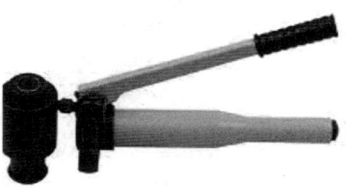
그림 녹아웃 펀치

(14) 파이프 커터
① **용도**: 금속관을 절단할 때 사용한다.
② **용법**: 금속관을 절단할 때 파이프 커터를 사용하면 관 안쪽이 볼록하게 되어 뒤처리가 곤란하므로 쇠톱을 사용하는 것이 좋다. 그러나 굵은 금속관은 파이프 커터로 70~80[%] 정도를 끊고 나머지는 쇠톱으로 자르면 시간이 단축된다.

그림 파이프 커터

(15) 리머
① **용도**: 금속관을 쇠톱이나 커터로 절단한 다음, 관 안의 날카로운 곳을 다듬는 것
② 돌보 송곳에 끼워 사용하는 것을 리머 렌치라고 한다.

(16) 피시 테이프
배관에 전선을 넣을 때 사용한다.

핵심테마 실전문제

다음 중 금속관 공사에서 나사내기에 사용하는 공구는?
① 토치램프　　　　　　　　　　　② 벤더
③ 리머　　　　　　　　　　　　　④ 오스터

| 해설 |
- 토치램프: 합성전선관을 굽히는 데 사용
- 벤더: 금속관을 굽히는 데 사용
- 리머: 금속관 절단 후 내부의 날카로운 곳을 다듬는 데 사용
- 오스터: 금속관 끝에 나사를 내는 데 사용(수동)

| 정답 | ④

핵심테마 실전문제

홀쏘(Hole Saw)와 같은 용도의 것은?
① 리머(Reamer)
② 벤더(Bender)
③ 클리퍼(Clipper)
④ 녹아웃 펀치(Knockout Punch)

| 해설 | 녹아웃 펀치는 유압으로 철판 또는 케이블 트레이 덕트의 구멍을 넓히는 데에 사용한다. 홀쏘는 철판, 케이블 트레이 덕트 등의 구멍을 내는 데에 사용한다.

| 정답 | ④

핵심테마 실전문제

전기공사에 사용하는 공구와 작업 내용이 잘못된 것은?
① 토치램프-합성수지관 가공하기
② 홀쏘-분전반 구멍 뚫기
③ 와이어 스트리퍼-전선 피복 벗기기
④ 피시 테이프-전선관 보호

| 해설 | 피시 테이프는 전선관에 전선을 배선하기 위한 장비이다.

| 정답 | ④

테마 9 각종 측정 기구

1 게이지

(1) **마이크로미터**: 전선의 굵기, 철판, 구리판 등의 두께를 측정

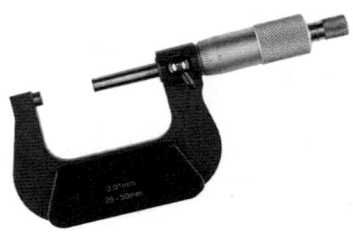

그림 마이크로미터

(2) 와이어 게이지: 전선을 홈에 끼워서 맞는 곳의 숫자로 전선의 굵기 측정

그림 와이어 게이지

(3) 버니어 캘리퍼스: 둥근 물건의 외경이나 파이프 등의 내경과 깊이를 측정하는 것, 부척에 의하여 $\frac{1}{10}$[mm] 또는 $\frac{1}{20}$[mm]까지 측정 가능

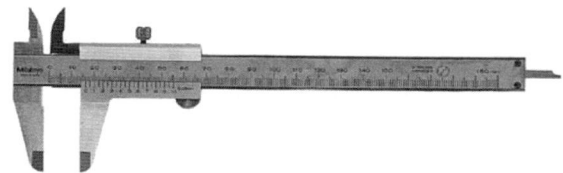

그림 버니어 캘리퍼스

2 회로 시험기(멀티 테스터)

전압, 전류, 저항을 측정하고 도통 시험을 수행한다.

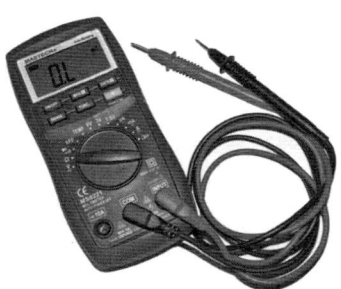

그림 회로 시험기

3 접지 저항계(어스 테스터)

(1) 용도: 접지 저항을 측정한다.
(2) 사용 방법: 단자를 측정하고자 하는 접지도체, P 단자와 C 단자를 보조 접지극에 연결하고 측정한다.

그림 접지 저항계

4 절연 저항계(메거)

절연 저항을 측정한다.

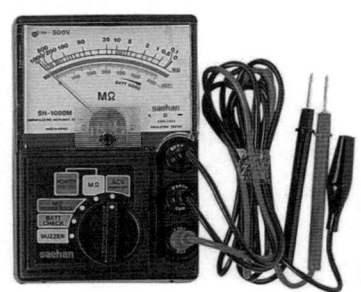

그림 절연 저항계

5 후크 온 미터(테스터)

통전 중의 전선의 전류 측정, 전압 측정을 한다.

그림 후크 온 미터

핵심테마 실전문제

물체의 두께, 깊이, 안지름 및 바깥지름 등을 모두 측정할 수 있는 공구의 명칭은?
① 버니어 캘리퍼스　　　　　　　　② 마이크로미터
③ 다이얼 게이지　　　　　　　　　④ 와이어 게이지

| 해설 | 물체의 두께, 깊이, 안지름 및 바깥지름 등을 모두 측정할 수 있는 공구는 버니어 캘리퍼스이다.

| 정답 | ①

핵심테마 실전문제

전기공사 시공에 필요한 공구 사용법에 대한 설명 중 잘못된 것은?
① 콘크리트의 구멍을 뚫기 위한 공구로 타격용 임팩트 전기드릴을 사용한다.
② 스위치박스에 전선관용 구멍을 뚫기 위해 녹아웃 펀치를 사용한다.
③ 금속 전선관의 굽힘 작업을 위해 파이프 벤더를 사용한다.
④ 합성수지 가요전선관(주름관)의 굽힘 작업을 위해 토치램프를 사용한다.

| 해설 | 합성수지 가요전선관(주름관)은 토치램프 없이 손으로 굽힘이 가능하다.

| 정답 | ④

핵심문제 테마 13 | 배선재료와 공구

01
접지선의 절연전선 색상은 특별한 경우를 제외하고는 어느 색으로 표시를 하여야 하는가?

① 흑색
② 녹색
③ 녹색 – 적색
④ 녹색 – 노란색

| 해설 |
KEC 110.4 절연전선의 색상 식별 기준
접지선(PE선)의 절연 색상은 녹색 – 노란색으로 한다.

| 정답 | ④

02
전선의 구비 조건으로 옳지 않은 것은?

① 도전율이 클 것
② 유연성이 좋을 것
③ 비중이 클 것
④ 내식성이 클 것

| 해설 |
전선의 구비 조건
- 비중이 작을 것
- 부식성이 없을 것
- 경제적일 것
- 도전율이 클 것
- 기계적 강도가 클 것
- 내식성이 클 것

| 정답 | ③

03
다음 중 약호와 전선의 명칭이 잘못 연결된 것은?

① NR – 일반용 단심 비닐 절연전선
② DV – 인입용 비닐 절연전선
③ HR – 고무 절연전선
④ IC – 비닐 절연전선

| 해설 |
- IC – 폴리에틸렌 절연전선
- NR – 일반용 단심 비닐 절연전선
- DV – 인입용 비닐 절연전선
- HR – 고무 절연전선

| 정답 | ④

04
동심 중성선 수밀형 전력케이블의 전선 약호는?

① CNCV – W
② XLPE
③ CV
④ MI

| 해설 |
CNCV – W 케이블: 동심 중성선 수밀형 전력케이블

| 정답 | ①

05
호텔 및 여관 객실 입구 센서등의 소등 시간 기준은?

① 1분 이내
② 3분 이내
③ 5분 이내
④ 10분 이내

| 해설 |
소등 시간 기준
- 숙박업소 객실 입구등: 1분 이내
- 일반 주택 및 아파트: 3분 이내

| 정답 | ①

06

다음 중 방수형 콘센트의 심벌은?

①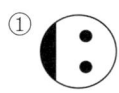
②  H
③  WP
④  E

| 해설 |

자주 쓰이는 심벌 약호
WP: WaterProof 방수형
E: 접지극 붙이
EL: 누전차단기 붙이
H: 의료용

| 정답 | ③

07

다음 중 과전류 차단기를 설치할 수 있는 장소는?

① 접지도체
② 다선식 전로의 중성선
③ 변압기의 중성점 접지측 전선
④ 전선로의 분기점 전류 경로

| 해설 |

과전류 차단기 설치 금지 장소
- 접지도체
- 다선식 전로의 중성선
- 변압기 중성점 접지측 전선

| 정답 | ④

08

굵은 전선을 절단할 때 사용하는 공구는?

① 펜치
② 클리퍼
③ 스트리퍼
④ 드라이버

| 해설 |

클리퍼
펜치로 자르기 어려운 굵은 전선을 절단하는 전용 공구

| 정답 | ②

09

금속관을 절단할 때 가장 적절한 공구는?

① 벤더
② 리머
③ 파이프 커터
④ 스트리퍼

| 해설 |

파이프 커터
금속관을 안전하고 정밀하게 절단할 때 사용하는 도구

| 정답 | ③

10

전선의 굵기를 측정하는 도구는?

① 마이크로미터
② 와이어 게이지
③ 버니어 캘리퍼스
④ 회로 시험기

| 해설 |

와이어 게이지
홈에 전선을 끼워서 전선의 굵기(호칭)를 측정하는 도구

| 정답 | ②

핵심테마 이론 14 | 전선의 접속

3과목 | 전기설비

테마 1 전선의 접속

1 전선의 접속 규정
(1) 전선을 접속하는 경우에는 전선의 전기저항을 증가시키지 않도록 접속하여야 한다.
(2) 전선의 세기(인장하중)를 20[%] 이상 감소시키지 않을 것
(3) 접속 부분은 접속관 기타의 기구를 사용할 것
(4) 절연전선 상호 간 및 절연전선과 코드 또는 케이블과 접속하는 경우에는 접속 부분의 절연전선에 절연물과 동등 이상의 절연 효력이 있는 접속기를 사용하거나 절연 효력이 있는 것으로 충분히 피복해야 한다.
(5) 코드 상호, 캡타이어 케이블 상호, 케이블 상호를 접속하는 경우에는 코드 접속기, 접속함 기타의 기구를 사용해야 한다.
(6) 접속 부분에 전기적 부식이 생기지 않도록 해야 한다.

2 두 개 이상의 전선을 병렬로 사용하는 경우의 시설 규정
(1) 병렬로 사용하는 각 전선 굵기의 동선 50[mm²] 이상 또는 알루미늄 70[mm²] 이상으로 하고, 전선은 같은 도체·재료·길이·굵기의 것을 사용할 것
(2) 같은 극의 각 전선은 동일한 터미널러그에 완전히 접속할 것
(3) 같은 극인 각 전선의 터미널러그는 동일한 도체에 2개 이상의 리벳 또는 나사로 접속할 것
(4) 병렬로 사용하는 전선에는 각각에 퓨즈를 설치하지 말 것
(5) 교류회로에서 병렬로 사용하는 전선은 금속관 안에 전자적 불평형이 생기지 않도록 시설할 것

핵심테마 실전문제

전선이 완전 접속되지 않아서 발생할 수 있는 사고로 볼 수 없는 것은?
① 감전
② 누전
③ 절전
④ 화재

| 해설 | 전선의 불완전 접속은 접속 부분의 저항을 증가시켜서 열이 발생하며, 발생되는 누설전류(누전)는 감전과 화재로 이어질 수 있다.

| 정답 | ③

핵심테마 실전문제

전선의 접속에 대한 설명으로 옳지 않은 것은?

① 알루미늄전선과 구리선의 접속 시 전기적인 부식이 생기지 않도록 한다.
② 접속 부분의 인장강도를 80[%] 이상 유지되도록 한다.
③ 접속 부분에 전선 접속기구를 사용한다.
④ 접속 부분의 전기저항을 20[%] 이상 증가되도록 한다.

| 해설 | 전선의 전기저항을 증가시키지 않도록 접속하여야 한다.

| 정답 | ④

테마 2 전선의 피복 벗기기

1 전선 피복 벗기는 방법

(1) 절연 피복을 벗기는 데는 일반적으로 와이어 스트리퍼 또는 칼을 사용(펜치 사용 금지)
(2) 고무절연선 및 비닐 절연선은 연필 모양으로 피복을 벗겨야 하며, 벗길 때 공구의 날을 직각으로 대고 벗기면 도체의 손상이 발생
(3) 동관 단자나 압착 단자에 전선을 접속할 때에는 전선의 피복을 도체와 직각으로 벗기는 것이 좋다.

테마 3 전선의 접속 방법

1 전선의 접속 환경

(1) 접속 시 전기적 저항을 증가시키지 않는다.
(2) 접속 부위의 기계적 강도를 20[%] 이상 감소시키지 않는다.
(3) 접속점의 절연이 약화되지 않도록 한다(테이핑 또는 와이어 커넥터로 절연).
(4) 전선의 접속은 박스 안에서 하고, 접속점에 장력이 가해지지 않도록 한다.

2 동전선의 접속

(1) 트위스트 조인트: 6[mm^2] 이하의 가는 단선은 그림과 같이 트위스트 접속으로 한다.

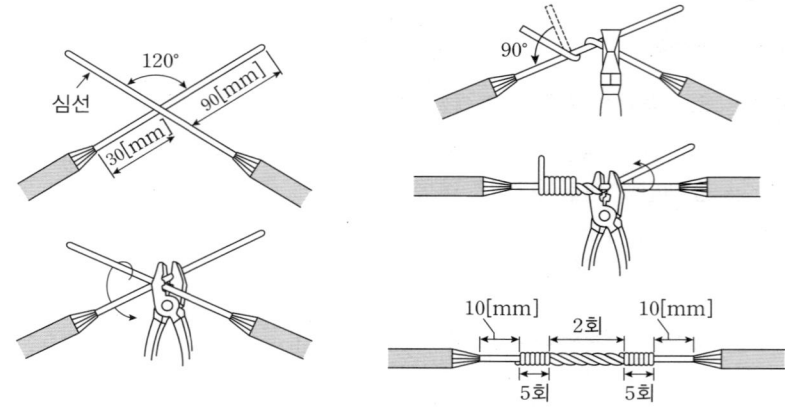

그림 트위스트 조인트

(2) 브리타니아 접속: $3.2[mm^2]$ 이상의 굵은 단선의 접속은 브리타니아 접속으로 한다.

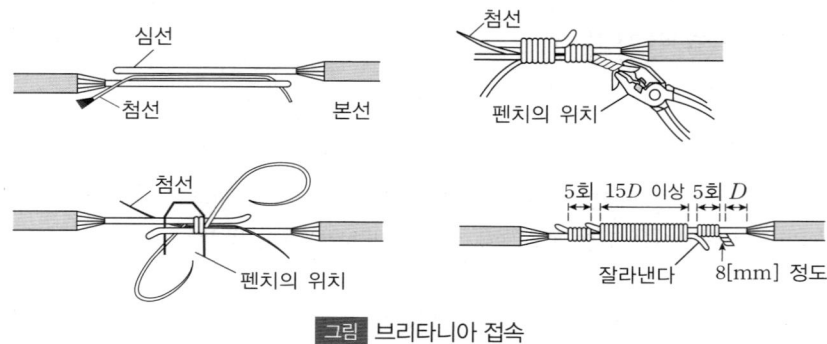

그림 브리타니아 접속

3 연선 접속

(1) 연선의 권선 직선 접속: 단선의 브리타니아 접속과 같은 방법으로 접속선을 사용하여 접속하는 방법이다.

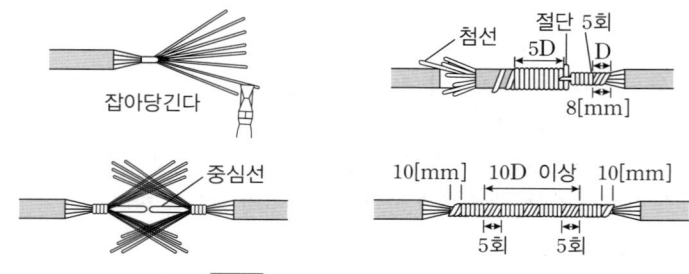

그림 연선의 권선 직선 접속

(2) 연선의 단권 직선 접속: 소손 자체를 감아서 접속하는 방법이다.

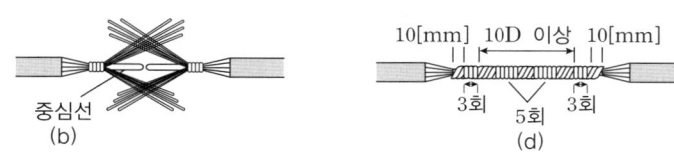

그림 연선의 단권 직선 접속

(3) 연선의 복권 접속: 소선 자체를 감아서 접속하는 방법으로, 단권 접속에 있어서 소선을 하나씩 감았던 것을 그림과 같이 소선 전부를 한꺼번에 감는다.

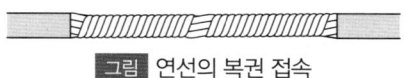

그림 연선의 복권 접속

(4) 연선의 분기 접속
　① 권선 분기 접속
　　• **트위스트 분기 접속**: 단선의 분기 접속에 있어서 굵기가 $6[mm^2]$ 이하의 가는 전선은 그림과 같이 트위스트 분기 접속

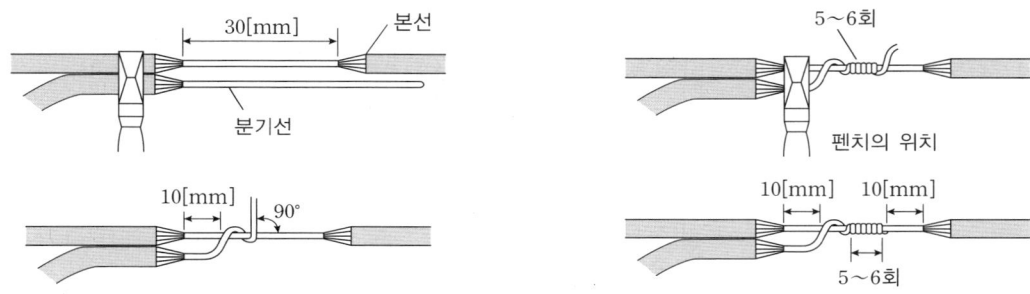

그림 트위스트 분기 접속

　　• **브리타니아 분기 접속**: $3.2[mm]$ 이상의 굵은 단선의 분기 접속은 브리타니아 분기 접속으로 한다.

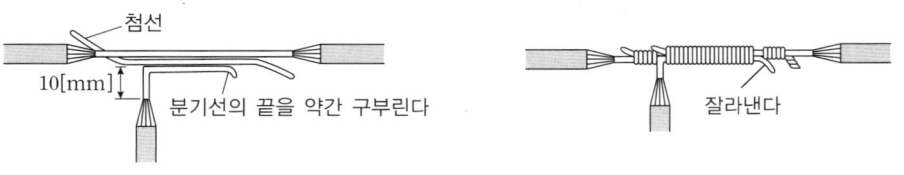

그림 브라타니아 분기 접속

　② **연선의 분기 접속**: 소선 자체를 이용하는 접속 방법이다.
　　• **권선 분기 접속**: 첨선과 접속선을 사용하여 접속하는 방법

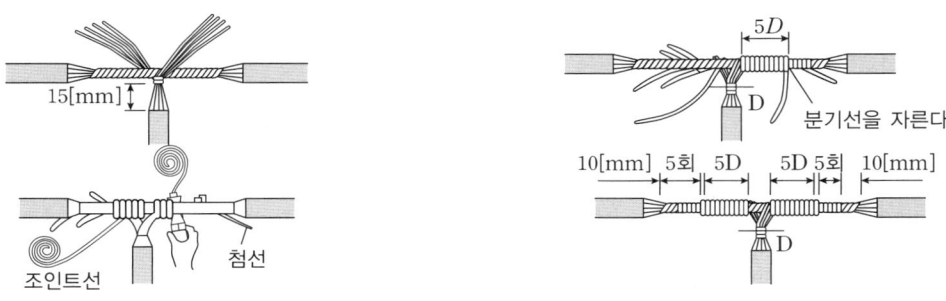

그림 권선 분기 접속

- 단권 분기 접속: 소선 자체를 이용하는 접속 방법

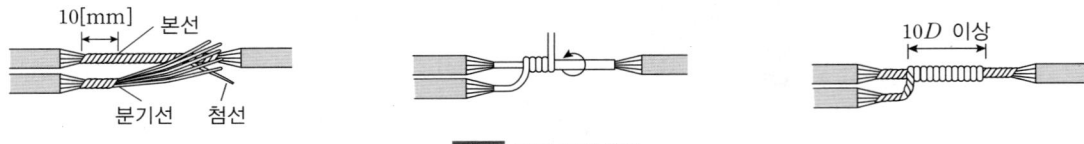

그림 단권 분기 접속

- 분할 권선 분기 접속: 첨선과 접속선을 써서 분할 접속하는 방법
- 분할 단권 분기 접속: 소선 자체를 분할하여 접속하는 방법
- 분할 복권 분기 접속: 소선을 분할하여 여러 소선을 한꺼번에 감아서 접속하는 방법

(5) 쥐꼬리 접속

① 쥐꼬리 접속은 박스 안에 가는 전선을 접속할 때 사용하는 방법
② 접속 방법: 같은 굵기 단선 접속, 다른 굵기 단선 접속, 연선 쥐꼬리 접속

- 같은 굵기 단선 접속

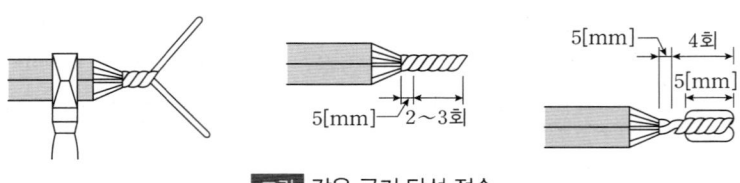

그림 같은 굵기 단선 접속

- 다른 굵기 단선 접속

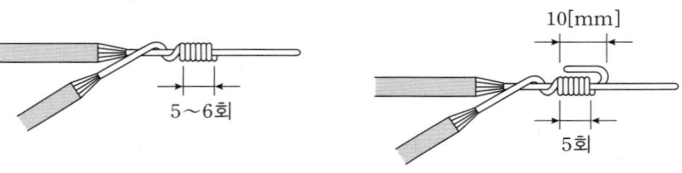

그림 다른 굵기 단선 접속

- 연선 쥐꼬리 접속

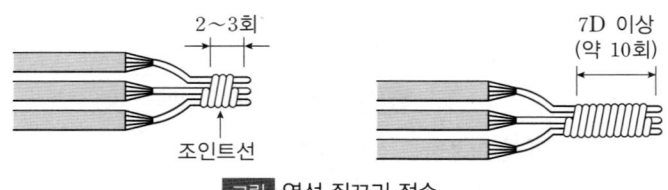

그림 연선 쥐꼬리 접속

핵심테마 실전문제

단선의 직선접속 시 트위스트 접속할 경우 적합하지 않은 전선규격[mm²]은?

① 2.5
② 4
③ 30
④ 6

| 해설 | 전선의 접속 방법
- 트위스트 접속(단면적 6[mm²] 이하의 가는 단선인 경우에 적용)
- 브리타니아 접속(단면적 10[mm²] 이상의 굵은 단선인 경우에 적용)

| 정답 | ③

4 와이어커넥터를 이용한 접속

(1) 박스 안에서 와이어커넥터를 사용하여 쥐꼬리 접속하는 방법으로 납땜과 테이프 감기가 필요 없다.
(2) 와이어커넥터의 외피는 자기 소화성 난연 재질이고, 내부에 나선 스프링이 도체를 압착하도록 되어 있다.

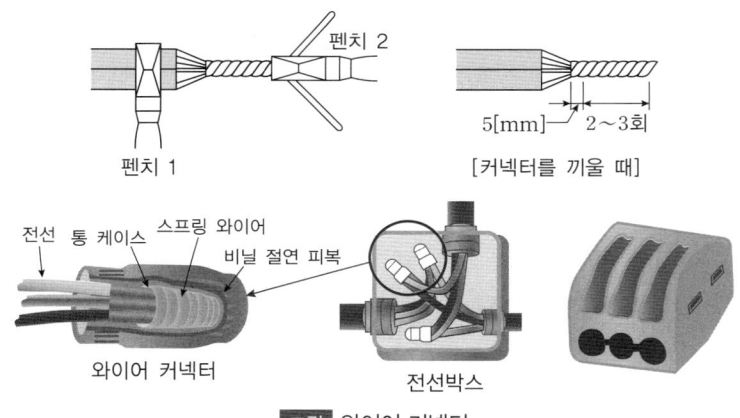

그림 와이어 커넥터

핵심테마 실전문제

옥내배선의 박스 혹은 접속함 내에서 접속할 때 주로 사용하는 접속법은?

① 슬리브 접속
② 브리타니아 접속
③ 트위스트 접속
④ 쥐꼬리 접속

| 해설 | 접속함 또는 박스 내에서 전선의 접속이 이루어질 때의 결선 방법은 쥐꼬리 접속이다.

| 정답 | ④

핵심테마 실전문제

정션 박스 내에서 절연전선을 쥐꼬리 접속한 후 접속과 절연을 위해 사용되는 재료는?
① 링형 슬리브
② S형 슬리브
③ 터미널 러그
④ 와이어커넥터

| 해설 | 박스 내에서 전선 접속 시에는 와이어커넥터에 의한 접속을 해야 한다.

| 정답 | ④

5 링 슬리브를 이용한 접속

접속하려는 심선을 2, 3가닥 모아 2~3회 꼰 다음 알루미늄, 구리용 링 슬리브를 씌우고 압착펜치로 압착하여 접속하는 방법이다.

그림 링 슬리브를 이용한 접속

테마 4 전선과 기구단자와의 접속

1 직선단자와 기구접속

(1) 푸시체결(누름 단자) 커넥터 접속
  누름 단자형 커넥터는 전선 피복을 벗긴 후 커넥터에 밀어 넣은 후 나사를 조여 접속

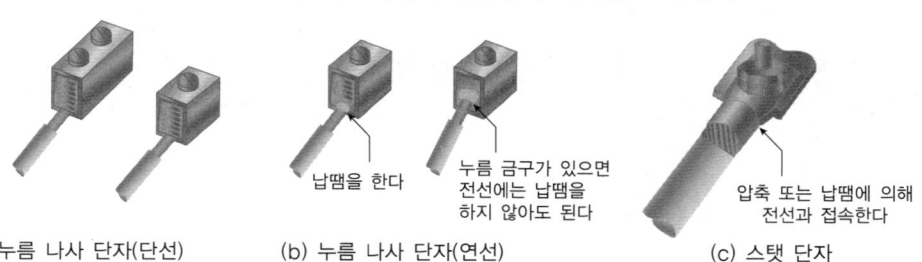

(a) 누름 나사 단자(단선)   (b) 누름 나사 단자(연선)   (c) 스탯 단자

그림 푸시체결 커넥터 접속

(2) 꽂음형 단자대 접속
  꽂음형 단자대에 전선 피복을 벗긴 후 커넥터에 밀어 넣어 접속

그림 꽂음형 단자대 접속

2 고리형 단자와 기구접속

(1) 고리형 단자

2.5(1/1.78)[mm²] 단선은 약 20[mm], 40[mm²] 연선은 약 30[mm] 정도 전선 피복을 벗긴 후 롱노즈 플라이어를 사용하여 오른쪽으로 둥글게 고리를 만들어 사용

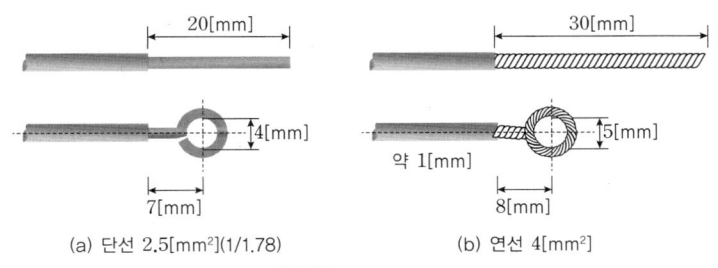

(a) 단선 2.5[mm²](1/1.78)　　(b) 연선 4[mm²]

그림 고리형 단자

(2) 압착단자

전선의 피복을 압착 단자의 슬리브보다 23[mm] 길게 벗겨 내고 심선을 R(Y)형 또는 O형 단자에 끼운 다음 압착 펜치로 눌러 단자를 압착 후 사용

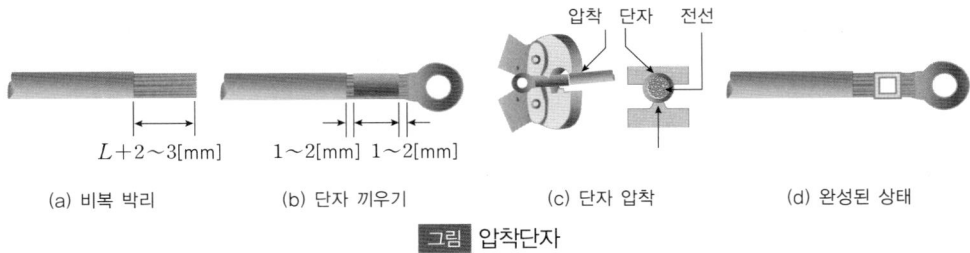

(a) 비복 박리　　(b) 단자 끼우기　　(c) 단자 압착　　(d) 완성된 상태

그림 압착단자

(3) 단자 접속하기

① 고리형 단자나 압착 단자를 기구에 접속할 때 와셔가 1개인 경우에는 전선을 와셔 밑에 넣고, 와셔가 2개일 경우에는 두 와셔 사이에 전선을 넣는다.
② 고리 방향은 너트나 나사를 조일 때 고리도 같이 조여지는 방향이 되어야 한다.

(a) 단자와 고리　　(b) 와셔 1개인 경우　　(c) 와셔 2개인 경우

그림 단자 접속

테마 14 | 전선의 접속

01
전선을 접속할 때 전기저항 증가를 방지하기 위한 기본 조건으로 옳은 것은?

① 접속 부위를 절연하지 않는다.
② 접속 부위에 테이프 대신 철사를 감는다.
③ 전선의 기계적 강도가 30% 이상 약해지도록 접속한다.
④ 접속 부분의 전기저항을 증가시키지 않도록 한다.

| 해설 |

전선의 접속
- 전선의 세기(인장하중)를 20% 이상 감소시키지 않을 것
- 전선의 전기저항을 증가시키지 않도록 접속할 것
- 전기적 부식이 생기지 않도록 할 것

| 정답 | ④

02
전선 접속 시 전선의 기계적 세기(인장 하중)가 몇 [%] 이상 유지되어야 하는가?

① 60[%] 이상
② 70[%] 이상
③ 80[%] 이상
④ 90[%] 이상

| 해설 |
전선의 접속 부위의 인장강도는 20[%] 이상 감소되지 않도록, 즉 80[%] 이상 유지되도록 한다.

| 정답 | ③

03
전선의 접속법에서 두 개 이상의 전선을 병렬로 사용하는 경우의 시설기준으로 틀린 것은?

① 각 전선의 굵기는 동선인 경우 50[mm^2] 이상이어야 한다.
② 각 전선의 굵기는 알루미늄선인 경우 70[mm^2] 이상이어야 한다.
③ 병렬로 사용하는 전선은 각각에 퓨즈를 설치할 것
④ 같은 동극의 각 전선은 동일한 터미널러그에 완전히 접속할 것

| 해설 |
두 개 이상의 전선을 병렬로 사용하는 경우에는 다음에 의하여 시설해야 한다.
- 병렬로 사용하는 각 전선의 굵기의 동선 50[mm^2] 이상 또는 알루미늄 70[mm^2] 이상으로 하고, 전선은 같은 도체, 재료, 길이, 굵기의 것을 사용할 것
- 같은 극의 각 전선은 동일한 터미널러그에 완전히 접속할 것
- 병렬로 사용하는 전선에는 각각에 퓨즈를 설치하지 말 것
- 금속관 안에 전자적 불평형이 생기지 않도록 시설할 것

| 정답 | ③

04

굵은 단선(3.2[mm] 이상)의 접속에 적합한 방법은?

① 트위스트 접속
② 브리타니아 접속
③ 쥐꼬리 접속
④ 링 슬리브 접속

| 해설 |

3.2[mm] 이상의 굵은 단선의 눈기 접속은 전선 끝을 가르고 서로 감아 접속하는 브리타니아 접속 방법이 적합하다.

| 정답 | ②

05

다음 중 접속함(정션박스) 내부에서 쥐꼬리 접속한 전선을 절연하는 데 사용하는 재료는?

① 리머
② 링 슬리브
③ 와이어커넥터
④ 스트리퍼

| 해설 |

쥐꼬리 접속은 단선을 서로 꼬아 접속하는 접속 방식이다. 정션박스 내에서는 절연을 위해 와이어커넥터를 사용한다.

| 정답 | ③

15 배선설비공사 및 전선허용전류 계산

3과목 | 전기설비

테마 1 전선관 시스템

전선관 시스템은 합성수지관 공사, 금속관 공사, 금속제 가요전선관 공사가 있다.

1 합성수지관 공사

(1) 시설 조건
  ① 전선은 절연전선(옥외용 비닐절연전선을 제외)일 것
  ② 절연성과 내부식성이 우수하고, 재료가 경량으로 시공이 편리
  ③ 비자성체 재료로 접지가 불필요하고, 피뢰기·피뢰침의 접지선 보호에 적당
  ④ 전선은 연선일 것. 다만, 단면적 $10[mm^2]$ 이하의 것은 적용하지 않는다.
  ⑤ 전선은 합성수지관 안에서 접속점이 없도록 할 것
  ⑥ 중량물의 압력 또는 현저한 기계적 충격을 받을 우려가 없도록 시설할 것
  ⑦ 이중천장(반자 속 포함) 내에는 시설할 수 없음(충격 강도가 약하고, 열에 약한 단점)

(2) 합성수지관의 종류
  ① 경질비닐 전선관
    • 외력에 의한 충격에 강인하도록 보완된 전선관으로 토치램프를 이용하여 가열 후 가공
    • 규격에 따른 호칭
      − 관의 굵기를 안지름의 크기에 가까운 짝수로 표시
      − 지름을 단위로 $14 \sim 100[mm]$ 10종(14, 16, 22, 28, 36, 42, 54, 70, 82, 100[mm])
      − 한 본의 길이는 $4[m]$로 제작
  ② 폴리에틸렌 전선관(PE관)
    • 경질비닐관과 비교하여 연질로 가공 시 가열이 불필요하지만, 외부 압력에 견디는 성질이 약한 편이다.
    • 규격에 따른 호칭
      − 관의 굵기를 안지름의 크기에 가까운 짝수로 표시(14, 16, 22, 28, 36, 42[mm])
      − 한 가닥 길이가 $100 \sim 6[m]$로서 롤(Roll) 형태로 제작
  ③ 콤바인 덕트관(합성수지제 가요전선관, CD관)
    • 무게가 가벼워 운반 및 취급이 쉽고, 결로현상이 적어 영하의 온도에서도 사용 가능
    • PE 및 단연성 PVC로 되어 있기 때문에 내약품성이 우수하고 내후, 내식성도 우수
    • 규격에 따른 호칭
      − 관의 굵기를 안지름의 크기에 가까운 짝수로 표시(14, 16, 22, 28, 36, 42[mm])
      − 한 가닥 길이가 50, 100[m]로 롤(Roll) 형태 제작

(3) 합성수지관 공사의 시공법
  ① 전개된 장소 등 대부분의 장소에서 시공 가능하지만, 이중천장 내부 및 중량물에 따른 압력이 심한 기계적 충

격 장소에서 시설 금지(콘크리트 매입은 제외)
② 관의 지지점 간의 거리는 1.5[m] 이하로 하고, 관과 박스의 접속점 및 관 상호 간의 접속점 등에서는 가까운 곳(0.3[m] 이내)에 지지점을 시설
③ 전선은 절연전선을 사용하고 단선은 단면적 10[mm^2](알루미늄선은 16[mm^2]) 이하를 사용하며, 그 이상은 연선을 사용
④ 관 안에서는 전선의 접속점이 없어야 함
⑤ CD관(콤바인 덕트관)은 직접 콘크리트에 매입하여 시설하거나 옥내 전개된 장소에 시설하는 경우 이외에는 불연성 마감재 내부, 전용의 불연성 관 또는 덕트에 넣어 시설
⑥ 스위치 접속 및 전선 접속을 위한 박스와 전선관의 접속 방법은 부속기구를 사용하여 접속
⑦ 관 상호 간의 접속은 전용커플링 등의 부속기구를 사용하여 접속
⑧ 커플링이 들어가는 관의 길이는 관 바깥지름의 1.2배 이상으로 한다. 단, 접착제를 사용할 때는 0.8배 이상으로 한다.

[그림] 전선관 상호 간의 접속 부분

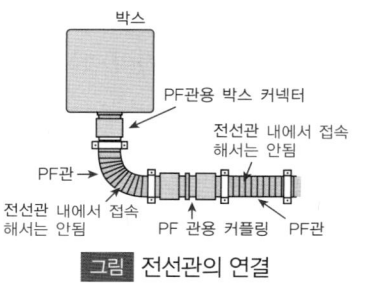

[그림] 전선관의 연결

(4) 합성수지관의 굵기 선정
① 합성수지관의 배선에는 절연전선을 사용
② 절연전선은 단면적 10[mm^2](알루미늄선은 16[mm^2]) 이하의 단선을 사용하며, 그 이상일 경우 연선을 사용하고 전선에 접속점이 없어야 한다.
③ 케이블 또는 절연도체의 내부 단면적이 합성수지관 단면적의 $\frac{1}{3}$ 이하가 되도록 한다.

핵심테마 실전문제

합성수지관 상호 및 관과 박스는 접속 시에 삽입하는 깊이를 관 바깥지름의 몇 배 이상으로 하여야 하는가?(단, 접착제를 사용하지 않은 경우이다.)

① 0.2 ② 0.5
③ 1.2 ④ 1.7

| 해설 | 커플링이 들어가는 관의 길이는 관 바깥지름의 1.2배 이상으로 한다. 단, 접착제를 사용할 때는 0.8배 이상으로 한다.

| 정답 | ③

2 금속관 공사

(1) 시설조건
　① 전선은 절연전선(옥외용 비닐절연전선을 제외)일 것
　② 전선은 연선일 것. 다만, 단면적 10[mm²](알루미늄선은 단면적 16[mm²]) 이하의 것은 적용하지 않는다.
　③ 전선은 금속관 안에서 접속점이 없을 것
　④ 전선의 절연체 및 피복을 포함한 단면적이 관 내부 단면적의 $\frac{1}{3}$ 이하가 되도록 한다.

(2) 금속전선관의 종류
　① 후강전선관은 관의 두께가 2.3[mm] 이상의 두꺼운 전선관
　② 박강전선관은 관의 두께가 1.6[mm] 이상의 얇은 전선관
　③ 나사 없는 전선관은 두께 1.2/1.4/1.6/1.8[mm]

(3) 금속전선관의 시공
　① 관 상호 간 및 관과 박스 기타의 부속품과는 나사접속과 같은 효력이 있는 방법으로 견고하게 전기적으로 접속
　② 관의 끝부분에는 전선의 피복을 손상하지 아니하도록 부싱을 사용할 것

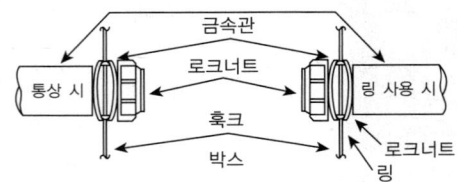

그림 금속관 말단 부위

　③ 습기가 많은 장소나 물기가 있는 장소에 시설하는 경우에는 방습 장치를 할 것
　④ 관에는 접지공사를 할 것
(4) 금속관을 금속제의 풀박스에 접속하여 사용하는 경우에는 제(1)의 규정에 준하여 시설하여야 한다.

핵심테마 실전문제

금속관 공사에서 전선의 절연체 및 피복을 포함한 단면적은 관 내부 단면적의 최대 몇 % 이하까지 허용되는가?
① 33.3%　　　　　　　　　　　② 40%
③ 20%　　　　　　　　　　　　④ 50%

| 해설 | 전선의 절연체 및 피복을 포함한 단면적이 관 내부 단면적의 $\frac{1}{3}$ 이하가 되도록 한다.

| 정답 | ①

핵심테마 실전문제

금속관 배선에 대한 설명으로 잘못된 것은?
① 금속관 두께는 콘크리트에 매입하는 경우 1.5[mm] 이상일 것
② 교류회로에서 전선을 병렬로 사용하는 경우 관내에 전자적 불평형이 생기지 않도록 시설할 것
③ 굵기가 다른 절연전선을 동일 관 내에 넣은 경우 피복 절연물을 포함한 단면적이 관 내 단면적의 33.33[%] 이하일 것
④ 관의 호칭에서 후강전선관은 짝수, 박강전선관은 홀수로 표시할 것

| 해설 | 관의 두께는 콘크리트에 매입 시 1.2[mm] 이상, 이외의 것(노출 배관)은 1[mm] 이상

| 정답 | ①

(5) 금속전선관 시공용 부품
① 금속제의 전선관 및 금속제 박스 기타의 부속품은 한국 산업표준에 적합한 금속제, 황동 등으로 견고하게 제작한 것일 것
② 관의 두께는 콘크리트에 매입 시 1.2[mm] 이상, 이외의 것(노출 배관)은 1[mm] 이상
③ 관의 끝부분 및 안쪽 면은 전선의 피복을 손상하지 아니하도록 매끈할 것

(6) 금속전선관의 굵기 선정
① 금속전선관의 배선에는 절연전선을 사용
② 절연전선은 단면적 10[mm²](알루미늄선은 16[mm²]) 이하의 단선을 사용하며, 그 이상일 경우는 연선을 사용하며, 전선에 접속점이 없도록 해야 한다.
③ 교류회로에서는 1회로의 전선 모두를 동일관 내에 넣는 것을 원칙으로 한다.
④ 교류회로에서 전선을 병렬로 여러 가닥 입선하는 경우에 관 내에 왕복 전류의 합계가 0이 되도록 한다.
⑤ 금속전선관의 굵기는 케이블 또는 절연도체의 내부 단면적이 합성수지관 단면적의 $\frac{1}{3}$ 이하가 되도록 한다.

(7) 금속전선관의 접지
① 전선관은 누전에 의한 사고를 방지하기 위하여 접지공사 시행
② 사용전압이 400[V] 이하인 다음의 경우에는 접지공사 생략 가능
  • 관의 길이가 4[m] 이하인 것을 건조한 장소에 시설하는 경우
  • 건조한 장소 또는 사람이 쉽게 접촉할 우려가 없는 장소에 사용전압이 직류 300[V] 또는 교류 대지전압 150[V] 이하로 관의 길이가 8[m] 이하인 것을 시설하는 경우

3 금속제 가요 전선관공사

(1) 시설 조건
① 전선은 절연전선(옥외용 비닐 절연전성 제외) 또는 케이블을 사용
② 절연전선은 단면적 10[mm²](알루미늄 16[mm²])을 초과하는 것은 연선을 사용
③ 가요전선관 내에서는 전선 등의 접속점이 없도록 하여야 함
④ 가요전선관은 2종 가요전선관을 사용하도록 하여야 한다. 다만 전개된 장소 또는 점검할 수 있는 은폐된 장소에는 1종 가요전선관을 사용
⑤ 가요전선관 배선은 중량물의 압력 및 현저한 기계적 충격을 받을 우려가 없도록 시설하여야 한다.

(2) 금속제 가요 전선관의 종류
① 제1종 금속제 가요전선관
② 제2종 금속제 가요전선관
③ 금속제 가요전선관의 호칭
전선관의 굵기는 안지름으로 정하는데 10, 12, 15, 17, 24, 30, 38, 50, 63, 76, 83, 101[mm]로 제작된다.

(3) 금속제 가요전선관의 시공
① 건조하고 전개된 장소(개방된 공간)와 점검할 수 있는 은폐장소에 한하여 시설한다. 다만, 기계적 충격을 받을 우려가 있는 장소는 피해야 한다.
② 가요전선관의 굵기는 전선의 절연체 및 피복을 포함한 단면적이 관 내부 단면적의 $\frac{1}{3}$ 이하가 되도록 한다.
③ 금속제 가요전선관의 부속품은 아래와 같다.
 • 가요전선관 상호의 접속: 스플릿 커플링
 • 가요전선관과 금속관의 접속: 콤비네이션 커플링
 • 가요전선관과 박스와의 접속: 스트레이트 박스 커넥터, 앵글 박스 커넥터
④ 전선은 절연전선으로 단면적 10[mm^2](알루미늄선은 16[mm^2])를 초과하는 것은 연선을 사용한다.

(4) 금속제 가요전선관의 접지
① 금속제 가요전선관 및 부속품에는 접지공사 필수
② 금속전선관에 비해 전기저항이 크고 굴곡에 의한 전기저항의 변화가 크므로 접지 효과가 충분하게 하기 위하여 나연동선을 접지선으로 하여 배관의 안쪽에 삽입 또는 첨가한다.

테마 2 케이블 트렁킹 시스템

1 합성수지 몰드 공사

(1) 합성수지 몰드 공사의 특징
매립 배선이 어려운 경우 노출 배선을 하며, 접착테이프와 나사못 등으로 고정시키고 절연전선 등을 넣어 배선하는 방법을 사용한다.

(2) 합성수지 몰드 공사의 시공법
 • 옥내의 건조한 노출 장소와 점검할 수 있는 은폐 장소에 한하여 시공 가능
 • 전선은 절연전선을 사용하며 몰드 내에서는 접속점 금지

2 금속 몰드 공사

(1) 금속 몰드 공사의 특징
콘크리트 건물 등의 노출 공사용으로 쓰이며, 금속전선관 공사와 병용하여 점멸 스위치, 콘센트 등의 전기구의 인하용으로 사용

(2) 금속 몰드 공사의 시공법
 • 옥내의 외상을 받을 우려가 없는 건조한 노출 장소와 점검할 수 있는 은폐 장소에 한하여 시공할 수 있다.
 • 사용전압은 400[V] 이하로 옥내의 건조한 장소로 전개된 장소 또는 점검할 수 있는 은폐 장소에 한하여 시설할 수 있고, 전선은 절연전선을 사용하며 몰드 내에서는 접속점을 만들지 않는다.

- 몰드에 넣는 전선 수는 10본 이하로 한다.
- 조영재에 부착할 경우 1.5[m] 이하마다 고정하고, 금속몰드 및 기타 부속품에는 접지공사를 하여야 한다.

3 금속 트렁킹 공사

(1) 금속 트렁킹 공사의 특징
금속 본체와 커버가 별도로 구성되어 커버를 개폐할 수 있는 금속 덕트 공사를 말한다.

(2) 금속 트렁킹 공사의 시공법
- 전선은 절연전선(옥외용 비닐절연전선 제외)을 사용하며, 트렁킹 안에는 접속점을 만들지 않는다.
- 금속 트렁킹에 넣은 전선의 단면적(절연피복의 단면적을 포함)의 합계는 덕트의 내부 단면적의 20[%](전광표시장치·출퇴표시등은 50[%]) 이하로 한다.
- 금속 트렁킹 안의 전선을 외부로 인출하는 부분은 금속 트렁킹의 관통 부분에서 전선이 손상될 우려가 없도록 시설해야 한다.

4 케이블 트렌치 공사

(1) 케이블 트렌치 공사 시공법
① 전기실, 발전기실의 바닥에 무근 콘크리트 타설 시 거푸집을 넣어 만든 도랑을 이용하여 트렌치를 조성한다.
② 이는 전기실 등에 장비의 하부나 배선 경로 바닥에 트렌치를 조성하고, 배선을 포설하기 위한 거치대를 설치한다. 덮개를 설치한 바닥 매입형 케이블 트렁킹으로 수변전설비 및 발전설비 설치 장소에 주로 적용한다.

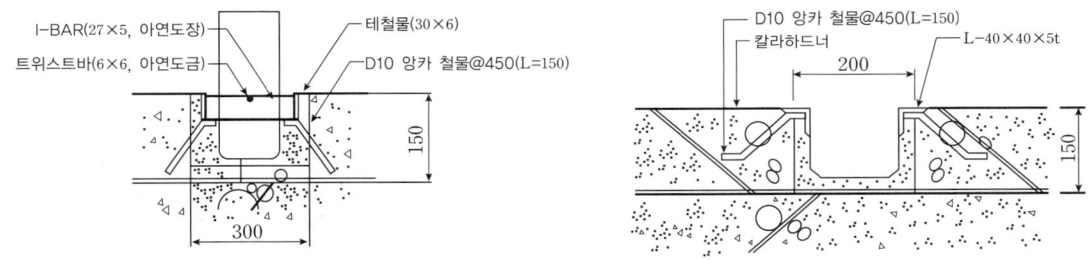

[그림] 케이블 트렌치 시공(예)

③ 전선의 자중에 견디고 전선의 손상을 방지할 수 있도록 2[m] 이하마다 받침대를 설치하고, 또한 굴곡 부위에서는 케이블에 손상이 가지 않도록 케이블의 허용곡률반경(케이블 직경의 6~10배) 이상으로 시설하여야 한다.

(2) 검사기준
① 케이블은 회로별로 구분하고 2[m] 이내의 간격으로 받침대 등을 시설할 것
② 트렌치 내부에는 수관, 가스관 등 다른 시설물을 설치하지 않을 것
③ 바닥 및 측면에는 방수처리하고 물이 고이지 않도록 할 것
④ 사용전선 및 시설 방법은 케이블 트레이 공사를 준용할 것

핵심테마 실전문제

금속 전선관과 비교한 합성수지 전선관 공사의 특징으로 거리가 먼 것은?
① 내식성이 우수하다. ② 배관작업이 용이하다.
③ 접지공사가 필요하다. ④ 절연성이 우수하다.

| 해설 | 합성수지관의 특징
- 관이 절연물로 구성되어 누전의 우려가 없다.
- 내식성이 커서 화학 공장 등의 부식성 가스나 용액이 있는 곳에 적당하다.
- 접지할 필요가 없고 피뢰기, 피뢰침의 접지도체 보호에 적당하다.
- 무게가 가볍고, 시공이 쉽다.
- 열에 약하다.

| 정답 | ③

테마 3 케이블 덕팅 시스템

강판제를 이용하여 사각 틀을 만들고, 그 안에 절연전선, 케이블, 동바 등을 넣어서 배선하는 방식이다.

1 금속덕트공사

(1) 강판제의 덕트 내부에 전선을 정리하여 사용하는 방법으로, 주로 공장, 빌딩 등에서 다수의 전선을 수용하는 부분에 사용되며, 다른 공사에 비해 경제적이고 외관도 좋으며 배선의 증설 및 변경 등이 편리하다.

(2) 금속 덕트는 폭 4[cm] 이상, 두께 1.2[mm] 이상인 철판으로 견고하게 제작하고, 내면은 아연 도금 또는 에나멜 등으로 피복한다.

(3) 금속 덕트 배선의 시공
 ① 옥내에서 점검 가능한 은폐 장소와 건조한 노출 장소에 시설이 가능하다.
 ② 지지점 간의 거리는 3[m] 이하로 지지하고 뚜껑이 쉽게 열리지 않도록 하며, 덕트의 끝부분은 막는다.
 ③ 절연전선을 사용하고, 덕트 내부에서는 전선의 접속을 금지한다.
 ④ 덕트의 외함 및 부속품에는 접지공사 필수

(4) 전선과 전선관의 단면적 관계
 ① 금속 덕트에 수용하는 전선은 절연물을 포함하는 단면적의 총합이 금속 덕트 내 단면적의 20[%] 이하가 되도록 한다.
 ② 신호 출력(전광사인, 출퇴표시장치등)장치 또는 제어회로 등의 배선에 사용하는 전선만을 넣는 경우에는 50[%] 이하로 할 수 있다.
 ③ 전선 수는 30가닥 이하로 시공한다.

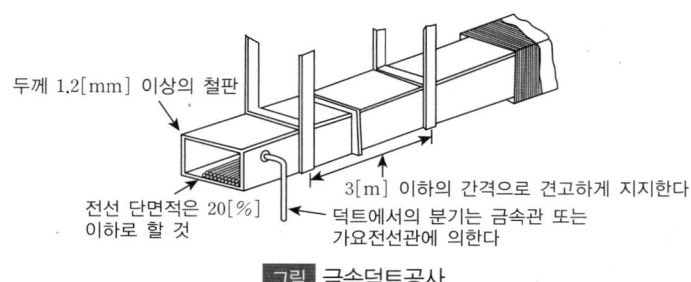

그림 금속덕트공사

핵심테마 실전문제

신호 출력(전광사인, 출퇴표시장치등)장치 또는 제어회로 등의 배선에 사용하는 전선만을 넣는 경우 단면적의 총합계가 금속 덕트 내 단면적의 몇 [%] 이하가 되도록 선정하여야 하는가?

① 20[%]
② 30[%]
③ 40[%]
④ 50[%]

| 해설 | 금속 덕트에 수용하는 전선은 절연물을 포함하는 단면적의 총합이 금속 덕트 내 단면적의 20[%] 이하가 되도록 한다. 단, 신호 출력(전광사인, 출퇴표시장치등)장치 또는 제어회로 등의 배선에 사용하는 전선만을 넣는 경우에는 50[%] 이하로 할 수 있다.

| 정답 | ④

2 플로어 덕트 공사

(1) 마루 밑에 매입하는 배선용의 덕트로 마루 위로 전선 인출을 목적으로 하는 것
(2) 사무용 빌딩에서 전화 및 전기배선 시설을 위해 사용하며, 사무기기의 위치 변경 시 간편하게 전기를 사용할 수 있기 때문에 사무실, 은행, 백화점 등의 실내 공간이 크고 조명, 콘센트, 전화 등의 배선이 분산된 장소에 적합

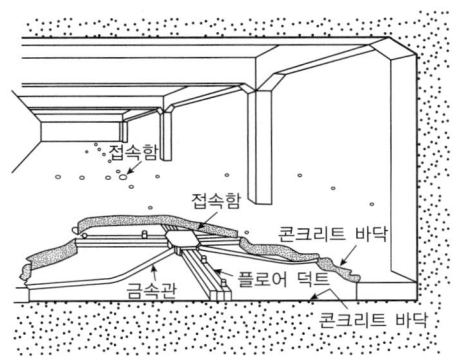

그림 플로어 덕트 공사

(3) 플로어 덕트 배선의 시공
① 옥내의 건조한 콘크리트 바닥에 매입할 경우에 한하여 시설
② 플로어 덕트 배선에 사용되는 전선은 절연전선으로 단면적 10[mm²](알루미늄선은 16[mm²]) 이하를 사용하고 초과 시 연선을 사용해야 한다.

③ 관 내에서는 전선의 접속점 금지
④ 사용전압은 400[V] 이하로 옥내의 건조한 콘크리트 바닥 등 내부에 매입할 경우 시설 가능
⑤ 덕트의 외함 및 부속품에는 접지공사를 해야 한다.

3 셀룰러 덕트공사

(1) 셀룰러 덕트공사에 의한 배선 시스템은 철골구조물의 콘크리트의 형틀 또는 바닥 구조제로 사용되는 파형 데크 플레이트 홈을 막아서 이것을 셀룰러 덕트로 사용하는 방식

(2) 부하용량의 증가에 따라 배선의 용량, 회로의 증가 및 부하의 위치 변경에 용이하게 대처 가능한 공사 방법

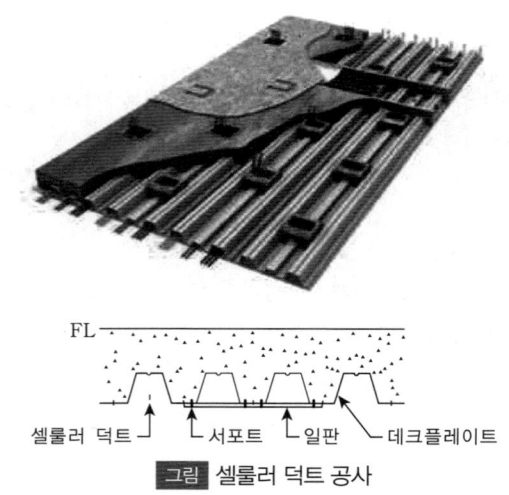

그림 셀룰러 덕트 공사

핵심테마 실전문제

다음 중 덕트 공사의 종류가 아닌 것은?
① 금속덕트 공사
② 셀룰러덕트 공사
③ 케이블덕트 공사
④ 플로어덕트 공사

| 해설 | 덕트 공사의 종류로는 금속덕트 공사, 셀룰러덕트 공사, 플로어덕트 공사, 라이팅덕트 공사가 있다.

| 정답 | ③

핵심테마 실전문제

금속덕트 배관 시공 시 지지점 간의 최대 거리[m]는?
① 1
② 1.2
③ 2
④ 3

| 해설 | 지지점 간의 거리는 3[m] 이하로 지지하고, 뚜껑이 쉽게 열리지 않도록 하며, 덕트의 끝부분은 막는다.

| 정답 | ④

테마 4 케이블 트레이 시스템

1 케이블 트레이 공사는 케이블을 지지하기 위하여 사용하는 금속재 또는 불연성 재료로 제작된 유닛 또는 유닛의 집합체 및 그 부속품으로 구성된 구조물

2 케이블 트레이와 케이블 래더를 포함하며 배선설비는 전선, 케이블 등의 도체를 외부로부터 완전하게 보호되지 않는다.

3 시설하고자 하는 장소의 효과적 이용, 시설공사 및 유지 관리의 편의성과 효율성에 있다.

(1) 케이블 트레이의 종류
① 사다리형
② 바닥 밀폐형
③ 펀칭형
④ 메시형

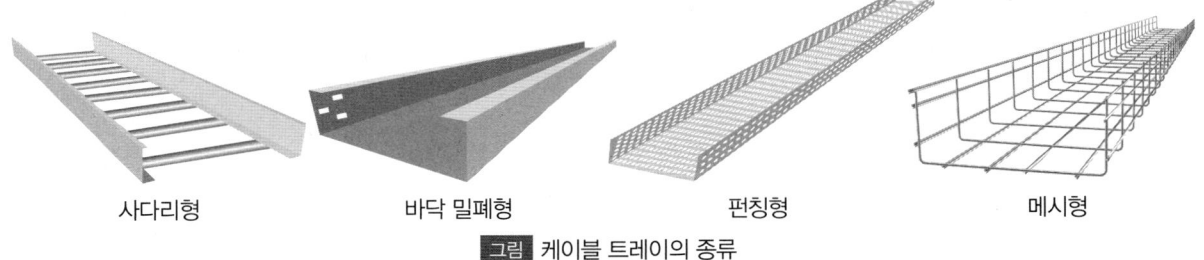

사다리형　　　바닥 밀폐형　　　펀칭형　　　메시형

그림 케이블 트레이의 종류

테마 5 　 케이블공사

1 케이블 배선의 특징
(1) 절연전선보다는 안정성이 뛰어나 빌딩, 공장, 변전소, 주택 등 폭넓게 사용
(2) 다른 배선 방식에 비하여 시공이 간단하여, 전력 수요가 증대되는 곳에서 주로 사용

2 케이블 배선의 종류
저압 배선용으로 연피케이블, 비닐 외장케이블, 클로로프렌 외장케이블, 폴리에틸렌 외장케이블 등이 사용

3 케이블 배선의 시공
(1) 중량물의 압력 또는 심한 기계적 충격을 받을 우려가 있는 장소에서는 사용 금지(단, 케이블을 금속관 또는 합성수지관 등으로 방호하는 경우 사용 가능)
(2) 케이블을 구부리는 경우 굴곡부의 곡률 반지름
    ① 연피가 없는 케이블: 케이블 바깥지름의 6배 이상
    ② 연피가 있는 케이블: 케이블 바깥지름의 12배 이상
(3) 케이블 지지점 간의 거리
    ① 조영재의 아랫면 또는 옆면으로 시설할 경우: 2[m] 이하(단, 캡타이어 케이블은 1[m])
    ② 조영재의 수직으로 붙이고 사람이 접촉할 우려가 없는 경우: 6[m] 이하
(4) 케이블 상호의 접속과 케이블과 기구단자를 접속하는 경우에는 캐비닛, 박스 등의 내부에서 가능

핵심테마 실전문제

케이블 공사에 의한 저압 옥내배선에서 케이블을 조영재의 아랫면 또는 옆면으로 시설하는 경우 전선의 지점 간 거리는 몇 [m] 이하여야 하는가?

① 0.5　　　　　　　　　　② 1
③ 1.5　　　　　　　　　　④ 2

| 해설 | 조영재의 아랫면 또는 옆면으로 시설 시 지점 간의 거리는 2[m]

| 정답 |　④

테마 6 애자공사

1 애자공사의 전선의 이격거리

구분/사용전압	400[V] 이하	400[V] 초과
전선 상호 간의 거리	6[cm] 이상	
전선과 조영재 간의 거리	2.5[cm] 이상	4.5[cm] 이상(건조한 장소: 2.5[cm] 이상)
지지점 간의 거리	조영재의 윗면 또는 옆면에 따라 붙일 경우 2[m] 이하	
	2[m] 이하	조영재의 윗면 또는 옆면에 따라 붙이는 경우 이외 6[m] 이하

2 시설 방법

(1) 전선은 절연전선(옥외용 비닐 절연전선(OW) 및 인입용 비닐 절연전선(DV)은 제외)을 사용해야 한다.
(2) 400[V] 초과의 저압 옥내배선은 사람이 접촉할 우려가 없도록 시설해야 한다.
(3) 애자 공사에 사용하는 애자는 절연성, 난연성 및 내수성의 것을 사용한다.

핵심테마 실전문제

애자 공사에서 전선 지지점 간의 거리는 전선을 조영재의 윗면 또는 옆면에 따라 붙이는 경우에는 몇 [m] 이하인가?
① 3
② 8
③ 2
④ 6

| 해설 | 애자 공사에서 전선의 지지점 간의 이격거리는 조영재의 윗면 또는 옆면에 따라 붙일 경우 2[m] 이하로 한다.

| 정답 | ③

핵심테마 실전문제

애자 공사에 사용하는 애자가 갖추어야 할 성질과 가장 거리가 먼 것은?
① 내유성
② 난연성
③ 내수성
④ 절연성

| 해설 | 애자는 절연성, 난연성, 내수성이 있는 성질로 이루어져야 한다.

| 정답 | ①

테마 7 저압 옥내배선공사

1 옥내 전로의 대지전압 제한: 대지전압은 300[V] 이하

(1) 사용전압은 400[V] 이하일 것
(2) 사람이 쉽게 접촉할 우려가 없도록 할 것
(3) 전로 인입구에는 인체 감전 보호용 누전차단기를 시설할 것
(4) 백열전등 및 형광등 안정기는 옥내배선과 직접 접촉하여 시설할 것
(5) 전구 소켓은 키나 점멸기구가 없는 것일 것
(6) 3[kW] 이상의 부하는 옥내배선과 직접 접속하고, 전용의 개폐기 및 과전류 차단기를 시설할 것

2 불평형 부하의 제한

(1) 단상 3선식: 40[%] 이하
(2) 3상 3선식 또는 3상 4선식: 30[%] 이하

① 사용전선
 저압 옥내배선은 단면적 2.5[mm²] 이상의 연동선 또는 이와 동등 이상의 강도 및 굵기의 것

② 시설 장소에 의한 공사 분류
 저압 옥내배선의 시설 장소에 의한 공사는 합성수지관 공사, 금속관 공사, 가요전선관 공사나 케이블 공사 또는 다음 표에서 정하는 시설 장소 및 사용 전압의 구분에 따른 공사에 의하여 시설하여야 한다.

구분		400[V] 이하	400[V] 초과
전개된 장소	건조한 장소	애자 공사, 합성수지 몰드 공사, 금속몰드 공사, 금속덕트 공사, 버스덕트 공사, 라이팅 덕트 공사	애자 공사, 금속덕트 공사, 버스덕트 공사
	기타 장소	애자 공사	애자 공사
점검할 수 있는 은폐된 장소	건조한 장소	애자 공사, 합성수지몰드 공사, 금속몰드 공사, 금속덕트 공사, 버스덕트 공사, 셀룰러덕트 공사 또는 라이팅덕트 공사	애자 공사, 금속덕트 공사, 버스덕트 공사
	기타 장소	애자 공사	애자 공사
점검할 수 없는 은폐된 장소	건조한 장소	플로어덕트 공사, 셀룰러덕트 공사	—

테마 8 고압 옥내배선

1 고압 옥내배선의 공사 방법

(1) 애자 사용 배선
 ① 건조한 노출 장소에서 사용되는 방식
 ② 전선은 공칭 단면적 6[mm²] 이상의 연동선을 사용
 ③ 전선 간의 간격은 8[cm] 이상, 전선과 조영재 사이의 간격은 5[cm] 이상

(2) 케이블 배선
   ① 케이블을 사용하여 배선하며, 화재나 폭발 위험이 있는 장소에서도 적합
   ② 케이블은 난연성 재료로 제작된 것 사용
(3) 케이블 트레이 배선
   ① 케이블 트레이를 사용하여 배선하며, 주로 대규모 설비나 공장에서 사용
   ② 트레이는 난연성 재료로 제작되어야 하며, 접지 공사가 필요
(4) 금속관 배선
   ① 금속관을 사용하여 배선하며, 전선의 보호와 내구성을 높이는 데 적합하다.
   ② 금속관의 끝부분은 전선의 피복이 손상되지 않도록 매끄럽게 처리해야 한다.
(5) 합성수지관 배선
   ① 합성수지로 제작된 관을 사용하며, 가볍고 설치가 편리
   ② 관의 굵기는 설계 도면에 따라 결정

2 애자 사용 배선에 의한 고압 옥내배선

(1) 전선은 공정단면적 $6[mm^2]$ 이상의 연동선 또는 이와 동등 이상의 세기 및 굵기의 고압 절연전선이나 특고압 절연전선 또는 인하용 고압 절연전선을 사용
(2) 전선의 지지점 간의 거리: $6[m]$(단, 전선을 조영재의 면을 따라 붙이는 경우에는 $2[m]$) 이하
(3) 전선 상호 간의 간격: $0.08[m]$ 이상
(4) 전선과 조영재 사이의 이격거리: $0.05[m]$ 이상
(5) 사용하는 애자는 절연성, 난연성 및 내수성의 것

핵심문제 | 테마 15 | 배선설비공사 및 전선허용전류 계산

01
합성수지관 공사에서 전선은 관 안에서 어떻게 접속하여야 하는가?

① 중간에 접속점을 두어야 한다.
② 관 밖에서 분기하여 연결한다.
③ 관 안에서 접속점을 만들어도 무방하다.
④ 관 안에서는 접속점을 두지 않는다.

| 해설 |
합성수지관 내부는 폐쇄적 구조이므로 전선의 점검 및 보수가 어렵고, 과열 시 위험성이 높아 관 내부에는 접속점(분기점)을 두는 것이 금지된다. 따라서 전선은 반드시 관 밖에서 접속하여야 하며, 접속이 필요한 경우에는 정션박스(접속함)를 설치하여 그 안에서 접속하게 한다.

| 정답 | ④

02
금속관 공사에서 관의 끝단에 설치하여 전선의 손상을 방지하는 부품은?

① 커넥터
② 리머
③ 부싱
④ 스트리퍼

| 해설 |
금속관의 절단면은 금속 재질 특성상 날카롭게 되며, 이 상태로 전선을 삽입하면 전선 피복이 손상되어 누전 등의 위험이 발생할 수 있다. 그래서 금속관 끝단에는 반드시 부싱을 삽입하여 날카로운 절단면과 전선이 직접 닿지 않도록 해야 한다.
- 커넥터: 관과 박스 연결
- 리머: 절단면 안쪽을 매끄럽게 다듬는 공구
- 스트리퍼: 전선 피복 제거용
- 부싱: 전선 보호용 마감 부품

| 정답 | ③

03
다음 중 케이블 트레이의 종류로 볼 수 없는 것은?

① 펀칭형
② 사다리형
③ 메시형
④ 몰드형

| 해설 |
케이블 트레이의 종류
- 사다리형
- 바닥 밀폐형
- 펀칭형
- 메시형

| 정답 | ④

04
금속덕트공사에서 금속덕트를 조영재(건축 구조물)에 붙이는 경우, 지지점 간의 거리는 얼마 이하이어야 하는가?

① 0.3[m] 이하
② 0.6[m] 이하
③ 1.0[m] 이하
④ 3.0[m] 이하

| 해설 |
금속덕트공사의 시공
지지점 간의 거리는 3[m] 이하로 하고, 덕트의 끝부분은 막는다.

| 정답 | ④

05

캡타이어 케이블을 조영재의 옆면(벽면 등)에 따라 시설하는 경우, 지지점 간의 거리는 얼마 이하로 하여야 하는가?

① 2[m]
② 3[m]
③ 1.5[m]
④ 1[m]

| 해설 |

케이블 지지점 간의 거리
조영재의 아랫면 또는 옆면으로 시설할 경우: 2[m] 이하
(단, 캡타이어 케이블은 1[m] 이하)

| 정답 | ④

06

400[V] 미만의 애자사용 공사에 있어서 전선 상호 간의 최소 거리는?

① 10[cm]
② 6[cm]
③ 4[cm]
④ 2.5[cm]

| 해설 |

애자사용공사에서 전선 상호 간의 거리는 6[cm] 이상으로 한다.

| 정답 | ②

07

3상 3선식에서 부하가 평형이 되게 하는 것을 원칙으로 하나, 부득이한 경우에는 설비 불평형률을 몇 [%]까지로 할 수 있는가?

① 10
② 20
③ 30
④ 40

| 해설 |

불평형 부하의 제한
- 단상 3선식: 40[%] 이하
- 3상 3선식 또는 3상 4선식: 30[%] 이하

| 정답 | ③

08

금속덕트 공사에 있어서 전광표시장치, 출퇴표시장치 등 제어 회로용 배선만을 공사할 때 절연전선의 단면적은 금속 덕트 내 몇 [%] 이하이어야 하는가?

① 50
② 60
③ 70
④ 80

| 해설 |

금속 덕트에 수용하는 전선은 절연물을 포함하는 단면적의 총합이 금속 덕트 내 단면적의 20[%] 이하가 되도록 한다. 신호 출력 장치(전광사인, 출퇴표시장치등) 또는 제어회로 등의 배선에 사용하는 전선만을 넣는 경우에는 50[%] 이하로 할 수 있다.

| 정답 | ①

핵심테마 이론 16 | 전선 및 기계기구의 보안공사

3과목 | 전기설비

테마 1 전압

1 전압의 종류

(1) 전압은 저압, 고압, 특고압으로 구분

구분	교류	직류
저압	1,000[V] 이하	1,500[V] 이하
고압	7,000[V] 이하	
특고압	7,000[V] 초과	

(2) 전압을 표현하는 용어
  ① **공칭전압**: 전선로를 대표하는 선간전압
  ② **정격전압**: 실제로 사용하는 전압 또는 전기기구 등에 사용되는 전압
  ③ **대지전압**: 측정점과 대지 사이의 전압

2 전기 방식

(1) 단상 2선식
  ① 장단점
    • 구성이 간단하다.
    • 부하의 불평형이 없다.
    • 소요 동량이 크다.
    • 전력손실이 크다.
    • 대용량부하에 부적합하다.

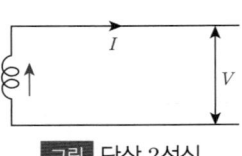
[그림] 단상 2선식

  ② 용도: 주택 등 소규모 수용가에 적합하며, 220[V]를 사용한다.
(2) 단상 3선식
  ① 장단점
    • 부하를 110/200[V] 동시 사용한다.
    • 부하의 불평형이 있다.
    • 소요 동량이 2선식의 37.5[%]이다.
    • 중성선 단선 시 전압 불평형이 발생한다.

[그림] 단상 3선식

  ② 용도: 공장의 전등, 전열용으로 사용되며 빌딩이나 주택에서는 거의 사용하지 않는다.
(3) 3상 3선식
  ① 장단점
    • 2선식에 비해 동량이 적고, 전압강하 등이 개선된다.

- 동력부하에 적합하다.
- 소요 동량이 2선식의 75[%]이다.

② 용도: 빌딩에서는 거의 사용되지 않고 있으며 주로 공장 동력용으로 사용된다.

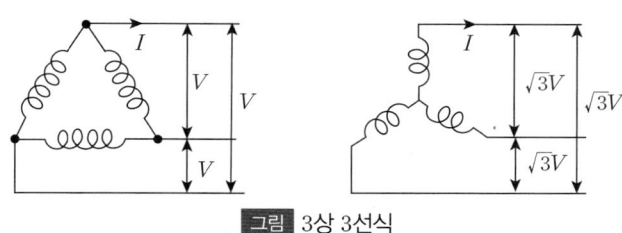

그림 3상 3선식

(4) 3상 4선식

① 장단점
- 경제적인 방식이다.
- 중성선 단선 시 이상전압이 발생한다.
- 단상과 3상 부하를 동시 사용할 수 있다.
- 부하의 불평형이 있다.
- 소요 동량이 2선식의 33.3[%]이다.

② 용도: 대용량의 상가, 빌딩, 공장 등에서 가장 많이 사용된다.

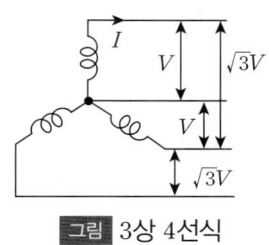

그림 3상 4선식

3 전선의 식별

문자	색상
L1	갈색
L2	흑색
L3	회색
N	청색
PE(보호도체)	녹색-노란색

색상 식별이 종단 및 연결 지점만 표시하는 경우에는 도색, 밴드, 색 테이프 등의 방법으로 표시해야 한다.

4 전압강하의 제한

(1) 허용 전압강하

설비의 유형	조명[%]	기타[%]
저압으로 수전하는 경우	3	5
고압 이상으로 수전하는 경우	6	8

① 고압 이상으로 수전하는 경우에서도 가능한 한 최종회로 내의 전압강하가 저압으로 수전하는 경우의 값을 넘지 않도록 하는 것이 좋다.
② 배선설비가 100[m]를 넘는 부분의 전압강하는 미터당 0.005[%] 증가할 수 있으나, 증가분은 0.5[%]를 넘지 않아야 한다.
③ 고압 이상으로 수전하는 조명의 경우 200[m]가 넘어도 허용 전압강하는 6.5[%] 이하이다.

(2) 큰 전압강하를 허용하는 경우
　① 기동 시간 중의 전동기
　② 돌입전류가 큰 기타 기기
(3) 전압강하를 고려하지 않는 경우
　① 과도 과전압
　② 비정상적인 사용으로 인한 전압 변동

테마 2　간선

1 간선의 개요

(1) 간선이란 전선로에서 부하(전등, 콘센트, 전동기 등)에 전기를 송전할 경우 구역으로 구분하여 큰 용량의 배선으로 배전하기 위한 전선
(2) 한 개의 간선에 분기회로가 많이 포함되어 있기 때문에 전력 공급 면에서 간선이 분기회로보다 큰 용량을 사용

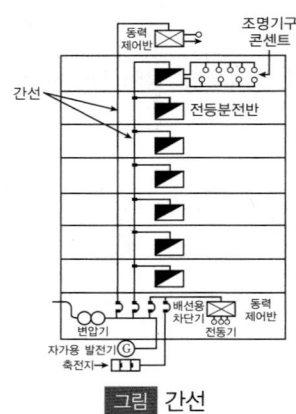

그림 간선

2 간선의 종류

(1) 사용 목적에 따른 분류
　① 전등 간선: 조명기구, 콘센트, 사무용 기기 등에 전력을 공급하는 간선
　② 동력 간선
　　동력설비(에어컨, 공기조화기, 급·배수 펌프, 엘리베이터 등)에 전력을 공급하는 간선·승강기용 동력간선은 다른 용도의 부하와 접속 금지
　③ 특수용 간선
　　중요도가 높은 특수기기 및 장비에 전력을 공급하는 간선
(2) 간선의 보호
　① 과전류 보호 장치
　　• 간선을 과전류로부터 보호하기 위해 과전류 차단기를 시설
　　• 과부하에 대해 케이블(전선)을 보호하기 위해 아래의 조건을 충족
　　$I_B \leq I_n \leq I_Z$ 및 $I_2 \leq 1.45 \times I_Z$

I_B: 회로의 설계전류
I_n: 보호장치의 정격전류
I_Z: 케이블의 허용전류
I_2: 보호장치가 유효한 동작을 보장하는 전류

- 과부하 보호장치 설치 위치
    - 원칙: 전로 중 도체의 단면적, 특성, 설치 방법, 구성의 변경으로 도체의 허용전류값이 줄어드는 곳에 설치
    - 예외
        분기회로(S_2)의 과부하 보호장치(P_2)가 분기회로에 대한 단락보호가 이루어지는 경우, 임의의 거리에 설치

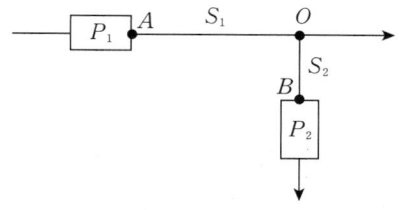

그림 분기회로

분기회로(S_2)의 과부하 보호장치(P_2)가 분기회로에 대한 단락의 위험과 화재 및 인체에 대한 위험성이 최소화되도록 시설된 경우, 분기점(O)으로부터 3[m] 이내에 설치

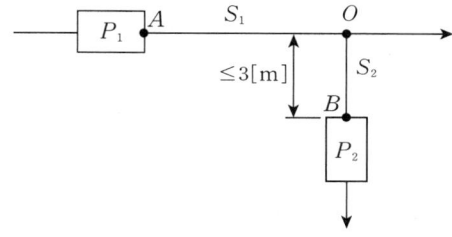

그림 분기회로

- 생략하는 경우
    - 분기회로의 전원 측에 설치된 보호장치에 의해 분기회로에 발생하는 과부하에 대해 유효하게 보호되는 경우
    - 부하에 설치된 과부하 보호장치가 유효하게 동작하여 과부하 전류가 분기회로에 전달되지 않도록 조치한 경우
    - 통신회로용, 제어회로용, 신호회로용 및 이와 유사한 설비

② **지락 보호 장치**
    지락사고 시 자동적으로 전로를 차단하여 간선을 보호

③ **단락 보호 장치**
    간선의 전선이나 전기부하에서 생기는 단락사고 시 단락 전류를 차단하여 간선을 보호

테마 3 분기회로

1 분기회로의 정의

(1) 간선으로부터 분기하여 과전류 차단기를 거쳐 각 부하에 전력을 공급하는 배선을 말한다. 즉, 모든 부하는 분기회로에 의하여 전력을 공급 받고 있는 것이다.
(2) 사용 목적: 고장 발생 시 고장 범위를 될 수 있는 한 줄여 신속한 복귀와 경제적 손실을 줄이기 위해 분기회로를 시설한다.
(3) 분기회로의 과전류 차단기는 배선용 차단기 또는 퓨즈를 사용하여 부하(조명용, 전열용, 에어컨용 등)의 종류별로 분류

2 부하의 산정

배선을 설계하기 위한 전등 및 소형 전기 기계기구의 부하용량 산정은 아래 표에 표시하는 건물의 종류 및 그 부분에 해당하는 표준부하에 바닥 면적을 곱한 값을 구하고 여기에 가산하여야 할 [VA] 수를 더한 값으로 계산한다.
(부하설비용량) = (표준부하밀도) × (바닥면적) + (부분부하밀도) × (바닥면적) + (가산부하)[VA]

건물 종류 및 부분	표준부하밀도[VA/m^2]
공장, 공회당, 사원, 교회, 극장, 연회장 등	10
기숙사, 여관, 호텔, 병원, 학교, 음식점, 다방, 대중목욕탕 등	20
사무실, 은행, 상점, 미용실	30
주택, 아파트	40

3 분기회로의 시공

(1) 전선도체의 굵기는 허용전류, 전압강하 및 기계적 강도를 고려하여 선정
(2) 다선식(단상 3선식, 3상 3선식, 3상 4선식) 분기회로는 부하의 불평형을 고려

4 분기회로 설계 시 고려사항

(1) 전등과 콘센트는 전용의 분기회로로 구분하는 것을 원칙
(2) 전압강하와 시공을 고려하여 분기회로의 길이 선정(약 30[m] 이하)
(3) 정확한 부하 산정이 어려운 경우에는 사무실, 상점, 대형 건물에서 36[m^2]마다 1회로로 구분하고, 복도나 계단은 70[m^2]마다 1회로로 적용
(4) 복도와 계단 및 습기가 있는 장소의 전등 수구는 별도의 회로 구성

핵심테마 실전문제

간선에서 분기하여 분기 과전류 차단기를 거쳐서 부하에 이르는 사이의 배선을 무엇이라 하는가?
① 분기회로 ② 인입선
③ 중성선   ④ 분기선

| 해설 | 간선에서 분기하여 과전류 차단기를 거치는 구간을 분기회로라고 한다.

| 정답 | ①

핵심테마 실전문제

저압 옥내간선으로부터 분기하는 곳에 설치해야 하는 것은?
① 지락 차단기 ② 과전압 차단기
③ 누전 차단기 ④ 과전류 차단기

| 해설 | 저압 옥내간선의 분기점에는 개폐기 및 과전류 차단기를 설치해야 한다.

| 정답 | ④

테마 4 변압기 용량산정

1 부하 설비 용량산정

사용 시각이 항상 일정하지 않고 모든 부하 설비가 전부 상시 사용하지 않는다. 따라서 각 부하마다 추산한 설비용량에 수용률, 부등률, 부하율 등을 고려해서 최대수용전력을 산정한다. 또한 장래의 부하 증설계획과 여유분 등을 감안하여 변압기 용량을 결정하게 된다.

(1) **수용률**: 수용장소에 설비된 전 용량에 대하여 실제 사용하고 있는 부하의 최대 전력 비율을 말한다. 전력소비기기가 동시에 사용되는 정도를 나타내는 척도이다.

$$수용율 = \frac{최대수용전력[kW]}{총부하설비용량합계[kW]} \times 100[\%]$$

(2) **부등률**: 한 배전용 변압기에 접속된 수용가의 부하는 최대수용전력을 나타내는 시각이 서로 다른 것이 보통이다. 이 다른 정도를 부등률로 나타낸다. 보통 1보다 큰 값을 나타낸다.

$$부등률 = \frac{각부하의\ 최대수용전력의\ 합계[kW]}{합성최대수용전력[kW]}$$

(3) **부하율**: 전기설비가 어느 정도 유효하게 사용되는가를 나타내며 부하율이 높을수록 설비가 효율적으로 사용되는 것이다.

$$부하율 = \frac{부하의\ 평균전력[kW]}{최대수용전력[kW]} \times 100[\%]$$

2 변압기 용량 산정

(1) 각 부하별로 최대수용전력을 산출하고 이에 부하역률과 부하 증가를 고려하여 변압기의 총용량을 결정한다.

$$변압기용량 = \frac{총부하\ 설비용량[kW] \times 수용률}{부등률 \times 역률} \times 여유율$$

(2) 여유율은 일반적으로 10[%] 정도의 여유를 둔다.

테마 5 전로의 절연

1 전로의 절연의 필요성

(1) 누설전류로 인하여 화재 및 감전사고 등의 위험 방지
(2) 전력 손실 방지
(3) 지락전류에 의한 통신선에 유도 장해 방지

2 저압전로의 절연저항

(1) 정전이 어려운 경우 등 절연저항 측정이 곤란한 경우에는 저항성분의 누설전류가 1[mA] 이하이면 그 전로의 절연성능은 적합한 것으로 본다.

(2) 저압전로의 절연성능

① 전기 사용 장소의 사용전압이 저압인 전로의 전선 상호 간 및 전로와 대지 사이의 절연저항은 개폐기 또는 과전류 차단기로 쉽게 구분할 수 있는 전로마다 다음 표에서 정한 값 이상이어야 한다. 다만, 전선 상호 간의 절연저항은 기계기구를 쉽게 분리하기가 곤란한 분기회로의 경우 기기 접속 전에 측정할 수 있다.

② 측정치 영향이나 손상을 받을 수 있는 SPD(서지보호장치) 등 기기는 측정 전에 분리시켜야 하고, 분리가 어려운 경우 시험전압을 250[V] DC로 낮추어 측정해서 절연저항이 1[MΩ] 이상이어야 한다.

전로의 사용전압[V]	DC시험전압[V]	절연저항[MΩ]
SELV 및 PELV	250	0.5
FELV를 포함한 500[V] 이하	500	1.0
500[V] 초과	1,000	1.0

③ 특별저압(ELV, Extra Low Voltage)
인체에 위험을 초래하지 않을 정도의 저압으로 안전전압을 말하며 2차 전압이 교류 50[V], 직류 120[V] 이하의 시스템이다.
- SELV(Safety Extra Low Voltage, 안전 특별저압): 비접지회로에 해당된다.
- PELV(Protective Extra Low Voltage, 보호 특별저압): 접지회로에 해당된다.
- FELV(Function Extra Low Voltage, 기능적 특별저압): 단권변압기와 같은 단순 분리형 변압기에 의한다.

3 고압, 특고압 전로 및 기기의 절연

(1) 고압 및 특고압 전로의 절연내력 시험전압
① 고압 및 특고압의 전로는 KEC에서 정한 시험전압을 전로와 대지 사이에 연속하여 10분간 가하여 절연내력

을 시험하였을 때 이를 견디어야 한다.
② 케이블을 사용하는 교류 전로에 시험전압의 2배의 직류전압을 적용할 수 있다.

전로의 종류	시험전압
최대사용전압 7[kV] 이하인 전로	최대사용전압의 1.5배의 전압
최대사용전압 7[kV] 초과 25[kV] 이하인 중성점 접지식 전로(중성선을 가지는 것으로 그 중성선을 다중접지하는 것에 한한다.)	최대사용전압의 0.92배의 전압
최대사용전압 7[kV] 초과 60[kV] 이하인 전로	최대사용전압의 1.25배의 전압(10.5[kV] 미만으로 되는 경우는 10.5[kV])
최대사용전압이 60[kV] 초과 중성점 직접접지식 전로	최대사용전압의 0.72배의 전압

표 전로의 종류 및 시험전압

(2) 시험전압 인가 장소
① 회전기: 권선과 대지 사이
② 변압기: 권선과 다른 권선 사이, 권선과 철심 사이, 권선과 외함 사이
③ 전기기구: 충전부와 대지 사이 케이블을 사용하는 교류 전로에 시험전압의 2배의 직류전압을 적용할 수 있다.

테마 6 접지시스템

1 접지의 목적

(1) 전기설비의 절연물의 열화 또는 손상되었을 때 흐르는 누설전류로 인한 감전을 방지
(2) 높은 전압과 낮은 전압이 혼촉사고가 발생했을 때 사람에게 위험을 주는 높은 전류를 대지로 흐르게 하기 위함
(3) 뇌해로 인한 전기설비나 전기기기 등을 보호하기 위함
(4) 전로에 지락사고 발생 시 보호계전기를 신속하고, 확실하게 작동하도록 하기 위함
(5) 전기기기 및 전로에서 이상전압이 발생하였을 때 대지전압을 억제하여 절연강도를 낮추기 위함

2 접지시스템의 구분 및 종류

(1) 구분: 계통접지, 보호접지, 피뢰시스템 접지
(2) 시설 종류: 단독접지, 공통접지, 통합접지

3 계통접지 분류

(1) TN-S 방식: 계통 전체에 걸쳐서 중성선(N)과 보호도체(PE)를 분리하여 설치
① 일반적인 부하설비의 분기회로에 적용되며, 누전차단기 설치 가능
② 보호도체와 중성선이 독립되어 있어 보호도체에는 부하전류가 흐르지 않아 전산센터, 병원, 정보통신설비 등 노이즈에 민감한 설비가 있는 곳에 사용 시 유리

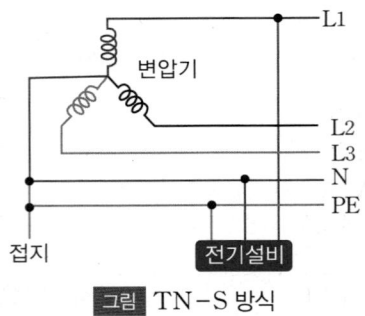

그림 TN-S 방식

(2) **TN-C 방식**: 계통 전체에 걸쳐서 중성선(N)과 보호도체(PE)의 기능을 하나의 도체(PEN)에 설치
   ① 고장 시 고장전류가 PEN 도체를 통해 흐르므로 누전차단기 설치 불가능
   ② 하나의 도체로 중성선과 보호도체를 겸용하여 경제적이나 안전상 일반적으로 사용하지 않는 방식

(3) **TN-C-S 방식**: 계통의 일부분에서 중성선+보호도체(PEN)를 사용하거나, 중성선과 별도의 보호도체(PE)를 사용하는 방식
   ① 전원부는 TN-C 방식, 간선계통에서 중성선과 보호도체를 분리하여 TN-S 계통으로 하는 방식
   ② 일반적인 저압 배전선으로부터 인입되는 수용가 설비의 인입점에서 PEN 도체를 중성선과 보호도체로 분리시키고 모든 부하기기의 노출 도전부를 보호도체에 접속하면 누전차단기를 설치할 수 있고, 전자기적합성의 영향도 억제할 필요가 있는 전원회로에 적용

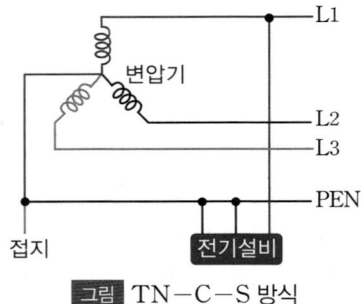

그림 TN-C-S 방식

(4) **TT 방식**: 보호도체(PE)를 전력계통으로부터 끌어오지 않고 기기 자체를 단독 접지하는 방식
   ① 주상변압기 접지선과 각 수용가의 접지선이 따로 있는 상태
   ② 개별기기 접지방식으로 누전차단기(ELB)로 보호 가능
   ③ 2개의 전압을 사용하기 위해 중성선(N)이 필요하다.

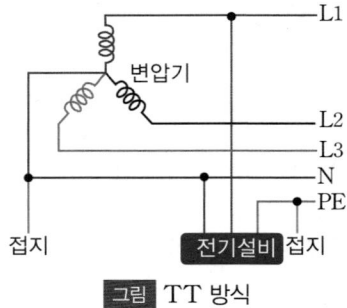

그림 TT 방식

(5) **IT 방식**: 전력계통은 비접지로 하거나 임피던스를 삽입하여 접지하고 설비의 노출 도전성 부분은 개별 접지하는 방식

① 지락 고장 시 상당히 작은 고장전류가 흐르므로 전원의 자동차단이 요구되지 않음
② 일반적으로 전원 공급의 연속성이 요구되는 병원, 플랜트 등의 설비에 적용

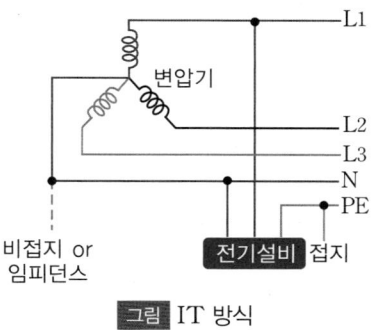

그림 IT 방식

4 접지시스템의 시설

(1) 접지시스템 구성요소
접지극, 접지도체, 보호도체 및 기타 설비로 구성

(2) 접지극의 시설 및 접지저항
① 접지극 시설
- 콘크리트에 매입된 기초 접지극
- 토양에 매설된 기초 접지극
- 토양에 수직 또는 수평으로 직접 매설된 금속전극(봉, 전선, 테이프, 배관, 판 등)
- 케이블의 금속외장 및 그 밖의 금속피복
- 지중 금속구조물(배관 등)
- 대지에 매설된 철근콘크리트의 용접된 금속 보강재(강화콘크리트는 제외)

② 접지극의 매설
- 접지극은 매설하는 토양을 오염시키지 않아야 하며, 가능한 한 다습한 부분에 설치한다.
- 접지극은 지표면으로부터 지하 0.75[m] 이상으로 하되 동결 깊이를 감안하여 매설 깊이를 정해야 한다.
- 접지도체를 철주, 기타의 금속체를 따라서 시설하는 경우에는 접지극을 철주의 밑면으로부터 0.3[m] 이상의 깊이에 매설하는 경우 이외에는 접지극을 지중에서 그 금속체로부터 1[m] 이상 떼어 매설하여야 한다.

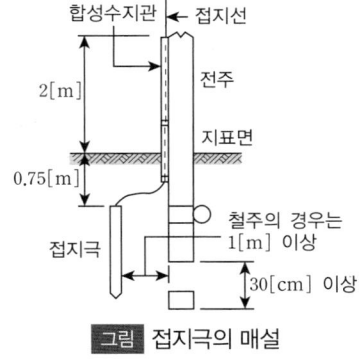

그림 접지극의 매설

③ **접지극 접속**: 발열성 용접, 압착접속, 클램프 또는 그 밖의 적절한 기계적 접속장치로 접속
④ 수도관 등을 접지극으로 사용하는 경우는 지중에 매설되어 있고 대지와의 전기저항값이 3[Ω] 이하일 경우 가능

⑤ 건축물·구조물의 철골, 기타의 금속제를 접지극으로 사용하는 경우는 대지와의 사이에 전기저항값이 2[Ω] 이하일 경우 가능

5 접지도체

(1) 접지도체의 단면적
① 접지도체에 큰 고장전류가 흐르지 않을 경우: 구리 6[mm²] 이상, 철제 50[mm²] 이상
② 접지도체에 피뢰시스템이 접속되는 경우: 구리 16[mm²] 이상, 철제 50[mm²] 이상

(2) 접지도체는 지하 0.75[m]부터 지표상 2[m]까지 부분은 합성수지관 또는 이와 동등 이상의 절연 효과와 강도를 가지는 몰드로 덮어야 한다(두께 2[mm] 미만의 합성수지제 전선관 및 가연성 콤바인 덕트관은 제외).

6 보호도체의 최소 단면적

보호도체 최소 단면적 [mm²], 구리	
선도체 단면적 S	보호도체의 재질이 선도체와 같은 경우
$S \leq 16$	S
$16 < S \leq 35$	16
$S > 35$	$\dfrac{S}{2}$

7 주 접지단자

주 접지단자는 등전위본딩도체, 접지도체, 보호도체, 기능성 접지도체에 접속하여야 한다.

8 전기수용가 접지

(1) 저압수용가 인입구 접지
수용장소 인입구 부근에서 다음의 것을 접지극으로 사용하여 변압기 중성점 접지를 한 저압전선로의 중성선 또는 접지측 전선에 추가로 접지공사를 할 수 있다.
① 지중에 매설되어 있고 대지와의 전기저항값이 3[Ω] 이하의 값을 유지하고 있는 금속제 수도관로
② 대지 사이의 전기저항값이 2[Ω] 이하인 값을 유지하는 건물의 철골

(2) 주택 등 저압수용장소 접지
① 계통접지가 TN-C-S 방식인 경우
중성선 겸용 보호도체(PEN)는 고정 전기설비에만 사용할 수 있고, 그 도체의 단면적이 구리는 10[mm²] 이상, 알루미늄은 16[mm²] 이상이어야 하며, 그 계통의 최고전압에 대하여 절연되어야 한다.
② 감전보호용 등전위본딩을 하여야 한다.

9 변압기 중성점 접지

(1) 중성점 접지저항값
일반적으로 변압기의 고압·특고압측 전로 1선 지락전류로 150을 나눈 값과 같은 저항값 이하(전로의 1선 지락전류는 실측값에 의한다.)

(2) 공통접지 및 통합접지

① **공통접지**: 고압 및 특고압과 저압 전기설비의 접지극이 서로 근접하여 시설되어 있는 변전소 또는 이와 유사한 곳

② **통합접지**: 전기설비의 접지계통·건축물의 피뢰설비·전자통신설비 등의 접지극을 공용(낙뢰에 의한 과전압 등으로부터 전기·전자기기 등을 보호하기 위해 서지보호장치를 설치하여야 한다.)

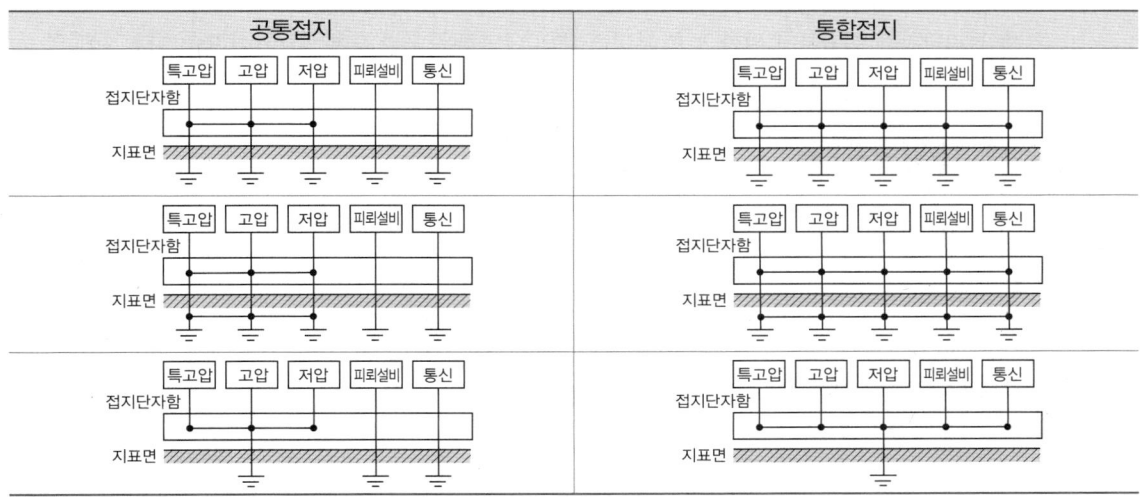

그림 공통접지 및 통합접지

10 감전보호용 등전위본딩

(1) 등전위본딩의 적용

① 건축물·구조물에서 접지도체, 주 접지단자와 등전위본딩을 시설해야 하는 곳
- 수도관·가스관 등 외부에서 내부로 인입되는 금속배관
- 건축물·구조물의 철근, 철골 등 금속보강재
- 일상생활에서 접촉이 가능한 금속제 난방배관 및 공조설비 등 계통외도전부

② 주 접지단자에 보호 등전위본딩 도체, 접지도체, 보호도체, 기능성 접지도체를 접속하여야 한다.

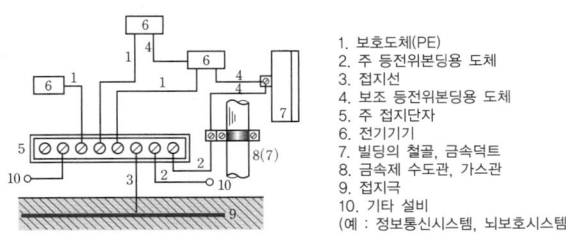

1. 보호도체(PE)
2. 주 등전위본딩용 도체
3. 접지선
4. 보조 등전위본딩용 도체
5. 주 접지단자
6. 전기기기
7. 빌딩의 철골, 금속덕트
8. 금속제 수도관, 가스관
9. 접지극
10. 기타 설비
 (예: 정보통신시스템, 뇌보호시스템)

그림 등전위본딩의 적용

(2) 보호 등전위본딩 시설

① 건축물·구조물의 외부에서 내부로 들어오는 각종 금속제 배관
- 1개소에 집중하여 인입하고, 인입구 부근에서 서로 접속하여 등전위본딩 바에 접속한다.
- 수도관·가스관의 경우 내부로 인입된 최초의 밸브 후단에서 등전위본딩을 하여야 한다.
- 건축물·구조물의 철근, 철골 등 금속보강재는 등전위본딩을 하여야 한다.

(3) 보호 등전위본딩 도체
  ① 주 접지단자에 접속하기 위한 등전위본딩 도체
    • 설비 내에 있는 가장 큰 보호접지도체 단면적의 $\frac{1}{2}$ 이상의 단면적을 가져야 하고 다음의 단면적 이상이어야 한다.
    • 구리 도체 6[mm²], 알루미늄 도체 16[mm²], 강철 도체 50[mm²]
  ② 주 접지단자에 접속하기 위한 보호 본딩 도체의 단면적은 구리 도체 2[mm²] 또는 다른 재질의 동등한 단면적을 초과할 필요는 없다.

핵심테마 실전문제

접지시스템이 아닌 것은?
① 계통접지   ② 보호접지
③ 피뢰시스템 접지   ④ 건물접지

| 해설 | 접지시스템의 종류: 계통접지, 보호접지, 피뢰시스템 접지

| 정답 | ④

핵심테마 실전문제

접지시스템 공사의 종류가 아닌 것은?
① 단독접지   ② 공통접지
③ SPD 접지   ④ 통합접지

| 해설 | 시설 종류: 통합접지, 공통접지, 단독접지

| 정답 | ③

테마 7 피뢰 설치공사

1 피뢰기가 구비해야 할 성능

(1) 전기시설물에 이상전압이 침입할 때 그 파고값을 감소시키기 위해 방전 특성을 가질 것
(2) 이상전압 방전 완료 이후 속류를 차단하여 절연의 자동 회복 능력을 가질 것
(3) 방전개시 이후 이상전류 통전 시의 단자전압을 일정전압 이하로 억제할 것
(4) 반복 동작에 대하여 특성이 변화하지 않을 것

2 피뢰기의 정격

(1) 정격전압: 전압을 선로단자와 접지단자에 인가한 상태에서 동작 책무를 반복 수행할 수 있는 정격 주파수의 상용 주파전압 최고한도(실효치)를 말한다.

계통구분	피뢰기 정격전압의 예	
	공칭전압[kV]	정격전압[kV]
유효접지계통	345	288
	154	144
	22.9	18
비유효접지계통	22	24
	6.6	7.5

(2) 공칭 방전전류: 보통 수전설비에 사용하는 피뢰기의 방전전류는 154[kV] 계통에서는 10[kA]로 22.9[kV] 계통에서는 5[kA]나 10[kA]를 사용한다.

(3) 제한전압: 피뢰기 방전 시 단자 간에 남게 되는 충격전압의 파고치로 방전 중에 피뢰기 단자 간에 걸리는 전압을 말한다.

3 피뢰기의 구비 조건

(1) 충격방전 개시 전압이 낮을 것
(2) 제한전압이 낮을 것
(3) 뇌전류 방전 능력이 클 것
(4) 속류차단을 확실하게 할 수 있을 것
(5) 반복 동작이 가능하고, 구조가 견고하며 특성이 변화하지 않을 것

4 피뢰기의 시설 장소

(1) 발전소, 변전소 또는 이에 준하는 장소의 가공전선 인입구 및 인출구
(2) 가공전선로에 접속하는 특고압 배전용 변압기의 고압측 및 특고압측
(3) 고압 또는 특고압 가공전선로로부터 공급을 받는 수용장소의 인입구
(4) 가공전선로와 지중전선로가 접속되는 곳

핵심문제 테마 16 | 전선 및 기계기구의 보안공사

01
특고압이란?

① 5[kV] 초과
② 7[kV] 초과
③ 14[kV] 이상
④ 20[kV] 이상

| 해설 |
전압의 종별

구분	교류	직류
저압	1,000[V] 이하	1,500[V] 이하
고압	7,000[V] 이하	
특고압	7,000[V] 초과	

| 정답 | ②

02
전력 수용가의 수용률의 정의로 올바른 것은?

① (최대수용전력÷수용설비용량)×100%
② (수용설비용량÷최대수용전력)×100%
③ (평균전력÷최대수용전력)×100%
④ (최대수용전력÷평균전력)×100%

| 해설 |
수용률이란 수용장소에 설비된 전 용량에 대하여 실제 사용하고 있는 부하의 최대 전력 비율을 말한다. 전력소비기기가 동시에 사용되는 정도를 나타내는 척도이다.

수용률 = $\dfrac{\text{최대수용전력}}{\text{총부하설비용량합계}} \times 100[\%]$

| 정답 | ①

03
평균 수용전력과 합성 최대수용전력의 비를 백분율로 표시한 것은?

① 부하율
② 부등률
③ 수용률
④ 설비율

| 해설 |
부하율이란 전기설비가 어느 정도 유효하게 사용되는가를 나타내며 부하율이 높을수록 설비가 효율적으로 사용되는 것이다.

부하율 = $\dfrac{\text{부하의 평균전력}}{\text{최대수용전력}} \times 100[\%]$

| 정답 | ①

04
최대수용전력이 각각 5[kW], 8[kW], 10[kW], 15[kW], 17[kW]의 수용가에 있어서 합성 최대 수용전력이 50[kW]이다. 그렇다면 부등률은 얼마인가?

① 0.8
② 1
③ 1.1
④ 1.2

| 해설 |
부등률이란 한 배전용 변압기에 접속된 수용가의 부하는 최대수용전력을 나타내는 시각이 서로 다른 정도를 부등률로 나타낸다. 보통 1보다 큰 값을 나타낸다.

부등률 = $\dfrac{\text{각부하의 최대수용전력의 합계}}{\text{합성최대수용전력}}$

- 개별 최대 수용전력의 합 = 5+8+10+15+17 = 55[kW]
- 합성 최대 수용전력: 50[kW]

∴ 부등률 = $\dfrac{55}{50} = 1.1$

| 정답 | ③

05

설비용량이 600[kW], 부등률이 1.2, 수용률이 0.6일 때, 합성 최대 수용전력[kW]은 얼마인가?

① 240
② 300
③ 360
④ 420

| 해설 |

수용률 = $\dfrac{\text{최대수용전력}}{\text{총부하설비용량합계}} \times 100[\%]$ 에서

최대 수용전력 = 설비용량 × 수용률 = 600 × 0.6 = 360[kW]

부등률 = $\dfrac{\text{각 부하의 최대수용전력의 합계}}{\text{합성최대수용전력}}$ 에서 구하고자 하는

합성 최대수요전력은 $\dfrac{360}{1.2} = 300[\text{kW}]$ 이다.

| 정답 | ②

06

최대 사용전압이 70[kV]인 중성점 직접접지식 전로의 절연내력 시험전압은 몇 [V]인가?

① 33,000[V]
② 40,000[V]
③ 44,200[V]
④ 50,400[V]

| 해설 |

최대사용전압이 60[kV] 초과 중성점 직접접지식 전로의 시험전압은 최대사용전압의 0.72배의 전압이다. 즉, 절연내력 시험전압은 70,000 × 0.72 = 50,400[V]이다.

| 정답 | ④

07

지중에 매설되어 있는 금속제 수도관로는 대지와의 전기저항 값이 얼마 이하로 유지되어야 접지극으로 사용할 수 있는가?

① 1[Ω]
② 2[Ω]
③ 3[Ω]
④ 4[Ω]

| 해설 |

접지극의 매설

수도관 등을 접지극으로 사용하는 경우는 지중에 매설되어 있고 대지와의 전기저항값이 3[Ω] 이하일 경우 가능

| 정답 | ③

08

피뢰기의 설치 장소로 가장 적절한 것은?

① 수용가의 변압기 2차측
② 수용가의 계기함 내부
③ 고압 또는 특고압 수용장소의 인입구
④ 부하 기기 내부 단자함

| 해설 |

피뢰기의 시설장소

- 발전소, 변전소 또는 이에 준하는 장소의 가공전선 인입구 및 인출구
- 가공전선로에 접속하는 특고압 배전용 변압기의 고압측 및 특고압측
- 고압 또는 특고압 가공전선로로부터 공급을 받는 수용장소의 인입구
- 가공전선로와 지중전선로가 접속되는 곳

| 정답 | ③

핵심테마 이론 17 | 가공인입선 및 배전선공사

3과목 | 전기설비

테마 1 가공인입선 공사

1 가공인입선

(1) 가공전선로의 지지물에서 분기하여 별도의 지지물을 거치지 않고 수용장소의 붙임점에 이르는 가공전선을 말한다. 가공인입선에는 저압 가공인입선과 고압 가공인입선이 있다.

(2) 시설 제한 규정
① 지름 2.6[mm](경간 15[m] 이하는 2[mm])의 경동선 또는 이와 동등 이상의 세기 및 굵기의 것일 것
② 전선은 옥외용 비닐절연전선(OW), 인입용 비닐절연전선(DV) 또는 케이블일 것
③ 저압 인입선의 길이는 50[m] 이하로 할 것
④ 고압 및 특고압 인입선의 길이는 30[m]를 표준(불가피한 경우 50[m] 이하)

2 전선의 높이는 다음에 의할 것

구분	저압[m]	고압[m]	특고압[m]	
			35[kV] 이하	35~160[kV]
도로 횡단	5	6	6	—
철도 궤도 횡단	6.5	6.5	6.5	6.5
횡단보도교 위	3	3.5	4	5
기타	4	5	5	6

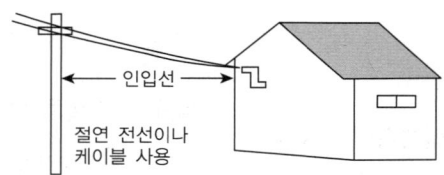

저압 인입선 굵기: 지름 2.6[mm] 이상 경동선(경간 15[m] 이하인 경우 2.0[mm] 가능)
고압 인입선 굵기: 지름 5.0[mm] 이상 경동선

[그림] 전선의 높이

3 연접인입선

(1) 한 수용 장소의 인입선에서 분기하여 다른 지지물을 거치지 아니하고 다른 수용가의 인입구에 이르는 부분의 전선을 말한다.

(2) 시설 제한 규정
① 인입선에서의 분기하는 점에서 100[m]를 넘는 지역에 이르지 않아야 한다.

② 폭 5[m]를 넘는 도로를 횡단하지 않아야 한다.
③ 연접인입선은 옥내를 관통하면 안 된다.
④ 고압 연접인입선은 시설할 수 없다.

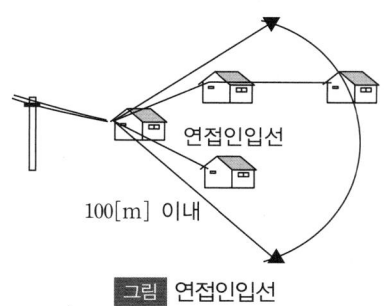

그림 연접인입선

테마 2 배전선로용 재료와 기구

1 지지물

(1) **종류**: 목주, 철주, 철근 콘크리트주, 철탑
(2) 철근 콘크리트주의 크기는 말구의 지름 길이 및 설계하중으로 한다.
(3) 철근 콘크리트주의 설계하중은 150, 250, 350, 500, 700[kg]을 표준으로 한다.
(4) 가공전선 지지물의 기초 강도는 구조물에 가해지는 굽힘 하중에 대해 안전율 2 이상이 되도록 설계해야 한다.
(5) 지지물의 종류에 따른 경간 → 표준경간
(6) 가공 전선로 지지물(철주, 철근 콘크리트주)의 땅에 묻히는 깊이

- 15[m] 이하: 전주의 길이 $\times \dfrac{1}{6}$ 이상
- 15[m] 초과 16[m] 이하: 2.5[m] 이상

지지물의 종류	경간[m]
목주, A종 철주 또는 A종 철근 콘크리트주	100
B종 철주 또는 B종 철근 콘크리트주	150
철탑	400

핵심테마 실전문제

가공 전선로의 지지물이 아닌 것은?
① 목주
② 철탑
③ 철근 콘크리트주
④ 지선

| 해설 | 가공 전선로의 지지물에는 목주, 철주, 철근 콘크리트주, 철탑이 있다. 지선은 지지물의 강도 보강을 위해 사용한다.

| 정답 | ④

2 장주용 기구

(1) 완금: 지지물에 전선을 고정시키기 위하여 사용하는 금구
(2) 암 타이: 완금이 상하로 움직이는 것을 방지
(3) 암 타이 밴드: 암 타이를 고정
(4) 지선 밴드: 전주에 지선을 붙일 때 사용

3 애자

(1) 애자는 전선을 지지하고 전선과 지지물 간의 절연 간격을 유지하기 위해 사용한다.
(2) 애자의 사용 목적에 따른 구분
  ① 핀 애자: 직선 선로에 직선 부분을 지지하기 위해 사용
  ② 현수 애자: 특고압 가공배선로의 내장이나 인류 개소에 사용
  ③ 라인포스트 애자: 연가용 철탑 등에서 점퍼선 지지
  ④ 인류 애자: 인류 개소 및 배전선로의 중성선 지지에 사용
  ⑤ 놉(노브) 애자: 옥내배선에 사용
  ⑥ 구형 애자(지선 애자): 지선의 중간에 사용

4 배선용기구

(1) 전선 피박기: 활선 상태에서 전선의 피복을 벗길 때 사용
(2) 와이어 통: 충전되어 있는 활선을 움직이거나 작업권 밖으로 밀어낼 때 사용
(3) 데드엔드커버: 전선 접속부나 폴리머 현수애자와 같은 부품을 감싸서 외부로부터의 손상을 방지하는 역할
(4) 그립 올 클램프 스틱: 활선 작업에서 장비를 안전하게 조작할 수 있도록 절연 도구
(5) 와이어 홀딩 스틱: 전선 작업 시 전선을 고정하거나 위치를 조정하는 데 사용
(6) 와이어 그립: 전선이나 와이어 로프를 고정하거나 당기는 데 사용되는 도구
(7) 고무 블랭킷: 고압 전선이나 장비를 덮어 감전 위험을 줄이고, 외부 환경으로부터 전기설비를 보호

테마 3 장주, 건주 및 가선

1 배전선로의 시설

배전선로의 시설은 가공 배전선로, 지중 배전선로, 배전 방식으로 설계된다.
(1) 가공 배전선로
  ① 전선을 공중에 설치하며, 주로 전주(전봇대)와 애자를 사용
  ② 설치 비용이 비교적 저렴하고 유지 보수가 용이하다.
  ③ 자연재해나 외부 환경의 영향을 받을 수 있다.
(2) 지중 배전선로
  ① 전선을 지하에 매설하여 설치
  ② 외부 환경의 영향을 적게 받으며, 도시 지역에서 미관을 고려해 주로 사용
  ③ 설치 비용이 높고, 고장 시 복구가 어려움

(3) 배전 방식
① **방사상 방식**: 변압기에서 각 부하로 전력을 공급하는 방식으로, 단순 구조로 경제적 설치 비용
② **루프 방식**: 전력을 양방향으로 공급할 수 있어 신뢰도가 높고, 낮은 전압 강하
③ **망상 방식**: 여러 변압기를 연결하여 무정전 전력 공급이 가능하며, 높은 신뢰도

2 건주

(1) 지지물을 땅에 세우는 공정
(2) 전주가 땅에 묻히는 깊이

전장 \ 설계하중	6.8[kN] 이하	6.8[kN] 초과 9.8[kN] 이하	9.81[kN] 초과 14.72[kN] 이하
14[m] 미만	전장×$\frac{1}{6}$ 이상	—	—
14[m] 이상 ~ 15[m] 이하	전장×$\frac{1}{6}$ 이상	전장×$\frac{1}{6}$ 이상+0.3 이상	전장×$\frac{1}{6}$ 이상+0.5 이상
15[m] 초과 ~ 16[m] 이하	2.5[m] 이상	2.8[m] 이상	3[m] 이상
16[m] 초과 ~ 18[m] 이하	2.8[m] 이상	—	3[m] 이상
18[m] 초과 ~ 20[m] 이하	2.8[m] 이상	—	3.2[m] 이상

(3) 도로의 경사면 또는 논과 같이 지반이 약한 곳은 표준 근입(깊이)에 0.3[m]를 가산하거나, 근가를 사용하여 보강한다.

3 지선

(1) 지선의 설치
① 전주의 강도를 보강하고 전주가 기우는 것을 방지하며, 선로의 신뢰도를 높이기 위해서 설치
② 지형상 지선을 설치하기 곤란한 경우에는 지주를 설치
③ 전선을 끝맺는 경우, 불평형 장력이 작용하는 경우, 선로의 방향이 바뀌는 경우의 전주에 설치
④ 폭풍에 견딜 수 있도록 5기마다 1기의 비율로 선로 방향으로 전주 양측에 설치

(2) 지선의 시공
① 지선의 안전율은 2.5 이상, 허용 인장하중의 최저는 4.31[kN]으로 한다.
② 지선에 연선을 사용할 경우, 소선 3가닥 이상으로 지름 2.6[mm] 이상의 금속선을 사용한다.
③ 지중부분 및 지표상 30[cm]까지의 부분에는 내식성이 있는 것 또는 아연도금을 한 철봉을 사용하고 쉽게 부식되지 아니하는 근가에 견고하게 붙여야 한다.
④ 도로를 횡단하는 지선의 높이는 지표상 5[m] 이상으로 한다.

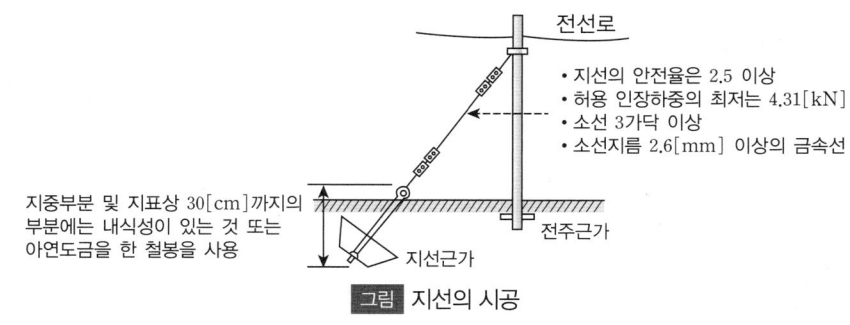

그림 지선의 시공

(3) 지선의 종류

① 보통지선: 일반적인 것으로 전주 길이의 약 $\frac{1}{2}$ 거리에 지선용 근가를 매설하여 설치
② 수평지선: 보통지선을 시설할 수 없을 때 전주와 전주 간, 또는 전주와 지주 간에 설치
③ 공동지선: 두 개의 지지물에 공동으로 시설하는 지선
④ Y지선: 다단 완금일 경우, 장력이 클 경우, H주일 경우에 보통지선을 2단으로 설치하는 것
⑤ 궁지선 : 장력이 적고 타 종류의 지선을 시설할 수 없는 경우에 설치하는 것으로 A형, R형이 있다.

4 장주

지지물에 전선 그 밖의 기구를 고정시키기 위하여 완금, 완목, 애자 등을 장치하는 공정

(1) 완금의 설치

① 지지물에 전선을 설치하기 위하여 완금을 사용한다.
② 완금의 종류: 경 (ㅁ형) 완금, ㄱ형 완금
③ 완금의 길이(단위: [mm])

전선의 조수	특고압	고압	저압
2	1,800	1,400	900
3	2,400	1,800	1,400

④ 완금 고정: 전주의 말구에서 25[cm] 되는 곳에 I볼트, U볼트, 암밴드를 사용하여 고정
⑤ 암타이: 완금이 상하로 움직이는 것을 방지
⑥ 암타이 밴드: 암타이를 고정

(2) 래크(Rack) 배선

저압선의 경우에 완금을 설치하지 않고 전주에 수직 방향으로 애자를 설치하는 배선

5 가선 공사

(1) 전선의 종류

① 단금속선
  - 구리, 알루미늄, 철 등과 같은 한 종류의 금속선만으로 된 전선
  - 종류: 경동선, 경알루미늄선, 철선, 강선 등
② 합금선
  - 장경간 등 특수한 곳에 사용하기 위해 구리 또는 알루미늄에 다른 금속을 배합한 전선
  - 종류: 규동선, 카드뮴-구리선, 열처리 경화 구리 합금선 등
③ 쌍금속선
  - 두 종류의 금속을 융착시켜 만든 전선으로 장경간 배전선로용에 쓰인다.
  - 구리복강선, 알루미늄복강선
④ 합성 연선
  - 두 종류 이상의 금속선을 꼬아 만든 전선
  - 종류: 강심 알루미늄 연선(ACSR)

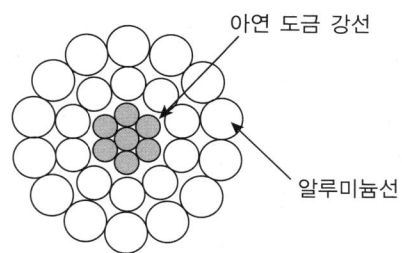

그림 강심 알루미늄 연선(ACSR)

⑤ 중공연선

200[kV] 이상의 초고압 송전 선로에서는 코로나의 발생을 방지하기 위하여 단면적은 증가시키지 않고 전선의 바깥지름만 필요한 만큼 크게 만든 전선

(2) 가공전선의 높이

구분	저압[m]	고압[m]	특고압[m]	
			35[kV] 이하	35~160[kV]
도로 횡단	6	6	6	—
철도 궤도 횡단	6.5	6.5	6.5	6.5
횡단보도교 위	3.5	3.5	4	5
기타	5	5	5	6

테마 4 주상 기구의 설치

1 주상 변압기 설치

(1) 행거 밴드를 사용하여 고정한다.
(2) 행거 밴드를 사용하기 곤란한 경우에는 변대를 만들어 변압기를 설치한다.
(3) 변압기 1차측 인하선은 고압 절연전선 또는 클로로프렌 외장 케이블을 사용하고, 2차측은 옥외 비닐 절연전선(OW) 또는 비닐 외장 케이블을 사용한다.

2 변압기의 보호

(1) **컷아웃 스위치(COS)**: 변압기의 1차측에 시설하여 변압기의 단락을 보호
(2) **캐치홀더**: 변압기의 2차측에 시설하여 변압기를 보호
(3) **구분개폐기**: 전력계통의 수리, 화재 등의 사고 발생 시에 구분 개폐를 위해 2[km] 이하마다 설치

핵심테마 실전문제

가공전선로의 지지물에서 다른 지지물을 거치지 아니하고 수용장소의 인입선 접속점에 이르는 가공전선을 무엇이라 하는가?
① 연접인입선
② 가공 인입선
③ 구내 전선로
④ 구내 인입선

| 해설 | 가공 인입선이란 가공전선로의 지지물로부터 다른 지지물을 거치지 아니하고 수용장소의 붙임점에 이르는 가공전선을 말한다.

| 정답 | ②

핵심테마 실전문제

일반적으로 저압 가공 인입선이 도로를 횡단하는 경우 노면상 설치 높이는 몇 [m] 이상이어야 하는가?
① 3[m]
② 4[m]
③ 5[m]
④ 6.5[m]

| 해설 |

구분	저압[m]	고압[m]	특고압[m]	
			35[kV] 이하	35~160[kV]
도로 횡단	5	6	6	—
철도 궤도 횡단	6.5	6.5	6.5	6.5
횡단보도교 위	3.5	3.5	4	5
기타	4	5	5	6

| 정답 | ③

테마 17 | 가공인입선 및 배전선공사

01
저압 가공 인입선이 횡단 보도교 위에 시설되는 경우, 그 인입선의 노면상의 최소 높이는 얼마이어야 하는가?

① 1[m]
② 3[m]
③ 3.5[m]
④ 6[m]

| 해설 |

구분	저압[m]	고압[m]	특고압[m]	
			35[kV] 이하	35~160[kV]
횡단보도교 위	3	3.5	4	5

| 정답 | ②

02
하나의 수용장소의 인입선 접속점에서 분기하여 지지물을 거치지 아니하고 다른 수용장소의 인입선 접속점에 이르는 전선을 무엇이라 하는가?

① 연접인입선
② 가공인입선
③ 관등회로
④ 점등회로

| 해설 |

연접인입선
한 수용 장소의 인입선에서 분기하여 다른 지지물을 거치지 아니하고 다른 수용가의 인입구에 이르는 부분의 전선

| 정답 | ①

03
연접인입선 시설에서 제한 사항이 아닌 것은?

① 인입선의 분기점에서 100[m]를 넘는 지역에 이르지 말 것
② 폭 5[m]를 넘는 도로를 횡단하지 말 것
③ 다른 수용가의 옥내를 관통하여 시설할 것
④ 고압 연접인입선은 시설할 수 없다.

| 해설 |

연접인입선의 시설 제한 규정
- 인입선에서의 분기하는 점에서 100[m]를 넘는 지역에 이르지 않아야 한다.
- 폭 5[m]를 넘는 도로를 횡단하지 않아야 한다.
- 연접인입선은 옥내를 관통하면 안 된다.
- 고압 연접인입선은 시설할 수 없다.

| 정답 | ③

04

지선의 중간에 넣는 애자의 종류는?

① 저압 핀 애자
② 인류 애자
③ 라인포스트 애자
④ 구형 애자

| 해설 |

- 핀 애자: 직선 선로에 직선 부분을 지지하기 위해 사용
- 라인포스트 애자: 연가용 철탑 등에서 점퍼선 지지
- 인류 애자: 인류 개소 및 배전선로의 중성선 지지에 사용
- 구형 애자(지선 애자): 지선의 중간에 사용

| 정답 | ④

06

지선의 안전율은 얼마 이상이어야 하는가?

① 1.5
② 2.0
③ 2.5
④ 3.0

| 해설 |

지선의 시설

- 지선의 안전율: 2.5 이상
- 허용 인장하중의 최저: 4.31[kN]

| 정답 | ③

05

절연 전선으로 가선된 배전선로에서 활선 상태인 전선에 피복을 벗기는 공구는?

① 애자커버
② 전선 피박기
③ 데드엔드커버
④ 와이어 통

| 해설 |

- 전선 피박기: 활선 상태에서 전선의 피복을 벗기는 공구
- 와이어 통: 충전되어 있는 활선을 움직이거나 작업권 밖으로 밀어낼 때 사용
- 데드엔드커버: 전선 접속부나 폴리머 현수애자와 같은 부품을 감싸서 외부로부터의 손상을 방지하는 역할

| 정답 | ②

07

가공 전선로의 지지물을 지선으로 보강하여서는 안되는 것은?

① B종 철근콘크리트주
② 철탑
③ A종 철근콘크리트주
④ 목주

| 해설 |

지선의 시설
자체적으로 강한 구조를 가지고 있는 철탑은 지선을 사용하여 그 강도를 분담해서는 안 된다.

| 정답 | ②

08

비교적 장력이 적고, 다른 종류의 지선을 시설할 수 없는 경우에 적용하며, 지선용 근가를 지지물 근원 가까이에 매설하여 시설하는 지선은?

① 공동지선
② Y지선
③ 수평지선
④ 궁지선

| 해설 |

궁지선
장력이 적고 타 종류의 지선을 시설할 수 없는 경우에 설치하는 것으로 A형, R형이 있다.

| 정답 | ④

핵심테마 이론 18 | 고압 및 저압 배전반공사

3과목 | 전기설비

테마 1 배전반공사

배전반은 전기를 배전하는 설비로 차단기, 개폐기, 계전기, 계기 등을 한 곳에 집중하여 시설한 것이다. 일반적으로 인입된 전기가 배전반에서 배분되어 각 분전반으로 통하게 된다.

1 배전반의 종류

(1) 라이브 프런트식 배전반
　① **종류**: 수직형
　② 대리석, 철판 등으로 만들고 개폐기가 표면에 나타나 있다.
(2) 데드 프런트식 배전반
　① **종류**: 수직형, 벤치형, 포스트형, 조합형
　② 배전반표면은 각종 기계와 개폐기의 조작 핸들만이 나타나고, 모든 충전 부분은 배전반 이면에 장치한다.
(3) 폐쇄식 배전반
　① **종류**: 조립형, 장갑형
　② 데드 프런트식 배전반의 옆면 및 뒷면을 폐쇄하여 만든다.
　③ 일반적으로 큐비클형이라고도 한다.
　④ 점유 면적이 좁고 운전, 보수에 안전하므로 공장, 빌딩 등의 전기실에 많이 사용된다.

2 배전반설치 및 접지공사

(1) 배전반 공사
배전반, 변압기 등 설치 시 최소 이격거리는 다음 표를 참조하여 충분한 면적을 확보하여야 한다.(단위: [mm])

기기별 \ 부위별	앞면 또는 계측면	뒷면 또는 점검면	열상호간(점검하는 면)	기타의 면
특고압반	1,700	800	1,400	—
고압배전반	1,500	600	1,200	—
저압배전반	1,500	600	1,200	—
변압기 등	1,500	600	1,200	300

(2) 배전반 설치 기기
① 차단기(CB): 부하전류 개폐 및 사고전류 차단

구분	구조 및 특징
유입차단기(OCB)	전로를 차단할 때 발생한 아크를 절연유를 이용하여 소멸시키는 차단기이다.
자기차단기(MBB)	아크와 직각으로 자계를 주어 아크를 소호실로 흡입하여 아크전압을 증대시키고, 냉각하여 소호 작용을 하도록 된 구조이다.
공기차단기(ABB)	개방할 때 접촉자가 떨어지면서 발생하는 아크를 압축공기를 이용하여 소호하는 차단기이다.
진공차단기(VCB)	진공도가 높은 상태에서는 절연내력이 높아지고 아크가 분산되는 원리를 이용하여 소호하고 있는 차단기이다.
가스차단기(GCB)	절연내력이 높고, 불활성인 육불화황(SF_6)가스를 고압으로 압축하여 소호 매질로 사용한다.
기중차단기(ACB)	자연공기 내에서 회로를 차단할 때 접촉자가 떨어지면서 자연소호에 의한 소호 방식을 가지는 차단기로 교류 600[V] 이하 또는 직류차단기로 사용된다.

② 개폐기

장치	기능
고장구분자동개폐기(ASS)	한 개 수용가의 사고가 다른 수용가에 피해를 최소화하기 위한 방안으로 대용량 수용가에 한하여 설치한다.
자동부하전환개폐기(ALTS)	이중 전원을 확보하여 주전원 정전 시 예비전원으로 자동 절환하여 수용가가 항상 일정한 전원 공급을 받을 수 있는 장치이다.
선로개폐기(LS)	책임분계점에서 보수 점검 시 전로를 구분하기 위한 개폐기로 시설하고 반드시 무부하 상태로 개방하여야 하며 이는 단로기와 같은 용도로 사용한다.
단로기(DS)	공칭전압 3.3[kV] 이상 전로에 사용되며 기기의 보수 점검 시 또는 회로 접속 변경을 하기 위해 사용하지만, 부하전류 개폐는 할 수 없는 기기이다.
컷아웃 스위치(COS)	변압기 1차측 각 상마다 취부하여 변압기의 보호와 개폐를 위한 것이다.
부하개폐기(LBS)	수변전설비의 인입구 개폐기로 많이 사용되고 있으며 전력퓨즈 용단 시 결상을 방지하는 목적으로 사용하고 있다.
기중부하개폐기(IS)	수전용량 300[kVA] 이하에서 인입개폐기로 사용한다.

③ 계기용 변성기
교류 고전압 회로의 전압과 전류를 측정할 때 계기용 변성기를 통해서 전압계나 전류계를 연결하면, 계기회로를 선로전압으로부터 절연하므로 위험이 적고 비용이 절약된다.

- 변류기(CT)
  - 전류를 측정하기 위한 변압기로 2차 전류는 5[A]가 표준이다.
  - 계기용 변류기는 2차 전류를 낮게 하기 위하여 권수비가 매우 작으므로 2차측이 개방되면, 2차측에 매우 높은 기전력이 유기되어 위험하므로 2차측을 절대로 개방해서는 안 된다.
- 계기용 변압기(PT)
  - 전압을 측정하기 위한 변압기로 2차측 정격전압은 110[V]가 표준이다.
  - 변성기 용량은 2차 회로의 부하를 말하며 2차 부담이라고 한다.

테마 2 분전반공사

분전반은 배전반에서 분배된 전선에서 각 부하로 배선하는 전선을 분기하는 설비로서 차단기, 개폐기 등을 설치한다.

1 분전반의 종류와 공사

(1) 분전반의 종류
  ① 나이프식 분전반: 철제 캐비닛에 나이프 스위치와 모선을 장치한 것이다.
  ② 텀블러식 분전반: 철제 캐비닛에 개폐기와 차단기를 각각 텀블러 스위치와 혹 퓨즈, 통형 퓨즈 또는 플러그 퓨즈를 사용하여 장치한 것이다.
  ③ 브레이크식 분전반: 철제 캐비닛에 배선용 차단기를 이용한 분전반으로 열동계전기 또는 전자코일로 만든 차단기 유닛을 장치한 것이다.

(2) 분전반 공사
  ① 일반적으로, 분전반은 철제 캐비닛 안에 나이프 스위치, 텀블러 스위치 또는 배선용 차단기를 설치하며 내열 구조로 만든 것이 많이 사용되고 있다.
  ② 분전반의 설치 위치는 부하의 중심 부근이고, 각 층마다 하나 이상을 설치하나 회로 수가 6 이하인 경우에는 2개 층을 담당한다.

(3) 배선기구 시설
  ① 전등 점멸용 스위치는 반드시 전압측 전선에 시설하여야 한다.
  ② 소켓, 리셉터클 등에 전선을 접속할 때에는 전압측 전선을 중심 접촉면에, 접지측 전선을 베이스에 연결하여야 한다.

테마 3 보호계전기

1 보호계전기의 종류 및 기능

명칭	기능
과전류계전기(OCR)	일정 값 이상의 전류가 흘렀을 때 동작하며, 과부하계전기라고도 한다.
과전압계전기(OVR)	일정 값 이상의 전압이 걸렸을 때 동작하는 계전기이다.
부족전압계전기(UVR)	전압이 일정 값 이하로 떨어졌을 경우에 동작하는 계전기이다.
비율차동계전기	고장에 의하여 생긴 불평형의 전류차가 기준치 이상으로 되었을 때 동작하는 계전기이다. 변압기 내부고장 검출용으로 주로 사용된다.
선택계전기	병행 2회선 중 한쪽의 회선에 고장이 생겼을 때, 어느 회선에 고장이 발생하는가를 선택하는 계전기이다.
방향계전기	고장점의 방향을 아는 데 사용하는 계전기이다.
거리계전기	계전기가 설치된 위치로부터 고장점까지의 전기적 거리에 비례하여 한시로 동작하는 계전기이다.
지락 과전류계전기	지락보호용으로 사용하도록 과전류 계전기의 동작전류를 작게 한 계전기이다.
지락 방향계전기	지락 과전류 계전기에 방향성을 준 계전기이다.
지락 회선선택계전기	지락보호용으로 사용하도록 선택 계전기의 동작전류를 작게 한 계전기이다.

2 동작시한에 의한 분류

명칭	기능
순한시 계전기	동작시간이 0.3초 이내인 계전기로 0.05초 이하의 계전기를 고속도 계전기라 한다.
정한시 계전기	최소 동작 값 이상의 구동 전기량이 주어지면, 일정 시한으로 동작하는 계전기이다.
반한시 계전기	동작 시한이 구동 전기량, 즉 동작전류의 값이 커질수록 짧아지는 계전기이다.
반한시 – 정한시 계전기	어느 한도까지의 구동 전기량에서는 반한시성이고, 그 이상의 전기량에서는 정한시성의 특성을 가지는 계전기이다.

테마 18 | 고압 및 저압 배전반공사

01
점유 면적이 좁고 운전 보수에 안전하며 공장, 빌딩 등의 전기실에 많이 사용되는 배전반은 어떤 것인가?

① 데드 프런트형
② 수직형
③ 라이브 프런트형
④ 큐비클형

| 해설 |
폐쇄식 배전반
일반적으로 큐비클형이라고도 불린다. 점유 면적이 좁고 운전, 보수에 안전하므로 공장, 빌딩 등의 전기실에 많이 사용된다.

| 정답 | ④

02
차단기의 약호 중 ABB는?

① 자기차단기
② 공기차단기
③ 가스차단기
④ 진공차단기

| 해설 |
차단기의 명칭과 약호
- 유입차단기(OCB)
- 자기차단기(MBB)
- 공기차단기(ABB)
- 진공차단기(VCB)
- 가스차단기(GCB)
- 기중차단기(ACB)

| 정답 | ②

03
수변전 설비에서 차단기의 종류 중 가스 차단기에 들어가는 가스의 종류는?

① SF_6
② LPG
③ CO_2
④ LNG

| 해설 |
가스차단기(GCB)
절연내력이 높고, 불활성인 육불화황(SF_6)가스를 고압으로 압축하여 소호매질로 사용한다.

| 정답 | ①

04
자연 공기 내에서 개방할 때 접촉자가 떨어지면서 자연 소호는 방식을 가진 차단기로 저압의 교류 또는 직류 차단기로 많이 사용되는 것은?

① 기중차단기
② 가스차단기
③ 자기차단기
④ 유입차단기

| 해설 |
기중차단기(ACB)
자연공기 내에서 회로를 차단할 때 접촉자가 떨어지면서 자연소호에 의한 소호 방식을 가지는 차단기로 교류 600[V] 이하 또는 직류차단기로 사용된다.

| 정답 | ①

05

수변전설비의 인입 개폐기로 사용되며, 전력퓨즈 용단 시 결상을 방지하기 위해 사용하는 개폐기는?

① 단로기
② 선로개폐기
③ 부하개폐기
④ 컷아웃 스위치

| 해설 |

부하개폐기(LBS)
수변전설비의 인입구 개폐기로 많이 사용되고 있으며 전력퓨즈 용단 시 결상을 방지하는 목적으로 사용하고 있다.

| 정답 | ③

06

배전반 설치 시 고압 배전반 뒷면의 점검을 위해 확보해야 하는 최소 이격거리는?

① 800[mm]
② 600[mm]
③ 1,200[mm]
④ 1,500[mm]

| 해설 |
단위는 [mm]이다.

기기별 \ 부위별	앞면 또는 계측면	뒷면 또는 점검면	열상호간 (점검하는 면)
특고압반	1,700	800	1,400
고압배전반	1,500	600	1,200
저압배전반	1,500	600	1,200
변압기 등	1,500	600	1,200

| 정답 | ②

07

계기용 변압기(PT)의 2차 정격 전압으로 옳은 것은?

① 5[V]
② 100[V]
③ 110[V]
④ 220[V]

| 해설 |

계기용 변압기(PT)는 고전압을 계기에서 측정 가능한 저전압으로 변환하는 장치이며, 그 2차측 정격전압은 110[V]가 표준이다.

| 정답 | ③

08

변류기의 2차 정격 전류로 옳은 것은?

① 5[A]
② 10[A]
③ 100[A]
④ 110[A]

| 해설 |

변류기(CT)
전류를 측정하기 위한 기기로 2차 전류는 5[A]가 표준이다.

| 정답 | ①

3과목 | 전기설비

핵심테마 이론 19 | 특수장소공사

테마 1 먼지가 많은 장소

1 먼지가 많은 장소의 공사

(1) 저압 옥내 배선공사 시 가능한 공사: 금속관 공사, 케이블 공사
(2) 이동전선
  ① 0.6/1[kV] EP 고무절연 클로로프렌, 캡타이어케이블을 사용
  ② 모든 전기 기계 기구: 분진 방폭 특수방진 구조의 것을 사용
(3) 관 상호 및 관과 박스, 기타의 부속품이나 풀박스 또는 전기기계 기구는 5턱 이상의 나사 조임으로 접속할 것

핵심테마 실전문제

폭발성 분진이 있는 위험장소의 금속관 공사에 있어서 관 상호 및 관과 박스, 기타의 부속품이나 풀박스 또는 전기기계기구는 몇 턱 이상의 나사 조임으로 시공하여야 하는가?
① 2턱   ② 3턱
③ 4턱   ④ 5턱

| 해설 | 폭연성 분진, 화약류 분말 존재 장소 공사는 관상호, 관과 박스 상호 및 관과 박스 기타의 부속품이나 풀박스 또는 전기기계 기구는 5턱 이상의 나사 조임으로 접속할 것

| 정답 | ④

2 가연성 먼지가 존재하는 곳

(1) 가연성 먼지의 위험성
  소맥분, 전분, 유황 등의 가연성 먼지 등이 공중에 떠다니는 상태에서 착화 시 폭발의 우려가 있다.
(2) 저압 옥내 배선공사 시 가능한 공사, 합성 수지관 배선, 금속 전선관 배선, 케이블 배선에 의하여 시설한다.
(3) 이동 전선
  ① 0.6/1[kV] EP 고무절연 클로로프렌 캡타이어케이블 또는 0.6/1[kV] 비닐절연 비닐캡타이어 케이블을 사용한다.
  ② 분진 방폭 보통 방진 구조의 것을 사용하고, 손상 받을 우려가 없도록 시설한다.

3 불연성 먼지가 많은 곳

(1) 불연성 먼지의 문제점
   ① 정미소, 제분소, 시멘트 공장 등과 같은 먼지
   ② 전기 공작물의 열방산을 방해한다.
   ③ 절연성 열화 및 개폐기구 기능을 떨어뜨릴 우려가 있다.
(2) 저압 옥내 배선공사 시 가능한 공사
   애자 사용 공사, 합성 수지관 공사(두께 2[mm] 이상), 금속전선관 공사, 금속제 가요전선관 공사, 금속 덕트 공사, 버스 덕트 공사 또는 케이블 공사에 의하여 시설한다.
(3) 전선과 기계 기구와는 진동에 의하여 힘겨워지지 않도록 완전히 접속하고, 온도 상승의 우려가 있는 곳은 방전장치를 한다.

테마 2 위험물이 있는 곳

1 위험물이 있는 장소
셀룰로이드, 성냥, 석유 등 타기 쉬운 위험한 물질을 제조하거나 저장하는 곳

2 옥내 배선 공사 시 가능한 공사
합성수지관 공사(두께 2[mm] 이상), 금속전선관 공사 또는 케이블 공사에 의하여 시설한다.

3 이동전선
0.6/1[kV] EP 고무절연 클로로프렌 캡타이어 케이블 또는 0.6/1[kV] 비닐절연 캡타이어 케이블을 사용한다.

4 전폐구조
불꽃 또는 아크가 발생될 우려가 있는 개폐기, 과전류 차단기, 콘센트, 코드접속기, 전동기 및 가열장치, 저항기 등의 전기기계기구는 전폐구조로 한다.

핵심테마 실전문제

성냥을 제조하는 공장의 공사 방법으로 적당하지 않은 것은?
① 금속관 공사   ② 케이블 공사
③ 합성수지관 공사   ④ 금속 몰드 공사

| 해설 | 위험물이 있는 곳의 공사는 금속관 공사, 케이블 공사, 합성수지관 공사가 있다.

| 정답 | ④

테마 3 가연성 가스가 있는 곳

1 적용 장소
가연성 가스 또는 인화성 물질의 증기가 새거나 체류하는 장소

2 옥내 배선 공사
① 금속관 공사, 케이블 공사에 의하여야 한다.
② 금속관 공사를 하는 경우 관 상호 및 관과 박스 등은 5턱 이상의 나사 조임으로 접속하여야 한다.

테마 4 부식성 가스가 있는 곳

1 적용 장소
축전지실과 같이 부식성 가스가 존재할 우려가 있는 곳

2 옥내 배선 공사
① 금속관 공사, 케이블 공사, 합성수지관 공사, 제2종 가요전선관 공사
② 부식성 가스가 침입할 우려가 없도록 시설한다.

테마 5 전시회, 쇼 및 공연장

1 적용 장소
무대, 무대마루 밑, 오케스트라 박스, 영사실, 기타 사람이나 무대 도구가 접촉할 우려가 있는 곳

2 옥내 배선 공사
사용 전압 400[V] 이하로 전용 개폐기 및 과전류 차단기를 시설할 것

핵심테마 실전문제

무대, 무대마루 밑, 오케스트라 박스, 영사실, 기타 사람이나 무대 도구가 접촉할 우려가 있는 장소에 시설하는 저압 옥내배선, 전구선 또는 이동 전선은 사용 전압이 몇 [V] 이하여야 하는가?

① 400[V]
② 200[V]
③ 300[V]
④ 100[V]

| 해설 | 무대 등의 저압 공사는 사용 전압 400[V] 이하로 전용 개폐기 및 과전류 차단기를 시설할 것

| 정답 | ①

테마 6 화약류 저장소의 전기설비의 시설

1 적용 장소
화약류 저장소 안에는 백열전등이나 형광등 또는 이에 전기를 공급하기 위한 공작물

2 옥내 배선 공사
① 전로의 대지 전압은 300[V] 이하일 것
② 전기기계기구는 전폐형(방폭형)의 것일 것
③ 전용의 개폐기 및 과전류 차단기를 화약류 저장소 이외의 곳에 취급자 이외의 자가 쉽게 조작할 수 없도록 시설하고 전로에 지락이 생길 때 자동적으로 전로를 차단하거나 경보하는 장치를 할 것
④ 전용의 개폐기 또는 과전류 차단기에서 화약류 저장소 인입구까지의 배선에는 케이블을 사용하여 출입구 밖에 시설할 것

테마 7 광산, 터널, 갱도 등의 시설

1 금속관 공사, 케이블 공사, 합성수지관 공사에 의하여야 한다.

2 애자 사용 공사에 의하는 경우: 2.5[mm^2] 이상의 연동선을 2.5[m] 이상 높이에 시설한다.

핵심테마 실전문제

화약고의 배선공사 시 개폐기 및 과전류 차단기에서 화약고 인입구까지는 어떤 배선공사의 의하여 시설하여야 하는가?
① 합성수지관 공사 ② 금속관 공사
③ 합성수지몰드 공사 ④ 케이블 공사

| 해설 | 배선에는 케이블을 사용하여 지중선로 출입구 밖에 시설하여야 한다.

| 정답 | ④

테마 8 특수 장소 공사 정리

구분		금속관	케이블	합성수지관	금속제 가요전선관	덕트	애자	비고
먼지	폭연성	○	○	×	×	×	×	• 콘센트 및 플러그 사용금지 • 기구는 5턱 이상의 나사 조임 접속
	가연성	○	○	○	×	×	×	
	불연성	○	○	○	○	○	○	합성수지관(두께 2[mm] 이상)
가연성 가스		○	○	×	×	×	×	
위험물		○	○	○	×	×	×	
화약류		○	○	×	×	×	×	
부식성 가스		○	○	○	○(2종만)	×	○	
습기 있는 장소		○	○	○	○(2종만)	×	○	
전시회, 쇼, 공연장		○	○	○	×	×	×	• 400[V] 이하 • 합성수지관(두께 2[mm] 이상) • 전용개폐기 및 과전류 차단기를 설치
광산, 터널, 갱도		○	○	○	○	×	○	

핵심테마 실전문제

지중 또는 수중에 시설되는 금속체의 부식을 방지하기 위한 전기부식방지용 회로의 사용 전압은?
① 직류 60[V] 이하 ② 교류 60[V] 이하
③ 직류 750[V] 이하 ④ 교류 600[V] 이하

| 해설 | 전기방식 회로의 사용전압은 직류 60[V] 이하로 한다.

| 정답 | ①

핵심문제 | 테마 19 | 특수장소공사

01
폭발성 분진이 있는 위험장소의 금속관 공사에 있어서 관 상호 및 관과 박스 기타의 부속품이나 풀박스 또는 전기기계기구는 몇 턱 이상의 나사 조임으로 시공하여야 하는가?

① 2턱
② 3턱
③ 4턱
④ 5턱

| 해설 |
폭연성 분진, 화약류 분말 존재 장소 배선은 관 상호 및 관과 박스 기타의 부속품이나 풀박스 또는 전기기계 기구는 5턱 이상의 나사 조임으로 접속할 것

| 정답 | ④

02
성냥을 제조하는 공장의 공사 방법으로 적당하지 않은 것은?

① 금속관 공사
② 케이블 공사
③ 합성수지관 공사
④ 금속 몰드 공사

| 해설 |
위험물이 있는 곳의 공사는 금속관 공사, 케이블 공사, 합성수지관 공사가 있다.

| 정답 | ④

03
무대, 무대마루 밑, 오케스트라 박스, 영사실, 기타 사람이나 무대 도구가 접촉할 우려가 있는 장소에 시설하는 저압 옥내배선, 전구선 또는 이동 전선은 사용 전압이 몇 [V] 이하여야 하는가?

① 400[V]
② 200[V]
③ 300[V]
④ 100[V]

| 해설 |
무대 등의 저압 공사는 사용 전압 400[V] 이하로 전용 개폐기 및 과전류 차단기를 시설할 것

| 정답 | ①

04

소맥분, 전분, 기타 가연성의 먼지가 존재하는 곳의 저압 옥내 배선 공사 방법으로 적절하지 않은 것은?

① 합성수지관 공사 ② 애자 사용 공사
③ 케이블 공사 ④ 금속관 공사

| 해설 |

소맥분, 전분, 유황, 기타 먼지가 공중에 떠다니는 상태에서 착화하여 폭발할 우려가 있는 곳의 배관은 금속관 공사, 합성수지관 공사, 케이블 공사에 의하여야 한다.

| 정답 | ②

05

가연성 가스가 새거나 체류하여 전기설비가 발화원이 되어 폭발할 우려가 있는 곳에 있는 저압 옥내 전기설비의 시설 방법으로 가장 적합한 것은?

① 애자 사용 공사 ② 가요전선관 공사
③ 금속관 공사 ④ 셀룰러 덕트 공사

| 해설 |

가연성 가스가 존재하는 곳의 배관은 금속관 공사에 의한 방폭공사를 한다.

| 정답 | ③

06

위험물 등이 있는 곳에서의 저압 옥내배선 공사 방법이 아닌 것은?

① 애자 사용 공사 ② 합성수지관 공사
③ 금속관 공사 ④ 케이블 공사

| 해설 |

위험물 등이 있는 곳의 배관은 금속관 공사, 합성수지관 공사, 케이블 공사 등으로 이루어진다.

| 정답 | ①

07

부식성 가스 등이 있는 장소에 전기설비를 시설하는 방법으로 적합하지 않은 것은?

① 애자 사용 배선에 의한 경우에는 쉽게 접촉될 우려가 없는 노출장소에 한한다.
② 애자 사용 배선 시 부식성 가스의 종류에 따라 절연전선인 DV전선을 사용한다.
③ 애자 사용 배선 시 부득이 나전선을 사용하는 경우에는 전선과 조영재와의 거리를 4.5[cm] 이상으로 한다.
④ 애자 사용 배선 시 전선의 절연물이 상해를 받는 장소는 나전선을 사용할 수 있으며, 이 경우는 바닥 위 2.5[cm] 이상 높이에 시설한다.

| 해설 |
DV전선은 인입용에만 사용한다.

| 정답 | ②

08

전기설비가 발화원이 되어 화약류의 분말이 폭발할 우려가 있는 곳에 시설하는 저압 옥내배선의 공사 방법으로 가장 알맞은 것은?

① 금속관 공사　　② 애자 공사
③ 버스덕트 공사　　④ 합성수지몰드 공사

| 해설 |
화약류 저장소 인입구까지의 배선에는 금속관 공사 또는 케이블을 사용하여 지중선로 출입구 밖에 시설하여야 한다.

| 정답 | ①

핵심테마 이론 20 | 전기응용 시설공사

3과목 | 전기설비

테마 1 조명 배선 공사

1. 조명의 용어

(1) 광속 F[lm, 루멘]
광원으로부터 발산한 복사에너지를 눈으로 보아 느끼는 빛의 양

(2) 광도 I[cd, 칸데라]
광원에서 어떤 방향에 대한 단위 입체각당 발산되는 광속으로, 광원의 능력
$$I = \frac{F}{\omega}[cd]$$
(단, 입체각 ω[sr], 광속 F[lm], 광도 I[cd])

(3) 휘도 B[sb, 스틸브]
광원의 임의의 방향에서 단위투영 면적당의 광도
$$B = \frac{I}{S}[cd/m^2], [nt](니트) 혹은 [sb](스틸브)$$
$1[nt] = 1[cd/m^2]$, $1[sd] = 1[cd/cm^2]$, $1[sb] = 10^4[nt]$
(단, I: 어느 방향의 광도[cd], S: 어느 방향에서 본 겉보기 면적[m^2])
사람이 장시간 바라볼 수 없는 휘도의 한계는 약 5,000[nt]이다.

(4) 조도 E[lx, 룩스]
어떤 면의 단위면의 입사 광속으로서 피조면의 밝기
$$E = \frac{F}{A}[lx]$$
(단, 면적 A[m^2], 입사광속 F[lm])

(5) 광속 발산도 R[rlx, 레드룩스]
확산하는 광원의 표면에서 단위 면적의 점광원에서 방출되는 빛의 밝기, 단위면적당 발산광속
$$R = \frac{F}{A}[rlx]$$
(단, 면적 A[m^2], 발산광속 F[lm])
$1[rlx] = 1[lm/m^2]$

(6) 조명률
사용 광원의 전광속과 작업면에 입사하는 광속의 비

(7) 감광보상률
조명설계를 할 때 점등 중에 광속의 감소를 미리 예상하여 소요 광속의 여유를 두는 정도를 말하며, 항상 1보다 크다.

(8) 광색[K, 켈빈]

점등 중에 있는 램프의 겉보기 색상을 말하며, 정도를 색 온도로 표시

(9) 색온도: 어떤 광원이 일으키는 빛의 온도이다. 흑체의 광색과 같을 때 그 흑체의 온도

핵심테마 실전문제

60[cd]의 점광원으로부터 2[m]의 거리에서 그 방향의 직각인 면과 30° 기울어진 평면 위 조도[lx]는?

① 7.5
② 10.8
③ 14.2
④ 13.0

| 해설 |

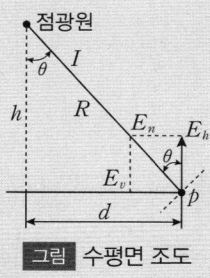

[그림] 수평면 조도

$$E_h = E_n \cos\theta = \frac{I}{R^2}\cos\theta = \frac{60}{2^2}\cos30° = 13[\text{lx}]$$

| 정답 | ④

2 조명의 방식

(1) 기구 배치에 따른 분류

① **전반조명**: 작업면 전면에 균일한 조도를 가지게 하는 방식으로, 광원을 일정한 높이와 간격으로 배치하는 사무실, 학교, 공장 등에 설치한다.

② **국부조명**: 필요한 공간만 고조도를 하기 위한 방식으로 특정공간에 조명기구를 밀집하여 설치한다. 밝고 어둠의 차이가 커서 눈부심을 일으키고 눈이 피로하기 쉬운 결점이 있다.

③ **전반국부조명(혼합조명)**: 전반 조명에 의하여 시각 환경을 좋게 하고, 국부조명을 병용해서 필요한 장소에 고조도를 경제적으로 얻는 방식으로 병원 수술실, 공부방, 기계공작실 등에 채용된다.

핵심테마 실전문제

실내 전체를 균일하게 조명하는 방식으로 광원을 일정한 간격으로 배치하여 공장, 학교, 사무실 등에서 채용되는 조명 방식은?

① 국부 조명
② 직접 조명
③ 전반 조명
④ 간접 조명

| 해설 | 전반 조명
전반 조명은 작업면 전면에 균일한 조도를 가지게 하는 방식으로, 광원을 일정한 높이와 간격으로 배치하는 사무실, 학교, 공장 등에 설치

| 정답 | ③

3 조명기구의 배광 방식에 의한 분류

분류	직접 조명 방식	반직접 조명 방식	전반확산 조명 방식	반간접 조명 방식	간접 조명 방식
조명					
상반부 광속[%]	0~10	10~40	40~60	60~90	90~100
하반부 광속[%]	90~100	60~90	40~60	10~40	0~10

핵심테마 실전문제

조명기구를 반간접 조명 방식으로 설치하였을 때 위(상방향)로 향하는 광속의 양[%]은?

① 0~10
② 10~40
③ 40~60
④ 60~90

| 해설 | 반간접 조명
발산광속의 60~90[%]가 위 방향으로 향하여 천장, 윗벽 부분에서 발산되고, 나머지 부분은 아래 방향으로 향한다. 즉, 천장을 주광원으로 사용하므로 천장의 재질과 색상에 대하여 고려하여야 한다. 이는 간접방식보다 약간 많은 광속과 질이 좋은 빛을 발산하여 주로 화장실 벽등이나 전시실 조명으로 쓰인다.

| 정답 | ④

> **핵심테마 실전문제**
>
> 조명기구를 배광에 따라 분류하는 경우 특정한 장소만을 고조도로 하기 위한 조명기구는?
> ① 직접 조명기구 ② 전반확산 조명기구
> ③ 광천장 조명기구 ④ 반직접 조명기구
>
> | 해설 | 직접 조명
> 기구로부터의 발산되는 광속의 90~100[%]는 아래 방향으로 향하게 하여 작업면을 직접 비추는 방식이다.
>
> | 정답 | ①

4 건축화 조명의 종류

(1) 다운 라이트: 천장에 작은 구멍을 뚫고 그 속에 광원을 매입하는 조명 방식
(2) 광천장 조명: 루버나 확산투과 아크릴판을 천장으로 하여 마감하는 조명 방식
(3) 코너 조명: 천장과 벽면의 경계 구석에 조명기구를 배치하여 동시에 조명하는 방식
(4) 코니스 조명: 둘레 턱을 만들어 내부에 등기구를 설치하는 조명 방식
(5) 밸런스 조명(분위기 조명): 벽면, 커튼에 밝은 광원으로 조명하는 방식

5 조명설계의 기초(전반조명설계)

(1) 조명기구의 간격과 배치
① 광원의 높이
광원의 높이가 너무 높으면 조명률이 나빠지고, 너무 낮으면 조도의 분포가 불균일하게 된다.
$H = \frac{2}{3} H_0$ (H_0: 작업면에서 천장까지의 높이)

② 간접조명인 경우
$H = H_0$ (H_0: 작업면에서 천장까지의 높이)

③ 광원의 간격
실내 전체의 명도 차가 없는 조명이 되도록 기구를 배치
- 광원상호 간의 간격
$S \leq 1.5H$
- 등과 벽 사이 간격 S_0
- $S_0 \leq \frac{1}{2} H$ (벽측을 사용하지 않을 경우)
- $S_0 \leq \frac{1}{3} H$ (벽측을 사용할 경우)

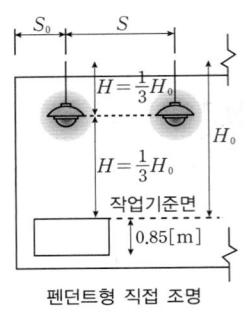
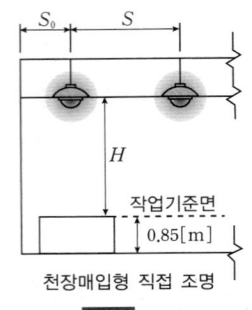
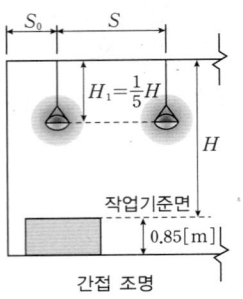

펜던트형 직접 조명 　　　천장매입형 직접 조명 　　　간접 조명

그림 조명

(2) 조명의 계산
　① 광속의 결정
　　소요되는 총광속을 산정한다.
　　FUN＝EAD

　　(단, N: 소요등수, F: 광속[lm], U: 조명률, D: 감광보상률$\left(=\dfrac{1}{M}\right.$, M: 보수율$\left.\right)$, A: 방의 면적[m²], E: 평균조도)

　② 실지수의 결정(RI)

$$RI = \dfrac{XY}{H(X+Y)}$$

　　(단, H: 등고, 광원으로부터 작업면까지의 높이[m], X: 방의 가로 길이[m], Y: 방의 세로 길이[m])

핵심테마 실전문제

가로 20[m], 세로 18[m], 천장의 높이 3.85[m], 작업면의 높이 0.85[m], 간접 조명 방식인 호텔 연회장의 실지수는 약 얼마인가?

① 1.16　　　　　　　　　　　② 2.16
③ 3.16　　　　　　　　　　　④ 4.16

| 해설 | 실지수는 실의 크기 및 형태를 나타내는 척도로 다음과 같이 구한다.

$$실지수 = \dfrac{XY}{H(X+Y)} = \dfrac{20 \times 18}{(3.85-0.85) \times (20+18)} = 3.16$$

(단, H: 등고, 광원으로부터 작업면까지의 높이[m], X: 방의 가로 길이[m], Y: 방의 세로 길이[m])

| 정답 | ③

테마 2 동력 배선

1 전동기의 운전

(1) 3상 농형 유도 전동기의 기동법
   ① 전전압 기동법(직입기동): 전동기에 직접 전원 전압을 가하여 기동하는 방법으로 출력이 낮은 전동기를 기동할 때 사용
   ② Y−△ 기동법
   • 5~15[kW] 전동의 3상 유도 전동기에 사용
   • Y 결선으로 기동 시 기동전류를 $\frac{1}{3}$로 감소
   ③ 리액터 기동법
   전동기의 전원 측에 직렬로 리액터를 설치하여 전압을 강하시켜 감압 기동하는 방식
   ④ 기동 보상기법
   단권변압기를 이용하여 전압을 전동기에 인가하여 기동한 후 정격 속도가 되면 단권변압기를 단락시켜 전전압을 가하여 기동하는 방식이다.

(2) 권선형 유도 전동기의 기동법(2차 저항 기동법)
   외부에서 2차 저항을 조정하여 기동하는 방식(비례추이의 특성을 이용)

(3) 단상 유도 전동기의 기동법

종류	기동 토크	용도
반발 기동형	단상 유도 전동기의 300[%] 이상	펌프
콘덴서 기동형	단상 유도 전동기의 250[%] 이상	냉장고
분상 기동형	단상 유도 전동기의 125[%] 이상	복사기, 계산기
셰이딩 코일형	단상 유도 전동기의 40[%]~100[%]	플레이어, 테이프 레코더

2 전동기의 속도제어

(1) 직류 전동기의 속도제어

방식	특징
저항 제어법	전력손실 때문에 효율이 나쁘다.
계자 제어법	정출력 특성, 설비비가 싸다.
전압 제어법	정토크 특성, 속응성이 좋다.

(2) 교류 전동기의 속도 제어
   ① 농형 유도 전동기: 극수 제어, 주파수 제어 등
   ② 권선형 유도 전동기: 2차 저항법, 2차 여자법 등

핵심테마 실전문제

권선형 유도 전동기의 기동법으로 비례추이의 특성을 이용해서 외부에서 2차 저항을 조정하여 기동하는 방식을 무엇이라 하는가?

① 자기유지 회로
② 순차제어 회로
③ Y-△ 기동 회로
④ 2차 저항 기동법

| 해설 | 2차 저항 기동법은 권선형 유도 전동기의 기동법으로 외부에서 2차 저항을 조정하여 기동하는 방식(비례추이의 특성을 이용)

| 정답 | ④

3 전동기의 용량 산정

(1) 펌프용 전동기

$$P = \frac{kQH}{6.12\eta}$$

(P: 전동기 용량[kW], η: 효율, Q: 양수량[m³/min], H: 총 양정[m], k: 여유계수(1.1~1.2))

(2) 권상용 전동기

$$P = \frac{kVW}{6.12\eta}$$

(P: 전동기 용량[kW], η: 효율, V: 권상속도[m/min], W: 권상하중[ton], k: 손실 계수(여유계수))

(3) 엘리베이터용 전동기

$$P = \frac{kVW}{6.12\eta}$$

(P: 전동기 용량[kW], η: 효율, V: 승강속도[m/min], W: 적재하중[ton], k: 평형률 계수)

핵심테마 실전문제

기중기로 200[ton]의 하중을 1.5[m/min]의 속도로 권상할 때 소요된 전동기 용량은?(단, 권상기의 효율은 70[%]이다.)

① 약 35[kW]
② 약 50[kW]
③ 약 70[kW]
④ 약 75[kW]

| 해설 | 권상용 전동기 용량 $P = \frac{200 \times 1.5}{6.12 \times 0.7} = 70[kW]$

| 정답 | ③

테마 3 제어배선

1 조작스위치의 기호

항목		a접점		b접점	
		횡서	종서	횡서	종서
수동 조작 접점	수동 복귀	─o‾o─	(그림)	─o o─	(그림)
	자동 복귀	─o┬o─	(그림)	─o⌒o─	(그림)
릴레이 접점	수동 복귀	─o×o─	(그림)	─o×o─	(그림)
	자동 복귀	─o o─	(그림)	─o o─	(그림)
타이머 접점	한시 동작	─o△o─	(그림)	─o△o─	(그림)
	한시 복귀	─o▽o─	(그림)	─o o─	(그림)
기계적 접점		─o o─	(그림)	─o o─	(그림)

2 제어용 계전기

(1) 릴레이(Relay)

릴레이는 전자석과 접점 기구로 구성되어 있으며, 동작은 코일이 여자되면 가동철편을 흡인하여 기동접점이 고정 b접점에서 고정 a접점으로 접촉되고, 코일이 소자되면 가동철편은 복귀 스프링의 힘에 의하여 원래 상태로 복귀된다. 이와 같은 동작으로 접점을 개폐하여 회로를 제어하게 되는데, 1개의 코일에 의하여 몇 개의 접점이 동시에 개폐되도록 되어 있다.

(2) 전자 접촉기(MC)

전자 접촉기(Magnetic Contactor)는 전자석의 동작에 의하여 부하의 전로를 개폐하는 것으로 보호 계전기의 구조와 원리가 같다. 접점은 주 접점과 보조 접점이 있으며 주접점은 전동기 주회로의 전류 개폐에 사용하고, 보조 접점은 조작회로에 사용된다.

(3) 열동 계전기(THR)

열동 계전기(Thermal Relay)는 주로 히터(Heater)라고 하는 저항 발열체와 바이메탈(Bimetal)을 조합한 열동 소자(Heat Element)와 접점부로 구성되어 있다. 전자 접촉기 코일이 열동 계전기의 접점과 직렬로 접속되어, 전동기에 흐르는 부하전류가 정상이면 바이메탈은 정상 상태를 유지한다. 부하에 과전류가 흐르면 바이메탈이 완곡되어 절환되므로 코일에 흐르는 전류를 차단하여 전자 접촉기가 주회로를 개방하게 되어 전동기의 소손을 방지할 수 있다. 열동 계전기의 접점을 자동동작 수동복귀 접점이라고 한다.

(4) 전자식 과전류 계전기(EOCR)
전자식 과전류 계전기(Electronic Over Current Relay)는 기동지연시간과 동작시간을 분리 설정할 수 있어 완벽한 보호가 가능하고, 과전류, 결상, 구속 보호 방지와 촌동 및 파동 부하에도 오작동 없이 운전이 가능하며, 전력 소모가 작고, 변류기 관통식은 관통 횟수를 가감하여 사용 범위를 확대할 수 있다.

(5) 타이머(Timer)
시퀀스 회로에서 입력 신호값이 주어지면 시간의 뒤짐을 갖고 출력 신호값이 변화되는 회로를 시간 지연 회로(Time Delay Circuit)라고 하는데, 입력 신호에 의하여 미리 정해진 일정 시간 뒤에 출력 신호를 내보내는 것을 타이머라고 한다. 타이머의 종류로는 동기 모터를 이용한 모터식 타이머, 공기나 기름을 이용한 제동식 타이머, 콘덴서의 충방전을 이용하여 트랜지스터를 온오프시켜 릴레이 접점을 개폐하는 전자식 타이머가 있다.

(6) 카운터(Counter)
각종 센서와 연결하여 길이 및 생산 수량 등의 숫자를 셀 때 사용하는 용도로 카운터는 가산(Up), 감산(Down), 가감산용(Up Down)이 있으며 입력신호가 들어오면 추력으로 수치를 표시한다. 카운터 내부 회로입력이 되는 펄스 신호를 가하는 것을 셋(Set), 취소(복귀)신호에 해당되는 것을 리셋(Reset)이라고 한다.

핵심테마 실전문제

전자 접촉기에 부착하여 전동기의 과부하 보호에 사용되는 자동 장치는?
① 온도 퓨즈　　　　　　　　　　　② 서모스탯
③ 열동 계전기　　　　　　　　　　④ 접지 계전기

| 해설 | 전자 접촉기 코일이 열동 계전기의 접점과 직렬로 접속되어, 부하에 과전류가 흐르면 바이메탈이 완곡되어 절환되므로 코일에 흐르는 전류를 차단하여 전자 접촉기가 주회로를 개방하게 되어 전동기의 소손을 방지할 수 있다.

| 정답 | ③

---

3 시퀀스 기본회로

(1) 자기유지회로
PB1을 일단 ON 조작하면 그 후에 손을 떼어도 릴레이는 자기 접점을 통하여 여자를 계속한다. 계전기 자신의 a 접점에 의하여 동작회로를 구성하고 스스로 동작을 유지하는 회로로, 복귀신호를 주어야 원래의 상태로 복귀하는 회로이다.

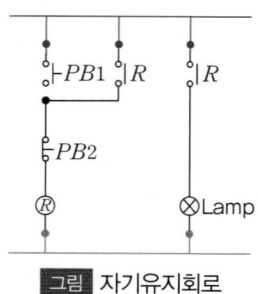

그림 자기유지회로

(2) 인터록 회로
우선도가 높은 쪽의 회로를 ON 조작하면 다른 회로는 작동하지 않도록 하는 것을 인터록(Interlock) 회로라고 한다.

(3) 병렬우선회로(선입력우선회로, 인터록 회로)

어느 쪽이든 먼저 ON 조작된 편에 우선도가 주어지는 회로이다.

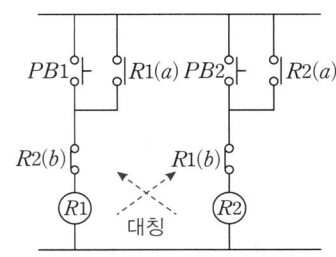

그림 병렬우선회로(선입력우선회로)

(4) 신입력우선회로(후입력우선회로)

항상 마지막에 주어진 입력(새로운 입력)이 우선되는 회로이다.

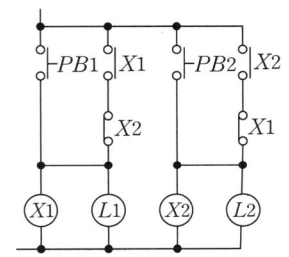

그림 신입력우선회로(후입력우선회로)

핵심테마 실전문제

2개의 입력 가운데 앞서 동작한 쪽이 우선하고, 다른 쪽은 동작을 금지시키는 회로는?

① 자기유지회로　　　　　　　　　　② 한시운전회로
③ 인터록 회로　　　　　　　　　　　④ 비상운전회로

| 해설 | 인터록 회로는 한쪽의 회로를 먼저 ON 조작하면, 다른 회로는 작동하지 않도록 하는 것으로 전동기의 정역운전회로에 사용한다.

| 정답 | ③

핵심문제 테마 20 | 전기응용 시설공사

01
광원의 밝기를 나타내는 광도의 단위로 옳은 것은?

① lx
② lm
③ cd
④ rlx

| 해설 |
광도 I[cd, 칸델라]
광원에서 어떤 방향에 대한 단위 입체각당 발산되는 광속으로, 광원의 능력
$I = \dfrac{F}{\omega}[\text{cd}]$

| 정답 | ③

02
조명설계를 할 때 점등 중에 광속의 감소를 미리 예상하여 소요 광속의 여유를 두는 정도를 무엇이라 하는가?

① 조도
② 감광보상률
③ 광속 발산도
④ 조명률

| 해설 |
감광보상률
조명설계를 할 때 점등 중에 광속의 감소를 미리 예상하여 소요 광속의 여유를 두는 정도를 말하며, 항상 1보다 크다.

| 정답 | ②

03
다음 중 건축화 조명의 종류에 해당하지 않는 것은?

① 다운 라이트
② 밸런스 조명
③ 코니스 조명
④ 전반 조명

| 해설 |
건축화 조명의 종류
- 다운 라이트: 천장에 작은 구멍을 뚫고 그 속에 광원을 매입하는 조명 방식
- 광천장 조명: 루버나 확산투과 아크릴판을 천장으로 하여 마감하는 조명 방식
- 코너 조명: 천장과 벽면의 경계 구석에 조명기구를 배치하여 동시에 조명하는 방식
- 코니스 조명: 둘레 턱을 만들어 내부에 등기구를 설치하는 조명 방식
- 밸런스 조명(분위기 조명): 벽면, 커튼에 밝은 광원으로 조명하는 방식

| 정답 | ④

04
실내 조명 설계 시 조명기구 간 간격(S)은 광원의 높이(H)의 몇 배 이하가 적절한가?

① 1.2H
② 1.5H
③ 1.8H
④ 2.0H

| 해설 |
실내 조명 설계 시 광원 상호 간의 간격은 $S \leq 1.5H$가 되도록 배치한다. 실내의 조도 균형과 효율적인 광분포 확보를 위한 기준이다.

| 정답 | ②

05

실내 면적 $100[m^2]$인 교실에 전광속이 $2,500[lm]$인 $40[W]$ 형광등을 설치하여 평균 조도 $150[lx]$를 얻고자 한다. 필요한 형광등 개수는?(단, 조명률: $50[\%]$, 감광보상률: 1.25)

① 10개
② 15개
③ 20개
④ 30개

| 해설 |

$FUN = EAD$ 공식에서 $N = \dfrac{E \times A \times D}{F \times U}$ 이다.

필요한 형광등 개수 $N = \dfrac{150 \times 100 \times 1.25}{2,500 \times 0.5} = 15$

| 정답 | ②

06

전동기의 전원 측에 리액터를 직렬로 넣어 기동 전류를 감소시키는 기동 방식은?

① 전전압 기동
② Y-△ 기동
③ 리액터 기동
④ 기동 보상기 기동

| 해설 |

리액터 기동법

전동기의 전원측에 직렬로 리액터를 설치하여 전압을 강하시켜 감압 기동하는 방식

| 정답 | ③

07

단상 유도 전동기 중 기동 토크가 가장 낮은 방식은?

① 반발 기동형
② 콘덴서 기동형
③ 분상 기동형
④ 셰이딩 코일형

| 해설 |

단상 유도 전동기의 기동 토크 순서

반발 기동형 > 콘덴서 기동형 > 분상 기동형 > 셰이딩 코일형

| 정답 | ④

08

직류 전동기의 속도제어 방법이 아닌 것은?

① 플러깅 제어
② 저항 제어
③ 전압 제어
④ 계자 제어

| 해설 |

직류 전동기의 속도 제어법

- 저항 제어
- 계자 제어
- 전압 제어

| 정답 | ①

초판1쇄 인쇄 2025년 4월 23일
초판1쇄 발행 2025년 4월 30일
편저 김앤북 전기 자격 연구소
기획총괄 최진호
개발/기획 이순옥, 황함택, 조정욱
디자인 김소진, 서제호, 서진희, 조아현
제작/영업 조재훈, 김승규, 정광표
마케팅 지다영

발행처 ㈜아이비김영
펴낸이 김석철
등록번호 제22-3190호
주소 (06729) 서울 서초구 강남대로 279, 백향빌딩 4, 5층
전화 (대표전화) 1661-7022
팩스 02)599-5611

ⓒ ㈜아이비김영
이 책은 저작권법에 따라 보호받는 저작물이므로 무단복제를 금지하며,
책 내용의 전부 또는 일부를 이용하려면 반드시 저작권자의 서면동의를 받아야 합니다.

ISBN 979-11-7349-035-4 13560
정가 25,000원

잘못된 책은 바꿔드립니다.

합격

김앤북은 합격까지 책임집니다!

수험서의 새로운 기준

김앤북
KIM&BOOK

#김영편입　　#자격증　　#IT

www.kimnbook.co.kr

교재 구매 시 제공되는 서비스!

❶ 초보자 맞춤 부록 ❷ 초보자 맞춤 특강 ❸ 암기용 MP3 ❹ 기출 CBT 모의고사 ❺ 2025년 1회 해설 특강

초보자도 가능한
전기기능사
필기 | CBT 기출 마스터

초보자 맞춤 5단계 합격 프로세스

1단계 초보자 맞춤 부록, 강의 및 MP3로 기초학습을 먼저 시작
2단계 기출을 기반으로 한 테마별 압축이론으로 개념 정리
3단계 이론 학습 후 관련 문제를 풀면서 실전 적용
4단계 5개년 기출문제를 풀면서 실전 감각을 높임
5단계 기출 CBT 모의고사 서비스로 시험 직전 최종 점검

메가스터디교육그룹 아이비김영의 NEW 도서 브랜드 〈김앤북〉
여러분의 편입 & 자격증 & IT 취업 준비에
빛이 되어 드리겠습니다.

www.kimnbook.co.kr

2026

초보자도 가능한

전기기능사

필기 | CBT 기출 마스터

김앤북 전기 자격 연구소 편저
조경필 검수

2권 5개년 CBT 기출

기출 CBT
모의고사
3회

47만 네이버 대표 카페
전기박사 추천 합격필독서

김앤북
KIM&BOOK

기출 CBT 모의고사
이용 가이드

1 엔지니어랩 사이트 접속 후 회원 가입

www.engineerlab.co.kr

QR코드 또는 PC에서 엔지니어랩 접속

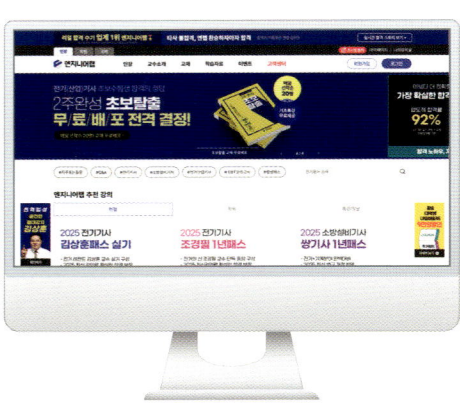

2 '교재' ▶ '구매인증' 카테고리를 선택 후 구매 인증을 진행

① 구매 인증 게시글을 통해 관리자에게 승인 요청
② 관리자가 CBT 서비스를 이용할 수 있는 권한 부여

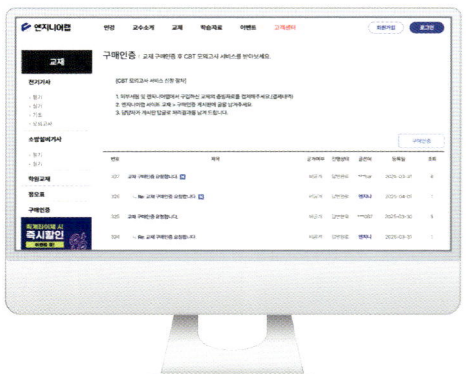

3 기출 CBT 모의고사 서비스 페이지를 통해 학습 진행

① PC에서 '나의 강의실 - 나의 모의고사' 카테고리 선택
② 기출 CBT 모의고사 3회 학습
③ 전체 총점과 과목별 점수를 확인

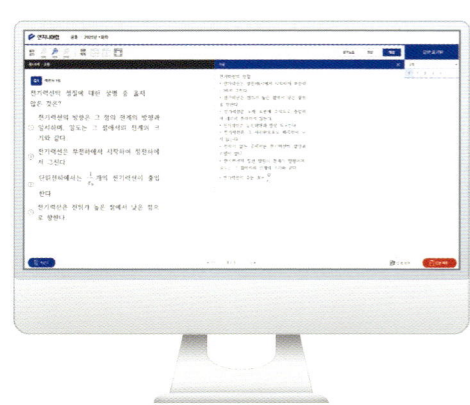

※ 2025년 1회 CBT 기출 해설 특강은 5월 13일 이후에 같은 경로에서 시청하실 수 있습니다.

2026

초보자도 가능한

전기기능사

김앤북 전기 자격 연구소 편저
조경필 검수

필기 | CBT 기출 마스터

2권 5개년 CBT 기출

김앤북
KIM&BOOK

2권

5개년 CBT 기출

2025년	1회 CBT 기출	4쪽		2022년	1회 CBT 기출	148쪽
	2회 CBT 기출	16쪽			2회 CBT 기출	160쪽
	3회 CBT 기출(예상)	28쪽			3회 CBT 기출	172쪽
	4회 CBT 기출(예상)	40쪽			4회 CBT 기출	186쪽

2024년	1회 CBT 기출	52쪽		2021년	1회 CBT 기출	198쪽
	2회 CBT 기출	64쪽			2회 CBT 기출	210쪽
	3회 CBT 기출	76쪽			3회 CBT 기출	222쪽
	4회 CBT 기출	88쪽			4회 CBT 기출	234쪽

2023년	1회 CBT 기출	100쪽
	2회 CBT 기출	112쪽
	3회 CBT 기출	124쪽
	4회 CBT 기출	136쪽

2025년 1회 CBT 기출 해설은
QR코드를 통해 입장 가능
앞표지 뒷면 참조

2025년 1회 CBT 기출

01

120[Ω] 저항 4개를 가지고 얻을 수 있는 가장 작은 합성저항 값은?

① 30[Ω] ② 45[Ω]
③ 60[Ω] ④ 90[Ω]

▶ 전기이론 테마 04 직류회로

모든 저항을 병렬로 연결할 때 가장 작은 합성저항을 얻을 수 있다.
$R = \frac{120}{4} = 30[\Omega]$

02

그림과 같은 회로에서 합성저항은 몇 [Ω]인가?

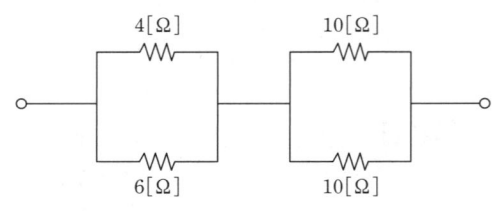

① 6.6 ② 7.4
③ 8.7 ④ 9.4

▶ 전기이론 테마 04 직류회로

주어진 회로에서는 직렬과 병렬 연결을 단계별로 분석하여 합성저항을 구한다. 먼저 앞쪽의 병렬 연결된 두 저항의 합성저항은 $R_1 = \frac{4 \times 6}{4+6} = 2.4[\Omega]$이다. 그리고 뒤쪽의 병렬 연결된 두 저항의 합성저항은 $R_2 = \frac{10 \times 10}{10+10} = 5[\Omega]$이다. 이제 직렬 연결된 두 합성저항을 더하여 회로의 총 합성저항을 구하면 $R_t = R_1 + R_2 = 7.4[\Omega]$이다.

03

자기인덕턴스가 L_1, L_2이고 상호인덕턴스가 M, 결합계수가 1일 때, 다음 중 옳은 식은 무엇인가?

① $\sqrt{L_1 L_2} = M$ ② $\sqrt{L_1 L_2} > M$
③ $L_1 L_2 = M$ ④ $L_1 L_2 > M$

▶ 전기이론 테마 03 전자력과 전자유도

결합계수가 1이라는 것은 두 코일 사이에 자기적으로 완벽히 결합되었음을 의미한다. 자기인덕턴스와 상호인덕턴스의 관계 $k\sqrt{L_1 L_2} = M$에서 $k=1$이므로 구하고자 하는 관계식은 $\sqrt{L_1 L_2} = M$이다.

04

회로에 어드미턴스 Y_1, Y_2가 병렬로 접속되어 있다. 합성 어드미턴스는 다음 중 어느 것인가?

① $Y_1 + Y_2$ ② $Y_1 - Y_2$
③ $\frac{1}{Y_1 + Y_2}$ ④ $\frac{Y_1 Y_2}{Y_1 + Y_2}$

▶ 전기이론 테마 05 교류회로

어드미턴스는 임피던스의 역수로, 전류가 흐르기 쉬운 정도를 낸다. 두 어드미턴스 Y_1, Y_2가 병렬로 접속된 경우 합성 어드미턴스는 단순히 두 값을 더하면 된다. 즉, 합성 어드미턴스는 $Y_1 + Y_2$이다.

05

과도현상은 회로의 시정수와 관계가 있다. 이를 바르게 설명한 것은?

① 시정수가 클수록 과도현상은 빨라진다.
② 시정수는 과도현상의 지속시간과는 무관하다.
③ 시정수의 역이 클수록 과도현상은 서서히 없어진다.
④ 회로의 시정수가 클수록 과도현상은 오래 계속된다.

▶ 전기이론 테마 05 교류회로

과도현상의 지속시간은 회로의 시정수에 의해 결정된다. 시정수가 크면 과도현상이 더 오래 지속되고, 시정수가 작으면 과도현상이 빨리 사라진다.

정답 01 ① 02 ② 03 ① 04 ① 05 ④

06

$5[\mu F]$의 콘덴서를 $100[V]$로 충전하면 축적되는 에너지는 몇 $[J]$인가?

① 2.5
② 2.0×10^2
③ 25
④ 2.5×10^{-2}

▶ 전기이론 테마 01 전기의 성질과 전하에 의한 전기장
콘덴서에 축적된 에너지
$W = \frac{1}{2}CV^2 = \frac{1}{2} \times 5 \times 10^{-6} \times 100^2 = 0.025 = 2.5 \times 10^{-2}[J]$

07

$3[kW]$의 전열기를 정격 상태에서 20분간 사용했을 때의 열량은 몇 $[kcal]$인가?

① 430
② 520
③ 610
④ 860

▶ 전기이론 테마 06 전류의 열작용과 화학작용
$1[kWh] = 860[kcal]$에서
$3[kW]$를 20분$\left(\frac{1}{3}[h]\right)$ 동안 사용하면
$W = Pt = 3 \times \frac{1}{3} \times 860 = 860[kcal]$이다.

08

두 개의 막대기와 눈금계, 저항, 도선을 연결하고 절환 스위치를 이용하여 검류계의 지시값을 '0'으로 하여 접지저항을 측정하는 방법은?

① 접지저항계
② 휘스톤 브리지
③ 캘빈더블 브리지
④ 콜라우시 브리지

▶ 전기이론 테마 04 직류회로
두 개의 막대기(보조 접지봉)와 검류계 등을 이용하고 스위치를 전환해 검류계 표시를 0으로 맞추는 방식은 접지저항을 측정하는 장치를 접지저항계라고 부르며, 땅에 박은 두 개의 보조 전극을 사용해 대지 저항을 측정한다.

09

단상전력계 2대를 사용하여 2전력계법으로 3상 전력을 측정하고자 한다. 두 전력계의 지시값이 각각 P_1, $P_2[W]$이었다. 3상 전력 $P[W]$를 구하는 식으로 옳은 것은?

① $P = \sqrt{3}(P_1 \times P_2)$
② $P = P_1 - P_2$
③ $P = P_1 \times P_2$
④ $P = P_1 + P_2$

▶ 전기이론 테마 05 교류회로
2전력계법이란 3상 전력을 두 대의 단상 전력계로 측정하는 방법을 말한다. 이 방법에서 각 전력계의 측정값을 P_1, P_2라고 할 때 전체 3상 전력은 두 값을 더한 값이 된다.
즉, 3상 전력 $P = P_1 + P_2$이다.

10

정전용량 $C[F]$의 콘덴서에 $W[J]$의 에너지를 축적하려면 이 콘덴서에 가해줄 전압$[V]$은?

① $\frac{2W}{C}$
② $\frac{2C}{W}$
③ $\sqrt{\frac{2W}{C}}$
④ $\sqrt{\frac{2C}{W}}$

▶ 전기이론 테마 01 전기의 성질과 전하에 의한 전기장
콘덴서 에너지 $W = \frac{1}{2}CV^2$에서 $V = \sqrt{\frac{2W}{C}}[V]$이다.

정답 06 ④ 07 ④ 08 ① 09 ④ 10 ③

11

20[℃]의 물 200[L]를 2시간 동안에 40[℃]까지 올리기 위하여 써야 할 전열기의 용량은 몇 [kW]이면 되겠는가?(단, 이때 전열기의 효율은 60[%]라고 한다.)

① 3.88
② 390
③ 3,858
④ 3,900

▶ **전기이론** 테마 06 전류의 열작용과 화학작용

전열기 용량 $P=\dfrac{cm\theta}{860t\eta}$[kW] ($c$: 비열, m: 질량, θ: 온도차, t: 시간, η: 효율)

$P=\dfrac{1\times 200\times(40-20)}{860\times 2\times 0.6}=3.88$[kW]

12

m[Wb]의 점자극에서 r[m] 떨어진 점의 자장의 세기는 공기 중에서 몇 [AT/m]인가?

① $\dfrac{m}{4\pi\mu r}$
② $\dfrac{m}{4\pi r}$
③ $\dfrac{m}{4\pi r^2}$
④ $\dfrac{m}{4\pi\mu r^2}$

▶ **전기이론** 테마 02 자기장 성질과 전류에 의한 자기장

자장의 세기

$H=\dfrac{m}{4\pi\mu r^2}$[AT/m]

13

기전력 120[V], 내부저항(r)이 15[Ω]인 전원이 있다. 여기에 부하저항(R)을 연결하여 얻을 수 있는 최대전력 [W]은?(단, 최대전력 전달 조건은 $r=R$이다.)

① 240
② 200
③ 140
④ 100

▶ **전기이론** 테마 04 직류회로

최대전력 전달 조건 $r=R$에서 최대전력 공식은 다음과 같다.

$P=\dfrac{V^2}{4R}=\dfrac{120^2}{4\times 15}=240$[W]

14

황산구리($CuSO_4$) 전해액에 2개의 동일한 구리판을 넣고 전원을 연결하였을 때 음극에서 나타나는 현상으로 옳은 것은?

① 변화가 없다.
② 구리판이 두꺼워진다.
③ 구리판이 얇아진다.
④ 수소 가스가 발생한다.

▶ **전기이론** 테마 06 전류의 열작용과 화학작용

황산구리($CuSO_4$) 전해액에 두 개의 동일한 구리판을 전극으로 넣고 전원을 연결하면 전기 분해가 일어난다. 이때 음극(−)이 되는 구리판에서는 용액 속의 구리 이온(Cu^{2+})이 전자를 받아 금속 구리로 석출되어 음극 구리판이 점점 두꺼워진다. 반면 양극(+)에서는 금속 구리가 산화되어 용액으로 녹아 들어가 구리판이 얇아진다.

15

다음 중 자극의 세기를 나타내는 단위는?

① [Gauss]
② [Wb]
③ [F]
④ [AT/m]

▶ **전기이론** 테마 02 자기장 성질과 전류에 의한 자기장

- [Gauss](가우스): 자기장 B의 단위
- [Wb](웨버): 자속 ϕ의 단위
- [F](패럿): 커패시턴스 C의 단위
- [AT/m](암페어턴 퍼 미터): 자기장(자극)의 세기 H의 단위

정답 11 ① 12 ④ 13 ① 14 ② 15 ④

16

권선 저항과 온도와의 관계로 옳은 것은?

① 온도와는 무관하다.
② 온도가 상승함에 따라 권선 저항은 감소한다.
③ 온도가 상승함에 따라 권선 저항은 증가한다.
④ 온도가 상승함에 따라 권선의 저항은 증가와 감소를 반복한다.

▶ **전기이론** 테마 06 전류의 열작용과 화학작용
금속 도체로 된 권선(코일)의 저항은 온도가 올라가면 증가한다.
(권선 저항∝온도)

17

평행한 두 도체에 같은 방향의 전류가 흘렀을 때 두 도체 사이에 작용하는 힘은 어떻게 되는가?

① 반발력이 작용한다.
② $\frac{1}{2\pi r}$의 힘이 작용한다.
③ 흡인력이 작용한다.
④ 힘은 0이다.

▶ **전기이론** 테마 02 자기장 성질과 전류에 의한 자기장
앙페르의 법칙
나란히 놓인 두 도체에 같은 방향의 전류가 흐르면 두 도체 사이에는 서로 끌어당기는 힘(흡인력)이 작용한다. 평행 전류가 방향이 같을 때는 자기장이 서로를 잡아당기도록 형성된다. 반대로 전류의 방향이 서로 반대이면 반발력이 작용하여 서로 밀어낸다.

18

어떤 콘덴서에 $V[V]$의 전압을 가하여 $Q[C]$의 전하를 충전할 때, 저장되는 에너지[J]는?

① $2QV$
② $\frac{1}{2}QV$
③ $\frac{1}{2}QV^2$
④ $2QV^2$

▶ **전기이론** 테마 01 전기의 성질과 전하에 의한 전기장
콘덴서에 저장되는 에너지 $W=\frac{1}{2}CV^2[J]$에서 전하량 $Q=CV[C]$이므로 두 식을 연계하면 $W=\frac{1}{2}CV^2=\frac{1}{2}QV[J]$

19

자기 인덕턴스에 축적되는 에너지에 대한 설명으로 가장 옳은 것은?

① 자기 인덕턴스 및 전류에 비례한다.
② 자기 인덕턴스 및 전류에 반비례한다.
③ 자기 인덕턴스에 비례하고 전류의 제곱에 비례한다.
④ 자기 인덕턴스에 반비례하고 전류의 제곱에 반비례한다.

▶ **전기이론** 테마 03 전자력과 전자유도
인덕터(코일)에 저장된 에너지 $W=\frac{1}{2}LI^2$에서 에너지는 자기 인덕턴스(L)에 비례하고, 전류의 제곱(I^2)에 비례한다.

20

전기력선에 대한 설명으로 틀린 것은?

① 같은 전기력선은 흡인한다.
② 전기력선은 서로 교차하지 않는다.
③ 전기력선은 도체의 표면에 수직으로 출입한다.
④ 전기력선은 양전하의 표면에서 나와서 음전하의 표면에서 끝난다.

▶ **전기이론** 테마 01 전기의 성질과 전하에 의한 전기장
전기력선의 성질
- 전기력선은 서로 교차하지 않는다.
- 전기력선은 도체의 표면에서 항상 수직으로 출입한다.
- 전기력선은 양전하에서 나와 음전하로 들어간다.
- 같은 전기력선끼리는 서로 만나거나 끌어당기는 일이 없다.

정답 16 ③ 17 ③ 18 ② 19 ③ 20 ①

21
변압기의 권선법 중 형권은 주로 어디에 사용되는가?

① 소형 변압기 ② 중형 변압기
③ 특수 변압기 ④ 가정용 변압기

▶ 전기기기 테마 07 변압기
변압기의 권선법 중 형권은 철심에 저압 권선을 감고 그 위에 고압 권선을 감는 배치 구조를 말한다. 형권은 특히 중형 변압기 또는 전력 변압기에 적합하다.

22
동기속도 1,800[rpm], 주파수 60[Hz]인 동기 발전기의 극수는 몇 극인가?

① 2 ② 4
③ 8 ④ 10

▶ 전기기기 테마 10 동기기
$N_s = \dfrac{120f}{p}$ 에서 $p = \dfrac{120 \times 60}{1,800} = 4$극

23
트라이악(TRIAC)의 기호는?

① 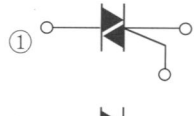　②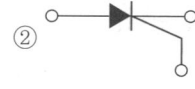

③ 　④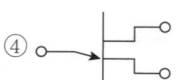

▶ 전기기기 테마 11 정류기 및 제어기기
① TRIAC
② SCR
③ DIAC
④ UJT

24
양방향으로 전류를 흘릴 수 있는 양방향 소자는?

① TRIAC
② MOSFET
③ GTO
④ SCR

▶ 전기기기 테마 11 정류기 및 제어기기
TRIAC: 양방향 전류를 흘리는 소자

25
동기기에서 난조를 방지하기 위한 것은?

① 계자 권선
② 제동 권선
③ 전기자 권선
④ 난조 권선

▶ 전기기기 테마 10 동기기
제동 권선의 목적
• 발전기: 난조 방지
• 전동기: 기동작용

정답　21 ②　22 ②　23 ①　24 ①　25 ②

26

슬립 4[%]인 유도 전동기의 등가 부하 저항은 2차 저항의 몇 배인가?

① 5
② 19
③ 20
④ 24

▶ 전기기기　테마 09　유도기

$$R = r_2\left(\frac{1-s}{s}\right) = r_2 \times \left(\frac{1-0.04}{0.04}\right) = 24r_2[\Omega]$$

27

변압기유가 구비해야 할 조건으로 틀린 것은?

① 응고점이 낮을 것
② 인화점이 높을 것
③ 점도가 높을 것
④ 절연내력이 클 것

▶ 전기기기　테마 07　변압기

변압기유의 구비 조건
- 절연내력이 클 것
- 비열이 커서 냉각 효과가 클 것
- 인화점이 높고, 응고점이 낮을 것
- 고온에서도 산화하지 않을 것
- 절연 재료와 화학 작용을 일으키지 않을 것
- 점도가 작고 유동성이 풍부할 것

28

측정이나 계산으로 구할 수 없는 손실로 부하 전류가 흐를 때 도체 또는 철심내부에서 생기는 손실을 무엇이라 하는가?

① 표유부하손
② 맴돌이 전류손
③ 구리손
④ 히스테리시스손

▶ 전기기기　테마 08　직류기

표유부하손
측정이나 계산에 의하여 구할 수 있는 손실 이외에 부하 전류가 흐를 때 도체 또는 금속 내부에서 부하에 비례하여 증감하는 손실

29

변압기를 △−Y결선한 경우에 대한 설명으로 옳지 않은 것은?

① 1차 선간전압 및 2차 선간전압의 위상차는 60°이다.
② 제3조파에 의한 장해가 적다.
③ 1차 변전소의 승압용으로 사용된다.
④ Y결선의 중성점을 접지할 수 있다.

▶ 전기기기　테마 07　변압기

△−Y 장단점
- Y결선에서 중성점 접지 가능
- 선간전압이 상전압의 $\frac{1}{\sqrt{3}}$이므로 절연 가능
- 제3고조파의 장해가 적고, 기전력의 파형이 왜곡되지 않는다.
- 한 상에 고장이 생기면 송전 불가
- 중선점 접지로 인한 통신선 유도장해가 발생
- 1, 2차 선간 전압 사이에 30°의 위상차 발생

30

전기자를 고정시키고 자극 N, S를 회전시키는 동기 발전기는?

① 회전 전기자형
② 회전 정류자형
③ 회전 계자형
④ 직렬 저항법

▶ 전기기기　테마 10　동기기
- 회전 전기자형: 계자를 고정해 두고 전기자가 회전하는 형태
- 회전 계자형: 전기자를 고정해 두고 계자를 회전시키는 형태

정답　26 ④　27 ③　28 ①　29 ①　30 ③

31

직류 전동기에서 전부하 속도가 1,500[rpm], 속도 변동률이 3[%]일 때, 무부하 회전 속도는 몇 [rpm]인가?

① 1,410 ② 1,455
③ 1,545 ④ 1,590

▶ 전기기기 테마 08 직류기

$\varepsilon = \dfrac{N_0 - N_n}{N_n} \times 100 = \dfrac{N_0 - 1,500}{1,500} \times 100 = 3[\%]$ 에서

$\dfrac{N_0 - 1,500}{1,500} = 0.03$

$N_0 = 1,500 \times (1,500 \times 0.03)$
$\quad = 1,545[\text{rpm}]$

32

그림과 같은 분상 기동형 단상 유도 전동기를 역회전시키기 위한 방법이 아닌 것은?

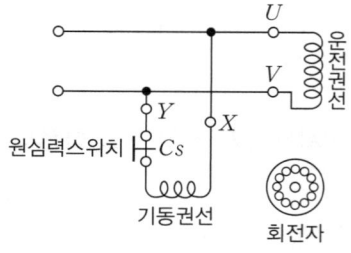

① 운전권선의 단자접속을 반대로 한다.
② 기동권선의 단자접속을 반대로 한다.
③ 원심력스위치를 개로 또는 폐로 한다.
④ 기동권선이나 운전권선의 어느 한 권선의 단자접속을 반대로 한다.

▶ 전기기기 테마 09 유도기

단상 유도 전동기를 역회전시키기 위해서는 기동권선이나 운전권선 중 어느 한 권선의 단자접속을 반대로 한다.

33

단상 유도 전동기의 기동 방법 중 기동토크가 가장 큰 것은 어느 것인가?

① 분상 기동형
② 반발 기동형
③ 콘덴서 기동형
④ 반발 유도형

▶ 전기기기 테마 09 유도기

기동토크가 큰 순서
반발 기동형 > 콘덴서 기동형 > 분상 기동형 > 셰이딩 코일형

34

무부하 전압 104[V], 정격전압 100[V]인 발전기의 전압 변동률은 몇 [%]인가?

① 1[%] ② 2[%]
③ 3[%] ④ 4[%]

▶ 전기기기 테마 08 직류기

전압 변동율 $\varepsilon = \dfrac{V_0 - V_n}{V_n} \times 100[\%]$ 에서

$\varepsilon = \dfrac{104 - 100}{100} \times 100 = 4[\%]$

35

유도 전동기의 공급 전압이 $\dfrac{1}{2}$배로 감소하면 토크는 처음의 몇 배로 되는가?

① $\dfrac{1}{4}$ ② 2
③ $\dfrac{1}{2}$ ④ 4

▶ 전기기기 테마 09 유도기

유도전동기의 토크는 전압의 제곱에 비례 $\tau \propto V^2$

정답 31 ③ 32 ③ 33 ② 34 ④ 35 ①

36
직류 스테핑 모터의 특징 설명 중 가장 옳은 것은?

① 교류 동기 서보 모터에 비하여 효율이 나쁘고 토크 발생도 작다.
② 이 전동기는 일반적인 공작 기계에 많이 사용된다.
③ 이 전동기의 출력을 이용하여 특수 기계의 속도, 거리, 방향 등을 정확하게 제어가 가능하다.
④ 이 전동기는 입력되는 각 전기 신호에 따라 계속하여 회전한다.

▶ 전기기기 테마 08 직류기
스테핑 모터
- 입력 펄스 신호에 따라 일정한 각도로 회전하는 전동기이다.
- 기동 및 정지 특성이 우수하다.
- 특수 기계의 속도, 거리, 방향 등의 정확한 제어가 가능하다.

37
변압기의 1차측이란?

① 고압측   ② 전원측
③ 저압측   ④ 부하측

▶ 전기기기 테마 07 변압기
변압기는 1차를 전원측, 2차를 부하측이라 한다.

38
동기기의 전기자 권선법이 아닌 것은?

① 전절권   ② 2층권
③ 중권   ④ 분포권

▶ 전기기기 테마 10 동기기
동기기는 주로 분포권, 단절권, 2층권, 중권이 쓰이고 결선은 Y결선으로 한다.

39
다음 중 유도 전동기에서 비례추이를 할 수 있는 것은?

① 역률
② 2차 동손
③ 효율
④ 출력

▶ 전기기기 테마 09 유도기
유도 전동기에서 비례추이 가능한 것은 토크, 1차 전류, 역률, 1차 입력이다.

40
직류 발전기에서 브러시와 접촉하여 전기자 권선에 유도되는 교류 기전력을 정류해서 직류로 만드는 부분은?

① 슬립링
② 계자
③ 전기자
④ 정류자

▶ 전기기기 테마 08 직류기
직류 발전기의 주요부분
- 계자: 자속을 만들어 주는 부분
- 전기자: 계자에서 만든 자속으로부터 기전력을 유도하는 부분
- 정류자: 교류를 직류로 변환하는 부분

정답 36 ③ 37 ② 38 ① 39 ① 40 ④

41
옥외용 비닐절연전선의 약호는?

① IV
② VV
③ DV
④ OW

▶ 전기설비 　테마 13　배선재료와 공구
- IV: 비닐절연전선
- VV: 비닐절연 비닐시스 케이블
- DV: 인입용 비닐절연전선
- OW: 옥외용 비닐절연전선

42
노출장소 또는 점검 가능한 은폐장소에서 제2종 가요전선관을 시설하고 제거하는 것이 부자유하거나 점검 불가능한 경우의 곡률 반지름은 안지름의 몇 배 이상으로 하여야 하는가?

① 2
② 3
③ 5
④ 6

▶ 전기설비 　테마 15　배선설비공사 및 전선허용전류 계산
가요전선관 곡률 반지름
- 자유로운 경우: 전선관 안지름의 3배 이상
- 부자유로운 경우: 전선관 안지름의 6배 이상

43
분전반 및 배전반을 설치하기 위한 장소로 바람직하지 않은 것은?

① 전기회로를 쉽게 조작할 수 있는 장소
② 개폐기를 쉽게 개폐할 수 있는 장소
③ 은폐된 장소
④ 쉽게 점검 및 보수를 할 수 있는 장소

▶ 전기설비 　테마 18　고압 및 저압 배전반공사
분전반 및 배전반은 전기부하의 중심 부근에 위치하면서, 조작 및 유지보수가 가능한 곳에 설치

44
일반적으로 큐비클형이라 하며, 점유 면적이 좁고 운전, 보수에 안전하므로 공장, 빌딩 등의 전기실에 많이 사용되며 조립형, 장갑형이 있는 배전반은?

① 철제 수직형 배전반
② 라이브 프런트식 배전반
③ 데드 프런트식 배전반
④ 폐쇄식 배전반

▶ 전기설비 　테마 18　고압 및 저압 배전반공사
큐비클형은 폐쇄식 배전반을 말하며 점유면적이 좁고 운전, 보수에 안전하므로 공장, 빌딩 등의 전기실에 많이 사용된다.

45
일정 값 이상의 전류가 흘렀을 때 동작하는 계전기는?

① OCR
② OVR
③ UVR
④ GR

▶ 전기설비 　테마 12　보호계전기
- OCR: 과전류 계전기(일정 값 이상의 전류가 흘렀을 때 동작)
- OVR: 과전압 계전기
- UVR: 부족전압 계전기
- GR: 접지 계전기

정답　41 ④　42 ④　43 ③　44 ④　45 ①

46

굵은 전선을 절단할 때 사용하는 전기공사용 공구는?

① 프레셔 툴　　② 클리퍼
③ 녹아웃 펀치　　④ 파이프 커터

▶ 전기설비　테마 13　배선재료와 공구
　클리퍼: 굵은 전선을 절단하는 데 사용하는 공구

47

절연전선의 피복 절연물을 벗기는 공구로, 도체의 손상 없이 정확한 길이의 피복 절연물을 쉽게 처리할 수 있는 것은?

① 프레셔 툴　　② 와이어 스트리퍼
③ 클리퍼　　　④ 리머

▶ 전기설비　테마 13　배선재료와 공구
- 프레셔 툴: 커넥터 또는 터미널을 압착하는 공구
- 와이어 스트리퍼: 전선의 피복을 벗기는 공구
- 클리퍼: 보통 22[mm²] 이상의 굵은 전선을 절단할 때 사용하는 가위로 굵은 전선을 펜치로 절단하기 힘들 때 클리퍼나 쇠톱을 사용
- 리머: 금속관을 쇠톱이나 커터로 끊은 다음, 관 안에 날카로운 것을 다듬는 공구

48

한 방향으로 일정한 값 이상의 전류가 흘렀을 때 동작하는 계전기는?

① 차동 계전기　　② 방향 단락 계전기
③ 지락 계전기　　④ 거리 계전기

▶ 전기설비　테마 12　보호계전기
- 차동 계전기: 고장으로 발생한 불평형의 전류차가 기준치 이상인 경우 동작하는 계전기로 변압기 내부고장 검출용으로 주로 사용
- 방향 단락 계전기: 고장 전류가 어느 일정한 방향이고 설정한 값 이상이 되면 동작하는 계전기
- 지락 계전기: 주로 비접지 선로에서 영상변류기와 조합하여 지락사고 시 동작하는 계전기
- 거리 계전기: 계전기가 설치된 위치로부터 고장점까지의 전기적 거리에 비례하여 한시로 동작하는 계전기

49

주상변압기의 2차측 접지 공사의 목적으로 맞는 것은?

① 1차측 접지
② 1차측과 2차측의 혼촉 방지
③ 2차측 단락
④ 1차측 과전류 억제

▶ 전기설비　테마 16　전선 및 기계기구의 보안공사
　변압기에서 혼촉사고가 발생했을 경우 사람에게 위험을 주는 높은 전류를 대지로 흐르게 하기 위함. 즉, 1차측과 2차측의 혼촉 방지용이다.

50

주상 변압기의 1차측 보호 장치로 사용하는 것은?

① 유입개폐기
② 컷아웃 스위치
③ 캐치홀더
④ 리클로저

▶ 전기설비　테마 17　가공인입선 및 배전선공사
변압기의 보호
- 유입개폐기: 전로의 부하 시에 기름 속에서 3극을 동시에 개폐하는 장치
- 컷아웃 스위치(COS): 변압기의 1차측에 시설하여 변압기의 단락을 보호
- 캐치홀더: 변압기의 2차측에 시설하여 변압기를 보호
- 리클로저: 배전선로의 고장을 차단하고, 자동으로 재투입하는 장치

정답　46 ②　47 ②　48 ②　49 ②　50 ②

51

가연성 먼지(소맥분, 전분, 유황 기타 가연성 먼지 등)로 인하여 폭발할 우려가 있는 저압 옥내 설비 공사로 적절하지 않는 것은?

① 케이블 공사
② 금속관 공사
③ 플로어 덕트 공사
④ 합성수지관 공사

▶ 전기설비 테마 19 특수장소공사
가연성 먼지가 존재하는 곳
가연성의 먼지가 공중에 떠다니는 상태에서 착화하였을 때 폭발의 우려가 있는 곳의 저압 옥내 설비 공사는 합성수지관 공사, 금속전선관 공사, 케이블 공사에 의하여 시설한다.

52

합성수지관을 상호 접속 시에 관을 삽입하는 깊이는 관 바깥지름의 몇 배 이상으로 하여야 하는가?(단, 접착제를 사용하지 않는 경우이다.)

① 0.8
② 1.0
③ 1.2
④ 2.0

▶ 전기설비 테마 15 배선설비공사 및 전선허용전류 계산
합성수지관 관 상호 접속방법
- 커플링에 들어가는 관의 길이는 관 바깥지름의 1.2배 이상으로 한다.
- 접착제를 사용하는 경우에는 0.8배 이상으로 한다.

53

박스에 금속관을 고정할 때 사용하는 것은?

① 유니언 커플링
② 로크너트
③ C형 엘보
④ 부싱

▶ 전기설비 테마 13 배선재료와 공구
- 유니언 커플링: 금속전선관을 돌릴 수 없을 때 사용하여 접속
- 로크너트: 박스에 금속관을 고정할 때 사용
- C형 엘보: 노출 배관 공사에서 관을 직각으로 굽히는 곳에 사용
- 부싱: 전선의 절연 피복을 보호하기 위하여 금속관 관 끝에 취부

54

저압 구내 가공인입선으로 DV 전선 사용 시 전선의 길이가 15[m] 이하인 경우 사용할 수 있는 굵기는 지름 몇 [mm] 이상인가?

① 4.0
② 2.6
③ 2.0
④ 1.5

▶ 전기설비 테마 17 가공인입선 및 배전선공사
저압 가공인입선의 인입용 비닐절연전선(DV)는 인장강도 2.30[kN] 이상의 것 또는 지름 2.6[mm] 이상(단, 경간이 15[m] 이하인 경우는 인장강도 1.25[kN] 이상의 것 또는 지름 2[mm] 이상)

55

나전선 상호를 접속하는 경우 일반적으로 전선의 세기를 몇 [%] 이상 감소시키지 아니하여야 하는가?

① 80[%]
② 50[%]
③ 20[%]
④ 5[%]

▶ 전기설비 테마 14 전선의 접속
전선의 접속 조건
- 접속 시 전기적 저항을 증가시키지 않는다.
- 접속부위의 기계적 강도(전선의 세기)를 20[%] 이상 감소시키지 않는다.
- 접속점의 절연이 약화되지 않도록 테이핑 또는 와이어 커넥터로 절연한다.
- 전선의 접속은 박스 안에서 하고, 접속점에 장력이 가해지지 않도록 한다.

정답 51 ③ 52 ③ 53 ② 54 ③ 55 ③

56

S형 슬리브 접속은 몇 회 꼬아서 접속하는 것이 좋은지 고르면?

① 2회
② 5회
③ 7회
④ 10회

▶ 전기설비 테마 14 전선의 접속
S형 슬리브 접속은 2~3회 꼬아서 접속

57

금속관을 구부릴 때 그 안쪽의 반지름은 관 안지름의 최소 몇 배 이상이 되어야 하는가?

① 10
② 8
③ 6
④ 4

▶ 전기설비 테마 15 배선설비공사 및 전선허용전류 계산
금속전선관에서 구부러지는 관의 안쪽 반지름은 관 안지름의 6배 이상으로 구부려야 한다.

58

배관 공사 시 금속관이나 합성수지관으로부터 전선을 뽑아 전동기 단자 부근에 접속할 때 관 끝에 설치하는 것은?

① 부싱
② 엔트런스 캡
③ 터미널 캡
④ 로크너트

▶ 전기설비 테마 13 배선재료와 공구
- 부싱: 전선의 절연 피복을 보호하기 위하여 금속관 끝에 취부하여 사용
- 엔트런스 캡: 저압 가공 인입선의 인입구에 사용
- 터미널 캡: 저압 가공 인입선에서 금속관 공사로 옮겨지는 곳 또는 금속관 공사로부터 전선을 뽑아 전동기 단자 부분에 접속할 때 사용
- 로크너트: 전선관과 박스를 고정하기 위하여 사용

59

저압 연접 인입선의 시설과 관련된 설명으로 잘못된 것은?

① 폭 5[m]를 넘는 도로를 횡단하지 아니할 것
② 횡단보도교 위에 시설할 때 노면 상 3.5[m] 이상일 것
③ 옥내를 통과하지 아니할 것
④ 인입선에서 분기하는 점으로부터 100[m]를 넘는 지역에 미치지 아니할 것

▶ 전기설비 테마 17 가공인입선 및 배전선공사
연접 인입선 시설 제한 규정
- 인입선에서 분기하는 점에서 100[m]를 넘는 지역에 이르지 않아야 한다.
- 너비 5[m]를 넘는 도로를 횡단하지 않아야 한다.
- 연접 인입선은 옥내를 통과하면 안 된다.
- 지름 2.6[mm]의 경동선 또는 이와 동등 이상의 세기 및 굵기의 것일 것

60

가공전선의 지지물에 승탑 또는 승강용으로 사용하는 발판볼트 등은 지표상 몇 [m] 미만에 시설하여서는 안 되는가?

① 1.6
② 1.8
③ 1.2
④ 1.0

▶ 전기설비 테마 17 가공인입선 및 배전선공사
가공전선로의 지지물에 취급자가 오르고 내리는 데 사용하는 발판볼트 등을 지표상 1.8[m] 미만에 시설하여서는 아니 된다.

정답 56 ① 57 ③ 58 ③ 59 ② 60 ②

2025년 2회 CBT 기출

01

3상 220[V], △결선에서 1상의 부하가 $Z=8+j6[\Omega]$이면 선전류[A]는?

① 11
② $22\sqrt{3}$
③ 22
④ $\dfrac{22}{\sqrt{3}}$

▶ 전기이론 테마 05 교류회로

△결선에서 상전류 $I_p = \dfrac{V}{|Z|} = \dfrac{220}{\sqrt{8^2+6^2}} = \dfrac{220}{10} = 22[A]$

∴ △결선에서 선전류 $I_l = \sqrt{3}\,I_p = 22 \times \sqrt{3} = 22\sqrt{3}[A]$

02

비유전율 2.5의 유전체 내부의 전속 밀도가 $2 \times 10^{-6}[C/m^2]$이 되는 점의 전기장의 세기는 약 몇 [V/m]인가?

① 18×10^4
② 9×10^4
③ 6×10^4
④ 3×10^4

▶ 전기이론 테마 01 전기의 성질과 전하에 의한 전기장

전속밀도 $D = \varepsilon E = \varepsilon_0 \varepsilon_s E [C/m^2]$

$E = \dfrac{D}{\varepsilon_0 \varepsilon_s} = \dfrac{2 \times 10^{-6}}{8.85 \times 10^{-12} \times 2.5} = 9 \times 10^4 [V/m]$

03

인덕턴스 0.5[H]에 주파수가 60[Hz]이고 전압이 220[V]인 교류 전압이 가해질 때 흐르는 전류는 약 몇 [A]인가?

① 0.59
② 0.87
③ 0.97
④ 1.17

▶ 전기이론 테마 05 교류회로

$X_L = \omega L = 2\pi f L = 2 \times 3.14 \times 60 \times 0.5 = 188.5[\Omega]$

$I = \dfrac{220}{188.5} = 1.17[A]$

04

권수가 150인 코일에서 2초간 1[Wb]의 자속이 변화한다면 코일에 발생되는 유도 기전력의 크기는 몇 [V]인가?

① 50
② 75
③ 100
④ 150

▶ 전기이론 테마 03 전자력과 전자유도

패러데이-렌츠의 법칙에 의한 유도기전력

$e = N\dfrac{d\phi}{dt} = 150 \times \dfrac{1}{2} = 75[V]$

05

저항의 병렬접속에서 합성저항을 구하는 설명으로 옳은 것은?

① 연결된 저항을 모두 합하면 된다.
② 각 저항값의 역수에 대한 합을 구하면 된다.
③ 저항값의 역수에 대한 합을 구하고 다시 그 역수를 취하면 된다.
④ 각 저항값을 모두 합하고 저항 숫자로 나누면 된다.

▶ 전기이론 테마 04 직류회로

합성저항 $R_{병렬}$

$R_{병렬} = \dfrac{1}{\dfrac{1}{R_1} + \dfrac{1}{R_2} + \cdots + \dfrac{1}{R_n}}$

정답 01 ② 02 ② 03 ④ 04 ② 05 ③

06

최댓값이 V_m[V]인 사인파 교류에서 평균값 V_{AVG}[V]의 값은?

① $0.577V_m$ ② $0.637V_m$
③ $0.707V_m$ ④ $0.866V_m$

▶ 전기이론 테마 05 교류회로

파형	실횻값	평균값	파형률	파고율
정현파	$\dfrac{V_m}{\sqrt{2}}$	$\dfrac{2V_m}{\pi}$	1.11	1.414

$\dfrac{2V_m}{\pi} = 0.637V_m$

07

종류가 다른 두 금속을 접합하여 폐회로를 만들고 두 접합점의 온도를 다르게 하면 이 폐회로에 기전력이 발생하여 전류가 흐르게 되는 현상을 지칭하는 것은?

① 줄의 법칙 ② 톰슨 효과
③ 펠티에 효과 ④ 제벡 효과

▶ 전기이론 테마 06 전류의 열작용과 화학작용
- 펠티에 효과: 서로 다른 금속을 연결하여 폐회로를 만들고 폐회로에 전류가 흐르면 연결점에서 열이 발생하거나 흡수되는 현상
- 톰슨 효과: 동일 금속 도선의 두 지점 간에 온도차를 주고 고온쪽에서 저온쪽으로 전류를 흘리면 전류 방향에 따라 도선속에서 열이 발생하거나 흡수되는 현상
- 줄의 법칙: 도선 안을 흐르는 정상 전류가 일정 시간 안에 내는 줄열의 양은 전류 세기의 제곱 및 도선 저항에 비례한다는 법칙
- 제벡 효과: 종류가 다른 두 금속을 접합하여 폐회로를 만들고 두 접합점의 온도를 다르게 하면 이 폐회로에 기전력이 발생하여 전류가 흐르게 되는 현상

08

어떤 저항(R)에 전압(V)을 가하니 전류(I)가 흘렀다. 이 회로의 저항(R)을 20[%] 줄이면 전류(I)는 처음의 몇 배가 되는가?

① 0.8   ② 0.88
③ 1.25 ④ 2.04

▶ 전기이론 테마 04 직류회로
$I = \dfrac{V}{R'} = \dfrac{V}{0.8R} = \dfrac{1}{0.8}\dfrac{V}{R} = 1.25\dfrac{V}{R}$

09

그림에서 평형 조건이 맞는 식은?

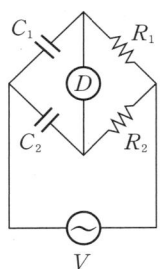

① $C_1R_1 = C_2R_2$ ② $C_1R_2 = C_2R_1$
③ $C_1C_2 = R_1R_2$ ④ $\dfrac{1}{C_1C_2} = R_1R_2$

▶ 전기이론 테마 05 교류회로

$\dfrac{1}{j\omega C_1} \cdot R_2 = \dfrac{1}{j\omega C_2} \cdot R_1$

$\dfrac{R_2}{C_1} = \dfrac{R_1}{C_2}$

$\therefore C_1R_1 = C_2R_2$

10

그림과 같이 R_1, R_2, R_3의 저항 3개가 직병렬 접속되었을 때 합성저항은?

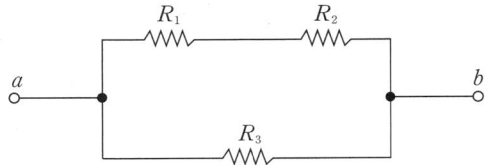

① $R = \dfrac{(R_1+R_2)R_3}{R_1+R_2+R_3}$ ② $R = \dfrac{(R_2+R_3)R_1}{R_1+R_2+R_3}$

③ $R = \dfrac{(R_1+R_3)R_2}{R_1+R_2+R_3}$ ④ $R = \dfrac{R_1R_2R_3}{R_1+R_2+R_3}$

▶ 전기이론 테마 04 직류회로
전체 합성저항
$R_t = (R_1+R_2)//R_3 = \dfrac{(R_1+R_2)\times R_3}{(R_1+R_2)+R_3} = \dfrac{(R_1+R_2)\times R_3}{R_1+R_2+R_3}$

정답 06 ② 07 ④ 08 ③ 09 ① 10 ①

11

그림과 같이 자극 사이에 있는 도체에 전류(I)가 흐를 때 힘은 어느 방향으로 작용하는가?

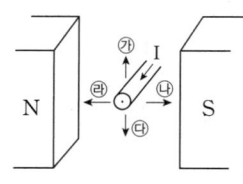

① ㉮
② ㉯
③ ㉰
④ ㉱

▶ **전기이론** 테마 03 전자력과 전자유도

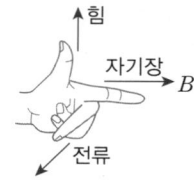

플레밍의 왼손법칙을 적용하면 ㉮ 방향으로 향한다.

12

$e=200\sin(100\pi t)$[V]의 교류 전압에서 $t=\dfrac{1}{600}$[초]일 때, 순싯값은?

① 100[V]
② 173[V]
③ 200[V]
④ 346[V]

▶ **전기이론** 테마 05 교류회로

순싯값 $e=200\sin\left(100\pi\times\dfrac{1}{600}\right)=200\sin\left(\dfrac{\pi}{6}\right)=100$[V]

13

다음 중 자기장 내에서 같은 크기 M[Wb]의 자극이 존재할 때 자기장의 세기가 가장 큰 물질은?

① 초합금
② 페라이트
③ 구리
④ 니켈

▶ **전기이론** 테마 02 자기장 성질과 전류에 의한 자기장

- 강자성체
  - 자석으로 어떤 물체(철, 니켈, 코발트)를 자화시킨 후 자석을 제거해도 자화된 자성체가 계속해서 자석의 성질을 유지하는 물체(철, 니켈, 코발트)
  - 강자성체는 외부 자극과 반대로 자구들이 배열된다.
- 상자성체
  - 자석으로 어떤 물체(공기, 알루미늄 등)를 자화시킨 후 자석을 제거하면 자화된 자성체가 바로 자석의 성질을 잃어버리는 물체(산소, 백금, 알루미늄)
  - 상자성체도 강자성체처럼 자구 배열은 같다.
- 반자성체
  - 자석으로 어떤 물체(아연, 구리, 납 등)를 자화시킨 후 자석을 제거해도 자화된 자성체가 계속해서 자석의 성질을 유지하는 물체(은, 구리, 비스무트)
  - 반자성체는 자화될 때 자구들이 외부 자극과 같은 방향으로 배열된다.

14

RL 직렬회로에서 임피던스(Z)의 크기를 나타내는 식은?

① $R^2+X_L^2$
② $R^2-X_L^2$
③ $\sqrt{R^2+X_L^2}$
④ $\sqrt{R^2-X_L^2}$

▶ **전기이론** 테마 05 교류회로

임피던스 $Z=R+jX$[Ω]
$|Z|=\sqrt{R^2+X_L^2}$[Ω]

정답 11 ① 12 ① 13 ④ 14 ③

15

$e = 100\sqrt{2}\sin\left(314\pi t - \dfrac{\pi}{3}\right)$[V]인 정현파 교류전압의 주파수는 얼마인가?

① 50[Hz] ② 60[Hz]
③ 157[Hz] ④ 314[Hz]

▶ 전기이론 테마 05 교류회로
$\omega = 2\pi f = 314\pi$[rad/s]
$f = \dfrac{314\pi}{2\pi} = 157$[Hz]

16

고유저항 ρ의 단위로 맞는 것은?

① [Ω] ② [Ω·m]
③ [AT/Wb] ④ [Ω^{-1}]

▶ 전기이론 테마 04 직류회로
$R = \rho\dfrac{l}{A}$
$\rho = R\cdot\dfrac{A}{l}$[Ω·m²/m]=[Ω·m]

17

RL 병렬회로에서의 합성 임피던스 값은?

① $\dfrac{RX_L}{R+X_L}$ ② $\sqrt{R^2+X_L^2}$
③ $\dfrac{RX_L}{\sqrt{R^2+X_L^2}}$ ④ $\dfrac{\sqrt{R^2+X_L^2}}{RX_L}$

▶ 전기이론 테마 05 교류회로
어드미턴스 $Y = \dfrac{1}{R} - j\dfrac{1}{X_L}$
크기 $|Y| = \sqrt{\left(\dfrac{1}{R}\right)^2 + \left(\dfrac{1}{X_L}\right)^2} = \sqrt{\dfrac{1}{R^2} + \dfrac{1}{X_L^2}} = \dfrac{\sqrt{R^2+X_L^2}}{RX_L}$
∴ $Z = \dfrac{1}{Y} = \dfrac{RX_L}{\sqrt{R^2+X_L^2}}$

18

어떤 3상 회로에서 선간전압이 200[V], 선전류 25[A], 3상 전력이 7[kW]이었다. 이때의 역률은 약 얼마인가?

① 0.65 ② 0.73
③ 0.81 ④ 0.97

▶ 전기이론 테마 05 교류회로
3상 유효전력 $P = \sqrt{3}VI\cos\theta$
$\cos\theta = \dfrac{P}{\sqrt{3}VI} = \dfrac{7\times10^3}{\sqrt{3}\times200\times25} = 0.81$

19

R_1[Ω], R_2[Ω], R_3[Ω]의 저항 3개를 직렬 접속했을 때의 합성 저항[Ω]은?

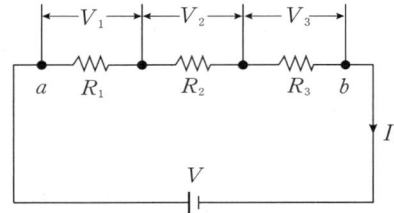

① $R = \dfrac{R_1\cdot R_2\cdot R_3}{R_1+R_2+R_3}$ ② $R = \dfrac{R_1+R_2+R_3}{R_1\cdot R_2\cdot R_3}$
③ $R = R_1\cdot R_2\cdot R_3$ ④ $R = R_1+R_2+R_3$

▶ 전기이론 테마 04 직류회로
저항 직렬연결 시 합성 저항 $R = R_1+R_2+R_3$

20

$+Q_1$[C]와 $-Q_2$[C]의 전하가 진공 중에서 r[m]의 거리에 있을 때 이들 사이에 작용하는 정전기력 F[N]은?

① $9\times10^{-7}\times\dfrac{Q_1\cdot Q_2}{r^2}$ ② $9\times10^{-9}\times\dfrac{Q_1\cdot Q_2}{r^2}$
③ $9\times10^{9}\times\dfrac{Q_1\cdot Q_2}{r^2}$ ④ $9\times10^{10}\times\dfrac{Q_1\cdot Q_2}{r^2}$

▶ 전기이론 테마 01 전기의 성질과 전하에 의한 전기장
$F = \dfrac{1}{4\pi\varepsilon_0}\times\dfrac{Q_1Q_2}{r^2} = 9\times10^9\times\dfrac{Q_1Q_2}{r^2}$[N]

정답 15 ③ 16 ② 17 ③ 18 ③ 19 ④ 20 ③

21

동기와트 P_2, 출력 P_0, 슬립 s, 동기속도 N_s, 회전속도 N, 2차 동손 P_{2c}일 때 2차 효율 표기로 틀린 것은?

① $1-s$
② $\dfrac{P_{2c}}{P_2}$
③ $\dfrac{P_0}{P_2}$
④ $\dfrac{N}{N_s}$

▶ 전기기기 테마 09 유도기

$P_2 : P_{2c} : P_0 = 1 : s : (1-s)$ 이므로
2차 효율 $\eta_2 = \dfrac{P_0}{P_2} = 1-s = \dfrac{N}{N_s}$ 이다.

22

동기발전기의 돌발 단락 전류를 주로 제한하는 것은?

① 누설 리액턴스
② 동기 임피던스
③ 권선 저항
④ 동기 리액턴스

▶ 전기기기 테마 10 동기기

동기발전기의 지속 단락 전류와 돌발 단락 전류 제한
- 지속 단락 전류: 정격전류의 약 1~2배 정도의 전류로, 동기 리액턴스 X_s로 제한된다.
- 돌발 단락 전류: 큰 전류이지만 수[Hz] 후에 전기자 반작용이 발생되므로 연속 단락 전류가 발생된다. 크기는 누설 리액턴스 X_l로 제한된다.

23

3상 변압기 고장으로 2대를 V결선했을 때의 이용률은 몇 [%]인가?

① 57.7[%]
② 70.7[%]
③ 86.6[%]
④ 100[%]

▶ 전기기기 테마 07 변압기

V결선의 이용률 $\dfrac{\sqrt{3}P}{2P} = 0.866 = 86.6[\%]$

24

동기 검정기로 알 수 있는 것은?

① 전압의 크기
② 전압의 위상
③ 전류의 크기
④ 주파수

▶ 전기기기 테마 10 동기기

동기 검정기란 두 계통의 전압 위상을 측정 또는 표시하는 계기

25

다음 중 유도전동기의 속도 제어에 사용되는 인버터 장치의 약호는?

① CVCF
② VVVF
③ CVVF
④ VVCF

▶ 전기기기 테마 09 유도기

- CVCF(Constant Voltage Constant Frequency): 정전압, 정주파수가 발생하는 교류전원 장치
- VVVF(Variable Voltage Variable Frequency): 가변전압, 가변 주파수가 발생하는 교류전원 장치로 주파수 제어에 의한 유도전동기의 속도 제어에 많이 사용된다.

정답 21 ② 22 ① 23 ③ 24 ② 25 ②

26

전기자를 고정시키고 자극 N, S를 회전시키는 동기 발전기는?

① 회전 계자형　　② 직렬 저항형
③ 회전 전기자형　④ 회전 정류자형

▶ 전기기기　테마 10　동기기
- 회전 전기자형: 계자를 고정해 두고 전기자가 회전하는 형태
- 회전 계자형: 전기자를 고정해 두고 계자가 회전하는 형태

27

발전기를 정격전압 220[V]로 전부하 운전하다가 무부하로 운전하였더니 단자전압이 242[V]가 되었다. 이 발전기의 전압 변동률[%]은?

① 10　　② 14
③ 20　　④ 25

▶ 전기기기　테마 08　직류기

전압 변동률 $\varepsilon = \dfrac{V_0 - V_n}{V_n} \times 100[\%]$

$\varepsilon = \dfrac{242 - 220}{220} \times 100[\%] = 10[\%]$

28

변압기의 철심 재료로 규소 강판을 많이 사용하는데, 규소 함유량은 몇 [%]인가?

① 1[%]　　② 2[%]
③ 4[%]　　④ 8[%]

▶ 전기기기　테마 07　변압기
변압기 철심에는 히스테리시스손이 적은 규소 강판을 사용하는데, 규소 함유량은 4~4.5[%]이다.

29

변압기 권선비가 1 : 1일 때, $\varDelta - Y$ 결선에서 2차 상전압과 1차 상전압의 비율은?

① $\sqrt{3}$　　② 1
③ $\dfrac{1}{\sqrt{3}}$　　④ 3

▶ 전기기기　테마 07　변압기

권선비가 1 : 1일 때 $\varDelta - Y$ 결선은 변압기 2차 권선에 $\dfrac{1}{\sqrt{3}}$ 배의 전압이 유도되므로, $\dfrac{2차\ 상전압}{1차\ 상전압} = \dfrac{1}{\sqrt{3}}$ 배이다.

30

그림과 같은 분상 기동형 단상 유도 전동기를 역회전시키기 위한 방법이 아닌 것은?

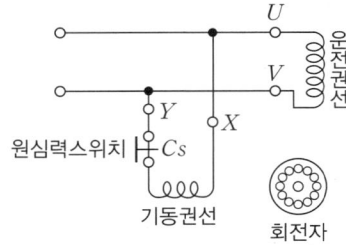

① 원심력 스위치를 개로 또는 폐로한다.
② 기동권선이나 운전권선의 어느 한 권선의 단자접속을 반대로 한다.
③ 기동권선의 단자접속을 반대로 한다.
④ 운전권선의 단자접속을 반대로 한다.

▶ 전기기기　테마 09　유도기
운전권선이나 기동권선 중 어느 한쪽의 접속을 반대로 하면 회전 방향이 변경된다.

정답　26 ①　27 ①　28 ③　29 ③　30 ①

31
전기기기의 철심 재료로 규소강판을 많이 사용하는 이유로 가장 적당한 것은?

① 와류손을 줄이기 위해
② 맴돌이 전류를 없애기 위해
③ 히스테리시스손을 줄이기 위해
④ 구리손을 줄이기 위해

▶ 전기기기　테마 07　변압기
- 규소강판 사용: 히스테리시스손 감소
- 성층철심 사용: 와류손(맴돌이 전류손) 감소

32
3상 유도전동기의 속도제어방법 중 인버터(Inverter)를 이용한 속도제어법은?

① 극수 변환법　② 전압 제어법
③ 초퍼 제어법　④ 주파수 제어법

▶ 전기기기　테마 09　유도기
인버터는 직류를 교류로 변환하는 장치로, 주파수를 변환시켜 전동기 속도제어가 가능하다.

33
3상 유도전동기의 2차 저항을 2배로 하면 그 값이 2배로 되는 것은?

① 슬립　② 토크
③ 전류　④ 역률

▶ 전기기기　테마 09　유도기
비례추이: 슬립을 2차 저항의 변경에 따라 비례해서 변화하는 것으로 토크는 $\frac{r_2'}{s}$의 함수가 되어 r_2'를 m배 하면 슬립 s도 m배로 변화하지만 토크는 일정하게 유지

34
정격속도로 운전하는 무부하 분권발전기의 계자저항이 60[Ω], 계자전류가 1[A], 전기자저항이 0.5[Ω]이라 하면 유도기전력은 약 몇 [V]인가?

① 30.5　② 50.5
③ 60.5　④ 80.5

▶ 전기기기　테마 08　직류기
직류 분권발전기는 다음 그림과 같다.

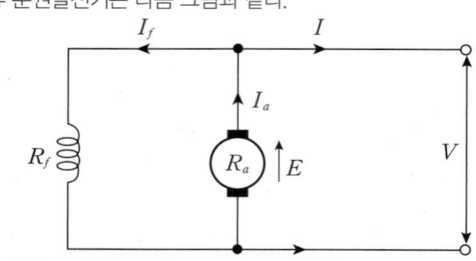

$E = I_a(R_a + R_f) = 1 \times (0.5 + 60) = 60.5[V]$
(∵ 무부하 시 부하전류 $I = 0$)

35
정격이 1,000[V], 500[A], 역률이 90[%]의 3상 동기발전기의 단락전류 I_s[A]는?(단, 단락비는 1.3으로 하고, 전기자저항은 무시한다.)

① 450　② 550
③ 650　④ 750

▶ 전기기기　테마 10　동기기
단락비 $K_s = \frac{I_s}{I_n}$이고, 정격전류 $I_n = 500[A]$, 단락비 $K_s = 1.3$이므로 단락전류 $I_s = I_n \times K_s = 500 \times 1.3 = 650[A]$

정답　31 ③　32 ④　33 ①　34 ③　35 ③

36

단상 유도 전동기의 기동 방법 중 토크가 가장 큰 것은?

① 분상 기동형
② 반발 유도형
③ 콘덴서 기동형
④ 반발 기동형

▶ 전기기기 테마 09 유도기
기동 토크가 큰 순서
반발 기동형 > 콘덴서 기동형 > 분상 기동형 > 셰이딩 코일형

37

N형 반도체를 만들기 위해 첨가하는 것은?

① 붕소(B)
② 인듐(In)
③ 알루미늄(Al)
④ 인(P)

▶ 전기기기 테마 11 정류기 및 제어기기

구분	첨가 불순물	명칭	반송자
N형 반도체	5가 원자(인(P), 비소(As), 안티몬(Sb))	도너	과잉전자
P형 반도체	3가 원자(붕소(B), 인듐(In), 알루미늄(Al))	억셉터	정공

38

직류전동기의 출력이 $50[kW]$, 회전수가 $1,800[rpm]$일 때 토크는 약 몇 $[kg \cdot m]$인가?

① 12
② 23
③ 27
④ 31

▶ 전기기기 테마 08 직류기

$T = \dfrac{60}{2\pi} \dfrac{P_o}{N}[N \cdot m]$이고, $T = \dfrac{1}{9.8} \dfrac{60}{2\pi} \dfrac{P_o}{N}[kg \cdot m]$이다.

$T = \dfrac{1}{9.8} \times \dfrac{60}{2\pi} \times \dfrac{50 \times 10^3}{1,800} = 27[kg \cdot m]$

39

자동제어 장치의 특수 전기기기로 사용되는 전동기는?

① 직류 전동계
② 3상 유도전동기
③ 직류 스테핑모터
④ 초동기 전동기

▶ 전기기기 테마 10 동기기
스테핑 모터
• 입력 펄스 신호에 따라 일정한 각도로 회전하는 전동기이다.
• 기동 및 정지 특성이 우수하다.
• 특수 기계의 속도, 거리, 방향 등의 정확한 제어가 가능하다.
• 공작기계, 수치제어장치, 로봇 등 서보기구에 사용된다.

40

다음 그림의 변압기 등가회로는 어떤 회로인가?

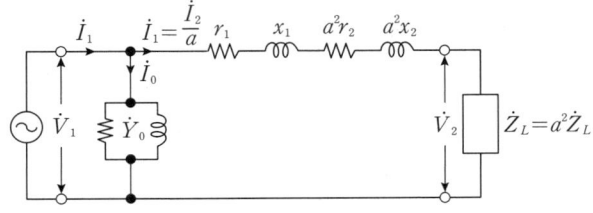

① 1차를 1차로 환산한 등가회로
② 1차를 2차로 환산한 등가회로
③ 2차를 1차로 환산한 등가회로
④ 2차를 2차로 환산한 등가회로

▶ 전기기기 테마 07 변압기
2차측의 전압, 전류 및 임피던스를 1차측으로 환산한 등가회로에 여자 어드미턴스(Y_0)를 전원 쪽으로 옮겨 놓은 간이 등가회로이다.

정답 36 ④ 37 ④ 38 ③ 39 ③ 40 ③

41

전선 약호에서 MI가 나타내는 것은?

① 폴리에틸렌 절연비닐 시스 케이블
② 비닐 절연 네온전선
③ 미네럴 인슈레이션 케이블
④ 폴리에틸렌 절연 연피 케이블

▶ **전기설비** 테마 13 배선재료와 공구
- 폴리에틸렌 절연비닐 시스 케이블: EV
- 비닐 절연 네온전선: N
- 미네럴 인슈레이션 케이블: MI
- 폴리에틸렌 절연 연피 케이블: EL

42

진열장 안에 400[V] 미만인 저압 옥내배선 시 외부에서 보기 쉬운 곳에 사용하는 전선은 단면적이 몇 [mm²] 이상인 코드 또는 캡타이어 케이블이어야 하는가?

① 0.75[mm²]   ② 1.25[mm²]
③ 2[mm²]   ④ 3.5[mm²]

▶ **전기설비** 테마 19 특수장소공사
옥내에 시설하는 저압의 이동전선
- 400[V] 이상: 0.6/1[kV] EP 고무 절연 클로로프렌 캡타이어 케이블, 단면적이 0.75[mm²] 이상
- 400[V] 미만: 고무코드 또는 0.6/1[kV] EP 고무 절연 클로로프렌 캡타이어 케이블, 단면적이 0.75[mm²] 이상

43

다음 중 형광등용 안정기의 심벌은?

① T−B   ② T−F
③ T−N   ④ T−R

▶ **전기설비** 테마 20 전기응용 시설공사
- T−B: 벨 변압기
- T−R: 리모콘 변압기
- T−N: 네온 변압기

44

다음 중 피뢰시스템에 대한 설명으로 옳지 않은 것은?

① 수뢰부는 풍압에 견딜 수 있어야 한다.
② 전기전자설비가 설치된 지상으로부터 높이가 30[m] 이상인 건축물·구조물에 적용한다.
③ 접지극은 지표면에서 0.75[m] 이상 깊이로 배설하여야 한다.
④ 뇌전류를 대지로 방전시키기 위한 접지극시스템을 설치해야 한다.

▶ **전기설비** 테마 16 전선 및 기계기구의 보안공사
전기전자설비가 설치된 지상으로부터 높이가 20[m] 이상인 건축물·구조물에 적용한다.

45

기구단자에 전선접속 시 진동 등으로 헐거워지는 염려가 있는 곳에 사용하는 것은?

① 스프링와셔   ② 2중볼트
③ 삼각볼트   ④ 접속기

▶ **전기설비** 테마 13 배선재료와 공구
스프링와셔 또는 더블너트는 진동 등의 영향으로 체결이 헐거워질 우려가 있는 경우에 사용

46

저압 가공인입선이 횡단보도교 위에 시설되는 경우 노면상 몇 [m] 이상의 높이에 설치되어야 하는가?

① 3   ② 4
③ 5   ④ 6

▶ **전기설비** 테마 17 가공인입선 및 배전선공사

구분	저압 인입선[m]	구분	저압 인입선[m]
도로 횡단	5	횡단보도교	3
철도 궤도 횡단	6.5	기타	4

정답 41 ③ 42 ① 43 ② 44 ② 45 ① 46 ①

47

전선에 안전하게 흘릴 수 있는 최대 전류를 무슨 전류라 하는가?

① 허용전류 ② 맥동전류
③ 과도전류 ④ 전도전류

▶ 전기설비 테마 15 배선설비공사 및 전선허용전류 계산

허용전류는 도체 또는 절연전선 등에 흘릴 수 있는 최대의 전류로 도체 또는 절연물에 대한 최고 허용온도로 결정

48

저압 옥내배선 공사를 할 때 연동선을 사용할 경우 전선의 최소 굵기[mm²]는?

① 4   ② 6
③ 1.5 ④ 2.5

▶ 전기설비 테마 15 배선설비공사 및 전선허용전류 계산

저압 옥내배선의 전선 굵기
- 단면적이 2.5[mm²] 이상의 연동선
- 400[V] 이하의 전광표시장치와 같은 제어회로 단면적 1.5[mm²] 이상의 연동선

49

조명용 백열전등을 일반주택 및 아파트 각 호실에 설치할 때 현관 등은 최대 몇 분 이내에 소등되는 타임스위치를 시설하여야 하는가?

① 1 ② 2
③ 3 ④ 4

▶ 전기설비 테마 13 배선재료와 공구

- 호텔, 여관 객실 입구: 1분 이내 소등
- 일반주택, 아파트 현관: 3분 이내 소등

50

배전반 및 분전반과 연결된 배관을 변경하거나 이미 설치되어 있는 캐비닛에 구멍을 뚫을 때 필요한 공구는?

① 토치 램프
② 클리퍼
③ 오스터
④ 녹아웃 펀치

▶ 전기설비 테마 13 배선재료와 공구

- 오스터: 금속관 끝에 나사를 내는 공구로, 손잡이가 달린 래칫과 나사날을 내는 다이스로 구성된다.
- 클리퍼: 보통 22[mm²] 이상의 굵은 전선을 절단할 때 사용하는 가위로 굵은 전선을 펜치로 절단하기 힘들 경우 클리퍼나 쇠톱을 사용한다.
- 토치 램프: 전선 접속의 납땜과 합성수지관의 가공 시 열을 가할 때 사용하는 것으로 가솔린용과 가스용으로 나뉜다.
- 녹아웃 펀치: 판금에 구멍을 뚫는 데 사용한다.

51

소맥분, 전분 기타 가연성의 먼지가 존재하는 곳의 저압 옥내 배선 공사 방법 중 적당하지 않은 것은?

① 애자 사용 공사 ② 합성 수지관 공사
③ 금속관 공사   ④ 케이블 공사

▶ 전기설비 테마 19 특수장소공사

가연성 먼지가 존재하는 곳

가연성의 먼지로 공중에 떠다니는 환경에서 착화하였을 때, 폭발 우려 장소에서 저압 옥내 배선은 합성 수지관 공사, 금속 전선관 공사, 케이블 공사에 의하여 시설

정답 47 ① 48 ④ 49 ③ 50 ④ 51 ①

52
금속관공사에서 금속관을 콘크리트에 매설할 경우 관의 두께는 몇 [mm] 이상의 것이어야 하는가?

① 0.8[mm] ② 1.2[mm]
③ 1.5[mm] ④ 1.0[mm]

▶ 전기설비 테마 15 배선설비공사 및 전선허용전류 계산
금속관의 두께와 공사
- 콘크리트에 매설하는 경우: 1.2[mm] 이상
- 기타의 경우: 1[mm] 이상

53
금속전선관 내의 절연전선을 넣을 때는 절연전선의 피복을 포함한 총 단면적이 금속관 내부 단면적의 약 몇 [%] 이하가 바람직한가?

① 20 ② 25
③ 33 ④ 50

▶ 전기설비 테마 15 배선설비공사 및 전선허용전류 계산
금속관 내부 단면적은 케이블 또는 절연도체의 내부 단면적이 금속전선관 단면적의 $\frac{1}{3}$ 을 이하로 한다.

54
전동기의 정·역 운전을 제어하는 회로에서 2개의 전자개폐기의 작동이 동시에 일어나지 않도록 하는 회로는?

① 인터록 회로 ② 자기유지 회로
③ 촌동 회로   ④ $Y-\varDelta$ 회로

▶ 전기설비 테마 20 전기응용 시설공사
인터록 회로는 상대동작 금지 회로로, 선행동작 우선회로와 후행동작 우선회로가 있다.

55
화약고 등의 위험장소에서 전기설비 시설에 관한 내용으로 옳은 것은?

① 전로의 대지전압은 400[V] 이하일 것
② 전기기계기구는 전폐형을 사용할 것
③ 개폐기 및 과전류 차단기에서 화약고 인입구까지의 배선은 케이블 배선 노출로 시설할 것
④ 화약고 내의 전기설비는 화약고 장소에 전용개폐기 및 과전류 차단기를 시설할 것

▶ 전기설비 테마 19 특수장소공사
화약고 등의 위험장소에는 원칙적으로 전기설비를 시설하지 못하지만, 다음의 경우에는 시설한다.
- 전로의 대지전압이 300[V] 이하로 전기기계기구(개폐기, 차단기 제외)는 전폐형으로 사용한다.
- 금속 전선관 또는 케이블 배선에 의하여 시설한다.
- 전용 개폐기 및 과전류 차단기는 화약류 저장소 이외의 곳에 시설한다.
- 전용 개폐기 또는 과전류 차단기에서 화약고의 인입구까지는 케이블을 사용하여 지중 전로로 한다.

56
교류 전등 공사에서 금속관 내에 전선을 넣어 연결한 방법 중 옳은 것은?

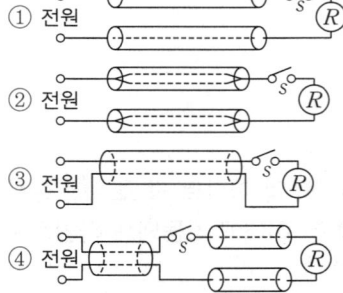

▶ 전기설비 테마 15 배선설비공사 및 전선허용전류 계산
금속관 공사에서는 교류 회로의 왕복선을 같은 관 안에 넣어야 한다.

정답 52 ② 53 ③ 54 ① 55 ② 56 ③

57

마그네슘 분말이 존재하는 전기설비가 발화원이 되어 폭발할 우려가 있는 곳에서 저압 옥내배선의 전기설비 공사 시 옳지 않은 것은?

① 이동 전선은 0.6/1[kV] EP 고무절연 클로로프렌 캡타이어 케이블을 사용
② 미네럴 인슈레이션 케이블공사
③ 애자사용공사
④ 금속관 공사

▶ **전기설비** 테마 19 **특수장소공사**
- 폭연성 분진(마그네슘, 알루미늄, 티탄, 지르코늄) 등의 먼지가 쌓여 있는 상태에서 불이 붙었을 때 폭발할 우려가 있는 곳 또는 화약류의 분말이 전기설비가 발화원이 되어 폭발할 우려가 있는 곳에 시설하는 저압옥내 전기설비는 금속관 공사 또는 케이블 공사(미네럴 인슈레이션 케이블 포함, 캡타이어 케이블 제외)에 의해 시설하여야 한다.
- 이동 전선은 0.6/1[kV] EP 고무절연 클로로프렌 캡타이어 케이블을 사용한다.
- 기구는 분진 방폭 특수방진구조의 것을 사용하며, 콘센트 및 플러그를 사용해서는 안 된다.

58

작업면의 필요한 장소만 고조도로 하기 위한 방식으로 조명기구를 밀집하여 설치하는 조명방식은?

① 국부조명 ② 전반조명
③ 직접조명 ④ 간접조명

▶ **전기설비** 테마 20 **전기응용 시설공사**

조명방식	특징
전반조명	작업면 전반에 균등한 조도를 가지게 하는 방식으로 광원은 일정한 높이와 간격으로 배치하며, 일반적으로 사무실, 학교, 공장 등에 적용된다.
국부조명	전반적인 필요한 광량과 구조물로 하기 위한 방식으로 그 장소에 조명기구를 밀집하여 설치할 때 사용한다. 이 방식은 눈부심을 일으키고 눈이 피로하기 쉬운 결점이 있다.
전반 국부 병용 조명	전반 조명의 예비에서 시각 환경을 좋게 하고, 국부조명을 병용해서 필요한 장소에 고조도를 경제적으로 얻는 방식으로 병원 수술실, 공장부, 기계작업소 등에 사용된다.

59

어느 가정집이 40[W] LED등 10개, 1[kW] 전자레인지 1개, 100[W] 컴퓨터 세트 2대, 1[kW] 세탁기 1대를 사용하고, 하루 평균 사용 시간이 LED등은 5시간, 전자레인지 30분, 컴퓨터 5시간, 세탁기 1시간이라면 1개월(30일)간의 사용 전력량[kWh]은?

① 115 ② 135
③ 175 ④ 155

▶ **전기설비** 테마 16 **전선 및 기계기구의 보안공사**

각 부하별 사용 전력량을 계산하여 총전력량을 구한다.
- LED등: $0.04[kW] \times 10개 \times 5시간 \times 30일 = 60[kWh]$
- 전자레인지: $1[kW] \times 1개 \times 0.5시간 \times 30일 = 15[kWh]$
- 컴퓨터 세트: $0.1[kW] \times 2대 \times 5시간 \times 30일 = 30[kWh]$
- 세탁기: $1[kW] \times 1대 \times 1시간 \times 30일 = 30[kWh]$

총 사용 전력량 $= 60 + 15 + 30 + 30 = 135[kWh]$

60

금속 전선관 공사에서 사용되는 후강 전선관의 규격이 아닌 것은?

① 16 ② 28
③ 36 ④ 50

▶ **전기설비** 테마 15 **배선설비공사 및 전선허용전류 계산**

구분	후강 전선관
관의 호칭	안지름의 크기에 가까운 짝수
관의 종류(mm)	16, 22, 28, 36, 42, 54, 70, 82, 92, 104 (10종류)
관의 두께	2.3~3.5[mm]

정답 57 ③ 58 ① 59 ② 60 ④

2025년 3회 CBT 기출

01

2전력계법으로 3상 전력을 측정할 때 지시값이 $P_1=200$[W], $P_2=200$[W]이었다. 부하 전력[W]은?

① 600
② 500
③ 400
④ 300

▶ 전기이론 테마 05 교류회로

2전력계법: 전력계 2개로 3상 전력을 측정하는 방법
전동기가 소비하는 전력을 측정하기 위해 전력계 2개를 3상에 연결한 것이다. 전력계1에서 측정한 유효전력을 P_1, 전력계2에서 측정한 유효전력을 P_2라 할 때, 전동기에서 소비한 유효전력 $P=P_1+P_2$이고, 무효전력 $P_r=\sqrt{3}(P_1-P_2)$이다.
따라서 유효전력 $P=200+200=400$[W]이다.

02

0.2[℧]의 컨덕턴스 2개를 직렬로 접속하여 3[A]의 전류를 흘리려면 몇 [V]의 전압을 공급하면 되는가?

① 12
② 15
③ 30
④ 45

▶ 전기이론 테마 04 직류회로

저항 $R_1=\dfrac{1}{G_1}=\dfrac{1}{0.2}=5$[℧], $R_2=\dfrac{1}{G_2}=\dfrac{1}{0.2}=5$[Ω]
합성저항 $R=R_1+R_2=5+5=10$[Ω]
전압 $V=3\times 10=30$[V]

03

어떤 교류 회로의 순싯값이 $v=\sqrt{2}V\sin\omega t$[V]인 전압에서 $\omega t=\dfrac{\pi}{6}$[rad]일 때, $v=100\sqrt{2}$[V]이면 이 전압의 실횻값[V]은?

① 100
② $100\sqrt{2}$
③ 200
④ $200\sqrt{2}$

▶ 전기이론 테마 05 교류회로

$e(t)=\sqrt{2}V\sin\omega t$[V], V: 실횻값
$e(t)=\sqrt{2}V\times\sin\dfrac{\pi}{6}=\sqrt{2}V\times\dfrac{1}{2}=100\sqrt{2}$[V]
∴ 실횻값 $V=200$[V]

04

평형 3상 회로에서 1상의 소비 전력이 P[W]라면, 3상 회로 전체 소비 전력[W]은?

① 2P
② $\sqrt{2}$P
③ 3P
④ $\sqrt{3}$P

▶ 전기이론 테마 05 교류회로

1상의 소비 전력이 P[W]이면 3상 회로 전체의 소비 전력은 $3P$[W]이다.

05

대칭 3상 △ 결선에서 선전류와 상전류의 위상 관계는?

① 상전류가 $\dfrac{\pi}{3}$[rad] 앞선다.
② 상전류가 $\dfrac{\pi}{3}$[rad] 뒤진다.
③ 상전류가 $\dfrac{\pi}{6}$[rad] 앞선다.
④ 상전류가 $\dfrac{\pi}{6}$[rad] 뒤진다.

▶ 전기이론 테마 05 교류회로

- 델타결선에서 (선전류)=$\sqrt{3}\times$(상전류)이다.
- 선전류는 상전류보다 위상이 $\dfrac{\pi}{6}$ 뒤진다.
- 상전류는 선전류보다 위상이 $\dfrac{\pi}{6}$ 앞선다.

정답 01 ③ 02 ③ 03 ③ 04 ③ 05 ③

06

RL 병렬 회로에서 합성 임피던스는 어떻게 표현되는가?

① $\dfrac{R}{R^2+X_L^2}$ ② $\dfrac{X}{\sqrt{R^2+X_L^2}}$

③ $\dfrac{R+X_L}{R^2+X_L^2}$ ④ $\dfrac{RX_L}{\sqrt{R^2+X_L^2}}$

▶ 전기이론 테마 05 교류회로

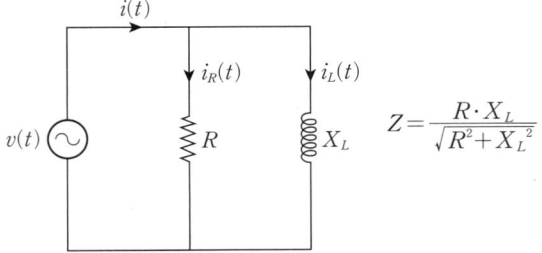

$Z=\dfrac{R \cdot X_L}{\sqrt{R^2+X_L^2}}$

07

자기회로의 길이 l[m], 단면적 A[m²], 투자율 μ[H/m]일 때 자기저항 R[AT/Wb]을 나타낸 것은?

① $R=\dfrac{\mu l}{A}$ ② $R=\dfrac{A}{\mu l}$

③ $R=\dfrac{\mu A}{l}$ ④ $R=\dfrac{l}{\mu A}$

▶ 전기이론 테마 02 자기장 성질과 전류에 의한 자기장

자기저항의 정의: $R_m=\dfrac{l}{\mu A}$[AT/Wb]

08

저항 5[Ω], 유도리액턴스 30[Ω], 용량리액턴스 18[Ω]인 RLC 직렬회로에 130[V]의 교류를 가할 때 흐르는 전류[A]는?

① 10[A], 유도성 ② 10[A], 용량성
③ 5.9[A], 유도성 ④ 5.9[A], 용량성

▶ 전기이론 테마 05 교류회로

합성임피던스 $Z=5+j(30-18)=5+j12$[Ω]
리액턴스가 '+'이면 유도성, '-'이면 용량성
$|Z|=\sqrt{5^2+12^2}=13$[Ω]
$I=\dfrac{V}{Z}=\dfrac{130}{13}=10$[A]

09

전기저항 25[Ω]에 50[V]의 사인파 전압을 가할 때 전류의 순싯값[A]은?(단, 각속도 $\omega=377$[rad/sec]이다.)

① 2sin 377t
② $2\sqrt{2}$sin 377t
③ 4sin 377t
④ $4\sqrt{2}$sin 377t

▶ 전기이론 테마 05 교류회로

실훗값 $V=50$[V]
최댓값 $V_m=\sqrt{2}\times 50$[V]
$i(t)=\dfrac{v(t)}{R}=\dfrac{50\sqrt{2}\sin\omega t}{25}=2\sqrt{2}\sin\omega t=2\sqrt{2}\sin 377t$[A]

10

출력 P[kVA]의 단상변압기 전원 2대를 V결선할 때의 3상 출력[kVA]은?

① P ② $\sqrt{3}$P
③ 2P ④ 3P

▶ 전기이론 테마 05 교류회로

3상으로 운전하다가 변압기 1상 고장 시 V결선으로 운영하게 되는데, V결선은 단상 변압기 2대를 이용하여 3상 전력을 공급하는 방식이다. V결선 시 3상 출력은 $\sqrt{3}$P이다.

정답 06 ④ 07 ④ 08 ① 09 ② 10 ②

11

공기 중 자장의 세기 $40[\text{AT/m}]$인 곳에 $8\times10^{-3}[\text{Wb}]$의 자극을 놓으면 작용하는 힘[N]은?

① 0.16　　② 0.20
③ 0.32　　④ 0.40

▶ 전기이론 테마 02 자기장 성질과 전류에 의한 자기장
$F=mH=8\times10^{-3}\times40=0.32[\text{N}]$

12

$2[\text{C}]$의 전기량이 두 점 사이를 이동하여 $48[\text{J}]$의 일을 하였다면 이 두 점 사이의 전위차는 몇 [V]인가?

① 12　　② 24
③ 48　　④ 96

▶ 전기이론 테마 01 전기의 성질과 전하에 의한 전기장
$V=\dfrac{W}{Q}=\dfrac{48}{2}=24[\text{V}]$

13

C_1, C_2를 병렬로 접속한 회로에 C_3를 직렬로 접속하였다. 이 회로의 합성 정전용량[F]은?

① $\dfrac{1}{\dfrac{1}{C_1}+\dfrac{1}{C_2}}+C_3$　　② $\dfrac{C_1 C_2}{C_1+C_2}+C_3$

③ $C_1+C_2+\dfrac{1}{C_3}$　　④ $\dfrac{(C_1+C_2)\times C_3}{C_1+C_2+C_3}$

▶ 전기이론 테마 01 전기의 성질과 전하에 의한 전기장
병렬 연결 시 합성 정전용량을 $C_{병렬}$이라 하면
$C_{병렬}=C_1+C_2$
$C_{병렬}$과 C_3 직렬 연결 시 합성 정전용량 C
$C=\dfrac{1}{\dfrac{1}{C_1+C_2}+\dfrac{1}{C_3}}=\dfrac{(C_1+C_2)\times C_3}{C_1+C_2+C_3}$

14

그림과 같은 회로에 흐르는 유효분 전류[A]는?

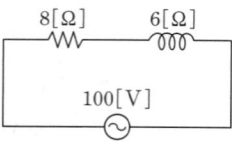

① 4[A]　　② 6[A]
③ 8[A]　　④ 10[A]

▶ 전기이론 테마 05 교류회로
임피던스 $Z=R+jX_L=8+j6[\Omega]$
$|Z|=\sqrt{8^2+6^2}=10[\Omega]$
$I=\dfrac{V}{Z}=\dfrac{100}{10}=10[\text{A}]$
$\cos\theta=\dfrac{R}{Z}=\dfrac{8}{10}=0.8$
유효분 전류 $I_R=I\cos\theta=10\times0.8=8[\text{A}]$
RL 회로는 전압보다 전류가 θ만큼 늦은 지상전류가 흐른다.

15

전기장 중에 단위 전하를 놓았을 때, 그것에 작용하는 힘을 나타내는 단위는?

① [H/m]　　② [F/m]
③ [AT/m]　　④ [V/m]

▶ 전기이론 테마 01 전기의 성질과 전하에 의한 전기장
$V=Ed[\text{V}]$
전계 $E=\dfrac{V}{d}=[\text{V/m}]\,(=\text{전장의 세기})$

정답　11 ③　12 ②　13 ④　14 ③　15 ④

16

다음 중 자기장 내에서 같은 크기[Wb]의 자극이 존재할 때, 자기장의 세기가 가장 큰 물질은?

① 텅스텐　　② 알루미늄
③ 철　　　　④ 구리

▶ **전기이론** 테마 02 자기장 성질과 전류에 의한 자기장

자기장의 세기가 가장 큰 물질은 강자성체이다.
- 강자성체
  - 자석으로 어떤 물체(철, 니켈, 코발트)를 자화 시킨 후 자석을 제거해도 자화된 자성체가 계속해서 자석의 성질을 유지하는 물체(철, 니켈, 코발트)
  - 강자성체는 외부 자극과 반대로 자구들이 배열된다.

17

RL 직렬회로에서 컨덕턴스는?

① $\dfrac{R}{R^2+X_L^2}$　　② $\dfrac{X_L}{R^2+X_L^2}$

③ $-\dfrac{R}{R^2+X_L^2}$　　④ $-\dfrac{X_L}{R^2+X_L^2}$

▶ **전기이론** 테마 05 교류회로

임피던스 $Z = R + jX_L [\Omega]$

어드미턴스 $Y = \dfrac{1}{Z} = \dfrac{1}{R+jX_L} = \dfrac{(R-jX_L)}{(R+jX_L)(R-jX_L)}$

$= \dfrac{R-jX_L}{R^2+X_L^2} = \dfrac{R}{R^2+X_L^2} - j\dfrac{X_L}{R^2+X_L^2}$

$= G - jB [\Omega]$

∴ $G = \dfrac{R}{R^2+X_L^2} [\mho]$

18

같은 저항 4개를 그림과 같이 연결하여 $a-b$ 간에 일정 전압을 가했을 때 소비전력이 가장 큰 것은 어느 것인가?

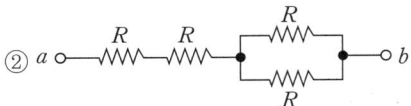

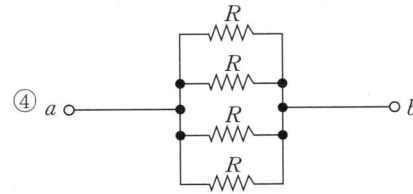

▶ **전기이론** 테마 06 전류의 열작용과 화학작용

소비전력 $P = I^2 R$

① 전류 $I = \dfrac{V}{4R}$

② 전류 $I = \dfrac{V}{2R + \dfrac{R^2}{2R}} = \dfrac{V}{2.5R}$

③ 전류 $I = \dfrac{V}{\dfrac{R^2}{2R} + \dfrac{R^2}{2R}} = \dfrac{V}{R}$

④ 전류 $I = \dfrac{V}{\dfrac{R}{4}} = \dfrac{4V}{R}$

전류가 가장 큰 값은 ④이므로 소비전력도 가장 크다.

정답　16 ③　17 ①　18 ④

19

무효전력에 대한 설명으로 틀린 것은?

① $P=VI\cos\theta$로 계산된다.
② 부하에서 소모되지 않는다.
③ 단위로는 [Var]를 사용한다.
④ 전원과 부하 사이를 왕복하기만 하고, 부하에 유효하게 사용되지 않는 에너지이다.

▶ 전기이론 테마 05 교류회로

단상교류에서
유효전력 $P=VI\cos\theta$[W]
무효전력 $P_r=VI\sin\theta$[Var]
피상전력 $P_a=VI$[VA]
- 무효전력은 전원과 부하 사이를 왕복하지만 부하에 유효하게 사용되지 않는다.
- 무효전력 성분은 자속 ϕ를 만드는 역할을 한다.
- 무효전력을 부하에 전달하지 않으면 자속이 필요한 변압기, 전동기는 동작하지 않는다.

20

$R_1=3[\Omega]$, $R_2=5[\Omega]$, $R_3=6[\Omega]$의 저항 3개를 그림과 같이 병렬로 접속한 회로에 30[V]의 전압을 가하였다면 이때 R_1 저항에 흐르는 전류[A]는?

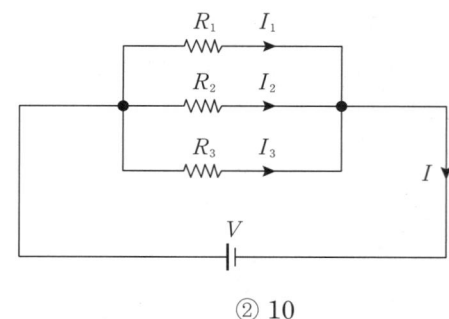

① 6 ② 10
③ 15 ④ 20

▶ 전기이론 테마 04 직류회로

병렬 연결은 전압이 일정
$I_{R_1}=\dfrac{V}{R_1}=\dfrac{30}{3}=10$[A]

21

단상 유도전동기의 정회전슬립이 s이면 역회전슬립은 어떻게 되는가?

① $1-s$ ② $2-s$
③ $1+s$ ④ $2+s$

▶ 전기기기 테마 09 유도기

정회전 시 $s=\dfrac{N_s-N}{N_s}$, $N=(1-s)N_s$
역회전 시
$s'=\dfrac{N_s-(-N)}{N_s}=\dfrac{N_s+N}{N_s}=\dfrac{N_s+(1-s)N_s}{N_s}=2-s$

22

다음 그림에서 직류분권전동기의 속도특성곡선은?

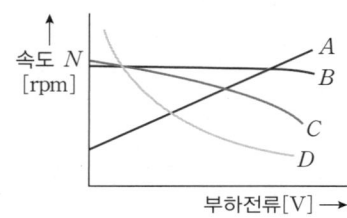

① A ② B
③ C ④ D

▶ 전기기기 테마 08 직류기

분권전동기
전기자와 계자권선이 병렬로 접속되어 있어서 단자전압이 일정하면, 부하전류에 관계없이 자속이 일정하므로 정속도 특성을 갖는다.

23

수변전설비의 고압회로에 걸리는 전압을 표시하기 위해 전압계를 시설할 때 고압회로와 전압계 사이에 시설하는 것은?

① 수전용 변압기 ② 변류기
③ 계기용 변압기 ④ 권선형 변류기

▶ 전기기기 테마 07 변압기

계기용 변압기 2차측에 전압계를 시설하고, 변류기 2차측에는 전류계를 시설한다.

정답 19 ① 20 ② 21 ② 22 ② 23 ③

24

1차 전압이 13,200[V], 2차 전압이 220[V]인 단상변압기의 1차에 6,000[V]의 전압을 가하면 2차 전압은 몇 [V]인가?

① 100
② 200
③ 1,000
④ 2,000

▶ 전기기기 테마 07 변압기

권수비 $a = \dfrac{V_1}{V_2} = \dfrac{13,200}{220} = 60$이므로

$V_2' = \dfrac{V_1'}{a} = \dfrac{6,000}{60} = 100[V]$이다.

25

실리콘제어 정류기(SCR)의 게이트(G)는?

① P형 반도체
② N형 반도체
③ PN형 반도체
④ NP형 반도체

▶ 전기기기 테마 11 정류기 및 제어기기

SCR 구조

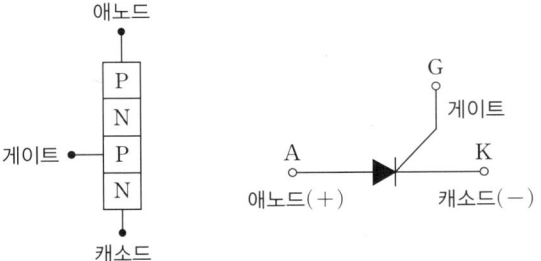

26

동기발전기를 계통에 접속하여 병렬운전할 때 관계없는 것은?

① 전류
② 전압
③ 위상
④ 주파수

▶ 전기기기 테마 10 동기기

동기발전기의 병렬운전조건
- 기전력의 크기가 같을 것
- 기전력의 위상이 같을 것
- 기전력의 주파수가 같을 것
- 기전력의 파형이 같을 것

27

다이오드를 사용한 정류회로에서 다이오드를 여러 개 직렬로 연결하여 사용하는 경우의 설명으로 가장 옳은 것은?

① 다이오드를 과전류로부터 보호할 수 있다.
② 다이오드를 과전압으로부터 보호할 수 있다.
③ 부하출력의 맥동률을 감소시킬 수 있다.
④ 낮은 전압 전류에 적합하다.

▶ 전기기기 테마 11 정류기 및 제어기기

역방향 전압이 직렬로 연결된 각 다이오드에 분배 및 인가되어 과전압에 대한 보호가 가능하다.

28

단락비가 1.2인 동기발전기의 %동기임피던스는 약 몇 [%]인가?

① 68
② 83
③ 100
④ 120

▶ 전기기기 테마 10 동기기

단락비 $K = \dfrac{100}{\%Z_s}$ 이므로, $1.2 = \dfrac{100}{\%Z_s}$ 에서 %동기임피던스

$\%Z_s = \dfrac{100}{1.2} = 83.33[\%]$이다.

29

다음 중 토크(회전력)의 단위는?

① rpm
② W
③ N·m
④ N

▶ 전기기기 테마 08 직류기

전동기의 토크(회전력)의 단위: [N·m], [kg·m]
(1[kg·m] = 9.8[N·m])

정답 24 ① 25 ① 26 ① 27 ② 28 ② 29 ③

30

3상 동기발전기에서 전기자 전류가 무부하 유도기전력보다 앞선 경우의 전기자 반작용은?

① 횡축반작용
② 증자작용
③ 감자작용
④ 편자작용

▶ 전기기기 테마 10 동기기
동기발전기의 전기자 반작용
- 뒤진 전기자 전류: 감자작용
- 앞선 전기자 전류: 증자작용

31

병렬운전 중인 동기발전기의 난조를 방지하기 위하여 자극 면에 유도전동기의 농형권선과 같은 권선을 설치하는데 이 권선의 명칭은?

① 계자권선
② 제동권선
③ 전기자권선
④ 보상권선

▶ 전기기기 테마 10 동기기
제동권선 목적
- 발전기: 난조 방지
- 전동기: 기동작용

32

슬립 $s=5[\%]$, 2차 저항 $r_2=0.1[\Omega]$인 유도전동기의 등가저항 $R[\Omega]$은 얼마인가?

① 0.4
② 0.5
③ 1.9
④ 2.0

▶ 전기기기 테마 09 유도기

유도전동기의 1차측에서 2차측으로 공급되는 입력을 P_2로 하고, 2차 철손을 무시하면 운전 중 2차 주파수 sf_1은 대단히 낮으므로 2차 손실은 2차 저항손뿐이기 때문에, P_2에서 저항손을 뺀 나머지가 유도 전동기에서 발생한 기계적 출력 P_0가 된다.
$P_0 = P_2 - r_2 I_2^2$
2차측으로 입력되는 P_2는 $P_2 = \frac{r_2}{s} I_2^2$이므로
$P_0 = \frac{r_2}{s} I_2^2 - r_2 I_2^2 = r_2 \left(\frac{1-s}{s}\right) I_2^2 = R I_2^2$
기계적 출력 P_0는 $r_2\left(\frac{1-s}{s}\right)$으로 정리되는 등가 저항부하의 소비전력으로 표현된다.
$R = r_2\left(\frac{1-s}{s}\right) = 0.1 \times \left(\frac{1-0.05}{0.05}\right) = 1.9[\Omega]$

33

동기발전기를 회전계자형으로 하는 이유가 아닌 것은?

① 고전압에 견디도록 전기자 권선을 절연하기가 쉽다.
② 전기자 단자에 발생한 고전압을 슬립링 없이 간단하게 외부회로에 인가할 수 있다.
③ 기계적으로 튼튼하게 만드는 데 용이하다.
④ 전기자가 고정되어 있지 않아 제작비용이 저렴하다.

▶ 전기기기 테마 10 동기기
회전계자형
전기자를 고정해 두고 계자를 회전시키는 형태로 중·대형기기에 일반적으로 채용된다.

34

6극 전기자 도체수 400, 매극 자속수 0.01[Wb], 회전수 600[rpm]인 파권 직류기의 유기 기전력은 몇 [V]인가?

① 180
② 160
③ 140
④ 120

▶ 전기기기 테마 08 직류기
$E = \frac{pZ}{60a}\phi N = \frac{6 \times 400}{60 \times 2} \times 0.01 \times 600$
$= 120[V]$

35

유도전동기의 슬립을 측정하는 방법으로 옳은 것은?

① 전류계법
② 전압계법
③ 평형브리지법
④ 스트로보법

▶ 전기기기 테마 09 유도기
슬립 측정 방법
회전계법, 직류 밀리볼트계법, 수화기법, 스트로보법

정답 30 ② 31 ② 32 ③ 33 ④ 34 ④ 35 ④

36

동기기의 전기자 권선법이 아닌 것은?

① 단절권 ② 전절권
③ 2층 분포권 ④ 중권

▶ 전기기기　테마 10　동기기
동기기는 주로 분포권, 단절권, 2층권, 중권이 쓰이고 결선은 Y결선으로 한다.

37

변압기의 손실 중 무부하손이 아닌 것은?

① 기계손 ② 히스테리시스손
③ 유전체손 ④ 와류손

▶ 전기기기　테마 07　변압기
변압기는 정지기기이므로, 기계손(마찰손, 풍손)은 발생하지 않는다.

38

고압전동기 철심의 강판 홈의 모양은?

① 반폐형 ② 개방형
③ 반구형 ④ 밀폐형

▶ 전기기기　테마 09　유도기
저압용에는 반폐형, 고압용에는 개방형이 사용된다.

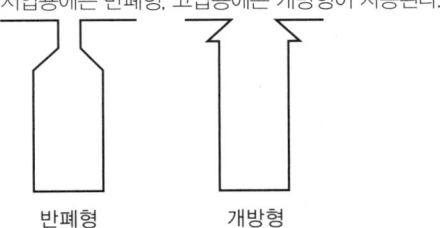

39

3상 전원에서 2상 전원을 얻기 위한 변압기 결선 방법은?

① 대각 결선
② 포크 결선
③ 환상 결선
④ 스코트 결선

▶ 전기기기　테마 07　변압기
3상 교류를 2상 교류로 변환
- 스코트 결선(T결선)
- 우드브리지 결선
- 메이어 결선

40

농형 회전자에 비뚤어진 홈을 쓰는 이유는?

① 출력을 높인다.
② 회전수를 증가시킨다.
③ 소음을 줄인다.
④ 미관상 좋다.

▶ 전기기기　테마 09　유도기
비뚤어진 홈을 쓰는 이유
- 기동 특성을 개선한다.
- 소음을 경감시킨다.
- 파형을 좋게 한다.

정답　36 ②　37 ①　38 ②　39 ④　40 ③

41
차단기 문자기호 중 'OCB'는?

① 자기 차단기 ② 기중 차단기
③ 진공 차단기 ④ 유입 차단기

▶ 전기설비 테마 18 고압 및 저압 배전반공사
- MCB: 자기 차단기
- ACB: 기중 차단기
- VCB: 진공 차단기
- OCB: 유입 차단기

42
화약류 저장소에서 백열전등이나 형광등 또는 이들에 전기를 공급하기 위한 전기설비를 시설하는 경우 전로의 대지전압[V]은?

① 100[V] 이하 ② 150[V] 이하
③ 220[V] 이하 ④ 300[V] 이하

▶ 전기설비 테마 19 특수장소공사
화약류 저장소의 위험장소는 전로의 대지전압을 300[V] 이하로 한다.

43
애자 사용 공사에서 전선 상호 간의 간격은 몇 [cm] 이상으로 하는 것이 가장 바람직한가?

① 4 ② 5
③ 6 ④ 8

▶ 전기설비 테마 15 배선설비공사 및 전선허용전류 계산

구분	400[V] 이하	400[V] 초과
전선 상호 간의 거리	6[cm] 이상	6[cm] 이상
전선과 조영재와의 거리	2.5[cm] 이상	4.5[cm] 이상 (건조한 곳은 2.5[cm] 이상)

44
점유면적이 좁고 운전, 보수에 안전하므로 공장, 빌딩 등의 전기실에 많이 사용되는 배전반은 어떤 것인가?

① 데드프런트형
② 수직형
③ 큐비클형
④ 라이브 프런트형

▶ 전기설비 테마 18 고압 및 저압 배전반공사
폐쇄식 배전반을 일반적으로 큐비클형이라고 한다. 점유 면적이 좁고 운전, 보수에 안전하므로 공장, 빌딩 등의 전기실에 많이 사용된다.

45
변압기 2차측에 접지공사를 하는 이유는?

① 전류 변동의 방지
② 전압 변동의 방지
③ 전력 변동의 방지
④ 고전압 혼촉 방지

▶ 전기설비 테마 16 전선 및 기계기구의 보안공사
높은 전압과 낮은 전압이 혼촉사고가 발생했을 때 사람에게 위험을 주는 높은 전류를 대지로 흐르게 하기 위해서 변압기 2차측에 접지공사를 한다.

정답 41 ④ 42 ④ 43 ③ 44 ③ 45 ④

46

금속관공사에서 금속관을 콘크리트에 매설할 경우 관의 두께는 몇 [mm] 이상의 것이어야 하는가?

① 1.0[mm] ② 1.2[mm]
③ 0.8[mm] ④ 1.5[mm]

▶ 전기설비 테마 15 배선설비공사 및 전선허용전류 계산
  금속관의 두께와 공사
  • 콘크리트에 매설하는 경우: 1.2[mm] 이상
  • 기타의 경우: 1[mm] 이상

47

(㉠), (㉡)에 들어갈 내용으로 맞는 것은?

> 건조한 장소의 저압용 개별 기계기구에 전기를 공급하는 전로의 인체감전보호용 누전 차단기 중 정격감도 전류가 (㉠) 이하, 동작 시간이 (㉡)초 이하의 전류 동작형을 시설하는 경우에는 접지공사를 생략할 수 있다.

① ㉠ 15[mA], ㉡ 0.02초
② ㉠ 30[mA], ㉡ 0.02초
③ ㉠ 15[mA], ㉡ 0.03초
④ ㉠ 30[mA], ㉡ 0.03초

▶ 전기설비 테마 13 배선재료와 공구
  물기 있는 장소 이외의 장소에 시설하는 저압용 개별 기계기구에 전기를 공급하는 전로에 인체감전보호용 누전 차단기(정격감도전류가 30[mA] 이하, 동작 시간이 0.03초 이하의 전류 동작형에 한한다)를 시설하는 경우에 접지공사를 생략할 수 있다.

48

금속관을 가공할 때 절단된 내부를 매끈하게 하기 위하여 사용하는 공구의 명칭은?

① 리머 ② 프레셔 툴
③ 오스터 ④ 녹아웃 펀치

▶ 전기설비 테마 13 배선재료와 공구
  리머: 금속관을 쇠톱이나 커터로 끊은 다음, 관 안의 날카로운 것을 다듬는 공구

49

가공인입선 중 수용장소의 인입선에서 분기하여 다른 수용장소의 인입구에 이르는 전선을 무엇이라하는가?

① 인입간선
② 소주인입선
③ 본주인입선
④ 연접인입선

▶ 전기설비 테마 17 가공인입선 및 배전선공사
  • 소주인입선: 인입간선의 전선로에서 분기한 소주에서 수용가에 이르는 전선로
  • 본주인입선: 인입간선의 전선로에서 수용가에 이르는 전선로
  • 인입간선: 배선선로에서 분기된 인입전선로
  • 연접인입선: 하나의 수용장소에서 다른 수용장소로 분기되어 연결되는 인입선

50

화약고의 배선공사 시 개폐기 및 과전류 차단기에서 화약고 인입구까지는 어떤 배선공사의 의하여 시설하여야 하는가?

① 합성수지관 공사 ② 금속관 공사
③ 합성수지몰드 공사 ④ 케이블 공사

▶ 전기설비 테마 19 특수장소공사
  배선에는 케이블을 사용하여 지중선로 출입구 밖에 시설하여야 한다.

정답 46 ② 47 ④ 48 ① 49 ④ 50 ④

51

피뢰기의 구비 조건으로 틀린 것은?

① 충격방전개시 전압이 높을 것
② 제한 전압이 낮을 것
③ 속류차단을 확실하게 할 수 있을 것
④ 방전내량이 클 것

▶ 전기설비 테마 16 전선 및 기계기구의 보안공사
피뢰기의 구비 조건
- 충격방전개시 전압이 낮을 것
- 제한 전압이 낮을 것
- 뇌전류 방전능력이 클 것
- 속류차단을 확실하게 할 수 있을 것
- 반복동작이 가능하고, 구조가 견고하며 특성이 변화하지 않을 것

52

다음 케이블의 약호에서 0.6/1[kV] CV의 명칭은 무엇인가?

① 0.6/1[kV] 비닐절연 비닐시스 케이블
② 0.6/1[kV] 가교 폴리에틸렌 절연 비닐시스 전력 케이블
③ 0.6/1[kV] 가교 폴리에틸렌 절연 저독성 난연 폴리올레핀시스 전력 케이블
④ 0.6/1[kV] 가교 폴리에틸렌 절연 비닐시스 제어 케이블

▶ 전기설비 테마 13 배선재료와 공구

명칭	기호
비닐절연 비닐시스 케이블	0.6/1[kV] VV
가교 폴리에틸렌 절연 비닐시스 전력 케이블	0.6/1[kV] CV
가교 폴리에틸렌 절연 저독성 난연 폴리올레핀시스 전력 케이블	0.6/1[kV] HFCO
가교 폴리에틸렌 절연 비닐시스 제어 케이블	0.6/1[kV] CCV

53

한국전기설비규정(KEC)에서 정하는 옥내배선의 보호도체(PE)의 색별 표시는?

① 갈색　　　　② 흑색
③ 녹색 — 노란색　④ 녹색 — 적색

▶ 전기설비 테마 16 전선 및 기계기구의 보안공사

상(문자)	색상
L1	갈색
L2	흑색
L3	회색
N	청색
보호도체(PE)	녹색 — 노란색

54

실링 직접부착등을 시설하고자 한다. 배선도에 표기할 그림기호로 옳은 것은?

① 　②
③ 　④

▶ 전기설비 테마 20 전기응용 시설공사
① 나트륨등(벽부형)　② 옥외 보안등
③ 실링 직접부착등　④ 리셉터클

55

배전반 및 분전반의 설치장소로 적합하지 않은 곳은?

① 접근이 어려운 장소
② 전기회로를 쉽게 조작할 수 있는 장소
③ 개폐기를 쉽게 개폐할수 있는 장소
④ 안정된 장소

▶ 전기설비 테마 18 고압 및 저압 배전반공사
전기부하의 중심 부근에 위치하면서, 스위치 조작을 안정적으로 할 수 있는 곳에 설치하여야 한다.

정답 51 ① 52 ② 53 ③ 54 ③ 55 ①

56
전기울타리용 전원장치에 전원을 공급하는 전로의 사용전압은 몇 [V] 이하이어야 하는가?

① 150[V] ② 200[V]
③ 250[V] ④ 400[V]

▶ 전기설비 테마 19 특수장소공사
전기울타리의 시설
- 전로의 사용전압은 250[V] 이하일 것
- 전선은 인장강도 1.38[kN] 이상의 것 또는 지름 2[mm] 이상의 경동선일 것
- 전선과 이를 지지하는 기둥 사이의 이격 거리는 2.5[cm] 이상일 것

57
전선로의 직선부분을 지지하는 애자는?

① 가지애자 ② 핀애자
③ 지지애자 ④ 구형애자

▶ 전기설비 테마 17 가공인입선 및 배전선공사
- 가지애자: 전선로의 방향을 변경할 때 사용
- 구형애자: 지선의 중간에 사용하여 감전을 방지
- 핀애자: 전선로의 직선부분을 지지

58
옥외 절연부분의 전선과 대지 사이의 절연저항은 사용전압에 대한 누설전류가 최대공급전류의 얼마를 초과하지 않도록 해야 하는가?

① $\dfrac{최대공급전류}{1,000}$ ② $\dfrac{최대공급전류}{2,000}$
③ $\dfrac{최대공급전류}{3,000}$ ④ $\dfrac{최대공급전류}{4,000}$

▶ 전기설비 테마 16 전선 및 기계기구의 보안공사
누설전류 ≤ $\dfrac{최대공급전류}{2,000}$

59
조명용 백열전등을 호텔 또는 여관 객실의 입구에 설치할 때나 일반 주택 및 아파트 각 실의 현관에 설치할 때 사용되는 스위치는?

① 토글스위치
② 누름버튼스위치
③ 타임스위치
④ 로터리스위치

▶ 전기설비 테마 13 배선재료와 공구
타임스위치는 숙박업소 객실 입구에는 1분, 주택·아파트 현관 입구에는 3분 이내 소등하도록 시설해야 한다.

60
철근 콘크리트주의 길이가 12[m]이고, 설계하중이 6.8[kN] 이하일 때, 땅에 묻히는 표준깊이는 몇 [m]이어야 하는가?

① 2[m]   ② 2.3[m]
③ 2.5[m] ④ 2.7[m]

▶ 전기설비 테마 17 가공인입선 및 배전선공사
전주가 땅에 묻히는 깊이는 15[m] 이하이므로 $12 \times \dfrac{1}{6} = 2[m]$

- 전주의 길이 15[m] 이하: $\dfrac{1}{6}$ 이상
- 전주의 길이 15[m] 초과: 2.5[m] 이상
- 철근 콘크리트 전주로서 길이가 14[m] 이상 20[m] 이하이고, 설계하중이 6.8[kN] 초과 9.8[kN] 이하인 것은 30[cm]를 가산한다.

정답 56 ③ 57 ② 58 ② 59 ③ 60 ①

01

단위 길이당 권수가 1,000회인 무한장 솔레노이드에 10[A]의 전류가 흐를 때 솔레노이드 외부의 자장[AT/m]은?

① 0
② 100
③ 1,000
④ 10,000

▶ 전기이론 테마 02 자기장 성질과 전류에 의한 자기장
무한장 솔레노이드 외부 자계 H=0이다.

02

전원과 부하가 다같이 △결선된 3상 평형 회로가 있다. 상전압이 200[V], 부하 임피던스가 $Z=6+j8[\Omega]$인 경우 선전류는 몇 [A]인가?

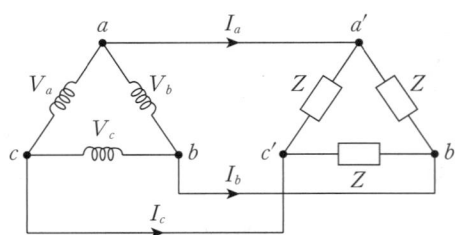

① 20
② $\dfrac{20}{\sqrt{3}}$
③ $20\sqrt{3}$
④ $10\sqrt{3}$

▶ 전기이론 테마 05 교류회로
상전류 $I_p = \dfrac{200}{\sqrt{6^2+8^2}} = \dfrac{200}{10} = 20[A]$
선전류 $I_l = \sqrt{3}I_p = \sqrt{3}\times 20 = 20\sqrt{3}[A]$

03

저항이 10[Ω]인 도체에 1[A]의 전류를 10분간 흘렸다면 발생하는 열량은 몇 [kcal]인가?

① 0.62
② 1.44
③ 4.46
④ 6.24

▶ 전기이론 테마 06 전류의 열작용과 화학작용
$H = 0.24 \times I^2 Rt = 0.24 \times 1^2 \times 10 \times (10 \times 60)$
$= 1,440[cal] = 1.44[kcal]$

04

$m_1 = 4\times 10^{-5}[Wb]$, $m_2 = 6\times 10^{-3}[Wb]$, $r = 10[cm]$이면, 두 자극 m_1, m_2 사이에 작용하는 힘은 약 몇 [N]인가?

① 1.52
② 2.4
③ 24
④ 152

▶ 전기이론 테마 02 자기장 성질과 전류에 의한 자기장
$F = \dfrac{1}{4\pi\mu_0}\dfrac{m_1 m_2}{r^2} = \dfrac{1}{4\pi \times 4\pi \times 10^{-7}} \dfrac{4\times 10^{-5} \times 6\times 10^{-3}}{(10\times 10^{-2})^2}$
$= 1.52[N]$

05

평균 반지름이 r[m]이고, 감은 횟수가 N인 환상 솔레노이드에 전류 I[A]가 흐를 때 내부의 자기장의 세기 H[AT/m]는?

① $H = \dfrac{NI}{2\pi r}$
② $H = \dfrac{NI}{2r}$
③ $H = \dfrac{2\pi r}{NI}$
④ $H = \dfrac{2r}{NI}$

▶ 전기이론 테마 02 자기장 성질과 전류에 의한 자기장
내부 자계 $H = \dfrac{NI}{2\pi r}[AT/m]$

정답 01 ① 02 ③ 03 ② 04 ① 05 ①

06

10[Ω]의 저항과 R[Ω]의 저항이 병렬로 접속되고, 10[Ω]의 전류가 5[A], R[Ω]의 전류가 2[A]이면 저항 R[Ω]은?

① 10 ② 20
③ 25 ④ 30

▶ 전기이론 테마 04 직류회로

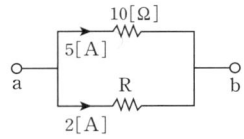

병렬 회로의 전류 분배 법칙
$I_R = \dfrac{10}{10+R} \times (5+2) = 2[A]$
$R = 25[\Omega]$

07

평등자계 B[Wb/m²] 속을 V[m/s]의 속도를 가진 전자가 움직일 때 받는 힘[N]은?

① $B^2 eV$ ② $\dfrac{eV}{B}$
③ BeV ④ $\dfrac{BV}{e}$

▶ 전기이론 테마 02 자기장 성질과 전류에 의한 자기장

- 평등자계에서 전자가 운동할 때 전자가 받는 힘 F는 전자운동 방향과 수직으로 작용한다.
- 전계는 전자가 움직이는 방향이다.
$F = IBl \sin\theta [N]$
전계와 자계는 직각
$F = IBl = Bl\dfrac{e}{t} = eVB[N] \left(V = \dfrac{l}{t}[m/s],\ l: 거리[m] \right)$

08

평형 3상 교류 회로에서 △부하의 한 상의 임피던스가 $Z_\triangle$일 때, 등가 변환한 Y부하의 한 상의 임피던스 Z_Y는 얼마인가?

① $Z_Y = \sqrt{3} Z_\triangle$ ② $Z_Y = 3Z_\triangle$
③ $Z_Y = \dfrac{1}{\sqrt{3}} Z_\triangle$ ④ $Z_Y = \dfrac{1}{3} Z_\triangle$

▶ 전기이론 테마 05 교류회로

$Z_Y = \dfrac{1}{3} Z_\triangle$

09

저항 50[Ω]인 전구에 $e = 100\sqrt{2} \sin \omega t$[V]의 전압을 가할 때 순시 전류 $i(t)$[A] 값은?

① $\sqrt{2}\sin\omega t$ ② $2\sqrt{2}\sin\omega t$
③ $5\sqrt{2}\sin\omega t$ ④ $10\sqrt{2}\sin\omega t$

▶ 전기이론 테마 05 교류회로

순시전류 $i(t) = \dfrac{e}{R} = \dfrac{100\sqrt{2}\sin\omega t}{10} = 10\sqrt{2}\sin\omega t$[A]

10

실훗값 5[A], 주파수 f[Hz], 위상 60°인 전류의 순싯값 $i(t)$[A]를 수식으로 옳게 표현한 것은?

① $i(t) = 5\sqrt{2} \sin\left(2\pi ft + \dfrac{\pi}{2}\right)$
② $i(t) = 5\sqrt{2} \sin\left(2\pi ft + \dfrac{\pi}{3}\right)$
③ $i(t) = 5 \sin\left(2\pi ft + \dfrac{\pi}{2}\right)$
④ $i(t) = 5 \sin\left(2\pi ft + \dfrac{\pi}{3}\right)$

▶ 전기이론 테마 05 교류회로

$i(t) = I_m \sin(\omega t + \theta)$[A]
$i(t) = 5\sqrt{2} \sin(2\pi ft + 60°) = 5\sqrt{2} \sin\left(2\pi ft + \dfrac{\pi}{3}\right)$[A]

정답 06 ③ 07 ③ 08 ④ 09 ④ 10 ②

11
20분간 876,000[J]의 일을 할 때 전력[kW]은?

① 0.73
② 7.3
③ 73
④ 730

▶ 전기이론 테마 06 전류의 열작용과 화학작용
$$P = \frac{W}{t} = \frac{876,000}{20 \times 60} = 730[\text{W}] = 0.73[\text{kW}]$$

12
기전력이 $V_0[\text{V}]$, 내부 저항이 $r[\Omega]$인 n개의 전지를 직렬 연결하였다. 전체 내부 저항을 옳게 나타낸 것은?

① $\frac{r}{n}$
② nr
③ $\frac{r}{n^2}$
④ nr^2

▶ 전기이론 테마 04 직류회로
$R = nr[\Omega]$

13
RL 직렬 회로에 교류 전압 $v = V_m \sin \omega t[\text{V}]$를 가했을 때 회로의 위상차 θ를 나타낸 것은?

① $\theta = \tan^{-1} \frac{R}{\omega L}$
② $\theta = \tan^{-1} \frac{\omega L}{R}$
③ $\theta = \tan^{-1} \frac{1}{R\omega L}$
④ $\theta = \tan^{-1} \frac{R}{\sqrt{R^2 + (\omega L)^2}}$

▶ 전기이론 테마 05 교류회로
$Z = R + j\omega L[\Omega]$
위상차 $\theta = \tan^{-1}\left(\frac{\omega L}{R}\right)$

14
전류에 의해 만들어지는 자기장의 자기력선 방향을 간단하게 알아내는 방법은?

① 플레밍의 왼손 법칙
② 렌츠의 자기 유도 법칙
③ 앙페르의 오른나사 법칙
④ 패러데이의 전자 유도 법칙

▶ 전기이론 테마 02 자기장 성질과 전류에 의한 자기장
앙페르의 오른나사 법칙: 전류에 의해 발생하는 자계의 방향을 결정하는 법칙

15
200[V]의 교류 전원에 선풍기를 접속하고 전력과 전류를 측정하였더니 600[W], 5[A]였다. 이 선풍기의 역률은?

① 0.8
② 0.7
③ 0.6
④ 0.5

▶ 전기이론 테마 05 교류회로
유효전력은 $P = VI\cos\theta[\text{W}]$이므로 역률은 다음과 같다.
$\cos\theta = \frac{P}{VI} = \frac{600}{200 \times 5} = 0.6$

정답 11 ① 12 ② 13 ② 14 ③ 15 ③

16

RLC 병렬 공진회로에서 공진주파수는?

① $\dfrac{1}{\pi\sqrt{LC}}$ ② $\dfrac{1}{\sqrt{LC}}$
③ $\dfrac{2\pi}{\sqrt{LC}}$ ④ $\dfrac{1}{2\pi\sqrt{LC}}$

▶ 전기이론 테마 05 교류회로

공진조건 $\dfrac{1}{X_C}=\dfrac{1}{X_L}$, $\omega C=\dfrac{1}{\omega L}$

공진주파수 $f_o=\dfrac{1}{2\pi\sqrt{LC}}$[Hz]이다.

17

비정현파의 실횻값을 나타낸 것은?

① 최댓값의 실횻값
② 각 고조파의 실횻값의 합
③ 각 고조파의 실횻값의 합의 제곱근
④ 각 고조파의 실횻값의 제곱의 합의 제곱근

▶ 전기이론 테마 05 교류회로

$v(t)=V_0+\sqrt{2}V_1\sin\omega t+\sqrt{2}V_2\sin2\omega t+\sqrt{2}V_3\sin3\omega t+\sqrt{2}V_4\sin4\omega t+\sqrt{2}V_5\sin5\omega t+\cdots$[V]

(V_0: 기본파 V_1: 기본파 실효치, V_2: 2고조파 실효치, V_3: 3고조파 실효치, $\cdots$)

$V=\sqrt{V_0^2+V_1^2+V_2^2+\cdots+V_n^2}$[V]

18

가정용 전등 전압이 200[V]이다. 이 교류의 최댓값은 몇 [V]인가?

① 70.7 ② 86.7
③ 141.4 ④ 282.8

▶ 전기이론 테마 05 교류회로

최댓값=실횻값 $\times\sqrt{2}=200\times\sqrt{2}=282.8$[V]

19

자체 인덕턴스 40[mH]의 코일에 10[A]의 전류가 흐를 때 저장되는 에너지는 몇 [J]인가?

① 2 ② 3
③ 4 ④ 8

▶ 전기이론 테마 03 전자력과 전자유도

$W=\dfrac{1}{2}LI^2=\dfrac{1}{2}\times40\times10^{-3}\times10^2=2$[J]

20

어떤 회로의 소자에 일정한 크기의 전압으로 주파수를 2배로 증가시켰더니 흐르는 전류의 크기가 $\dfrac{1}{2}$로 되었다. 이 소자의 종류는?

① 저항 ② 코일
③ 콘덴서 ④ 다이오드

▶ 전기이론 테마 05 교류회로

유도성 리액턴스 $X_L=\omega L=2\pi fL$[Ω]
주파수 f가 $2f$로 증가 ⟶ 리액턴스 2배 증가
⟶ 전류는 $\dfrac{1}{2}$배 $\left(I=\dfrac{V}{X_L}\right)$

정답 16 ④ 17 ④ 18 ④ 19 ① 20 ②

21

반파 정류회로에서 변압기 2차 전압의 실효치를 $E[V]$라 하면 직류 전류 평균치는?(단, 정류기의 전압강하는 무시한다.)

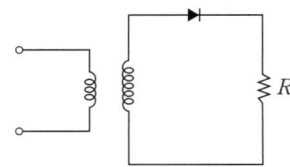

① $\frac{\sqrt{2}}{\pi} \cdot \frac{E}{R}$
② $\frac{1}{2} \cdot \frac{E}{R}$
③ $\frac{2\sqrt{2}}{\pi} \cdot \frac{E}{R}$
④ $\frac{E}{R}$

▶ 전기기기 테마 11 정류기 및 제어기기
- 단상 반파 출력전압 평균값 $E_d = \frac{\sqrt{2}}{\pi} E[V]$
- 직류 전류 평균값 $I_d = \frac{E_d}{R} = \frac{\sqrt{2}}{\pi} \cdot \frac{E}{R}[A]$

22

주파수가 60[Hz]인 3상 2극의 유도전동기가 있다. 슬립이 10[%]일 때 이 전동기의 회전수는 몇 [rpm]인가?

① 1,620 ② 1,800
③ 3,240 ④ 3,600

▶ 전기기기 테마 09 유도기

동기속도는 $N_s = \frac{120f}{p} = \frac{120 \times 60}{2} = 3,600[rpm]$

슬립은 $s = \frac{N_s - N}{N_s}$ 이므로

$N = (1-s)N_s = (1-0.1) \times 3,600 = 3,240[rpm]$

23

주상 변압기의 냉각방식 종류는?

① 건식 자냉식 ② 유입 자냉식
③ 유입 송유식 ④ 유입 풍냉식

▶ 전기기기 테마 07 변압기

변압기의 냉각방식은 건식 자냉식, 건식 풍냉식, 유입 자냉식, 유입 풍냉식, 유입 송유식 등 있으며, 주상 변압기는 주로 유입 자냉식을 채택한다.

24

다음 중 무효전력의 단위는 어느 것인가?

① W ② Var
③ kW ④ VA

▶ 전기기기 테마 10 동기기

①, ③: 유효전력, ④: 피상전력

25

보극이 없는 직류전동기에 전기자 반작용을 줄이기 위해 브러시를 어떠한 방향으로 이동시키는가?

① 회전 방향과 반대 방향
② 주자극의 N극 방향
③ 주자극의 S극 방향
④ 회전 방향과 같은 방향

▶ 전기기기 테마 08 직류기

그림과 같은 회전 방향으로 전기 중성축이 이동하므로, 브러시의 위치를 회전 방향으로 이동한다.

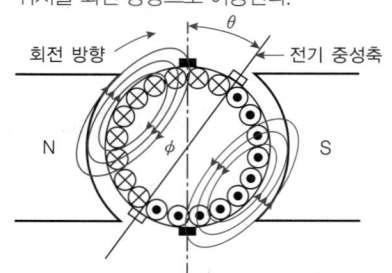

정답 21 ① 22 ③ 23 ② 24 ② 25 ④

26

3,300/220[V] 변압기의 1차에 20[A]의 전류가 흐르면 2차 전류는 몇 [A]인가?

① $\dfrac{1}{30}$ ② $\dfrac{1}{3}$
③ 30   ④ 300

▶ 전기기기 테마 07 변압기

$\dfrac{V_1}{V_2} = \dfrac{I_2}{I_1}$ 에서 $\dfrac{3,300}{220} = \dfrac{I_2}{20}$ 이므로 $I_2 = 300[A]$

27

동기발전기의 단락비가 크다는 것은?

① 기계가 작아진다.
② 효율이 좋아진다.
③ 전압 변동률이 나빠진다.
④ 전기자 반작용이 작아진다.

▶ 전기기기 테마 10 동기기

단락비가 큰 동기기(철기계) 특징
- 전기자 반작용이 작고, 전압 변동률이 작다.
- 공극이 크고, 과부하 내량이 크다.
- 기계의 중량이 무겁고 효율이 낮다.

28

다음 중 전동기의 원리에 적용되는 법칙은?

① 렌츠의 법칙
② 플레밍의 오른손 법칙
③ 플레밍의 왼손 법칙
④ 옴의 법칙

▶ 전기기기 테마 08 직류기

플레밍의 왼손 법칙은 자기장 내에 있는 도체에 전류를 흘리면 힘이 작용하는 법칙으로 전동기의 원리가 된다.

29

변압기 효율이 가장 좋을 때의 조건은?

① 철손 = 동손
② 철손 = $\dfrac{1}{2}$ 동손
③ 동손 = $\dfrac{1}{2}$ 철손
④ 동손 = 2철손

▶ 전기기기 테마 07 변압기

변압기는 철손과 동손이 같을 때 최대 효율이 된다.

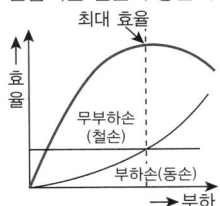

30

다음 단상 유도 전동기 중 기동 토크가 큰 것부터 옳게 나열한 것은?

| ㉠ 반발 기동형 | ㉡ 콘덴서 기동형 |
| ㉢ 분상 기동형 | ㉣ 셰이딩 코일형 |

① ㉠ > ㉡ > ㉢ > ㉣   ② ㉠ > ㉣ > ㉡ > ㉢
③ ㉠ > ㉢ > ㉣ > ㉡   ④ ㉠ > ㉡ > ㉣ > ㉢

▶ 전기기기 테마 09 유도기

기동 토크가 큰 순서
반발 기동형 > 콘덴서 기동형 > 분상 기동형 > 셰이딩 코일형

정답 26 ④ 27 ④ 28 ③ 29 ① 30 ①

31

3상 전원에서 2상 전원을 얻기 위한 변압기의 결선 방법은?

① V
② △
③ Y
④ T

▶ 전기기기 테마 07 변압기
3상 교류를 2상 교류로 변환
- 스코트 결선(T결선)
- 우드 브리지 결선
- 메이어 결선

32

직류전동기의 토크가 $265[\text{N}\cdot\text{m}]$, 회전수가 $1{,}800[\text{rpm}]$일 때 출력은 약 몇 $[\text{kW}]$인가?

① 5.1
② 10.2
③ 50
④ 100

▶ 전기기기 테마 08 직류기

$T = \dfrac{60}{2\pi}\dfrac{P_0}{N}[\text{N}\cdot\text{m}]$이고, $P_0 = \dfrac{2\pi}{60}TN[\text{W}]$이므로

$P_0 = \dfrac{2\pi}{60} \times 265 \times 1{,}800 = 50[\text{kW}]$

$\tau = 0.975\dfrac{P}{N}[\text{kg}\cdot\text{m}] \times 9.8[\text{N}\cdot\text{m}]$

출력 $P = \dfrac{N \cdot \tau}{0.975 \times 9.8} = \dfrac{1{,}800 \times 265}{0.975 \times 9.8} \times 10^{-3} = 50[\text{kW}]$

33

반도체 내에서 정공은 어떻게 생성되는가?

① 자유전자의 이동
② 확산 용량
③ 접합 불량
④ 결합전자의 이탈

▶ 전기기기 테마 11 정류기 및 제어기기
정공
진성반도체(4가 원자)에 불순물(3가 원자)을 첨가하면 공유 결합을 해서 전자 1개의 공석이 생성되는데 이를 정공이라 한다. 즉, 결합전자의 이탈에 의하여 생성된다.

34

3상 유도전동기의 원선도를 그리는 데 필요하지 않은 것은?

① 저항 측정
② 무부하 시험
③ 구속 시험
④ 슬립 측정

▶ 전기기기 테마 09 유도기
3상 유도전동기의 원선도
- 유도전동기의 특성은 실부하 시험을 하지 않아도, 등가회로를 기초로 한 원선도에 의하여 전부하 전류, 역률, 효율, 슬립, 토크 등을 구할 수 있다.
- 원선도 작성에 필요한 시험: 저항 측정, 무부하 시험, 구속 시험

35

복권발전기의 병렬운전을 안정하게 하기 위해서 두 발전기의 전기자와 직권권선의 접촉점에 연결해야 하는 것은?

① 균압선
② 집전환
③ 안전저항
④ 브러시

▶ 전기기기 테마 08 직류기
직권, 복권 발전기
수하특성을 가지지 않아, 두 발전기 중 한쪽의 부하가 증가할 때, 그 발전기의 전압이 상승하여 부하분담이 적절히 되지 않으므로, 직권계자에 균압모선을 연결하여 전압 상승을 같게 하면 병렬운전을 할 수 있다.

| 정답 | 31 ④ | 32 ③ | 33 ④ | 34 ④ | 35 ① |

36

다음은 3상 유도전동기 고정자 결선도를 나타낸 것이다. 맞는 사항을 고르면?

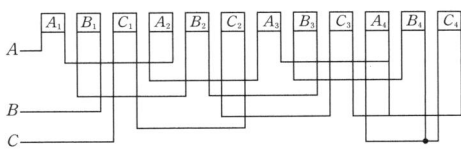

① 3상 2극, Y 결선
② 3상 4극, Y 결선
③ 3상 2극, Δ 결선
④ 3상 4극, Δ 결선

▶ 전기기기 테마 09 유도기

권선이 3개(A, B, C)로 3상이며, 각 권선의(A_1, A_2, A_3, A_4, …) 전류 방향이 변화하므로 4극, 각 권선의 끝(A_4, B_4, C_4)이 접속되어 있으므로 Y결선이다.

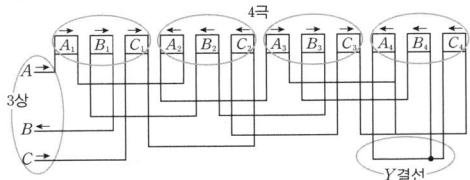

37

3상 유도 전동기의 정격전압 V_n[V], 출력을 P[kW], 1차 전류를 I_1[A], 역률을 $\cos\theta$라고 할 때 효율을 나타내는 식은?

① $\dfrac{P \times 10^3}{3V_n I_1 \cos\theta} \times 100[\%]$

② $\dfrac{3V_n I_1 \cos\theta}{P \times 10^3} \times 100[\%]$

③ $\dfrac{P \times 10^3}{\sqrt{3}\, V_n I_1 \cos\theta} \times 100[\%]$

④ $\dfrac{\sqrt{3}\, V_n I_1 \cos\theta}{P \times 10^3} \times 100[\%]$

▶ 전기기기 테마 09 유도기

효율 $\eta = \dfrac{출력}{입력} \times 100[\%]$에서 출력은 P[kW]$= P \times 10^3$[W], 입력은 정격전압 V_n[V]이 선간전압을 나타내므로 $\sqrt{3}\, V_n I_1 \cos\theta$[W]가 된다.

38

직류 직권전동기의 회전수(N)와 토크(T)와의 관계는?

① $T \propto \dfrac{1}{N}$
② $T \propto \dfrac{1}{N^2}$
③ $T \propto N$
④ $T \propto N^{\frac{3}{2}}$

▶ 전기기기 테마 08 직류기

$N \propto \dfrac{1}{I_a}$이고 $T \propto I_a^2$이므로 $T \propto \dfrac{1}{N^2}$이다.

39

변압기 내부고장에 대한 보호용으로 가장 많이 사용되는 것은?

① 과전류 계전기
② 차동 임피던스
③ 비율차동 계전기
④ 임피던스 계전기

▶ 전기기기 테마 07 변압기

변압기 내부고장 보호용 계전기: 부흐홀츠 계전기, 차동 계전기, 비율차동 계전기

40

직류 직권 전동기에서 벨트를 걸고 운전하면 안 되는 가장 큰 이유는?

① 벨트가 벗어지면 위험 속도에 도달하므로
② 손실이 많아지므로
③ 직결하지 않으면 속도 제어가 곤란하므로
④ 벨트의 마멸 보수가 곤란하므로

▶ 전기기기 테마 08 직류기

$N = K_1 \dfrac{V - I_a R_a}{\phi}$[rpm]에서 직류 직권 전동기는 벨트가 벗어지면 무부하 상태가 되어, 여자 전류가 거의 0이 된다. 이때 자속이 최대가 되므로 위험 속도가 된다.

정답 36 ② 37 ③ 38 ② 39 ③ 40 ①

41
다음 중 단로기(DS)의 사용 목적으로 맞는 것은?

① 무부하 전로 개폐
② 부하 전류의 차단
③ 고장 전류의 차단
④ 사고 회선의 차단

▶ 전기설비 테마 18 고압 및 저압 배전반공사
단로기(DS)는 개폐기의 일종으로 부하전류 및 고장전류를 차단할 수 없고, 기기의 점검, 측정, 시험 및 수리를 할 때 회로를 열어 놓거나 회로 변경 시에 사용하는 설비로 전압의 개폐가 가능하다.

42
래크(Rack) 배선은 어떤 곳에 사용되는가?

① 고압 가공선로
② 고압 지중선로
③ 저압 지중선로
④ 저압 가공선로

▶ 전기설비 테마 17 가공인입선 및 배전선공사
래크 배선: 저압 가공 배전선로에서 전선을 수직으로 애자를 설치하는 배선

43
저압 가공 인입선의 인입구에 사용하며 금속관 공사에서 끝 부분의 빗물 침입을 방지하는 데 적당한 것은?

① 플로어 박스
② 엔트런스 캡
③ 부싱
④ 터미널 캡

▶ 전기설비 테마 13 배선재료와 공구
엔트런스 캡: 금속관 공사에서 끝 부분의 빗물 침입을 방지

엔트런스 캡

44
사람이 쉽게 접촉하는 장소에 설치하는 누전차단기의 사용전압 기준은 몇 [V] 초과인가?

① 50
② 110
③ 150
④ 220

▶ 전기설비 테마 13 배선재료와 공구
누전차단기(ELB)의 설치기준
• 사용 전압이 50[V]를 초과하는 저압의 금속제 외함을 가지는 기계기구로 사람이 쉽게 접촉할 우려가 있는 장소에 시설하는 것에 전기를 공급하는 전로
• 주택의 인입구 등 누전차단기 설치를 요하는 전로

45
전압의 구분에서 고압 직류전압의 범위에 속하는 것은?

① 1,500∼6,000[V]
② 1,000∼7,000[V]
③ 1,500∼7,000[V]
④ 1,000∼6,000[V]

▶ 전기설비 테마 16 전선 및 기계기구의 보안공사
전압의 종류
• 저압: 교류는 1,000[V] 이하, 직류는 1,500[V] 이하인 것
• 고압: 교류는 1,000[V]를 넘고 7,000[V] 이하
   직류는 1,500[V]를 넘고 7,000[V] 이하인 것
• 특고압: 교류, 직류 모두 7,000[V]를 넘는 것

정답 41 ① 42 ④ 43 ② 44 ① 45 ③

46

전등 1개를 3개소에서 점멸하고자 할 때, 필요한 3로 스위치와 4로 스위치는 각각 몇 개인가?

① 3로 스위치 1개, 4로 스위치 2개
② 3로 스위치 2개, 4로 스위치 1개
③ 3로 스위치 3개, 4로 스위치 1개
④ 3로 스위치 1개, 4로 스위치 3개

▶ 전기설비　테마 13　배선재료와 공구

3개소 점멸회로도

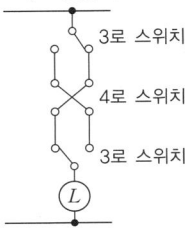

47

다음 중 전선의 굵기를 측정하는 것은?

① 프레셔 툴
② 와이어 게이지
③ 파이어 포트
④ 스패너

▶ 전기설비　테마 13　배선재료와 공구
　① 프레셔 툴: 솔더리스 커넥터 또는 솔더리스 터미널을 압착하는 것
　② 와이어 게이지: 전선의 굵기를 측정하는 것
　③ 파이어 포트: 납물을 만드는 데 사용되는 일종의 화로
　④ 스패너: 너트를 죄는 데 사용하는 것

48

일반적으로 가공선로의 지지물에 취급자가 오르고 내리는 데 사용하는 발판볼트 등은 지표상 몇 [m] 미만에 시설하여서는 아니 되는가?

① 0.75[m]
② 1.2[m]
③ 1.8[m]
④ 2.0[m]

▶ 전기설비　테마 17　가공인입선 및 배전선공사
　가공전선로의 지지물에 취급자가 오르고 내리는 데 사용하는 발판볼트 등을 지표상 1.8[m] 미만에 시설하여서는 아니 된다.

49

건축물의 종류에서 은행, 상점, 사무실의 표준부하는 얼마인가?

① 10[VA/m²]
② 20[VA/m²]
③ 30[VA/m²]
④ 40[VA/m²]

▶ 전기설비　테마 16　전선 및 기계기구의 보안공사

부하 구분	건축물의 종류	표준부하 [VA/m²]
표준 부하	공장, 공항청사, 사원, 교회, 극장, 영화관, 연회장 등	10
	기숙사, 여관, 호텔, 병원, 학교, 음식점, 다방, 대중목욕탕 등	20
	사무실, 은행, 상점, 이발소, 미용원	30
	주택, 아파트	40

50

노출장소 또는 점검 가능한 은폐장소에서 제2종 가요전선관을 시설하고 제거하는 것이 자유로운 경우의 곡률반지름은 안지름의 몇 배 이상으로 하여야 하는가?

① 2
② 3
③ 5
④ 6

▶ 전기설비　테마 15　배선설비공사 및 전선허용전류 계산
　가요전선관의 곡률반지름
　• 자유로운 경우: 전선관 안지름의 3배 이상
　• 부자유로운 경우: 전선관 안지름의 6배 이상

정답　46 ②　47 ②　48 ③　49 ③　50 ②

51

목장의 전기 울타리에 사용하는 경동선의 지름은 최소 몇 [mm] 이상이어야 하는가?

① 1.6
② 2.0
③ 2.6
④ 3.2

▶ 전기설비 테마 19 특수장소공사
전기 울타리의 시설
- 전선은 인장강도 1.38[kN] 이상의 것 또는 지름 2[mm] 이상의 경동선일 것
- 전선과 이를 지지하는 기둥 사이의 이격 거리는 2.5[cm] 이상일 것

52

경질비닐 전선관의 표준 규격품의 길이는?

① 3.6[m]
② 3[m]
③ 4[m]
④ 4.5[m]

▶ 전기설비 테마 15 배선설비공사 및 전선허용전류 계산
경질비닐 전선관의 한본의 길이는 4[m]로 제작한다.

53

저압전로 중의 전동기 과부하 보호장치로 전자접촉기를 사용할 경우 반드시 함께 부착해야 하는 것은 무엇인가?

① 단로기
② 과부하계전기
③ 전력퓨즈
④ 릴레이

▶ 전기설비 테마 13 배선재료와 공구
과부하계전기
전자접촉기와 조합하여 일정값 이상의 전류가 흘렀을 때 동작하며, 과전류계전기라고도 한다. 열동형 과부하 계전기(THR) 및 전자식 과부하계전기(EOCR) 등이 있다.

54

다음 그림과 같은 전선 접속법의 명칭으로 알맞게 짝지어진 것은?

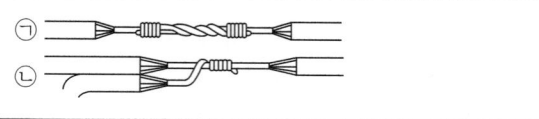

① ㉠ 직선 접속, ㉡ 분기 접속
② ㉠ 일자 접속, ㉡ Y형 접속
③ ㉠ 직선 접속, ㉡ T형 접속
④ ㉠ 일자 접속, ㉡ 분기 접속

▶ 전기설비 테마 14 전선의 접속
㉠ 단선의 직선 접속: 트위스트 직선 접속
㉡ 단선의 분기 접속: 트위스트 분기 접속

55

최소 동작 전류값 이상이면 일정한 시간에 동작하는 한시 특성을 갖는 계전기는?

① 정한시 계전기
② 반한시 계전기
③ 순한시 계전기
④ 반한시-정한시 계전기

▶ 전기설비 테마 18 고압 및 저압 배전반공사
보호계전기 동작시한에 의한 분류

종류	동작 특성
순한시 계전기	동작시간이 0.3초 이내인 계전기
정한시 계전기	최소 동작값 이상의 구동 전기량이 주어지면, 일정 시간 후 동작하는 계전기
반한시 계전기	동작 시점에 구동 전기량 즉, 동작 전류의 값이 커질수록 짧아지는 계전기
반한시-정한시 계전기	어느 한도까지의 구동 전기량에서는 반한시 특성이며, 그 이상의 전기량에서는 정한시 특성을 가지는 계전기

정답 51 ② 52 ③ 53 ② 54 ① 55 ①

56

배선용 도면을 작성할 때 사용하는 매입용 콘센트 도면 기호는?

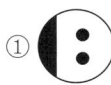 ①  ②

 ③ 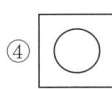 ④

▶ **전기설비** 테마 13 배선재료와 공구
①: 매입용 콘센트 ②: 비상조명등
③: 백열등 ④: 점검구

57

코드나 케이블 등을 기계기구의 단자 등에 접속할 때 몇 [mm²]가 넘으면 그림과 같은 터미널 러그(압착단자)를 사용하여야 하는가?

① 10 ② 6
③ 4 ④ 2

▶ **전기설비** 테마 14 전선의 접속
한국전기설비규정에 의해 기구단자가 누름나사형, 크램프형 또는 이와 유사한 구조로 된 것을 제외하고 단면적 6[mm²]를 초과하는 코드 및 캡타이어 케이블에는 터미널 러그를 부착해야 한다.

58

다음에 (   ) 안에 알맞은 낱말은?

> 뱅크(Bank)란 전로에 접속된 변압기 또는 (   )의 결선상 단위를 말한다.

① 차단기 ② 단로기
③ 콘덴서 ④ 리액터

▶ **전기설비** 테마 16 전선 및 기계기구의 보안공사
뱅크(Bank)란 전로에 접속된 변압기 또는 콘덴서의 결선상 단위를 말한다.

59

전선의 구비조건이 아닌 것은?

① 비중이 클 것
② 가요성이 풍부할 것
③ 도전율이 클 것
④ 기계적 강도가 클 것

▶ **전기설비** 테마 13 배선재료와 공구
전선의 구비조건
• 도전율이 크고, 기계적 강도가 클 것
• 신장률이 크고, 내구성이 있을 것
• 비중(밀도)이 작고, 가선이 용이할 것
• 가격이 저렴하고, 구입이 쉬울 것

60

평균 구면 광도 I[cd]의 전등에서 발산되는 전광속 수 [lm]는?

① $4\pi I$ ② $2\pi I$
③ πI ④ $4\pi r^2$

▶ **전기설비** 테마 20 전기응용 시설공사
광도 I는 광원에서 어느 방향으로 향하는 단위 입체각 ω당 발산 광속 F를 의미한다. 즉, $I=\dfrac{F}{\omega}$이므로 전광속 $F=\omega I=4\pi I$[lm]이다. 여기서, $\omega=4\pi$는 구면 전체의 입체각을 의미한다.

정답 56 ① 57 ② 58 ③ 59 ① 60 ①

2024년 1회 CBT 기출

01
평행한 왕복 도체에 흐르는 전류에 의한 작용력은?

① 흡인력
② 반발력
③ 회전력
④ 작용력이 없다.

▶ **전기이론** 테마 03 전자력과 전자유도

왕복도체는 전류 방향이 다르므로 반발력이다.

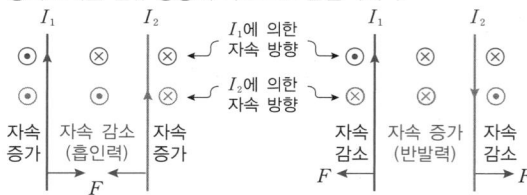

02
다음 중 전동기의 원리에 적용되는 법칙은?

① 렌츠의 법칙
② 플레밍의 오른손 법칙
③ 플레밍의 왼손 법칙
④ 옴의 법칙

▶ **전기이론** 테마 03 전자력과 전자유도

- 플레밍의 왼손 법칙: 자계와 도체에 흐르는 전류 방향이 주어지면 힘의 방향을 결정하는 법칙
- 플레밍의 오른손 법칙: 힘의 방향과 자속밀도 방향이 주어지면 전압의 방향을 결정하는 법칙

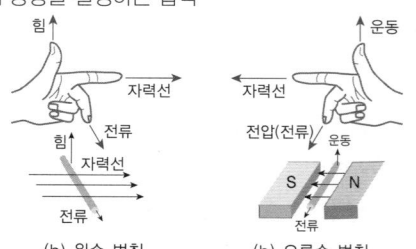

(b) 왼손 법칙   (b) 오른손 법칙

- 렌츠 법칙: 유도기전력은 자속의 변화를 방해하는 방향으로 발생하는 법칙
- 옴의 법칙: 전류와 전압과 저항에 관한 법칙

03
$R=8[\Omega]$, $L=19.1[mH]$의 직렬 회로에 $5[A]$가 흐르고 있을 때 인덕턴스(L)에 걸리는 단자 전압의 크기는 약 몇 $[V]$인가?(단, 주파수는 $60[Hz]$이다.)

① 12
② 25
③ 29
④ 36

▶ **전기이론** 테마 05 교류회로

$X_L = \omega L = 2\pi f L [\Omega]$
$V_L = 2\pi f L I = 2 \times 3.14 \times 60 \times 19.1 \times 10^{-3} \times 5 = 36[V]$

04
전지의 전압 강하 원인으로 틀린 것은?

① 국부작용
② 산화작용
③ 성극작용
④ 자기방전

▶ **전기이론** 테마 06 전류의 열작용과 화학작용

전지의 전압강하 원인으로는 분극(성극)작용, 자기방전, 국부작용이 있다.

- 국부작용 : 전극의 불순물로 인해 전압이 감소하는 현상
- 분극작용(성극작용)
  - 일정한 전압을 가진 전지에 부하를 걸면 전압이 감소하는 현상
  - 일정한 전압을 가진 전지에 부하를 걸면 양극 표면에 수소가 생겨 전류의 흐름을 방해하는 현상
- 자기방전 : 전극 사이가 연결되지 않아도 배터리 내부의 극소량의 화학 물질이 반응한다. 이런 내부 반응은 배터리의 저장된 충전량을 감소시켜 배터리 용량을 조금씩 감소시킨다.

정답 01 ② 02 ③ 03 ④ 04 ②

05

다음 그림과 같은 회로의 저항값이 $R_1 > R_2 > R_3 > R_4$ 일 때, 전류가 최소로 흐르는 저항은?

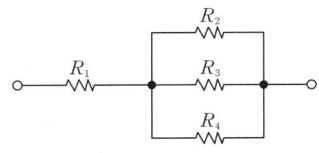

① R_1
② R_2
③ R_3
④ R_4

▶ 전기이론　테마 04　직류회로
R_1을 통과한 전류가 분배될 때 R_2가 큰 저항값이므로 전류가 최소이다.

06

저항이 있는 도선에 전류가 흐르면 열이 발생한다. 이와 같이 전류의 열작용과 가장 관계가 깊은 법칙은?

① 패러데이의 법칙
② 키르히호프의 법칙
③ 줄의 법칙
④ 옴의 법칙

▶ 전기이론　테마 06　전류의 열작용과 화학작용
줄의 법칙: 도체에 전류가 흐를 때 발생하는 열량 계산에 관한 법칙
$Q = 0.24I^2Rt$[Cal]

07

삼각파 전압의 최댓값이 V_m일 때, 실횻값은?

① V_m
② $\dfrac{V_m}{\sqrt{2}}$
③ $\dfrac{2V_m}{\pi}$
④ $\dfrac{V_m}{\sqrt{3}}$

▶ 전기이론　테마 05　교류회로

파형	실횻값	평균값	파형률	파고율
삼각파	$\dfrac{V_m}{\sqrt{3}}$	$\dfrac{V_m}{2}$	1.15	1.73

08

유효전력의 식으로 옳은 것은?(단, E는 전압, I는 전류, θ는 위상각이다.)

① $EI\cos\theta$
② $EI\sin\theta$
③ $EI\tan\theta$
④ EI

▶ 전기이론　테마 05　교류회로
유효전력 $P = EI\cos\theta$
무효전력 $P_r = EI\sin\theta$
피상전력 $P_a = EI$

09

$\dot{I} = 8 + j6$[A]로 표시되는 전류의 크기 I[A]는 얼마인가?

① 6
② 8
③ 10
④ 12

▶ 전기이론　테마 05　교류회로
$I = \sqrt{8^2 + 6^2} = 10$[A]

10

전자석의 특징으로 옳지 않은 것은?

① 전류의 방향이 바뀌면 전자석의 극도 바뀐다.
② 코일을 감은 횟수가 많을수록 강한 전자석이 된다.
③ 전류를 많이 공급하면 무한정 자력이 강해진다.
④ 같은 전류라도 코일 속에 철심을 넣으면 더 강한 전자석이 된다.

▶ 전기이론　테마 02　자기장 성질과 전류에 의한 자기장
- 오른나사법칙에 따라 전류 방향이 바뀌면 극도 바뀐다.
- 감은 횟수가 많은 코일이 강한 자석이 된다.
- 전류를 많이 공급하면 철심히 포화되기 때문에 자력이 무한정 강해지지 않는다.
- 같은 전류라도 포화되지 않으면 강한 전자석이 된다.

정답　05 ②　06 ③　07 ④　08 ①　09 ③　10 ③

11

2[F], 4[F], 6[F]의 콘덴서 3개를 병렬로 접속했을 때의 합성 정전용량은 몇 [F]인가?

① 1.5 ② 4
③ 8   ④ 12

▶ 전기이론 테마 01 전기의 성질과 전하에 의한 전기장
  합성 정전용량 $C_t = 2+4+6 = 12$[F]

12

5[Wh]는 몇 [J]인가?

① 720   ② 1,800
③ 7,200 ④ 18,000

▶ 전기이론 테마 06 전류의 열작용과 화학작용
  $W = Pt$[J] $= 5$[Wh] $= 5$[W] $\times 3,600$[sec] $= 18,000$[J]

13

어떤 물질이 정상 상태보다 전자 수가 많아져 전기를 띠는 현상을 무엇이라 하는가?

① 충전 ② 방전
③ 대전 ④ 분극

▶ 전기이론 테마 01 전기의 성질과 전하에 의한 전기장
  외부에서 열에너지, 전기에너지 등을 가하면 양성자나 전자의 이동으로 물질은 전기적인 중성 상태가 사라지고 양 또는 음으로 대전되어 전기적인 성질을 가진다.

14

묽은 황산(H_2SO_4) 용액에 구리(Cu)와 아연(Zn)판을 넣었을 때 아연판은?

① 수소 기체를 발생한다.
② 음극이 된다.
③ 양극이 된다.
④ 황산아연으로 변한다.

▶ 전기이론 테마 06 전류의 열작용과 화학작용
  아연판은 산화작용으로 → 음극
  구리판은 환원작용으로 → 양극(수소 기체 발생)

15

교류회로에서 무효전력의 단위는?

① [W]   ② [VA]
③ [Var] ④ [V/m]

▶ 전기이론 테마 05 교류회로
  피상전력 $P_a = VI$[VA]
  유효전력 $P = VI\cos\theta$[W]
  무효전력 $P = VI\sin\theta$[Var]

정답 11 ④ 12 ④ 13 ③ 14 ② 15 ③

16

두 코일의 자기인덕턴스를 $L_1[\mathrm{H}]$, $L_2[\mathrm{H}]$라 하고 상호 인덕턴스를 M이라 할 때 두 코일을 자속이 동일한 방향과 역방향이 되도록 하여 직렬로 각각 연결하였을 경우, 합성인덕턴스의 큰 쪽과 작은 쪽의 차는?

① M
② $2M$
③ $4M$
④ $8M$

▶ **전기이론** 테마 03 전자력과 전자유도
가동접속 $L_{가동}=L_1+L_2+2M[\mathrm{H}]$
차동접속 $L_{차동}=L_1+L_2-2M[\mathrm{H}]$
$L_{가동}-L_{차동}=4M$

17

단면적 5[cm²], 길이 1[m], 비투자율 10^{-3}인 환상 철심에 600회의 권선을 감고 이것에 0.5[A]의 전류를 흐르게 한 경우 기자력[AT]은?

① 100
② 200
③ 300
④ 400

▶ **전기이론** 테마 02 자기장 성질과 전류에 의한 자기장
기자력 $F=NI=600\times 0.5=300[\mathrm{AT}]$

18

인덕턴스 0.5[H]에 주파수가 60[Hz]이고 전압이 220[V]인 교류전압이 가해질 때 흐르는 전류는 약 몇 [A]인가?

① 0.59
② 0.87
③ 0.97
④ 1.17

▶ **전기이론** 테마 05 교류회로
전류 $I=\dfrac{V}{X_L}=\dfrac{V}{2\pi fL}=\dfrac{220}{2\pi\times 60\times 0.5}=1.17[\mathrm{A}]$

19

$R-L$ 직렬 회로에서 임피던스(Z)의 크기를 나타내는 식은?

① $R^2+X_L^{\,2}$
② $R^2-X_L^{\,2}$
③ $\sqrt{R^2+X_L^{\,2}}$
④ $\sqrt{R^2-X_L^{\,2}}$

▶ **전기이론** 테마 05 교류회로
직렬회로 임피던스 크기
$|Z|=\sqrt{R^2+X_L^{\,2}}[\Omega]$

20

어떤 정현파 교류의 평균값이 242[V]인 전압의 최댓값은 약 몇 [V]인가?

① 220
② 276
③ 342
④ 380

▶ **전기이론** 테마 05 교류회로
평균값 $V_{평균값}=\dfrac{2}{\pi}V_m=0.637V_m$
$V_m=\dfrac{V_{평균값}}{0.637}=\dfrac{242}{0.637}=380[\mathrm{V}]$

정답 16 ③ 17 ③ 18 ④ 19 ③ 20 ④

21
직류발전기 전기자의 주된 역할은?

① 기전력을 유도한다.
② 자속을 만든다.
③ 정류작용을 한다.
④ 회전자와 외부회로를 접속한다.

▶ **전기기기** 테마 08 직류기
전기자: 계자에서 만든 자속으로부터 기전력을 유도하는 부분

22
단상 변압기의 2차 무부하 전압이 242[V]이고, 정격부하 시의 2차 단자 전압이 220[V]이다. 이 변압기의 전압변동률[%]은?

① 10
② 14
③ 20
④ 25

▶ **전기기기** 테마 07 변압기
전압변동률 $\varepsilon = \dfrac{V_o - V_n}{V_n} \times 100[\%]$ 에서
$\varepsilon = \dfrac{242 - 220}{220} \times 100 = 10[\%]$

23
부흐홀츠 계전기의 설치 위치로 가장 적당한 것은?

① 변압기 주 탱크 내부
② 콘서베이터 내부
③ 변압기 고압측 부싱
④ 변압기 주 탱크와 콘서베이터 사이

▶ **전기기기** 테마 07 변압기
변압기의 탱크와 콘서베이터의 연결관 사이에 설치한다.

24
동기기의 전기자 권선법이 아닌 것은?

① 전절권
② 2층권
③ 분포권
④ 단절권

▶ **전기기기** 테마 10 동기기
동기기에는 주로 분포권, 단절권, 2층권, 중권이 쓰이고 결선은 Y결선으로 한다.

25
변압기의 효율이 가장 좋을 때의 조건은?

① 철손 = 동손
② 철손 = $\dfrac{1}{2}$ 동손
③ 동손 = $\dfrac{1}{2}$ 철손
④ 동손 = 2철손

▶ **전기기기** 테마 07 변압기
변압기는 철손과 동손이 같을 때 최대 효율이 된다.

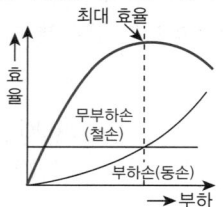

정답 21 ① 22 ① 23 ④ 24 ① 25 ①

26

다음 그림과 같이 유도전동기에 기계적 부하를 걸었을 때 출력에 따른 속도, 토크, 효율, 슬립 등의 변화를 나타낸 출력 특성 곡선에서 슬립을 나타내는 곡선은?

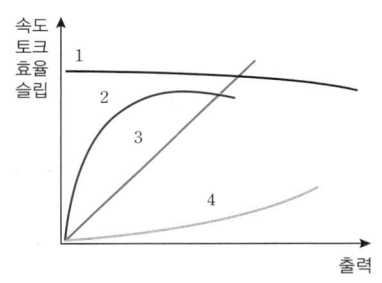

① 1 ② 2
③ 3 ④ 4

▶ 전기기기 테마 09 유도기
- 1: 속도
- 2: 효율
- 3: 토크
- 4: 슬립

27

다음 중 인버터(Inverter)의 설명으로 옳은 것은?

① 교류를 직류로 변환 ② 직류를 교류로 변환
③ 교류를 교류로 변환 ④ 직류를 직류로 변환

▶ 전기기기 테마 11 정류기 및 제어기기
- 인버터: 직류를 교류로 바꾸는 장치
- 컨버터: 교류를 직류로 바꾸는 장치
- 초퍼: 직류를 다른 전압의 직류로 바꾸는 장치

28

전기자저항 0.1[Ω], 전기자전류 104[A], 유도기전력 110.4[V]인 직류분권 발전기의 단자전압은 몇 [V]인가?

① 98 ② 100
③ 102 ④ 105

▶ 전기기기 테마 08 직류기
직류 분권 발전기의 단자 전압
$V = E - R_a I_a = 110.4 - 0.1 \times 104 = 100[V]$

29

직류 전동기의 규약효율을 표시하는 식은?

① $\dfrac{출력}{출력+손실} \times 100[\%]$

② $\dfrac{출력}{입력} \times 100[\%]$

③ $\dfrac{입력-손실}{입력} \times 100[\%]$

④ $\dfrac{출력}{출력-손실} \times 100[\%]$

▶ 전기기기 테마 08 직류기

발전기 규약효율 $\eta_G = \dfrac{출력}{출력+손실} \times 100[\%]$

전동기 규약효율 $\eta_M = \dfrac{입력-손실}{입력} \times 100[\%]$

30

동기발전기에서 전기자 전류가 무부하 유도기전력보다 $\dfrac{\pi}{2}[\text{rad}]$ 앞선 경우의 전기자 반작용은?

① 횡축 반작용 ② 증자 작용
③ 감자 작용 ④ 편자 작용

▶ 전기기기 테마 10 동기기
동기 발전기의 전기자 반작용
- 뒤진 전기자 전류: 감자 작용
- 앞선 전기자 전류: 증자 작용

정답 26 ④ 27 ② 28 ② 29 ③ 30 ②

31

단락비가 1.2인 동기발전기의 %동기 임피던스는 약 몇 [%]인가?

① 68
② 83
③ 100
④ 120

▶ 전기기기 테마 10 동기기

단락비 $K_s = \dfrac{100}{\%Z_s}$ 이므로 $1.2 = \dfrac{100}{\%Z_s}$ 에서 %동기 임피던스

$\%Z_s = \dfrac{100}{1.2} = 83.33[\%]$

32

그림은 동기기의 위상특성곡선을 나타낸 것이다. 전기자 전류가 가장 작게 흐를 때의 역률은?

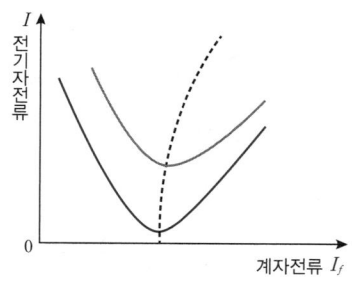

① 1
② 0.9(진상)
③ 0.9(지상)
④ 0

▶ 전기기기 테마 10 동기기

위상특성곡선(V곡선)에서 전기자 전류가 최소일 때 역률은 100[%]=1이다.

33

SCR 2개를 역병렬로 접속한 그림과 같은 기호의 명칭은?

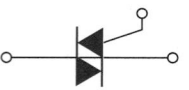

① SCR
② TRIAC
③ GTO
④ UJT

▶ 전기기기 테마 11 정류기 및 제어기기

TRIAC (트라이악)
- 쌍방향성 3단자 사이리스터
- 교류 제어용
- SCR 2개를 역병렬로 접속한 것과 등가

34

동기발전기의 난조를 방지하는 가장 유효한 방법은?

① 회전자의 관성을 크게 한다.
② 제동권선을 자극면에 설치한다.
③ 동기 리액턴스를 작게 하고, 동기 화력을 크게 한다.
④ 자극 수를 적게 한다.

▶ 전기기기 테마 10 동기기

난조의 발생 원인 및 방지법
- 회전자의 관성을 크게 한다.
- 제동권선을 자극면에 설치한다.(가장 유효)
- 동기 리액턴스를 작게 하고, 동기 화력을 크게 한다.
- 자극 수를 적게 한다.
- 계자전류에 유입되는 고조파를 제거한다.
- 댐퍼 권선을 사용하여 과도 진동을 감쇠시킨다.

정답 31 ② 32 ① 33 ② 34 ②

35

유도전동기에서 슬립이 0이라는 것은 다음 중 어느 것과 같은가?

① 유도전동기가 동기속도로 회전한다.
② 유도전동기가 정지상태이다.
③ 유도전동기가 전부하 운전상태이다.
④ 유도제동기의 역할을 한다.

▶ 전기기기 테마 09 유도기

$s = \dfrac{N_s - N}{N_s}$에서 $s=0$이므로 $N_s = N$이 되어 동기속도와 회전속도가 같아진 경우를 의미한다.

36

일정 전압 및 일정 파형에서 주파수가 상승하면 변압기 철손은 어떻게 변하는가?

① 증가한다. ② 감소한다.
③ 불변이다. ④ 잠깐 증가한다.

▶ 전기기기 테마 07 변압기

- 철손 = 히스테리시스손 + 와류손 $\propto f \cdot B_m^{1.6} + (t \cdot f \cdot B_m)^2$
- 유도기전력 $E = 4.44 \cdot f \cdot N \cdot \phi_m = 4.44 \cdot f \cdot N \cdot A \cdot B_m$에서 일정전압이므로 $f \propto \dfrac{1}{B_m}$

따라서 주파수가 상승하면 철손은 감소한다.

37

슬립 $s = 5[\%]$, 2차 저항 $r_2 = 0.1[\Omega]$인 유도전동기의 등가저항 $R[\Omega]$은 얼마인가?

① 0.4 ② 0.5
③ 1.9 ④ 2.0

▶ 전기기기 테마 09 유도기

유도전동기의 1차측에서 2차측으로 공급되는 입력을 P_2로 하고, 2차 철손을 무시하면, 운전 중 2차 주파수 sf_1이 낮으므로 2차 손실은 2차 저항만 남는다. P_2에서 저항손을 뺀 나머지가 유도 전동기에서 발생한 기계적 출력 P_0가 된다.

$P_0 = P_2 - r_2 I_2^2$에 $P_2 = \dfrac{r_2}{s} I_2^2$를 대입하면

$P_0 = \dfrac{r_2}{s} I_2^2 - r_2 I_2^2 = r_2 \left(\dfrac{1-s}{s}\right) I_2^2 = RI_2^2 \left(\because R = r_2 \left(\dfrac{1-s}{s}\right)\right)$

$R = r_2 \left(\dfrac{1-s}{s}\right) = 0.1 \times \left(\dfrac{1-0.05}{0.05}\right) = 1.9[\Omega]$

38

슬립이 일정한 경우 유도전동기의 공급 전압이 $\dfrac{1}{2}$로 감소하면 토크는 처음에 비해 어떻게 되는가?

① 2배가 된다. ② 1배가 된다.
③ $\dfrac{1}{2}$로 줄어든다. ④ $\dfrac{1}{4}$로 줄어든다.

▶ 전기기기 테마 09 유도기

유도전동기의 토크는 전압의 제곱에 비례하므로 전압이 $\dfrac{1}{2}$로 감소하면 토크는 $\dfrac{1}{4}$로 줄어든다.

39

단상 유도전동기 기동장치에 의한 분류가 아닌 것은?

① 분상 기동형 ② 콘덴서 기동형
③ 셰이딩 코일형 ④ 회전 계자형

▶ 전기기기 테마 09 유도기

단상 유도전동기 기동장치에 의한 분류

분상 기동형, 콘덴서 기동형, 셰이딩 코일형, 반발 기동형, 반발 유도형

40

3상 전파 정류회로에서 출력전압의 평균전압값은?(단, V는 선간 전압의 실횻값이다.)

① 0.45V ② 0.9V
③ 1.17V ④ 1.35V

▶ 전기기기 테마 11 정류기 및 제어기기

정류회로 직류 출력전압

- 단상 반파 정류: $0.45V$
- 단상 전파 정류: $0.9V$
- 3상 반파 정류회로: $1.17V$
- 3상 전파 정류회로: $1.35V$

정답 35 ① 36 ② 37 ③ 38 ④ 39 ④ 40 ④

41

분기회로의 전원측에서 분기점 사이에 다른 분기회로 또는 콘센트 접속이 없고, 단락의 위험과 화재 및 인체에 대한 위험성을 최소화되도록 시설된 경우, 옥내간선과의 분기점에서 몇 [m] 이하의 곳에 시설하여야 하는가?

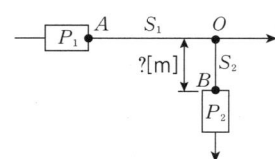

① 8[m] ② 5[m]
③ 4[m] ④ 3[m]

▶ 전기설비 테마 16 전선 및 기계기구의 보안공사

분기회로에 과부하 보호장치 설치위치

- 원칙: 전로 중 도체의 단면적, 특성, 설치방법, 구성의 변경으로 도체의 값이 줄어드는 곳에 설치, 즉 분기점(O)에 설치
- 예외1: 분기회로(S_2)의 과부하 보호장치(P_2)가 분기회로에 대한 단락보호가 이루어지는 경우 임의의 거리에 설치
- 예외2: 분기회로(S_2)의 과부하 보호장치(P_2)가 분기회로에 대한 단락의 위험과 화재 및 인체에 대한 위험성을 최소화되도록 시설된 경우, 분기점(O)으로부터 3[m] 이내 설치

42

보호 계전기의 종류가 아닌 것은?

① 과전류계전기 ② 과전압계전기
③ 부족전압계전기 ④ 부족전류계전기

▶ 전기설비 테마 12 보호계전기

보호 계전기의 종류

과전류계전기, 과전압계전기, 부족전압계전기, 거리계전기, 전력계전기, 차동계전기, 선택계전기, 비율차동계전기, 방향계전기, 탈조보호계전기, 주파수계전기, 온도계전기, 역상계전기, 한시계전기

43

전등 1개를 2개소에서 점멸하고자 할 때 3로 스위치는 최소 몇 개 필요한가?

① 4개 ② 3개
③ 2개 ④ 1개

▶ 전기설비 테마 13 배선재료와 공구

2개소 점멸 회로도에 따라 3로 스위치가 2개 필요

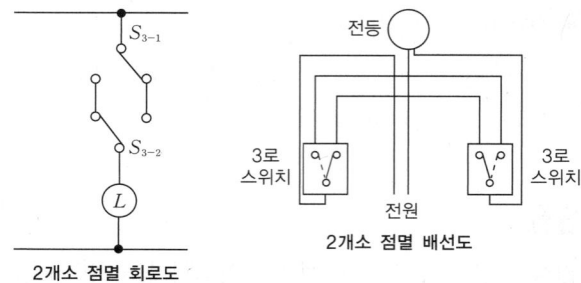

44

조명기구를 배광에 따라 분류하는 경우 특정한 장소만을 고조도로 하기 위한 조명기구는?

① 직접 조명기구
② 전반확산 조명기구
③ 광천장 조명기구
④ 반직접 조명기구

▶ 전기설비 테마 20 전기응용 시설공사

보기	조명기구 유형	특징
① 직접 조명기구	광선의 대부분(90% 이상)을 아래로 조사	특정 장소 집중 조명에 효과적
② 전반확산 조명기구	전체적으로 균일하게 빛을 확산	공간 전체를 부드럽게 조명
③ 광천장 조명기구	천장 전체에 빛을 확산	실내 전체 분위기 조성, 간접 조명
④ 반직접 조명기구	60~90[%] 아래, 나머지는 천장으로 반사	직접+간접 조명의 중간 형태

정답 41 ④ 42 ④ 43 ③ 44 ①

45

피뢰기의 구비 조건으로 틀린 것은?

① 충격방전개시 전압이 높을 것
② 제한 전압이 낮을 것
③ 속류차단을 확실하게 할 수 있을 것
④ 방전내량이 클 것

▶ **전기설비** 테마 16 전선 및 기계기구의 보안공사

피뢰기의 구비 조건
- 충격방전개시 전압이 낮을 것
- 제한 전압이 낮을 것
- 뇌전류 방전능력이 클 것
- 속류차단을 확실하게 할 수 있을 것
- 반복동작이 가능하고, 구조가 견고하며 특성이 변화하지 않을 것

46

다음 케이블의 약호에서 0.6/1[kV] VV의 명칭은 무엇인가?

① 0.6/1[kV] 비닐절연 비닐시스 케이블
② 0.6/1[kV] 가교 폴리에틸렌 절연 비닐시스 전력 케이블
③ 0.6/1[kV] 가교 폴리에틸렌 절연 저독성 난연 폴리올레핀시스 전력 케이블
④ 0.6/1[kV] 가교 폴리에틸렌 절연 비닐시스 제어 케이블

▶ **전기설비** 테마 13 배선재료와 공구

명칭	기호
0.6/1[kV] 비닐절연 비닐시스 케이블	0.6/1[kV] VV
0.6/1[kV] 가교 폴리에틸렌 절연 비닐시스 전력 케이블	0.6/1[kV] CV
0.6/1[kV] 가교 폴리에틸렌 절연 저독성 난연 폴리올레핀시스 전력 케이블	0.6/1[kV] HFCO
0.6/1[kV] 가교 폴리에틸렌 절연 비닐시스 제어 케이블	0.6/1[kV] CCV

47

옥내배선의 접속함이나 박스 내에서 접속할 때 주로 사용하는 접속법은?

① 슬리브 접속
② 쥐꼬리 접속
③ 트위스트 접속
④ 브리타니아접속

▶ **전기설비** 테마 14 전선의 접속

접속함 또는 박스 내에서 접속은 종단 접속을 한다.
- 단선의 직선 접속: 트위스트 접속, 브리타니아 접속, 슬리브 접속
- 단선의 종단 접속: 쥐꼬리 접속, 링 슬리브 접속

48

실링 직접부착등을 시설하고자 한다. 배선도에 표기할 그림 기호로 옳은 것은?

①  ②
③  ④

▶ **전기설비** 테마 20 전기응용 시설공사

① 나트륨등(벽부형)
② 옥외등
③ 실링 직접부착등
④ 리셉터클

49

수변전설비 구성기기의 계기용 변압기(PT)에 대한 설명으로 맞는 것은?

① 높은 전압을 낮은 전압으로 변성하는 기기이다.
② 높은 전류를 낮은 전류로 변성하는 기기이다.
③ 회로에 병렬로 접속하여 사용하는 기기이다.
④ 부족전압 트립코일의 전원으로 사용된다.

▶ **전기설비** 테마 18 고압 및 저압 배전반공사

PT(계기용 변압기): 고전압을 저전압으로 변압하여 계전기나 계측기에 전원 공급

정답 45 ① 46 ① 47 ② 48 ③ 49 ①

50

저압 연접 인입선 시설에서 제한 사항이 아닌 것은?

① 인입선의 분기점에서 100[m]를 넘는 지역에 미치지 아니할 것
② 폭 5[m]를 넘는 도로를 횡단하지 말 것
③ 다른 수용가의 옥내를 관통하지 말 것
④ 지름 2.0[mm] 이하의 경동선을 사용하지 말 것

▶ 전기설비 테마 17 가공인입선 및 배전선공사
연접 인입선 시설 제한 규정
- 인입선에서 분기하는 점에서 100[m]를 넘는 지역에 이르지 않아야 한다.
- 너비 5[m]를 넘는 도로를 횡단하지 않아야 한다.
- 연접 인입선은 옥내를 통과하면 안 된다.
- 지름 2.6[mm]의 경동선 또는 이와 동등 이상의 세기 및 굵기의 것이어야 한다.

51

굵은 전선이나 케이블을 절단할 때 사용되는 공구는?

① 클리퍼 ② 펜치
③ 나이프 ④ 플라이어

▶ 전기설비 테마 13 배선재료와 공구
클리퍼는 굵은 전선을 절단하는 데 사용하는 공구

52

소맥분, 전분, 기타 가연성 먼지가 존재하는 장소의 저압 옥내 배선공사 방법에 해당되는 것으로 짝지어진 것은?

① 케이블 공사, 애자 사용 공사
② 금속관 공사, 콤바인 덕트관, 애자 사용 공사
③ 케이블 공사, 금속관 공사, 애자 사용 공사
④ 케이블 공사, 금속관 공사, 합성수지관 공사

▶ 전기설비 테마 19 특수장소공사
가연성 먼지가 존재하는 곳
가연성의 먼지로서 공중에 떠다니는 상태에서 착화하였을 때, 폭발의 우려가 있는 곳의 저압 옥내 배선은 합성수지관 공사, 금속 전선관 공사, 케이블 공사에 의하여 시설한다.

53

배전반 및 분전반의 설치장소로 적합하지 않은 곳은?

① 접근이 어려운장소
② 전기회로를 쉽게 조작할 수 있는 장소
③ 개폐기를 쉽게 개폐할 수 있는 장소
④ 안정된 장소

▶ 전기설비 테마 18 고압 및 저압 배전반공사
전기부하의 중심 부근에 위치하면서, 스위치 조작을 안정적으로 할 수 있는 곳에 설치하여야 한다.

54

연피 케이블을 직접 매설식에 의하여 차량, 기타 중량물의 압력을 받을 우려가 있는 장소에 시설하는 경우 매설 깊이는 몇 [m] 이상이어야 하는가?

① 0.6[m] ② 1.0[m]
③ 1.2[m] ④ 1.6[m]

▶ 전기설비 테마 17 가공인입선 및 배전선공사
직접 매설식 케이블 매설 깊이
- 차량 등 중량물의 압력을 받을 우려가 있는 장소: 1.0[m] 이상
- 기타 장소: 0.6[m] 이상

55

배전선로 공사에서 충전되어 있는 활선을 움직이거나 작업권 밖으로 밀어낼 때, 또는 활선을 다른 장소로 옮길 때 사용하는 활선공구는?

① 피박기 ② 활선커버
③ 데드엔드커버 ④ 와이어 통

▶ 전기설비 테마 13 배선재료와 공구
활선(전류가 흐르고 있는 전선)장구의 종류
- 와이어 통: 활선을 움직이거나 작업권 밖으로 밀어낼 때 사용하는 절연봉
- 전선 피박기: 활선 상태에서 전선의 피복을 벗기는 공구
- 데드엔드커버: 현수애자나 데드엔드 클램프 접촉에 의한 감전 사고를 방지하기 위해 사용

정답 50 ④ 51 ① 52 ④ 53 ① 54 ② 55 ④

56

지지물에 전선 그 밖의 기구를 고정시키기 위하여 완금, 완목, 애자 등을 장치하는 것을 무엇이라고 하는가?

① 건주 ② 가선
③ 장주 ④ 경간

▶ **전기설비** 테마 17 가공인입선 및 배전선공사

장주는 지지물에 전선 그 밖의 기구를 고정시키기 위하여 완금, 완목, 애자 등을 장치하는 작업 공정

57

합성수지관 공사에서 관의 지지점 간 거리는 최대 몇 [m]인가?

① 1   ② 1.2
③ 1.5 ④ 2

▶ **전기설비** 테마 15 배선설비공사 및 전선허용전류 계산

합성수지관의 지지점 간의 거리는 1.5[m] 이하로 하고, 관과 박스의 접속점 및 관 상호 간의 접속점 등에서는 가까운 곳(0.3[m] 이내)에 지지점을 시설하여야 한다.

58

전시회, 쇼 및 공연장의 저압 옥내배선, 전구선 또는 이동전선의 사용전압은 최대 몇 [V] 이하인가?

① 400 ② 440
③ 450 ④ 750

▶ **전기설비** 테마 19 특수장소공사

전시회, 쇼 및 공연장: 저압 옥내배선, 전구선 또는 이동전선은 사용전압이 400[V] 이하이어야 한다.

59

다음 중 단선의 브리타니아 직선 접속에 사용되는 것은?

① 조인트선 ② 파라핀선
③ 바인드선 ④ 에나멜선

▶ **전기설비** 테마 14 전선의 접속

브리타니아 직선 접속에서 1.0~1.2[mm] 연동 나선으로 조인트선을 사용

60

지중에 매설되어 있는 금속제 수도관로는 대지와의 전기저항 값이 얼마 이하로 유지되어야 접지극으로 사용할 수 있는가?

① 1[Ω] ② 3[Ω]
③ 4[Ω] ④ 5[Ω]

▶ **전기설비** 테마 16 전선 및 기계기구의 보안공사

접지저항

금속제 수도관을 접지극으로 사용할 경우 3[Ω] 이하의 접지저항을 가지고 있어야 한다. 건물의 철골 등 금속체를 접지극으로 사용할 경우 2[Ω] 이하의 접지저항을 가지고 있어야 한다.

정답 56 ③ 57 ③ 58 ① 59 ① 60 ②

2024년 2회 CBT 기출

01

$R=5[\Omega]$, $L=30[mH]$의 RL 직렬회로에 $V=200[V]$, $f=60[Hz]$의 교류전압을 가할 때 전류의 크기는 약 몇 [A]인가?

① 8.67
② 11.42
③ 16.18
④ 21.25

▶ 전기이론 테마 05 교류회로
$X_L = \omega L = 2\pi f L = 2\pi \times 60 \times 30 \times 10^{-3} = 11.3[\Omega]$
$Z = \sqrt{R^2 + X_L^2} = \sqrt{5^2 + 11.3^2} = 12.36[\Omega]$
$I = \dfrac{V}{Z} = \dfrac{200}{12.36} = 16.18[A]$

02

$4[\Omega]$의 저항에 $200[V]$의 전압을 인가할 때 소비되는 전력은?

① 20[W]
② 400[W]
③ 2.5[kW]
④ 10[kW]

▶ 전기이론 테마 06 전류의 열작용과 화학작용
$P = VI = I^2 R = \dfrac{V^2}{R} = \dfrac{200^2}{4} = 10,000[W] = 10[kW]$

03

진공 중에서 같은 크기의 두 자극을 1[m] 거리에 놓았을 때, 그 작용하는 힘이 $6.33 \times 10^4[N]$이 되는 자극 세기의 단위는?

① 1[Wb]
② 1[C]
③ 1[A]
④ 1[W]

▶ 전기이론 테마 02 자기장 성질과 전류에 의한 자기장
쿨롱힘 $F = \dfrac{1}{4\pi\mu_0} \times \dfrac{m_1 m_2}{r^2}[N]$
$6.33 \times 10^4 = 6.33 \times 10^4 \times \dfrac{m_1 m_2}{1^2}$
$m_1 = m_2 = 1[Wb]$

04

자체 인덕턴스가 각각 160[mH], 250[mH]의 두 코일이 있다. 두 코일 사이의 상호 인덕턴스가 150[mH]이면 결합계수는?

① 0.5
② 0.62
③ 0.75
④ 0.86

▶ 전기이론 테마 03 전자력과 전자유도
$M = k\sqrt{L_1 L_2}$
$\therefore k = \dfrac{M}{\sqrt{L_1 L_2}} = \dfrac{150}{\sqrt{160 \times 250}} = 0.75$

05

전원과 부하가 다같이 △결선된 3상 평형 회로가 있다. 상전압이 200[V], 부하 임피던스가 $Z=6+j8[\Omega]$인 경우 선전류는 몇 [A]인가?

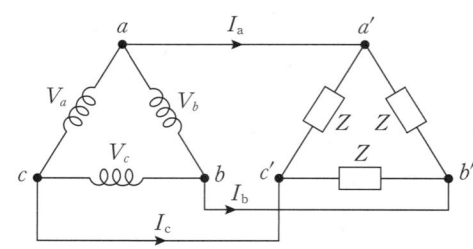

① 20
② $\dfrac{20}{\sqrt{3}}$
③ $20\sqrt{3}$
④ $10\sqrt{3}$

▶ 전기이론 테마 05 교류회로
상전류 $I_p = \dfrac{200}{\sqrt{6^2 + 8^2}} = \dfrac{200}{10} = 20[A]$
선전류 $I_l = \sqrt{3} I_p = \sqrt{3} \times 20 = 20\sqrt{3}[A]$

정답 01 ③ 02 ④ 03 ① 04 ③ 05 ③

06

저항 50[Ω]인 전구에 $e=100\sqrt{2}\sin\omega t$[V]의 전압을 가할 때 순시전류[A]의 값은?

① $\sqrt{2}\sin\omega t$
② $2\sqrt{2}\sin\omega t$
③ $5\sqrt{2}\sin\omega t$
④ $10\sqrt{2}\sin\omega t$

▶ 전기이론 테마 05 교류회로

순시전류 $i=\dfrac{e}{R}=\dfrac{100\sqrt{2}\sin\omega t}{50}=2\sqrt{2}\sin\omega t$[A]

07

비유전율이 큰 산화티탄 등을 유전체로 사용한 것으로 극성이 없으며, 가격에 비해 성능이 우수하여 널리 사용되고 있는 콘덴서의 종류는?

① 마일러 콘덴서
② 마이카 콘덴서
③ 전해 콘덴서
④ 세라믹 콘덴서

▶ 전기이론 테마 01 전기의 성질과 전하에 의한 전기장

- 마일러 콘덴서
  폴리에스테르 필름의 양면에 금속박을 대고 원통형으로 감은 콘덴서로 극성이 없고, 용량이 작은 편이나 고주파 특성이 양호하여 바이패스용, 저주파, 고주파 결합용으로 사용된다.
- 마이카 콘덴서
  운모를 유전체로 사용하는 콘덴서로 주파수 특성이 양호하며 안정성, 내압이 우수하다는 장점이 있다. 고주파에서의 공진회로나 필터회로, 고압회로 등을 구성할 때 사용한다.
- 전해 콘덴서
  유전체를 얇게 할 수 있어 작은 크기에도 큰 용량을 얻을 수 있는 장점이 있다. 양극성 콘덴서가 있으며 이 콘덴서는 주로 전원의 안정화, 저주파 바이패스 등에 활용되며 극을 잘못 연결할 경우 터질 수 있으므로 주의해야 한다.
- 세라믹 콘덴서
  비유전율이 큰 세라믹 박막, 티탄산 바륨 등의 유전체를 재질로 한 콘덴서이다. 박막형이나 원판형의 모양을 가지며 용량이 비교적 작고, 고주파 특성이 양호하여 고주파 바이패스에 사용된다.

08

알칼리 축전지의 대표적인 축전지로 널리 사용되고 있는 2차 전지는?

① 납축전지
② 산화은전지
③ 리튬이온전지
④ 니켈카드뮴전지

▶ 전기이론 테마 06 전류의 열작용과 화학작용

- 산성계: 납축전지
- 알칼리계: 니켈카드뮴, 니켈아연, 니켈수소
- 리튬계: 리튬이온/폴리머

09

다음에서 나타내는 법칙은?

> 같은 전기량에 의해서 여러 가지 화합물이 전해될 때 석출되는 물질의 양은 그 물질의 화학당량에 비례한다.

① 렌츠의 법칙
② 패러데이의 법칙
③ 앙페르의 법칙
④ 줄의 법칙

▶ 전기이론 테마 06 전류의 열작용과 화학작용

- 렌츠의 법칙: 유도기전력은 자속의 변화를 방해하는 방향으로 발생하는 법칙
- 패러데이의 법칙: 전기분해로 석출되는 양은 그 물질의 화학당량 및 전류의 세기에 비례
- 앙페르의 오른나사 법칙: 전류가 흐를 때 발생하는 자기장의 방향을 결정하는 법칙
- 줄의 법칙: 전류가 흐를 때 발생하는 열량 $Q=0.24I^2Rt$

10

단상 전압 220[V]에 소형 전동기를 접속하였더니 3.5[A]의 전류가 흘렀다. 이때의 역률이 80[%]이다. 이 전동기의 소비전력[W]은?

① 336
② 425
③ 616
④ 715

▶ 전기이론 테마 05 교류회로

$P=VI\cos\theta=220\times 3.5\times 0.8=616$[W]

정답 06 ② 07 ④ 08 ④ 09 ② 10 ③

11

권수 400회의 코일에 5[A]의 전류가 흘러서 0.04[Wb]의 자속이 코일을 지난다고 하면, 이 코일의 자체 인덕턴스는 몇 [H]인가?

① 0.25　　　② 0.32
③ 2.5　　　④ 3.2

▶ 전기이론　테마 03　전자력과 전자유도

$LI = N\phi$

$L = \dfrac{N\phi}{I} = \dfrac{400 \times 0.04}{5} = 3.2[\text{H}]$

12

기전력 220[V], 내부저항(r)이 25[Ω]인 전원이 있다. 여기에 부하저항(R)을 연결하여 얻을 수 있는 최대전력[W]은?(단, 최대전력 전달 조건은 $r = R$이다.)

① 212　　　② 484
③ 968　　　④ 1,936

▶ 전기이론　테마 04　직류회로

최대 전력 $P = I^2 R [\text{W}]$

$I = \dfrac{V}{R} = \dfrac{220}{25+25} = 4.4[\text{A}]$

$P = 4.4^2 \times 25 = 484[\text{W}]$

13

대칭 3상 Y결선에서 선전압과 상전압과의 위상 관계는?

① 선전압이 $\dfrac{\pi}{3}$[rad] 앞선다.

② 선전압이 $\dfrac{\pi}{3}$[rad] 뒤진다.

③ 선전압이 $\dfrac{\pi}{6}$[rad] 앞선다.

④ 선전압이 $\dfrac{\pi}{6}$[rad] 뒤진다.

▶ 전기이론　테마 05　교류회로

Y결선
I_p: 상전류
V_p: 상전압
선간전압 $V_l = \sqrt{3}\, V_p \angle 30°$
선간전류 $I_l = I_p$

14

200[V], 50[W]의 LED등에 정격전압이 가해졌을 때, LED등 회로에 흐르는 전류는 0.3[A]이다. 이 LED등의 역률[%]은?

① 79.8　　　② 83.3
③ 89.6　　　④ 93.6

▶ 전기이론　테마 05　교류회로

$P = VI\cos\theta [\text{W}]$

$\cos\theta = \dfrac{P}{VI} = \dfrac{50}{200 \times 0.3} \times 100 = 83.3[\%]$

15

$\omega L = 5[\Omega]$, $\dfrac{1}{\omega C} = 25[\Omega]$의 LC 직렬회로에 100[V]의 교류를 가할 때 전류[A]는?

① 3.3[A], 유도성　　② 5[A], 유도성
③ 3.3[A], 용량성　　④ 5[A], 용량성

▶ 전기이론　테마 05　교류회로

$Z = j(5-25) = -j20[\Omega]$

$|Z| = \sqrt{20^2} = 20[\Omega]$

$\therefore I = \dfrac{V}{|Z|} = \dfrac{100}{20} = 5[\text{A}]$, 용량성

정답　11 ④　12 ②　13 ③　14 ②　15 ④

16

기전력 1.5[V], 내부 저항이 0.1[Ω]인 전지 4개를 직렬로 연결하고 이를 단락했을 때의 단락전류[A]는?

① 10
② 12.5
③ 15
④ 17.5

▶ 전기이론 테마 04 직류회로
직렬연결 시,
전압 $V = 1.5 \times 4 = 6[V]$
저항 $R = 0.1 + 0.1 + 0.1 + 0.1 = 0.4[Ω]$
단락전류 $I = \dfrac{6}{0.4} = 15[A]$

17

$R[Ω]$인 저항 3개가 △결선으로 되어 있는 것을 Y결선으로 환산하면 1상의 저항[Ω]은?

① $\dfrac{1}{3}R$
② R
③ $3R$
④ $\dfrac{1}{R}$

▶ 전기이론 테마 05 교류회로
$R_\Delta = 3R_Y$, $R_Y = \dfrac{1}{3}R_\Delta$

18

$i(t) = 3\sin\omega t + 4\sin(3\omega t - \theta)[A]$로 표시되는 전류의 등가 사인파 최댓값[A]은?

① 2
② 3
③ 4
④ 5

▶ 전기이론 테마 05 교류회로
$I_m = \sqrt{I_{m1}^2 + I_{m2}^2 + I_{m3}^2 + \cdots + I_{mn}^2}[A]$
$I_m = \sqrt{3^2 + 4^2} = 5[A]$

19

전기 분해를 하면 석출되는 물질의 양은 통과한 전기량에 관계가 있다. 이것을 나타낸 법칙은?

① 옴의 법칙
② 쿨롱의 법칙
③ 앙페르의 법칙
④ 패러데이의 법칙

▶ 전기이론 테마 06 전류의 열작용과 화학작용
패러데이의 법칙
석출량 $W = kQ = kIt[g]$

20

회로에서 $a-b$ 단자 간 합성저항[Ω] 값은?

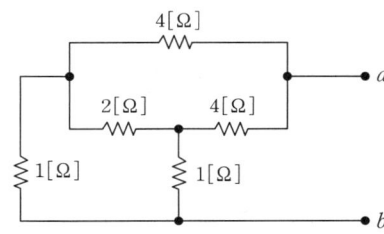

① 1.5
② 2
③ 2.5
④ 4

▶ 전기이론 테마 04 직류회로
문제에서 제시한 회로도를 아래 그림과 같이 표현할 수 있다.

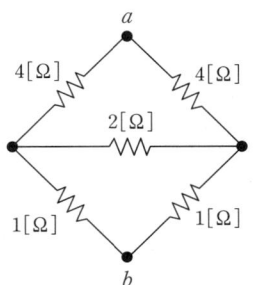

브리지 회로가 평형이면 저항 2[Ω]에 전류가 흐르지 않는다.
즉, 합성저항은 다음과 같다.
$R_{ab} = \dfrac{5 \times 5}{5 + 5} = 2.5[Ω]$

정답 16 ③ 17 ① 18 ④ 19 ④ 20 ③

21

변압기의 권수비가 60일 때 2차측 저항이 0.1[Ω]이다. 이것을 1차로 환산하면 몇 [Ω]인가?

① 310　　② 360
③ 390　　④ 410

▶ 전기기기　테마 07　변압기

$a^2 = \dfrac{r_1}{r_2}$ 이므로, $r_1 = a^2 \times r_2 = 60^2 \times 0.1 = 360[\Omega]$

22

동기 발전기에서 역률각이 90도 늦을 때의 전기자 반작용은?

① 증자 작용　　② 교차 작용
③ 편자 작용　　④ 감자 작용

▶ 전기기기　테마 10　동기기

동기 발전기의 전기자 반작용
- 0° 전기자 전류 : 교차 자화작용
- 뒤진 전기자 전류: 감자 작용
- 앞선 전기자 전류: 증자 작용

23

34극 60[MVA], 역률 0.8, 60[Hz], 22.9[kV] 수차발전기의 전부하 손실이 1,600[kW]이면 전부하 효율[%]은?

① 90　　② 95
③ 97　　④ 99

▶ 전기기기　테마 10　동기기

효율 $\eta = \dfrac{출력}{입력} \times 100 = \dfrac{출력}{출력+손실} \times 100$
$= \dfrac{60 \times 0.8}{60 \times 0.8 + 1.6} \times 100 = 96.8[\%]$

24

동기속도가 1,200[rpm]인 유도전동기에서 회전속도가 1,152[rpm]일 때 전동기의 슬립[%]은?

① 2　　② 3
③ 4　　④ 5

▶ 전기기기　테마 09　유도기

$s = \dfrac{N_s - N}{N_s}$ 이므로 $s = \dfrac{1,200 - 1,152}{1,200} \times 100 = 4[\%]$

25

직류 직권 전동기의 회전수를 $\dfrac{1}{2}$로 하면 토크는 기존 토크에 비해 몇 배가 되는가?

① 기존 토크에 비해 0.5배가 된다.
② 기존 토크에 비해 2배가 된다.
③ 기존 토크에 비해 4배가 된다.
④ 기존 토크에 비해 16배가 된다.

▶ 전기기기　테마 08　직류기

직류 직권 전동기는 전기자와 계자권선이 직렬로 접속되어 자속이 전기자 전류에 비례하므로,
$T = K_2 I_a^2$에서 $T \propto I_a^2$
$N = K_1 \dfrac{V - I_a R_a}{\phi}$에서 $N \propto \dfrac{1}{I_a}$이므로
회전수와 토크의 관계는 $T \propto \dfrac{1}{N^2}$이 된다.
따라서 $N = \dfrac{1}{2}$이면 $T = 4$가 된다.

정답　21 ②　22 ④　23 ③　24 ③　25 ③

26

3상 유도 전동기에서 2차측 저항을 2배로 하면 그 최대 토크는 어떻게 되는가?

① 변하지 않는다.   ② 2배로 된다.
③ $\sqrt{2}$배로 된다.   ④ $\frac{1}{2}$배로 된다.

▶ 전기기기 테마 09 유도기

슬립과 토크 특성 곡선에서 알 수 있듯이 2차 저항을 변화시켜도 최대 토크는 변하지 않는다.

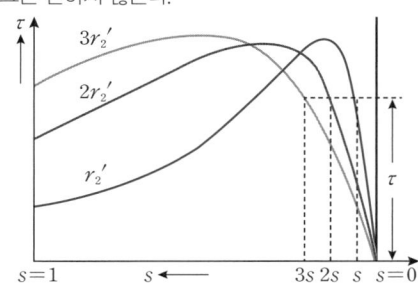

27

동기전동기의 자기 기동법에서 계자권선을 단락하는 이유는?

① 기동이 쉽다.
② 기동권선으로 이용한다.
③ 고전압 유도에 의한 절연파괴 위험을 방지한다.
④ 전기자 반작용을 방지한다.

▶ 전기기기 테마 10 동기기

동기전동기의 자기(자체) 기동법

회전 자극 표면에 기동권선을 설치하고 기동하는 경우에는 농형 유도 전동기로 동작시켜 기동시키는 방법으로, 계자권선을 열어 둔 채로 전기자에 전원을 가하면 권선수가 많은 계자회로가 전기자 회전 자계를 끊고 높은 전압을 유기하기 때문에 계자회로가 소손될 수 있다. 따라서 계자회로는 저항을 통해 단락시켜 놓고 기동시켜야 한다.

28

6극 36슬롯 3상 동기 발전기의 매극 매상당 슬롯수는?

① 2   ② 3
③ 4   ④ 5

▶ 전기기기 테마 10 동기기

매극 매상당 슬롯수 = $\dfrac{\text{슬롯수}}{\text{극수} \times \text{상수}} = \dfrac{36}{6 \times 3} = 2$

29

반도체 소자 중 3단자 사이리스터가 아닌 것은?

① SCS   ② SCR
③ TRIAC   ④ GTO

▶ 전기기기 테마 11 정류기 및 제어기기

SCS : 역저지 4단자 사이리스터

30

동기 와트 P_2, 출력 P_o, 슬립 s, 동기 속도 N_s, 회전속도 N, 2차 동손 P_{2c}일 때 2차 효율 표기로 틀린 것은?

① $1-s$ ② $\dfrac{P_{2c}}{P_o}$
③ $\dfrac{P_o}{P_2}$ ④ $\dfrac{N}{N_s}$

▶ 전기기기 테마 09 유도기

$P_2 : P_{2c} : P_o = 1 : s : (1-s)$이므로 2차 효율은
$\eta = \dfrac{P_o}{P_2} = 1 - s = \dfrac{N}{N_s}$

정답 26 ① 27 ③ 28 ① 29 ① 30 ②

31

3상 전원에서 한 상에 고장이 발생하였다. 이때 3상 부하에 3상 전력을 공급할 수 있는 결선 방법은?

① Y결선 ② Δ결선
③ 단상결선 ④ V결선

▶ 전기기기 　테마 07　 변압기
V−V결선
단상변압기 3대로 Δ−Δ결선 운전 중 1대의 변압기 고장 시 V−V결선으로 계속 3상 전력을 공급하는 방식

32

다음 중 와전류손의 특성으로 알맞은 것은?

① 주파수에 비례한다.
② 최대 자속밀도에 비례한다.
③ 주파수의 제곱에 비례한다.
④ 최대 자속밀도의 3승에 비례한다.

▶ 전기기기 　테마 07　 변압기
철손＝히스테리시스손＋와전류손(와류손)
$P_h + P_e \propto f \cdot B_m^{1.6} + (t \cdot f \cdot B_m)^2$
(t: 철판의 두께, f: 주파수, B_m: 최대 자속밀도)

33

3상 유도 전동기의 운전 중 급속 정지가 필요할 때 사용하는 제동 방식은?

① 단상제동 ② 회생제동
③ 발전제동 ④ 역상제동

▶ 전기기기 　테마 09　 유도기
역상제동(플러깅)은 전동기를 역회전 접속하여 급정지시키는 제동 방법

34

동기기에 제동권선을 설치하는 이유로 옳은 것은?

① 난조 방지, 역률 개선
② 난조 방지, 출력 증가
③ 전압 조정, 기동 작용
④ 난조 방지, 기동 작용

▶ 전기기기 　테마 10　 동기기
제동권선 목적은 발전기에서 난조 방지하고, 전동기에서 기동 작용에 사용

35

5.5[kW], 200[V] 유도전동기의 전전압 기동 시의 기동전류가 150[A]이었다. 여기에 Y−Δ 기동 시 기동전류는 몇 [A]가 되는가?

① 50 ② 70
③ 87 ④ 95

▶ 전기기기 　테마 09　 유도기
Y결선으로 기동 시 기동전류가 $\frac{1}{3}$배로 감소하므로, 기동전류 $150 \times \frac{1}{3} = 50$[A]이다.

정답　31 ④　32 ③　33 ④　34 ④　35 ①

36

동기발전기를 회전계자형으로 하는 이유가 아닌 것은?

① 고전압에 견딜 수 있게 전기자 권선을 절연하기가 쉽다.
② 전기자 단자에 발생한 고전압을 슬립링 없이 간단하게 외부회로에 인가할 수 있다.
③ 기계적으로 튼튼하게 만드는 데 용이하다.
④ 전기자가 고정되어 있지 않아 제작비용이 저렴하다.

▶ 전기기기 테마 10 동기기
회전계자형
전기자를 고정해 두고 계자를 회전시키는 형태로 중대형기기에 일반적으로 채용된다.

37

다음 중 변압기의 원리와 가장 관계가 있는 것은?

① 전자유도작용
② 표피작용
③ 전기자 반작용
④ 편자작용

▶ 전기기기 테마 07 변압기
전자유도작용
1차 권선에 교류전압에 의한 자속이 철심을 지나 2차 권선과 쇄교하면서 기전력을 유도한다.

38

동기발전기의 무부하 포화곡선에 대한 설명으로 옳은 것은?

① 정격전류와 단자전압의 관계이다.
② 정격전류와 정격전압의 관계이다.
③ 계자전류와 정격전압의 관계이다.
④ 계자전류와 단자전압의 관계이다.

▶ 전기기기 테마 10 동기기
동기발전기의 특성곡선
- 3상단락곡선: 계자전류와 단락전류
- 무부하 포화곡선: 계자전류와 단자전압
- 부하 포화곡선: 계자전류와 단자전압
- 외부특성곡선: 부하전류와 단자전압

39

6극 중권의 직류전동기에서 자속이 0.04[Wb]이고, 전기자 도체수는 284이다. 이때 부하전류는 60[A], 토크는 108.48[N·m]이고 회전수 800[rpm]일 때 출력 [W]은?

① 8,544
② 9,010
③ 9,088
④ 9,824

▶ 전기기기 테마 08 직류기

직류전동기의 출력식 $P_o = E_c I_a = 2\pi \dfrac{N}{60} T$ [W]에서

$P_o = 2\pi \dfrac{N}{60} T = 2\pi \times \dfrac{800}{60} \times 108.48 = 9,088$ [W]

40

타여자 발전기와 같이 전압 변동률이 적고, 자여자이므로 다른 여자 전원이 필요 없으며, 계자 저항기를 사용하여 전압 조정이 가능하므로 전기화학용 전원, 전지의 충전용, 동기기의 여자용으로 쓰이는 발전기는?

① 분권 발전기
② 직권 발전기
③ 과복권 발전기
④ 차동복권 발전기

▶ 전기기기 테마 10 동기기
분권 발전기는 타여자 발전기와 같이 부하에 따른 전압의 변화가 적으므로 정전압 발전기라고 한다.

정답 36 ④ 37 ① 38 ④ 39 ③ 40 ①

41

저·고압 가공 전선이 도로를 횡단하는 경우 지표상 몇 [m] 이상으로 시설하여야 하는가?

① 4[m] ② 6[m]
③ 8[m] ④ 10[m]

▶ **전기설비** 테마 17 가공인입선 및 배전선공사
  저·고압 가공 전선의 높이
  - 도로 횡단: 6[m]
  - 철도 궤도 횡단: 6.5[m]
  - 기타: 5[m]

42

콘크리트 직매용 케이블 배선에서 일반적으로 케이블을 구부릴 때는 피복이 손상되지 않도록 그 굴곡부 안쪽의 반경은 케이블 외경의 몇 배 이상으로 하여야 하는가? (단, 단심이 아닌 경우이다.)

① 2배 ② 3배
③ 5배 ④ 12배

▶ **전기설비** 테마 15 배선설비공사 및 전선허용전류 계산
  케이블을 구부리는 경우 굴곡부의 곡률 반지름
  - 연피가 없는 케이블: 곡률 반지름은 케이블 바깥지름의 5배 이상
  - 연피가 있는 케이블: 곡률 반지름은 케이블 바깥지름의 12배 이상

43

가공 전선로의 지지물에 시설하는 지선의 인장 하중은 몇 [kN] 이상이어야 하는가?

① 440 ② 220
③ 4.31 ④ 2.31

▶ **전기설비** 테마 17 가공인입선 및 배전선공사
  지선의 시공
  - 지선의 안전율 2.5 이상, 허용 인장하중 최저 4.31[kN]
  - 지선을 연선으로 사용할 경우, 3가닥 이상으로 2.6[mm] 이상의 금속선 사용

44

다음 심벌의 명칭은 무엇인가?

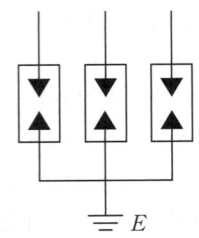

① 파워퓨즈 ② 피뢰기
③ 단로기 ④ 고압 컷아웃 스위치

▶ **전기설비** 테마 16 전선 및 기계기구의 보안공사
  피뢰기
  전력설비의 기기를 이상전압(뇌서지)으로부터 보호하는 장치로, 본 심벌은 피뢰기의 3상 심벌이다.

45

철근 콘크리트주의 길이가 12[m]이고, 설계하중이 6.8[kN] 이하일 때, 땅에 묻히는 표준 깊이는 몇 [m]이어야 하는가?

① 2[m] ② 2.3[m]
③ 2.5[m] ④ 2.7[m]

▶ **전기설비** 테마 17 가공인입선 및 배전선공사
  $12 \times \dfrac{1}{6} = 2[m]$
  전주가 땅에 묻히는 깊이
  - 전주의 길이 15[m] 이하: $\dfrac{1}{6}$ 이상
  - 전주의 길이 15[m] 초과: 2.5[m] 이상
  - 철근 콘크리트 전주로서 길이가 14[m] 이상 20[m] 이하이고, 설계하중이 6.8[kN] 초과 9.8[kN] 이하인 것은 30[cm]를 가산한다.

정답 41 ② 42 ③ 43 ③ 44 ② 45 ①

46

(㉠), (㉡)에 들어갈 내용으로 알맞은 것은?

> 건조한 장소에 저압용 개별 기계기구에 전기를 공급하는 전로에 인체감전보호용 누전차단기 중 정격감도전류가 (㉠) 이하, 동작시간이 (㉡)초 이하의 전류동작형을 시설하는 경우에는 접지공사를 생략할 수 있다.

① ㉠ 15[mA] ㉡ 0.02초
② ㉠ 30[mA] ㉡ 0.02초
③ ㉠ 15[mA] ㉡ 0.03초
④ ㉠ 30[mA] ㉡ 0.03초

▶ 전기설비 테마 13 배선재료와 공구

물기 있는 장소 이외의 장소에 시설하는 저압용 개별 기계기구에 전기를 공급하는 전로에 인체감전보호용 누전 차단기(정격감도전류가 30[mA] 이하, 동작시간이 0.03초 이하의 전류 동작형에 한한다)를 시설하는 경우에 접지공사를 생략할 수 있다.

47

저압 전선로 중 절연 부분의 전선과 대지 사이의 절연 저항은 사용전압에 대한 누설전류가 최대공급전류의 얼마를 초과하지 않도록 해야 하는가?

① $\dfrac{최대공급전류}{1,000}$
② $\dfrac{최대공급전류}{2,000}$
③ $\dfrac{최대공급전류}{3,000}$
④ $\dfrac{최대공급전류}{4,000}$

▶ 전기설비 테마 16 전선 및 기계기구의 보안공사

누설전류 ≤ $\dfrac{최대공급전류}{2,000}$

48

경질 합성수지 전선관 1본의 표준 길이는?

① 3[m]
② 3.6[m]
③ 4[m]
④ 4.6[m]

▶ 전기설비 테마 15 배선설비공사 및 전선허용전류 계산
- 경질 합성수지 전선관 1본: 4[m]
- 금속전선관 1본: 3.6[m]

49

소맥분, 전분, 기타 가연성의 먼지가 존재하는 곳의 저압 옥내 배선 공사방법 중 적당하지 않은 것은?

① 애자 사용 공사
② 합성수지관 공사
③ 케이블 공사
④ 금속관 공사

▶ 전기설비 테마 19 특수장소공사
가연성 먼지가 존재하는 곳
가연성의 먼지가 공중에 떠다니는 상태에서 착화하였을 때 폭발의 우려가 있는 곳의 저압 옥내 배선은 합성수지관 공사, 금속전선관 공사, 케이블 공사에 의하여 시설한다.

50

전선로의 직선 부분을 지지하는 애자는?

① 핀애자
② 지지애자
③ 가지애자
④ 구형애자

▶ 전기설비 테마 17 가공인입선 및 배전선공사
- 핀애자: 고·저압 배전선의 직선 구간에서 전선을 지지하기 위해 사용하는 대표적인 애자이다. 주로 전주 상단에 핀에 고정하여 사용한다.
- 가지애자: 전선의 방향을 변경할 때 가지 부분을 지지하는 데 사용한다.
- 구형애자: 가공 통신선 등에 사용되며, 전선을 묶어서 고정할 때 사용한다.

정답 46 ④ 47 ② 48 ③ 49 ① 50 ①

51

금속관을 가공할 때 절단된 내부를 매끈하게 하기 위하여 사용하는 공구의 명칭은?

① 리머 ② 프레셔 툴
③ 오스터 ④ 녹아웃 펀치

▶ 전기설비 테마 13 배선재료와 공구

리머: 금속관을 쇠톱이나 커터로 끊은 다음, 관 안의 날카로운 것을 다듬는 공구

52

조명용 백열전등을 호텔 또는 여관 객실의 입구에 설치할 때나 일반 주택 및 아파트 각 실의 현관에 설치할 때 사용되는 스위치는?

① 타임스위치 ② 누름버튼스위치
③ 토글스위치 ④ 로터리스위치

▶ 전기설비 테마 13 배선재료와 공구

숙박업소 객실 입구에는 1분, 주택·아파트 현관 입구에는 3분 이내 소등하는 타임스위치를 시설해야 한다.

53

애자 사용 공사에서 전선 상호 간의 간격은 몇 [cm] 이하로 하는 것이 가장 바람직한가?

① 4 ② 5
③ 6 ④ 8

▶ 전기설비 테마 15 배선설비공사 및 전선허용전류 계산

구분	400[V] 이하	400[V] 초과
전선 상호 간의 거리	6[cm] 이상	6[cm] 이상
전선과 조영재와의 거리	2.5[cm] 이상	4.5[cm] 이상 (건조한 곳은 2.5[cm] 이상)

54

수전설비의 저압 배전반은 배전반 앞에서 계측기를 판독하기 위하여 앞면과 최소 몇 [m] 이상 유지하는 것을 원칙으로 하는가?

① 0.6 ② 1.2
③ 1.5 ④ 1.7

▶ 전기설비 테마 18 고압 및 저압 배전반공사

변압기, 배전반 등의 설치 시 최소 이격 거리는 다음 표를 참고 하여 충분한 면적을 확보하여야 한다. (단위: [mm])

구분	앞면 또는 조작 계속면	뒷면 또는 점검면	옆 상호 간 (점검하는 면)	기타의 면
특고압반	1,700	800	1,400	—
고압배전반	1,500	600	1,200	—
저압배전반	1,500	600	1,200	—
변압기 등	1,500	600	1,200	300

55

인입용 비닐절연전선을 나타내는 기호는?

① OW ② EV
③ DV ④ NV

▶ 전기설비 테마 13 배선재료와 공구

명칭	기호	비고
인입용 비닐절연전선 2개 꼬임	DV 2R	70[°C]
인입용 비닐절연전선 3개 꼬임	DV 3R	70[°C]

정답 51 ① 52 ① 53 ③ 54 ③ 55 ③

56

저압 크레인 또는 호이스트 등의 트롤리선을 애자 사용 공사에 의하여 옥내의 노출장소에 시설하는 경우 트롤리선은 바닥에서 최소 몇 [m] 이상으로 설치하는가?

① 2
② 2.5
③ 3
④ 3.5

▶ **전기설비** 테마 19 **특수장소공사**
이동 기중기
자동 청소기 그 밖에 이동하며 사용하는 저압의 전기기계기구에 전기를 공급하기 위하여 사용하는 저압 접촉 전선을 애자 사용 공사에 의하여 옥내의 전개된 장소에 시설하는 경우 전선의 바닥에서의 높이는 3.5[m] 이상으로 하고 사람이 접촉할 우려가 없도록 시설하여야 한다.

57

화약류 저장소의 백열전등이나 형광등 또는 이들에 전기를 공급하기 위한 전기설비를 시설하는 경우 전로의 대지전압[V]은?

① 100[V] 이하
② 150[V] 이하
③ 220[V] 이하
④ 300[V] 이하

▶ **전기설비** 테마 19 **특수장소공사**
화약류 저장소 등의 위험 장소는 전로의 대지전압을 300[V] 이하로 한다.

58

전기 울타리용 전원 장치에 전원을 공급하는 전로의 사용전압은 몇 [V] 이하이어야 하는가?

① 150[V]
② 200[V]
③ 250[V]
④ 400[V]

▶ **전기설비** 테마 19 **특수장소공사**
전기 울타리의 시설
- 전로의 사용전압은 250[V] 이하일 것
- 전선은 인장강도 1.38[kN] 이상의 것 또는 지름 2[mm] 이상의 경동선일 것
- 전선과 이를 지지하는 기둥 사이의 이격 거리는 2.5[cm] 이상일 것

59

지중에 매설되어 있는 금속제 수도관로는 대지와의 전기저항 값이 얼마 이하로 유지되어야 접지극으로 사용할 수 있는가?

① 1[Ω]
② 3[Ω]
③ 4[Ω]
④ 5[Ω]

▶ **전기설비** 테마 16 **전선 및 기계기구의 보안공사**
금속제 수도관을 접지극으로 사용할 경우 3[Ω] 이하의 접지저항을 가지고 있어야 한다. 건물의 철골 등 금속체를 접지극으로 사용할 경우 2[Ω] 이하의 접지저항을 가지고 있어야 한다.

60

전선을 접속하는 방법으로 틀린 것은?

① 전기저항이 증가되지 않아야 한다.
② 전선의 세기는 30[%] 이상 감소시키지 않아야 한다.
③ 접속 부분은 와이어 커넥터 등 접속 기구를 사용하거나 납땜을 한다.
④ 알루미늄을 접속할 때는 고시된 규격에 맞는 접속관 등의 접속 기구를 사용한다.

▶ **전기설비** 테마 14 **전선의 접속**
전선의 접속 조건
- 접속 시 전기적 저항을 증가시키지 않는다.
- 접속 부위의 기계적 강도를 20[%] 이상 감소시키지 않는다.
- 접속점의 절연이 약화되지 않도록 테이핑 또는 와이어 커넥터로 절연한다.
- 전선의 접속은 박스 안에서 하고, 접속점에 장력이 가해지지 않도록 한다.

정답 56 ④ 57 ④ 58 ③ 59 ② 60 ②

2024년 3회 CBT 기출

01

2전력계법으로 3상 전력을 측정할 때 지시값이 $P_1=200[W]$, $P_2=200[W]$일 때 부하 전력[W]은?

① 200
② 400
③ 600
④ 800

▶ 전기이론 테마 05 교류회로
2전력계법
전동기가 소비하는 전력을 측정하기 위해 전력계 2개를 3상에 연결한 것이다. 전력계1에서 측정한 유효전력을 P_1, 전력계2에서 측정한 유효전력을 P_2라 할 때 전동기에서 소비한 유효전력 $P=P_1+P_2$이다.
즉, $P=P_1+P_2=200+200=400[W]$

02

$R=5[\Omega]$, $L=30[mH]$인 RL 직렬 회로에 $V=200[V]$, $f=60[Hz]$인 교류 전압을 가할 때 전류의 크기는 약 몇 [A]인가?

① 8.67
② 11.42
③ 16.18
④ 21.25

▶ 전기이론 테마 05 교류회로
$$I=\frac{V}{Z}=\frac{V}{\sqrt{R^2+X_L^2}}=\frac{V}{\sqrt{R^2+(\omega L)^2}}=\frac{V}{\sqrt{R^2+(2\pi fL)^2}}$$
$$I=\frac{200}{\sqrt{5^2+(2\times 3.14\times 60\times 30\times 10^{-3})^2}}=16.18[A]$$

03

그림과 같은 RL 병렬 회로에서 $R=25[\Omega]$, $\omega L=\frac{100}{3}[\Omega]$일 때, 200[V]의 전압을 가하면 코일에 흐르는 전류 I_L[A]은?

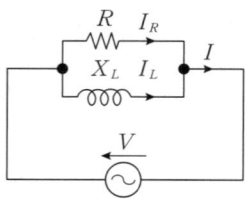

① 3.0
② 4.8
③ 6.0
④ 8.2

▶ 전기이론 테마 05 교류회로
$$I_L=\frac{V}{X_L}=\frac{V}{\omega L}=\frac{200}{\frac{100}{3}}=6[A]$$

04

코일이 접속되어 있을 때, 누설자속이 없는 이상적인 코일 간의 상호 인덕턴스는?

① $M=\sqrt{L_1+L_2}$
② $M=\sqrt{L_1-L_2}$
③ $M=\sqrt{L_1L_2}$
④ $M=\left(\frac{L_1}{L_2}\right)$

▶ 전기이론 테마 03 전자력과 전자유도
$M=k\sqrt{L_1L_2}$
누설자속이 없으면 $k=1$
$M=\sqrt{L_1L_2}$

정답 01 ② 02 ③ 03 ③ 04 ③

05

대칭 3상 △결선에서 선전류와 상전류와의 위상 관계는?

① 상전류가 $\frac{\pi}{6}$[rad] 앞선다.

② 상전류가 $\frac{\pi}{6}$[rad] 뒤진다.

③ 상전류가 $\frac{\pi}{3}$[rad] 앞선다.

④ 상전류가 $\frac{\pi}{3}$[rad] 뒤진다.

▶ 전기이론 테마 05 교류회로
  △결선: $V_l = V_p$, $I_l = \sqrt{3} I_p \angle -30°$
  Y결선: $V_l = \sqrt{3} V_p \angle 30°$ $I_l = I_p$

06

전기 분해를 통하여 석출된 물질의 양은 통과한 전기량 및 화학당량과 어떤 관계가 있는가?

① 전기량과 화학당량에 비례한다.
② 전기량과 화학당량에 반비례한다.
③ 전기량에 비례하고 화학당량에 반비례한다.
④ 전기량에 반비례하고 화학당량에 비례한다.

▶ 전기이론 테마 06 전류의 열작용과 화학작용
  • 석출양 $W = kQ = kIt$[g]
  • 전기 화학당량은 전류에 비례한다.

07

자기 회로에 강자성체를 사용하는 이유는?

① 자기 저항을 감소시키기 위하여
② 자기 저항을 증가시키기 위하여
③ 공극을 크게 하기 위하여
④ 주자속을 감소시키기 위하여

▶ 전기이론 테마 02 자기장 성질과 전류에 의한 자기장
  강자성체 $\mu \gg 1$, 자기저항 $R_m = \frac{l}{\mu S}$ 의 관계에서 μ가 크면 자기 저항이 적고, 자속의 흐름이 양호하다.

08

히스테리시스손은 최대 자속밀도 및 주파수의 각각 몇 승에 비례하는가?

① 최대 자속밀도: 1.6, 주파수: 1.0
② 최대 자속밀도: 1.0, 주파수: 1.6
③ 최대 자속밀도: 1.0, 주파수: 1.0
④ 최대 자속밀도: 1.6, 주파수: 1.6

▶ 전기이론 테마 02 자기장 성질과 전류에 의한 자기장
  $P_h = \eta f B_m^{1.6}$ (여기서 η: 히스테리시스 손실 계수, f: 주파수, B_m: 최대 자속밀도)

09

그림의 단자 1-2에서 본 노튼 등가 회로의 개방단 컨덕턴스는 몇 [℧]인가?

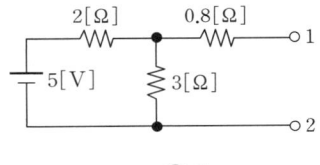

① 0.5   ② 1
③ 2   ④ 5.8

▶ 전기이론 테마 04 직류회로
  합성저항 $R = 0.8 + 2//3 = 0.8 + \frac{2 \times 3}{2+3} = 2[\Omega]$
  컨덕턴스 $G = \frac{1}{R} = \frac{1}{2} = 0.5[℧]$

10

20분간에 876,000[J]의 일을 할 때 전력은 몇 [kW]인가?

① 0.73   ② 7.3
③ 73   ④ 730

▶ 전기이론 테마 06 전류의 열작용과 화학작용
  $P = \frac{W}{t} = \frac{876,000}{20 \times 60} = 730[W] = 0.73[kW]$

정답 05 ① 06 ① 07 ① 08 ① 09 ① 10 ①

11

$e = 100\sin\left(314t - \dfrac{\pi}{6}\right)$[V]인 파형의 주파수는 약 몇 [Hz]인가?

① 40
② 50
③ 60
④ 80

▶ 전기이론 테마 05 교류회로
$\omega = 2\pi f = 314$[rad/s]
$f = \dfrac{314}{2\pi} = 50$[Hz]

12

진공 중의 두 점전하 Q_1[C], Q_2[C]가 거리 r[m] 사이에서 작용하는 정전력[N]의 크기를 옳게 나타낸 것은?

① $9 \times 10^9 \times \dfrac{Q_1 Q_2}{r^2}$
② $6.33 \times 10^4 \times \dfrac{Q_1 Q_2}{r^2}$
③ $9 \times 10^9 \times \dfrac{Q_1 Q_2}{r}$
④ $6.33 \times 10^4 \times \dfrac{Q_1 Q_2}{r}$

▶ 전기이론 테마 01 전기의 성질과 전하에 의한 전기장
정전력 $F = \dfrac{1}{4\pi\varepsilon_0} \times \dfrac{Q_1 Q_2}{r^2} = 9 \times 10^9 \times \dfrac{Q_1 Q_2}{r^2}$[N]

13

파고율, 파형률이 가장 큰 파형은?

① 사인파
② 고조파
③ 구형파
④ 삼각파

▶ 전기이론 테마 05 교류회로

파형	파형률	파고율
정현파	1.11	1.414
삼각파	1.15	1.73
구형파	1	1

14

다음이 설명하는 것은?

> 금속 A와 B로 만든 열전쌍과 접점 사이에 임의의 금속 C를 연결해도 C의 양 끝의 접점의 온도를 똑같이 유지하면 회로의 열기전력은 변화하지 않는다.

① 제벡 효과
② 톰슨 효과
③ 제3금속의 법칙
④ 펠티에 법칙

▶ 전기이론 테마 06 전류의 열작용과 화학작용
제3금속의 법칙
열전대를 구성하는 두 금속의 한쪽 접점이 서로 접해있고, 반대편 접점이 제3의 금속과 연결되어 있을 때, 두 접점이 같은 온도라면 기전력이 발생하지 않는 법칙이다. 중간 금속의 법칙이라고도 한다.

15

다음 설명 중에서 틀린 것은?

① 코일은 직렬로 연결할수록 인덕턴스가 커진다.
② 콘덴서는 직렬로 연결할수록 정전용량이 커진다.
③ 저항은 병렬로 연결할수록 저항치가 작아진다.
④ 리액턴스는 주파수의 함수이다.

▶ 전기이론 테마 01 전기의 성질과 전하에 의한 전기장
콘덴서는 직렬로 연결할수록 정전용량이 작아진다.
$C = \dfrac{1}{\dfrac{1}{C_1} + \dfrac{1}{C_2} + \dfrac{1}{C_3} + \cdots\cdots + \dfrac{1}{C_n}}$[F]

정답 11 ② 12 ① 13 ④ 14 ③ 15 ②

16

어느 자기장에 의하여 생기는 자기장의 세기를 2배로 하려면 자극으로부터의 거리를 몇 배로 하여야 하는가?

① $\sqrt{2}$배
② $\dfrac{1}{\sqrt{2}}$배
③ 2배
④ $\dfrac{1}{2}$배

▶ 전기이론　테마 02　자기장 성질과 전류에 의한 자기장

자계 $H = \dfrac{1}{4\pi\mu} \times \dfrac{m}{r^2}$

$r = \dfrac{1}{\sqrt{2}}$로 하면 $2H$가 된다.

17

어떤 회로의 소자에 일정한 크기의 전압으로 주파수를 2배로 증가시켰더니 흐르는 전류의 크기가 2배로 되었다. 이 소자의 종류는?

① 저항
② 코일
③ 콘덴서
④ 다이오드

▶ 전기이론　테마 05　교류회로

- 인덕터 리액턴스: $X_L = 2\pi f L [\Omega]$
  주파수를 2배로 증가시키면 리액턴스가 2배 증가하고, 리액턴스가 증가하면 전류는 $\dfrac{1}{2}$로 줄어든다.
- 콘덴서 리액턴스: $X_C = \dfrac{1}{2\pi f C}[\Omega]$
  주파수를 2배로 증가시키면 리액턴스는 $\dfrac{1}{2}$로 감소하고, 리액턴스가 감소하면 전류는 2배로 증가한다.
- 저항은 주파수 변화와 무관하다.

18

전압이 9[V]이고, 내부저항이 0.5[Ω]인 전지 4개를 직렬로 연결하고 이를 단락하였을 때의 단락전류[A]는?

① 6
② 9
③ 15
④ 18

▶ 전기이론　테마 04　직류회로

$I = \dfrac{V}{R} = \dfrac{9+9+9+9}{0.5+0.5+0.5+0.5} = \dfrac{36}{2} = 18[A]$

19

자석에 대한 성질을 설명한 것으로 옳지 못한 것은?

① 자석은 임계온도 이상으로 가열하면 자석의 성질이 없어진다.
② 발생되는 자기력선은 아무리 사용해도 기본적으로 감소하지 않는다.
③ 자석은 고온이 되면 자력이 감소되고 저온이 되면 자력이 증가된다.
④ 같은 극성의 자석은 서로 흡인하고, 다른 극성은 서로 반발한다.

▶ 전기이론　테마 02　자기장 성질과 전류에 의한 자기장

- 자석은 N극과 S극이 항상 쌍으로 존재한다.
- 자석은 같은 극끼리 반발력이 작용하고 다른 극끼리는 흡인력이 작용한다.
- 흡인력과 반발력을 자기력이라 한다.
- 반발력이나 흡인력은 자극에서 나오는 자극 세기로 결정된다.
- 자극의 세기는 m 문자로 표현하고 단위는 웨버[Wb]이다.
- 전기는 정전하, 부전하가 분리될 수 있으나 자극은 N극과 S극이 단독으로 존재할 수 없다.
- 자석은 퀴리온도 이상으로 가열하면 자석의 성질이 사라진다.

20

전지(Battery)에 관한 사항이다. 감극제는 어떤 작용을 막기 위해 사용하는가?

① 분극작용
② 방전
③ 순환전류
④ 전기분해

▶ 전기이론　테마 06　전류의 열작용과 화학작용

분극작용을 막아 전류가 일정하게 흐르게 하기 위해서 감극제 사용

정답　16 ②　17 ③　18 ④　19 ④　20 ①

21

권선형 유도전동기 2차측에 저항을 넣는 이유는 무엇인가?

① 회전수 감소
② 기동전류 증대
③ 기동토크 감소
④ 기동전류 감소와 기동토크 증대

▶ 전기기기 테마 09 유도기
권선형 유도전동기의 기동법(2차 저항법)
비례추이의 원리에 의하여 큰 기동토크를 얻고 기동전류도 억제하여 기동한다. 또한, 속도제어가 가능하다.

22

병렬 운전 중인 두 동기 발전기의 유도기전력이 $1,000[V]$, 위상 차 $90°$, 동기리액턴스 $100[\Omega]$이다. 유효 순환전류는 약 몇 $[A]$인가?

① 5   ② 7
③ 10   ④ 20

▶ 전기기기 테마 10 동기기
병렬 운전 조건 중 위상차가 발생하면, 유효 순환전류가 흐른다. 이때 유효 순환전류를 계산하면 아래와 같다.

$$I_c = \frac{2E\sin\frac{\delta}{2}}{2Z_s} = \frac{2 \times 1,000 \times \sin\frac{90}{2}}{2 \times 100} = 7.07[A]$$

$1,000[V]$ — G_1 — G_2 — $1,000[V]$
부하

23

단상변압기의 2차 무부하전압이 $240[V]$이고, 정격부하 시의 2차 단자전압이 $230[V]$이다. 전압변동률은 약 몇 $[\%]$인가?

① 4.35   ② 5.15
③ 6.65   ④ 7.35

▶ 전기기기 테마 07 변압기
전압변동률

$$\varepsilon = \frac{V_0 - V_n}{V_n} \times 100 = \frac{240-230}{230} \times 100 = 4.35[\%]$$

24

동기 발전기의 돌발 단락 전류를 주로 제한하는 것은?

① 누설 리액턴스   ② 동기 임피던스
③ 권선 저항   ④ 동기 리액턴스

▶ 전기기기 테마 10 동기기
동기 발전기의 지속 단락 전류와 돌발 단락 전류 제한
- 지속 단락 전류: 동기 리액턴스 X_s로 제한되며, 정격전류의 1~2배 정도이다.
- 돌발단락 전류: 누설 리액턴스 X_l로 제한되며, 대단히 큰 전류이지만 수[Hz] 후에 전기자반작용이 나타나므로 지속 단락 전류로 된다.

25

변류기 개방할 때 2차측을 단락하는 이유는?

① 2차측 절연보호   ② 2차측 과전류 보호
③ 1차측 과전류 보호 ④ 1차측 과전압 방지

▶ 전기기기 테마 07 변압기
변류기는 2차 전류를 낮게 하게 위하여 권수비$\left(a = \frac{N_1}{N_2} = \frac{V_1}{V_2} = \frac{I_2}{I_1}\right)$가 매우 작으므로 2차측을 개방하게 되면, 2차측에 높은 기전력이 유기되어 절연파괴 될 수 있어서 개방을 금지한다.

정답 21 ④ 22 ② 23 ① 24 ① 25 ①

26

20[kW]인 단상 변압기 2대를 이용하여 $V-V$ 결선으로 3상 전력을 공급할 수 있는 최대 전력은 몇 [kVA]인가?

① 20
② 24
③ 34.6
④ 40

▶ 전기기기 테마 07 변압기

V 결선 시 출력
$P_v = \sqrt{3}P_1 = 20\sqrt{3} = 34.64[\text{kVA}]$

27

1차 전압이 13,200[V], 2차 전압 220[V]인 단상 변압기의 1차에 6,000[V]의 전압을 가하면 2차 전압은 몇 [V]인가?

① 100
② 200
③ 1,000
④ 2,000

▶ 전기기기 테마 07 변압기

권수비 $a = \dfrac{V_1}{V_2} = \dfrac{13,200}{220} = 60$ 이므로

$V_2 = \dfrac{V_1}{a} = \dfrac{6,000}{60} = 100[\text{V}]$

28

다이오드를 사용한 정류회로에서 다이오드를 여러 개 직렬로 연결하여 사용하는 경우의 설명으로 가장 옳은 것은?

① 다이오드를 과전류로부터 보호할 수 있다.
② 다이오드를 과전압으로부터 보호할 수 있다.
③ 부하출력의 맥동률을 감소시킬 수 있다.
④ 낮은 전압 전류에 적합하다.

▶ 전기기기 테마 11 정류기 및 제어기기

역방향 전압이 직렬로 연결된 각 다이오드에 분배되어 인가되면 과전압에 대한 보호가 가능하다.

29

다음 중 전력 제어용 반도체 소자가 아닌 것은?

① LED
② TRIAC
③ GTO
④ IGBT

▶ 전기기기 테마 11 정류기 및 제어기기

LED
발광 다이오드. Ga(갈륨), P(인), As(비소)로 구성된 반도체로 다이오드의 특성을 가지고 있고, 전류가 흐르면 고유 색상의 빛을 발산한다.

30

동기 발전기의 병렬운전에서 기전력의 차가 발생할 경우 흐르는 전류는?

① 유효횡류
② 유효순환전류
③ 동기화 전류
④ 무효순환전류

▶ 전기기기 테마 10 동기기

병렬운전 조건 중 기전력의 크기가 다르면, 무효횡류(무효순환전류)가 흐른다.

정답 26 ③ 27 ① 28 ② 29 ① 30 ④

31

주파수 60[Hz]의 동기전동기가 4극일 때 동기속도는 몇 [rpm]인가?

① 3,600 ② 1,800
③ 1,200 ④ 900

▶ 전기기기 테마 10 동기기

동기전동기는 동기속도로 회전하므로
동기속도 $N_s = \dfrac{120f}{p} = \dfrac{120 \times 60}{4} = 1,800$[rpm]

32

낮은 전압을 높은 전압으로 승압할 때 일반적으로 사용되는 변압기의 3상 결선 방식은?

① $\varDelta - \varDelta$ ② $\varDelta - Y$
③ $Y - Y$ ④ $Y - \varDelta$

▶ 전기기기 테마 07 변압기
- $\varDelta - Y$: 승압용 변압기
- $Y - \varDelta$: 강압용 변압기

33

분권전동기에 대한 설명으로 옳지 않은 것은?

① 토크는 전기자 전류의 자승에 비례한다.
② 부하 전류에 따른 속도 변화가 거의 없다.
③ 계자 회로에 퓨즈를 넣어서는 안 된다.
④ 계자 권선과 전기자 권선이 전원에 병렬로 접속되어 있다.

▶ 전기기기 테마 08 직류기

분권전동기는 전기자와 계자권선이 병렬로 접속되어 있고, $N = K_1 \dfrac{V - I_a R_a}{\phi}$, $\tau = K_2 \phi I_a$로 회전한다. 단자전압이 일정하면 부하전류에 관계없이 자속이 일정하므로, 정속도 특성을 가지고 토크와 전기자 전류는 비례한다. 또한, 계자전류가 0이 되면, 속도가 급격히 상승하여 위험하기 때문에 계자회로에 퓨즈를 넣어서는 안 된다.

34

다음은 3상 유도전동기 고정자 권선의 결선도를 나타낸 것이다. 맞는 사항을 고르면?

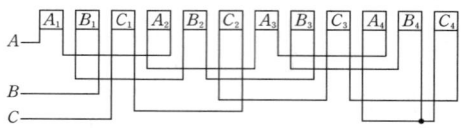

① 3상 2극, Y결선 ② 3상 4극, Y결선
③ 3상 2극, $\varDelta$결선 ④ 3상 4극, $\varDelta$결선

▶ 전기기기 테마 09 유도기

권선이 3개(A, B, C)로 3상이며, 각 권선의($A_1, A_2, A_3, A_4, \cdots$) 전류 방향이 변화한다. 4극, 각 권선의 끝(A_4, B_4, C_4)이 접속되어 있으므로 Y결선이다.

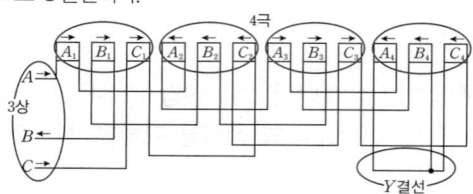

35

3상 유도전동기의 회전 방향을 바꾸기 위한 방법으로 가장 옳은 것은?

① $Y - \varDelta$결선으로 결선법을 바꾸어 준다.
② 전원의 전압과 주파수를 바꾸어 준다.
③ 전동기에 가해지는 3개의 단자 중 어느 2개의 단자를 서로 바꾸어 준다.
④ 기동 보상기를 사용하여 권선을 바꾸어 준다.

▶ 전기기기 테마 09 유도기

3상 유도전동기의 회전 방향을 바꾸기 위해서는 상회전 순서를 바꾸어야 하는데, 3상 전원 3선 중 두 선의 접속을 바꾼다.

정답 31 ② 32 ② 33 ① 34 ② 35 ③

36

주상변압기의 고압측에 여러 개의 탭을 설치하는 이유는?

① 선로 고장대비 ② 선로 전압조정
③ 선로 역률개선 ④ 선로 과부하 방지

▶ **전기기기** 테마 07 변압기
주상변압기의 1차측의 5개의 탭을 이용하여 선로거리에 따른 전압강하를 보상하여 2차측의 출력전압을 규정에 맞도록 조정한다.

37

다음 중 전기 용접기용 발전기로 가장 적당한 것은?

① 직류 직권형 발전기   ② 직류 분권형 발전기
③ 가동 복권형 발전기   ④ 차동 복권형 발전기

▶ **전기기기** 테마 08 직류기
차동 복권형 발전기는 수하특성을 가지므로 용접기용 전원으로 적합하다.

38

동기조상기를 부족 여자로 하여 운전하면 어떻게 되는가?

① 콘덴서로 작용 ② 뒤진 역률 보상
③ 리액터로 작용 ④ 저항손의 보상

▶ **전기기기** 테마 10 동기기
동기조상기는 조상설비로 사용할 수 있다.
• 여자가 약할 때(부족여자): I가 V보다 지상(뒤짐): 리액터 역할
• 여자가 강할 때(과여자): I가 V보다 진상(앞섬): 콘덴서 역할

39

2극 3,600[rpm] 동기발전기로 병렬 운전하려는 8극의 발전기의 회전수는 몇 [rpm]인가?

① 1,800 ② 1,200
③ 900   ④ 600

▶ **전기기기** 테마 10 동기기
병렬운전 조건 중 주파수가 같아야 하는 조건에서
$N_s = \frac{120f}{p}$ 에서 동기속도에서 주파수는
$f = \frac{2 \times 3,600}{120} = 60[Hz]$ 이므로
8극 발전기의 회전수는 $N_s = \frac{120 \times 60}{8} = 900[rpm]$

40

60[Hz]의 변압기에 50[Hz]의 같은 전압을 인가할 때, 철심 내의 자속밀도는 60[Hz]일 때의 몇 배인가?

① 0.8 ② 1.0
③ 1.2 ④ 1.4

▶ **전기기기** 테마 07 변압기
변압기의 원리가 전자유도 작용이므로 권선에 유도되는 기전력 $E = 4.44 \cdot f \cdot N \cdot \phi [V]$
전압이 같으면 자속과 주파수는 반비례하고, 철심 단면적이 동일하므로 자속과 자속밀도는 같은 크기로 변화한다. 주파수가 $\frac{5}{6}$ 배로 감소하면, 자속밀도는 $\frac{6}{5} = 1.2$배로 증가한다.

정답 36 ② 37 ④ 38 ③ 39 ③ 40 ③

41
과부하 보호장치의 동작전류는 케이블 허용전류의 몇 배 이하이어야 하는가?

① 1.1배 ② 1.25배
③ 1.45배 ④ 2.5배

▶ 전기설비 테마 16 전선 및 기계기구의 보안공사
과부하전류로부터 케이블을 보호하기 위한 조건은 아래와 같다.
I_2: 보호장치가 규약시간 이내에 유효하게 동작을 보장하는 전류
$I_2 \leq 1.45 \times$ 전선의 허용전류

42
한국전기설비규정에서 가공 전선로의 지지물에 하중이 가하여지는 경우에 그 하중을 받는 지지물의 기초 안전율은 얼마 이상인가?

① 0.5 ② 1
③ 1.5 ④ 2

▶ 전기설비 테마 17 가공인입선 및 배전선공사
가공 전선로의 지지물에 하중이 가하여지는 경우에 그 하중을 받는 지지물의 기초 안전율은 2 이상이어야 한다.

43
애자 사용 공사에 사용하는 애자가 갖추어야 할 성질과 가장 거리가 먼 것은?

① 절연성 ② 난연성
③ 내수성 ④ 내유성

▶ 전기설비 테마 15 배선설비공사 및 전선허용전류 계산
애자는 절연성, 난연성 및 내수성이 있는 재질을 사용한다.

44
교류 배전반에서 전류가 많이 흘러 전류계를 직접 주회로에 연결할 수 없을 때 사용하는 기기는?

① 전류 제한기
② 계기용 변압기
③ 변류기
④ 전류계용 절환 개폐기

▶ 전기설비 테마 18 고압 및 저압 배전반공사
변류기(CT): 대전류를 소전류로 변류하여 계전기나 계측기에 전원을 공급

45
분전반 및 배전반은 어떤 장소에 설치하는 것이 바람직한가?

① 전기회로를 쉽게 조작할수 있는 장소
② 개폐기를 쉽게 개폐할 수 없는 장소
③ 은폐된 장소
④ 이동이 심한 장소

▶ 전기설비 테마 18 고압 및 저압 배전반 공사
전기부하의 중심 부근에 위치하면서 스위치 조작을 안정적으로 할 수 있는 곳에 설치하여야 한다.

정답 41 ③ 42 ④ 43 ④ 44 ③ 45 ①

46

화약고에 시설하는 전기설비에서 전로의 대지전압은 몇 [V] 이하로 하여야 하는가?

① 100[V] ② 150[V]
③ 300[V] ④ 400[V]

▶ **전기설비** 테마 19 특수장소공사

화약류 저장소의 위험 장소는 전로의 대지전압을 300[V] 이하로 한다.

47

애자 사용 공사에서 전선 상호 간의 간격은 몇 [cm] 이하로 하는 것이 가장 바람직한가?

① 4 ② 5
③ 6 ④ 8

▶ **전기설비** 테마 15 배선설비공사 및 전선허용전류 계산

구분	400[V] 이하	400[V] 초과
전선 상호 간의 거리	6[cm] 이상	6[cm] 이상
전선과 조영재와의 거리	2.5[cm] 이상	4.5[cm] 이상 (건조한 곳은 2.5[cm] 이상)

48

연피케이블 접속에 반드시 사용하는 테이프는?

① 고무 테이프
② 비닐 테이프
③ 리노 테이프
④ 자기융착 테이프

▶ **전기설비** 테마 13 배선재료와 공구

리노 테이프

접착성은 없으나 절연성, 내온성, 내유성이 있어서 연피케이블 접속 시 사용한다.

49

금속전선관 공사에서 사용하는 후강 전선관의 규격이 아닌 것은?

① 16 ② 28
③ 36 ④ 50

▶ **전기설비** 테마 15 배선설비공사 및 전선허용전류 계산

구분	후강 전선관
관의 호칭	안지름의 크기에 가까운 짝수
관의 종류(mm)	16, 22, 28, 36, 42, 54, 70, 82, 92, 104 (10종류)
관의 두께	2.3~3.5[mm]

50

변압기 2차측에 접지공사를 하는 이유는?

① 전류 변동의 방지
② 전압 변동의 방지
③ 전력 변동의 방지
④ 고·저압 혼촉 방지

▶ **전기설비** 테마 16 전선 및 기계기구의 보안공사

높은 전압과 낮은 전압이 혼촉사고가 발생했을 때 사람에게 위험을 주는 높은 전류를 대지로 흐르게 하기 위함이다.

정답 46 ③ 47 ③ 48 ③ 49 ④ 50 ④

51

다음 중 과전류 차단기를 시설하는 곳은?

① 간선의 전원측 전선
② 접지공사의 접지선
③ 다선식 전로의 중성선
④ 접지공사를 한 저압 가공 전선로의 접지측 전선

▶ 전기설비 테마 13 배선재료와 공구

과전류 차단기의 시설 금지 장소
- 접지공사의 접지선
- 다선식 전로의 중성선
- 변압기 중성점 접지공사를 한 저압 가공 전선로의 접지측 전선

52

다선식 옥내 배선인 경우 보호도체(PE)의 색별 표시는?

① 갈색
② 흑색
③ 회색
④ 녹색-노란색

▶ 전기설비 테마 16 전선 및 기계기구의 보안공사

상(문자)	색상
L1	갈색
L2	흑색
L3	회색
N	청색
보호도체(PE)	녹색-노란색

53

다음 중 지중 전선로의 매설 방법이 아닌 것은?

① 관로식
② 암거식
③ 직접 매설식
④ 행거식

▶ 전기설비 테마 17 가공인입선 및 배전선공사
- 관로식: 맨홀과 맨홀 사이에 만든 관로에 케이블을 넣는 방식
- 암거식: 터널 내에 케이블을 부설하는 방식
- 직접 매설식: 대지 중에 케이블을 직접 매설하는 방식

54

합성수지관 상호 및 관과 박스는 접속 시에 삽입하는 깊이를 관 바깥지름의 몇 배 이상으로 하여야 하는가?(단, 접착제를 사용하지 않는다.)

① 0.8
② 1.2
③ 2.0
④ 2.5

▶ 전기설비 테마 15 배선설비공사 및 전선허용전류 계산

합성수지관 상호 및 관과 박스 접속 방법
- 커플링에 들어가는 관의 길이는 관 바깥지름의 1.2배 이상으로 한다.
- 접착제를 사용하는 경우에는 0.8배 이상으로 한다.

55

교통신호등의 제어장치로부터 신호등의 전구까지의 전로에 사용하는 전압은 몇 [V] 이하인가?

① 60
② 100
③ 300
④ 440

▶ 전기설비 테마 19 특수장소공사

교통신호등 회로는 300[V] 이하로 시설하여야 한다.

정답   51 ①   52 ④   53 ④   54 ②   55 ③

56

지중에 매설되어 있는 금속제 수도관로는 대지와의 전기저항값이 얼마 이하로 유지되어야 접지극으로 사용할 수 있는가?

① 1[Ω]
② 3[Ω]
③ 4[Ω]
④ 5[Ω]

▶ 전기설비 테마 16 전선 및 기계기구의 보안공사
- 금속제 수도관을 접지극으로 사용할 경우 3[Ω] 이하의 접지저항을 가지고 있어야 한다.
- 건물의 철골 등 금속체를 접지극으로 사용할 경우 2[Ω] 이하의 접지저항을 가지고 있어야 한다.

57

옥외용 비닐절연전선의 기호는?

① VV
② DV
③ OW
④ NR

▶ 전기설비 테마 13 배선재료와 공구
① 0.6/1[kV] 비닐절연 비닐시스 케이블
② 인입용 비닐절연전선
④ 450/750[V] 일반용 단심 비닐절연전선

58

일반적으로 저압 가공인입선이 도로를 횡단하는 경우 노면상 설치 높이는 몇 [m] 이상이어야 하는가?

① 3[m]
② 4[m]
③ 5[m]
④ 6.5[m]

▶ 전기설비 테마 17 가공인입선 및 배전선공사

구분	저압[m]	고압[m]	특고압 35[kV] 이하 [m]	특고압 35~160[kV] [m]
도로 횡단	5	6	6	—
철도 궤도 횡단	6.5	6.5	6.5	6.5
횡단보도교 위	3	3.5	4	5
기타	4	5	5	6

59

고압 가공 전선로의 지지물로 철탑을 사용하는 경우 경간은 몇 [m] 이하이어야 하는가?

① 150
② 300
③ 500
④ 600

▶ 전기설비 테마 17 가공인입선 및 배전선공사

고압 가공 전선로 경간의 제한
- 목주, A종 철주 또는 A종 철근 콘크리트주: 150[m]
- B종 철주 또는 B종 철근 콘크리트주: 250[m]
- 철탑: 600[m]

60

금속관을 절단할 때 사용하는 공구는?

① 오스터
② 녹아웃 펀치
③ 파이프 커터
④ 파이프 렌치

▶ 전기설비 테마 13 배선재료와 공구
① 금속관 끝에 나사를 내는 공구
② 배전반, 분전반 등의 캐비닛에 구멍을 뚫을 때 필요한 공구
④ 금속관과 커플링을 물고 죄는 공구

정답 56 ② 57 ③ 58 ③ 59 ④ 60 ③

2024년 4회 CBT 기출

01

표면 전하밀도 $\sigma[C/m^2]$로 대전된 도체 내부의 전속밀도는 몇 $[C/m^2]$인가?

① $\varepsilon_0 E$
② 0
③ σ
④ $\dfrac{E}{\varepsilon}$

▶ 전기이론 테마 01 전기의 성질과 전하에 의한 전기장
전하 Q는 도체 표면에만 존재하고 도체 내부는 $Q=0$
도체 내부 전속밀도 $D=\dfrac{Q}{S}=\dfrac{0}{S}=0$

02

공기 중에서 10[cm] 간격을 유지하고 있는 2개의 평행 도선에 각각 5[A]의 전류가 동일한 방향으로 흐를 때, 도선 1[m]당 발생하는 힘의 크기[N]는?

① 2×10^{-4}
② 2×10^{-5}
③ 5×10^{-4}
④ 5×10^{-5}

▶ 전기이론 테마 03 전자력과 전자유도
$F = \dfrac{\mu_0 I_1 I_2}{2\pi r} = \dfrac{2I_1 I_2}{r} \times 10^{-7} = \dfrac{2 \times 5 \times 5}{10 \times 10^{-2}} \times 10^{-7}$
$= 5 \times 10^{-5} [N/m]$

03

부하의 결선 방식에서 △결선에서 Y결선으로 변환하였을 때의 임피던스는?

① $Z_Y = \sqrt{3} Z_\Delta$
② $Z_Y = \dfrac{Z_\Delta}{\sqrt{3}}$
③ $Z_Y = 3 Z_\Delta$
④ $Z_Y = \dfrac{Z_\Delta}{3}$

▶ 전기이론 테마 05 교류회로
Y결선과 Δ결선 임피던스 관계
$Z_Y = \dfrac{1}{3} Z_\Delta$

04

RLC 직렬공진 회로에서 최소가 되는 것은?

① 저항
② 임피던스
③ 전류
④ 전압

▶ 전기이론 테마 05 교류회로
임피던스 $Z = R + j(X_L - X_C)[\Omega]$
직렬 공진 시에는 유도 리액턴스와 용량 리액턴스가 같아져서, 허수부가 0이므로 임피던스 $Z=R$이 된다.
- 최소: 임피던스
- 최대: 전류

05

$R = 8[\Omega]$, $X_L = 6[\Omega]$인 RLC 직렬회로에 10[A]의 전류가 흘렀다면 이때의 전압[V]은?

① 60
② 80
③ 100
④ 140

▶ 전기이론 테마 05 교류회로
$Z = 8 + j6[\Omega]$
$|Z| = \sqrt{8^2 + 6^2} = 10[\Omega]$
$V = I \times Z = 10 \times 10 = 100[V]$

정답 01 ② 02 ④ 03 ④ 04 ② 05 ③

06

저항 $R=30[\Omega]$, 자체 인덕턴스 $L=50[mH]$, 정전용량 $C=102[\mu F]$의 직렬회로에서 공진 주파수 f_0는 약 몇 [Hz]인가?

① 40　　　② 50
③ 60　　　④ 70

▶ 전기이론　테마 05　교류회로

공진주파수
$$f_0=\frac{1}{2\pi\sqrt{LC}}=\frac{1}{2\times3.14\times\sqrt{50\times10^{-3}\times102\times10^{-6}}}$$
$$=70.5[Hz]$$

07

그림의 휘스톤 브리지의 평형 조건은?

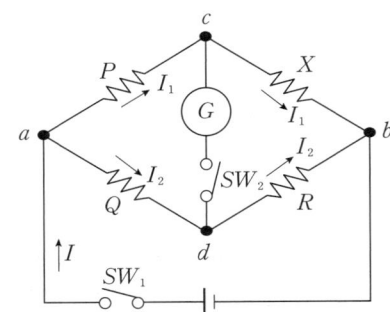

① $X=\dfrac{Q}{P}\times R$　　　② $X=\dfrac{P}{Q}\times R$

③ $X=\dfrac{Q}{R}\times P$　　　④ $X=\dfrac{P^2}{R}\times Q$

▶ 전기이론　테마 04　직류회로

$Q\times X=P\times R$
$X=\dfrac{P}{Q}\times R$

08

$R=4[\Omega]$, $X_L=3[\Omega]$의 직렬회로에 $V=100\sqrt{2}\sin\omega t[V]$의 전압을 가할 때 전력은 약 몇 [W]인가?

① 1,200　　　② 1,600
③ 2,000　　　④ 2,400

▶ 전기이론　테마 05　교류회로

$I=\dfrac{V}{Z}=\dfrac{100}{\sqrt{4^2+3^2}}=\dfrac{100}{5}=20[A]$
$P=I^2R=20^2\times4=1,600[W]$

09

비사인파의 일반적인 구성이 아닌 것은?

① 순시파　　　② 고조파
③ 기본파　　　④ 직류분

▶ 전기이론　테마 05　교류회로

비사인파(비정현파)는 직류성분＋기본성분＋고조파로 구성된다.

10

단상 100[V], 800[W], 역률 80[%]인 회로의 리액턴스는 몇 [Ω]인가?

① 10　　　② 8
③ 6　　　④ 2

▶ 전기이론　테마 05　교류회로

유효전력 $P=VI\cos\theta[W]$
$I=\dfrac{P}{V\cos\theta}=\dfrac{800}{100\times0.8}=10[A]$
$\cos\theta=0.8$일 때 $\sin\theta=\sqrt{1-0.8^2}=0.6$
무효전력 $P_r=VI\sin\theta=100\times10\times0.6=600[Var]$
$P_r=I^2X$에서 $X=\dfrac{P_r}{I^2}=\dfrac{600}{10^2}=6[\Omega]$

정답　06 ④　07 ②　08 ②　09 ①　10 ③

11

권선수 100회 감은 코일에 2[A]의 전류가 흘렀을 때 50×10^{-3}[Wb]의 자속이 코일에 쇄교되었다면 자기 인덕턴스는 몇 [H]인가?

① 1.0 ② 1.5
③ 2.0 ④ 2.5

▶ 전기이론 테마 03 전자력과 전자유도

$N\phi = LI$에서 $L = \dfrac{N\phi}{I} = \dfrac{100 \times 50 \times 10^{-3}}{2} = 2.5$[H]

12

어떤 콘덴서에 V[V]의 전압을 가해서 Q[C]의 전하를 충전할 때 저장되는 에너지[J]는?

① $2QV$ ② $2QV^2$
③ $\dfrac{1}{2}QV$ ④ $\dfrac{1}{2}QV^2$

▶ 전기이론 테마 01 전기의 성질과 전하에 의한 전기장

저장 에너지 $W = \dfrac{1}{2}CV^2 = \dfrac{1}{2}QV = \dfrac{Q^2}{2C}$[J]

13

그림에서 $C_1 = 1[\mu F]$, $C_2 = C_3 = 2[\mu F]$일 때 합성 정전 용량은 몇 [μF]인가?

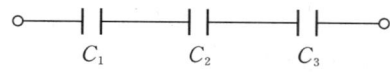

① $\dfrac{1}{2}$ ② $\dfrac{1}{5}$
③ 2 ④ 5

▶ 전기이론 테마 01 전기의 성질과 전하에 의한 전기장

콘덴서 직렬연결 시 합성 정전용량

$C = \dfrac{1}{\dfrac{1}{C_1} + \dfrac{1}{C_2} + \dfrac{1}{C_3}} = \dfrac{1}{\dfrac{1}{1} + \dfrac{1}{2} + \dfrac{1}{2}} = \dfrac{1}{2}$[$\mu F$]

14

기전력 1.5[V], 내부 저항 0.2[Ω]인 전지 5개를 직렬로 연결하고 이를 단락하였을 때의 단락 전류[A]는?

① 1.5 ② 4.5
③ 7.5 ④ 15

▶ 전기이론 테마 04 직류회로

전체전압 $V = 1.5 + 1.5 + 1.5 + 1.5 + 1.5 = 7.5$[V]
합성저항 $R = 0.2 + 0.2 + 0.2 + 0.2 + 0.2 = 1$[Ω]
전류 $I = \dfrac{V}{R} = \dfrac{7.5}{1} = 7.5$[A]

15

$R = 6$[Ω], $X_C = 8$[Ω]일 때 임피던스 $Z = 6 - j8$[Ω]으로 표시되는 것은 일반적으로 어떤 회로인가?

① RC 직렬회로 ② RL 직렬회로
③ RC 병렬회로 ④ RL 병렬회로

▶ 전기이론 테마 05 교류회로

RC 직렬회로의 임피던스
$Z = R - jX_C = 6 - j8$[Ω]

정답 11 ④ 12 ③ 13 ① 14 ③ 15 ①

16

다음 ( ) 안에 들어갈 알맞은 내용은?

> 자기 인덕턴스 1[H]는 전류의 변화율 1[A/s]일 때, ( )가(이) 발생할 때의 값이다.

① 1[N]의 힘 ② 1[J]의 에너지
③ 1[V]의 기전력 ④ 1[Hz]의 주파수

▶ 전기이론 테마 03 전자력과 전자유도

$V = L\dfrac{di}{dt} = L \cdot 1[\text{A/s}]$
$L = 1[\text{H}]$
$\therefore V = 1[\text{V}]$

17

다음 설명 중에서 틀린 것은?

① 코일은 직렬로 연결할수록 인덕턴스가 커진다.
② 콘덴서는 직렬로 연결할수록 정전용량이 커진다.
③ 저항은 병렬로 연결할수록 저항치가 작아진다.
④ 리액턴스는 주파수의 함수이다.

▶ 전기이론 테마 05 교류회로
- 저항은 직렬로 연결하면 커지고 병렬로 연결하면 작아진다.
- 인덕턴스는 직렬로 연결하면 커지고 병렬로 연결하면 작아진다.
- 콘덴서는 직렬로 연결하면 작아지고 병렬로 연결하면 커진다.
- 리액턴스는 주파수에 따라 크기가 달라지므로 주파수 함수이다.

18

전력량 1[Wh]와 그 의미가 같은 것은?

① 1[C] ② 1[J]
③ 3,600[C] ④ 3,600[J]

▶ 전기이론 테마 06 전류의 열작용과 화학작용

1[J] = 0.24[cal]
1[cal] = 4.2[J]
1[Wh] = 3,600[W·s] = 3,600[J] = 3,600 × 0.24 = 860[cal]

19

다음 회로에서 10[Ω]에 걸리는 전압은 몇 [V]인가?

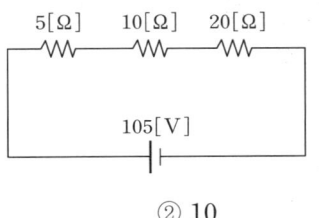

① 2 ② 10
③ 20 ④ 30

▶ 전기이론 테마 04 직류회로

전류 $I = \dfrac{105}{5+10+20} = 3[\text{A}]$
$V_{10[\Omega]} = I \times R = 3 \times 10 = 30[\text{V}]$

20

도체가 자기장에서 받는 힘의 관계 중 틀린 것은?

① 자기력선속 밀도에 비례
② 도체의 길이에 반비례
③ 흐르는 전류에 비례
④ 도체가 자기장과 이루는 각도에 비례(0°~90°)

▶ 전기이론 테마 02 자기장 성질과 전류에 의한 자기장
힘 $F = I\vec{l} \times \vec{B} = IBl\sin\theta[\text{N}]$

정답 16 ③ 17 ② 18 ④ 19 ④ 20 ②

21

20[kVA]의 단상 변압기 2대를 V-V결선으로 하여 전원을 공급하려 한다. 이때 여기에 접속시킬 수 있는 3상 부하의 용량은?

① 20
② 34.6
③ 40
④ 69.2

▶ 전기기기 테마 07 변압기
$P_v = \sqrt{3} P_1 = 20 \times \sqrt{3} = 34.6 [\text{kVA}]$

22

다음 중 회전력의 단위는?

① [rpm]
② [W]
③ [N·m]
④ [N]

▶ 전기기기 테마 08 직류기
$T = 9.54 \dfrac{P}{N} [\text{N·m}] = 0.975 \dfrac{P}{N} [\text{kg·m}]$

23

일정 전압 및 일정 파형에서 주파수가 상승하면 변압기 철손은 어떻게 변하는가?

① 증가한다.
② 감소한다.
③ 불변이다.
④ 일정기간 동안 증가한다.

▶ 전기기기 테마 07 변압기
철손의 대부분은 히스테리시스 손실이며 주파수와 반비례하므로 감소한다.
히스테리시스 손실 $P_n = k_n \cdot f \cdot B_m^2$에서 $P_n \propto \dfrac{E^2}{f}$

24

직류 분권 발전기의 병렬운전의 조건에 해당되지 않는 것은?

① 균압모선을 접속할 것
② 단자 전압이 같을 것
③ 극성이 같을 것
④ 외부 특성 곡선이 수하 특성일 것

▶ 전기기기 테마 08 직류기
직류 분권 발전기에서 병렬운전하는 경우에 균압모선을 사용한다.

25

복권 발전기의 병렬운전을 안전하게 하기 위해서 두 발전기의 전기자와 직권 권선의 접촉점에 연결하여야 하는 것은?

① 제동권선
② 균압선
③ 안정저항
④ 브러시

▶ 전기기기 테마 08 직류기
복권발전기 중 평복권인 경우 균압선이 필요

정답   21 ②   22 ③   23 ②   24 ①   25 ②

26
급전선의 전압 강하 보상용으로 사용되는 것은?

① 분권기
② 직권기
③ 과복권기
④ 차동복권기

▶ 전기기기 테마 08 직류기

분권기: 전기 화학용, 전지 충전용
직권기: 승압용
차동복권기: 아크용접기(전기용접)

27
직류 분권 전동기에서 운전 중 계자 권선의 저항을 증가하면 회전속도는 어떻게 되는가?

① 감소한다.
② 증가한다.
③ 일정하다.
④ 증가하다가 계자 저항이 무한대가 되면 감소한다.

▶ 전기기기 테마 08 직류기

$N = K_1 \dfrac{V - I_a R_a}{\phi}$ [rpm]이므로 계자저항을 증가시키면 계자전류가 감소한다. 이때 자속이 감소하므로, 회전수는 증가한다.

28
변압기 내부 고장 보호에 쓰이는 계전기로, 가장 알맞은 것은?

① 차동 계전기
② 접지 계전기
③ 과전류 계전기
④ 역상 계전기

▶ 전기기기 테마 07 변압기

차동 계전기
변압기 내부 고장 발생 시 고·저압측에 설치한 CT 2차 전류의 차에 의하여 계전기를 동작시키는 방식으로 가장 많이 쓰인다.

29
다음 중 변압기의 냉각 방식 종류가 아닌 것은?

① 건식 자냉식
② 유입 자냉식
③ 유입 예열식
④ 유입 송유식

▶ 전기기기 테마 07 변압기

변압기의 냉각 방식은 건식 자냉식, 건식 풍냉식, 유입 자냉식, 유입 풍냉식, 유입 송유식 등이 있다.

30
주상변압기의 고압측에 탭을 여러 개 만드는 이유는?

① 역률 개선
② 단자 고장 대비
③ 선로 전류 조정
④ 선로 전압 조정

▶ 전기기기 테마 07 변압기

주상변압기의 1차측의 5개의 탭을 사용하여 선로 길이에 따른 전압강하를 보상하고 2차측의 출력전압을 조정

정답 26 ③ 27 ② 28 ① 29 ③ 30 ④

31
다음 중 단락비가 큰 동기 발전기를 설명하는 것으로 옳은 것은?

① 동기 임피던스가 작다.
② 단락전류가 작다.
③ 전기자 반작용이 크다.
④ 전압 변동률이 크다.

▶ 전기기기　테마 10　동기기
단락비가 큰 동기기(철기계) 특징
- 전기자 반작용이 작고, 전압 변동률이 작다.
- 공극이 크고 과부하 내량이 크다.
- 기계의 중량이 무겁고 효율이 낮다.
- 안정도가 높다.
- 단락전류가 크다.
- 동기 임피던스가 작다.

32
동기발전기의 병렬운전에 필요한 조건이 아닌 것은?

① 기전력의 크기가 같은 것
② 기전력의 위상이 같은 것
③ 기전력의 용량이 같은 것
④ 기전력의 파형이 같은 것

▶ 전기기기　테마 10　동기기
병렬운전조건
- 기전력의 크기가 같을 것
- 기전력의 위상이 같을 것
- 기전력의 주파수가 같을 것
- 기전력의 파형이 같을 것

33
동기 발전기에서 전기자 전류가 무부하 유도 기전력 보다 $\frac{\pi}{2}$[rad] 앞서 있는 경우에 나타나는 전기자 반작용은?

① 증자 작용
② 감자 작용
③ 교차 자화 작용
④ 직축 반작용

▶ 전기기기　테마 10　동기기
동기 발전기의 전기자 반작용
- 뒤진 전기자 전류: 감자 작용
- 앞선 전기자 전류: 증자 작용

34
동기 전동기의 특징으로 잘못된 것은?

① 일정한 속도로 운전이 가능하다.
② 난조가 발생하기 쉽다.
③ 역률을 조정하기 힘들다.
④ 공극이 넓어 기계적으로 견고하다.

▶ 전기기기　테마 10　동기기
- 부하의 변화에 속도가 불변이다.
- 역률을 임의적으로 조정할 수 있다.
- 공극이 넓으므로 기계적으로 견고하다.
- 공급전압의 변화에 대한 토크 변화가 작다.
- 전부하 시에 효율이 양호하다.
- 여자를 필요로 하므로 직류전원장치가 필요하다.
- 난조가 발생하기 쉽다.

35
동기 전동기를 자기 기동법으로 기동시킬 때 계자 회로는 어떻게 하여야 하는가?

① 단락한다.
② 개방한다.
③ 직류를 공급한다.
④ 단상교류를 공급한다.

▶ 전기기기　테마 10　동기기
계자권선을 개방하고 전기자에 전원을 가하면 전기자 회전자장에 의해 높은 전압이 유기되어 계자회로가 소손될 염려가 있으므로 저항을 통해 단락시켜 놓고 기동한다.

정답　31 ①　32 ③　33 ①　34 ③　35 ①

36

유도전동기에서 슬립이 증가하면 증가하는 것은?

① 2차 출력 ② 2차 효율
③ 2차 주파수 ④ 회전속도

▶ 전기기기 테마 09 유도기

$N=(1-s)N_s$에서
$P_o=(1-s)P_2$, $\eta=1-s=\dfrac{P_o}{P_2}$, $P_{c2}=sP_2$, $f_2=sf_1$이므로 s가 증가하면 η 감소, P_{c2} 증가, f_2 증가한다.

37

아래 회로에서 부하에 최대 전력을 공급하기 위해서 저항 R 및 콘덴서 C의 크기는?

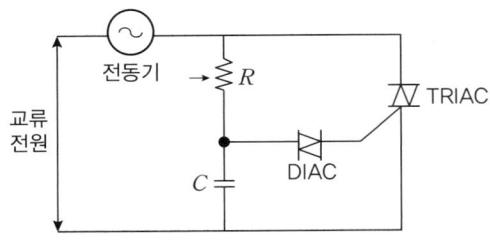

① R은 최대, C는 최대로 한다.
② R은 최소, C는 최소로 한다.
③ R은 최대, C는 최소로 한다.
④ R은 최소, C는 최대로 한다.

▶ 전기기기 테마 11 정류기 및 제어기기

TRIAC은 AC 전력의 위상을 제어하기 위해 DIAC의 Turn-on 시간을 조절하여 최대전력 공급이 가능하다. 위상제어는 시정수 $\tau=R\times C$에 의해 Turn-on되므로 R과 C가 최소가 될 때 지연없이 최대의 전력을 공급하게 된다.

38

다음 중 자기소호 기능이 가장 좋은 소자는?

① SCR ② GTO
③ TRIAC ④ LASCR

▶ 전기기기 테마 11 정류기 및 제어기기

GTO
게이트 신호가 양(+)이면 도통되고, 음(-)이면 자기소호하는 사이리스터이다.

39

단상 전파 사이리스터 정류회로에서 부하가 큰 인덕턴스가 있는 경우, 점호각이 60°일 때의 정류 전압은 약 몇 [V]인가?(단, 전원측 전압의 실횻값은 100[V]이고, 직류측 전류는 연속이다.)

① 141 ② 100
③ 85 ④ 45

▶ 전기기기 테마 11 정류기 및 제어기기

$V_d=0.9V\cos\theta=0.9\times100\times\cos\dfrac{\pi}{3}=45[V]$

40

슬립 4[%]인 유도전동기의 등가 부하 저항은 2차 저항의 몇 배인가?

① 5 ② 19
③ 20 ④ 24

전기기기 테마 09 유도기

$R=r_2\left(\dfrac{1-s}{s}\right)=r_2\times\left(\dfrac{1-0.04}{0.04}\right)=24r_2[\Omega]$

정답 36 ③ 37 ② 38 ② 39 ④ 40 ④

41

저압 구내 가공인입전선으로 전선의 길이가 15[m]를 초과하는 경우 그 전선의 지름은 몇 [mm] 이상을 사용하여야 하는가?

① 1.6
② 2.0
③ 2.6
④ 3.2

▶ 전기설비 테마 17 가공인입선 및 배전선공사
옥외용 비닐절연전선(OW)의 저압 구내 인입선
15[m] 초과: 2.6[mm]
15[m] 이하: 2.0[mm]

42

400[V] 이하의 저압 가공전선의 굵기는 절연전선일 때 몇 [mm] 이상이어야 하는가?

① 1.6
② 2.0
③ 2.6
④ 3.2

▶ 전기설비 테마 17 가공인입선 및 배전선공사
전압이 400[V] 미만인 저압 가공전선은 케이블인 경우를 제외하고는 인장강도 3.43[kN] 이상의 것 또는 지름 3.2[mm](절연전선인 경우는 인장강도 2.3[kN] 이상의 것 또는 지름 2.6[mm] 이상의 경동선) 이상의 것을 사용

43

저압 옥내배선에서 합성수지관 공사시 부속품 선정에 있어 관의 두께는 몇 [mm] 이상 이어야 하는가?

① 2
② 3
③ 4
④ 5

▶ 전기설비 테마 15 배선설비공사 및 전선허용전류 계산
합성수지관 공사 시 관의 두께는 2[mm] 이상이어야 한다.

44

정션 박스 내에서 절연전선을 쥐꼬리 접속한 후 접속과 절연을 위해 사용되는 재료는?

① 링형 슬리브
② S형 슬리브
③ 와이어 커넥터
④ 터미널 러그

▶ 전기설비 테마 14 전선의 접속
와이어 커넥터
정션 박스 내에서 쥐꼬리 접속 후 사용되며, 납땜과 테이프 감기가 필요 없다.

45

옥내 배선을 플로어 덕트 공사에 의하여 실시할 때 사용할 수 있는 단선의 최대 굵기[mm^2]는?

① 4
② 6
③ 10
④ 16

▶ 전기설비 테마 15 배선설비공사 및 전선허용전류 계산
옥내 배선시 플로어 덕트 공사에 사용되는 전선은 단면적 10[mm^2] (알루미늄 선은 단면적 16[mm^2]) 이하의 단선을 사용

정답 41 ③ 42 ③ 43 ① 44 ③ 45 ③

46

과전류차단기를 시설해야 하는 장소로 틀린 것은?

① 전로의 전원측
② 접지측
③ 인입구측
④ 분기회로측

▶ **전기설비** 테마 13 배선재료와 공구
과전류차단기의 시설 금지 장소
- 접지공사의 접지선
- 다선식 전로의 중성선
- 변압기 중성점 접지공사를 한 저압 가공 전선로의 접지측 전선

47

배선용 차단기의 심벌은?

① B ② E
③ BE ④ S

▶ **전기설비** 테마 18 고압 및 저압 배전반공사
- B: 배선용 차단기
- E: 누전차단기
- BE: 누전차단기(과전류 겸용)
- S: 개폐기

48

변압기 중성점에 접지공사를 하는 이유는?

① 전류 변동의 방지
② 전압 변동의 방지
③ 전력 변동의 방지
④ 고저압 혼촉 방지

▶ **전기설비** 테마 16 전선 및 기계기구의 보안공사
변압기 중성점에 접지공사를 하는 이유는 높은 전압과 낮은 전압이 혼촉사고가 발생했을 때 사람에게 위험을 주는 높은 전류를 대지로 흐르게 하기 위함이다.

49

폭연성 먼지가 존재하는 곳의 저압 옥내배선 공사 시 공사 방법으로 짝지어진 것은?

① 금속관 공사, MI 케이블공사, 개장된 케이블 공사
② CD 케이블 공사, MI 케이블 공사, 금속관 공사
③ CD 케이블 공사, MI 케이블 공사, 제1종 캡타이어 케이블 공사
④ 개장된 케이블 공사, CD 케이블 공사, 제1종 캡타이어 케이블 공사

▶ **전기설비** 테마 19 특수장소공사
폭연성 먼지 위험장소에 시설하는 저압 옥내배선 공사 시, 금속관 공사, 개장된 케이블 공사, 무기물 절연 케이블(MI 케이블) 공사에 의하여야 한다.

50

전로에 시설하는 기계기구 중에서 외함 접지공사를 생략할 수 없는 경우는?

① 사용전압이 직류 300[V] 또는 교류 대지전압이 150[V] 초과인 기계기구를 건조한 장소에 시설하는 경우
② 정격 감도 전류 40[mA], 동작시간이 0.5초인 전류 동작형의 인체 감전 보호용 누전 차단기를 시설하는 경우
③ 외함이 없는 계기용변성기가 고무, 합성수지 기타의 절연물로 피복한 것일 경우
④ 철대 또는 외함의 주위에 적당한 절연대를 설치하는 경우

▶ **전기설비** 테마 16 전선 및 기계기구의 보안공사
사용전압이 직류 300[V] 또는 교류 대지전압이 150[V] 초과인 기계기구를 건조한 장소에 시설하는 경우 외함 접지공사를 해야 한다.

정답 46 ② 47 ① 48 ④ 49 ① 50 ①

51
전등 1개를 2개소에서 점멸하고자 할 때 3로 스위치는 최소 몇 개 필요한가?

① 4개 ② 3개
③ 2개 ④ 1개

▶ 전기설비 테마 13 배선재료와 공구

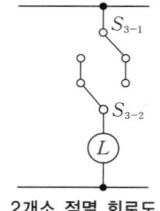
2개소 점멸 회로도

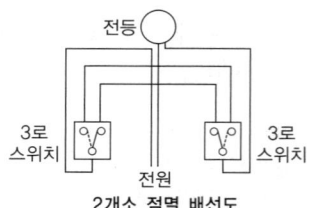
2개소 점멸 배선도

52
인입 개폐기가 아닌 것은?

① ASS ② LBS
③ LS   ④ UPS

▶ 전기설비 테마 18 고압 및 저압 배전반공사
- ASS: 자동고장 구분 개폐기
- LBS: 부하 개폐기
- LS: 선로 개폐기
- UPS: 무정전 전원공급장치

53
옥내배선 공사에서 절연전선의 피복을 벗길 때 사용하면 편리한 공구는?

① 니퍼   ② 플라이어
③ 압착펜치 ④ 와이어 스트리퍼

▶ 전기설비 테마 13 배선재료와 공구
와이어 스트리퍼: 전선의 피복을 벗기는 공구

54
금속 전선관을 직각 구부리기 할 때 굽힘 반지름의 길이는 약 몇 [mm]인가?(단, 16[mm] 합성수지관의 안지름은 18[mm], 바깥지름은 22[mm]이다.)

① 119 ② 132
③ 100 ④ 92

▶ 전기설비 테마 15 배선설비공사 및 전선허용전류 계산

$r = 6d + \dfrac{D}{2}$ (d: 금속 전선관의 안지름, D: 금속 전선관의 바깥지름)

$r = 6 \times 18 + \dfrac{22}{2} = 119 [\text{mm}]$

55
전주 외등의 배선공사 방법으로 알맞지 않은 것은?

① 케이블 공사
② 금속덕트 공사
③ 금속관 공사
④ 합성수지관 공사

▶ 전기설비 테마 15 배선설비공사 및 전선허용전류 계산
전주 외등 공사방법은 케이블 공사, 금속관 공사, 합성수지관 공사 중 하나로 시설

정답 51 ③ 52 ④ 53 ④ 54 ① 55 ②

56

건축물 구조물의 철골 기타의 금속제는 이를 비접지식 고압전로에 시설하는 기계기구의 철대 또는 금속제 외함의 접지공사 또는 비접지식 고압전로와 저압전로를 결합하는 변압기의 저압전로의 접지공사의 접지극으로 사용하기 위한 저항 값은 몇 [Ω] 이하인가?

① 1
② 2
③ 3
④ 4

▶ 전기설비 테마 16 전선 및 기계기구의 보안공사
저압전로의 접지공사에서 접지극으로 사용하기 위한 금속제의 전기저항 값은 2[Ω] 이하로 유지

57

접지시스템의 시설 종류에 알맞지 않은 것은?

① 단독접지
② 개별접지
③ 공통접지
④ 통합접지

▶ 전기설비 테마 16 전선 및 기계기구의 보안공사
접지시스템의 시설의 종류는 단독접지, 공통접지, 통합접지로 구분

58

선택 지락 계전기의 용도는?

① 단일회선에서 접지전류의 대소의 선택
② 단일회선에서 접지전류의 방향의 선택
③ 단일회선에서 접지사고 지속시간의 선택
④ 다회선에서 접지사고 회선의 선택

▶ 전기설비 테마 12 보호계전기
비접지 계통의 다회선에서 발생하는 지락 사고를 감지하고, 사고 회선을 선택적으로 차단하는 데 사용

59

600[V] 이하인 전압 회로에 사용하고 비닐 절연 비닐 외장 케이블의 약호는?

① EV 케이블
② BN 케이블
③ CV 케이블
④ VV 케이블

▶ 전기설비 테마 13 배선재료와 공구
- EV: 폴리에틸렌 절연 비닐 시스케이블
- BN: 부틸고무절연 클로로프렌 시스케이블
- CV: 가교 폴리에틸렌 절연 비닐시스 전력 케이블
- VV: 비닐 절연 비닐 외장 케이블

60

주택, 아파트에서 사용하는 표준부하밀도[VA/m^2]는?

① 10
② 20
③ 30
④ 40

▶ 전기설비 테마 16 전선 및 기계기구의 보안공사

부하 구분	건물종류 및 부분	표준 부하밀도 [VA/m^2]
표준 부하	공장, 공회당, 사원, 교회, 극장, 영화관, 연회장 등	10
	기숙사, 여관, 호텔, 병원, 학교, 음식점, 다방, 대중목욕탕	20
	사무실, 은행, 상점, 이발소, 미용원	30
	주택, 아파트	40

정답 56 ② 57 ② 58 ④ 59 ④ 60 ④

2023년 1회 CBT 기출

01
아래 그림과 같이 자극 사이에 있는 도체에 전류 I[A]가 흐를 때 작용하는 힘의 방향은?

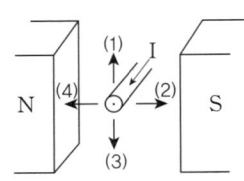

① (1) ② (2)
③ (3) ④ (4)

▶ 전기이론 테마 02 자기장 성질과 전류에 의한 자기장
힘의 방향을 결정할 때 사용하는 법칙은 플레밍의 왼손 법칙이다. 이 법칙을 적용하면 전류가 흐르는 도체는 (1) 방향으로 힘을 받는다.(엄지: 힘의 방향, 검지: 자기장의 방향 $N{\rightarrow}S$, 중지: 전류의 방향)

02
도체의 전기저항(R)에 대한 설명으로 옳은 것은?

① 길이와 단면적에 비례한다.
② 길이와 단면적에 반비례한다.
③ 길이에 비례하고 단면적에 반비례한다.
④ 고유저항율에 반비례한다.

▶ 전기이론 테마 04 직류회로
전기저항 $R=\rho\dfrac{l}{S}$ 이다. 도선의 단면적(S)에 반비례하고 도선의 길이(l)에 비례하며 도선의 고유저항율(ρ)에 비례한다.

03
3상 교류 회로의 선간 전압이 13,200[V], 선전류가 800[A], 역률 80[%] 부하의 소비 전력은 약 몇 [MW]인가?

① 4.88 ② 8.45
③ 14.63 ④ 25.34

▶ 전기이론 테마 05 교류회로
3상 유효전력
$P=\sqrt{3}\,VI\cos\theta=\sqrt{3}\times 13{,}200\times 800\times 0.8\times 10^{-6}=14.63[\text{MW}]$

04
$v=1+j2$[V], $i=2-j2$[A]일 때 무효전력[Var]은?

① 2 ② 4
③ 6 ④ 8

▶ 전기이론 테마 05 교류회로
무효전력 $P_r=VI\sin\theta$[Var]
전압실효치 $V=\sqrt{1^2+2^2}\angle\tan^{-1}\left(\dfrac{2}{1}\right)=\sqrt{5}\angle 63.4°$[V]
전류실효치 $I=\sqrt{2^2+2^2}\angle\tan^{-1}\left(-\dfrac{2}{2}\right)=2\sqrt{2}\angle-45°$[A]
임피던스 $Z=\dfrac{V}{I}=\dfrac{\sqrt{5}\angle 63.4°}{2\sqrt{2}\angle-45°}=0.79\angle 108.4°$[Ω]
무효전력 $P_r=\sqrt{5}\times 2\sqrt{2}\times\sin 108.4°=6$[Var]

05
권수 N회인 코일(coil)에 I[A]의 전류에 의해 자속 ϕ[Wb]가 발생했을 때 인덕턴스 L[H]은?

① $L=\dfrac{I\phi}{N}$ ② $L=\dfrac{N\phi}{I}$
③ $L=\dfrac{NI}{\phi}$ ④ $L=\dfrac{\phi}{NI}$

▶ 전기이론 테마 03 전자력과 전자유도
자기유도법칙과 전자유도법칙 관계가 $LI=N\phi$이다.
∴ $L=\dfrac{N\phi}{I}$[H]

정답 01 ① 02 ③ 03 ③ 04 ③ 05 ②

06

R−L 직렬 회로에 교류전압 $e(t)$[V]를 가했을 때 이 회로의 위상 θ는?

① $\tan^{-1}\dfrac{R}{\omega L}$ ② $\tan^{-1}\dfrac{\omega L}{R}$

③ $\tan^{-1}\dfrac{1}{R\omega L}$ ④ $\tan^{-1}\dfrac{L}{R}$

▶ 전기이론 테마 05 교류회로

R−L 직렬회로의 임피던스 $Z=R+jX_L=R+j\omega L[\Omega]$일 때, 위상 $\theta=\tan^{-1}\left(\dfrac{\omega L}{R}\right)$

07

다음은 무슨 법칙을 설명한 것인가?

> 임의의 폐회로에서의 전압 총합은 회로소자에서 발생하는 전압강하의 총합과 같다.

① 키르히호프의 전압 법칙
② 키르히호프의 전류 법칙
③ 플레밍의 오른손 법칙
④ 플레밍의 왼손 법칙

▶ 전기이론 테마 04 직류회로
- 키르히호프의 전류 법칙: 분기점에서 들어오는 전류의 합과 나가는 전류의 합은 같다.
- 키르히호프의 전압 법칙: 폐회로에서 회로에 제공하는 기전력은 각 회로소자에서 발생하는 전압강하의 합과 같다.
- 플레밍의 오른손 법칙: 힘과 자속밀도 방향이 주어지면 기전력의 방향을 결정하는 법칙
- 플레밍의 왼손 법칙: 자속밀도와 전류 방향이 주어지면 힘의 방향을 결정하는 법칙

08

공기 중에서 5[m] 간격을 유지하고 있는 2개의 평행 도선에 각각 20[A]의 전류가 동일한 방향으로 흐를 때 도선 1[m]당 발생하는 힘의 크기[N]는?

① 160×10^{-7} ② 180×10^{-7}
③ 200×10^{-7} ④ 220×10^{-7}

▶ 전기이론 테마 01 전기의 성질과 전하에 의한 전기장
흡인력
$F = \dfrac{\mu_0 I_1 I_2}{2\pi d} = \dfrac{4\pi \times 10^{-7} \times 20 \times 20}{2\pi \times 5} = 160 \times 10^{-7}$ [N/m]

09

내부 저항이 0.2[Ω]인 전지 10개를 병렬 연결할 때, 전체 내부 저항은?

① 0.01[Ω] ② 0.02[Ω]
③ 0.1[Ω] ④ 1[Ω]

▶ 전기이론 테마 04 직류회로

저항값이 r인 저항을 N개 병렬 연결하면 합성저항은 $\dfrac{r}{N}$이 된다.

합성저항 $R_t = \dfrac{0.2}{10} = 0.02[\Omega]$

10

전압 220[V], 전력 60[W]인 전구 10개를 20시간 동안 사용하였을 때의 사용 전력량[kWh]은 얼마인가?

① 12 ② 15
③ 120 ④ 150

▶ 전기이론 테마 06 전류의 열작용과 화학작용
전구 1개당 소비되는 전력은 60[W]
전체 소비되는 전력
$Pt = 60[W] \times 10[개] \times 20[h] = 12,000[Wh] = 12[kWh]$

정답 06 ② 07 ① 08 ① 09 ② 10 ①

11

전류에 의한 자기장과 직접적으로 관련이 없는 것은?

① 줄의 법칙
② 플레밍의 왼손 법칙
③ 비오-사바르의 법칙
④ 앙페르의 오른나사의 법칙

▶ **전기이론** 테마 02 자기장 성질과 전류에 의한 자기장
- 줄의 법칙: 전류와 저항에서 소비하는 에너지(열량)와 관련 있는 법칙
- 플레밍의 왼손 법칙: 자계에 의해 전류 도체가 받는 회전력 방향(자기력의 방향)을 결정하는 법칙
- 비오-사바르의 법칙: 전류에 의해 발생하는 자계의 세기를 계산하는 법칙
- 앙페르의 오른나사 법칙: 전류에 의해 발생하는 자계의 방향을 결정하는 법칙

12

자속밀도 $2[\text{Wb/m}^2]$의 평등 자장 안에 길이 $2[\text{m}]$의 도선을 자장과 $60°$의 각도로 놓고 $10[\text{A}]$의 전류를 흘리면 도선에 작용하는 힘은 몇 $[\text{N}]$인가?

① $20\sqrt{3}$ ② $20\sqrt{2}$
③ $10\sqrt{3}$ ④ $10\sqrt{2}$

▶ **전기이론** 테마 02 자기장 성질과 전류에 의한 자기장
평등 자계에 놓인 도체에 전류가 흐를 때 전류가 흐르는 도체가 받는 힘
$F = I\vec{l} \times \vec{B} = IBl\sin\theta$
$F = 10 \times 2 \times 2 \times \sin 60° = 40 \times \frac{\sqrt{3}}{2} = 20\sqrt{3}[\text{N}]$

13

저항 R에 전압 V를 가하니 전류 I가 흘렀다. 이 회로의 저항을 $20[\%]$ 줄이면 전류 I는 처음의 몇 배가 되는가?

① 1.25 ② 1.35
③ 1.45 ④ 1.55

▶ **전기이론** 테마 04 직류회로
$V = IR$에서 $I = \frac{V}{R'} = \frac{V}{0.8R} = 1.25\frac{V}{R}[\text{A}]$

14

$16[\mu\text{F}]$와 $2[\mu\text{F}]$의 콘덴서를 병렬로 접속하고 $100[\text{V}]$의 전압을 가했을 때 축적되는 전 전하량은 몇 $[\mu\text{C}]$인가?

① 200 ② 800
③ 1,000 ④ 1,800

▶ **전기이론** 테마 02 자기장 성질과 전류에 의한 자기장
전하량 $Q = CV[\text{C}]$이고,
합성 정전용량 $C = 16[\mu\text{F}] + 2[\mu\text{F}] = 18[\mu\text{F}]$이다.
전하량 $Q = 100[\text{V}] \times 18[\mu\text{F}] = 1,800[\mu\text{C}]$

15

다음 중 와류손의 특성으로 알맞은 것은?

① 도전율에 반비례한다.
② 주파수의 2승에 비례한다.
③ 최대자속밀도에 비례한다.
④ 고유저항율에 비례한다.

▶ **전기이론** 테마 02 자기장 성질과 전류에 의한 자기장
와류손은 철심에 와전류가 흐르면 발생하는 손실로,
따라서 $P_e = \sigma f^2 B^2 \frac{t}{\rho}[\text{W}]$이므로 주파수와 자속밀도의 제곱에 비례한다. 도전율에 비례하며 물질의 고유저항율에 반비례한다.

정답 11 ① 12 ① 13 ① 14 ④ 15 ②

16

전류 1[A]가 흐르는 코일에 2[J]의 에너지가 저장되어 있다. 자체 인덕턴스[H] 값은?

① 2   ② 4
③ 6   ④ 8

▶ 전기이론 테마 03 전자력과 전자유도

인덕턴스에 저장되는 에너지 $W = \frac{1}{2}LI^2$에서

$L = \frac{2W}{I^2} = \frac{2 \times 2}{1^2} = 4[H]$

17

그림과 같은 회로에서 c와 d에서 본 합성 저항은 몇 [Ω]인가?

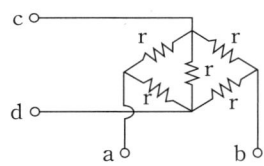

① $\frac{r}{2}$ ② $2r$
③ $\frac{3}{2}r$ ④ r

▶ 전기이론 테마 04 직류회로

c와 d에서 본 합성저항은 $2r$과 r과 $2r$이 병렬로 연결된 것이다.

합성저항 $R = \dfrac{1}{\frac{1}{2r} + \frac{1}{r} + \frac{1}{2r}}$ ∴ $R = \dfrac{r}{2}$

18

10[C]의 전기량이 두 점 사이를 이동하여 50[J]의 일을 하였다면 이 두 점 사이의 전위차는 몇 [V]인가?

① 3   ② 5
③ 7   ④ 9

▶ 전기이론 테마 01 전기의 성질과 전하에 의한 전기장

두 점의 전위차인 전압 $V = \dfrac{W}{Q}$이고, $V = \dfrac{50}{10} = 5[V]$이다.

19

키르히호프의 제1법칙은?

① 전압에 관한 법칙이다.
② 전류에 관한 법칙이다.
③ 정전기에 관한 법칙이다.
④ 자기에 관한 법칙이다.

▶ 전기이론 테마 04 직류회로

키르히호프 제1법칙은 전류에 관한 법칙이고, 제2법칙은 전압에 관한 법칙이다.

20

$R = 2[Ω]$, $L = 10[mH]$, $C = 4[μF]$으로 구성되는 직렬 공진회로의 L과 C에서의 전압 확대율은?

① 3   ② 6
③ 16 ④ 25

▶ 전기이론 테마 05 교류회로

전압 확대도 또는 양호도(Q)는 전원 전압 V에 대한 L 및 C 양단자의 단자전압의 비율이다.

$Q_L = \dfrac{V_L}{V} = \dfrac{I\omega L}{IR} = \dfrac{\omega L}{R}$, $Q_C = \dfrac{V_C}{V} = \dfrac{I\frac{1}{\omega C}}{IR} = \dfrac{1}{\omega CR}$

직렬회로는 전류 I가 일정하고 직렬공진 시 $Q_L = Q_C$

$Q^2 = Q_L \cdot Q_C = \dfrac{\omega L}{R} \cdot \dfrac{1}{\omega CR} \Rightarrow Q = \sqrt{\dfrac{L}{R^2 C}} = \dfrac{1}{R}\sqrt{\dfrac{L}{C}}$

$Q = \dfrac{1}{2}\sqrt{\dfrac{10 \times 10^{-3}}{4 \times 10^{-6}}} = 25$

정답 16 ② 17 ① 18 ② 19 ② 20 ④

21

반파 정류회로에서 변압기 2차 전압의 실효치를 $E[V]$라 하면 직류 전류 평균치는?(단, 정류기의 전압강하는 무시한다.)

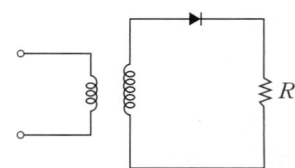

① $\dfrac{\sqrt{2}}{\pi} \cdot \dfrac{E}{R}$
② $\dfrac{1}{2} \cdot \dfrac{E}{R}$
③ $\dfrac{2\sqrt{2}}{\pi} \cdot \dfrac{E}{R}$
④ $\dfrac{E}{R}$

▶ 전기기기 테마 11 정류기 및 제어기기
- 단상반파 출력전압 평균값 $E_d = \dfrac{\sqrt{2}}{\pi} E[V]$
- 직류 전류 평균값 $I_d = \dfrac{E_d}{R} = \dfrac{\sqrt{2}}{\pi} \cdot \dfrac{E}{R}[A]$

22

정류자와 접촉하여 전기자 권선과 외부회로를 연결하는 역할을 하는 것은?

① 계자
② 전기자
③ 브러시
④ 계자철심

▶ 전기기기 테마 08 직류기
브러시의 역할은 정류자 면에 접촉하여 전기자 권선과 외부회로를 연결하는 것

23

주파수가 60[Hz]인 3상 2극의 유도전동기가 있다. 슬립이 10[%]일 때 이 전동기의 회전수는 몇 [rpm]인가?

① 1,620
② 1,800
③ 3,240
④ 3,600

▶ 전기기기 테마 09 유도기
동기속도는 $N_s = \dfrac{120f}{p} = \dfrac{120 \times 60}{2} = 3,600$[rpm]
슬립은 $s = \dfrac{N_s - N}{N_s} \times 100$[%]이므로
$N = (1-s)N_s = (1-0.1) \times 3,600 = 3,240$[rpm]

24

3상 변압기의 병렬운전 시 병렬운전이 불가능한 결선 조합은?

① $\varDelta - \varDelta$와 $Y - Y$
② $\varDelta - \varDelta$와 $\varDelta - Y$
③ $\varDelta - Y$와 $\varDelta - Y$
④ $\varDelta - \varDelta$와 $\varDelta - \varDelta$

▶ 전기기기 테마 07 변압기
변압기군의 병렬운전 조합

병렬운전 가능		병렬운전 불가능
△−△와 △−△	△−Y와 △−Y	△−△와 △−Y
Y−Y와 Y−Y	△−△와 Y−Y	Y−Y와 △−Y
Y−△와 Y−△	△−Y와 Y−△	

25

동기 발전기의 병렬운전 조건이 아닌 것은?

① 기전력의 주파수가 같을 것
② 기전력의 위상이 같을 것
③ 기전력의 크기가 같을 것
④ 발전기의 회전수가 같을 것

▶ 전기기기 테마 10 동기기
병렬운전 조건
- 기전력의 크기가 같을 것
- 기전력의 위상이 같을 것
- 기전력의 주파수가 같을 것
- 기전력의 파형이 같을 것

정답 21 ① 22 ③ 23 ③ 24 ② 25 ④

26
전기기기의 철심 재료로 규소강판을 많이 사용하는 이유로 가장 적당한 것은?

① 와류손을 줄이기 위해
② 맴돌이 전류를 없애기 위해
③ 히스테리시스손을 줄이기 위해
④ 구리손을 줄이기 위해

▶ 전기기기 테마 07 변압기
- 규소강판 사용: 히스테리시스손 감소
- 성층철심 사용: 와류손(맴돌이 전류손) 감소

27
3상 전원에서 2상 전원을 얻기 위한 변압기의 결선 방법은?

① V ② △
③ Y ④ T

▶ 전기기기 테마 07 변압기

3상 교류를 2상 교류로 변환
- 스코트 결선(T결선)
- 우드 브리지 결선
- 메이어 결선

28
주상 변압기의 냉각방식 종류는?

① 건식 자냉식   ② 유입 자냉식
③ 유입 송유식   ④ 유입 풍냉식

▶ 전기기기 테마 07 변압기

변압기의 냉각방식은 건식 자냉식, 건식 풍냉식, 유입 자냉식, 유입 풍냉식, 유입 송유식 등 있으며, 주상 변압기는 주로 유입 자냉식을 채택한다.

29
다음 중 무효전력의 단위는 어느 것인가?

① W   ② Var
③ kW   ④ VA

▶ 전기기기 테마 10 동기기
- ①, ③: 유효전력
- ④: 피상전력

30
교류 전동기를 직류 전동기처럼 속도 제어하려면 가변 주파수의 전원이 필요하다. 주파수 f_1에서 직류로 변환하지 않고 바로 주파수 f_2로 변환하는 변환기는?

① 주파수원 인버터
② 사이리스터 컨버터
③ 사이클로 컨버터
④ 전압·전류원 인버터

▶ 전기기기 테마 11 정류기 및 제어기기

어떤 주파수의 교류 전력을 다른 주파수의 교류 전력으로 변환하는 것을 주파수 변환이라고 하며, 직접식과 간접식이 있다. 간접식은 정류기와 인버터를 결합시켜서 변환하는 방식이고, 직접식은 교류에서 직접 교류로 변환시키는 방식으로 사이클로 컨버터라고 한다.

정답 26 ③   27 ④   28 ②   29 ②   30 ③

31

6극 직류 파권 발전기의 전기자 도체수 300, 매극 자속 0.02[Wb], 회전수 900[rpm]일 때 유도기전력[V]은?

① 90
② 110
③ 220
④ 270

▶ 전기기기 테마 08 직류기

유도기전력 $E = \dfrac{pZ}{60a}\phi N$[V]에서 파권의 경우 $a=2$이므로

$E = \dfrac{6 \times 300}{60 \times 2} \times 0.02 \times 900 = 270$[V]

32

농형 유도전동기가 많이 사용되는 이유가 아닌 것은?

① 기동 시 기동특성이 우수하다.
② 구조가 간단하다.
③ 값이 싸고 튼튼하다.
④ 운전과 사용이 편리하다.

▶ 전기기기 테마 09 유도기

농형 유도전동기가 많이 쓰이는 이유
- 교류 전원을 쉽게 얻을 수 있다.
- 구조가 간단하고 튼튼하다.
- 가격이 싸다.
- 취급과 운전이 쉽다.

33

일정 전압 및 일정 파형에서 주파수가 상승하면 변압기 철손은 어떻게 변하는가?

① 증가한다.
② 불변한다.
③ 감소한다.
④ 어떤 기간 동안 증가한다.

▶ 전기기기 테마 07 변압기

- 철손 = 히스테리시스손 + 와류손 $\propto f \cdot B_m^{1.6} + (t \cdot f \cdot B_m)^2$
- 유도기전력 $E = 4.44 \cdot f \cdot N \cdot \phi_m = 4.44 \cdot f \cdot N \cdot A \cdot B_m$에서 일정 전압이므로 $f \propto \dfrac{1}{B_m}$이다.

따라서 주파수가 상승하면 철손은 감소한다.

34

회전변류기의 직류측 전압을 조정하는 방법이 아닌 것은?

① 직렬 리액턴스에 의한 방법
② 동기 승압기를 사용하는 방법
③ 부하 시 전압 조정 변압기를 사용하는 방법
④ 여자 전류를 조정하는 방법

▶ 전기기기 테마 11 정류기 및 제어기기

회전변류기는 그림과 같이 동기전동기의 전기자 권선에 슬립링을 통하여 교류를 가하면, 전기자에 접속된 정류자에서 직류전압을 얻을 수 있는 기기이다. 직류측의 전압을 변경하려면 슬립링에 가해지는 교류측 전압을 변화시켜야 하는데 그 방법에는 직렬 리액턴스, 유도전압조정기, 부하 시 전압 조정 변압기, 동기 승압기 등이 있다.

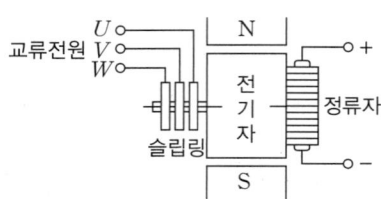

35

보극이 없는 직류 전동기에 전기자 반작용을 줄이기 위해 브러시를 어떠한 방향으로 이동시키는가?

① 회전 방향과 반대 방향
② 주자극의 N극 방향
③ 주자극의 S극 방향
④ 회전 방향과 같은 방향

▶ 전기기기 테마 08 직류기

그림과 같은 회전 방향으로 전기 중성축이 이동하므로, 브러시의 위치를 회전 방향으로 이동한다.

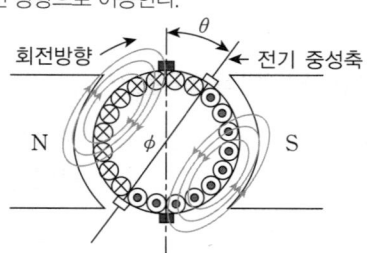

정답 31 ④ 32 ① 33 ③ 34 ④ 35 ④

36

다음 중 제동권선에 의한 기동토크를 이용하여 동기전동기를 기동시키는 방법은?

① 저주파 기동법 ② 고주파 기동법
③ 기동 전동기법 ④ 자기 기동법

▶ 전기기기 테마 10 동기기
동기전동기의 자기(자체) 기동법
- 회전자 자극 표면에 제동(기동)권선을 설치하여 기동 시에 농형 유도전동기로 동작시켜 기동시키는 방법이다.
- 계자권선을 개방하고 전기자에 전원을 가하면 전기자 회전자장에 의해 높은 전압이 유기되어 계자회로가 소손될 염려가 있으므로 저항을 통해 단락시켜 놓고 기동한다.
- 전기자에 처음부터 전 전압을 가하면 큰 기동전류가 흘러 전기자를 과열시키거나 전압강하가 심하게 발생하므로 전 전압의 30~50%로 기동한다.
- 기동토크가 적기 때문에 무부하 또는 경부하로 기동시켜야 하는 단점이 있다.

37

3상 유도전동기의 1차 입력 60[kW], 1차 손실 1[kW], 슬립 3[%]일 때 기계적 출력은 약 몇 [kW]인가?

① 57 ② 75
③ 95 ④ 100

▶ 전기기기 테마 09 유도기
$P_2 : P_{2c} : P_0 = 1 : s : (1-s)$이므로
$P_2 = $1차 입력$-$1차 손실$= 60 - 1 = 59$[kW]
$P_0 = (1-s)P_2 = (1-0.03) \times 59 = 57$[kW]

38

슬립이 0.05인 유도전동기의 회전자 회로의 주파수가 3[Hz]일 때, 전원 주파수는?

① 0.15 ② 0.3
③ 60   ④ 120

▶ 전기기기 테마 09 유도기
회전자 회로의 주파수는 $f_2 = sf_1$[Hz]이므로
$f_1 = \dfrac{f_2}{s} = \dfrac{3}{0.05} = 60$[Hz]

39

직류기에서 정류를 좋게 하는 방법 중 전압 정류의 역할은?

① 탄소   ② 보극
③ 리액턴스전압 ④ 보상권선

▶ 전기기기 테마 08 직류기
정류를 좋게 하는 방법
- 저항 정류: 접촉저항이 큰 브러시 사용
- 전압 정류: 보극 설치

40

발전기 권선의 층간단락 보호에 가장 적합한 계전기는?

① 차동 계전기 ② 온도 계전기
③ 방향 계전기 ④ 접지 계전기

▶ 전기기기 테마 07 변압기
- 차동 계전기: 고장에 의하여 생긴 불평형의 전류차가 기준치 이상으로 되었을 때 동작하는 계전기이다. 변압기 내부 고장 검출용으로 주로 사용된다.

정답 36 ④ 37 ① 38 ③ 39 ② 40 ①

41

금속덕트를 취급자 이외에는 출입할 수 없는 곳에서 수직으로 설치하는 경우 지지점 간의 거리는 최대 몇 [m] 이하로 하여야 하는가?

① 1.5
② 2.0
③ 3.0
④ 6.0

▶ 전기설비 테마 15 배선설비공사 및 전선허용전류 계산
금속덕트를 조영재에 붙이는 경우에는 덕트의 지지점 간의 거리를 3[m](취급자 이외의 자가 출입할 수 없도록 설비한 곳에서 수직으로 붙이는 경우에는 6[m]) 이하로 하고 또한 견고하게 붙일 것

42

셀룰로이드, 성냥, 석유류 등 기타 가연성 위험물질을 제조 또는 저장하는 장소의 공사로 틀린 것은?

① 금속관 공사
② 애자 사용 공사
③ 케이블 공사
④ 2[mm] 이상 합성수지관(난연성 콤바인덕트관 제외) 공사

▶ 전기설비 테마 19 특수장소공사
위험물이 있는 곳의 공사: 금속관 공사, 케이블 공사, 합성수지관 공사(두께 2[mm] 이상)에 의하여 시설한다.

43

전기 배선용 도면을 작성할 때 사용하는 매입용 콘센트 도면 기호는?

①
②
③
④

▶ 전기설비 테마 13 배선재료와 공구
① 매입용 콘센트
② 비상조명등
③ 백열등
④ 점검구

44

가공 전선로의 지지물에 시설하는 지선의 안전율은 얼마 이상이어야 하는가?

① 3.5
② 3.0
③ 2.5
④ 1.0

▶ 전기설비 테마 17 가공인입선 및 배전선공사
지선의 시공
• 지선의 안전율 2.5 이상, 허용 인장하중 최저 4.31[kN]
• 지선을 연선으로 사용할 경우, 3가닥 이상으로 2.6[mm] 이상의 금속선 사용

45

480[V] 가공인입선이 철도를 횡단할 때 레일면상의 최저 높이는 몇 [m]인가?

① 4[m]
② 4.5[m]
③ 5.5[m]
④ 6.5[m]

▶ 전기설비 테마 17 가공인입선 및 배전선공사
인입선의 높이는 다음에 의할 것

구분	저압 인입선[m]	고압 및 특고압인입선[m]
도로 횡단	5	6
철도 궤도 횡단	6.5	6.5
기타	4	5

46

인입용 비닐절연전선의 약호(기호)는?

① VV
② DV
③ OW
④ CVV

▶ 전기설비 테마 13 배선재료와 공구
• VV: 비닐절연 비닐시스 케이블
• DV: 인입용 비닐 절연 전선
• OW: 옥외용 비닐 절연 전선
• CVV: 비닐절연 비닐시스 제어 케이블

정답 41 ④ 42 ② 43 ① 44 ③ 45 ④ 46 ②

47

코드나 케이블 등을 기계기구의 단자 등에 접속할 때 몇 [mm²]가 넘으면 그림과 같은 터미널 러그(압착단자)를 사용하여야 하는가?

① 10
② 6
③ 4
④ 2

▶ 전기설비 테마 13 배선재료와 공구
한국전기설비규정에 의해 기구단자가 누름나사형, 크램프형 또는 이와 유사한 구조로 된 것을 제외하고 단면적 6[mm²]를 초과하는 코드 및 캡타이어 케이블에는 터미널 러그를 부착해야 한다.

48

실내 전체를 균일하게 조명하는 방식으로 광원을 일정한 간격으로 배치하여 공장, 학교, 사무실 등에서 사용되는 조명 방식은?

① 전반조명
② 국부조명
③ 직접조명
④ 간접조명

▶ 전기설비 테마 20 전기응용 시설공사
조명기구의 배치에 의한 분류
- 전반조명: 작업면 전반에 균등한 조도를 가지게 하는 방식으로 광원을 일정한 높이와 간격으로 배치하며 일반적으로 사무실, 학교, 공장 등에 사용된다.
- 국부조명: 작업 면의 필요한 장소만 고조도로 하기 위한 방식으로 그 장소에 조명기구를 밀집하여 설치하거나 스탠드 등을 사용한다. 이 방식은 밝고 어둠의 차이가 커서 눈부심을 일으키고 눈이 피로하기 쉬운 결점이 있다.
- 직접조명: 광원의 하향 광속을 이용하는 방식으로 빛의 손실이 적고 효율은 높지만, 천장이 어두워지고 강한 그늘이 생기며 눈부심이 생기기 쉽다.
- 간접조명: 광원에서 나오는 빛을 천장이나 벽에 반사시키는 방식으로 전체적으로 부드럽고 눈부심과 그늘이 적은 조명을 얻을 수 있다. 그러나 효율이 매우 나쁘고, 설비비가 많이 든다.

49

다음에 (　) 안에 알맞은 낱말은?

뱅크(Bank)란 전로에 접속된 변압기 또는 (　)의 결선 상 단위를 말한다.

① 차단기
② 단로기
③ 콘덴서
④ 리액터

▶ 전기설비 테마 16 전선 및 기계기구의 보안공사
뱅크(Bank)란 전로에 접속된 변압기 또는 콘덴서의 결선 상 단위를 말한다.

50

한 방향으로 일정값 이상의 전류가 흘렀을 때 동작하는 계전기는?

① 선택지락 계전기
② 방향단락 계전기
③ 차동 계전기
④ 거리 계전기

▶ 전기설비 테마 12 보호계전기
보호 계전기의 종류
- 선택지락 계전기: 병행 2회선 중 한쪽의 회선에 지락사고 발생 시, 어느 회선에 사고가 발생하는가를 선택하는 계전기이다.
- 방향단락 계전기: 보호하고자 하는 방향(일정한 방향)에서 일정한 값 이상의 고장전류가 흐를 때 작동하는 계전기로 그 반대 방향에서는 고장전류가 흘러도 동작하지 않는다.
- 차동 계전기: 고장에 의하여 생긴 불평형의 전류차가 기준치 이상으로 되었을 때 동작하는 계전기이다. 변압기 내부 고장 검출용으로 주로 사용된다.
- 거리 계전기: 계전기가 설치된 위치로부터 고장점까지의 전기적 거리에 비례하여 한시로 동작하는 계전기이다.

정답　47 ②　48 ①　49 ③　50 ②

51

전선의 구비조건이 아닌 것은?

① 비중이 클 것 ② 가요성이 풍부할 것
③ 도전율이 클 것 ④ 기계적 강도가 클 것

▶ 전기설비 테마 13 배선재료와 공구
  전선의 구비조건
  • 도전율이 크고, 기계적 강도가 클 것
  • 신장률이 크고, 내구성이 있을 것
  • 비중(밀도)이 작고, 가선이 용이할 것
  • 가격이 저렴하고, 구입이 쉬울 것

52

수·변전 설비에서 변류기(CT)의 설치 목적은?

① 고전압을 저전압으로 변성
② 대전류를 소전류로 변성
③ 선로전류 조정
④ 지락전류 측정

▶ 전기설비 테마 18 고압 및 저압 배전반공사
  • 변류기: 대전류를 측정하기 위해 낮은 전류로 변성하기 위한 변압기로 2차 전류는 5[A]가 표준이다.

53

전선 구분 시 전선의 색상은 L1, L2, L3, N 순서대로 어떻게 되는가?

① L1-갈, L2-흑, L3-회, N-청
② L1-갈, L2-회, L3-흑, N-청
③ L1-흑, L2-회, L3-갈, N-청
④ L1-흑, L2-청, L3-갈, N-회

▶ 전기설비 테마 13 배선재료와 공구

상(문자)	색상
L1	갈색
L2	흑색
L3	회색
N	청색
보호도체(PE)	녹색-노란색

54

전기저항이 작고, 부드러운 성질이 있어 구부리기가 용이하여 주로 옥내 배선에 사용하는 구리선의 명칭은?

① 연동선 ② 경동선
③ 합성연선 ④ 중공연선

▶ 전기설비 테마 13 배선재료와 공구
  • 연동선: 경동선의 제조과정과 동일하게 상온에서 가공된 동선을 400[℃]로 다시 가열하여 서서히 식혀서 만든 전선으로 도전율은 상승하지만, 경도는 낮아지고 연한 특성을 가진다. 주로 옥내 배선용이다.
  • 경동선: 구리를 900[℃]로 가열하여 압연해서 만들어 냉각된 후에 상온에서 다이스로 원하는 굵기의 와이어로 만든 전선으로 도전율은 연동선에 97[%] 정도 되는 특성을 가진다.
  • 합성연선: 2종 이상의 금속선을 꼬아서 만든 전선으로 강심알루미늄연선 등이 있다.
  • 중공연선: 도체의 중심 부분에는 소선이 없고 외곽 부분에만 소선이 있는 전선으로 송전선로의 코로나 발생을 방지하기 위해 만든 전선이다.

55

래크(Rack) 배선은 어떤 곳에 사용되는가?

① 고압 가공선로 ② 고압 지중선로
③ 저압 가공선로 ④ 저압 지중선로

▶ 전기설비 테마 17 가공인입선 및 배전선공사
  • 래크(Rack) 배선: 저압 가공배전선로에서 전선을 수직으로 애자를 설치하는 배선

56

차단기 문자 기호 중 'OCB'는?

① 자기 차단기 ② 기중 차단기
③ 진공 차단기 ④ 유입 차단기

▶ 전기설비 테마 18 고압 및 저압 배전반공사
  각각 아래와 같다.
  ① MBB
  ② ACB
  ③ VCB
  ④ OCB

정답 51 ① 52 ② 53 ① 54 ① 55 ③ 56 ④

57

두 개의 접지막대와 눈금계, 계기와 도선을 연결한 후 전환스위치를 이용해서 검류계의 지시값을 '0'으로 하여 접지저항을 측정하는 방법은?

① 콜라우시 브리지　② 켈빈 더블 브리지
③ 접지저항계　　　④ 휘스톤 브리지

▶ **전기설비** 테마 16 **전선 및 기계기구의 보안공사**

접지저항계는 다음 그림과 같이 측정 접지극(E), 2개의 보조전극(P, C), 계기로 구성된다.

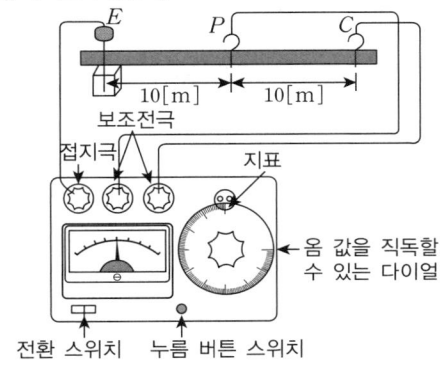

측정하는 순서
1. 측정 접지극(E)과 2개의 보조전극(P, C)을 도선으로 계기에 접속
2. 전환스위치를 B(배터리)로 하고 내장 전지의 극성을 확인
3. 전환스위치를 V(전압)로 전환하여 E, P 간의 전압을 측정
4. 전환 스위치를 Ω(저항)으로 전환하고, 누름 스위치를 한 손으로 누르고 검류계의 지침이 '0'에 오도록 배율과 눈금판을 조절
5. 검류계의 지침이 '0'이 되면 그때의 눈금판의 값과 배율의 값을 곱하여 접지저항을 구함

58

평균 구면 광도 I[cd]의 전등에서 발산되는 전광속 수 [lm]는?

① $4\pi I$　　② $2\pi I$
③ πI　　　④ $4\pi r^2$

▶ **전기설비** 테마 20 **전기응용 시설공사**

광도 I는 광원에서 어느 방향으로 향하는 단위 입체각 ω당 발산 광속 F를 의미한다. $I=\dfrac{F}{\omega}$이므로 전광속 $F=\omega I=4\pi I$[lm]이다. 여기서, $\omega=4\pi$는 구면 전체의 입체각을 의미한다.

59

금속관 공사 시 박스나 캐비닛의 녹아웃의 지름이 관의 지름보다 클 때에 사용되는 접속기구는?

① 링 리듀서　　② 터미널 캡
③ 앤트랜스 캡　④ 유니버설

▶ **전기설비** 테마 13 **배선재료와 공구**

- 링 리듀서: 다음 그림과 같이 박스의 녹아웃 지름이 관의 지름보다 클 때 사용된다.

60

교통신호등 회로의 사용전압이 몇 [V]를 넘으면 전로에 지락이 생겼을 경우 자동적으로 전로를 차단하는 누전차단기를 시설하여야 하는가?

① 50　　② 100
③ 150　④ 200

▶ **전기설비** 테마 19 **특수장소공사**

한국전기설비규정에 의해 교통신호등 회로의 사용전압이 150[V]를 넘는 경우에는 전로에 지락이 생겼을 경우 자동적으로 전로를 차단하는 누전차단기를 시설할 것

정답　57 ③　58 ①　59 ①　60 ③

01

저항 10[Ω]과 유도성 리액턴스 10[Ω]이 직렬로 연결된 회로에 150[V]의 교류 전압을 인가하는 경우 흐르는 전류[A]와 역률은 각각 얼마인가?

① 7.14[A], 0.8
② 7.14[A], 0.75
③ 21.2[A], 1.41
④ 10.6[A], 0.71

▶ 전기이론 테마 05 교류회로

임피던스 $Z = 10 + j10[Ω]$
임피던스 크기 $|Z| = \sqrt{10^2 + 10^2} = 10\sqrt{2}\,[Ω]$
전류 $I = \dfrac{V}{|Z|} = \dfrac{150}{10\sqrt{2}} = 10.6[A]$
역률 $\cos\theta = \dfrac{R}{|Z|} = \dfrac{10}{10\sqrt{2}} = 0.71$

02

2전력계법 각 전력계에서 측정한 유효전력이 P_1, P_2이면 무효전력측 식은?

① $P_1 + P_2$
② $\sqrt{3}(P_1 - P_2)$
③ $\sqrt{3}(P_1 + P_2)$
④ $P_1 - P_2$

▶ 전기이론 테마 05 교류회로

부하에서 사용하는 전력을 측정 방법은 아래와 같다.
• 전력계법: 단상전력을 측정하는 방법
• 2전력계법: 전력계 2개로 3상 전력을 측정하는 방법
아래 그림에서 전동기가 소비하는 전력을 측정하기 위해 전력계 2개를 3상에 연결한 것이다.
전력계1에서 측정한 유효전력을 P_1, 전력계2에서 측정한 유효전력을 P_2일 때 전동기에서 소비한 유효전력 $P = P_1 + P_2$이고 무효전력 $P_r = \sqrt{3}(P_1 - P_2)$이다.

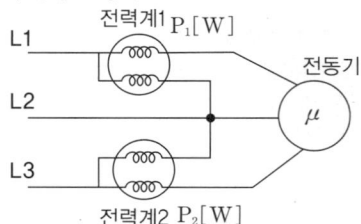

03

공기 콘덴서의 극판 사이에 비유전율(ε_s) 3인 유전체를 넣을 경우 정전용량[F]은 몇 배로 증가하는가?

① $\dfrac{1}{3}$배
② $\dfrac{1}{6}$배
③ 3배
④ 6배

▶ 전기이론 테마 01 전기의 성질과 전하에 의한 전기장

정전용량 $C = \dfrac{\varepsilon S}{d} = \dfrac{\varepsilon_0 \varepsilon_s S}{d}[F]$
공기 비유전율 $\varepsilon_s = 1$이므로 비유전율 ε_s를 3배 늘리면 정전용량은 3배 늘어난다.

04

평균 반지름이 10[cm]이고 감은 횟수 10회의 원형 코일에 5[A]의 전류를 흐르게 하면 코일 중심의 자장의 세기[AT/m]는?

① 250
② 500
③ 750
④ 1,000

▶ 전기이론 테마 01 전기의 성질과 전하에 의한 전기장

코일 중심 자계 $H = \dfrac{NI}{2r} = \dfrac{10 \times 5}{2 \times 0.1} = 250[AT/m]$

05

니켈의 원자가는 2이고 원자량은 58.7이다. 이때 화학당량의 값은?

① 117.4
② 29.35
③ 56.7
④ 60.7

▶ 전기이론 테마 06 전류의 열작용과 화학작용

화학당량은 화학반응에 대한 성질에 따라 정해진 원소 또는 화합물의 일정량을 말한다.
화학당량 $= \dfrac{원자량}{원자가} = \dfrac{58.7}{2} = 29.35$

정답 01 ④ 02 ② 03 ③ 04 ① 05 ②

06

전압 순싯값 $v(t)=100\sqrt{2}\sin\left(\omega t+\dfrac{\pi}{6}\right)$[V]인 경우 복소수로 알맞게 표현한 것은?

① $100+j100$
② $50\sqrt{3}+j50$
③ $100-j100$
④ $50\sqrt{2}-j50\sqrt{2}$

▶ 전기이론 테마 05 교류회로

$v=100\sqrt{2}\sin\left(\omega t+\dfrac{\pi}{6}\right)$[V]를

극좌표로 표현하면 $v=100\angle\dfrac{\pi}{6}$[V]이고

삼각함수 형식으로 표현하면 $v=100\left(\cos\dfrac{\pi}{6}+j\sin\dfrac{\pi}{6}\right)$[V]

직각좌표계 형식으로 표현하면
$v=100\left(\cos\dfrac{\pi}{6}+j\sin\dfrac{\pi}{6}\right)$[V]$=100\left(\dfrac{\sqrt{3}}{2}+j\dfrac{1}{2}\right)=50\sqrt{3}+j50$[V]

07

컨덕턴스 G[Ω], 저항 R[Ω], 전압 V[V], 전류를 I[A]라 할 때, G와의 관계가 옳은 것은?

① $G=\dfrac{R}{V}$
② $G=\dfrac{I}{V}$
③ $G=\dfrac{R}{V}$
④ $G=\dfrac{V}{I}$

▶ 전기이론 테마 01 전기의 성질과 전하에 의한 전기장

$G=\dfrac{1}{R}$, $R=\dfrac{V}{I}$, $G=\dfrac{I}{V}$

08

자계 세기가 H[AT/m]인 곳에 m[Wb]의 자극을 놓을 때 작용하는 힘이 F[N]이면 옳은 식은?

① $F=6.33\times mH$
② $F=mH$
③ $F=\dfrac{H}{m}$
④ $F=\dfrac{m}{H}$

▶ 전기이론 테마 01 전기의 성질과 전하에 의한 전기장

자극 m[Wb]을 자기장 내에 놓으면 힘 F=mH[N]이다.

09

환상솔레노이드에 감은 코일의 횟수를 3배로 늘리면 자체 인덕턴스 L은 몇 배인가?

① 8
② 9
③ 10
④ 11

▶ 전기이론 테마 03 전자력과 전자유도

환상솔레노이드 인덕턴스 $L=\dfrac{\mu S N^2}{l}$[H]

코일의 횟수 N을 3배로 늘리면 L은 9배가 된다.

10

전력량 1[Wh]와 그 의미가 같은 것은?

① 3,600[C]
② 3,600[J]
③ 1[C]
④ 1[J]

▶ 전기이론 테마 06 전류의 열작용과 화학작용

W=Pt[W·sec]
1[Wh]=3,600[W·sec]=3,600[J]

정답 06 ② 07 ② 08 ② 09 ② 10 ②

11

비정현파의 구성 성분이 아닌 것은?

① 직류분 ② 고조파
③ 기본파 ④ 삼각파

▶ 전기이론 테마 05 교류회로
비정현파는 직류성분, 기본파, 고조파 성분으로 구성된다.

12

$C_1 = 5[\mu F]$, $C_2 = 10[\mu F]$의 콘덴서를 직렬로 접속하고 직류 $50[V]$를 가했을 때 C_1의 양단의 전압$[V]$은?

① 3.3 ② 13.3
③ 23.3 ④ 33.3

▶ 전기이론 테마 01 전기의 성질과 전하에 의한 전기장
$V_1 = \dfrac{C_2}{C_1 + C_2} V = \dfrac{10 \times 10^{-6}}{5 \times 10^{-6} + 10 \times 10^{-6}} \times 50 = 33.3[V]$

13

전자 1개의 질량은 몇 $[kg]$인가?

① $1.672 \times 10^{-31}[kg]$ ② $9.109 \times 10^{-31}[kg]$
③ $1.672 \times 10^{-27}[kg]$ ④ $9.109 \times 10^{-27}[kg]$

▶ 전기이론 테마 01 전기의 성질과 전하에 의한 전기장
전자 1개 질량은 $9.109 \times 10^{-31}[kg]$이고 전하량은 $-1.602 \times 10^{-19}[C]$이다.

14

아래 그림과 같은 회로에서 a와 b 간에 $V[V]$의 전압을 인가하고 스위치 S를 닫았을 때의 전류 $I[A]$가 닫기 전 전류의 2배가 되었다면 저항 R_X의 값은 약 몇 $[\Omega]$인가?

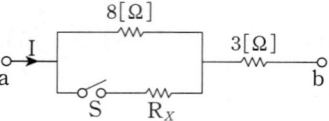

① 3.64 ② 3.74
③ 3.84 ④ 4.04

▶ 전기이론 테마 04 직류회로
스위치 닫기 전 전류 $I_{before} = \dfrac{V}{8+3} = \dfrac{V}{11}[A]$
스위치 닫은 후 전류 I_{after}
$R_{합성저항} = \dfrac{8R_X}{R_X + 8} + 3 = \dfrac{11R_X + 24}{R_X + 8}[\Omega]$
$I_{after} = \dfrac{V}{\dfrac{11R_X + 24}{R_X + 8}} = \dfrac{V(R_X + 8)}{11R_X + 24}[A]$

$I_{after} = 2 I_{before}$이므로 $\dfrac{V(R_X + 8)}{11R_X + 24} = \dfrac{2V}{11}$에서 $R_X = 3.64[\Omega]$

15

정전용량 C_1, C_2를 병렬로 연결하였을 때의 합성 정전용량은?

① $C_1 + C_2$ ② $\dfrac{1}{C_1 + C_2}$
③ $\dfrac{1}{C_1} + \dfrac{1}{C_2}$ ④ $\dfrac{C_1 C_2}{C_1 + C_2}$

▶ 전기이론 테마 01 전기의 성질과 전하에 의한 전기장
정전용량을 병렬로 연결했을 때 합성 정전용량은 각 정전용량을 더하면 된다.
$C = C_1 + C_2$

정답 11 ④ 12 ④ 13 ② 14 ① 15 ①

16

그림과 같은 회로에서 저항 R_1에 흐르는 전류는?

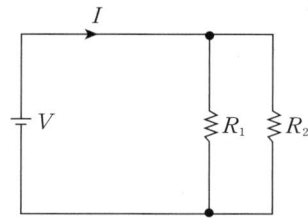

① $(R_1+R_2)I$
② $\dfrac{R_2}{R_1+R_2}I$
③ $\dfrac{R_1}{R_1+R_2}I$
④ $\dfrac{R_1R_2}{R_1+R_2}I$

▶ 전기이론 테마 04 직류회로

저항을 병렬로 연결할 때, 전압은 일정하다.
$I_{R_1}=\dfrac{V}{R_1}$, $V=IR_t=I\dfrac{R_1R_2}{R_1+R_2}$
∴ $I_{R_1}=\dfrac{1}{R_1}\left(\dfrac{R_1R_2}{R_1+R_2}\right)I=\dfrac{R_2}{R_1+R_2}I$

17

저항 R과 유도리액턴스 X_L이 직렬로 연결되었을 때 임피던스 $Z[\Omega]$은?

① $R+jX_L$
② $\sqrt{R^2-X_L^2}$
③ $\sqrt{R^2+jX_L^2}$
④ $R^2+X_L^2$

▶ 전기이론 테마 05 교류회로

저항 R과 유도리액턴스 X_L가 직렬로 연결될 때 임피던스 $Z=R+jX_L[\Omega]$이다.

18

평형 3상 교류에서 기전력 및 주파수가 같을 경우 각 상 간의 위상차는 몇인가?

① π
② $\dfrac{\pi}{2}$
③ $\dfrac{2\pi}{3}$
④ 2π

▶ 전기이론 테마 05 교류회로

평형 3상 교류에서는 상간의 위상차는 $\dfrac{2\pi}{3}$이다.

19

두 종류의 금속 접합부에 전류를 흘리면 전류의 방향에 따라 줄열 이외의 열의 흡수 또는 발생 현상이 생긴다. 이러한 현상을 무엇이라 하는가?

① 제벡 효과
② 페란티 효과
③ 펠티에 효과
④ 초전도 효과

▶ 전기이론 테마 06 전류의 열작용과 화학작용

- 핀치 효과: 액체 도체에 전류를 흘릴 때 전류의 세기에 따라 수축과 이완이 반복되는 현상
- 제벡 효과(열전 효과): 서로 다른 금속을 연결하여 폐회로를 만들어 두 연결점의 온도를 다르게 하면 기전력이 발생하고 전류가 흐르는 현상
- 펠티에 효과: 서로 다른 금속을 연결하여 폐회로를 만들고 폐회로에 전류가 흐르면 연결점에서 열이 발생하거나 흡수되는 현상
- 톰슨 효과: 동일 금속 도선의 두 지점 간에 온도차를 주고 고온 쪽에서 저온쪽으로 전류를 흘리면 전류 방향에 따라 도선 속에서 열이 발생하거나 흡수되는 현상

20

자속 밀도 $10[\text{Wb/m}^2]$의 자장 안에 자장과 직각으로 $20[\text{m}]$ 길이의 도체를 놓고 이것에 $10[\text{A}]$의 전류를 흘릴 때 도체가 받는 힘 $F[\text{N}]$는?

① 2,000
② 3,000
③ 4,000
④ 5,000

▶ 전기이론 테마 02 자기장 성질과 전류에 의한 자기장

힘 $F=I\vec{l}\times\vec{B}$ (I: 전류 힘, l: 도체 길이, B: 자속 밀도)
도체 $20[\text{m}]$가 받는 힘
$F=IBl\sin\theta=10\times10\times20\times\sin90°=2,000[\text{N}]$

정답 16 ② 17 ① 18 ③ 19 ③ 20 ①

21
동기기의 전기자 권선법이 아닌 것은?

① 전절권
② 분포권
③ 2층권
④ 중권

▶ 전기기기　테마 10　동기기
동기기는 주로 분포권, 단절권, 2층권, 중권이 쓰이고 결선은 Y결선으로 한다.

22
3,300/220[V] 변압기의 1차에 20[A]의 전류가 흐르면 2차 전류는 몇 [A]인가?

① $\frac{1}{30}$
② $\frac{1}{3}$
③ 30
④ 300

▶ 전기기기　테마 07　변압기
변압기 $\frac{V_1}{V_2} = \frac{I_2}{I_1}$ 에서 $\frac{3,300}{220} = \frac{I_2}{20}$ 이므로 $I_2 = 300[A]$

23
동기발전기의 단락비가 크다는 것은?

① 기계가 작아진다.
② 효율이 좋아진다.
③ 전압 변동률이 나빠진다.
④ 전기자 반작용이 작아진다.

▶ 전기기기　테마 10　동기기
단락비가 큰 동기기(철기계) 특징
- 전기자 반작용이 작고, 전압 변동률이 작다.
- 공극이 크고 과부하 내량이 크다.
- 기계의 중량이 무겁고 효율이 낮다.

24
인버터의 용도로 가장 적합한 것은?

① 교류-직류 변환
② 직류-교류 변환
③ 교류-증폭교류 변환
④ 직류-증폭직류 변환

▶ 전기기기　테마 11　정류기 및 제어기기
- 인버터: 직류를 교류로 바꾸는 장치
- 컨버터: 교류를 직류로 바꾸는 장치
- 초퍼: 직류를 다른 전압의 직류로 바꾸는 장치

25
반도체 사이리스터에 의한 전동기의 속도 제어 중 주파수 제어는?

① 브리지 정류 제어
② 인버터 제어
③ 컨버터 제어
④ 초퍼 제어

▶ 전기기기　테마 11　정류기 및 제어기기
- 초퍼: 직류를 다른 전압의 직류로 변환하는 장치
- 인버터: 직류를 교류로 변환하는 장치로 주파수를 변환시켜 전동기 속도 제어가 가능(주파수 제어)
- 컨버터: 교류를 직류로 변환하는 장치
- 브리지 정류: 다이오드 4개로 브리지 모양의 회로를 구성하여 교류를 직류로 변환하는 장치

정답　21 ①　22 ④　23 ④　24 ②　25 ②

26

변류기 개방 시 2차측을 단락하는 이유는?

① 2차측 절연 보호   ② 2차측 과전류 보호
③ 측정오차 감소   ④ 변류비 유지

▶ 전기기기 테마 07 변압기

변류기는 2차 전류를 낮게 하게 위하여 권수비가 매우 작으므로 2차측을 개방하게 되면, 2차측에 매우 높은 기전력이 유기되어 절연파괴의 위험이 있다. 즉, 2차측을 절대로 개방해서는 안 된다.

27

60[Hz], 20,000[kVA]의 발전기의 회전수가 900[rpm]이라면 이 발전기의 극수는 얼마인가?

① 8극   ② 12극
③ 14극   ④ 16극

▶ 전기기기 테마 09 유도기

동기속도 $N_s = \dfrac{120f}{p}$[rpm]이므로 극수 $p = \dfrac{120 \times 60}{900} = 8$극

28

3상 유도전동기의 원선도를 그리는 데 필요하지 않은 것은?

① 저항 측정   ② 무부하 시험
③ 구속 시험   ④ 슬립 측정

▶ 전기기기 테마 09 유도기

3상 유도전동기의 원선도
- 유도전동기의 특성을 실부하 시험을 하지 않아도, 등가회로를 기초로 한 원선도에 의하여 전부하 전류, 역률, 효율, 슬립, 토크 등을 구할 수 있다.
- 원선도 작성에 필요한 시험: 저항 측정, 무부하 시험, 구속 시험

29

부흐홀츠 계전기로 보호되는 기기는?

① 변압기   ② 유도전동기
③ 직류 발전기 ④ 교류 발전기

▶ 전기기기 테마 07 변압기

부흐홀츠 계전기

변압기 내부 고장으로 인한 절연유의 온도 상승 시 발생하는 가스(기포) 또는 기름의 흐름에 의해 동작하는 계전기

30

유도전동기의 동기속도 N_s, 회전속도 N일 때 슬립은?

① $s = \dfrac{N_s - N}{N}$ ② $s = \dfrac{N - N_s}{N}$
③ $s = \dfrac{N_s - N}{N_s}$ ④ $s = \dfrac{N_s + N}{N}$

▶ 전기기기 테마 09 유도기

슬립 $s = \dfrac{\text{동기속도} - \text{회전자속도}}{\text{동기속도}} = \dfrac{N_s - N}{N_s}$

정답 26 ① 27 ① 28 ④ 29 ① 30 ③

31

다음 중 전동기의 원리에 적용되는 법칙은?

① 렌츠의 법칙 ② 플레밍의 오른손 법칙
③ 플레밍의 왼손 법칙 ④ 옴의 법칙

▶ **전기기기** 테마 08 **직류기**
플레밍의 왼손 법칙은 자기장 내에 있는 도체에 전류를 흘리면 힘이 작용하는 법칙으로 전동기의 원리가 된다.

32

변압기 효율이 가장 좋을 때의 조건은?

① 철손=동손 ② 철손=$\dfrac{동손}{2}$

③ 동손=$\dfrac{철손}{2}$ ④ 동손=2철손

▶ **전기기기** 테마 07 **변압기**
변압기는 철손과 동손이 같을 때 최대 효율이 된다.

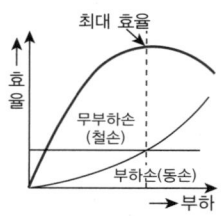

그림 변압기 효율

33

직류 전동기의 규약 효율을 표시하는 식은?

① $\dfrac{출력}{출력+손실} \times 100[\%]$ ② $\dfrac{출력}{입력} \times 100[\%]$

③ $\dfrac{입력-손실}{입력} \times 100[\%]$ ④ $\dfrac{출력}{출력-손실} \times 100[\%]$

▶ **전기기기** 테마 08 **직류기**
발전기 규약 효율 $\eta_G = \dfrac{출력}{출력+손실} \times 100[\%]$
전동기 규약 효율 $\eta_M = \dfrac{입력-손실}{입력} \times 100[\%]$

34

변압기유의 구비 조건으로 옳은 것은?

① 절연 내력이 클 것 ② 인화점이 낮을 것
③ 응고점이 높을 것 ④ 비열이 작을 것

▶ **전기기기** 테마 07 **변압기**
변압기 기름의 구비 조건
- 절연 내력이 클 것
- 비열이 커서 냉각 효과가 클 것
- 인화점이 높을 것
- 응고점이 낮을 것
- 절연 재료 및 금속에 접촉하여도 화학 작용을 일으키지 않을 것
- 고온에서 석출물이 생기거나, 산화하지 않을 것

35

직류 직권전동기의 벨트 운전을 금지하는 이유는?

① 벨트가 벗겨지면 위험속도에 도달한다.
② 손실이 많아진다.
③ 벨트가 마모하여 보수가 곤란하다.
④ 직결하지 않으면 속도제어가 곤란하다.

▶ **전기기기** 테마 08 **직류기**
직류 직권전동기는 벨트가 벗겨지면 무부하 상태가 된다. 여자 전류가 거의 0이 되어 자속이 최대가 되므로 위험속도가 된다.

정답 31 ③ 32 ① 33 ③ 34 ① 35 ①

36

직류 전동기의 속도제어 방법이 아닌 것은?

① 전압제어 ② 계자제어
③ 저항제어 ④ 플러깅제어

▶ **전기기기** 테마 08 직류기

직류 전동기의 속도제어법은 속도식 $N = K\dfrac{V - I_a R_a}{\phi}[\text{rpm}]$으로 결정
- 전압제어: 전압 V를 변화시키는 방법으로 정토크 제어
- 계자제어: 계자전류를 제어하여 자속을 변화시키는 방법으로 정출력 제어
- 저항제어: 전기자에 직렬로 저항을 넣어서 R_a를 변화시키는 방법으로 전력손실이 크며, 속도제어의 범위가 좁다.

37

유도 전동기가 회전하고 있을 때 생기는 손실 중에서 구리손이란?

① 브러시의 마찰손 ② 베어링의 마찰손
③ 표유 부하손 ④ 1차, 2차 권선의 저항손

▶ **전기기기** 테마 09 유도기

저항으로 전류가 흘러서 발생하는 줄열로 인한 손실을 구리손이라 하며 저항손이라고도 한다.

38

변압기의 절연 내력 시험법이 아닌 것은?

① 유도시험 ② 가압시험
③ 단락시험 ④ 충격전압시험

▶ **전기기기** 테마 07 변압기

변압기 절연내력 시험에는 가압시험, 유도시험, 충격전압시험이 있다.

39

다음 단상 유도 전동기 중 기동 토크가 큰 것부터 옳게 나열한 것은?

| ㉠ 반발 기동형 | ㉡ 콘덴서 기동형 |
| ㉢ 분상 기동형 | ㉣ 셰이딩 코일형 |

① ㉠>㉡>㉢>㉣ ② ㉠>㉣>㉡>㉢
③ ㉠>㉢>㉣>㉡ ④ ㉠>㉡>㉣>㉢

▶ **전기기기** 테마 09 유도기

기동 토크가 큰 순서
반발 기동형>콘덴서 기동형>분상 기동형>셰이딩 코일형

40

동기 발전기의 병렬운전에서 기전력의 크기가 다를 경우 나타나는 현상은?

① 주파수가 변한다.
② 동기화 전류가 흐른다.
③ 난조 현상이 발생한다.
④ 무효 순환 전류가 흐른다.

▶ **전기기기** 테마 10 동기기

병렬운전 조건 중 기전력의 크기가 다르면, 무효 횡류(무효 순환 전류)가 흐른다.

정답 36 ④ 37 ④ 38 ③ 39 ① 40 ④

41

애자사용 공사에서 전선 상호 간의 간격은 몇 [cm] 이하로 하는 것이 가장 바람직한가?

① 4
② 5
③ 6
④ 8

▶ **전기설비** 테마 15 배선설비공사 및 전선허용전류 계산

애자사용 공사에서 전선 상호 간의 간격은 아래 표와 같다.

구분	400[V] 이하	400[V] 초과
전선 상호 간의 거리	6[cm] 이상	6[cm] 이상
전선과 조영재와의 거리	2.5[cm] 이상	4.5[cm] 이상 (건조한 곳은 2.5[cm] 이상)

42

무대, 무대마루 밑, 오케스트라 박스, 영사실, 기타 사람이나 무대 도구가 접촉할 우려가 있는 장소에 시설하는 저압 옥내배선, 전구선 또는 이동 전선은 최고 사용 전압이 몇 [V] 이하여야 하는가?

① 100
② 200
③ 300
④ 400

▶ **전기설비** 테마 19 특수장소공사

전시회, 쇼 및 공연장
저압옥내배선, 전구선 또는 이동 전선은 사용전압이 400[V] 이하여야 한다.

43

목장의 전기 울타리에 사용하는 경동선의 지름은 최소 몇 [mm] 이상이어야 하는가?

① 1.6
② 2.0
③ 2.6
④ 3.2

▶ **전기설비** 테마 19 특수장소공사

전기 울타리의 시설
- 전선은 인장강도 1.38[kN] 이상의 것 또는 지름 2[mm] 이상의 경동선일 것
- 전선과 이를 지지하는 기둥 사이의 이격 거리는 2.5[cm] 이상일 것

44

피시 테이프(Fish Tape)의 용도는?

① 전선을 테이핑하기 위해서 사용
② 전선관의 끝마무리를 위해서 사용
③ 배관에 전선을 넣을 때 사용
④ 합성수지관을 구부릴 때 사용

▶ **전기설비** 테마 13 배선재료와 공구

피시 테이프(Fish Tape)
전선관에 전선을 넣을 때 사용되는 평각강철선이다.

45

금속 전선관 공사에서 사용되는 후강 전선관의 최대 치수는?

① 100
② 102
③ 104
④ 108

▶ **전기설비** 테마 15 배선설비공사 및 전선허용전류 계산

금속 전선관 공사에서 사용되는 후강 전선관의 최대 치수

구분	후강 전선관
관의 호칭	안지름의 크기에 가까운 짝수
관의 종류[mm]	16, 22, 28, 36, 42, 54, 70, 82, 92, 104(10종류)
관의 두께	2.3,3.5[mm]

46

접지도체에 큰 고장전류가 흐르지 않을 경우에 접지도체는 단면적 몇 [mm²] 이상의 구리선을 사용하여야 하는가?

① 2.5[mm²]
② 6[mm²]
③ 10[mm²]
④ 16[mm²]

▶ **전기설비** 테마 16 전선 및 기계기구의 보안공사

접지도체의 단면적

접지도체에 큰 고장전류가 흐르지 않을 경우	• 구리는 6[mm²] 이상 • 철제는 50[mm²] 이상
접지도체에 피뢰시스템이 접속되는 경우	• 구리는 16[mm²] 이상 • 철제는 50[mm²] 이상

정답 41 ③ 42 ④ 43 ② 44 ③ 45 ③ 46 ②

47

전압의 구분에서 저압 직류전압은 몇 [V] 이하인가?

① 600　　　　　　② 750
③ 1,500　　　　　　④ 7,000

▶ **전기설비** 테마 16 전선 및 기계기구의 보안공사
전압의 종류
- 저압: 교류는 1,000[V] 이하, 직류는 1,500[V] 이하인 것
- 고압: 교류는 1,000[V]를 넘고 7,000[V] 이하
  직류는 1,500[V]를 넘고 7,000[V] 이하인 것
- 특고압: 교류, 직류 모두 7,000[V]를 넘는 것

48

접지공사에서 접지극을 철주의 밑면에 시설하는 경우 접지극은 철주의 밑면으로부터 몇 [cm] 이상 떼어 매설하는가?

① 30　　　　　　② 60
③ 75　　　　　　④ 100

▶ **전기설비** 테마 16 전선 및 기계기구의 보안공사
접지극 시설기준
- 접지극은 지하 75[cm] 이상으로 매설
- 접지도체를 철주 기타의 금속체를 따라서 시설하는 경우에는 접지극을 철주의 밑면부터 30[cm] 이상의 깊이에 매설하거나, 접지극을 지중에서 금속체로부터 1[m] 이상 떼어 매설

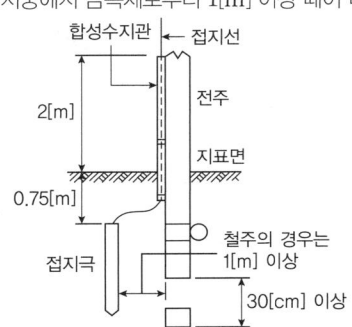

49

최소 동작 전류값 이상이면 일정한 시간에 동작하는 한시 특성을 갖는 계전기는?

① 정한시 계전기　　② 반한시 계전기
③ 순한시 계전기　　④ 반한시−정한시 계전기

▶ **전기설비** 테마 18 고압 및 저압 배전반공사
보호계전기 동작시한에 의한 분류

종류	동작 특성
순한시 계전기	동작시간이 0.3초 이내인 계전기
정한시 계전기	최소 동작 값이 이상의 구동 전기량이 주어지면, 일정 시한으로 동작하는 계전기
반한시 계전기	동작 시한이 구동 전기량 즉, 동작 전류의 값이 커질수록 짧아지는 계전기
반한시−정한시 계전기	어느 한도까지의 구동 전기량에서는 반한시성이고, 그 이상의 전기량에서는 정한시성의 특성을 가지는 계전기

50

단상 3선식 100/200[V] 회로에 100[V]의 전구 R, 100[V]의 콘센트 C, 200[V]의 전동기 M이 있다. 적절한 결선법은 무엇인가?

① 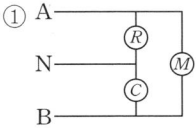　　②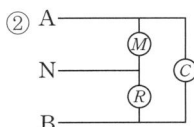
③ 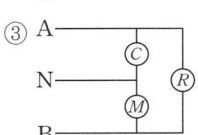　　④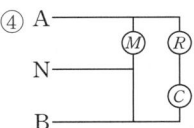

▶ **전기설비** 테마 15 배선설비공사 및 전선허용전류 계산
다음 그림과 같이 단상 3선식은 2가지 전압을 사용하며, N상−A상(또는 B상)은 V 전압이 발생하고, A상−B상은 2V 전압이 발생한다.

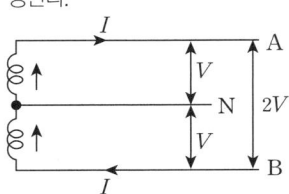

정답 47 ③　48 ①　49 ①　50 ①

51

저압전로 중의 전동기 과부하 보호장치로 전자접촉기를 사용할 경우 반드시 함께 부착해야 하는 것은 무엇인가?

① 단로기 ② 과부하계전기
③ 전력퓨즈 ④ 릴레이

▶ 전기설비 테마 18 고압 및 저압 배전반공사
  과부하계전기
  전자접촉기와 조합하여 일정값 이상의 전류가 흘렀을 때 동작하며, 과전류계전기라고도 한다. 열동형 과부하 계전기(THR) 및 전자식 과부하계전기(EOCR, EOL) 등이 있다.

52

다음 그림과 같은 전선 접속법의 명칭으로 알맞게 짝지어진 것은?

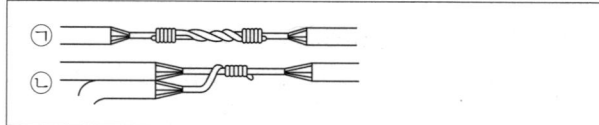

① ㉠ 직선 접속, ㉡ 분기 접속
② ㉠ 일자 접속, ㉡ Y형 접속
③ ㉠ 직선 접속, ㉡ T형 접속
④ ㉠ 일자 접속, ㉡ 분기 접속

▶ 전기설비 테마 14 전선의 접속
  ㉠ 단선의 직선 접속: 트위스트 직선 접속
  ㉡ 단선의 분기 접속: 트위스트 분기 접속

53

금속관 공사를 할 경우 케이블 손상 방지용으로 사용하는 부품은?

① 부싱 ② 엘보
③ 커플링 ④ 로크너트

▶ 전기설비 테마 15 배선설비공사 및 전선허용전류 계산
  • 부싱: 전선의 절연피복을 보호하기 위하여 금속관 끝에 취부하여 사용한다.

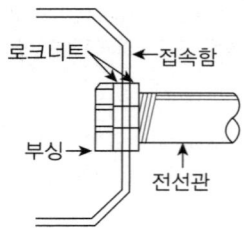

54

가공 전선로의 지지물에 시설하는 지선의 인장하중은 몇 [kN] 이상이어야 하는가?

① 440 ② 220
③ 4.31 ④ 2.31

▶ 전기설비 테마 17 가공인입선 및 배전선공사
  지선의 시공
  • 지선의 안전율: 2.5 이상
  • 허용 인장하중: 최저 4.31[kN]
  • 지선을 연선으로 사용할 경우, 3가닥 이상으로 2.6[mm] 이상의 금속선 사용

55

경질비닐 전선관의 표준 규격품의 길이는?

① 3.6[m] ② 3[m]
③ 4[m] ④ 4.5[m]

▶ 전기설비 테마 15 배선설비공사 및 전선허용전류 계산
  경질비닐 전선관의 한 본의 길이는 4[m]로 제작한다.

정답 51 ② 52 ① 53 ① 54 ③ 55 ③

56

고압 이상에서 기기의 점검, 수리 시 무전압, 무전류 상태로 전로에서 단독으로 전로의 접속 또는 분리하는 것을 주목적으로 사용되는 수변전기기는?

① 기중부하 개폐기 ② 단로기
③ 컷 아웃 스위치 ④ 전력 퓨즈

▶ 전기설비 테마 18 고압 및 저압 배전반공사
단로기(DS)
개폐기의 일종으로 기기의 점검, 측정, 시험 및 수리를 할 때 회로를 열어 놓거나 회로 변경 시에 사용

57

옥외용 비닐 절연 전선을 나타내는 약호는?

① OW ② EV
③ DV ④ OE

▶ 전기설비 테마 13 배선재료와 공구
- OW: 옥외용 비닐 절연 전선
- EV: 폴리에틸렌 절연 비닐시스 케이블
- DV: 인입용 비닐절연전선
- OE: 옥외용 폴리에틸렌 절연전선

58

고압전선과 저압전선이 동일 지지물에 병행설치로 설치되어 있을 때 저압전선의 위치는?

① 설치위치는 무관하다.
② 고압전선 아래로 위치한다.
③ 먼저 설치한 전선이 위로 위치한다.
④ 고압전선 위로 위치한다.

▶ 전기설비 테마 17 가공인입선 및 배전선공사
저고압 가공전선 등의 병행설치
- 저압 가공전선을 고압 가공전선의 아래로 하고 별개의 완금류에 시설할 것
- 저압 가공전선과 고압 가공전선 사이의 이격거리는 0.5[m] 이상일 것

59

설계하중 6.8[kN] 이하의 철근 콘크리트 전주의 길이가 12[m]인 지지물을 건주하는 경우 땅에 묻히는 깊이[m]로 가장 옳은 것은?

① 2.0 ② 2.5
③ 3.0 ④ 3.5

▶ 전기설비 테마 17 가공인입선 및 배전선공사
$$12 \times \frac{1}{6} = 2[m]$$
전주 매설 깊이
- 전주의 길이 15[m] 이하: $\frac{1}{6}$ 이상
- 전주의 길이 15[m] 이상: 2.5[m] 이상
- 철근 콘크리트 전주로서 길이가 14[m] 이상, 20[m] 이하이고 설계하중이 6.8[kN] 초과, 9.8[kN] 이하인 것은 30[cm]를 가산한다.

60

전등 한 개를 2개소에서 점멸하고자 할 때 옳은 배선은?

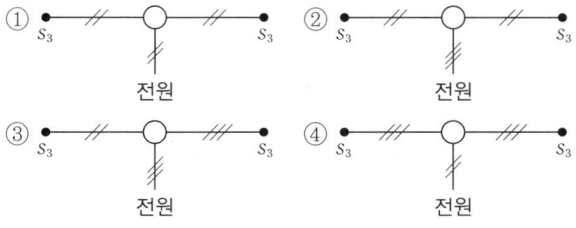

▶ 전기설비 테마 13 배선재료와 공구
아래와 같이 나타낼 수 있다.

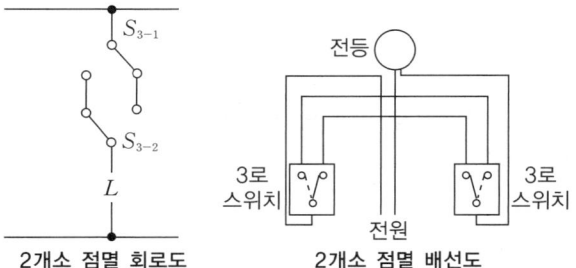

2개소 점멸 회로도   2개소 점멸 배선도

정답 56 ② 57 ① 58 ② 59 ① 60 ④

2023년 3회 CBT 기출

01
줄의 법칙의 발열량 계산식을 바르게 표현한 식은?

① $H=0.24IR^2[\text{cal}]$ ② $H=0.24I^2R[\text{cal}]$
③ $H=0.24I^2Rt[\text{cal}]$ ④ $H=0.24I^2R^3t[\text{cal}]$

▶ 전기이론 테마 06 전류의 열작용과 화학작용
줄의 법칙은 전류가 저항을 통과할 때 저항에서 발생하는 발열량과의 관계를 나타내는 법칙이다.
$H(발열량)=0.24I^2Rt[\text{cal}]$

02
비오-사바르의 법칙으로 계산할 수 있는 것은?

① 전류가 만드는 자장의 세기
② 전류와 전압의 크기
③ 기전력과 자계의 세기
④ 기전력과 자속의 세기

▶ 전기이론 테마 02 자기장 성질과 전류에 의한 자기장
• 비오-사바르의 법칙: 유한장 도선에 전류가 흐를 때 주변에 발생하는 자기장의 세기를 계산하는 법칙이다.

03
5[V]의 전위차로 2[A]의 전류가 1분 동안 흐를 때 한 일[J]은?

① 180 ② 250
③ 540 ④ 600

▶ 전기이론 테마 06 전류의 열작용과 화학작용
일 $W=Pt=VIt=5\times2\times60=600[\text{J}]$

04
단위 길이당 권수 5회인 무한장 솔레노이드에 5[A]의 전류가 흐를 때 솔레노이드 내부의 자계[AT/m]는?

① 0 ② 6
③ 25 ④ 30

▶ 전기이론 테마 02 자기장 성질과 전류에 의한 자기장
다음 그림과 같은 무한장 솔레노이드의 내부 자계

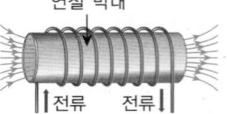

내부 자계 $H_i=n_0I=\dfrac{N}{l}I[\text{AT/m}]$
$H_i=5\times5=25[\text{AT/m}]$

05
두 종류의 금속으로 하나의 폐회로를 만들고 여기에 전류를 흘리면 양 접속점에서 한쪽은 온도가 올라가고, 다른 쪽은 온도가 내려가서 열의 발생 또는 흡수가 생기는 현상은 무엇인가?

① 핀치 효과 ② 펠티에 효과
③ 톰슨 효과 ④ 제벡 효과

▶ 전기이론 테마 06 전류의 열작용과 화학작용
• 핀치 효과: 액체 도체에 전류를 흘리면 전류의 방향과 수직 방향으로 원형 자계가 생겨서 전류가 흐르는 액체에는 구심력의 전자력이 작용한다. 그 결과 액체 단면은 수축하여 저항이 커지기 때문에 전류의 흐름은 작게 된다. 전류의 흐름이 작게 되면 수축력이 감소하여 액체 단면은 원상태로 복귀하고, 다시 전류가 흐르게 되어 수축력이 작용한다.
• 제벡 효과: 두 종류 금속으로 폐회로를 만들고 양쪽 끝에 온도차를 주면 기전력이 생기는 효과이다.
• 펠티에 효과: 두 종류 금속으로 폐회로를 만들어 전류를 흘리면 접속점에서 한쪽은 가열되고 다른 쪽은 냉각되는 현상이다.
• 톰슨 효과: 동일한 금속에서 온도차가 있을 때 전류를 흘리면 발열 또는 흡열이 일어나는 현상을 말한다.

정답 01 ③ 02 ① 03 ④ 04 ③ 05 ②

06

저항 4[Ω]과 5[Ω]을 직렬로 접속했을 때의 합성 컨덕턴스는?

① 0.1[℧] ② 1.5[℧]
③ 5[℧] ④ 6[℧]

▶ **전기이론** 테마 04 **직류회로**

합성저항 $R_t = 4+5 = 9[\Omega]$

컨덕턴스 $G = \dfrac{1}{R_t} = \dfrac{1}{9} = 0.11[℧]$

07

다음 중 정현파에 해당하는 것은?

① 사각파 ② 왜형파
③ 펄스파 ④ 사인파

▶ **전기이론** 테마 05 **교류회로**

등속 원운동을 할 때, 원의 x축 또는 원의 y축의 변화를 시간에 따라 파형을 그래프로 표현한 것이다. 삼각함수의 사인 그래프와 코사인 그래프가 정현파에 해당한다.

08

질산은($AgNO_3$) 용액에 1[A]의 전류를 2시간 동안 흘렸다. 이때 은의 석출량[g]은?(단, 은의 전기 화학당량은 1.1×10^{-3}[g/C]이다.)

① 5.44 ② 6.08
③ 7.92 ④ 9.84

▶ **전기이론** 테마 06 **전류의 열작용과 화학작용**

은 석출량
$W = kQ = kIt = 1.1 \times 10^{-3} \times 1 \times 7,200 = 7.92[g]$

09

극성을 가지고 있는 콘덴서로, 교류 회로에 사용할 수 없는 것은?

① 마일러 콘덴서 ② 전해 콘덴서
③ 세라믹 콘덴서 ④ 마이카 콘덴서

▶ **전기이론** 테마 01 **전기의 성질과 전하에 의한 전기장**

- 전해 콘덴서: 극성을 가진 콘덴서이다.
- 마일러 콘덴서: 필터나 바이패스용으로 사용된다. 보통 AC용과 DC용으로 나뉘어져 사용한다.
- 세라믹 콘덴서: 유전체로 세라믹을 사용하며 무극성이다.
- 마이카 콘덴서: 유전체로 운모를 사용하며 절연내압이 우수하여 고압에도 사용한다.

10

Y-Y결선 회로에서 선간 전압이 300[V]일 때 상전압은 약 몇 [V]인가?

① 100[V] ② 135[V]
③ 150[V] ④ 173[V]

▶ **전기이론** 테마 05 **교류회로**

Y결선의 선간전압과 상전압 관계가 다음과 같다.

상전압 $= \dfrac{선간전압}{\sqrt{3}} = \dfrac{300}{\sqrt{3}} = 173.2[V]$

정답 06 ① 07 ④ 08 ③ 09 ② 10 ④

11

자기 인덕턴스가 L_1, L_2인 두 코일을 직렬로 접속하였을 때 합성 인덕턴스는?(단, 두 코일간 상호 인덕턴스는 M이다.)

① $L_1+L_2 \pm M$ ② $L_1-L_2 \pm M$
③ $L_1+L_2 \pm 2M$ ④ $L_1-L_2 \pm 2M$

▶ 전기이론 테마 03 전자력과 전자유도

2개의 인덕턴스를 직렬로 연결하는 방법은 가동 연결과 차동 연결이 있다.
가동 연결 시 합성 인덕턴스 $L=L_1+L_2+2M$이고,
차동 연결 시 합성 인덕턴스 $L=L_1+L_2-2M$이다.

12

$20[\Omega]$의 저항회로에 $e(t)=100\sin\left(377t+\dfrac{\pi}{6}\right)[V]$의 전압을 가했을 때 $t=0$에서의 순시전류는 몇 [A]인가?

① $5\sqrt{3}$ ② 10
③ 2.5   ④ $5\sqrt{2}$

▶ 전기이론 테마 05 교류회로

순시전류 $i(t)=\dfrac{e}{R}=\dfrac{100\sin\left(377t+\dfrac{\pi}{6}\right)}{20}$
$=5\sin\left(377t+\dfrac{\pi}{6}\right)[A]$
$i(0)=5\sin\left(377\times 0+\dfrac{\pi}{6}\right)=5\sin\left(\dfrac{\pi}{6}\right)$
$=5\times \dfrac{1}{2}=2.5[A]$

13

환상 솔레노이드 내부 자기장의 세기에 관한 설명이다. 옳은 것은?

① 자장의 세기는 권수에 반비례한다.
② 자장의 세기는 권수, 전류와는 관계가 없다.
③ 자장의 세기는 솔레노이드 평균 반지름에 비례한다.
④ 자장의 세기는 전류에 비례한다.

▶ 전기이론 테마 02 자기장 성질과 전류에 의한 자기장

환상 솔레노이드는 아래 그림처럼 도선을 원통형으로 감아놓은 것으로 내부 자기장 세기 $H=\dfrac{NI}{2\pi r}[AT/m]$이다.

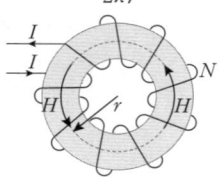

솔레노이드 반지름 r에 반비례하고 전류 I와 솔레노이드를 감은 권수와는 비례한다.

14

파고율, 파형률이 모두 1인 파형은?

① 사인파   ② 고조파
③ 구형파   ④ 삼각파

▶ 전기이론 테마 05 교류회로

• 파형율 = $\dfrac{실횻값}{평균값}$
• 파고율 = $\dfrac{최댓값}{실횻값}$

파형	실횻값	평균값	파형률	파고율
정현파	$\dfrac{V_m}{\sqrt{2}}$	$\dfrac{2V_m}{\pi}$	1.11	1.414
정현반파	$\dfrac{V_m}{2}$	$\dfrac{V_m}{\pi}$	1.57	2
삼각파	$\dfrac{V_m}{\sqrt{3}}$	$\dfrac{V_m}{2}$	1.15	1.73
구형파	V_m	V_m	1	1
구형반파	$\dfrac{V_m}{\sqrt{2}}$	$\dfrac{V_m}{2}$	1.41	1.41

정답 11 ③ 12 ③ 13 ④ 14 ③

15

10[V/m]의 전계에 어떤 전하를 놓으면 1[N]의 힘이 작용한다면 전하의 양은 몇 [C]인가?

① 0.1 ② 0.2
③ 0.3 ④ 0.4

▶ **전기이론** 테마 01 전기의 성질과 전하에 의한 전기장

$F = QE[N]$, $Q = \dfrac{F}{E} = \dfrac{1}{10} = 0.1[C]$

16

전류에 의해 발생되는 자기장에서 자력선의 방향을 알아내는 법칙은?

① 줄의 법칙 ② 오른나사 법칙
③ 플레밍의 왼손 법칙 ④ 암페어 주회법칙

▶ **전기이론** 테마 02 자기장 성질과 전류에 의한 자기장
- 오른나사 법칙: 도선에 전류가 흐를 때 발생하는 자기력선의 방향을 결정할 때 사용하는 법칙
- 플레밍의 왼손 법칙: 자기장 안에 도체에 전류가 흐를 때 도체가 받는 힘의 방향을 결정하는 법칙
- 암페어 주회법칙: 도선에 전류가 흐르면 주위에 자기력선이 발생할 때 자계의 세기를 구하는 법칙
- 줄의 법칙: 도선에 전류가 흐를 때 도선에 발생하는 열량을 계산하는 법칙

17

저항 10[Ω]과 15[Ω]의 병렬 회로에서 30[V]의 전압을 가할 때 10[Ω]에 흐르는 전류[A]는?

① 1 ② 2
③ 3 ④ 4

▶ **전기이론** 테마 04 직류회로

저항이 병렬로 연결되면 전압이 일정하여 저항에 걸리는 전압은 30[V]이다.

10[Ω]에 흐르는 전류 $I = \dfrac{30}{10} = 3[A]$

18

진공의 비투자율 μ_s는?

① 0.5 ② 0.8
③ 1.0 ④ 1.2

▶ **전기이론** 테마 02 자기장 성질과 전류에 의한 자기장

진공 비투자율은 1.0이다.

19

두 코일 중 한 코일에 전류가 100[A/s]의 비율로 변할 때, 다른 코일에 30[V]의 기전력이 발생하였다면, 두 코일의 상호인덕턴스(M)는 몇 [H]인가?

① 0.4[H] ② 0.3[H]
③ 0.2[H] ④ 0.1[H]

▶ **전기이론** 테마 03 전자력과 전자유도

다른 코일에 발생하는 기전력 $V = M\dfrac{dI}{dt}[V]$

$30 = M \times 100$ $\therefore M = \dfrac{30}{100} = 0.3[H]$

20

동일한 저항 4개를 접속하여 얻을 수 있는 최대 저항값은 최소 저항값의 몇 배인가?

① 2 ② 4
③ 8 ④ 16

▶ **전기이론** 테마 04 직류회로

같은 저항값 4개를 직렬 연결할 때의 합성저항 $R_s = 4r$

같은 저항값 4개를 병렬 연결할 때의 합성저항 $R_p = \dfrac{1}{4}r$

$\therefore R_s = 16R_p$

정답 15 ① 16 ② 17 ③ 18 ③ 19 ② 20 ④

21

교류회로에서 양방향 점호 및 소호를 이용하며, 위상제어를 할 수 있는 소자는?

① TRIAC ② SCR
③ GTO   ④ IGBT

▶ 전기기기 테마 11 정류기 및 제어기기
- SCR(역저지 3단자 사이리스터)

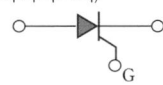

  - 동작특성: 순방향으로 전류가 흐를 때 게이트 신호에 의해 스위칭하며, 역방향은 흐르지 못한다.
  - 용도: 직류 및 교류 제어용 소자
- TRIAC(쌍방향성 3단자 사이리스터)

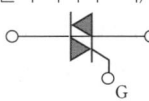

  - 동작특성: 사이리스터 2개를 역병렬로 접속한 것과 등가, 양방향으로 전류가 흐르기 때문에 교류 스위치로 사용
  - 용도: 교류 위상제어용
- GTO(게이트 턴 오프 사이리스터)

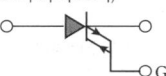

  - 동작특성: 게이트에 역방향으로 전류를 흘리면 자기소호 하는 사이리스터
  - 용도: 직류 및 교류 제어용 소자
- IGBT

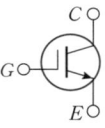

  - 동작특성: 게이트에 역방향으로 전류를 흘리면 자기소호 하는 사이리스터
  - 용도: 고속 인버터, 고속 초퍼 제어소자

22

3상 변압기의 병렬운전 시 병렬운전이 불가능한 결선 조합은?

① $\Delta-\Delta$와 $Y-Y$ ② $\Delta-\Delta$와 $\Delta-Y$
③ $\Delta-Y$와 $\Delta-Y$ ④ $\Delta-\Delta$와 $\Delta-\Delta$

▶ 전기기기 테마 07 변압기

변압기군의 병렬운전 조합

병렬운전 가능		병렬운전 불가능
$\Delta-\Delta$와 $\Delta-\Delta$	$\Delta-Y$와 $\Delta-Y$	$\Delta-\Delta$와 $\Delta-Y$
$Y-Y$와 $Y-Y$	$\Delta-\Delta$와 $Y-Y$	$Y-Y$와 $\Delta-Y$
$Y-\Delta$와 $Y-\Delta$	$\Delta-Y$와 $Y-\Delta$	

23

6극 36슬롯 3상 동기 발전기의 매극 매상당 슬롯수는?

① 2 ② 4
③ 3 ④ 5

▶ 전기기기 테마 10 동기기

매극 매상당 슬롯수 $= \dfrac{\text{슬롯수}}{\text{극수} \times \text{상수}} = \dfrac{36}{6 \times 3} = 2$

24

직류 직권전동기의 회전수(N)와 토크(T)의 관계는?

① $T \propto \dfrac{1}{N}$ ② $T \propto \dfrac{1}{N^2}$
③ $T \propto N$ ④ $T \propto N^{\frac{3}{2}}$

▶ 전기기기 테마 08 직류기

$N \propto \dfrac{1}{I_a}$ 이고 $T \propto I_a^2$ 이므로 $T \propto \dfrac{1}{N^2}$ 이다.

정답 21 ① 22 ② 23 ① 24 ②

25
동기 전동기의 용도로 적합하지 않는 것은?

① 송풍기　　② 압축기
③ 크레인　　④ 분쇄기

▶ 전기기기　테마 10　동기기
- 동기전동기는 비교적 저속도, 중·대용량인 시멘트공장 분쇄기, 압축기, 송풍기 등에 이용된다.
- 크레인과 같이 부하 변화가 심하거나 잦은 기동을 하는 부하는 직류 직권전동기가 적합하다.

26
3상 전원에서 2상 전원을 얻기 위한 변압기의 결선 방법은?

① V　　② △
③ Y　　④ T

▶ 전기기기　테마 07　변압기
3상 교류를 2상 교류로 변환하는 결선법
- 스코트 결선(T결선)
- 우드 브리지 결선
- 메이어 결선

27
다음 중 변압기의 원리와 가장 관계가 있는 것은?

① 전자유도 작용　　② 표피작용
③ 전기자 반작용　　④ 편자작용

▶ 전기기기　테마 07　변압기
전자유도 작용
1차 권선에 교류전압에 의한 자속이 철심을 지나 2차 권선과 쇄교하면서 기전력을 유도한다.

28
직류 전동기의 토크가 $265[\text{N}\cdot\text{m}]$, 회전수가 $1,800[\text{rpm}]$일 때 출력은 약 몇 $[\text{kW}]$인가?

① 5.1　　② 10.2
③ 50　　④ 100

▶ 전기기기　테마 08　직류기
토크 $T = \dfrac{60}{2\pi}\dfrac{P_0}{N}[\text{N}\cdot\text{m}]$이고,
출력 $P_0 = \dfrac{2\pi}{60}TN[\text{W}]$이므로
$P_0 = \dfrac{2\pi}{60} \times 265 \times 1,800 = 50[\text{kW}]$

29
변압기의 규약 효율은?

① $\dfrac{출력}{입력}$　　② $\dfrac{출력}{출력+손실}$
③ $\dfrac{출력}{입력+손실}$　　④ $\dfrac{입력-손실}{입력}$

▶ 전기기기　테마 07　변압기
변압기 규약 효율 $\eta = \dfrac{출력[\text{kW}]}{출력[\text{kW}]+손실[\text{kW}]} \times 100[\%]$

30
동기기의 전기자 권선법이 아닌 것은?

① 전절권　　② 분포권
③ 2층권　　④ 중권

▶ 전기기기　테마 10　동기기
동기기는 주로 분포권, 단절권, 2층권, 중권이 쓰이고 결선은 Y결선으로 한다.

정답　25 ③　26 ④　27 ①　28 ③　29 ②　30 ①

31
반도체 내에서 정공은 어떻게 생성되는가?

① 자유전자의 이동
② 확산 용량
③ 접합 불량
④ 결합전자의 이탈

▶ 전기기기 테마 11 정류기 및 제어기기
정공
진성반도체(4가 원자)에 불순물(3가 원자)을 첨가하면 공유 결합을 해서 전자 1개의 공석이 생성되는데 이를 정공이라 한다. 즉, 결합전자의 이탈에 의하여 생성된다.

32
단상 유도전동기의 정회전 슬립이 s이면 역회전 슬립은?

① $1-s$
② $1+s$
③ $2-s$
④ $2+s$

▶ 전기기기 테마 09 유도기
정회전 시 회전속도를 N이라 하면, 역회전 시 회전속도는 $-N$이라 할 수 있다.
정회전 시
$$s = \frac{N_s - N}{N_s}, \ N = (1-s)N_s$$
역회전 시
$$s = \frac{N_s - (-N)}{N_s} = \frac{N_s + N}{N_s} = \frac{N_s + (1-s)N_s}{N_s} = 2 - s$$

33
계자권선이 전기자와 접속되어 있지 않은 직류기는?

① 직권기
② 분권기
③ 복권기
④ 타여자기

▶ 전기기기 테마 08 직류기
타여자기는 계자권선과 전기자권선이 분리되어 있다.

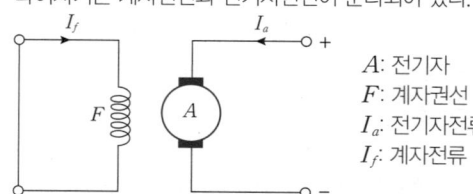

A: 전기자
F: 계자권선
I_a: 전기자전류
I_f: 계자전류

34
3상 유도전동기의 원선도를 그리는 데 필요하지 않은 것은?

① 저항 측정
② 무부하 시험
③ 구속 시험
④ 슬립 측정

▶ 전기기기 테마 09 유도기
3상 유도전동기의 원선도
- 유도전동기의 특성에 대한 실부하 시험을 하지 않아도, 등가회로를 기초로 한 원선도에 의하여 전부하 전류, 역률, 효율, 슬립, 토크 등을 구할 수 있다.
- 원선도 작성에 필요한 시험: 저항 측정, 무부하 시험, 구속 시험

35
속도를 광범위하게 조정할 수 있으므로 압연기나 엘리베이터 등에 사용되는 직류 전동기는?

① 직권 전동기
② 분권 전동기
③ 타여자 전동기
④ 가동 복권 전동기

▶ 전기기기 테마 08 직류기
타여자 전동기는 속도를 광범위하게 조정할 수 있으므로 압연기나 엘리베이터 등에 사용되고, 일그너 방식 또는 워드 레오너드 방식의 속도 제어 장치를 사용하는 경우에 주 전동기로 사용된다.

정답 31 ④　32 ③　33 ④　34 ④　35 ③

36

부흐홀츠 계전기의 설치 위치로 가장 적당한 곳은?

① 변압기 주탱크 내부
② 콘서베이터 내부
③ 변압기 고압측 부싱
④ 변압기 주탱크와 콘서베이터 사이

▶ 전기기기 테마 07 변압기
  변압기의 탱크와 콘서베이터의 연결관 도중에 설치한다. 절연유의 온도 상승 시 발생하는 유증기를 검출하여 변압기의 내부 고장 보호용으로 사용된다.

37

복권발전기의 병렬운전을 안전하게 하기 위해서 두 발전기의 전기자와 직권권선의 접촉점에 연결해야 하는 것은?

① 균압선
② 집전환
③ 안전저항
④ 브러시

▶ 전기기기 테마 08 직류기
  직권, 복권발전기
  수하특성을 가지지 않아서 두 발전기 중 한쪽의 부하가 증가할 때, 그 발전기의 전압이 상승하여 부하분담이 적절히 되지 않으므로 직권계자에 균압모선을 연결하여 전압 상승을 같게 하면 병렬운전을 할 수 있다.

38

금속 내부를 지나는 자속의 변화로 금속 내부에 생기는 와류손을 작게 하려면 어떻게 하여야 하는가?

① 두꺼운 철판을 사용한다.
② 얇은 철판을 성층하여 사용한다.
③ 냉각 압연한다.
④ 높은 전류를 가한다.

▶ 전기기기 테마 07 변압기
  • 규소강판 사용: 히스테리시스손 감소
  • 성층철심 사용: 와류손(맴돌이 전류손) 감소

39

직류 발전기가 있다. 자극 수는 6, 전기자 총 도체수 400, 회전수 600[rpm], 전기자에 유기되는 기전력 120[V]일 때 매 극당 자속은 몇 [Wb]인가?(단, 전기자 권선은 파권이다.)

① 0.1[Wb]
② 0.01[Wb]
③ 0.3[Wb]
④ 0.03[Wb]

▶ 전기기기 테마 08 직류기
  $E = \frac{p}{a} Z \phi \frac{N}{60}$[V]에서 파권($a=2$)이므로
  $120 = \frac{6}{2} \times 400 \times \phi \times \frac{600}{60}$에서 자속은 $\phi = 0.01$[Wb]

40

직류 직권발전기가 정격전압 400[V], 출력 10[kW]로 운전되고 있다. 전기자 저항 및 계자 저항이 각각 0.1[Ω]일 경우, 유도 기전력[V]은?(단, 전류자의 접촉 저항은 무시한다.)

① 402.5
② 405
③ 425
④ 450

▶ 전기기기 테마 08 직류기
  직권발전기 접속은 아래와 같으므로 출력 $P=VI$에서
  $I=I_f=I_a$이므로
  전기자전류 $I_a = \frac{P}{V} = \frac{10 \times 10^3}{400} = 25$[A]
  따라서 유도기전력
  $E = V + I_a(R_a + R_f) = 400 + 25 \times (0.1+0.1) = 405$[V]

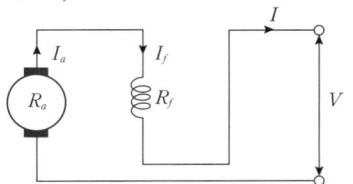

정답 36 ④ 37 ① 38 ② 39 ② 40 ②

41

전등 1개를 3개소에서 점멸하고자 할 때 필요한 3로 스위치와 4로 스위치는 각각 몇 개인가?

① 3로 스위치 1개, 4로 스위치 2개
② 3로 스위치 2개, 4로 스위치 1개
③ 3로 스위치 3개, 4로 스위치 1개
④ 3로 스위치 1개, 4로 스위치 3개

▶ 전기설비 테마 13 배선재료와 공구
3개소 점멸회로도

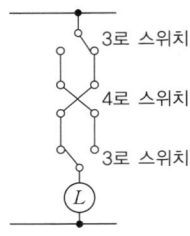

42

점유면적이 좁고 운전, 보수에 안전하여 공장, 빌딩 등의 전기실에 많이 사용되며 큐비클(Cubicle)형이라고도 불리는 배전반은?

① 데드 프런트식 배전반
② 폐쇄식 배전반
③ 라이브 프런트식 배전반
④ 포스트형 배전반

▶ 전기설비 테마 18 고압 및 저압 배전반공사
폐쇄식 배전반을 일반적으로 큐비클형이라고 한다. 점유면적이 좁고 운전, 보수에 안전하므로 공장, 빌딩 등의 전기실에 많이 사용된다.

43

금속제 후강 전선관의 굵기는 무엇으로 표시하는가?

① 안지름에 가까운 홀수
② 안지름에 가까운 짝수
③ 바깥지름에 가까운 홀수
④ 바깥지름에 가까운 짝수

▶ 전기설비 테마 15 배선설비공사 및 전선허용전류 계산
• 후강 전선관: 안지름의 길이에 가까운 짝수
• 박강 전선관: 바깥지름의 길이에 가까운 홀수

44

구리 전선과 전기 기계기구 단자를 접속하는 경우에 진동 등으로 인하여 헐거워질 염려가 있는 곳에는 어떤 것을 사용하여 접속하여야 하는가?

① 정 슬리브를 끼운다.
② 평와셔 2개를 끼운다.
③ 코드 패스너를 끼운다.
④ 스프링 와셔를 끼운다.

▶ 전기설비 테마 13 배선재료와 공구
진동 등의 영향으로 헐거워질 우려가 있는 경우에는 스프링 와셔 또는 더블 너트를 사용하여야 한다.

45

저압 구내 가공인입선으로 인입용 비닐절연전선을 사용하고자 할 때, 전선의 굵기는 최소 몇 [mm] 이상이어야 하는가?(단, 전선의 길이가 15[m] 이하인 경우이다.)

① 1.5   ② 2.0
③ 2.6   ④ 4.0

▶ 전기설비 테마 17 가공인입선 및 배전선공사
저압 가공인입선의 인입용 비닐절연전선(DV)은 인장강도 2.30[kN] 이상의 것 또는 지름 2.6[mm] 이상이어야 한다. 단, 지지물 간 거리가 15[m] 이하인 경우는 인장강도 1.25[kN] 이상의 것 또는 지름 2[mm] 이상이어야 한다.

정답 41 ② 42 ② 43 ② 44 ④ 45 ②

46
화약류 저장소에서 백열전등이나 형광등 또는 이들에 전기를 공급하기 위한 전기설비를 시설하는 경우 전로의 대지전압[V]은?

① 100[V] 이하
② 150[V] 이하
③ 220[V] 이하
④ 300[V] 이하

▶ 전기설비 테마 19 특수장소공사
화약류 저장소의 위험장소
전로의 대지전압을 300[V] 이하로 한다.

47
지중전선로를 직접매설식에 의하여 차량 기타 중량물의 압력을 받을 우려가 있는 장소에 시설하는 경우 매설 깊이는 몇 [m] 이상이어야 하는가?

① 0.6[m]
② 1.0[m]
③ 1.2[m]
④ 1.6[m]

▶ 전기설비 테마 17 가공인입선 및 배전선공사
직접매설식 케이블 매설 깊이
• 차량 등 중량물의 압력을 받을 우려가 있는 장소: 1.0[m] 이상
• 기타 장소: 0.6[m] 이상

48
저압 가공 인입선의 인입구에 사용하며 금속관 공사에서 끝부분의 빗물 침입을 방지하는 데 적당한 것은?

① 플로어 박스
② 엔트런스 캡
③ 부싱
④ 터미널 캡

▶ 전기설비 테마 13 배선재료와 공구

엔트런스 캡
엔트런스 캡: 금속관 공사에서 끝부분의 빗물 침입을 방지

49
애자 사용 공사를 건조한 장소에서 시설하고자 한다. 사용전압이 400[V] 이하인 경우 전선과 조영재 사이의 거리는 최소 몇 [cm] 이상이어야 하는가?

① 2.5
② 4.5
③ 6
④ 10

▶ 전기설비 테마 15 배선설비공사 및 전선허용전류 계산
애자 사용 공사를 시설할 경우

구분	400[V] 이하	400[V] 초과
전선 상호 간의 거리	6[cm] 이상	6[cm] 이상
전선과 조영재 사이의 거리	2.5[cm] 이상	4.5[cm] 이상 (건조한 곳은 2.5[cm] 이상)

50
분기회로의 전원측에서 분기점 사이에 다른 분기회로 또는 콘센트 접속이 없고, 단락의 위험과 화재 및 인체에 대한 위험성을 최소화되도록 시설된 경우, 옥내간선과의 분기점에서 몇 [m] 이하의 곳에 시설하여야 하는가?

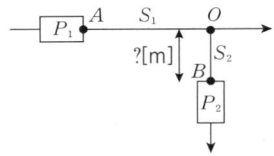

① 3[m]
② 4[m]
③ 5[m]
④ 8[m]

▶ 전기설비 테마 16 전선 및 기계기구의 보안공사
분기회로에 과부하 보호장치 설치 위치
• 원칙: 전로 중 도체의 단면적, 특성, 설치 방법, 구성의 변경으로 도체의 값이 줄어드는 곳에 설치, 즉 분기점(O)에 설치
• 예외1: 분기회로(S_2)의 과부하 보호장치(P_2)가 분기회로에 대한 단락보호가 이루어지는 경우 임의의 거리에 설치
• 예외2: 분기회로(S_2)의 과부하 보호장치(P_2)가 분기회로에 대한 단락의 위험과 화재 및 인체에 대한 위험성을 최소화되도록 시설된 경우, 분기점(O)으로부터 3[m] 이내 설치

정답 46 ④   47 ②   48 ②   49 ①   50 ①

51

전압의 구분에서 고압 직류전압은 몇 [V] 초과 몇 [V] 이하인가?

① 1,500[V] 초과 6,000[V] 이하
② 1,000[V] 초과 7,000[V] 이하
③ 1,500[V] 초과 7,000[V] 이하
④ 1,000[V] 초과 6,000[V] 이하

▶ 전기설비 테마 16 전선 및 기계기구의 보안공사
전압의 종류
- 저압: 교류는 1,000[V] 이하, 직류는 1,500[V] 이하인 것
- 고압: 교류는 1,000[V] 초과, 7,000[V] 이하인 것
  직류는 1,500[V] 초과, 7,000[V] 이하인 것
- 특고압: 교류, 직류 모두 7,000[V]를 넘는 것

52

다음 중 전선의 굵기를 측정하는 것은?

① 프레셔 툴   ② 와이어 게이지
③ 파이어 포트   ④ 스패너

▶ 전기설비 테마 13 배선재료와 공구
① 프레셔 툴: 솔더리스 커넥터 및 솔더리스 터미널을 압착하는 것
② 와이어 게이지: 전선의 굵기를 측정하는 것
③ 파이어 포트: 납물을 만드는 데 사용되는 일종의 화로
④ 스패너: 너트를 죄는 데 사용하는 것

53

조명용 백열전등을 호텔 또는 여관 객실의 입구에 설치할 때나 일반주택 및 아파트 각 호의 현관에 설치할 때 사용되는 스위치는?

① 타임 스위치   ② 누름버튼 스위치
③ 토글 스위치   ④ 로터리 스위치

▶ 전기설비 테마 13 배선재료와 공구
숙박업소 객실 입구에는 1분 이내, 주택 및 아파트 각 호실의 현관 입구에는 3분 이내 소등되는 타임 스위치를 시설해야 한다.

54

정격전류가 50[A]인 저압전로의 산업용 배선용 차단기에 70[A] 전류가 통과하였을 경우 몇 분 이내에 자동적으로 동작하여야 하는가?

① 30분   ② 60분
③ 120분   ④ 90분

▶ 전기설비 테마 16 전선 및 기계기구의 보안공사
과전류 차단기로 저압전로에 사용되는 배선용 차단기의 동작 특성

정격전류의 구분	트립 동작시간	정격전류의 배수(모든 극에 통전)	
		부동작 전류	동작 전류
63[A] 이하	60분	1.05배	1.3배
63[A] 초과	120분	1.05배	1.3배

정격전류가 63[A] 이하인 50[A] 전로의 배선용 차단기에 70[A] 전류가 통과하였을 경우, $\frac{70}{50}=1.4$[배]이므로 트립 동작시간 60분 이내에 자동적으로 동작한다.

55

일반적으로 가공선로의 지지물에 취급자가 오르고 내리는 데 사용하는 발판 볼트 등은 지표상 몇 [m] 미만에 시설하여서는 아니 되는가?

① 0.75[m]   ② 1.2[m]
③ 1.8[m]   ④ 2.0[m]

▶ 전기설비 테마 17 가공인입선 및 배전선공사
가공전선로의 지지물에 취급자가 오르고 내리는 데 사용하는 발판볼트 등을 지표상 1.8[m] 미만에 시설하여서는 아니 된다.

정답 51 ③ 52 ② 53 ① 54 ② 55 ③

56

한국전기설비규정에 따라 저압수용장소에서 계통 접지가 TN-C-S 방식인 경우 중성선 겸용 보호도체(PEN)는 고정 전기설비에만 사용할 수 있다. 도체가 알루미늄인 경우 단면적[mm²]은 얼마 이상이어야 하는가?

① 2.5
② 4
③ 10
④ 16

▶ 전기설비 테마 16 전선 및 기계기구의 보안공사

한국전기설비규정에 따라 문제와 같은 조건일 때, 중성선 겸용 보호도체(PEN)는 구리 10[mm²] 이상, 알루미늄 16[mm²] 이상이어야 하며, 그 계통의 최고전압에 대하여 절연되어야 한다.

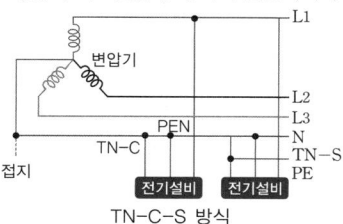

TN-C-S 방식

57

건축물의 종류에서 은행, 상점, 사무실의 표준부하는 얼마인가?

① 10[VA/m²]
② 20[VA/m²]
③ 30[VA/m²]
④ 40[VA/m²]

▶ 전기설비 테마 16 전선 및 기계기구의 보안공사

건물의 표준부하

부하구분	건축물의 종류	표준부하 [VA/m²]
표준부하	공장, 공회당, 사원, 교회, 극장, 영화관, 연회장 등	10
	기숙사, 여관, 호텔, 병원, 학교, 음식점, 다방, 대중목욕탕	20
	사무실, 은행, 상점, 이발소, 미용원	30
	주택, 아파트	40

58

접착제를 사용하지 않고 합성수지관 상호 접속 시에 삽입하는 깊이를 관 바깥지름의 몇 배 이상으로 하여야 하는가?

① 0.2
② 0.5
③ 1
④ 1.2

▶ 전기설비 테마 15 배선설비공사 및 전선허용전류 계산

합성수지관 상호 접속 방법
• 커플링에 들어가는 관의 길이는 관 바깥지름의 1.2배 이상
• 접착제를 사용하는 경우에는 0.8배 이상

59

노출장소 또는 점검 가능한 은폐장소에서 제2종 가요전선관을 시설하고 제거하는 것이 자유로운 경우의 곡률반지름은 안지름의 몇 배 이상으로 하여야 하는가?

① 2
② 3
③ 5
④ 6

▶ 전기설비 테마 15 배선설비공사 및 전선허용전류 계산

가요전선관의 곡률반지름
• 자유로운 경우: 전선관 안지름의 3배 이상
• 부자유로운 경우: 전선관 안지름의 6배 이상

60

가공 전선로의 지지물에서 다른 지지물을 거치지 아니하고 수용장소의 인입선 접속점에 이르는 가공 전선을 무엇이라 하는가?

① 연접인입선
② 가공인입선
③ 구내전선로
④ 구내인입선

▶ 전기설비 테마 17 가공인입선 및 배전선공사

① 연접인입선: 가공인입선 중 수용장소의 인입선에서 분기하여 다른 수용장소의 인입구에 이르는 전선
② 가공인입선: 가공 전선로의 지지물에서 다른 지지물을 거치지 아니하고 수용장소의 인입선 접속점에 이르는 가공 전선
③ 구내전선로: 수용장소의 구내에 시설한 전선로
④ 구내인입선: 구내전선로에서 구내의 전기 사용 장소로 인입하는 가공전선 및 동일 구내의 전기 사용 장소 상호 간의 가공전선으로, 지지물을 거치지 않고 시설되는 것

정답 56 ④ 57 ③ 58 ④ 59 ② 60 ②

2023년 4회 CBT 기출

01
4[Ω], 6[Ω], 10[Ω] 저항 3개를 직렬로 접속한 회로에 7[A]의 전류를 흘릴 때 회로에 공급한 전압[V]은?

① 125　　② 140
③ 100　　④ 85

▶ 전기이론　테마 04　직류회로
합성저항 $R = 4+6+10 = 20[\Omega]$
옴의 법칙을 적용하면 전압 $V = IR = 7 \times 20 = 140[V]$

02
어떤 도체에서 t초 동안에 $Q[C]$의 전기량이 이동하면, 이때 흐르는 전류[A]는?

① $I = Q \cdot t$　　② $I = \dfrac{1}{Qt}$
③ $I = \dfrac{Q}{t}$　　④ $I = \dfrac{t}{Q}$

▶ 전기이론　테마 01　전기의 성질과 전하에 의한 전기장
전류 정의는 $I = \dfrac{Q}{t}[A]$이다.

03
$R-L-C$ 직렬 공진주파수 $f_0[Hz]$는?

① $\dfrac{1}{2\pi LC}$　　② $2\pi fLC$
③ $\dfrac{1}{2\pi\sqrt{LC}}$　　④ $2\pi\sqrt{LC}$

▶ 전기이론　테마 05　교류회로
$R-L-C$ 직렬회로 임피던스
$Z = R + j\omega L + \dfrac{1}{j\omega C} = R + j\left(\omega L - \dfrac{1}{\omega C}\right)[\Omega]$이다.
공진은 허수가 0이므로 $\omega L = \dfrac{1}{\omega C}$이고, $2\pi fL = \dfrac{1}{2\pi fC}$이다.
공진주파수 $f_0 = \dfrac{1}{2\pi\sqrt{LC}}[Hz]$이다.

04
다음 (　) 안의 알맞은 내용으로 옳은 것은?

> 회로에 흐르는 전류의 크기는 저항에 (가)하고, 가해진 전압에 (나)한다.

① (가) 비례, (나) 비례
② (가) 비례, (나) 반비례
③ (가) 반비례, (나) 비례
④ (가) 반비례, (나) 반비례

▶ 전기이론　테마 04　직류회로
옴의 법칙 $V = IR$에서 전압은 전류와 저항에 비례하고, 전류는 저항에 반비례한다.

05
반지름 1[m], 권수 100회인 원형 코일에 10[A]의 전류가 흐르면 코일 중심의 자장의 세기는 몇 [AT/m]인가?

① 300　　② 500
③ 700　　④ 900

▶ 전기이론　테마 02　자기장 성질과 전류에 의한 자기장
원형 코일의 중심 자계 $H = \dfrac{NI}{2r} = \dfrac{100 \times 10}{2 \times 1} = 500[AT/m]$

정답　01 ②　02 ③　03 ③　04 ③　05 ②

06

$v(t)=V_m\sin(\omega t-20°)$[V], $i(t)=I_m\cos(\omega t-20°)$[A] 의 위상 차를 구하면?

① $\frac{\pi}{2}$[rad]   ② $\frac{\pi}{5}$[rad]

③ $\frac{\pi}{4}$[rad]   ④ $\frac{\pi}{3}$[rad]

▶ 전기이론   테마 05   교류회로

$i(t)=I_m\cos(\omega t-20°)=I_m\sin(\omega t-20°+90°)$
$=I_m\sin(\omega t+70°)$[A]

∴ 전압 $v(t)$와 $\frac{\pi}{2}$만큼 위상차가 발생한다.

07

$R-L$ 직렬 회로에서 서셉턴스는?

① $\frac{R}{R^2+X_L^2}$ ② $\frac{X_L}{R^2+X_L^2}$

③ $\frac{-R}{R^2+X_L^2}$ ④ $\frac{-X_L}{R^2+X_L^2}$

▶ 전기이론   테마 05   교류회로

임피던스 $Z=R+jX_L$[Ω]

∴ $Y=\frac{1}{Z}=\frac{1}{R+jX_L}=\frac{R-jX_L}{(R+jX_L)(R-jX_L)}$

$=\frac{R}{R^2+X_L^2}+j\frac{-X_L}{R^2+X_L^2}=G+jB$[℧]

∴ $B=-\frac{X_L}{R^2+X_L^2}$[℧]

08

다음 중 파고율을 계산할 때 사용하는 식은?

① $\frac{평균값}{실횻값}$ ② $\frac{실횻값}{최댓값}$

③ $\frac{최댓값}{실횻값}$ ④ $\frac{실횻값}{평균값}$

▶ 전기이론   테마 05   교류회로

- 파고율 = $\frac{최댓값}{실횻값}$
- 파형율 = $\frac{실횻값}{평균값}$

09

기전력 E[V], 내부저항 r[Ω]의 전지 N개를 병렬로 접속할 경우 부하 저항 R에 흐르는 전류 I[A]는?

① $I=\frac{E}{\frac{N}{r}+R}$[A]   ② $I=\frac{E}{\frac{r}{R}+N}$[A]

③ $I=\frac{E}{\frac{R}{N}+r}$[A]   ④ $I=\frac{E}{\frac{r}{N}+R}$[A]

▶ 전기이론   테마 04   직류회로

내부저항 r[Ω]이 N개 병렬로 연결되어 내부저항에 대한 합성저항 $r_s=\frac{r}{N}$이다.

r_s와 부하저항 R은 직렬연결이므로 회로 내의 합성저항 $R_T=\frac{r}{N}+R$이다.

병렬연결은 전압이 일정하므로 부하저항 R에 흐르는 전류 $I=\frac{E}{\frac{r}{N}+R}$[A]이다.

10

다음 중 반자성체만으로 이루어진 것은?

① 철, 니켈, 아연
② 알루미늄, 공기, 코발트
③ 망간, 구리, 백금
④ 금, 은, 구리

▶ 전기이론   테마 02   자기장 성질과 전류에 의한 자기장

- 강자성체: 철, 니켈, 코발트
- 반자성체: 금, 은, 구리, 비스무트
- 상자성체: 백금, 알루미늄, 산소, 공기

정답   06 ①   07 ④   08 ③   09 ④   10 ④

11

자기저항의 단위는?

① [H/m] ② [AT/Wb]
③ [AT/m] ④ [Wb/m]

▶ **전기이론** 테마 02 자기장 성질과 전류에 의한 자기장
- 자계(H) 단위: [AT/m], [N/Wb]
- 자속(ϕ) 단위: [Wb]
- 자속밀도 단위: [Wb/m^2]
- $F = NI = R_m \phi$ [AT]
- 자기저항 $R_m = \dfrac{NI}{\phi}$ [AT/Wb]

12

공기 중에 10[μC]과 20[μC]를 1[m] 간격으로 놓을 때 발생되는 정전력[N]은?

① 6.3 ② 2.2
③ 4.4 ④ 1.8

▶ **전기이론** 테마 01 전기의 성질과 전하에 의한 전기장
정전력
$$F = \dfrac{1}{4\pi\varepsilon_0} \times \dfrac{Q_1 Q_2}{r^2} = 9 \times 10^9 \times \dfrac{10 \times 10^{-6} \times 20 \times 10^{-6}}{1^2}$$
$$= 1.8[\text{N}]$$

13

전류와 자기장의 방향을 쉽게 찾는 법칙은?

① 앙페르의 왼나사 법칙
② 앙페르의 오른나사 법칙
③ 비오-사바르의 법칙
④ 전자유도 법칙

▶ **전기이론** 테마 02 자기장 성질과 전류에 의한 자기장
- 앙페르의 오른나사 법칙: 도선에 전류가 흐를 때 도선 주위에 발생하는 자기장의 방향을 결정는 법칙
- 전자유도 법칙: 자기 선속의 변화가 기전력을 발생시킨다는 법칙
- 비오-사바르의 법칙: 전류가 생성하는 자기장이 전류에 수직이고 전류에서 거리의 역제곱에 비례한다는 물리 법칙

14

비투자율 $\mu_s = 1$인 환상 철심 중의 자계의 세기가 H[AT/m]이다. 이때 비투자율 $\mu_s = 10$인 물질로 바꾸면 철심의 자속밀도[Wb/m^2]는 몇 배 증가하는가?

① 0.1 ② 1
③ 10 ④ 20

▶ **전기이론** 테마 02 자기장 성질과 전류에 의한 자기장
자속밀도 $B = \mu_0 \mu_s H$[Wb/m^2]이므로 비투자율 μ_s을 10배로 올리면 자속밀도도 10배 증가한다.

15

두 도체를 근접해 평행하게 배치하고 도체에 전류가 반대 방향으로 흐를 때 도체 간에 작용하는 힘은?

① 흡인력
② 반발력
③ 흡인력과 반발력이 반복된다.
④ 작용하는 힘은 0이다.

▶ **전기이론** 테마 03 전자력과 전자유도
평행하게 배치한 두 도체에 같은 방향으로 전류가 흐르면 흡인력이, 반대 방향으로 전류가 흐르면 반발력이 작용한다.

16

전동기의 힘의 방향을 알 수 있는 법칙은?

① 플레밍의 왼손 법칙
② 플레밍의 오른손 법칙
③ 비오-사바르의 법칙
④ 오른나사 법칙

▶ **전기이론** 테마 03 전자력과 전자유도
- 플레밍의 왼손 법칙: 전동기의 힘의 방향을 알 수 있는 법칙
- 플레밍의 오른손 법칙: 발전기에서 유기되는 전압의 방향을 알 수 있는 법칙
- 비오-사바르 법칙: 도선에 전류가 흐를 때 주변의 자계 세기를 알 수 있는 법칙
- 오른나사 법칙: 도선에 전류가 흐르면 주위에 발생하는 자기의 방향을 알 수 있는 법칙

정답 11 ② 12 ④ 13 ② 14 ③ 15 ② 16 ①

17

권수 400회의 코일에 6[A]의 전류가 흘러서 5[Wb]의 자속이 코일을 지난다고 하면, 이 코일의 자체 인덕턴스는 몇 [H]인가?

① 222.2
② 333.3
③ 444.4
④ 555.5

▶ 전기이론 테마 03 전자력과 전자유도

$LI = N\phi$에서, $L = \dfrac{N\phi}{I} = \dfrac{400 \times 5}{6} = 333.3[H]$

18

전압 100[V], 내부저항 $r = 5[\Omega]$인 전원이 있다. 이 전원에 부하를 연결하여 얻을 수 있는 최대전력은 몇 [W]인가?

① 200
② 300
③ 400
④ 500

▶ 전기이론 테마 04 직류회로

최대전력 개념은 아래 그림과 같을 때 전원에서 부하에게 전달할 수 있는 최대전력으로 전원의 내부저항(r)과 부하저항(R_L)이 같을 때이다.

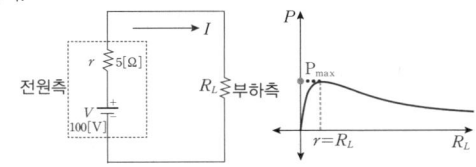

최대전력을 받는 부하저항 $R_L = 5[\Omega]$이고

전류 $I = \dfrac{100}{5+5} = 10[A]$

최대전력 $P_{max} = I^2 R_L = 10^2 \times 5 = 500[W]$

19

자기 인덕턴스에 축적되는 에너지에 대한 설명으로 가장 옳은 것은?

① 자기 인덕턴스 및 전류에 비례한다.
② 자기 인덕턴스 및 전류에 반비례한다.
③ 자기 인덕턴스와 전류의 제곱에 반비례한다.
④ 자기 인덕턴스에 비례하고 전류의 제곱에 비례한다.

▶ 전기이론 테마 02 자기장 성질과 전류에 의한 자기장

인덕터에 축적되는 에너지 $W = \dfrac{1}{2}LI^2 = \dfrac{1}{2}\phi I[J]$

공식에서 자기 에너지는 자기 인덕턴스에 비례하고, 전류의 제곱에 비례한다.

20

3[C]의 전기량이 두 점 사이를 이동하여 12[J]의 일을 하였다면 이 두 점 사이의 전위차는 몇 [V]인가?

① 4
② 8
③ 24
④ 72

▶ 전기이론 테마 01 전기의 성질과 전하에 의한 전기장

전압 $V = \dfrac{W}{Q}$ ($W[J]$: 일의 양, $Q[C]$: 전하량)

$V = \dfrac{12}{3} = 4[V]$

정답 17 ② 18 ④ 19 ④ 20 ①

21

직류 직권 전동기에서 벨트를 걸고 운전하면 안 되는 가장 큰 이유는?

① 벨트가 벗어지면 위험 속도에 도달하므로
② 손실이 많아지므로
③ 직결하지 않으면 속도 제어가 곤란하므로
④ 벨트의 마멸 보수가 곤란하므로

▶ 전기기기 테마 08 직류기

$N = K_1 \dfrac{V - I_a R_a}{\phi}$ [rpm]에서 직류 직권전동기는 벨트가 벗어지면 무부하 상태가 되어, 여자 전류가 거의 0이 된다. 이때 자속이 최대가 되어 위험 속도가 된다.

22

슬립이 일정한 경우 유도전동기의 공급 전압이 $\dfrac{1}{2}$로 감소되면 토크는 처음에 비해 어떻게 되는가?

① 2배가 된다.   ② 1배가 된다.
③ $\dfrac{1}{2}$로 줄어든다.   ④ $\dfrac{1}{4}$로 줄어든다.

▶ 전기기기 테마 09 유도기

유도전동기의 토크는 전압의 2승에 비례한다. 즉, 공급 전압이 $\dfrac{1}{2}$로 감소하면 토크는 $\left(\dfrac{1}{2}\right)^2 = \dfrac{1}{4}$로 줄어든다.

23

변압기 내부 고장에 대한 보호용으로 가장 많이 사용되는 것은?

① 과전류 계전기   ② 차동 임피던스
③ 비율차동 계전기   ④ 임피던스 계전기

▶ 전기기기 테마 07 변압기

변압기 내부 고장 보호용 계전기
부흐홀츠 계전기, 차동 계전기, 비율차동 계전기

24

슬립 $s = 5[\%]$, 2차 저항 $r_2 = 0.1[\Omega]$인 유도 전동기의 등가저항 $R[\Omega]$은 얼마인가?

① 0.4   ② 0.5
③ 1.9   ④ 2.0

▶ 전기기기 테마 09 유도기

$R = r_2 \left(\dfrac{1-s}{s}\right) = 0.1 \times \left(\dfrac{1-0.05}{0.05}\right) = 1.9[\Omega]$

25

다음 그림에서 직류 분권전동기의 속도특성 곡선은?

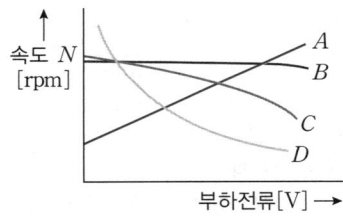

① A   ② B
③ C   ④ D

▶ 전기기기 테마 08 직류기

분권전동기
전기자와 계자권선이 병렬로 접속되어 있어서 단자전압이 일정하면, 부하전류에 관계없이 자속이 일정하므로 정속도 특성을 가진다.

정답 21 ① 22 ④ 23 ③ 24 ③ 25 ②

26

6극 직류 파권 발전기의 전기자 도체 수 300, 매극 자속 0.02[Wb], 회전수 900[rpm]일 때 유도기전력[V]은?

① 90   ② 110
③ 220   ④ 270

▶ 전기기기 테마 08 직류기

$E = \dfrac{p}{a} Z\phi \dfrac{N}{60}$[V]에서 파권($a=2$)이므로

$E = \dfrac{6}{2} \times 300 \times 0.02 \times \dfrac{900}{60} = 270$[V]

27

직류 전동기에서 전부하 속도가 1,500[rpm], 속도변동률이 3[%]일 때 무부하 회전속도는 몇 [rpm]인가?

① 1,455   ② 1,410
③ 1,545   ④ 1,590

▶ 전기기기 테마 08 직류기

$\varepsilon = \dfrac{N_0 - N_n}{N_n} \times 100$[%]이므로 $\varepsilon = \dfrac{N_0 - 1,500}{1,500} \times 100 = 3$[%]

무부하 회전속도 $N_0 = 1,545$[rpm]

28

동기발전기의 병렬운전에 필요한 조건이 아닌 것은?

① 기전력의 파형이 작을 것
② 기전력의 위상이 같을 것
③ 기전력의 주파수가 같을 것
④ 기전력의 크기가 같을 것

▶ 전기기기 테마 10 동기기

병렬운전 조건
- 기전력의 크기가 같을 것
- 기전력의 주파수가 같을 것
- 기전력의 위상이 같을 것
- 기전력의 파형이 같을 것

29

전기기기의 철심 재료로 규소강판을 많이 사용하는 이유로 가장 적당한 것은?

① 와류손을 줄이기 위해
② 맴돌이 전류를 없애기 위해
③ 히스테리시스손을 줄이기 위해
④ 구리손을 줄이기 위해

▶ 전기기기 테마 07 변압기

- 규소강판 사용: 히스테리시스손 감소
- 성층철심 사용: 와류손(맴돌이 전류손) 감소

30

변압기의 효율이 가장 좋을 때의 조건은?

① 철손＝동손   ② 철손＝$\dfrac{1}{2}$동손

③ 동손＝$\dfrac{1}{2}$철손   ④ 동손＝2철손

▶ 전기기기 테마 07 변압기

변압기는 철손과 동손이 같을 때 최대 효율이 된다.

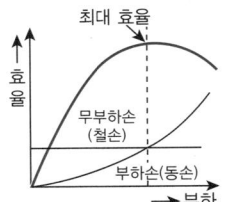

정답 26 ④   27 ③   28 ①   29 ③   30 ①

31

직류 전동기의 규약 효율을 표시하는 식은?

① $\dfrac{출력}{출력+손실}\times 100[\%]$

② $\dfrac{출력}{입력}\times 100[\%]$

③ $\dfrac{입력-손실}{입력}\times 100[\%]$

④ $\dfrac{출력}{출력-손실}\times 100[\%]$

▶ 전기기기　테마 08　직류기

발전기 규약 효율 $\eta_G = \dfrac{출력}{출력+손실}\times 100[\%]$

전동기 규약 효율 $\eta_M = \dfrac{입력-손실}{입력}\times 100[\%]$

32

3상 유도전동기 고정자 결선도를 나타낸 것이다. 다음 중 맞는 사항을 고르면?

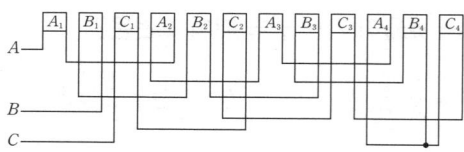

① 3상 2극, Y결선　② 3상 4극, Y결선
③ 3상 2극, $\varDelta$결선　④ 3상 4극, $\varDelta$결선

▶ 전기기기　테마 09　유도기

권선이 3개(A, B, C)로 3상이며, 각 권선의($A_1, A_2, A_3, A_4, \cdots$) 전류 방향이 변화하므로 4극, 각 권선의 끝(A_4, B_4, C_4)이 접속되어 있으므로 Y결선이다.

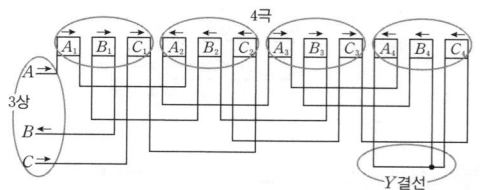

33

3상 동기기에 제동 권선을 설치하는 주된 목적은?

① 출력 증가　② 효율 증가
③ 역률 개선　④ 난조 방지

▶ 전기기기　테마 10　동기기

제동권선 목적
- 발전기: 난조 방지
- 전동기: 기동 작용

34

2차 입력 P_2, 출력 P_0, 슬립 s, 동기속도 N_s, 회전속도 N, 2차 동손 P_{2c}일 때 2차 효율 표기로 틀린 것은?

① $1-s$　　② $\dfrac{P_{2c}}{P_2}$

③ $\dfrac{P_0}{P_2}$　　④ $\dfrac{N}{N_s}$

▶ 전기기기　테마 09　유도기

2차 효율 $\eta_2 = \dfrac{P_0}{P_2} = 1-s = \dfrac{N}{N_s}$ 이다.

35

직류 직권전동기의 회전수(N)와 토크(T)와의 관계는?

① $T \propto \dfrac{1}{N}$　　② $T \propto \dfrac{1}{N^2}$

③ $T \propto N$　　④ $T \propto N^{\frac{3}{2}}$

▶ 전기기기　테마 08　직류기

$N \propto \dfrac{1}{I_a}$ 이고 $T \propto I_a^2$ 이므로 $T \propto \dfrac{1}{N^2}$ 이다.

정답　31 ③　32 ②　33 ④　34 ②　35 ②

36

3상 반파 정류회로 입력 전압을 $E[\text{V}]$라고 할 때의 직류 출력 전압값은?

① $1.35E[\text{V}]$
② $1.17E[\text{V}]$
③ $0.9E[\text{V}]$
④ $0.45E[\text{V}]$

▶ 전기기기 테마 11 정류기 및 제어기기

정류회로 비교

구분	직류 출력전압	맥동 주파수
단상 반파 정류회로	$0.45E$	f
단상 전파 정류회로	$0.9E$	$2f$
3상 반파 정류회로	$1.17E$	$3f$
3상 전파 정류회로	$1.35E$	$6f$

37

단상 변압기 2대로 V-V결선하여 3상에서 사용하는 경우, V-V결선의 특징으로 옳지 않은 것은?

① 변압기의 이용률이 $86.6[\%]$로 저하된다.
② 부하측에 대칭 3상 전압을 공급할 수 있다.
③ 설치 방법이 비교적 간단하다.
④ 출력은 $\varDelta-\varDelta$결선일 때와 동일하다.

▶ 전기기기 테마 07 변압기

V-V결선의 특징

단상변압기 3대로 △결선으로 운전 중 변압기 1대 고장으로 나머지 2대로 3상 전력을 공급할 수 있는 결선법

· 출력비: $\dfrac{V}{\varDelta} = \dfrac{\sqrt{3}P_1}{3P_1} = 57.7[\%]$

· 변압기 이용률: $\dfrac{\sqrt{3}P_1}{2P_1} = 86.6[\%]$

38

3상 유도 전동기의 정격전압 $V_n[\text{V}]$, 출력을 $P[\text{kW}]$, 1차 전류를 $I_1[\text{A}]$, 역률을 $\cos\theta$라고 할 때 효율을 나타내는 식은?

① $\dfrac{P \times 10^3}{3V_n I_1 \cos\theta} \times 100[\%]$

② $\dfrac{3V_n I_1 \cos\theta}{P \times 10^3} \times 100[\%]$

③ $\dfrac{P \times 10^3}{\sqrt{3}V_n I_1 \cos\theta} \times 100[\%]$

④ $\dfrac{\sqrt{3}V_n I_1 \cos\theta}{P \times 10^3} \times 100[\%]$

▶ 전기기기 테마 09 유도기

효율 $\eta = \dfrac{\text{출력}}{\text{입력}} \times 100[\%]$이므로 출력은 $P[\text{kW}] = P \times 10^3[\text{W}]$, 입력은 정격전압 $V_n[\text{V}]$이 선간전압을 나타내므로 $\sqrt{3}V_n I_1 \cos\theta[\text{W}]$가 된다.

즉, 효율 $= \dfrac{P \times 10^3}{\sqrt{3}V_n I_1 \cos\theta} \times 100[\%]$

39

변류기 개방 시 2차측을 단락하는 이유는?

① 2차측 절연보호
② 2차측 과전류 보호
③ 측정오차 감소
④ 변류비 유지

▶ 전기기기 테마 07 변압기

변류기는 2차 전류를 낮게 하게 위하여 권수비가 매우 작으므로 2차측을 개방하게 되면, 2차측에 매우 높은 기전력이 유기되어 절연파괴의 위험이 있다. 즉, 2차측을 절대로 개방해서는 안 된다.

40

다음 중 UPS에 대한 뜻으로 알맞은 것은?

① 무정전 직류 전원 장치
② 상시 교류 전원 장치
③ 상시 직류 전원 장치
④ 무정전 전원 공급 장치

▶ 전기기기 테마 11 정류기 및 제어기기

UPS: 무정전 전원 공급장치

정답 36 ② 37 ④ 38 ③ 39 ① 40 ④

41

다선식 옥내배선인 경우 N상의 색별 표시는?

① 백색 ② 청색
③ 회색 ④ 녹색－노란색

▶ 전기설비 테마 13 배선재료와 공구

상(문자)	색상
L1	갈색
L2	흑색
L3	회색
N	청색
보호도체(PE)	녹색－노란색

42

점유 면적이 좁고 운전, 보수에 안전하므로 공장, 빌딩 등의 전기실에 많이 사용되는 배전반은 어떤 것인가?

① 데드프런트형 ② 수직형
③ 큐비클형 ④ 라이브 프런트형

▶ 전기설비 테마 18 고압 및 저압 배전반공사

폐쇄식 배전반을 일반적으로 큐비클형이라고 한다. 점유 면적이 좁고 운전, 보수에 안전하므로 공장, 빌딩 등의 전기실에 많이 사용된다.

43

노출 장소 또는 점검 가능한 은폐 장소에서 제2종 가요전선관을 시설하고 제거하는 것이 부자유하거나 점검 불가능한 경우의 곡률 반지름은 안지름의 몇 배 이상으로 하여야 하는가?

① 2 ② 3
③ 5 ④ 6

▶ 전기설비 테마 15 배선설비공사 및 전선허용전류 계산

가요전선관 곡률 반지름

- 자유로운 경우: 전선관 안지름의 3배 이상
- 부자유로운 경우: 전선관 안지름의 6배 이상

44

한국전기설비규정에 의하여 고압 가공인입선이 횡단보도교 위에 시설되는 경우 노면상 몇 [m] 이상의 높이에 설치되어야 하는가?

① 3 ② 3.5
③ 5 ④ 6

▶ 전기설비 테마 17 가공인입선 및 배전선공사

가공인입선의 높이는 다음에 의할 것

구분	저압 인입선[m]	고압 인입선[m]
도로 횡단	5	6
철도 궤도 횡단	6.5	6.5
횡단보도교	3	3.5
기타	4	5

45

다음 중 단로기(DS)의 사용 목적으로 맞는 것은?

① 무부하 전로 개폐 ② 부하 전류의 차단
③ 고장 전류의 차단 ④ 회선의 선택 차단

▶ 전기설비 테마 18 고압 및 저압 배전반공사

단로기(DS)는 개폐기의 일종으로 부하 전류 및 고장 전류를 차단할 수 없고, 기기의 점검, 측정, 시험 및 수리를 할 때 회로를 열어 놓거나 회로 변경 시에 사용하는 설비로 무부하 전로 개폐가 가능하다.

정답 41 ② 42 ③ 43 ④ 44 ② 45 ①

46

합성수지관 상호 및 관과 박스는 접속 시에 삽입하는 깊이를 관 바깥지름의 몇 배 이상으로 하여야 하는가? (단, 접착제를 사용하지 않은 경우이다.)

① 0.2
② 0.5
③ 1
④ 1.2

▶ 전기설비　테마 15　배선설비공사 및 전선허용전류 계산
합성수지관 관 상호 접속 방법
- 커플링에 들어가는 관의 길이는 관 바깥지름의 1.2배 이상으로 한다.
- 접착제를 사용하는 경우에는 0.8배 이상으로 한다.

47

래크(Rack) 배선은 어떤 곳에 사용되는가?

① 고압 가공선로
② 고압 지중선로
③ 저압 지중선로
④ 저압 가공선로

▶ 전기설비　테마 17　가공인입선 및 배전선공사
- 래크(Rack) 배선: 저압 가공배전 선로에서 전선을 수직으로 애자를 설치하는 배선

48

정격전류가 50[A]인 저압전로의 산업용 배선용 차단기에 70[A] 전류가 통과하였을 경우 몇 분 이내에 자동적으로 동작하여야 하는가?

① 30분
② 60분
③ 90분
④ 120분

▶ 전기설비　테마 16　전선 및 기계기구의 보안공사
과전류 차단기로 저압전로에 사용되는 배선용 차단기의 동작 특성

정격전류의 구분	트립 동작시간	정격전류의 배수(모든 극에 통전)	
		부동작 전류	동작 전류
63[A] 이하	60분	1.05배	1.3배
63[A] 초과	120분	1.05배	1.3배

정격전류가 63[A] 이하인 50[A] 전로의 배선용 차단기에 70[A] 전류가 통과하였을 경우, $\frac{70}{50}=1.4$배이므로 트립 동작시간 60분 이내에 자동적으로 동작한다.

49

저압 가공 인입선의 인입구에 사용하며 금속관 공사에서 끝부분의 빗물 침입을 방지하는 데 적당한 것은?

① 플로어 박스
② 엔트런스 캡
③ 부싱
④ 터미널 캡

▶ 전기설비　테마 13　배선재료와 공구

엔트런스 캡

엔트런스 캡: 금속관 공사에서 끝부분의 빗물 침입을 방지

50

부식성 가스 등이 있는 장소에 전기설비를 시설하는 방법으로 적합하지 않은 것은?

① 애자사용공사 시 부식성 가스의 종류에 따라 절연전선인 DV전선을 사용한다.
② 애자사용공사에 의한 경우에는 사람이 쉽게 접촉될 우려가 없는 노출 장소에 한한다.
③ 애자사용공사 시 부득이 나전선을 사용하는 경우에는 전선과 조영재와의 거리를 4.5[cm] 이상으로 한다.
④ 애자사용공사 시 전선의 절연물이 상해를 받는 장소는 나전선을 사용할 수 있으며, 이 경우는 바닥 위 2.5[cm] 이상 높이에 시설한다.

▶ 전기설비　테마 19　특수장소공사
DV전선을 제외한 절연전선을 사용하여야 한다.

정답　46 ④　47 ④　48 ②　49 ②　50 ①

51
옥내배선 공사에서 절연전선의 피복을 벗길 때 사용하면 편리한 공구는?

① 드라이버　　② 플라이어
③ 압착펜치　　④ 와이어 스트리퍼

▶ 전기설비　테마 13　배선재료와 공구
- 와이어 스트리퍼: 전선의 피복을 벗기는 공구

52
사람이 쉽게 접촉하는 장소에 설치하는 누전차단기의 사용전압 기준은 몇 [V] 초과인가?

① 50　　② 110
③ 150　　④ 220

▶ 전기설비　테마 13　배선재료와 공구
누전차단기(ELB)의 설치 기준
- 사용 전압이 50[V]를 초과하는 저압의 금속제 외함을 가지는 기계기구로, 사람이 쉽게 접촉할 우려가 있는 장소에 시설하는 것에 전기를 공급하는 전로
- 주택의 인입구 등 누전차단기 설치를 요하는 전로

53
수변전 설비 중에서 동력설비 회로의 역률을 개선할 목적으로 사용되는 것은?

① 전력퓨즈　　② MOF
③ 지락계전기　　④ 진상용 콘덴서

▶ 전기설비　테마 18　고압 및 저압 배전반공사
- 전력퓨즈: 전원측에 설치되며 후단 보호
- MOF(전력 수급용 계기용 변성기): 변류기와 계기용변압기를 한 케이스에 종합한 것으로 전력 측정용 변성기
- 지락계전기: 주로 비접지 선로에서 영상변류기와 조합하여 지락사고 시 동작하는 계전기
- 진상용 콘덴서: 전압과 전류의 위상차를 감소시켜 역률을 개선

54
다음 중 과전류 차단기를 설치하는 곳은?

① 간선의 전원측 전선
② 접지공사의 접지선
③ 접지공사를 한 저압 가공전선의 접지측 전선
④ 다선식 전로의 중성선

▶ 전기설비　테마 13　배선재료와 공구
과전류 차단기의 시설 금지 장소
- 접지공사의 접지선
- 다선식 전로의 중성선
- 접지공사를 한 저압 가공 전로의 접지측 전선

55
전압의 구분에서 고압 직류전압의 범위에 속하는 것은?

① 1,500~6,000[V]
② 1,000~7,000[V]
③ 1,500~7,000[V]
④ 1,000~6,000[V]

▶ 전기설비　테마 16　전선 및 기계기구의 보안공사
전압의 종류
- 저압: 교류는 1,000[V] 이하, 직류는 1,500[V] 이하인 것
- 고압: 교류는 1,000[V]를 넘고, 7,000[V] 이하
　　　직류는 1,500[V]를 넘고, 7,000[V] 이하인 것
- 특고압: 교류, 직류 모두 7,000[V]를 넘는 것

정답　51 ④　52 ①　53 ④　54 ①　55 ③

56

폭발성 분진이 있는 위험장소에 금속관 배선에 의할 경우 관 상호 및 관과 박스 기타의 부속품이나 풀박스 또는 전기기계기구는 몇 턱 이상의 나사 조임으로 접속하여야 하는가?

① 2턱 ② 3턱
③ 4턱 ④ 5턱

▶ 전기설비 테마 19 특수장소공사
폭연성 분진 또는 화약류 분말이 존재하는 곳의 배선
- 저압 옥내배선은 금속 전선관 공사 또는 케이블 공사에 의하여 시설하여야 한다.
- 이동 전선은 접속점이 없는 0.6/1[kV] EP 고무절연 클로로프렌 캡타이어케이블을 사용하고 또한 손상을 받을 우려가 없도록 시설할 것
- 관상호 및 관과 박스 기타의 부속품이나 풀박스 또는 전기기계기구는 5턱 이상의 나사 조임으로 접속하는 방법, 기타 이와 동등 이상의 효력이 있는 방법에 의할 것

57

절연전선으로 가선된 배전선로에서 활선 상태인 전선에 피복을 벗기는 공구는?

① 드라이버 ② 플라이어
③ 전선 피박기 ④ 압착렌치

▶ 전기설비 테마 13 배선재료와 공구
전선 피박기: 활선 상태인 전선의 피복을 벗기는 공구

58

연선 결정에 있어서 중심 소선을 뺀 층수가 3층이다. 전체 소선 수는?

① 91 ② 61
③ 37 ④ 19

▶ 전기설비 테마 13 배선재료와 공구
$N = 3n(n+1) + 1 = 3 \times 3 \times (3+1) + 1 = 37$
N: 전체 소선 수, n: 층수

59

전선의 접속에 대한 설명으로 틀린 것은?

① 접속 부분의 전기 저항을 20[%] 이상 증가되도록 한다.
② 접속 부분의 인장강도를 80[%] 이상 유지되도록 한다.
③ 접속 부분에 전선 접속 기구를 사용한다.
④ 알루미늄 전선과 구리선의 접속 시 전기적인 부식이 생기지 않도록 한다.

▶ 전기설비 테마 14 전선의 접속
전선의 접속 조건
- 접속 시 전기적 저항을 증가시키지 않는다.
- 접속 부위의 기계적 강도를 20[%] 이상 감소시키지 않는다.
- 접속점의 절연이 약화되지 않도록 테이핑 또는 와이어 커넥터로 절연한다.
- 전선의 접속은 박스 안에서 하고, 접속점에 장력이 가해지지 않도록 한다.

60

분전반 및 배전반은 어떤 장소에 설치하는 것이 바람직한가?

① 전기회로를 쉽게 조작할 수 있는 장소
② 개폐기를 쉽게 개폐할 수 없는 장소
③ 은폐된 장소
④ 이동이 심한 장소

▶ 전기설비 테마 18 고압 및 저압 배전반공사
전기부하의 중심 부근에 위치하면서, 스위치 조작을 안정적으로 할 수 있는 곳에 설치하여야 한다.

정답 56 ④ 57 ③ 58 ③ 59 ① 60 ①

2022년 1회 CBT 기출

01
표준 전지에서 사용하는 음극 재료는?

① 백금　　　② 수은
③ 나트륨　　④ 카드뮴

▶ **전기이론** 테마 06 전류의 열작용과 화학작용
표준 전지는 전위차 측정에 있어서 전위차의 표준이 될 수 있는 전지로 쉽게 복제할 수가 있고 그 기전력이 장시간 보존하여도 변화하지 않는다. 양극에는 수은을 사용하고 음극에는 카드뮴을 사용한다.

02
자기장 내에 길이가 l인 도체에 전류가 흐를 때 자기장의 방향이 몇 도이면 작용하는 힘이 최대가 되는가?

① 30　　② 45
③ 60　　④ 90

▶ **전기이론** 테마 02 자기장 성질과 전류에 의한 자기장
자계 내에 있는 도체가 받는 힘 $F = I\vec{l} \times \vec{B} = IBl\sin\theta[N]$
∴ $\theta = 90°$일 때 최대가 된다.

03
각주파수 $\omega = 200\pi[\text{rad/s}]$일 때 주파수 $f[\text{Hz}]$는?

① 100　　② 200
③ 300　　④ 400

▶ **전기이론** 테마 05 교류회로
각주파수와 주파수의 관계는 $\omega = 2\pi f[\text{rad/s}]$이므로
주파수 $f = \dfrac{\omega}{2\pi} = \dfrac{200\pi}{2\pi} = 100[\text{Hz}]$이다.

04
다음 중 정현파의 파고율은?

① 1.11　　② 1.414
③ 1.732　④ 1.57

▶ **전기이론** 테마 05 교류회로

파형	실횻값	평균값	파형률	파고율
정현파	$\dfrac{V_m}{\sqrt{2}}$	$\dfrac{2V_m}{\pi}$	1.11	1.414

• 파고율: 파형의 날카로움의 정도
• 파형률: 파형의 평활 정도

05
아래 그림의 슬라이드형 브리지에서 저항선이 a의 위치에 왔을 때 수화기 소리가 들리지 않았다. 이때 $X[\Omega]$의 값은?(단, $L_1 = 20[\text{cm}]$, $L_2 = 25[\text{cm}]$이다.)

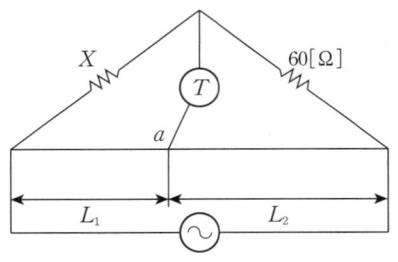

① 48　　② 51
③ 53　　④ 58

▶ **전기이론** 테마 04 직류회로
브리지 회로는 $L_2 \times X = L_1 \times 60$
$X = \dfrac{L_1 \times 60}{L_2} = \dfrac{20 \times 60}{25} = 48[\Omega]$

정답　01 ④　02 ④　03 ①　04 ②　05 ①

06

자기저항의 단위로 옳은 것은?

① [AT/W] ② [AT/Wb]
③ [AT/m] ④ [AT/J]

▶ 전기이론 테마 02 자기장 성질과 전류에 의한 자기장

기자력 $F=NI=R_m\phi$[AT], $R_m=\dfrac{NI}{\phi}$[AT/Wb]

07

어떤 전기회로에 $200[\text{V}]$의 교류전압을 가하면 $I=4+j3[\text{A}]$의 전류가 흐른다. 이 회로의 임피던스[Ω]는 얼마인가?

① $4-j3$ ② $4+j3$
③ $32-j24$ ④ $16+j12$

▶ 전기이론 테마 05 교류회로

임피던스 $Z=\dfrac{200}{4+j3}=\dfrac{200(4-j3)}{(4+j3)(4-j3)}=\dfrac{200(4-j3)}{16+9}$
$=32-j24[\Omega]$

08

$R-L$ 병렬 회로에서 합성 임피던스의 크기는?

① $\dfrac{R}{R^2+X_L^2}$ ② $\dfrac{X_L}{\sqrt{R^2+X_L^2}}$
③ $\dfrac{R+X_L}{R^2+X_L^2}$ ④ $\dfrac{RX_L}{\sqrt{R^2+X_L^2}}$

▶ 전기이론 테마 05 교류회로

어드미턴스 $Y=\dfrac{1}{R}+\dfrac{1}{jX_L}$

$|Y|=\sqrt{\left(\dfrac{1}{R}\right)^2+\left(\dfrac{1}{X_L}\right)^2}=\dfrac{\sqrt{R^2+X_L^2}}{RX_L}$

$|Z|=\dfrac{1}{|Y|}=\dfrac{RX_L}{\sqrt{R^2+X_L^2}}$

09

기전력 $120[\text{V}]$, 내부 저항(r)이 $15[\Omega]$인 전원이 있다. 여기에 부하 저항 R을 연결하여 얻을 수 있는 최대 전력[W]은?(단, 최대 전력 전달 조건은 $r=R$이다.)

① 100   ② 140
③ 200   ④ 240

▶ 전기이론 테마 04 직류회로

최대 전력 전달 조건은 다음과 같다.
부하 저항 R이 내부 저항 r과 같을 때 최대 전력이 전달된다. 즉, 최대 전력 전달 조건에서 전체 저항은 아래와 같다.
$R_{total}=r+R=15+15=30[\Omega]$
이때의 전류는 $I=\dfrac{E}{R_{total}}=\dfrac{120}{30}=4[\text{A}]$
그러므로 최대 전력은 $P=I^2R=4^2\times15=240[\text{W}]$이다.

10

다음 그림에서 A-B 간의 합성 정전용량 $C_t[\mu\text{F}]$은?

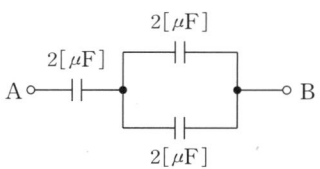

① $\dfrac{1}{3}$ ② $\dfrac{2}{3}$
③ 1   ④ $\dfrac{4}{3}$

▶ 전기이론 테마 01 전기의 성질과 전하에 의한 전기장

병렬 연결된 두 개의 정전용량의 합성 정전용량 $4[\mu\text{F}]$이다. 결국 A-B 간에는 $2[\mu\text{F}]$과 $4[\mu\text{F}]$이 직렬로 연결된 것이다. 두 개의 정전용량이 직렬로 연결된 경우에는

합성 정전용량 $C_t=\dfrac{2\times4}{2+4}=\dfrac{4}{3}[\mu\text{F}]$이다.

정답 06 ② 07 ③ 08 ④ 09 ④ 10 ④

11

'회로의 접속점에서 볼 때, 접속점에 흘러 들어오는 전류의 합은 흘러 나가는 전류의 합과 같다.'라고 정의되는 법칙은?

① 키르히호프의 제1법칙
② 키르히호프의 제2법칙
③ 플레밍의 오른손 법칙
④ 앙페르의 오른나사 법칙

▶ 전기이론 테마 04 직류회로
- 키르히호프의 제1법칙: 접속점으로 들어온 전류 합과 접속점에서 나가는 전류 합은 같다.
- 키르히호프의 제2법칙: 폐회로에서 회로 내의 모든 전압의 합은 0이다.
- 플레밍의 오른손 법칙: 자기장 방향과 힘의 방향이 주어지면 유기 기전력의 방향을 결정하는 법칙이다.
- 앙페르의 오른나사 법칙: 전류에 의해 발생하는 자기장의 방향을 결정하는 법칙이다.

12

단위 길이당 권수 10회인 무한장 솔레노이드에 10[A]의 전류가 흐를 때 솔레노이드 내부의 자장[AT/m]은?

① 0
② 6
③ 100
④ 200

▶ 전기이론 테마 02 자기장 성질과 전류에 의한 자기장
솔레노이드는 아래 그림처럼 도선을 원통형으로 감아 만든 기구로 도선에 전류를 흐르게 하면 자기장이 발생한다.

내부 자계 $H_i = n_0 I$ [AT/m]
$H_i = 10 \times 10 = 100$ [AT/m]

13

어떤 도체의 길이를 3배로 하고 단면적을 $\frac{1}{4}$배로 했을 때의 저항은 원래 저항의 몇 배가 되는가?

① 2배
② 3배
③ 6배
④ 12배

▶ 전기이론 테마 01 전기의 성질과 전하에 의한 전기장
저항 $R = \rho \frac{l}{S}$로 모델링하여 변화된 저항값
$R_{change} = \rho \frac{3l}{\frac{1}{4}S} = 12\rho \frac{l}{S} = 12R$

14

2[A]의 전류를 1분 동안 질산은 용액에 흘리면 몇 [g]의 은을 석출하겠는가?(단, 은의 전기화학당량은 1.15 [g/C]라 가정한다.)

① 138
② 128
③ 118
④ 108

▶ 전기이론 테마 06 전류의 열작용과 화학작용
석출되는 양 $W = kQ = kIt = 1.15 \times 2 \times 60 = 138$[g]

15

6[V]의 기전력으로 300[C]의 전기량이 이동할 때 몇 [J]의 일을 하게 되는가?

① 1,200
② 1,800
③ 600
④ 100

▶ 전기이론 테마 06 전류의 열작용과 화학작용
$W = VQ = 6 \times 300 = 1,800$[J]

정답 11 ① 12 ③ 13 ④ 14 ① 15 ②

16

반자성체 물질의 특색을 나타낸 것은?(단, μ_s는 비투자율이다.)

① $\mu_s > 1$
② $\mu_s \gg 1$
③ $\mu_s = 1$
④ $\mu_s < 1$

▶ 전기이론 테마 02 자기장 성질과 전류에 의한 자기장

강자성체
- 자석으로 어떤 물체(철, 니켈, 코발트)를 자화시킨 후 자석을 제거해도 자화된 자성체가 계속해서 자석의 성질을 유지하는 물체
- 강자성체는 외부 자극과 반대로 자구들이 배열된다.
- $\mu_s \gg 1$

상자성체
- 자석으로 어떤 물체(공기, 알루미늄 등)를 자화시킨 후 자석을 제거하면 자화된 자성체가 바로 자석의 성질을 잃어버리는 물체
- 상자성체도 강자성체처럼 자구배열은 같다.
- $\mu_s > 1$

반자성체
- 자석으로 어떤 물체(아연, 구리, 납 등)를 자화시킨 후 자석을 제거해도 자화된 자성체가 계속해서 자석의 성질을 유지하는 물체
- 반자성체는 자화될 때 자구들이 외부 자극과 같은 방향으로 배열된다.
- $\mu_s < 1$

17

200[V], 2[kW]의 전열선 2개를 같은 전압에서 직렬로 접속한 경우의 전력은 병렬로 접속한 경우의 전력보다 어떻게 되는가?

① $\frac{1}{2}$로 줄어든다.
② $\frac{1}{4}$로 줄어든다.
③ 2배로 증가한다.
④ 4배로 증가한다.

▶ 전기이론 테마 06 전류의 열작용과 화학작용

전력 $P = VI = I^2R = \frac{V^2}{R}$

전열선 1개 저항을 R
전열선 2개를 직렬로 연결
합성저항 $R_s = 2R$, 소비전력 $P_s = \frac{V^2}{R_s} = \frac{V^2}{2R}$
전열선 2개를 병렬로 연결
합성저항 $R_p = \frac{R}{2}$, 소비전력 $P_p = \frac{V^2}{R_p} = \frac{V^2}{\frac{R}{2}} = 2\frac{V^2}{R}$

$\therefore P_s = \frac{1}{4}P_p$

18

면적이 $S[m^2]$, 극판간격이 $d[m]$, 유전율이 ε인 평행판 콘덴서에 $V[V]$전압을 가할 때 축적되는 전하량 $Q[C]$의 값은?

① $\frac{SV}{\varepsilon d}$
② $\frac{d}{\varepsilon SV}$
③ $\frac{\varepsilon S}{d}V$
④ εdSV

▶ 전기이론 테마 01 전기의 성질과 전하에 의한 전기장

정전용량 $C = \frac{\varepsilon S}{d}$, 전하량 $Q = CV = \frac{\varepsilon S}{d}V[C]$

19

원자핵의 구속력을 벗어나서 물질 내에서 자유롭게 이동하는 입자는?

① 중성자
② 양자
③ 분자
④ 전자

▶ 전기이론 테마 01 전기의 성질과 전하에 의한 전기장

구속력을 벗어나서 자유롭게 이동할 수 있는 것은 전자로, 자유전자라고도 한다.

20

자속 밀도 10[Wb/m²]의 자장 안에 자장과 직각으로 20[m] 길이의 도체를 놓고 이것에 10[A]의 전류를 흘릴 때 도체가 힘의 방향으로 5[m] 이동한 경우의 한 일은 몇 [J]인가?

① 10,000
② 20,000
③ 30,000
④ 40,000

▶ 전기이론 테마 02 자기장 성질과 전류에 의한 자기장

힘 $F = I\vec{l} \times \vec{B}$ (I: 전류 힘, l: 도체 길이, B: 자속밀도)
도체 20[m]가 받는 힘
$F = IBl\sin\theta = 10 \times 10 \times 20 \times \sin 90° = 2,000[N]$
일 $W = \vec{F} \cdot \vec{l} = Fl\cos\theta = 2,000 \times 5 \times \cos 0° = 10,000[J]$

정답 16 ④ 17 ② 18 ③ 19 ④ 20 ①

21
단상 유도전동기의 정회전 슬립이 s이면 역회전 슬립은 어떻게 되는가?

① $1-s$ ② $2-s$
③ $1+s$ ④ $2+s$

▶ 전기기기 테마 09 유도기

정회전 시 $s=\dfrac{N_s-N}{N_s}$, $N=(1-s)N_s$

역회전 시
$s'=\dfrac{N_s-(-N)}{N_s}=\dfrac{N_s+N}{N_s}=\dfrac{N_s+(1-s)N_s}{N_s}=2-s$

22
변압기 외함 속에 절연유를 넣어 발생한 열을 기름의 대류작용으로 외함 및 방열기에 전달하여 대기로 발산시키는 냉각방식은?

① 건식풍냉식 ② 유입자냉식
③ 유입풍냉식 ④ 유입송유식

▶ 전기기기 테마 07 변압기

변압기의 냉각방식
- 건식풍냉식: 건식자냉식 변압기를 송풍기 등으로 강제 냉각하는 방식
- 유입자냉식: 변압기 외함 속에 절연유를 넣어 발생한 열을 기름의 대류작용으로 외함 및 방열기에 전달하여 대기로 발산시키는 방식
- 유입풍냉식: 유입자냉식 변압기에 방열기를 설치하여 냉각효과를 더욱 증가시키는 방식
- 유입송유식: 변압기 외함 내에 들어 있는 기름을 펌프를 이용하여 외부에 있는 냉각장치로 보낸 후 냉각시켜서 다시 내부로 공급하는 방식

23
유도전동기의 슬립을 측정하는 방법으로 옳은 것은?

① 전압계법 ② 전류계법
③ 평형브리지법 ④ 스트로보법

▶ 전기기기 테마 09 유도기

슬립 측정방법
회전계법, 직류 밀리볼트계법, 수화기법, 스트로보법

24
다음 그림에서 직류 분권전동기의 속도특성곡선은?

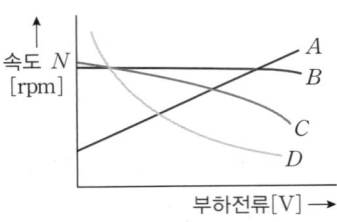

① A ② B
③ C ④ D

▶ 전기기기 테마 08 직류기

분권전동기
전기자와 계자권선이 병렬로 접속되어 있어서 단자전압이 일정하면, 부하전류에 관계없이 자속이 일정하므로 정속도 특성을 갖는다.

25
직류 분권전동기의 회전 방향을 바꾸기 위해서는 일반적으로 무엇의 방향을 바꾸어야 하는가?

① 전원 ② 주파수
③ 계자저항 ④ 전기자전류

▶ 전기기기 테마 08 직류기

회전 방향을 바꾸려면 계자권선이나 전기자권선 중 어느 한쪽의 접속을 반대로 하면 되는데 일반적으로 전기자권선의 접속을 바꾸어 주면 역회전한다. 즉, 전기자에 흐르는 전류의 방향을 바꾸어 주면 된다.

정답 21 ② 22 ② 23 ④ 24 ② 25 ④

26

역률이 좋아 가정용 선풍기, 세탁기, 냉장고 등에 주로 사용되는 것은?

① 분상 기동형 ② 콘덴서 기동형
③ 반발 기동형 ④ 셰이딩 코일형

▶ 전기기기 테마 09 유도기
영구 콘덴서 기동형
원심력 스위치가 없어서 가격도 저렴하고, 보수할 필요가 없으므로 큰 기동토크를 요구하지 않는 선풍기, 냉장고, 세탁기 등에 널리 사용된다.

27

직류 전동기에서 전부하속도가 1,500[rpm], 속도변동률이 3[%]일 때 무부하 회전속도는 몇 [rpm]인가?

① 1,455 ② 1,410
③ 1,545 ④ 1,590

▶ 전기기기 테마 08 직류기
$\varepsilon = \frac{N_0 - N_n}{N_n} \times 100 = \frac{N_0 - 1,500}{1,500} \times 100 = 3[\%]$
무부하 회전 속도 $N_0 = 1,545[\text{rpm}]$이다.

28

수변전설비의 고압회로에 걸리는 전압을 표시하기 위해 전압계를 시설할 때 고압회로와 전압계 사이에 시설하는 것은?

① 수전용 변압기 ② 변류기
③ 계기용 변압기 ④ 권선형 변류기

▶ 전기기기 테마 07 변압기
계기용 변압기 2차측에 전압계를 시설하고, 계기용 변류기 2차측에는 전류계를 시설한다.

29

동기조상기의 계자를 부족여자로 하여 운전하면?

① 콘덴서로 작용
② 뒤진역률 보상
③ 리액터로 작용
④ 저항손의 보상

▶ 전기기기 테마 10 동기기
동기조상기는 조상설비로 사용할 수 있다.
- 여자가 약할 때(부족여자): I가 V보다 지상(리액터 역할)
- 여자가 강할 때(과여자): I가 V보다 진상(콘덴서 역할)

30

변압기의 콘서베이터 사용 목적은?

① 일정한 유압의 유지
② 과부하로부터의 변압기 보호
③ 냉각장치의 효과를 높임
④ 변압 기름의 열화 방지

▶ 전기기기 테마 07 변압기
콘서베이터
공기가 변압기 외함 속으로 들어갈 수 없게 하여 기름의 열화를 방지한다.

정답 26 ② 27 ③ 28 ③ 29 ③ 30 ④

31

1차 전압이 13,200[V], 2차 전압이 220[V]인 단상변압기의 1차에 6,000[V]의 전압을 가하면 2차 전압은 몇 [V]인가?

① 100
② 200
③ 1,000
④ 2,000

▶ 전기기기 테마 07 변압기

권수비 $a = \dfrac{V_1}{V_2} = \dfrac{13,200}{220} = 60$이므로,

따라서 $V_2' = \dfrac{V_1'}{a} = \dfrac{6,000}{60} = 100[\text{V}]$이다.

32

60[Hz]의 동기전동기가 2극일 때 동기속도는 몇 [rpm]인가?

① 7,200
② 4,800
③ 3,600
④ 2,400

▶ 전기기기 테마 10 동기기

동기속도

$N_s = \dfrac{120f}{p}[\text{rpm}] = \dfrac{120 \times 60}{2} = 3,600[\text{rpm}]$

33

다음 그림과 같은 분권발전기에서 계자전류(I_f) 6[A], 전기자전류(I_a) 100[A]일 때, 부하전류(I)는 몇 [A]인가?

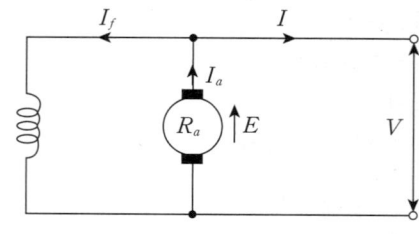

① 94
② 98
③ 102
④ 106

▶ 전기기기 테마 08 직류기

$I_a = I + I_f$이므로, $100 = I + 6$에서 부하전류 $I = 94[\text{A}]$이다.

34

그림은 동기기의 위상특성곡선을 나타낸 것이다. 전기자전류가 가장 작게 흐를 때의 역률은?

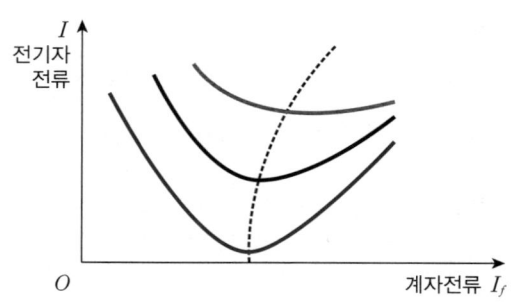

① 1
② 0.9(진상)
③ 0.9(지상)
④ 0

▶ 전기기기 테마 10 동기기

위상특성곡선(V곡선)에서 전기자전류가 최소일 때의 역률은 100[%]이다.

35

실리콘제어 정류기(SCR)의 게이트(G)는?

① P형 반도체
② N형 반도체
③ PN형 반도체
④ NP형 반도체

▶ 전기기기 테마 11 정류기 및 제어기기

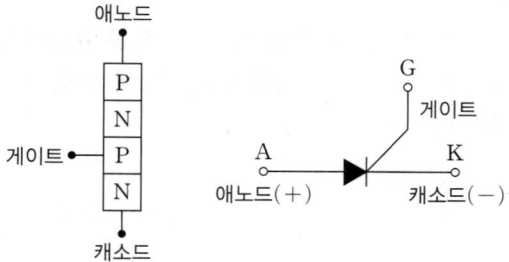

정답 31 ① 32 ③ 33 ① 34 ① 35 ①

36

직류기의 전자가 권선을 중권으로 할 때 옳지 않은 것은?

① 전기자 병렬 회로 수는 극수와 같다.
② 브러시 수는 항상 2개이다.
③ 전압이 낮고 비교적 큰 전류의 기기에 적합하다.
④ 균압결선이 필요하다.

▶ 전기기기 테마 08 직류기
중권과 파권의 비교

비교항목	중권	파권
전기자 병렬 회로수	극수와 같음	2
브러시 수	극수와 같음	2
전압, 전류 특성	저전압, 대전류가 이루어짐	고전압, 저전류가 이루어짐
균압결선	필요	불필요

37

반도체 소자중에서 사이리스터가 아닌 것은?

① SCR ② LED
③ SUS ④ TRIAC

▶ 전기기기 테마 11 정류기 및 제어기기

명칭	설명	기호
SCR	역저지 3단자 사이리스터	
SUS	역저지 4단자 사이리스터	
TRIAC	쌍방향성 3단자 사이리스터	

38

직류 분권전동기의 회전수(N)와 토크(T)와의 관계는?

① $T \propto \dfrac{1}{N}$ ② $T \propto \dfrac{1}{N^2}$
③ $T \propto N$ ④ $T \propto N^{\frac{3}{2}}$

▶ 전기기기 테마 08 직류기
$N \propto \dfrac{1}{I_a}$ 이고, $T \propto I_a$ 이므로 $T \propto \dfrac{1}{N}$ 이다.

39

단상 전파정류회로에서 교류입력이 100[V]이면 직류출력은 약 몇 [V]인가?

① 45 ② 67.5
③ 90 ④ 135

▶ 전기기기 테마 11 정류기 및 제어기기
단상 전파정류회로의 출력 평균전압
$V_a = 0.9V = 0.9 \times 100 = 90[V]$

40

전기자저항 0.1[Ω], 전기자전류 104[A], 유도기전력 110.4[V]인 직류 분권 발전기의 단자전압은 몇 [V]인가?

① 98 ② 100
③ 102 ④ 105

▶ 전기기기 테마 08 직류기
직류 분권 발전기는 다음 그림과 같다.

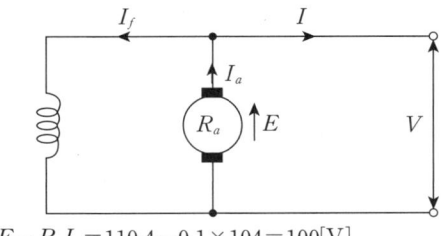

$V = E - R_a I_a = 110.4 - 0.1 \times 104 = 100[V]$

정답 36 ② 37 ② 38 ① 39 ③ 40 ②

41
접지저항 측정 방법으로 가장 적당한 것은?

① 절연저항계
② 전력계
③ 콜라우시 브리지
④ 교류의 전류, 전류계

▶ 전기설비 테마 16 전선 및 기계기구의 보안공사
  콜라우시 브리지
  저저항 측정용 계기로 접지저항, 전해액의 저항 측정에 사용된다.

42
수 · 변전설비의 인입구 개폐기로 많이 사용되고 있으며 전력 퓨즈의 용단 시 결상을 방지하는 목적으로 사용되는 개폐기는?

① 부하개폐기
② 자동고장구분 개폐기
③ 선로개폐기
④ 기중개폐기

▶ 전기설비 테마 18 고압 및 저압 배전반공사
  - 자동고장구분개폐기(ASS): 한 개 수용가의 사고가 다른 수용가에 피해를 주지 않도록 하기 위한 대용량 수용가에 설치
  - 선로개폐기(LS): 책임분계점에서 보수 점검 시 전로를 구분하기 위한 개폐기로, 반드시 무부하 상태로 개방해야 하며 단로기와 같은 용도로 사용
  - 부하개폐기(LBS): 수 · 변전설비의 인입구에 설치되며, 전력계통 운전 시 결상 · 방전 방지용으로 사용
  - 기중부하개폐기(IS): 수전용량 300[kVA] 이하에서 인입개폐기로 사용

43
고압전기회로의 전기사용량을 적산하기 위한 계기용 변압변류기의 약자는?

① ZCT
② MOF
③ DCS
④ DSPF

▶ 전기설비 테마 18 고압 및 저압 배전반공사
  전력수급용 계기용 변성기(MOF, PCT)

44
전기울타리용 전원장치에 전원을 공급하는 전로의 사용전압은 몇 [V] 이하이어야 하는가?

① 150[V]
② 200[V]
③ 250[V]
④ 400[V]

▶ 전기설비 테마 19 특수장소공사
  전기울타리의 시설
  - 전로의 사용전압은 250[V] 이하일 것
  - 전선은 인장강도 1.38[kN] 이상의 것 또는 지름 2[mm] 이상의 경동선일 것
  - 전선과 이를 지지하는 기둥 사이의 이격 거리는 2.5[cm] 이상일 것

45
지중 또는 수중에 시설하는 양극과 피방식체 간의 전기부식 방지시설에 대한 설명으로 틀린 것은?

① 사용 전압은 직류 60[V] 초과일 것
② 지중에 매설하는 양극은 75[cm] 이상의 깊이일 것
③ 수중에 시설하는 양극과 그 주위 1[m] 안의 임의의 점과의 전위차는 10[V]를 넘지 않을 것
④ 지표에서 1[m] 간격의 임의의 2점 간의 전위차가 5[V]를 넘지 않을 것

▶ 전기설비 테마 19 특수장소공사
  전기부식용 전원 장치로부터 양극 및 피방식체까지의 전로의 사용전압은 직류 60[V] 이하일 것

정답 41 ③ 42 ① 43 ② 44 ③ 45 ①

46

가연성 먼지(소맥분, 전분, 유황, 기타 가연성 먼지 등)로 인하여 폭발할 우려가 있는 저압 옥내설비 공사로 적절하지 않은 것은?

① 케이블 공사
② 금속관 공사
③ 플로어 덕트 공사
④ 합성수지관 공사

▶ 전기설비 테마 19 특수장소공사

가연성 먼지가 존재하는곳: 가연성의 먼지로서 공중에 떠다니는 상태에서 착화하였을 때, 폭발의 우려가 있는 곳의 저압 옥내 배선은 합성수지관 공사, 금속전선관 공사, 케이블 공사에 의하여 시설한다.

47

전압 22.9[kV−Y] 이하의 배전선로에서 수전하는 설비의 피뢰기 정격전압은 몇 [kV]로 적용하는가?

① 18[kV]
② 24[kV]
③ 144[kV]
④ 288[kV]

▶ 전기설비 테마 16 전선 및 기계기구의 보안공사

피뢰기의 정격전압

전압을 선로단자와 접지단자에 인가한 상태에서 동작책무를 반복 수행할 수 있는 정격 주파수의 상용주파전압 최고한도(실효치)를 말한다.

계통구분	공칭전압 [kV]	정격전압 [kV]
유효접지계통	345	288
	154	144
	22.9	18(선로)
비유효접지계통	22	24
	6.6	7.5

48

전선로의 직선부분을 지지하는 애자는?

① 가지애자
② 핀애자
③ 지지애자
④ 구형애자

▶ 전기설비 테마 17 가공인입선 및 배전선공사

- 가지애자: 전선로의 방향을 변경할 때 사용
- 구형애자: 지선의 중간에 사용하여 감전을 방지
- 핀애자: 전선로의 직선부분을 지지

49

철근 콘크리트주의 길이가 12[m]이고, 설계하중이 6.8[kN] 이하일 때, 땅에 묻히는 표준깊이는 몇 [m]이어야 하는가?

① 2[m]
② 2.3[m]
③ 2.5[m]
④ 2.7[m]

▶ 전기설비 테마 17 가공인입선 및 배전선공사

15[m] 이하이므로 $12 \times \frac{1}{6} = 2[m]$

전주가 땅에 묻히는 깊이

- 전주의 길이 15[m] 이하: $\frac{1}{6}$ 이상
- 전주의 길이 15[m] 초과: 2.5[m] 이상
- 철근 콘크리트 전주로서 길이가 14[m] 이상 20[m] 이하이고, 설계하중이 6.8[kN] 초과 9.8[kN] 이하인 것은 30[cm]를 가산한다.

50

옥외 절연부분의 전선과 대지 사이의 절연저항은 사용전압에 대한 누설전류가 최대공급전류의 얼마를 초과하지 않도록 해야 하는가?

① $\frac{최대공급전류}{1,000}$
② $\frac{최대공급전류}{2,000}$
③ $\frac{최대공급전류}{3,000}$
④ $\frac{최대공급전류}{4,000}$

▶ 전기설비 테마 16 전선 및 기계기구의 보안공사

누설전류 $\leq \frac{최대공급전류}{2,000}$

정답 46 ③ 47 ① 48 ② 49 ① 50 ②

51

폭연성 먼지가 존재하는 곳의 금속관 공사 시 전동기에 접속하는 부분에서 가요성을 필요로 하는 부분의 배선에는 방폭형의 부속품 중 어떤 것을 사용하여야 하는가?

① 분진 방폭형 플렉시블 피팅
② 분진 플렉시블 피팅
③ 플렉시블 피팅
④ 안전 증가 플렉시블 피팅

▶ 전기설비 테마 19 특수장소공사
전동기에 접속하는 부분에서 가요성을 필요로 하는 부분의 배선에는 방폭형의 부속품 중 분진 방폭형 플렉시블 피팅을 사용한다.

52

금속관 절단구에 대한 다듬기에 쓰이는 공구는?

① 리머
② 홀쏘
③ 프레셔 툴
④ 파이프 렌치

▶ 전기설비 테마 13 배선재료와 공구
리머
금속관을 쇠톱이나 커터로 끊은 다음, 관 안에 날카로운 것을 다듬는 공구이다.

53

합성수지관 공사에서 경질비닐전선관의 굵기에 해당되지 않는 것은?(단, 관의 호칭을 말한다.)

① 14
② 16
③ 22
④ 18

▶ 전기설비 테마 15 배선설비공사 및 전선허용전류 계산
경질비닐 전선관의 호칭
 • 관의 굵기를 안지름의 크기에 가까운 짝수로 표시
 • 지름 14~100[mm]으로 10종(14, 16, 22, 28, 36, 42, 54, 70, 82, 100[mm])

54

조명용 백열전등을 호텔 또는 여관 객실의 입구에 설치할 때나 일반 주택 및 아파트 각 실의 현관에 설치할 때 사용되는 스위치는?

① 토글스위치
② 누름버튼스위치
③ 타임 스위치
④ 로터리스위치

▶ 전기설비 테마 13 배선재료와 공구
타임스위치는 숙박업소 객실 입구에는 1분, 주택·아파트 현관 입구에는 3분 이내 소등하도록 시설해야 한다.

55

전선을 접속할 경우의 설명으로 틀린 것은?

① 접속 부분의 전기 저항이 증가 되지 않아야 한다.
② 전선의 세기를 80[%] 이상 감소시키지 않아야 한다.
③ 접속 부분은 접속 기구를 사용하거나 납땜을 하여야 한다.
④ 알루미늄 전선과 동선을 접속하는 경우, 전기적 부식이 생기지 않도록 해야 한다.

▶ 전기설비 테마 14 전선의 접속
전선의 세기를 20[%] 이상 감소시키지 않아야 한다. 즉, 전선의 세기를 80[%] 이상 유지해야 한다.

| 정답 | 51 ① | 52 ① | 53 ④ | 54 ③ | 55 ② |

56

절연전선의 피복에 '15kV NRV'라고 표기되어 있다. 여기서 'NRV'는 무엇을 나타내는 약호인가?

① 형광등 전선
② 고무절연 폴리에틸렌 시스 네온 전선
③ 고무절연 비닐 시스 네온 전선
④ 폴리에틸렌 절연 비닐 시스 네온 전선

▶ 전기설비 테마 13 배선재료와 공구
전선의 약호
[N: 네온, R: 고무, E: 폴리에틸렌, C: 클로로프렌, V: 비닐]
• NRV: 고무절연 비닐 시스 네온 전선
• NRC: 고무절연 클로로프렌 시스 네온 전선
• NEV: 폴리에틸렌 절연 비닐 시스 네온 전선

57

펜치로 절단하기 힘든 굵은 전선의 절단에 사용되는 공구는?

① 파이프 렌치   ② 클리퍼
③ 파이프 커터   ④ 와이어 게이지

▶ 전기설비 테마 13 배선재료와 공구
클리퍼: 굵은 전선을 절단하는 데 사용하는 공구

58

한국전기설비규정(KEC)에서 정하는 옥내배선의 보호도체(PE)의 색별표시는?

① 갈색   ② 흑색
③ 녹색 – 노란색   ④ 녹색 – 적색

▶ 전기설비 테마 13 배선재료와 공구

상(문자)	색상
L1	갈색
L2	흑색
L3	회색
N (중성선)	청색
보호도체 (PE)	녹색 – 노란색

59

고압 가공 인입선이 일반적인 도로를 횡단할 때의 설치 높이는?

① 3[m] 이상   ② 3.5[m] 이상
③ 5[m] 이상   ④ 6[m] 이상

▶ 전기설비 테마 17 가공인입선 및 배전선공사
인입선의 높이

구분	저압 인입선 [m]	고압 및 특고압 인입선 [m]
도로 횡단	5.0	6.0
철도 궤도 횡단	6.5	6.5
기타	4.0	5.0

60

지중에 매설되어 있는 금속제 수도관로는 접지공사의 접지극으로 사용할 수 있다. 이때 수도관로는 대지와의 전기저항치가 얼마 이하여야 하는가?

① 1[Ω]   ② 2[Ω]
③ 3[Ω]   ④ 4[Ω]

▶ 전기설비 테마 16 전선 및 기계기구의 보안공사
금속제 수도관을 접지극으로 사용할 경우 접지저항: 3[Ω] 이하
건물의 철골 등 금속체를 접지극으로 사용할 경우 접지저항: 2[Ω] 이하

정답 56 ③   57 ②   58 ③   59 ④   60 ③

2022년 2회 CBT 기출

01
도체가 운동하여 자속을 끊으면 유기기전력의 방향을 아는 데 편리한 법칙은?

① 플레밍의 오른손 법칙
② 패러데이의 법칙
③ 플레밍의 왼손 법칙
④ 렌츠의 법칙

▶ 전기이론 테마 02 자기장 성질과 전류에 의한 자기장
- 플레밍의 오른손 법칙: 힘과 자속의 방향을 알고 있을 때 유기 기전력 방향을 결정할 때 사용한다.
- 플레밍의 왼손 법칙: 자속과 전류 방향을 알고 있을 때 힘의 방향을 결정하는 법칙이다.
- 패러데이의 법칙: 유도 기전력의 크기는 코일 내부를 지나는 자속이 빠르게 변할수록 커진다는 법칙이다.
- 렌츠의 법칙: 전자기 유도가 발생할 때 자속 변화에 따른 유도 전류의 방향을 찾는 법칙이다.

02
R-L 직렬회로에서 전압과 전류의 위상차인 $\tan\theta$값은?

① $\dfrac{L}{R}$ ② ωRL

③ $\dfrac{\omega L}{R}$ ④ $\dfrac{R}{\omega L}$

▶ 전기이론 테마 05 교류회로
R-L 직렬회로 임피던스 $Z = R + j\omega L$
∴ $\tan\theta = \dfrac{\omega L}{R}$

03
아래 그림과 같이 공기 중에 놓인 2×10^{-8}[C]의 전하에서 3[m] 떨어진 점 P와 1[m] 떨어진 점 Q와의 전위차는?

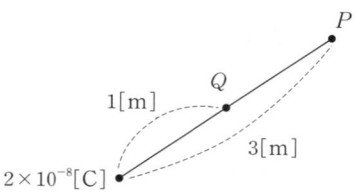

① 80[V]   ② 90[V]
③ 100[V]   ④ 120[V]

▶ 전기이론 테마 01 전기의 성질과 전하에 의한 전기장

Q점 전위 $V_Q = \dfrac{Q}{4\pi\varepsilon_0 r} = \dfrac{2\times 10^{-8}}{4\times 3.14\times 8.85\times 10^{-12}\times 1} = 180[V]$

P점 전위 $V_P = \dfrac{Q}{4\pi\varepsilon_0 r} = \dfrac{2\times 10^{-8}}{4\times 3.14\times 8.85\times 10^{-12}\times 3} = 60[V]$

전위차 $V_{QP} = 120[V]$

04
다음 전압과 전류 중 위상이 앞선 것은?

$v = 2V\cos(\omega t + 30°)[V]$
$i = \sqrt{2}\sin(\omega t + 60°)[A]$

① i가 30° 앞선다.   ② v가 60° 앞선다.
③ v가 30° 앞선다.   ④ i가 60° 앞선다.

▶ 전기이론 테마 05 교류회로
$v = 2V\cos(\omega t + 30°) = 2V\sin(\omega t + 30 + 90)$
$= 2V\sin(\omega t + 120°)[V]$
전압 v가 전류보다 60도 앞선다.

정답 01 ① 02 ③ 03 ④ 04 ②

05

$e(t)=100\sin(100\pi t)$[V]의 교류 전압에서 $t=0.02$[s]일 때 순시전압값은?

① 0 ② 50
③ 86.6 ④ 100

▶ 전기이론 테마 05 교류회로
$e=100\sin(100\pi \times 0.02)=100\sin(2\pi)=0$

06

맥스웰브리지 회로에서 미지의 인덕턴스 L_x를 구하면?

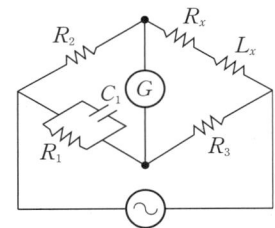

① $L_x=R_2R_3$ ② $L_x=C_1R_2R_3$
③ $L_x=C_1R_1$ ④ $L_x=R_1R_s$

▶ 전기이론 테마 04 직류회로

$R_2 \cdot R_3 = (R_x + j\omega L_x) \cdot \dfrac{\dfrac{R_1}{j\omega C_1}}{R_1 + \dfrac{1}{j\omega C_1}}$ 이고

정리하면 $L_x = C_1R_2R_3$이다.

07

교류 회로에서 무효 전력의 단위는?

① [W] ② [VA]
③ [V/m] ④ [Var]

▶ 전기이론 테마 05 교류회로
유효전력의 단위 [W], 무효전력 단위는 [Var], 피상전력 단위는 [VA]이다.

08

R-L 직렬회로에서 임피던스 $Z=6+j8$[Ω]이다. 이 회로에 교류 100[V]를 가할 때 유효전력[W]은?

① 200 ② 600
③ 800 ④ 1,000

▶ 전기이론 테마 05 교류회로
단상 교류에서 유효전력
$$P=I^2R=VI\cos\theta=VI\cdot\dfrac{R}{|Z|}$$
$$=V\dfrac{V}{|Z|}\cdot\dfrac{R}{|Z|}=\dfrac{V^2R}{R^2+X^2}[\text{W}]$$
$$P=\dfrac{V^2R}{R^2+X^2}=\dfrac{100^2\times 6}{6^2+8^2}=600[\text{W}]$$

09

회전자가 1초에 60회전을 하면 각속도 ω는?

① 30π[rad/s] ② 60π[rad/s]
③ 90π[rad/s] ④ 120π[rad/s]

▶ 전기이론 테마 05 교류회로
각속도 $\omega=2\pi f$[rad/s]에서 주파수 $f=60$[Hz]
각속도 $\omega=2\pi\times 60=120\pi$[rad/s]

10

화합물로 구성된 전해액에 전류를 흐르게 하여 화학변화를 일으키는 현상은 무엇인가?

① 전리 ② 전기분해
③ 화학분해 ④ 전기변화

▶ 전기이론 테마 06 전류의 열작용과 화학작용
전기분해는 시료에 전압을 걸어 화학 반응이 일어나도록 하는 것이다. 즉, 화합물에 충분히 높은 전압을 걸어 전기 화학적으로 산화 환원 반응을 일으키는 것이다.

정답 05 ① 06 ② 07 ④ 08 ② 09 ④ 10 ②

11
RLC 직렬공진 회로에서 최대가 되는 것은?

① 전류값 ② 저항값
③ 임피던스값 ④ 전압값

▶ 전기이론 테마 05 교류회로
RLC 직렬공진 회로에서 최솟값은 임피던스이고, 최댓값은 전류이다.

12
서로 다른 종류의 두 금속을 연결한 후 전류가 흐르게 하면 연결점에서 전류의 방향에 따라 열의 발생 또는 흡수가 일어난다. 무슨 현상인가?

① 펠티에 효과 ② 제벡 효과
③ 제3금속의 법칙 ④ 열전 효과

▶ 전기이론 테마 06 전류의 열작용과 화학작용
- 핀치 효과: 액체 도체에 전류를 흘릴 때 전류의 세기에 따라 수축과 이완이 반복되는 현상
- 제벡 효과(열전 효과): 서로 다른 금속을 연결하여 폐회로를 만들어 두 연결점의 온도를 다르게 하면 기전력이 발생하고 전류가 흐르는 현상
- 펠티에 효과: 서로 다른 금속을 연결하여 폐회로를 만들고 폐회로에 전류가 흐르면 연결점에서 열이 발생하거나 흡수되는 현상
- 톰슨 효과: 동일 금속 도선의 두 지점 간에 온도차를 주고 고온쪽에서 저온쪽으로 전류를 흘리면 전류 방향에 따라 도선 속에서 열이 발생하거나 흡수되는 현상

13
기전력 100[V], 내부저항 10[Ω]인 전원이 있다. 이 전원에 부하를 연결하여 얻을 수 있는 최대전력은 몇 [W]인가?

① 750 ② 500
③ 250 ④ 1,000

▶ 전기이론 테마 04 직류회로
부하저항=내부저항일 때 최대전력을 전달 할 수 있다. 부하저항은 10[Ω]이 된다.
회로에 흐르는 전류 $I = \frac{100}{10+10} = 5[A]$.
최대전력 $P = I^2 R = 5^2 \times 10 = 250[W]$

14
상호 유도 회로에서 결합계수 k는?(단, M은 상호 인덕턴스, L_1, L_2는 자기 인덕턴스다.)

① $k = M\sqrt{L_1 L_2}$ ② $k = \frac{M}{\sqrt{L_1 L_2}}$
③ $k = \sqrt{M L_1 L_2}$ ④ $k = \sqrt{\frac{L_1 L_2}{M}}$

▶ 전기이론 테마 03 전자력과 전자유도
상호 인덕턴스 $M = k\sqrt{L_1 L_2}$, $k = \frac{M}{\sqrt{L_1 L_2}}$ (결합계수 $0 \leq k \leq 1$)

15
아래 그림을 테브난 등가회로로 고칠 때 테브난전압 V_{th}와 테브난 저항 R_{th}은?

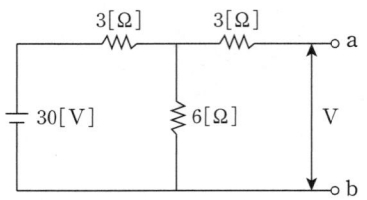

① 20[V], 5[Ω] ② 30[V], 8[Ω]
③ 15[V], 12[Ω] ④ 10[V], 1.2[Ω]

▶ 전기이론 테마 04 직류회로
테브난의 정리는 임의의 능동회로망 두 단자 a, b에서 능동회로망을 바라본 환산전압(V_{th})과 환산저항(R_{th})의 직렬연결로 나타낼 수 있다.

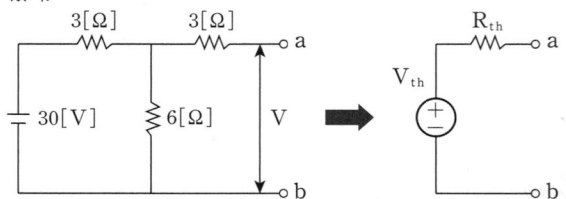

개방측($a-b$)에서 본 합성저항(R_{th})은 전압원은 단락시키고 전류원은 개방시키고 구한다.
$R_{th} = \frac{3 \times 6}{3+6} + 3 = 5[Ω]$
개방측($a-b$)에서 본 전압은 6[Ω]에 걸리는 전압이다.
$V_{th} = \frac{6}{9} \times 30 = 20[V]$

정답 11 ① 12 ① 13 ③ 14 ② 15 ①

16

자극 가까이에 물체를 두었을 때 자화되는 물체와 자석이 그림과 같은 방향으로 자화되는 자성체는?

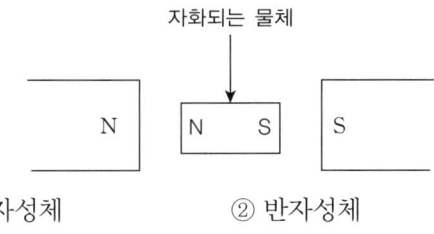

① 상자성체 ② 반자성체
③ 강자성체 ④ 비자성체

▶ 전기이론 테마 02 자기장 성질과 전류에 의한 자기장

외부에서 인가한 자계 방향과 반대로 자화되는 물체는 반자성체이다.

17

알칼리 축전지의 대표적인 축전지로 널리 사용되고 있는 2차 전지는?

① 망간 전지 ② 산화은 전지
③ 페이퍼 전지 ④ 니켈 카드뮴 전지

▶ 전기이론 테마 06 전류의 열작용과 화학작용

일반적으로 널리 사용되는 전지는 니켈-카드뮴으로 휴대용 전화의 전원으로 많이 사용한다.

18

충전된 대전체를 대지(大地)에 연결하면 대전체는 어떻게 되는가?

① 방전한다.
② 반발한다.
③ 충전이 계속된다.
④ 반발과 흡인을 반복한다.

▶ 전기이론 테마 01 전기의 성질과 전하에 의한 전기장

대전체를 접지하면 대전체는 방전한다.

19

비사인파 교류회로의 전력에 대한 설명으로 옳은 것은?

① 전압의 제3고조파와 전류의 제3고조파 성분 사이에서 소비전력이 발생한다.
② 전압의 제2고조파와 전류의 제3고조파 성분 사이에서 소비전력이 발생한다.
③ 전압의 제3고조파와 전류의 제5고조파 성분 사이에서 소비전력이 발생한다.
④ 전압의 제5고조파와 전류의 제7고조파 성분 사이에서 소비전력이 발생한다.

▶ 전기이론 테마 05 교류회로

비정현파 전력은 같은 주파수 성분의 전압 실효치와 전류 실횻치 값 및 역률을 가지고 계산한다.

20

최대눈금 1[A], 내부저항 10[Ω]의 전류계로 최대 101[A]까지 측정하려면 몇 [Ω]의 분류기가 필요한가?

① 0.01 ② 0.02
③ 0.05 ④ 0.1

▶ 전기이론 테마 04 직류회로

아래 그림에서 I_A값을 구한다.

$$I_A = \frac{R_A}{R_A + r} I$$

$$\frac{I}{I_A} = \frac{R_A + r}{R_A} = 1 + \frac{r}{R_A} = m$$

$$\frac{101}{1} = 1 + \frac{10}{R_A}$$

$$R_A = 0.1[\Omega]$$

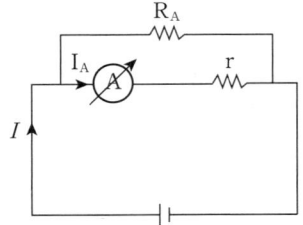

R_A: 분류기저항
r: 내부저항

정답 16 ② 17 ④ 18 ① 19 ① 20 ④

21

3상 동기기에 제동권선을 설치하는 주된 목적은?

① 출력 증가　　② 효율 증가
③ 역률 개선　　④ 난조 방지

▶ 전기기기　테마 10　동기기
제동권선 목적
- 발전기: 난조 방지
- 전동기: 기동작용

22

농형 회전자에 비뚤어진 홈을 쓰는 이유는?

① 출력을 높인다.
② 회전수를 증가시킨다.
③ 소음을 줄인다.
④ 미관상 좋다.

▶ 전기기기　테마 09　유도기
농형 회전전자는 비뚤어진 홈을 사용하여 소음을 경감하고 기동 특성을 개선하며, 파형을 개선한다.

23

직류기에서 브러시의 역할은?

① 기전력 유도
② 자속 생성
③ 정류 작용
④ 전기자 권선과 외부회로 접속

▶ 전기기기　테마 08　직류기
브러시의 역할은 정류자면에 접촉하여 전기자 권선과 외부회로를 연결하는 것이다.

24

P형 반도체의 전기 전도의 주된 역할을 하는 반송자는?

① 전자　　　　② 정공
③ 가전자　　　④ 5가 불순물

▶ 전기기기　테마 11　정류기 및 제어기기

구분	첨가 불순물	명칭	반송자
N형 반도체	5가 원자: 인, 비소, 안티몬	도너	과잉전자
P형 반도체	3가 원자: 붕소, 인듐, 알루미늄	억셉터	정공

25

동기 발전기를 계통에 접속하여 병렬운전할 때 관계없는 것은?

① 전류　　　　② 전압
③ 위상　　　　④ 주파수

▶ 전기기기　테마 10　동기기
병렬운전 조건
- 기전력의 크기가 같을 것
- 기전력의 위상이 같을 것
- 기전력의 주파수가 같을 것
- 기전력의 파형이 같을 것

정답　21 ④　22 ③　23 ④　24 ②　25 ①

26
트라이액(TRIAC)의 기호는?

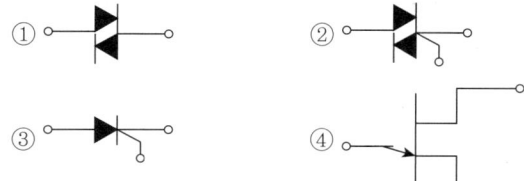

▶ 전기기기 테마 11 정류기 및 제어기기
① DIAC ② TRIAC ③ SCR ④ UJT

27
다음 중 변압기의 원리와 가장 관계가 있는 것은?

① 전자유도작용 ② 표피작용
③ 전기자 반작용 ④ 편자작용

▶ 전기기기 테마 07 변압기
전자유도작용은 1차 권선에 교류전압에 의한 자속이 철심을 지나 2차 권선과 쇄교하면서 기전력을 유도한다.

28
계기용 변압기의 2차측 단자에 접속하여야 할 것은?

① OCR ② 전압계
③ 전류계 ④ 전열부하

▶ 전기기기 테마 07 변압기
• 계기용 변압기: 전압의 변성(전압계로 전압 측정)
• 변류기: 전류의 변성(전류계로 전류 측정)

29
다이오드를 사용한 정류회로에서 다이오드를 여러 개 직렬로 연결하여 사용하는 경우의 설명으로 가장 옳은 것은?

① 다이오드를 과전류로부터 보호할 수 있다.
② 다이오드를 과전압으로부터 보호할 수 있다.
③ 부하출력의 맥동률을 감소시킬 수 있다.
④ 낮은 전압 전류에 적합하다.

▶ 전기기기 테마 11 정류기 및 제어기기
역방향 전압이 직렬로 연결된 각 다이오드에 분배 및 인가되어 과전압에 대한 보호가 가능하다.

30
3상 전파 정류회로에서 출력전압의 평균 전압값은?(단, V는 선간전압의 실횻값이다.)

① 0.45V ② 0.9V
③ 1.17V ④ 1.35V

▶ 전기기기 테마 11 정류기 및 제어기기
• 3상 반파 정류회로 $V_d = 1.17V$
• 3상 전파 정류회로 $V_d = 1.35V$

정답 26 ② 27 ① 28 ② 29 ② 30 ④

31

다음 제동 방법 중에 급정지하는 데 가장 좋은 제동방법은?

① 발전제동 ② 회생제동
③ 역상제동 ④ 단상제동

▶ 전기기기 테마 08 직류기
역상제동(역전제동, 플러깅)
전동기를 급정지시키기 위해 제동 시 전동기를 역회전으로 접속하여 제동하는 방법이다.

32

일종의 전류계전기로 보호 대상 설비에 유입되는 전류와 유출되는 전류의 차에 의해 동작하는 계전기는?

① 차동계전기 ② 전류계전기
③ 주파수계전기 ④ 재폐로계전기

▶ 전기기기 테마 07 변압기
차동계전기
주로 변압기의 내부 고장 검출용으로 사용되며, 1·2차측에 설치한 CT 2차 전류의 차에 의하여 계전기를 동작시키는 방식이다.

33

그림은 동기기의 위상 특성 곡선을 나타낸 것이다. 전기자 전류가 가장 작게 흐를 때의 역률은?

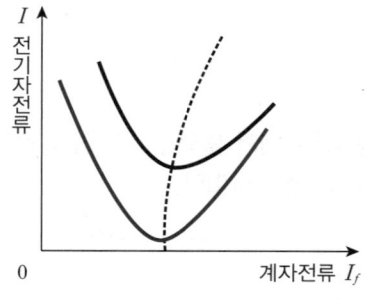

① 1 ② 0.9(진상)
③ 0.9(지상) ④ 0

▶ 전기기기 테마 10 동기기
위상특성곡선(V곡선)에서 전기자 전류가 최소일 때 역률이 100%=1이다.

34

1대의 출력이 100[kVA]인 단상 변압기 2대로 V결선하여 3상 전력을 공급할 수 있는 최대전력은 몇 [kVA]인가?

① 100 ② $100\sqrt{2}$
③ $100\sqrt{3}$ ④ 200

▶ 전기기기 테마 07 변압기
V결선 시 출력
$P_v = \sqrt{3}P_1 = 100\sqrt{3}\,[\text{kVA}]$

35

인버터(Inverter)란?

① 교류를 직류로 변환
② 직류를 교류로 변환
③ 교류를 교류로 변환
④ 직류를 직류로 변환

▶ 전기기기 테마 11 정류기 및 제어기기
• 인버터: 직류를 교류로 바꾸는 장치
• 컨버터: 교류를 직류로 바꾸는 장치
• 초퍼: 직류를 다른 전압의 직류로 바꾸는 장치

정답 31 ③ 32 ① 33 ① 34 ③ 35 ②

36

주파수 60[Hz]의 전원에 2극의 동기전동기를 연결하면 회전수는 몇 [rpm]인가?

① 3,600
② 1,800
③ 60
④ 12

▶ 전기기기 테마 10 동기기

동기전동기는 동기속도로 회전하므로,
동기속도 $N_s = \dfrac{120f}{p} = \dfrac{120 \times 60}{2} = 3,600$[rpm]

37

단상 유도전동기 중 역회전이 안 되는 전동기는?

① 분상 기동형
② 셰이딩 코일형
③ 콘덴서 기동형
④ 반발 기동형

▶ 전기기기 테마 09 유도기

셰이딩 코일형 유도전동기는 고정자에 돌극을 만들고 여기에 셰이딩 코일을 감았을 때 기동토크가 발생하여 회전하는 원리로 구조상 회전 방향을 바꿀 수 없다.

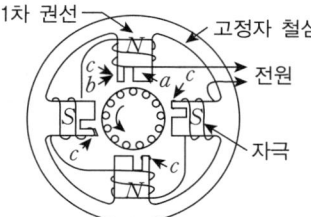
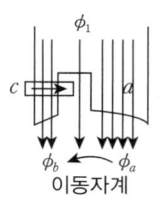

38

단락비가 1.2인 동기발전기의 %동기임피던스는 약 몇 [%]인가?

① 68
② 83
③ 100
④ 120

▶ 전기기기 테마 10 동기기

단락비 $K = \dfrac{100}{\%Z_s}$ 이므로 $1.2 = \dfrac{100}{\%Z_s}$에서
%동기임피던스 $\%Z_s = 83.33[\%]$이다.

39

부하의 저항을 어느 정도 감소시켜도 전류는 일정하게 되는 수하특성을 이용하여 정전류를 만드는 곳이나 아크용접 등에 사용되는 직류발전기는?

① 직권발전기
② 분권발전기
③ 가동복권발전기
④ 차동복권발전기

▶ 전기기기 테마 08 직류기

차동복권발전기는 수하특성을 가지므로 용접기용 전원으로 적합하다.

40

다음 중 토크(회전력)의 단위는?

① rpm
② W
③ N·m
④ N

▶ 전기기기 테마 08 직류기

전동기의 토크(회전력)의 단위: [N·m], [kg·m]
(1[kg·m]=9.8[N·m])

정답 36 ① 37 ② 38 ② 39 ④ 40 ③

41
조명기구를 배광에 따라 분류하는 경우 특정한 장소만을 고조도로 하기 위한 조명기구는?

① 직접 조명기구
② 전반확산 조명기구
③ 반직접 조명기구
④ 광천장 조명기구

▶ 전기설비 테마 20 전기응용 시설공사
직접 조명기구: 특정 장소만을 고조도로 직접 조명하는 기구로 조도가 높은 특징이 있다.

42
접지극의 구성요소가 아닌 것은?

① 접지극 ② 보호도체
③ 소호도체 ④ 접지도체

▶ 전기설비 테마 16 전선 및 기계기구의 보안공사
접지시스템은 접지극, 접지도체, 보호도체 및 기타 설비로 구성된다.

43
피뢰기의 구비조건으로 틀린 것은?

① 충격방전개시 전압이 높을 것
② 제한 전압이 낮을 것
③ 속류차단을 확실하게 할 수 있을 것
④ 방전내량이 클 것

▶ 전기설비 테마 16 전선 및 기계기구의 보안공사
피뢰기의 구비조건
• 충격방전개시 전압이 낮을 것
• 제한 전압이 낮을 것
• 뇌전류 방전능력이 클 것
• 속류차단을 확실하게 할 수 있을 것
• 반복동작이 가능하고, 구조가 견고하며 특성이 변화하지 않을 것

44
다음은 절연저항에 대한 설명이다. 괄호 안에 들어갈 내용으로 알맞은 것은?

> 특별저압: 2차 전압이 AC (㉠)[V], DC (㉡)[V] 이하인 SELV(비접지회로) 및 PELV(접지회로)는 1차와 2차가 전기적으로 절연된 회로, FELV는 1차와 2차가 전기적으로 절연되지 않은 회로이다.

① ㉠ 50, ㉡ 100   ② ㉠ 40, ㉡ 100
③ ㉠ 50, ㉡ 120   ④ ㉠ 40, ㉡ 122

▶ 전기설비 테마 16 전선 및 기계기구의 보안공사
특별저압은 2차 전압이 AC 50[V], DC 120[V] 이하이다.

45
다음 케이블의 약호에서 0.6/1[kV] CV의 명칭은 무엇인가?

① 0.6/1[kV] 비닐절연 비닐시스 케이블
② 0.6/1[kV] 가교 폴리에틸렌 절연 비닐시스 전력 케이블
③ 0.6/1[kV] 가교 폴리에틸렌 절연 저독성 난연 폴리올레핀시스 전력 케이블
④ 0.6/1[kV] 가교 폴리에틸렌 절연 비닐시스 제어 케이블

▶ 전기설비 테마 13 배선재료와 공구

명칭	기호
0.6/1[kV] 비닐절연 비닐시스 케이블	0.6/1[kV] VV
0.6/1[kV] 가교 폴리에틸렌 절연 비닐시스 전력 케이블	0.6/1[kV] CV
0.6/1[kV] 가교 폴리에틸렌 절연 저독성 난연 폴리올레핀시스 전력 케이블	0.6/1[kV] HFCO
0.6/1[kV] 가교 폴리에틸렌 절연 비닐시스 제어 케이블	0.6/1[kV] CCV

정답 41 ① 42 ③ 43 ① 44 ③ 45 ②

46

전등 한 개를 2개소에서 점멸하고자 할 때 옳은 배선은?

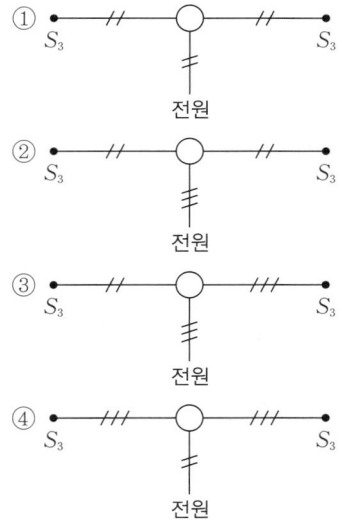

▶ 전기설비 테마 13 배선재료와 공구

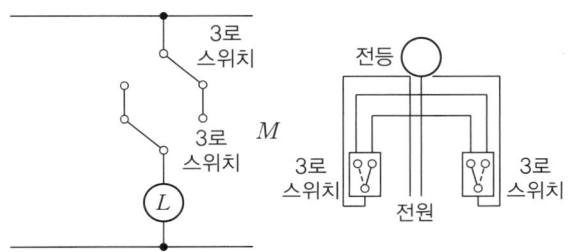

47

한국전기설비규정(KEC)에서 정하는 옥내배선의 보호도체(PE)의 색별표시는?

① 갈색
② 흑색
③ 녹색-노란색
④ 녹색-적색

▶ 전기설비 테마 13 배선재료와 공구
상(문자)별 전선 색상

상(문자)	색상
L1	갈색
L2	흑색
L3	회색
N (중성선)	청색
보호도체 (PE)	녹색-노란색

48

옥내배선의 접속함이나 박스 내에서 접속할 때 주로 사용하는 접속법은?

① 쥐꼬리 접속
② 브리타니아 접속
③ 슬리브 접속
④ 트위스트 접속

▶ 전기설비 테마 14 전선의 접속
- 단선의 직선 접속: 트위스트 접속, 브리타니아 접속, 슬리브 접속
- 단선의 종단 접속: 쥐꼬리 접속(박스 내 접속), 링 슬리브 접속

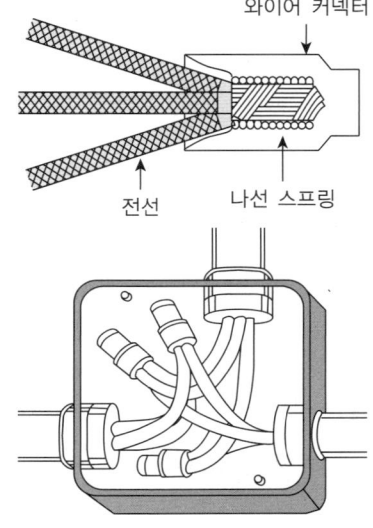

49

다음 ( ) 안에 들어갈 내용으로 알맞은 것은?

사람의 접촉 우려가 있는 합성수지제 몰드는 홈의 폭 및 깊이가 (㉠)[cm] 이하로 두께는 (㉡)[mm] 이상의 것이어야 한다.

① ㉠ 3.5, ㉡ 1
② ㉠ 5, ㉡ 1
③ ㉠ 3.5, ㉡ 2
④ ㉠ 5, ㉡ 2

▶ 전기설비 테마 15 배선설비공사 및 전선허용전류 계산
합성수지 몰드는 홈의 폭 및 깊이가 3.5[cm] 이하의 것일 것. 다만, 사람이 쉽게 접촉할 우려가 없도록 시설하는 경우에는 폭 5[cm] 이하의 것을 사용할 수 있다(두께는 2[mm] 이상).

정답 46 ④ 47 ③ 48 ① 49 ③

50

실링 직접부착등을 시설하고자 한다. 배선도에 표기할 그림기호로 옳은 것은?

① ⊢Ⓝ
② ✿
③ Ⓒ𝐿
④ Ⓡ

▶ 전기설비 테마 20 전기응용 시설공사
① 나트륨등(벽부형)
② 옥외 보안등
④ 리셉터클

51

수변전설비 구성기기의 계기용 변압기(PT)에 대한 설명으로 맞는 것은?

① 높은 전압을 낮은 전압으로 변성하는 기기이다.
② 높은 전류를 낮은 전류로 변성하는 기기이다.
③ 회로에 병렬로 접속하여 사용하는 기기이다.
④ 부족전압 트립코일의 전원으로 사용된다.

▶ 전기설비 테마 18 고압 및 저압 배전반공사
PT(계기용 변압기)
고전압을 저전압으로 변압하여 계전기나 계측기에 전원 공급

52

저압 연접 인입선 시설에서 제한 사항이 아닌 것은?

① 인입선의 분기점에서 100[m]를 넘는 지역에 미치지 아니할 것
② 폭 5[m]를 넘는 도로를 횡단하지 말 것
③ 다른 수용가의 옥내를 관통하지 말 것
④ 지름 2.0[mm] 이하의 경동선을 사용하지 말 것

▶ 전기설비 테마 17 가공인입선 및 배전선공사
연접 인입선 시설 제한 규정
• 인입선에서 분기하는 점에서 100[m]를 넘는 지역에 이르지 않아야 한다.
• 너비 5[m]를 넘는 도로를 횡단하지 않아야 한다.
• 연접 인입선은 옥내를 통과하면 안 된다.
• 지름 2.6[mm]의 경동선 또는 이와 동등 이상의 세기 및 굵기의 것이어야 한다.

53

굵은 전선이나 케이블을 절단할 때 사용되는 공구는?

① 펜치
② 클리퍼
③ 나이프
④ 플라이어

▶ 전기설비 테마 13 배선재료와 공구
클리퍼: 굵은 전선을 절단하는 데 사용하는 공구

54

소맥분, 전분, 기타 가연성 먼지가 존재하는 곳의 저압 옥내 배선 공사방법에 해당되는 것으로 짝지어진 것은?

① 케이블 공사, 애자 사용공사
② 금속관 공사, 콤바인 덕트관, 애자 사용 공사
③ 케이블 공사, 금속관 공사, 애자 사용 공사
④ 케이블 공사, 금속관 공사, 합성수지관 공사

▶ 전기설비 테마 19 특수장소공사
가연성 먼지가 존재하는 곳
가연성의 먼지로서 공중에 떠다니는 상태에서 착화하였을 때, 폭발의 우려가 있는 곳의 저압 옥내 배선은 합성수지관 공사, 금속전선관 공사, 케이블 공사에 의하여 시설한다.

55

배전반 및 분전반의 설치장소로 적합하지 않은 곳은?

① 접근이 어려운 장소
② 전기회로를 쉽게 조작할 수 있는 장소
③ 개폐기를 쉽게 개폐할 수 있는 장소
④ 안정된 장소

▶ 전기설비 테마 18 고압 및 저압 배전반공사
전기부하의 중심 부근에 위치하면서, 스위치 조작을 안정적으로 할 수 있는 곳에 설치하여야 한다.

정답 50 ③ 51 ① 52 ④ 53 ② 54 ④ 55 ①

56

연피 케이블을 직접 매설식에 의하여 차량, 기타 중량물의 압력을 받을 우려가 있는 장소에 시설하는 경우 매설 깊이는 몇 [m] 이상이어야 하는가?

① 0.6[m] ② 1[m]
③ 1.2[m] ④ 1.6[m]

▶ 전기설비 테마 17 가공인입선 및 배전선공사
직접 매설식 케이블 매설 깊이
- 차량 등 중량물의 압력을 받을 우려가 있는 장소: 1.0[m] 이상
- 기타 장소: 0.6[m] 이상

57

배전선로 공사에서 충전되어 있는 활선을 움직이거나 작업권 밖으로 밀어낼 때, 또는 활선을 다른 장소로 옮길 때 사용하는 활선공구는?

① 피박기 ② 활선 커버
③ 데드 엔드 커버 ④ 와이어 통

▶ 전기설비 테마 13 배선재료와 공구
활선(전류가 흐르고 있는 전선)장구의 종류
- 와이어 통: 활선을 움직이거나 작업권 밖으로 밀어낼 때 사용하는 절연봉
- 전선 피박기: 활선 상태에서 전선의 피복을 벗기는 공구
- 데드 엔드 커버: 현수애자나 데드 엔드 클램프 접촉에 의한 감전사고를 방지하기 위해 사용

58

지지물에 전선 그 밖의 기구를 고정시키기 위하여 완금, 완목, 애자 등을 장치하는 것을 무엇이라고 하는가?

① 건주 ② 가선
③ 장주 ④ 경간

▶ 전기설비 테마 17 가공인입선 및 배전선공사
장주
지지물에 전선 그 밖의 기구를 고정시키기 위하여 완금, 완목, 애자 등을 장치하는 공정

59

합성수지관 공사에서 관의 지지점 간 거리는 최대 몇 [m] 인가?

① 1 ② 1.2
③ 1.5 ④ 2

▶ 전기설비 테마 15 배선설비공사 및 전선허용전류 계산
합성수지관의 지지점 간의 거리는 1.5[m] 이하로 하고, 관과 박스의 접속점 및 관 상호 간의 접속점 등에서는 가까운 곳(0.3[m] 이내)에 지지점을 시설하여야 한다.

60

전시회, 쇼 및 공연장의 저압 옥내배선, 전구선 또는 이동전선의 사용전압은 최대 몇 [V] 이하인가?

① 400 ② 440
③ 750 ④ 450

▶ 전기설비 테마 19 특수장소공사
전시회, 쇼 및 공연장: 저압 옥내배선, 전구선 또는 이동전선은 사용전압이 400[V] 이하이어야 한다.

정답 56 ② 57 ④ 58 ③ 59 ③ 60 ①

2022년 3회 CBT 기출

01
전력과 전력량에 관한 설명으로 틀린 것은?

① 전력은 전력량과 다르다.
② 전력량은 와트로 환산된다.
③ 전력량은 칼로리 단위로 환산된다.
④ 전력은 칼로리 단위로 환산할 수 없다.

▶ **전기이론** 테마 06 전류의 열작용과 화학작용

전력 P는 일률로 단위 시간당 일을 의미한다. 단위는 와트[W]이다.
$P = \dfrac{W}{t}$[W]
전력량은 일정시간 동안 사용한 전력을 의미한다. 단위는 [Wh]를 사용한다.
전력량 $W = Pt$[W·s=J]

02
다음에서 나타내는 법칙은?

> 유도기전력은 자신이 발생 원인이 되는 자속의 변화를 방해하려는 방향으로 발생한다.

① 줄의 법칙
② 렌츠의 법칙
③ 플레밍의 법칙
④ 패러데이의 법칙

▶ **전기이론** 테마 03 전자력과 전자유도

전자유도법칙에서 기전력 크기는 $V = -N\dfrac{d\phi}{dt}$[V]이며 V의 방향은 렌츠의 법칙에 의해 자속의 변화를 방해하는 방향이다.

03
다음은 어떤 법칙을 설명한 것인가?

> 전하를 띤 두 물체 사이에 가해지는 힘은 거리의 제곱에 반비례한다.

① 쿨롱의 법칙
② 렌츠의 법칙
③ 패러데이의 법칙
④ 플레밍의 왼손 법칙

▶ **전기이론** 테마 03 전자력과 전자유도

- 쿨롱의 법칙: 전하를 띤 두 물체 사이에 가해지는 힘은 거리의 제곱에 반비례한다.
  $F = \dfrac{1}{4\pi\varepsilon}\dfrac{Q_1 Q_2}{r^2}$[N]
- 렌츠의 법칙: 어떤 폐회로에 유입되는 자기 선속이 변할 때 유도기전력은 그 자기 선속의 변화를 방해하게 만드는 자기장을 생성하는 법칙이다.
- 패러데이의 법칙: 임의 폐회로에서 발생하는 유도 기전력의 크기는 폐회로를 통과하는 자기선속의 변화율과 같다.
- 플레밍의 왼손 법칙: 자계 방향과 전류 방향이 주어지면 힘의 방향을 결정하는 법칙이다.

정답 01 ② 02 ② 03 ①

04

그림과 같은 회로에서 $a-b$ 간에 E[V]의 전압을 가하여 일정하게 하고, 스위치 S를 닫았을 때의 전전류 I[A]가 닫기 전 전전류의 3배가 되었다면 저항 R_x의 값은 약 몇 [Ω]인가?

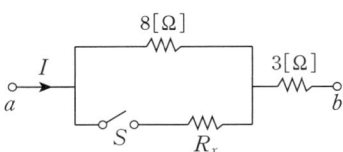

① 0.73 ② 1.44
③ 2.16 ④ 2.88

▶ 전기이론 테마 04 직류회로

스위치 닫기 전 $I_O = \dfrac{E}{8+3}$[A]

스위치 닫은 후 $I_C = \dfrac{E}{\dfrac{8R_x}{8+R_x}+3}$[A]

$I_C = 3 \times I_O$

$\dfrac{E}{\dfrac{8R_x}{8+R_x}+3} = 3 \times \dfrac{E}{11}$

∴ $R_x = 0.73$[Ω]

05

다음 설명 중 틀린 것은?

① 같은 부호의 전하끼리는 반발력이 생긴다.
② 정전 유도에 의하여 작용하는 힘은 반발력이다.
③ 정전 용량이란 콘덴서가 전하를 축적하는 능력을 말한다.
④ 콘덴서에 전압을 가하는 순간은 콘덴서는 단락 상태가 된다.

▶ 전기이론 테마 01 전기의 성질과 전하에 의한 전기장
- 동부호 전하는 반발력을 갖는다.
- 정전 유도에서 작용하는 힘은 서로 다른 부호이므로 흡인력이다.
- 정전용량은 전하를 축적하는 능력을 나타낸다.
- 콘덴서는 스위치를 닫는 순간 전류를 통하는 상태가 된다.

06

RLC 병렬 공진 회로에서 공진 주파수는?

① $\dfrac{1}{\pi\sqrt{LC}}$ ② $\dfrac{1}{\sqrt{LC}}$
③ $\dfrac{2\pi}{\sqrt{LC}}$ ④ $\dfrac{1}{2\pi\sqrt{LC}}$

▶ 전기이론 테마 05 교류회로
공진 주파수는 RLC회로 직병렬 연결에 상관없이 같다.
$\omega L = \dfrac{1}{\omega C}$
$f_0 = \dfrac{1}{2\pi\sqrt{LC}}$[Hz]

07

Y 결선에서 선간전압 V_l과 상전압 V_p의 관계는?

① $V_l = V_p$ ② $V_l = \dfrac{1}{3}V_p$
③ $V_l = \sqrt{3}\,V_p$ ④ $V_l = 3V_p$

▶ 전기이론 테마 05 교류회로
Y결선 선간전압 $V_l = \sqrt{3} \times V_p$

정답   04 ①   05 ②   06 ④   07 ③

08

단상 100[V], 800[W], 역률 80[%]인 회로의 리액턴스는 몇 [Ω]인가?

① 10 ② 8
③ 6   ④ 2

▶ 전기이론 테마 05 교류회로
유효전력 $P=P_a\cos\theta$
유효전력 $P_r=P_a\sin\theta$
$\cos\theta=0.8$, $\sin\theta=0.6$

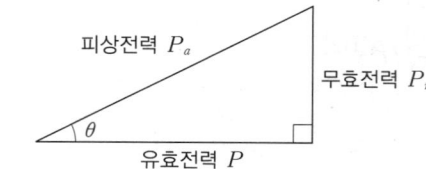

$P_a = \dfrac{P}{\cos\theta} = \dfrac{800}{0.8} = 1,000[\text{VA}]$
$P_r = P_a \sin\theta = 1,000 \times 0.6 = 600[\text{Var}]$
$I = \dfrac{P}{V\cos\theta} = \dfrac{800}{100 \times 0.8} = 10[\text{A}]$
$X = \dfrac{P_r}{I^2} = \dfrac{600}{10^2} = 6[\Omega]$

09

쿨롱의 법칙에서 2개의 점전하 사이에 작용하는 정전력의 크기는?

① 두 전하의 곱에 비례하고, 거리의 반비례한다.
② 두 전하의 곱에 반비례하고, 거리의 비례한다.
③ 두 전하의 곱에 비례하고, 거리의 제곱에 비례한다.
④ 두 전하의 곱에 비례하고, 거리의 제곱에 반비례한다.

▶ 전기이론 테마 01 전기의 성질과 전하에 의한 전기장
정전력 $F = \dfrac{1}{4\pi\varepsilon_0} \times \dfrac{Q_1 Q_2}{r^2}[\text{N}]$

10

무한히 긴 평행 2직선이 있다. 이들 도선에 같은 방향으로 일정한 전류가 흐를 때 상호 간에 작용하는 힘은?(단, r은 두 도선 간의 거리이다.)

① 흡인력이며 r이 클수록 작아진다.
② 반발력이며 r이 클수록 작아진다.
③ 흡인력이며 r이 클수록 커진다.
④ 반발력이며 r이 클수록 커진다.

▶ 전기이론 테마 03 전자력과 전자유도

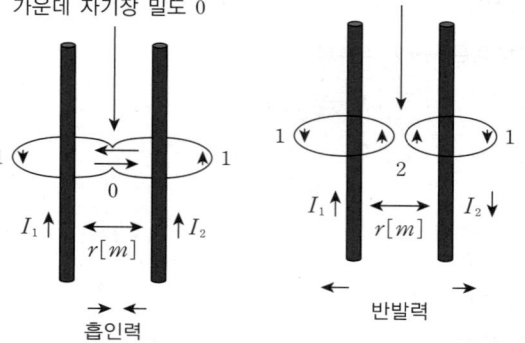

$F = \dfrac{\mu I_1 I_2}{2\pi r}[\text{N/m}]$

11

공기 중에서 자속밀도 3[Wb/m²]의 평등 자장 속에 길이 10[cm]의 직선 도선을 자장의 방향과 직각으로 놓고 여기에 4[A]의 전류를 흐르게 하면 이 도선이 받는 힘은 몇 [N]인가?

① 0.5 ② 1.2
③ 2.8 ④ 4.2

▶ 전기이론 테마 03 전자력과 전자유도
힘 $F = I\vec{l} \times \vec{B} = IBl\sin\theta = 4 \times 3 \times 0.1 \times \sin 90° = 1.2[\text{N}]$

정답 08 ③ 09 ④ 10 ① 11 ②

12

200[V], 2[kW]의 전열선 2개를 같은 전압에서 직렬로 접속한 경우의 전력은 병렬로 접속한 경우의 전력보다 어떻게 되는가?

① $\frac{1}{2}$로 줄어든다. ② $\frac{1}{4}$로 줄어든다.

③ 2배로 증가한다. ④ 4배로 증가한다.

▶ 전기이론 테마 06 전류의 열작용과 화학작용

$P = \frac{V^2}{R} = \frac{200^2}{R}$ 에서 $R = \frac{40,000}{2,000} = 20[\Omega]$

전열선 직렬연결 시 합성저항 40[Ω]

$P_{직렬} = \frac{V^2}{R} = \frac{200^2}{20+20} = \frac{40,000}{40} = 1,000[W]$

전열선 병렬연결 시 합성저항 $R = \frac{20 \times 20}{20+20} = 10[\Omega]$

$P_{병렬} = \frac{V^2}{R} = \frac{200^2}{20//20} = \frac{40,000}{10} = 4,000[W]$

$P_{직렬} = \frac{1}{4} P_{병렬}$

13

환상 솔레노이드에 감겨진 코일에 감은 횟수를 3배로 늘리면 자체 인덕턴스는 몇 배로 되는가?

① 3 ② 9

③ $\frac{1}{3}$ ④ $\frac{1}{9}$

▶ 전기이론 테마 03 전자력과 전자유도

환상 솔레노이드 자체 인덕턴스

$L = \frac{\mu S N^2}{l} [H]$

코일수 $N = 3$일 때, 자체 인덕턴스는 $L = 9$배로 된다.

14

그림에서 1차 코일의 자기 인덕턴스 L_1, 2차 코일의 자기 인덕턴스 L_2, 상호 인덕턴스를 M이라 할 때, L_A의 값으로 옳은 것은?

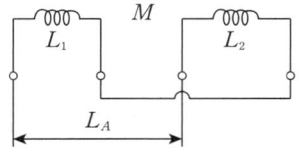

① $L_1 + L_2 + 2M$
② $L_1 - L_2 + 2M$
③ $L_1 + L_2 - 2M$
④ $L_1 - L_2 - 2M$

▶ 전기이론 테마 03 전자력과 전자유도

차동접속 시 합성 인덕턴스 $L_A = L_1 + L_2 - 2M$

15

△결선인 3상 유도 전동기의 상전압과 상전류를 측정하였더니 각각 200[V], 30[A]이었다. 이 3상 유도 전동기의 선간전압 V_l[V]과 선전류 I_l[A]의 크기는 각각 얼마인가?

① 200, 30
② $200\sqrt{3}$, 30
③ 200, $30\sqrt{3}$
④ $200\sqrt{3}$, $30\sqrt{3}$

▶ 전기이론 테마 05 교류회로

△결선에서
$V_p = V_l$, $I_l = \sqrt{3} I_p$
$V_l = 200[V]$
$I_l = \sqrt{3} \times 30 = 30\sqrt{3}[A]$

정답 12 ② 13 ② 14 ③ 15 ③

16

자체 인덕턴스가 각각 L_1, L_2[H]인 두 원통 코일이 서로 직교하고 있다. 두 코일 사이의 상호 인덕턴스[H]는?

① L_1+L_2
② L_1L_2
③ 0
④ $\sqrt{L_1L_2}$

▶ 전기이론 테마 03 전자력과 전자유도

직교할 경우 자속은 서로 결합되지 않는다.
$k=0$
$\therefore M=k\sqrt{L_1L_2}=0$

17

동선의 길이를 2배로 늘리면 저항은 처음의 몇 배가 되는가?(단, 동선의 체적은 일정하다.)

① 2배
② 4배
③ 8배
④ 16배

▶ 전기이론 테마 01 전기의 성질과 전하에 의한 전기장

저항 $R=\rho\dfrac{l}{S}$[Ω]

$R'=\rho\dfrac{2l}{\frac{1}{2}S}=4\rho\dfrac{l}{S}=4R$[Ω]

18

비사인파 교류회로의 전력성분과 거리가 먼 것은?

① 맥류성분과 사인파와의 곱
② 직류성분과 사인파와의 곱
③ 직류성분
④ 주파수가 같은 두 사인파의 곱

▶ 전기이론 테마 05 교류회로

비사인파 전력: 직류성분＋기본파＋고조파로 이루어져 있는 전력
∴ 맥류성분과 사인파 곱은 비사인파 전력을 구할 때 사용하지 않는다.

19

전계의 세기 60[V/m], 전속밀도 100[C/m²]인 유전체의 단위 체적에 축적되는 에너지는?

① 1,000[J/m³]
② 3,000[J/m³]
③ 6,000[J/m³]
④ 12,000[J/m³]

▶ 전기이론 테마 01 전기의 성질과 전하에 의한 전기장

• 단위 체적당 정전에너지 w

$w=\dfrac{W(정전에너지)}{체적}$[J/m³]

$=\dfrac{\frac{1}{2}\varepsilon_0 E^2 Sd}{Sd}=\dfrac{1}{2}\varepsilon_0 E^2=\dfrac{1}{2}DE=\dfrac{D^2}{2\varepsilon_0}$[J/m³]

$w=\dfrac{1}{2}DE=\dfrac{1}{2}\times 100\times 60=3,000$[J/m³]

20

'임의의 폐회로에서의 기전력 총합은 회로소자에서 발생하는 전압강하의 총합과 같다.'라고 정의되는 법칙은?

① 키르히호프의 제1법칙
② 키르히호프의 제2법칙
③ 플레밍의 오른손 법칙
④ 앙페르의 오른나사 법칙

▶ 전기이론 테마 04 직류회로

• 키르히호프의 전류 법칙(제1법칙): 유입되는 전류의 합과 유출되는 전류의 합이 같다는 법칙
• 키르히호프의 전압 법칙(제2법칙): 폐회로에서 모든 전압의 합은 0인 법칙
• 앙페르의 법칙 : 전류와 자기장 방향에 관한 법칙
• 플레밍의 오른손 법칙: 힘의 방향과 자속밀도 방향이 주어지면 전압의 방향을 결정하는 법칙

정답 16 ③ 17 ② 18 ① 19 ② 20 ②

21

변압기유가 구비해야 할 조건으로 틀린 것은?

① 점도가 낮을 것
② 인화점이 높을 것
③ 응고점이 높을 것
④ 절연내력이 클 것

▶ 전기기기 테마 07 변압기
변압기유의 구비 조건
- 절연내력이 클 것
- 비열이 커서 냉각 효과가 클 것
- 인화점이 높고, 응고점이 낮을 것
- 고온에서도 산화하지 않을 것
- 절연 재료와 화학 작용을 일으키지 않을 것

22

슬립 $s=5[\%]$, 2차 저항 $r_2=0.1[\Omega]$인 유도 전동기의 등가저항 $R[\Omega]$은 얼마인가?

① 0.4
② 0.5
③ 1.9
④ 2.0

▶ 전기기기 테마 09 유도기
유도전동기의 1차측에서 2차측으로 공급되는 입력을 P_2로 하고, 2차 철손을 무시하면 운전 중 2차 주파수 sf_1은 대단히 낮으므로 2차 손실은 2차 저항손뿐이기 때문에 P_2에서 저항손을 뺀 나머지가 유도 전동기에서 발생한 기계적 출력 P_0가 된다.
$P_0 = P_2 - r_2 I_2^2$
2차측으로 입력되는 P_2는 $P_2 = \frac{r_2}{s} I_2^2$이므로
$P_0 = \frac{r_2}{s} I_2^2 - r_2 I_2^2 = r_2 \left(\frac{1-s}{s}\right) I_2^2 = R I_2^2$
기계적 출력 P_0는 $r_2 \left(\frac{1-s}{s}\right)$로 정리되는 등가 저항부하의 소비 전력으로 표현된다.
$R = r_2 \left(\frac{1-s}{s}\right) = 0.1 \times \left(\frac{1-0.05}{0.05}\right) = 1.9[\Omega]$

23

6극 전기자 도체수 400, 매극 자속수 0.01[Wb], 회전수 600[rpm]인 파권 직류기의 유기 기전력은 몇 [V]인가?

① 180
② 160
③ 140
④ 120

▶ 전기기기 테마 08 직류기
$E = \frac{p}{a} Z\phi \frac{N}{60}[V]$에서 파권($a=2$)이므로
$E = \frac{6}{2} \times 400 \times 0.01 \times \frac{600}{60} = 120[V]$이다.

24

병렬운전 중인 동기발전기의 난조를 방지하기 위하여 자극 면에 유도전동기의 농형권선과 같은 권선을 설치하는데 이 권선의 명칭은?

① 계자권선
② 제동권선
③ 전기자권선
④ 보상권선

▶ 전기기기 테마 10 동기기
제동권선 목적
- 발전기: 난조 방지
- 전동기: 기동작용

25

단상 전파 정류회로에서 $\alpha=60°$일 때 정류전압은 약 몇 [V]인가?(단, 전원측 실횻값 전압은 100[V]이다.)

① 15
② 22
③ 35
④ 45

▶ 전기기기 테마 11 정류기 및 제어기기
단상 전파 정류회로의 정류전압
$V_d = \frac{2\sqrt{2}V}{\pi} \cos\alpha = \frac{2\sqrt{2} \times 100}{\pi} \cos 60° = 45[V]$

정답 21 ③ 22 ③ 23 ④ 24 ② 25 ④

26

3상 유도 전동기의 1차 입력 60[kW], 1차 손실 1[kW], 슬립 3[%]일 때 기계적 출력[kW]은?

① 57
② 75
③ 95
④ 100

▶ 전기기기 테마 09 유도기

$P_2 : P_{2c} : P_o = 1 : s : (1-s)$ 이므로
$P_2 = $ 1차 입력 − 1차 손실 $= 60 - 1 = 59[kW]$
$P_2 : P_o = 1 : (1-s)$
$P_o = (1-s)P_2 = (1-0.03) \times 59 = 57[kW]$

27

6극 36슬롯 3상 동기 발전기의 매극 매상당 슬롯수는?

① 2
② 3
③ 4
④ 5

▶ 전기기기 테마 10 동기기

매극 매상당의 슬롯수 $= \dfrac{슬롯수}{극수 \times 상수} = \dfrac{36}{6 \times 3} = 2$

28

3상 동기발전기에서 전기자 전류가 무부하 유도기전력보다 앞선 경우의 전기자 반작용은?

① 횡축반작용
② 증자작용
③ 감자작용
④ 편자작용

▶ 전기기기 테마 10 동기기

동기발전기의 전기자 반작용
• 뒤진 전기자 전류: 감자작용
• 앞선 전기자 전류: 증자작용

29

동기전동기의 자기 기동법에서 계자권선을 단락하는 이유는?

① 기동이 쉬움
② 기동권선으로 이용
③ 고전압 유도에 의한 절연파괴 위험 방지
④ 전기자 반작용을 방지

▶ 전기기기 테마 10 동기기

동기전동기의 자기동법

회전 자극 표면에 기동권선을 설치하여 기동 시에는 농형 유도 전동기로 동작시켜 기동시키는 방법으로, 계자권선을 열어 둔 채로 전기자에 전원을 가하면 권수수가 많은 계자회로가 전기자 회전 자계를 끊고 높은 전압을 유기하여 계자회로가 소손될 염려가 있으므로 반드시 계자회로는 저항을 통해 단락시켜 놓고 기동시켜야 한다.

30

3상 유도전동기의 회전 방향을 바꾸기 위한 방법으로 옳은 것은?

① 전원의 전압과 주파수를 바꾸어 준다.
② 기동보상기를 사용하여 권선을 바꾸어 준다.
③ 전동기의 1차 권선에 있는 3개의 단자 중 어느 2개의 단자를 서로 바꾸어 준다.
④ $\Delta - Y$ 결선으로 결선법을 바꾸어 준다.

▶ 전기기기 테마 09 유도기

3상 유도전동기의 회전 방향을 바꾸기 위해서는 상회전 순서를 바꾸어야 하는데, 3상 전원 3선 중 2선의 접속을 바꾼다.

| 정답 | 26 ① | 27 ① | 28 ② | 29 ③ | 30 ③ |

31

교류 전동기를 기동할 때 그림과 같은 기동 특성을 가지는 전동기는?(단, 곡선 (1)~(4)는 기동 단계에 대한 토크 특성 곡선이다.)

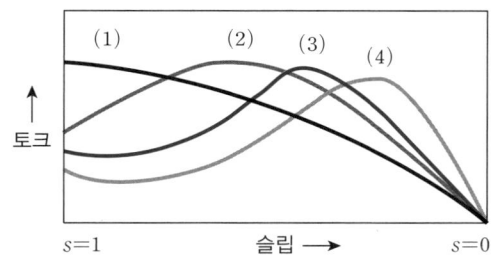

① 반발 유도전동기
② 2중 농형 유도전동기
③ 3상 분권 정류자전동기
④ 3상 권선형 유도전동기

▶ 전기기기 테마 09 유도기

그림은 토크의 비례추이 곡선으로 3상 권선형 유도전동기와 같이 2차 저항을 조절할 수 있는 기기에서 응용할 수 있다.

32

전기자저항 0.1[Ω] 전기자전류 104[A], 유도기전력 110.4[V]인 직류 분권 발전기의 단자전압[V]은?

① 110
② 106
③ 102
④ 100

▶ 전기기기 테마 08 직류기

직류 분권 발전기는 다음 그림과 같다.
$V = E - R_a I_a = 110.4 - 0.1 \times 104 = 100[V]$

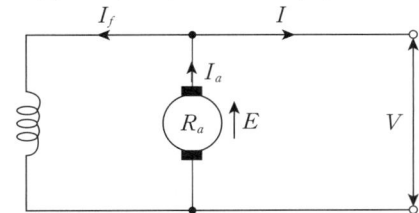

33

다음 그림에서 직류 분권전동기의 속도특성 곡선은?

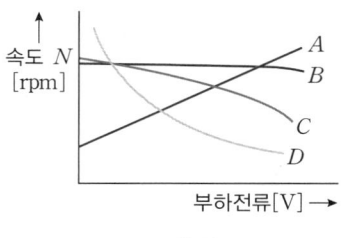

① A
② B
③ C
④ D

▶ 전기기기 테마 08 직류기
분권전동기
전기자와 계자권선이 병렬로 접속되어 있어서 단자전압이 일정하면 부하전류에 관계없이 자속이 일정하므로 정속도 특성을 가진다.

34

유도전동기의 슬립을 측정하는 방법으로 옳은 것은?

① 전류계법
② 전압계법
③ 평형브리지법
④ 스트로보법

▶ 전기기기 테마 09 유도기
슬립 측정 방법
회전계법, 직류 밀리볼트계법, 수화기법, 스트로보법

정답   31 ④   32 ④   33 ②   34 ④

35

동기발전기를 회전계자형으로 하는 이유가 아닌 것은?

① 고전압에 견딜 수 있게 전기자 권선을 절연하기가 쉽다.
② 전기자 단자에 발생한 고전압을 슬립링 없이 간단하게 외부회로에 인가할 수 있다.
③ 기계적으로 튼튼하게 만드는 데 용이하다.
④ 전기자가 고정되어 있지 않아 제작비용이 저렴하다.

▶ 전기기기 테마 10 동기기
회전계자형
전기자를 고정해 두고 계자를 회전시키는 형태로 중·대형기기에 일반적으로 채용된다.

36

직류 전동기의 규약 효율을 표시하는 식은?

① $\dfrac{출력}{출력+손실} \times 100[\%]$
② $\dfrac{출력}{입력} \times 100[\%]$
③ $\dfrac{입력-손실}{입력} \times 100[\%]$
④ $\dfrac{출력}{출력-손실} \times 100[\%]$

▶ 전기기기 테마 08 직류기

발전기 규약 효율 $\eta_G = \dfrac{출력}{출력+손실} \times 100[\%]$

전동기 규약 효율 $\eta_M = \dfrac{입력-손실}{입력} \times 100[\%]$

37

동기조상기가 전력용 콘덴서보다 우수한 점은?

① 가격이 싸다.   ② 손실이 적다.
③ 보수가 쉽다.   ④ 지상 역률을 얻는다.

▶ 전기기기 테마 10 동기기
• 동기조상기: 진상, 지상 역률을 얻을 수 있다.
• 전력용 콘덴서: 진상 역률만을 얻을 수 있다.

38

34극 60[MVA], 역률 0.8, 60[Hz], 22.9[kV] 수차발전기의 전부하 손실이 1,600[kW]이면 전부하 효율[%]은?

① 90   ② 95
③ 97   ④ 99

▶ 전기기기 테마 10 동기기
발전기 효율

$$\eta = \dfrac{출력}{입력} \times 100 = \dfrac{출력}{출력+손실} \times 100[\%]$$
$$= \dfrac{60 \times 0.8}{60 \times 0.8 + 1.6} \times 100 = 97[\%]$$

39

역률이 좋아서 가정용 선풍기, 세탁기, 냉장고 등에 주로 사용되는 것은?

① 분상 기동형   ② 셰이딩 코일형
③ 영구 콘덴서 기동형 ④ 반발 기동형

▶ 전기기기 테마 09 유도기
영구 콘덴서 기동형
원심력스위치가 없어서 가격도 싸고, 보수할 필요가 없으므로 큰 기동토크를 요구하지 않는 선풍기, 냉장고, 세탁기 등에 널리 사용된다.

40

부흐홀츠 계전기의 설치 위치로 가장 적당한 것은?

① 변압기 주 탱크 내부
② 콘서베이터 내부
③ 변압기 고압측 부싱
④ 변압기 주 탱크와 콘서베이터 사이

▶ 전기기기 테마 07 변압기
변압기 주 탱크와 콘서베이터 사이에 설치한다.

정답 35 ④ 36 ③ 37 ④ 38 ③ 39 ③ 40 ④

41
다음 심벌의 명칭은 무엇인가?

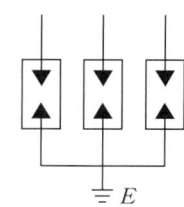

① 파워퓨즈
② 단로기
③ 고압 컷아웃 스위치
④ 피뢰기

▶ 전기설비 테마 16 전선 및 기계기구의 보안공사
피뢰기: 이상전압으로부터 전기설비를 보호

42
가공 전선로의 지지물에 지선으로 보강하여서는 안 되는 곳은?

① A종 철근콘크리트주
② B종 철근콘크리트주
③ 목주
④ 철탑

▶ 전기설비 테마 17 가공인입선 및 배전선공사
철탑은 자체적으로 기우는 것을 방지하기 위해 높이에 비례하여 밑면의 넓이를 확보하도록 만들어진다.

43
콘크리트 직매용 케이블 배선에서 일반적으로 케이블을 구부릴 때는 피복이 손상되지 않도록 그 굴곡부 안쪽의 반경은 케이블 외경의 몇 배 이상으로 하여야 하는가? (단, 단심이 아닌 경우이다.)

① 2배
② 5배
③ 3배
④ 12배

▶ 전기설비 테마 15 배선설비공사 및 전선허용전류 계산
케이블을 구부리는 경우 굴곡부의 곡률 반지름
• 연피가 없는 케이블: 곡률 반지름은 케이블 바깥지름의 5배 이상
• 연피가 있는 케이블: 곡률 반지름은 케이블 바깥지름의 12배 이상

44
금속관 공사에서 금속관을 콘크리트에 매설할 경우 관의 두께는 몇 [mm] 이상의 것이어야 하는가?

① 1.0[mm]
② 1.2[mm]
③ 0.8[mm]
④ 1.5[mm]

▶ 전기설비 테마 15 배선설비공사 및 전선허용전류 계산
금속관의 두께와 공사
• 콘크리트에 매설하는 경우: 1.2[mm] 이상
• 기타의 경우: 1[mm] 이상

45
철근 콘크리트주의 길이가 12[m]이고, 설계하중이 6.8[kN] 이하일 때, 땅에 묻히는 표준 깊이는 몇 [m]이어야 하는가?

① 2[m]
② 2.3[m]
③ 2.5[m]
④ 2.7[m]

▶ 전기설비 테마 17 가공인입선 및 배전선공사
$깊이 = 12 \times \frac{1}{6} = 2[m]$

전주가 땅에 묻히는 깊이
• 전주의 길이 15[m] 이하: $\frac{1}{6}$ 이상
• 전주의 길이 15[m] 초과: 2.5[m] 이상
• 철근 콘크리트 전주로서 길이가 14[m] 이상 20[m] 이하이고, 설계하중이 6.8[kN] 초과 9.8[kN] 이하인 것은 30[cm]를 가산한다.

정답 41 ④ 42 ④ 43 ② 44 ② 45 ①

46

(㉠), (㉡)에 들어갈 내용으로 맞는 것은?

> 건조한 장소의 저압용 개별 기계기구에 전기를 공급하는 전로의 인체감전보호용 누전 차단기 중 정격감도 전류가 (㉠) 이하, 동작 시간이 (㉡)초 이하의 전류 동작형을 시설하는 경우에는 접지공사를 생략할 수 있다.

① ㉠ 15[mA], ㉡ 0.02초
② ㉠ 30[mA], ㉡ 0.02초
③ ㉠ 15[mA], ㉡ 0.03초
④ ㉠ 30[mA], ㉡ 0.03초

▶ 전기설비 테마 13 배선재료와 공구
물기 있는 장소 이외의 장소에 시설하는 저압용 개별 기계기구에 전기를 공급하는 전로에 인체감전보호용 누전차단기(정격감도전류가 30[mA] 이하, 동작 시간이 0.03초 이하의 전류 동작형에 한한다)를 시설하는 경우에 접지공사를 생략할 수 있다.

47

지중에 매설되어 있는 금속제 수도관로는 접지공사의 접지극으로 사용할 수 있다. 이때 수도관로는 대지와의 전기저항치가 얼마 이하이어야 하는가?

① 1[Ω]   ② 2[Ω]
③ 3[Ω]   ④ 4[Ω]

▶ 전기설비 테마 16 전선 및 기계기구의 보안공사
- 금속제 수도관을 접지극으로 사용할 경우 3[Ω] 이하의 접지저항을 가지고 있을 것
- 건물의 철골 등 금속체를 접지극으로 사용할 경우 2[Ω] 이하의 접지저항을 가지고 있을 것

48

경질 합성수지 전선관 1본의 표준 길이는?

① 3[m]   ② 3.6[m]
③ 4[m]   ④ 4.6[m]

▶ 전기설비 테마 15 배선설비공사 및 전선허용전류 계산
- 경질 합성수지 전선관 1본: 4[m]
- 금속전선관 1본: 3.6[m]

49

소맥분, 전분, 기타 가연성의 먼지가 존재하는 곳의 저압 옥내 배선 공사방법 중 적당하지 않은 것은?

① 금속관 공사   ② 합성수지관 공사
③ 케이블 공사   ④ 애자 사용 공사

▶ 전기설비 테마 19 특수장소공사
가연성 먼지가 존재하는 곳
가연성의 먼지가 공중에 떠다니는 상태에서 착화하였을 때 폭발의 우려가 있는 곳의 저압 옥내 배선은 합성수지관 공사, 금속전선관 공사, 케이블 공사에 의하여 시설한다.

50

접지도체에 피뢰시스템이 접속되는 경우에 접지도체는 단면적 몇 [mm²] 이상의 구리선을 사용하여야 하는가?

① 2.5[mm²]   ② 6[mm²]
③ 10[mm²]   ④ 16[mm²]

▶ 전기설비 테마 16 전선 및 기계기구의 보안공사

구분	기준
절연도체에 큰 고장전류가 흐르지 않을 경우	• 구리: 6[mm²] 이상 • 철제: 50[mm²] 이상
절연도체에 피뢰시스템이 접속되는 경우	• 구리: 16[mm²] 이상 • 철제: 50[mm²] 이상

정답 46 ④ 47 ③ 48 ③ 49 ④ 50 ④

51

금속관을 가공할 때 절단된 내부를 매끈하게 하기 위하여 사용하는 공구의 명칭은?

① 리머 ② 프레셔 툴
③ 오스터 ④ 녹아웃 펀치

▶ 전기설비 테마 13 배선재료와 공구

리머

금속관을 쇠톱이나 커터로 끊은 다음, 관 안의 날카로운 것을 다듬는 공구

52

어느 가정집이 40[W] LED등 10개, 1[kW] 전자레인지 1개, 100[W] 컴퓨터 세트 2대, 1[kW] 세탁기 1대를 사용하고, 하루 평균 사용 시간이 LED등은 5시간, 전자레인지 30분, 컴퓨터 5시간, 세탁기 1시간이라면 1개월(30일)간의 사용 전력량[kWh]은?

① 115 ② 135
③ 175 ④ 155

▶ 전기설비 테마 16 전선 및 기계기구의 보안공사

각 부하별 사용 전력량을 계산하여 합하여 구한다.
- LED등: $0.04[kW] \times 10개 \times 5시간 \times 30일 = 60[kWh]$
- 전자레인지: $1[kW] \times 1개 \times 0.5시간 \times 30일 = 15[kWh]$
- 컴퓨터 세트: $0.1[kW] \times 2대 \times 5시간 \times 30일 = 30[kWh]$
- 세탁기: $1[kW] \times 1대 \times 1시간 \times 30일 = 30[kWh]$

따라서, 총 사용 전력량 $= 60+15+30+30 = 135[kWh]$

53

가공인입선 중 수용장소의 인입선에서 분기하여 다른 수용장소의 인입구에 이르는 전선을 무엇이라하는가?

① 인입간선 ② 소주인입선
③ 본주인입선 ④ 연접인입선

▶ 전기설비 테마 17 가공인입선 및 배전선공사

- 소주인입선: 인입간선의 전선로에서 분기한 소주에서 수용가에 이르는 전선로
- 본주인입선: 인입간선의 전선로에서 수용가에 이르는 전선로
- 인입간선: 배전선로에서 분기된 인입전선로

54

수전 설비의 저압 배전반은 배전반 앞에서 계측기를 판독하기 위하여 앞면과 최소 몇 [m] 이상 유지하는 것을 원칙으로 하는가?

① 0.6 ② 1.2
③ 1.5 ④ 1.7

▶ 전기설비 테마 18 고압 및 저압 배전반공사

변압기, 배전반 등 설치 시 최소 이격거리는 다음 표를 참조하여 충분한 면적을 확보하여야 한다.

구분 (단위: [mm])	앞면 또는 조작 계측면	뒷면 또는 점검면	옆 상호 간 (점검하는 면)	기타의 면
특고압반	1,700	800	1,400	—
고압배전반	1,500	600	1,200	—
저압배전반	1,500	600	1,200	—
변압기 등	1,500	600	1,200	300

55

인입용 비닐절연전선을 나타내는 기호는?

① OW ② DV
③ NV ④ EV

▶ 전기설비 테마 13 배선재료와 공구

명칭	기호	비고
인입용 비닐절연전선 2개 꼬임	DV 2R	70°C
인입용 비닐절연전선 3개 꼬임	DV 3R	70°C

정답 51 ① 52 ② 53 ④ 54 ③ 55 ②

56

저압 크레인 또는 호이스트 등의 트롤리선을 애자 사용 공사에 의하여 옥내의 노출장소에 시설하는 경우 트롤리선은 바닥에서 최소 몇 [m] 이상으로 설치하는가?

① 2
② 2.5
③ 3
④ 3.5

▶ **전기설비** 테마 15 배선설비공사 및 전선허용전류 계산

이동 기중기·자동 청소기 그 밖에 이동하며 사용하는 저압의 전기기계기구에 전기를 공급하기 위하여 사용하는 저압 접촉 전선을 애자 사용 공사에 의하여 옥내의 전개된 장소에 시설하는 경우 전선의 바닥에서의 높이는 3.5[m] 이상으로 하고 사람이 접촉할 우려가 없도록 시설하여야 한다.

57

화약류 저장소의 백열전등이나 형광등 또는 이들에 전기를 공급하기 위한 전기설비를 시설하는 경우 전로의 대지전압[V]은?

① 100[V] 이하
② 150[V] 이하
③ 220[V] 이하
④ 300[V] 이하

▶ **전기설비** 테마 19 특수장소공사

화약류 저장소 등의 위험장소: 전로의 대지전압을 300[V] 이하로 한다.

58

무대, 무대마루 밑, 오케스트라 박스, 영사실, 기타 사람이나 무대 도구가 접촉할 우려가 있는 장소에 시설하는 저압옥내배선, 전구선 또는 이동전선은 최고 사용전압이 몇 [V] 이하이어야 하는가?

① 100
② 200
③ 300
④ 400

▶ **전기설비** 테마 19 특수장소공사

전시회, 쇼 및 공연장
저압 옥내배선, 전구선 또는 이동전선은 사용전압이 400[V] 이하이어야 한다.

59

건물의 철골 등 금속체를 접지극으로 사용할 경우, 대지와의 전기저항 값이 얼마 이하로 유지되어야 접지극으로 사용할 수 있는가?

① 1[Ω]
② 2[Ω]
③ 3[Ω]
④ 4[Ω]

▶ **전기설비** 테마 16 전선 및 기계기구의 보안공사

건물의 철골 등 금속체를 접지극으로 사용할 경우 2[Ω] 이하의 접지저항을 가지고 있어야 한다.

정답 56 ④ 57 ④ 58 ④ 59 ②

60

전선을 접속하는 방법으로 틀린 것은?

① 전기저항이 증가되지 않아야 한다.
② 전선의 세기는 30[%] 이상 감소시키지 않아야 한다.
③ 접속 부분은 와이어 커넥터 등 접속 기구를 사용하거나 납땜을 한다.
④ 알루미늄을 접속할 때는 고시된 규격에 맞는 접속관 등의 접속 기구를 사용한다.

▶ **전기설비** 테마 14 전선의 접속

전선의 접속 조건
- 접속 시 전기적 저항을 증가시키지 않는다.
- 접속 부위의 기계적 강도를 20[%] 이상 감소시키지 않는다.
- 접속점의 절연이 약화되지 않도록 테이핑 또는 와이어 커넥터로 절연한다.
- 전선의 접속은 박스 안에서 하고, 접속점에 장력이 가해지지 않도록 한다.

정답 60 ②

2022년 4회 CBT 기출

01
전자 냉동기는 어떤 효과를 응용한 것인가?

① 제벡 효과
② 톰슨 효과
③ 펠티에 효과
④ 줄 효과

▶ 전기이론 테마 06 전류의 열작용과 화학작용

- 제벡 효과
  - 온도차에 의해 전위차가 발생하는 열전 효과의 대표적인 현상이다.
  - 서로 다른 두 도체를 접합하여 폐회로를 형성하여 열을 가하면 고온부는 (+)로 대전되고 저온부는 (−)로 대전되어 접합점에서 전위차가 발생하여 기전력이 발생하는 현상이다. 이때 발생한 기전력을 열기전력이라 한다.
  - 제벡 효과는 열을 전기로 변환하는 현상이다.
- 펠티에 효과
  - 서로 다른 금속을 연결하고 전류를 흐르게 했을 때, 금속의 양 단면에 온도차가 발생하는 현상이다.
  - 접합점에서 열이 발생되거나 흡수되어 접합점 간 온도차가 발생한다.
  - 열전 냉각기는 펠티에 효과를 이용해 만든 것이다.
  - 뜨거운 면은 방열판 등으로 과열을 방지하고, 온도가 낮은 면은 냉각에 사용한다.
  - 펠티에 효과는 전기를 열로 변환하는 현상이다.
- 톰슨 효과는 같은 종류 금속의 양 끝에 온도차를 주고 전류를 흐르게 하면 발열 또는 흡열되는 현상이다.

02
임피던스 $Z=6+j8[\Omega]$에서 서셉턴스 $B[\mho]$는?

① 0.06
② 0.08
③ 0.6
④ 0.8

▶ 전기이론 테마 05 교류회로

$Y=\dfrac{1}{Z}=\dfrac{1}{6+j8}=\dfrac{(6-j8)}{(6+j8)(6-j8)}=\dfrac{(6-j8)}{6^2+8^2}$
$=0.06-j0.08[\mho]$
∴ $Y=G-jB$에서 $B=0.08[\mho]$

03
그림과 같은 R−C 병렬 회로의 위상각 θ는?

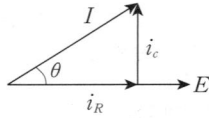

① $\tan^{-1}\left(\dfrac{\omega C}{R}\right)$
② $\tan^{-1}(\omega CR)$
③ $\tan^{-1}\left(\dfrac{R}{\omega C}\right)$
④ $\tan^{-1}\left(\dfrac{1}{\omega CR}\right)$

▶ 전기이론 테마 05 교류회로

어드미턴스 $Y=\dfrac{1}{R}+\dfrac{1}{\dfrac{1}{j\omega C}}=\dfrac{1}{R}+j\omega C[\mho]$

위상각 $\theta=\tan^{-1}\dfrac{\omega C}{\dfrac{1}{R}}=\tan^{-1}\omega CR$

04
1차 전지로 가장 많이 사용되는 것은?

① 니켈·카드뮴 전지
② 연료 전지
③ 망간 건전지
④ 납축전지

▶ 전기이론 테마 06 전류의 열작용과 화학작용

1차 전지는 음극은 아연, 양극은 이산화망간을 사용한 망간 건전지를 많이 사용한다.

정답 01 ③ 02 ② 03 ② 04 ③

05

전기력선에 대한 설명으로 틀린 것은?

① 같은 전기력선은 흡인한다.
② 전기력선은 서로 교차하지 않는다.
③ 전기력선은 도체의 표면에 수직으로 출입한다.
④ 전기력선은 양전하의 표면에서 나와서 음전하의 표면에서 끝난다.

▶ 전기이론 테마 01 전기의 성질과 전하에 의한 전기장
- 같은 전기력선은 반발한다.
- 전기력선은 서로 교차하지 않는다.
- 전기력선은 도체 표면에 수직이다.
- 전기력선은 양전하에서 나와 음전하로 들어간다.
- 전기력선은 전하가 없으면 새로 생겨나거나 소멸하지 않는다.
- 전기력선의 접선의 방향이 전계의 방향이다.

06

비사인파의 일반적인 구성이 아닌 것은?

① 삼각파 ② 고조파
③ 기본파 ④ 직류분

▶ 전기이론 테마 05 교류회로
비정현파를 구성하는 요소는 직류분, 기본파, 고조파로 구성된다.

07

파형률과 파고율이 모두 1인 파형은?

① 삼각파 ② 구형파
③ 정현파 ④ 반원파

▶ 전기이론 테마 05 교류회로

파형	실횻값	평균값	파형율	파고율
구형파	V_m	V_m	1	1

08

그림과 같은 회로를 고주파 브리지로 인덕턴스를 측정하였더니 그림 (a)는 60[mH], 그림 (b)는 40[mH]이었다. 이 회로의 상호 인덕턴스 M은?

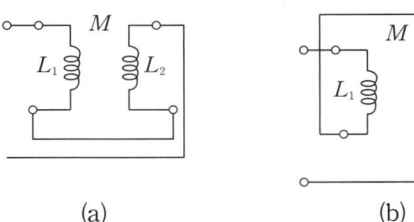

(a)   (b)

① 2[mH] ② 3[mH]
③ 4[mH] ④ 5[mH]

▶ 전기이론 테마 03 전자력과 전자유도
가동접속 합성인덕턴스 $L_{가동} = L_1 + L_2 + 2M = 60[mH]$
차동접속 합성인덕턴스 $L_{차동} = L_1 + L_2 - 2M = 40[mH]$
$60 = L_1 + L_2 + 2M$
$40 = L_1 + L_2 - 2M$
$20 = 4M$
$\therefore M = \frac{20}{4} = 5[mH]$

09

최댓값이 $V_m[V]$인 사인파 교류에서 평균값 $V_{AVG}[V]$의 값은?

① $0.577 V_m$ ② $0.637 V_m$
③ $0.707 V_m$ ④ $0.866 V_m$

▶ 전기이론 테마 05 교류회로
정현파 평균값
$$V_{AVG} = \frac{1}{T} \int_0^T V(t) dt$$
정현파는 1주기 평균값은 0이므로 반주기 평균값을 사용한다.
$$V_{AVG} = \frac{2}{T} \int_0^{T/2} V(t) dt = \frac{2}{T} \int_0^{T/2} V_m \sin \omega t \, dt = \frac{2}{\pi} V_m$$
$$= 0.637 V_m [V]$$

정답 05 ① 06 ① 07 ② 08 ④ 09 ②

10

A-B 사이 콘덴서의 합성 정전용량은 얼마인가?

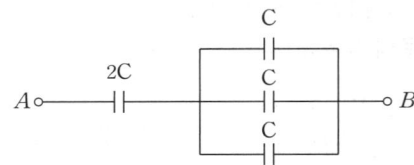

① $1C$
② $1.2C$
③ $2C$
④ $2.4C$

▶ 전기이론 테마 01 전기의 성질과 전하에 의한 전기장
병렬 연결 부분 합성 정전용량 $C_{병렬}=C+C+C=3C$
$2C$와 $C_{병렬}$의 직렬 연결
전체 합성 정전용량 $C_t = \dfrac{2C \times 3C}{2C+3C} = \dfrac{6}{5}C = 1.2C$

11

자체 인덕턴스 5[H]의 코일에 40[J]의 에너지가 저장되어 있다. 이때 코일에 흐르는 전류는 몇 [A]인가?

① 2
② 3
③ 4
④ 5

▶ 전기이론 테마 03 전자력과 전자유도
저장에너지 $W = \dfrac{1}{2}LI^2$[J]
$40 = \dfrac{1}{2} \times 5 \times I^2$
∴ $I = 4$[A]

12

200[μF]의 콘덴서를 충전하는 데 9[J]의 일이 필요하였다. 충전 전압은 몇 [V]인가?

① 200[V]
② 300[V]
③ 450[V]
④ 900[V]

▶ 전기이론 테마 01 전기의 성질과 전하에 의한 전기장
에너지 $W = \dfrac{1}{2}CV^2$[J]
$9 = \dfrac{1}{2} \times 200 \times 10^{-6} \times V^2$
∴ $V = \sqrt{\dfrac{2 \times 9}{200 \times 10^{-6}}} = 300$[V]

13

전하의 성질을 잘못 설명한 것은?

① 같은 종류의 전하는 흡인하고, 다른 종류의 전하끼리는 반발한다.
② 대전체에 들어 있는 전하를 없애려면 접지시킨다.
③ 대전체의 영향으로 비대전체에 전기가 유도된다.
④ 전하는 가장 안정한 상태를 유지하려는 성질이 있다.

▶ 전기이론 테마 01 전기의 성질과 전하에 의한 전기장
• 전하는 물질에 존재하는 (+)와 (−) 성질을 띠는 입자이다.
• 같은 전하끼리는 서로 밀어내고, 다른 전하끼리는 서로 끌어당긴다.
• 전하는 전자기장 내에서 전기현상을 일으키는 주체적인 원인이다.
• 전하의 양을 전하량(Q)이라고 하며 단위는 쿨롱[C]이다.
• 대전된 물체끼리 접근했을 때 발생하는 전기적 힘을 쿨롱의 힘이라 하며, 쿨롱의 법칙으로 계산한다.

14

C_1, C_2를 병렬로 접속한 회로에 C_3를 직렬로 접속하였다. 이 회로의 합성 정전용량 [F]은?

① $\dfrac{1}{\dfrac{1}{C_1}+\dfrac{1}{C_2}} + C_3$
② $\dfrac{C_1 C_2}{C_1+C_2} + C_3$
③ $C_1 + C_2 + \dfrac{1}{C_3}$
④ $\dfrac{(C_1+C_2) \times C_3}{C_1+C_2+C_3}$

▶ 전기이론 테마 01 전기의 성질과 전하에 의한 전기장
병렬 연결 합성 정전용량 $C_{병렬}$
$C_{병렬} = C_1 + C_2$
$C_{병렬}$과 C_3 직렬 연결 시 합성 정전용량 C
$C = \dfrac{1}{\dfrac{1}{C_1+C_2}+\dfrac{1}{C_3}} = \dfrac{(C_1+C_2) \times C_3}{C_1+C_2+C_3}$

정답 10 ② 11 ③ 12 ② 13 ① 14 ④

15

200[V], 500[W]의 전열기를 100[V] 전원에 사용하였다면 이때의 전력은?

① 125[W] ② 250[W]
③ 375[W] ④ 500[W]

▶ 전기이론 테마 06 전류의 열작용과 화학작용

전력 $P = I^2 R = \dfrac{V^2}{R}$[W]

$R = \dfrac{V^2}{P} = \dfrac{200^2}{500} = 80[\Omega]$

$V = 100$[V]일 때

$P_{100V} = \dfrac{V^2}{R} = \dfrac{100^2}{80} = 125$[W]

16

패러데이의 전자 유도 법칙에서 유도 기전력의 크기는 코일을 지나는 (ⓐ)의 매 초 변화량과 코일의 (ⓑ)에 비례한다. ⓐ, ⓑ에 알맞은 말은?

① ⓐ 자속 ⓑ 굵기
② ⓐ 자속 ⓑ 권수
③ ⓐ 전류 ⓑ 권수
④ ⓐ 전류 ⓑ 굵기

▶ 전기이론 테마 03 전자력과 전자유도

패러데이의 법칙 $V = -N \dfrac{d\phi}{dt}$[V]

기전력(V)은 단위 시간에 변화하는 자속(ϕ)에 비례하고 코일의 권수(N)에 비례

17

임피던스 $Z_1 = 12 + j16[\Omega]$, $Z_2 = 18 + j24[\Omega]$이 직렬로 접속된 회로에 전압 $V = 200$[V]를 가할 때 이 회로에 흐르는 전류[A]는?

① 2[A] ② 4[A]
③ 5[A] ④ 8[A]

▶ 전기이론 테마 05 교류회로

합성임피던스 $Z = Z_1 + Z_2 = 12 + j16 + 18 + j24 = 30 + j40[\Omega]$
임피던스 크기 $|Z| = \sqrt{30^2 + 40^2} = 50[\Omega]$
$I = \dfrac{200}{50} = 4$[A]

18

같은 저항 4개를 그림과 같이 연결하여 $a-b$ 간에 일정 전압을 가했을 때 소비전력이 가장 큰 것은 어느 것인가?

①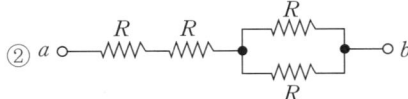

②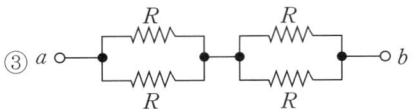

③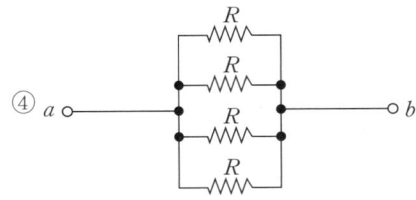

④

(4개 병렬 연결)

▶ 전기이론 테마 06 전류의 열작용과 화학작용

소비전력 $P = I^2 R$

① $I = \dfrac{V}{4R}$

② $I = \dfrac{V}{2R + \dfrac{R^2}{2R}} = \dfrac{V}{2.5R}$

③ $I = \dfrac{V}{\dfrac{R^2}{2R} + \dfrac{R^2}{2R}} = \dfrac{V}{R}$

④ $I = \dfrac{V}{\dfrac{R}{4}} = \dfrac{4V}{R}$

전류가 가장 큰 값은 ④이므로 소비전력도 가장 크다.

19

도체가 자기장에서 받는 힘의 관계 중 틀린 것은?

① 자기력선속 밀도에 비례
② 도체의 길이에 반비례
③ 흐르는 전류에 비례
④ 도체가 자기장과 이루는 각도에 비례(0°~90°)

▶ 전기이론 테마 02 자기장 성질과 전류에 의한 자기장

힘 $\vec{F} = I\vec{l} \times \vec{B} = IBl\sin\theta$[N]

정답 15 ① 16 ② 17 ② 18 ④ 19 ②

20

전원과 부하가 같이 Δ결선된 3상 평형 회로가 있다. 상전압이 200[V], 부하 임피던스가 $Z=6+j8[\Omega]$인 경우, 선전류는 몇 [A]인가?

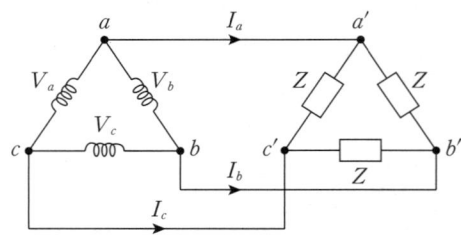

① 20
② $\dfrac{20}{\sqrt{3}}$
③ $20\sqrt{3}$
④ $10\sqrt{3}$

▶ 전기이론 테마 05 교류회로

상전류 $I_p = \dfrac{200}{\sqrt{6^2+8^2}} = \dfrac{200}{10} = 20[A]$
선간전류 $I_l = \sqrt{3}\, I_p = \sqrt{3} \times 20 = 20\sqrt{3}[A]$

21

직선으로 운동하는 전동기는?

① 서보 모터
② 리니어 모터
③ 히스테리시스 모터
④ 스테핑 모터

▶ 전기기기 테마 09 유도기

리니어 모터(선형전동기)는 회전형 전동기의 고정자와 회전자를 축 방향으로 잘라서 평평한 평면상에 펼친 것이다. 직선으로 운동한다.

22

고압전동기 철심의 강판 홈의 모양은?

① 반폐형
② 개방형
③ 반구형
④ 밀폐형

▶ 전기기기 테마 09 유도기

저압용에는 반폐형, 고압용에는 개방형이 사용된다.

23

변압기의 병렬 운전 조건이 아닌 것은?

① 각 변압기의 극성이 같을 것
② 각 변압기의 권수비가 같고 1차 및 2차의 정격전압이 같을 것
③ 각 변압기의 백분율 임피던스 강하가 같을 것
④ 각 변압기의 중량이 같을 것

▶ 전기기기 테마 07 변압기
변압기의 병렬운전 조건
- 각 변압기의 극성이 같을 것
- 각 변압기의 권수비가 같고 1차 및 2차의 정격전압이 같을 것
- 각 변압기의 백분율 임피던스 강하가 같을 것
- 각 변압기의 내부저항과 누설리액턴스 비가 같을 것

24

변압기의 손실 중 무부하손이 아닌 것은?

① 기계손
② 히스테리시스손
③ 유전체손
④ 와류손

▶ 전기기기 테마 07 변압기

변압기는 정지기기이므로, 기계손(마찰손, 풍손)은 발생하지 않는다.

25

직류발전기에서 계자의 주된 역할은?

① 기전력을 유도한다.
② 자속을 만든다.
③ 정류작용을 한다.
④ 정류자면에 접촉한다.

▶ 전기기기 테마 08 직류기
직류 발전기의 주요 부분
- 계자: 자속을 만들어 주는 부분
- 전기자: 계자에서 만든 자속으로부터 기전력을 유도하는 부분
- 정류자: 교류를 직류로 변환하는 부분

정답 20 ③ 21 ② 22 ② 23 ④ 24 ① 25 ②

26
동기기의 전기자 권선법이 아닌 것은?

① 단절권
② 전절권
③ 분포권
④ 중권

▶ 전기기기 테마 10 동기기
동기기는 주로 분포권, 단절권, 2층권, 중권이 쓰이고 결선은 Y결선으로 한다.

27
60[Hz]의 동기 전동기가 2극일 때 동기 속도는 몇 [rpm]인가?

① 7,200
② 4,800
③ 3,600
④ 2,400

▶ 전기기기 테마 10 동기기
동기속도 $N_s = \dfrac{120f}{p}$[rpm]에서
$N_s = \dfrac{120 \times 60}{2} = 3,600$[rpm]

28
6극 36슬롯 3상 동기 발전기의 매극 매상당 슬롯수는?

① 2
② 3
③ 4
④ 5

▶ 전기기기 테마 10 동기기
매극 매상당의 슬롯수 $= \dfrac{\text{슬롯수}}{\text{극수} \times \text{상수}} = \dfrac{36}{6 \times 3} = 2$

29
3상 전원에서 2상 전원을 얻기 위한 변압기 결선 방법은?

① 대각 결선
② 포크 결선
③ 환상 결선
④ 스코트 결선

▶ 전기기기 테마 07 변압기
3상 교류를 2상 교류로 변환
- 스코트 결선(T결선)
- 우드브리지 결선
- 메이어 결선

30
동기 발전기에서 전기자 전류가 기전력보다 90°만큼 위상이 앞설 때의 전기자 반작용은?

① 교차 자화 작용
② 감자 작용
③ 편자 작용
④ 증자 작용

▶ 전기기기 테마 10 동기기
동기 발전기의 전기자 반작용
- 뒤진 전기자 전류: 감자 작용
- 앞선 전기자 전류: 증자 작용
- 동상 전기자 전류: 교차 자화 작용

31
역률과 효율이 좋아서 가정용 선풍기, 전기세탁기, 냉장고 등에 주로 사용되는 것은?

① 콘덴서 기동형 전동기
② 셰이딩 코일형 전동기
③ 분상 기동형 전동기
④ 반발 기동형 전동기

▶ 전기기기 테마 09 유도기
콘덴서 기동형
다른 단상 유도 전동기에 비해 역률과 효율이 좋다.

정답 26 ② 27 ③ 28 ① 29 ④ 30 ④ 31 ①

32

변압기의 규약 효율은?

① $\dfrac{출력}{입력}$ ② $\dfrac{출력}{출력+손실}$

③ $\dfrac{출력}{입력+손실}$ ④ $\dfrac{입력-손실}{입력}$

▶ 전기기기 테마 07 변압기

$\eta = \dfrac{출력}{출력+손실} \times 100[\%]$

33

그림과 같은 전동기 제어회로에서 전동기 M의 전류 방향으로 올바른 것은?(단, 전동기의 역률은 100%이고, 사이리스터의 점호각은 0°라고 본다.)

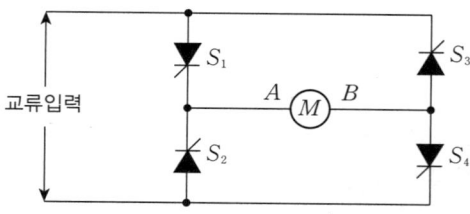

① 항상 'A'에서 'B'의 방향
② 항상 'B'에서 'A'의 방향
③ 입력의 반주기마다 'A'에서 'B'의 방향, 'B'에서 'A'의 방향
④ S_1과 S_4, S_2와 S_3의 동작 상태에 따라 'A'에서 'B'의 방향, 'B'에서 'A'의 방향

▶ 전기기기 테마 11 정류기 및 제어기기

교류입력(정현파)의 (+) 반주기에는 S_1과 S_4, (-) 반주기에는 S_2와 S_3가 동작하여 'A'에서 'B'의 방향으로 직류전류가 흐른다.

34

직류 분권전동기의 토크(T) 회전수(N)의 관계를 올바르게 표시한 것은?

① $T \propto \dfrac{1}{N}$ ② $T \propto \dfrac{1}{N^2}$

③ $T \propto N$ ④ $T \propto N^{\frac{3}{2}}$

▶ 전기기기 테마 08 직류기

분권전동기는 $N \propto \dfrac{1}{I_a}$ 이고, $T \propto I_a$ 이므로 $T \propto \dfrac{1}{N}$ 이다.

35

P형 반도체의 전기 전도의 주된 역할을 하는 반송자는?

① 전자 ② 정공
③ 가전자 ④ 5가 불순물

▶ 전기기기 테마 11 정류기 및 제어기기

불순물 반도체

구분	첨가 불순물	명칭	반송자
N형 반도체	5가 원자: 인, 비소, 안티몬	도너	가전자 (과잉전자)
P형 반도체	3가 원자: 붕소, 인듐, 알루미늄	억셉터	정공

36

다음 중 자기소호 기능이 가장 좋은 소자는?

① SCR ② GTO
③ TRIAC ④ LASCR

▶ 전기기기 테마 11 정류기 및 제어기기

GTO

게이트 신호가 양(+)이면 도통되고, 음(-)이면 자기소호하는 사이리스터이다.

정답 32 ② 33 ① 34 ① 35 ② 36 ②

37

반파 정류회로에서 변압기 2차 전압의 실효치를 $E[V]$라 하면 직류 전류 평균치는?(단, 정류기의 전압강하는 무시한다.)

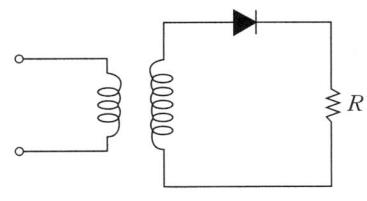

① $\dfrac{E}{R}$
② $\dfrac{1}{2} \cdot \dfrac{E}{R}$
③ $\dfrac{2\sqrt{2}}{\pi} \cdot \dfrac{E}{R}$
④ $\dfrac{\sqrt{2}}{\pi} \cdot \dfrac{E}{R}$

▶ 전기기기　테마 11　정류기 및 제어기기
- 단상반파 출력전압 평균값 $E_d = \dfrac{\sqrt{2}}{\pi} E[V]$
- 직류 전류 평균값 $I_d = \dfrac{E_d}{R} = \dfrac{\sqrt{2}}{\pi} \cdot \dfrac{E}{R}[A]$

38

교류 전동기를 기동할 때 그림과 같은 기동 특성을 가지는 전동기는?(단, 곡선 (1)~(5)는 기동 단계에 대한 토크 특성 곡선이다.)

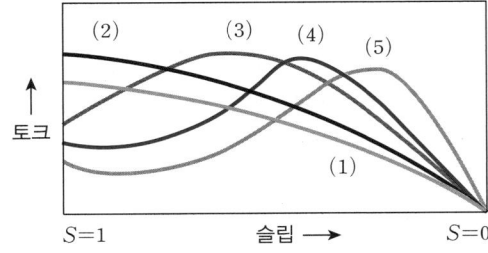

① 반발 유도전동기
② 2중 농형 유도전동기
③ 3상 분권 정류자전동기
④ 3상 권선형 유도전동기

▶ 전기기기　테마 09　유도기
그림은 토크의 비례추이 곡선으로 3상 권선형 유도전동기와 같이 2차 저항을 조절할 수 있는 기기에서 응용할 수 있다.

39

60[Hz], 4극 유도 전동기가 1,700[rpm]으로 회전하고 있다. 이 전동기의 슬립은 약 얼마인가?

① 3.42[%]
② 4.56[%]
③ 5.56[%]
④ 6.64[%]

▶ 전기기기　테마 09　유도기
동기 속도는 $N_s = \dfrac{120f}{p} = \dfrac{120 \times 60}{4} = 1,800[rpm]$이므로
$s = \dfrac{N_s - N}{N_s} = \dfrac{1,800 - 1,700}{1,800} \times 100 = 5.56[\%]$

40

농형 회전자에 비뚤어진 홈을 쓰는 이유는?

① 출력을 높인다.
② 회전수를 증가시킨다.
③ 소음을 줄인다.
④ 미관상 좋다.

▶ 전기기기　테마 09　유도기
비뚤어진 홈을 쓰는 이유
- 기동 특성을 개선한다.
- 소음을 경감시킨다.
- 파형을 좋게 한다.

정답　37 ④　38 ④　39 ③　40 ③

41

차단기 문자기호 중 'OCB'는?

① 자기 차단기
② 기중 차단기
③ 진공 차단기
④ 유입 차단기

▶ 전기설비 테마 18 고압 및 저압 배전반공사
- MBB: 자기 차단기
- VCB: 진공 차단기
- ACB: 기중 차단기
- OCB: 유입 차단기

42

한국전기설비규정에 의하여 고압 가공인입선이 횡단보도교 위에 시설되는 경우 노면상 몇 [m] 이상의 높이에 설치되어야 하는가?

① 3
② 3.5
③ 5
④ 6

▶ 전기설비 테마 17 가공인입선 및 배전선공사
가공인입선의 높이는 다음에 의할 것

구분	저압 인입선[m]	고압 인입선[m]
도로 횡단	5	6
철도 궤도 횡단	6.5	6.5
횡단보도교	3	3.5
기타	4	5

43

화약류 저장소에서 백열전등이나 형광등 또는 이들에 전기를 공급하기 위한 전기설비를 시설하는경우 전로의 대지전압[V]은?

① 100[V] 이하
② 150[V] 이하
③ 220[V] 이하
④ 300[V] 이하

▶ 전기설비 테마 19 특수장소공사
화약류 저장소의 위험장소는 전로의 대지전압을 300[V] 이하로 한다.

44

절연전선을 동일 금속덕트 내에 넣을 경우 금속덕트의 크기는 전선의 피복절연물을 포함한 단면적의 총합계가 금속덕트 내 단면적의 몇 [%] 이하가 되도록 선정하여야 하는가?(단, 제어회로 등의 배선에 사용하는 전선만을 넣는 경우이다.)

① 30
② 40
③ 50
④ 60

▶ 전기설비 테마 19 특수장소공사
- 금속덕트에 수용하는 전선은 절연물을 포함하는 단면적의 총합이 금속덕트 내 단면적의 20[%] 이하가 되도록 한다.
- 전광사인 장치, 출퇴 표시등, 기타 이와 유사한 장치 또는 제어회로 등의 배선에 사용하는 전선만을 넣는 경우에는 50[%] 이하로 할 수 있다.

45

애자 사용 공사에서 전선 상호 간의 간격은 몇 [cm] 이하로 하는 것이 가장 바람직한가?

① 4
② 5
③ 6
④ 8

▶ 전기설비 테마 15 배선설비공사 및 전선허용전류 계산

구분	400[V] 이하	400[V] 초과
전선 상호 간의 거리	6[cm] 이상	6[cm] 이상
전선과 조영재와의 거리	2.5[cm] 이상	4.5[cm] 이상 (건조한 곳은 2.5[cm] 이상)

정답 41 ④ 42 ② 43 ④ 44 ③ 45 ③

46
조명기구의 용량 표시에 관한 사항이다. 다음 중 F40의 설명으로 알맞은 것은?

① 수은등 40[W]
② 나트륨등 40[W]
③ 메탈 헬라이드등 40[W]
④ 형광등 40[W]

▶ **전기설비** 테마 20 전기응용 시설공사
'F'는 형광등을 뜻한다.

47
점유면적이 좁고 운전, 보수에 안전하므로 공장, 빌딩 등의 전기실에 많이 사용되는 배전반은 어떤 것인가?

① 데드프런트형
② 수직형
③ 큐비클형
④ 라이브 프런트형

▶ **전기설비** 테마 18 고압 및 저압 배전반공사
폐쇄식 배전반을 일반적으로 큐비클형이라고 한다. 점유 면적이 좁고 운전, 보수에 안전하므로 공장, 빌딩 등의 전기실에 많이 사용된다.

48
전압의 구분에서 고압 직류전압은 몇 [V] 초과 몇 [V] 이하인가?

① 1,500[V] 초과 6,000[V] 이하
② 1,000[V] 초과 7,000[V] 이하
③ 1,500[V] 초과 7,000[V] 이하
④ 1,000[V] 초과 6,000[V] 이하

▶ **전기설비** 테마 16 전선 및 기계기구의 보안공사
전압의 종류
- 저압: 교류는 1,000[V] 이하, 직류는 1,500[V] 이하인 것
- 고압: 교류는 1,000[V] 초과 7,000[V] 이하인 것
  직류는 1,500[V] 초과 7,000[V] 이하인 것
- 특고압: 교류, 직류 모두 7,000[V]를 넘는 것

49
변압기 2차측에 접지공사를 하는 이유는?

① 전류 변동의 방지
② 전압 변동의 방지
③ 전력 변동의 방지
④ 고전압 혼촉 방지

▶ **전기설비** 테마 16 전선 및 기계기구의 보안공사
높은 전압과 낮은 전압이 혼촉사고가 발생했을 때 사람에게 위험을 주는 높은 전류를 대지로 흐르게 하기 위해서 접지공사를 한다.

50
다음 중 과전류 차단기를 시설하는 곳은?

① 간선의 전원측 전선
② 접지공사의 접지선
③ 다선식 전로의 중성선
④ 접지공사를 한 저압 가공 전선로의 접지측 전선

▶ **전기설비** 테마 13 배선재료와 공구
과전류 차단기의 시설 금지 장소
- 접지공사의 접지선
- 다선식 전로의 중성선
- 변압기 중성점 접지공사를 한 저압 가공 전선로의 접지측 전선

정답 46 ④ 47 ③ 48 ③ 49 ④ 50 ①

51

폭연성 먼지가 있는 위험장소에 금속관 배선에 의할 경우 관 상호 및 관과 박스 기타의 부속품이나 풀박스 또는 전기기계기구는 몇 턱 이상의 나사 조임으로 접속하여야 하는가?

① 2턱 ② 3턱
③ 4턱 ④ 5턱

▶ 전기설비 테마 19 특수장소공사
폭연성 분진 또는 화약류 분말이 존재하는 곳의 배선
- 저압 옥내 배선은 금속 전선관 공사 또는 케이블 공사에 의하여 시설하여야 한다.
- 이동 전선은 접속점이 없는 0.6/1[kV] EP 고무절연 클로로프렌 캡타이어케이블을 사용하고 또한 손상을 받을 우려가 없도록 시설할 것
- 관 상호 및 관과 박스 기타의 부속품이나 풀박스 또는 전기기계기구는 5턱 이상의 나사 조임으로 접속하는 방법, 기타 이와 동등 이상의 효력이 있는 방법에 의할 것

52

다음 중 지중 전선로의 매설 방법이 아닌 것은?

① 관로식 ② 암거식
③ 행거식 ④ 직접 매설식

▶ 전기설비 테마 17 가공인입선 및 배전선공사
- 관로식: 맨홀과 맨홀 사이에 만든 관로에 케이블을 넣는 방식
- 암거식: 터널 내에 케이블을 부설하는 방식
- 직접 매설식: 대지 중에 케이블을 직접 매설하는 방식

53

연선 결정에 있어서 중심 소선을 뺀 층수가 3층이다. 전체 소선 수는?

① 91 ② 61
③ 37 ④ 19

▶ 전기설비 테마 13 배선재료와 공구
$N = 3n(n+1) + 1 = 3 \times 3 \times (3+1) + 1 = 37$ (n: 층수)

54

교통신호등의 제어장치로부터 신호등의 전구까지의 전로에 사용하는 전압은 몇 [V] 이하인가?

① 60 ② 100
③ 300 ④ 440

▶ 전기설비 테마 19 특수장소공사
교통신호등 회로는 300[V] 이하로 시설하여야 한다.

55

지중에 매설되어 있는 금속제 수도관로는 대지와의 전기저항값이 얼마 이하로 유지되어야 접지극으로 사용할 수 있는가?

① 1[Ω] ② 5[Ω]
③ 3[Ω] ④ 4[Ω]

▶ 전기설비 테마 16 전선 및 기계기구의 보안공사
- 금속제 수도관을 접지극으로 사용할 경우 3[Ω] 이하의 접지저항을 가지고 있어야 한다.
- 건물의 철골 등 금속체를 접지극으로 사용할 경우 2[Ω] 이하의 접지저항을 가지고 있어야 한다.

정답 51 ④ 52 ③ 53 ③ 54 ③ 55 ③

56

엘리베이터 장치를 시설할 때 승강기 내에서 사용하는 전등 및 전기기계 기구에 사용할수 있는 최대 전압은?

① 110[V] 이하 ② 220[V] 이하
③ 400[V] 이하 ④ 440[V] 이하

▶ 전기설비 테마 19 특수장소공사

엘리베이터 등의 승강로 내에 저압 옥내배선 등의 시설은 사용전압이 400[V] 이하인 저압 옥내배선, 저압 이동전선 등을 사용하여야 한다.

57

일반적으로 저압 가공 인입선이 도로를 횡단하는 경우 노면상 설치 높이는 몇 [m] 이상이어야 하는가?

① 3[m] ② 4[m]
③ 5[m] ④ 6.5[m]

▶ 전기설비 테마 17 가공인입선 및 배전선공사

인입선의 높이

구분	저압 [m]	고압 [m]	특고압 (35[kV] 이하) [m]	특고압 (35[kV] 이하) [m]
도로 횡단	5	6	6	—
철도 궤도 횡단	6.5	6.5	6.5	6.5
횡단보도교 위	3	3.5	4	5
기타	4	5	5	6

58

고압 가공 전선로의 지지물로 철탑을 사용하는 경우 지지물 간 거리의 몇 [m] 이하이어야 하는가?

① 150 ② 300
③ 500 ④ 600

▶ 전기설비 테마 17 가공인입선 및 배전선공사

고압 가공 전선로 지지물 간 거리의 제한
- 목주, A종 철주 또는 A종 철근 콘크리트주: 150[m]
- B종 철주 또는 B종 철근 콘크리트주: 250[m]
- 철탑: 600[m]

59

다음 중 UPS에 대한 뜻으로 알맞은 것은?

① 무정전 전원 장치
② 고장구간 개폐기
③ 부하 개폐기
④ 라인 스위치

▶ 전기설비 테마 18 고압 및 저압 배전반공사

① 무정전 전원 장치: UPS
② 고장구간 자동개폐기: ASS
③ 부하개폐기: LBS
④ 라인 스위치: LS

60

교류 배전반에서 전류가 많이 흘러 전류계를 직접 주회로에 연결할 수 없을 때 사용하는 기기는?

① 전류 제한기
② 계기용 변압기
③ 변류기
④ 전류계용 절환 개폐기

▶ 전기설비 테마 18 고압 및 저압 배전반공사

변류기(CT): 대전류를 소전류로 변류하여 계전기나 계측기에 전원을 공급

정답 56 ③ 57 ③ 58 ④ 59 ① 60 ③

2021년 1회 CBT 기출

01
다음 회로에서 20[Ω]에 걸리는 전압은 몇 [V]인가?

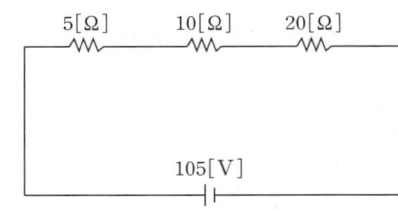

① 20
② 40
③ 60
④ 80

▶ 전기이론 테마 04 직류회로
저항이 직렬로 연결되어 각 저항에 흐르는 전류는 같다.
전류 $I = \dfrac{V}{R_{합성저항}} = \dfrac{105}{5+10+20} = 3[A]$
∴ 저항 20[Ω]에 걸리는 전압 $V_{20[Ω]} = 3 \times 20 = 60[V]$

02
자기 인덕턴스가 L_1, L_2인 두 코일을 직렬로 접속하였을 때 합성 인덕턴스는?(단, 두 코일 간 상호 인덕턴스는 M이다.)

① $L_1 + L_2 \pm M$
② $L_1 - L_2 \pm M$
③ $L_1 + L_2 \pm 2M$
④ $L_1 - L_2 \pm 2M$

▶ 전기이론 테마 03 전자력과 전자유도
2개의 인덕턴스를 직렬로 연결하는 방법은 가동 연결과 차동 연결이 있다.
가동 연결 시 합성 인덕턴스 $L = L_1 + L_2 + 2M$이고,
차동 연결 시 합성 인덕턴스 $L = L_1 + L_2 - 2M$이다.

03
임피던스 Z=R+jX이고, Y=G−jB로 표현할 경우 컨덕턴스를 의미하는 것은?

① R
② G
③ X
④ B

▶ 전기이론 테마 04 직류회로
임피던스 Z=R+jX (R: 저항 성분, X: 리액턴스 성분)
어드미턴스 Y=G+jB (G: 컨덕턴스 성분, B: 서셉턴스 성분)

04
자체 인덕턴스 20[mH]의 인덕터에서 0.1초 동안에 10[A]의 전류가 변화하였다. 인덕터에 유도되는 기전력 [V]은?

① 1
② 2
③ 3
④ 4

▶ 전기이론 테마 03 전자력과 전자유도
기전력 $V = L\dfrac{di}{dt}[V]$
$V = 20 \times 10^{-3} \times \dfrac{10}{0.1} = 2[V]$

05
$R_1 = 3[Ω]$, $R_2 = 4[Ω]$, $R_3 = 5[Ω]$의 저항 3개를 병렬로 접속한 회로에 30[V]의 전압을 가하였다. 이때 R_2 저항에 흐르는 전류[A]는 얼마인가?

① 6.5
② 7.5
③ 8.5
④ 9.5

▶ 전기이론 테마 04 직류회로
저항이 병렬로 연결되어 각 저항에 걸리는 전압은 30[V]이다.
저항 R_2에 흐르는 전류 $I_2 = \dfrac{30}{4} = 7.5[A]$

정답 01 ③ 02 ③ 03 ② 04 ② 05 ②

06

다음 그림에서 저항 $R_2[\Omega]$는?

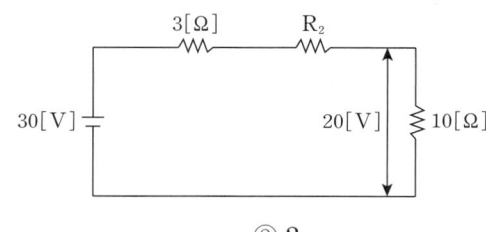

① 1
② 2
③ 3
④ 5

▶ 전기이론 테마 04 직류회로
$10[\Omega]$에 걸리는 전압
$V_{10[\Omega]} = 30 \times \dfrac{10}{3+R_2+10} = 20[V]$
$\therefore R_2 = 2[\Omega]$

07

자속밀도가 $2[Wb/m^2]$인 평등 자기장 중에 자기장과 $30°$의 방향으로 길이 $0.5[m]$인 도체에 $8[A]$의 전류가 흐르는 경우 전자력[N]은?

① 8
② 4
③ 2
④ 1

▶ 전기이론 테마 03 전자력과 전자유도
전자력 $F = I\vec{l} \times \vec{B} = IBl\sin\theta = 8 \times 2 \times 0.5 \times \sin 30° = 4[N]$

08

정상 상태에서의 원자를 설명한 것으로 틀린 것은?

① 양성자와 전자의 극성은 같다.
② 원자는 전체적으로 보면 전기적으로 중성이다.
③ 원자를 이루고 있는 양성자의 수는 전자의 수와 같다.
④ 양성자 1개가 지니는 전기량은 전자 1개가 지니는 전기량과 크기가 같다.

▶ 전기이론 테마 01 전기의 성질과 전하에 의한 전기장
• 양성자(+)와 전자(-)는 극성이 반대
• 양성자 수와 전자 수는 같으므로 전기적 중성
• 양성자 1개 전기량과 전자 1개 전기량은 같음
• 전자 1개의 전기량은 $1.602 \times 10^{-19}[C]$

09

공기 중에서 $m[Wb]$의 자극으로부터 나오는 자속 수는?

① m
② $\mu_0 m$
③ $\dfrac{1}{m}$
④ $\dfrac{m}{\mu_0}$

▶ 전기이론 테마 02 자기장 성질과 전류에 의한 자기장
자속은 자극의 세기로 정의한다.
$\phi = m[Wb]$

10

플레밍의 왼손 법칙에서 전류의 방향을 나타내는 손가락은?

① 엄지
② 검지
③ 중지
④ 약지

▶ 전기이론 테마 02 자기장 성질과 전류에 의한 자기장

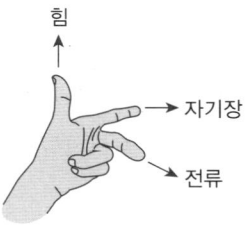

정답 06 ② 07 ② 08 ① 09 ① 10 ③

11
전기 분해를 하면 석출되는 물질의 양은 통과한 전기량에 관계가 있다. 이것을 나타낸 법칙은?

① 옴의 법칙
② 쿨롱의 법칙
③ 암페르의 법칙
④ 패러데이의 법칙

▶ 전기이론 테마 06 전류의 열작용과 화학작용
- 패러데이의 법칙: 전기 분해 시 석출되는 물질의 양과 전류에 관련된 법칙
- 옴의 법칙: 전압과 전류와 저항에 관한 법칙
- 쿨롱의 법칙: 전하 사이에 작용하는 힘에 관한 법칙

12
비사인파의 일반적인 구성이 아닌 것은?

① 삼각파
② 고조파
③ 기본파
④ 직류분

▶ 전기이론 테마 05 교류회로
비정현파를 구성하는 요소는 직류분, 기본파, 고조파로 구성된다.

13
교류에서 무효전력 $P_r[\text{Var}]$은?

① VI
② $VI\cos\theta$
③ $VI\sin\theta$
④ $VI\tan\theta$

▶ 전기이론 테마 05 교류회로
단상 교류 유효전력 $P=VI\cos\theta[\text{W}]$
단상 교류 무효전력 $P_r=VI\sin\theta[\text{Var}]$
단상 교류 피상전력 $P_a=VI[\text{VA}]$

14
$L[\text{H}]$의 코일에 $I[\text{A}]$의 전류가 흐를 때 저축되는 에너지는 몇 [J]인가?

① LI
② $\frac{1}{2}LI$
③ LI^2
④ $\frac{1}{2}LI^2$

▶ 전기이론 테마 03 전자력과 전자유도
축적에너지 $W=\frac{1}{2}LI^2=\frac{1}{2}\phi I[\text{J}]$

15
황산구리($CuSO_4$)의 전해액에 2개의 동일한 구리판을 넣고 전원을 연결하였을 때 양극에서 나타나는 변화를 옳게 설명한 것은?

① 변화가 없다.
② 구리판이 두꺼워진다.
③ 구리판이 얇아진다.
④ 수소 가스가 발생한다.

▶ 전기이론 테마 06 전류의 열작용과 화학작용
- 양극: 산화 반응 → 구리판이 얇아지고, 산소 발생
- 음극: 환원 반응 → 구리판이 두꺼워지고, pH 감소

정답 11 ④ 12 ① 13 ③ 14 ④ 15 ③

16

원자핵의 구속력을 벗어나서 물질 내에서 자유롭게 이동할 수 있는 것은?

① 중성자 ② 양자
③ 분자   ④ 자유전자

▶ 전기이론 테마 01 전기의 성질과 전하에 의한 전기장
원자핵의 구속력을 벗어나 물질 내 자유로이 이동하는 것은 자유전자다.

17

다음 회로의 합성 정전용량[μF]은?

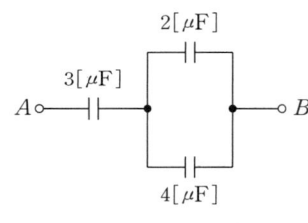

① 5 ② 4
③ 3 ④ 2

▶ 전기이론 테마 01 전기의 성질과 전하에 의한 전기장
병렬 연결 콘덴서 합성 정전용량 $C_{병렬}=2+4=6[\mu F]$
합성 정전용량 $C_t=\dfrac{3\times 6}{3+6}=2[\mu F]$

18

어떤 콘덴서에 $V[V]$의 전압을 가해서 $Q[C]$의 전하를 충전할 때 저장되는 에너지[J]는?

① $2QV$ ② $2QV^2$
③ $\dfrac{1}{2}QV$ ④ $\dfrac{1}{2}QV^2$

▶ 전기이론 테마 01 전기의 성질과 전하에 의한 전기장
저장에너지 $W=\dfrac{1}{2}CV^2=\dfrac{1}{2}QV=\dfrac{Q^2}{2C}[J]$

19

다음 전압 파형의 주파수는 약 몇 [Hz]인가?

$$e=100\sin\left(377t-\dfrac{\pi}{5}\right)[V]$$

① 50   ② 60
③ 80   ④ 100

▶ 전기이론 테마 05 교류회로
$\omega=2\pi f=377[rad/s]$
$f=\dfrac{377}{2\times 3.14}=60[Hz]$

20

자기력선에 대한 설명으로 옳지 않은 것은?

① 자기장의 모양을 나타낸 선이다.
② 자기력선이 조밀할수록 자기력이 세다.
③ 자석의 N극에서 나와 S극으로 들어간다.
④ 자기력선이 교차된 곳에서 자기력이 세다.

▶ 전기이론 테마 02 자기장 성질과 전류에 의한 자기장
• 자기력선은 자기장의 방향을 따라 연속적으로 이어진 선으로 철가루가 늘어선 모양과 비슷하다.
• 자기력선은 N극에서 나와 S극으로 들어가며 도중에서 끊어지거나 다른 자기력선과 만나지 않는다.
• 자기력선의 밀도가 클수록 자기장의 세기가 세다는 성질이 있다.
• 균일한 자기장 내에서 자기력선은 서로 평행하며 서로 간에 교차하지 않는다.

정답 16 ④ 17 ④ 18 ③ 19 ② 20 ④

21

동기와트 P_2, 출력 P_0, 슬립 s, 동기속도 N_s, 회전속도 N, 2차 동손 P_{2c}일 때 2차 효율 표기로 틀린 것은?

① $1-s$
② $\dfrac{P_{2c}}{P_2}$
③ $\dfrac{P_0}{P_2}$
④ $\dfrac{N}{N_s}$

▶ 전기기기 테마 09 유도기
$P_2 : P_{2c} : P_0 = 1 : s : (1-s)$ 이므로
2차 효율 $\eta_2 = \dfrac{P_0}{P_2} = 1-s = \dfrac{N}{N_s}$ 이다.

22

유도전동기가 회전하고 있을 때 생기는 손실 중에서 구리손이란?

① 브러시의 마찰손
② 베어링의 마찰손
③ 표유 부하손
④ 1차, 2차 권선의 저항손

▶ 전기기기 테마 09 유도기
구리손은 도체 저항에서 전류의 흐름으로 발생되는 줄열로 인한 손실로, 저항손이라고도 한다.

23

동기발전기의 돌발 단락 전류를 주로 제한하는 것은?

① 누설 리액턴스
② 동기 임피던스
③ 권선 저항
④ 동기 리액턴스

▶ 전기기기 테마 10 동기기
동기발전기의 지속 단락 전류와 돌발 단락 전류 제한
• 지속 단락 전류: 정격전류의 약 1~2배 정도의 전류로 동기 리액턴스 X_s로 제한된다.
• 돌발 단락 전류: 큰 전류이지만 수[Hz] 후에 전기자 반작용이 발생되므로 연속 단락 전류가 발생 된다. 크기는 누설 리액턴스 X_l로 제한된다.

24

유도전동기의 동기속도 N_s, 회전속도 N일 때 슬립은?

① $s = \dfrac{N_s - N}{N}$
② $s = \dfrac{N - N_s}{N}$
③ $s = \dfrac{N_s - N}{N_s}$
④ $s = \dfrac{N_s + N}{N_s}$

▶ 전기기기 테마 09 유도기
슬립 $s = \dfrac{\text{동기속도} - \text{회전속도}}{\text{동기속도}} = \dfrac{N_s - N}{N_s}$

25

정속도 전동기로 공작기계 등에 주로 사용되는 전동기는?

① 직류 분권 전동기
② 직류 직권 전동기
③ 직류 차동 복권 전동기
④ 단상 유도 전동기

▶ 전기기기 테마 08 직류기
직류 분권 전동기는 전기자와 계자권선이 병렬로 접속되어 있어서 단자전압이 일정하고, 부하전류에 관계없이 자속이 일정하므로 정속도 특성을 가진다.

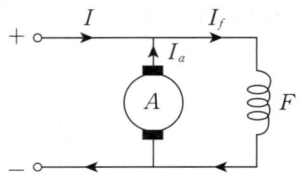

정답 21 ② 22 ④ 23 ① 24 ③ 25 ①

26

3단자 소자가 아닌 것은?

① SCR　　　② SSS
③ GTO　　　④ TRIAC

▶ 전기기기　테마 11　정류기 및 제어기기
　SCR(역저지 3단자 사이리스터)
　SSS(양방향성 대칭형 스위치)
　GTO(게이트 턴 오프 사이리스터, 3단자)
　TRIAC(쌍방향형 3단자 사이리스터)

27

3상 변압기 고장으로 2대를 V결선 했을 때의 이용률은 몇 [%]인가?

① 57.7[%]　　　② 70.7[%]
③ 86.6[%]　　　④ 100[%]

▶ 전기기기　테마 07　변압기
　V결선의 이용률 $\frac{\sqrt{3}P}{2P}=0.866=86.6[\%]$

28

변압기유가 구비해야 할 조건으로 틀린 것은?

① 점도가 낮을 것
② 인화점이 높을 것
③ 응고점이 높을 것
④ 절연내력이 클 것

▶ 전기기기　테마 07　변압기
　변압기유의 구비 조건
　• 절연내력이 클 것
　• 비열이 커서 냉각 효과가 클 것
　• 인화점이 높고, 응고점이 낮을 것
　• 고온에서도 산화하지 않을 것
　• 절연 재료와 화학 작용을 일으키지 않을 것
　• 점성도가 낮고, 유동성이 풍부할 것

29

동기 검정기로 알 수 있는 것은?

① 전압의 크기
② 전압의 위상
③ 전류의 크기
④ 주파수

▶ 전기기기　테마 10　동기기
　동기 검정기란 두 계통의 전압 위상을 측정 또는 표시하는 계기

30

동기전동기의 자기 기동법에서 계자권선을 단락하는 이유는?

① 기동이 용이
② 기동권선으로 이용
③ 고전압 유도에 의한 절연 파괴 위험 방지
④ 전기자 반작용 방지

▶ 전기기기　테마 10　동기기
　동기전동기의 기동법
　• 자기(자체)기동법: 회전 자극 표면에 기동권선을 설치하여 기동 시에는 농형 유도전동기로 동작시켜 기동시키는 방법으로, 계자권선을 열어 둔 채로 전기자에 전원을 가하면 권선수가 많은 계자회로가 전기자 회전 자계를 끊고 높은 전압을 발생하여 계자회로가 소손될 염려가 있으므로 반드시 계자회로는 저항을 통해 단락시켜 놓고 기동시켜야 한다.
　• 타기동법: 기동용 전동기를 연결하여 기동시키는 방법이다.

정답　26 ②　27 ③　28 ③　29 ②　30 ③

31

3상 동기 발전기의 병렬 운전 조건이 아닌 것은?

① 전압의 크기가 같을 것
② 회전수가 같을 것
③ 주파수가 같을 것
④ 전압 위상이 같을 것

▶ 전기기기 테마 10 동기기
병렬 운전 조건
- 기전력(전압)의 크기가 같을 것
- 기전력의 위상이 같을 것
- 기전력의 주파수가 같을 것
- 기전력의 파형이 같을 것

32

변압기유의 열화 방지를 위한 방법이 아닌 것은?

① 애자
② 브리더
③ 콘서베이터
④ 질소 봉입

▶ 전기기기 테마 07 변압기
변압기유의 열화 방지 대책
- 브리더: 습기를 흡수
- 콘서베이터: 공기와의 접촉을 차단하기 위해 설치
- 질소 봉입: 콘서베이터 유면 위에 질소 봉입

33

1차 전압 3,300[V], 2차 전압 220[V]인 변압기의 권수비는 얼마인가?

① 15
② 220
③ 3,300
④ 7,260

▶ 전기기기 테마 07 변압기

권수비 $a = \dfrac{V_1}{V_2} = \dfrac{N_1}{N_2} = \dfrac{3,300}{220} = 15$

34

전원과 부하가 다같이 Δ결선된 3상 평형회로가 있다. 상전압이 200[V], 부하 임피던스가 $Z=6+j8[\Omega]$인 경우 선전류는 몇 [A]인가?

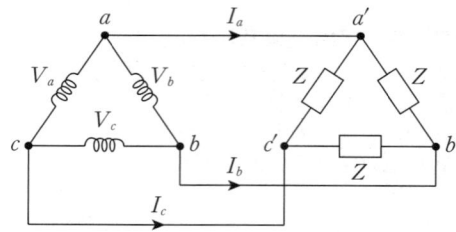

① 20
② $\dfrac{20}{\sqrt{2}}$
③ $20\sqrt{3}$
④ $10\sqrt{3}$

▶ 전기기기 테마 07 변압기

한 상의 부하 임피던스 $Z=\sqrt{R^2+X^2}=\sqrt{6^2+8^2}=10[\Omega]$
상전류 $I_p = \dfrac{V_p}{Z} = \dfrac{200}{10} = 20[A]$
Δ결선에서 선전류 $I_l = \sqrt{3}\cdot I_p = \sqrt{3}\times 20 = 20\sqrt{3}[A]$

35

동기전동기의 용도로 적당하지 않은 것은?

① 분쇄기
② 압축기
③ 송풍기
④ 크레인

▶ 전기기기 테마 10 동기기

동기전동기는 비교적 저속도, 중·대용량인 시멘트 공장 분쇄기, 압축기, 송풍기 등에 이용된다. 크레인과 같이 부하 변화가 심하거나 잦은 기동을 하는 부하는 직류 직권 전동기가 적합하다.

정답 31 ② 32 ① 33 ① 34 ③ 35 ④

36
낮은 전압을 높은 전압으로 승압할 때 일반적으로 사용하는 변압기의 3상 결선 방식은?

① $\Delta-\Delta$ ② $\Delta-Y$
③ $Y-Y$ ④ $Y-\Delta$

▶ 전기기기 테마 07 변압기
$\Delta-Y$: 승압용 변압기, $Y-\Delta$: 강압용 변압기

37
6극 36슬롯 3상 동기발전기의 매극 매상당 슬롯수는?

① 2 ② 3
③ 4 ④ 5

▶ 전기기기 테마 10 동기기
매극 매상당의 슬롯수 = $\dfrac{슬롯수}{극수 \times 상수} = \dfrac{36}{6 \times 3} = 2$

38
반파 정류회로에서 변압기 2차 전압의 실효치를 $E[V]$라 하면 직류전류 평균치는?(단, 정류기의 전압강하는 무시한다.)

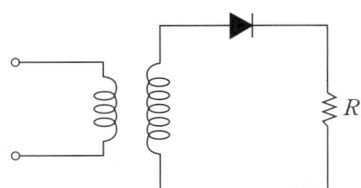

① $\dfrac{E}{R}$ ② $\dfrac{1}{2} \cdot \dfrac{E}{R}$
③ $\dfrac{\sqrt{2}}{\pi} \cdot \dfrac{E}{R}$ ④ $\dfrac{2\sqrt{2}}{\pi} \cdot \dfrac{E}{R}$

▶ 전기기기 테마 11 정류기 및 제어기기
단상 반파 출력 전압 평균값 $E_d = \dfrac{\sqrt{2}}{\pi} E[V]$
직류전류 평균값 $I_d = \dfrac{E_d}{R} = \dfrac{\sqrt{2}}{\pi} \cdot \dfrac{E}{R}[A]$

39
3상 유도전동기의 속도 제어 방법 중 인버터(Inverter)를 이용한 속도 제어법은?

① 극수 변환법 ② 전압 제어법
③ 초퍼 제어법 ④ 주파수 제어법

▶ 전기기기 테마 09 유도기
인버터는 직류를 교류로 전력을 변환하는 장치로 주파수를 변환시켜 전동기 속도 제어 및 토크 제어가 가능하다.

40
100[V], 10[A], 전기자 저항 1[Ω], 회전수 1,800[rpm]인 전동기의 역기전력은 몇 [V]인가?

① 90 ② 100
③ 110 ④ 186

▶ 전기기기 테마 08 직류기
역기전력 $E_c = V - I_a R_a = 100 - 10 \times 1 = 90[V]$

정답 36 ② 37 ① 38 ③ 39 ④ 40 ①

41
전선의 굵기를 측정하는 공구는?

① 권척
② 와이어 스트리퍼
③ 와이어 게이지
④ 메거

▶ 전기설비 테마 13 배선재료와 공구
- 권척: 줄자
- 메거: 절연저항을 측정
- 와이어 게이지: 전선의 굵기를 측정하는 계기
- 와이어 스트리퍼: 전선의 피복을 벗기는 공구

42
가공 전선로의 지지물에 지선으로 보강할 수 없는 곳은?

① A종 철근콘크리트주
② B종 철근콘크리트주
③ 목주
④ 철탑

▶ 전기설비 테마 17 가공인입선 및 배전선공사
철탑은 높이에 비례하도록 밑면의 넓이를 확보하여 자체적으로 기우는 것을 방지하도록 한다.

43
교류 전등 공사에서 금속관 내에 전선을 넣어 연결한 방법 중 옳은 것은?

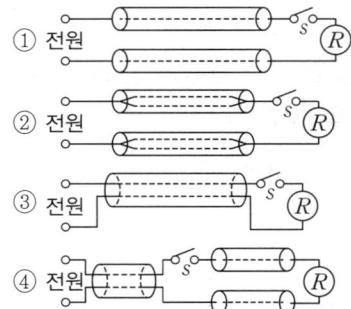

▶ 전기설비 테마 15 배선설비공사 및 전선허용전류 계산
금속관 공사에서는 교류 회로의 왕복선을 같은 관 안에 넣어야 한다.

44
실링 직접부착등을 시설하고자 한다. 배선도에 표기할 그림기호로 옳은 것은?

① ⊢Ⓝ
② ⌀
③ CL
④ Ⓡ

▶ 전기설비 테마 20 전기응용 시설공사
① 나트륨등(벽부형)
② 옥외 보안등
③ 실링 직접부착등
④ 리셉터클

45
작업면의 필요한 장소만 고조도로 하기 위한 방식으로 조명기구를 밀집하여 설치하는 조명 방식은?

① 국부조명
② 전반조명
③ 직접조명
④ 간접조명

▶ 전기설비 테마 20 전기응용 시설공사

조명 방식	특징
전반조명	작업면 전반에 균등한 조도를 가지게 하는 방식으로 광원을 일정한 높이와 간격으로 배치하며, 일반적으로 사무실, 학교, 공장 등에 적용된다.
국부조명	조명할 필요가 충분한 국소를 하기 위한 방식으로 그 장소에 조명기구를 밀집하여 설치하거나 스탠드를 사용한다. 이 방식은 피사체의 이동에 가까워 눈부심을 일으키고 눈이 피로하기 쉬운 결점이 있다.
전반 국부 병용 조명	전반 조명의 예비적 시각 환경을 유지하고, 국부조명을 병용해서 필요한 장소에 고조도를 경제적으로 얻는 방식으로 병원 수술실, 공장부, 기계작업소 등에 적용된다.

정답 41 ③ 42 ④ 43 ③ 44 ③ 45 ①

46

금속관 공사에서 금속관을 콘크리트에 매설할 경우 관의 두께는 몇 [mm] 이상의 것이어야 하는가?

① 1.0[mm] ② 1.2[mm]
③ 0.8[mm] ④ 1.5[mm]

▶ **전기설비** 테마 15 배선설비공사 및 전선허용전류 계산

금속관의 두께와 공사
- 콘크리트에 매설하는 경우: 1.2[mm] 이상
- 기타의 경우: 1[mm] 이상

47

마그네슘 분말이 존재하는 전기설비가 발화원이 되어 폭발할 우려가 있는 곳에서 저압 옥내배선의 전기설비 공사 시 옳지 않은 것은?

① 이동 전선은 0.6/1[kV] EP 고무절연 클로로프렌 캡타이어케이블을 사용
② 미네럴 인슈레이션 케이블 공사
③ 애자사용공사
④ 금속관 공사

▶ **전기설비** 테마 19 특수장소공사
- 폭연성 분진(마그네슘, 알루미늄, 티탄, 지르코늄 등)의 먼지가 쌓여 있는 상태에서 불이 붙었을 때 폭발할 우려가 있는 곳 또는 화약류의 분말이 전기설비가 발화원이 되어 폭발할 우려가 있는 곳에 시설하는 저압옥내 전기설비는 금속관 공사 또는 케이블 공사(무기물 절연 케이블 포함, 캡타이어케이블 제외)에 의해 시설하여야 한다.
- 이동 전선은 0.6/1[kV] EP 고무절연 클로로프렌 캡타이어케이블을 사용한다.
- 기구는 분진 방폭 특수방진구조의 것을 사용하며, 콘센트 및 플러그를 사용해서는 안 된다.

48

어느 가정집이 40[W] LED등 10개, 1[kW] 전자레인지 1개, 100[W] 컴퓨터 세트 2대, 1[kW] 세탁기 1대를 사용하고, 하루 평균 사용 시간이 LED등은 5시간, 전자레인지 30분, 컴퓨터 5시간, 세탁기 1시간이라면 1개월(30일)간의 사용 전력량[kWh]은?

① 115 ② 135
③ 175 ④ 155

▶ **전기설비** 테마 16 전선 및 기계기구의 보안공사

각 부하별 사용 전력량을 계산하여 총전력량을 구한다.
- LED등: 0.04[kW] × 10개 × 5시간 × 30일 = 60[kWh]
- 전자레인지: 1[kW] × 1개 × 0.5시간 × 30일 = 15[kWh]
- 컴퓨터 세트: 0.1[kW] × 2대 × 5시간 × 30일 = 30[kWh]
- 세탁기: 1[kW] × 1대 × 1시간 × 30일 = 30[kWh]
총 사용 전력량 = 60 + 15 + 30 + 30 = 135[kWh]

49

중성점 직접접지식 전로의 최대사용전압이 70[kV]인 경우 절연내력 시험전압은 몇 [V]인가?

① 35,000[V] ② 42,000[V]
③ 48,400[V] ④ 50,400[V]

▶ **전기설비** 테마 16 전선 및 기계기구의 보안공사

중성점 직접접지 방식에서 60[kV] 초과 시 0.72배율 적용
70[kV] × 0.72 = 50.4[kV]

50

화약류 저장소에서 백열전등이나 형광등 또는 이들에 전기를 공급하기 위한 전기설비를 시설하는 경우 전로의 대지전압[V]은?

① 100[V] 이하 ② 150[V] 이하
③ 220[V] 이하 ④ 300[V] 이하

▶ **전기설비** 테마 19 특수장소공사

화약류 저장소에서 위험장소 전로의 대지전압은 300[V] 이하로 한다.

정답 46 ② 47 ③ 48 ② 49 ④ 50 ④

51

저압 연접 인입선의 시설 규정으로 적합한 것은?

① 분기점으로부터 90[m] 지점에 시설
② 6[m] 도로를 횡단하여 시설
③ 수용가 옥내를 관통하여 시설
④ 지름 1.5[mm] 인입용 비닐절연전선을 사용

▶ 전기설비 테마 17 가공인입선 및 배전선공사
  연접 인입선 시설 제한 규정
  • 인입선에서 분기하는 점에서 100[m]를 넘는 지역에 이르지 않아야 한다.
  • 너비 5[m]를 넘는 도로를 횡단하지 않아야 한다.
  • 연접 인입선은 옥내를 통과하면 안 된다.
  • 고압 연접 인입선은 시설할 수 없다.

52

케이블 공사에서 비닐 외장 케이블을 조영재의 옆면에 따라 붙이는 경우 전선의 지지점 간의 거리는 최대 몇 [m]인가?

① 1   ② 1.5
③ 2   ④ 2.5

▶ 전기설비 테마 15 배선설비공사 및 전선허용전류 계산
  전선의 지지점 간의 거리는 전선을 조영재의 윗면 또는 옆면에 따라 붙일 경우에는 2[m] 이하일 것

53

금속전선관 공사에서 사용되는 후강 전선관의 규격이 아닌 것은?

① 16   ② 28
③ 36   ④ 50

▶ 전기설비 테마 15 배선설비공사 및 전선허용전류 계산

구분	후강 전선관
관의 호칭	안지름의 크기에 가까운 짝수
관의 종류[mm]	16, 22, 28, 36, 42, 54, 70, 82, 92, 104

54

절연전선 접속 시 접속 부분의 전선의 세기는 몇 [%] 이상 감소하면 안 되는가?

① 10[%]   ② 20[%]
③ 30[%]   ④ 50[%]

▶ 전기설비 테마 14 전선의 접속
  접속 부위의 기계적 강도를 20[%] 이상 감소시키지 않아야 한다.

55

가공 전선로의 지지물에 시설하는 지선의 안전율은 얼마 이상이어야 하는가?

① 1.0   ② 3.5
③ 3.0   ④ 2.5

▶ 전기설비 테마 17 가공인입선 및 배전선공사
  지선의 시공
  • 지선의 안전율 2.5 이상, 허용 인장하중 최저 4.31[kN]
  • 지선을 연선으로 사용할 경우, 3가닥 이상으로 2.6[mm] 이상의 금속선 사용

정답 51 ① 52 ③ 53 ④ 54 ② 55 ④

56
다음 중 덕트공사의 종류가 아닌 것은?

① 플로어 덕트공사 ② 금속 덕트공사
③ 케이블 덕트공사 ④ 버스 덕트공사

▶ 전기설비 테마 15 배선설비공사 및 전선허용전류 계산
케이블 덕트공사는 케이블 트레이 배선공사라 한다.

57
고압배전선의 주상변압기 2차측에 실시하는 중성점 접지공사의 접지저항값을 구하는 계산식은?(단, 1초 초과 2초 이내 전로를 자동으로 차단하는 장치가 시설되어 있다.)

① 변압기 고압·특고압측 전로 1선 지락전류로 150을 나눈 값
② 변압기 고압·특고압측 전로 1선 지락전류로 300을 나눈 값
③ 변압기 고압·특고압측 전로 1선 지락전류로 400을 나눈 값
④ 변압기 고압·특고압측 전로 1선 지락전류로 600을 나눈 값

▶ 전기설비 테마 16 전선 및 기계기구의 보안공사

구분	접지저항
일반적인 경우	$\frac{150}{I_g}$
2초 이내 전로 차단장치 시설	$\frac{300}{I_g}$
1초 이내 전로 차단장치 시설	$\frac{600}{I_g}$

58
다음 중 금속전선관의 호칭을 맞게 기술한 것은?

① 박강, 후강 모두 안지름으로 [mm]로 나타낸다.
② 박강은 바깥지름, 후강은 안지름으로 [mm]로 나타낸다.
③ 박강은 안지름, 후강은 바깥지름으로 [mm]로 나타낸다.
④ 박강, 후강 모두 바깥지름으로 [mm]로 나타낸다.

▶ 전기설비 테마 15 배선설비공사 및 전선허용전류 계산
• 박강 전선관: 바깥 지름의 크기에 가까운 홀수
• 후강 전선관: 안지름의 크기에 가까운 짝수

59
고압 및 특고압의 전로에 시설하는 피뢰기의 접지저항은 몇 [Ω] 이하인가?

① 10[Ω] ② 5[Ω]
③ 3[Ω] ④ 2[Ω]

▶ 전기설비 테마 16 전선 및 기계기구의 보안공사
고압 및 특고압의 전로에 시설하는 피뢰기 접지저항 값은 10[Ω] 이하로 하여야 한다.

60
저압크레인 또는 호이스트 등의 트롤리선을 애자사용공사에 의하여 옥내의 노출장소에 시설하는 경우 트롤리선의 바닥에서의 최소 높이는 몇 [m] 이상으로 설치하는가?

① 3 ② 3.5
③ 2 ④ 2.5

▶ 전기설비 테마 15 배선설비공사 및 전선허용전류 계산
이동기중기·자동청소기 그 밖에 이동하며 사용하는 저압의 전기기계기구에 전기를 공급하기 위하여 사용하는 저압 접촉전선을 애자사용 공사에 의하여 옥내의 전개된 장소에 시설하는 경우에는 전선의 바닥에서의 높이는 3.5[m] 이상으로 하고 사람이 접촉할 우려가 없도록 시설하여야 한다.

정답 56 ③ 57 ② 58 ② 59 ① 60 ②

2021년 2회 CBT 기출

1회독 ☐ 2회독 ☐ 3회독 ☐

01

$2[\mu F]$, $3[\mu F]$, $5[\mu F]$인 3개의 콘덴서가 병렬로 접속되었을 때의 합성 정전용량$[\mu F]$은?

① 0.97 ② 3
③ 5 ④ 10

▶ 전기이론 테마 01 전기의 성질과 전하에 의한 전기장
콘덴서 병렬 연결 합성 정전용량 $C=C_1+C_2+\cdots+C_n$
$C=2+3+5=10[\mu F]$

02

진공 중에 $30[\mu C]$과 $20[\mu C]$의 점전하를 $1[m]$의 거리로 놓았을 때 작용하는 힘[N]은?

① 5.4 ② 6.4
③ 7.4 ④ 8.4

▶ 전기이론 테마 01 전기의 성질과 전하에 의한 전기장
힘 $F=\dfrac{1}{4\pi\varepsilon_0}\times\dfrac{QQ}{r^2}=9\times10^9\times\dfrac{30\times10^{-6}\times20\times10^{-6}}{1^2}$
$=5.4[N]$

03

환상솔레노이드에 감겨진 코일에 감는 횟수를 3배로 늘리면 자체 인덕턴스는 몇 배로 되는가?

① 3 ② 9
③ $\dfrac{1}{3}$ ④ $\dfrac{1}{9}$

▶ 전기이론 테마 03 전자력과 전자유도
환상솔레노이드 자체 인덕턴스
$L_{Before}=\dfrac{\mu SN^2}{l}[H]$
$L_{After}=\dfrac{\mu S(3N)^2}{l}=9\times\dfrac{\mu SN^2}{l}[H]$

04

전기력선의 성질 중 틀린 것은?

① 전기력선은 양(+)전하에서 나와 음(-)전하에서 끝난다.
② 전기력선의 접선 방향이 전계 방향이다.
③ 전기력선 내 다른 전하가 없으면 전기력선은 만나거나 끊어지지 않는다.
④ 전기력선은 등전위면과 교차하지 않는다.

▶ 전기이론 테마 01 전기의 성질과 전하에 의한 전기장
- 전기력선은 양(+)전하에서 출발하여 음(-)전하로 들어간다.
- 전기력선의 접선 방향이 전계 방향이다.
- 전기력선은 등전위면과 수직으로 교차한다.
- 전기력선은 도중에 만나거나 끊어지지 않는다.
- 전하가 존재하지 않은 곳은 전기력선의 발생과 소멸은 없다.

05

자체 인덕턴스 4[H]의 코일에 18[J]의 에너지가 저장되어 있다. 이때 코일에 흐르는 전류는 몇 [A]인가?

① 1 ② 2
③ 3 ④ 6

▶ 전기이론 테마 03 전자력과 전자유도
코일에 저장되는 에너지
$W=\dfrac{1}{2}LI^2[J]$
$18=\dfrac{1}{2}\times4\times I^2$
$I=3[A]$

정답 01 ④ 02 ① 03 ② 04 ④ 05 ③

06

$Q[\text{C}]$의 전하량이 도체를 이동하면서 한 일을 $W[\text{J}]$이라고 했을 때, 전위차 $V[\text{V}]$를 나타내는 관계식으로 옳은 것은?

① $V = QW$
② $V = \dfrac{W}{Q}$
③ $V = \dfrac{Q}{W}$
④ $V = \dfrac{1}{QW}$

▶ 전기이론 테마 01 전기의 성질과 전하에 의한 전기장
전압 $V = \dfrac{W}{Q}[\text{V}]$

07

자기 인덕턴스가 각각 L_1과 L_2인 2개의 코일이 직렬로 가동접속되었을 때, 합성 인덕턴스를 나타낸 식은?(단, 자기력선에 의한 영향을 서로 받는 경우이다.)

① $L = L_1 + L_2 - M$
② $L = L_1 + L_2 - 2M$
③ $L = L_1 + L_2 + M$
④ $L = L_1 + L_2 + 2M$

▶ 전기이론 테마 03 전자력과 전자유도
2개의 인덕턴스를 직렬로 연결하는 방법은 가동 연결과 차동 연결이 있다.
가동 연결 시 합성 인덕턴스 $L = L_1 + L_2 + 2M$이고,
차동 연결 시 합성 인덕턴스 $L = L_1 + L_2 - 2M$이다.

08

콘덴서의 정전용량에 대한 설명으로 틀린 것은?

① 전압에 반비례한다.
② 이동 전하량에 비례한다.
③ 극판의 넓이에 비례한다.
④ 극판의 간격에 반비례한다.

▶ 전기이론 테마 01 전기의 성질과 전하에 의한 전기장
정전용량 $C = \dfrac{\varepsilon S}{d}$
$Q = CV = It$
$C = \dfrac{Q}{V}$
콘덴서의 정전용량은 극판 간격에 반비례한다.

09

진공 중에서 같은 크기의 두 자극을 $1[\text{m}]$ 거리로 놓았을 때 그 작용하는 힘이 $6.33 \times 10^4[\text{N}]$이 되는 자극 세기의 단위는?

① $1[\text{Wb}]$
② $1[\text{C}]$
③ $1[\text{A}]$
④ $1[\text{W}]$

▶ 전기이론 테마 02 자기장 성질과 전류에 의한 자기장
힘 $F = \dfrac{1}{4\pi\mu_0} \cdot \dfrac{m_1 m_2}{r^2}[\text{N}]$에서
$6.33 \times 10^4 = 6.33 \times 10^4 \times \dfrac{m^2}{1^2}[\text{N}]$
$m = 1[\text{Wb}]$

10

RL 직렬회로에 교류전압 $v = V_m \sin\theta[\text{V}]$를 가했을 때, 회로의 위상각 θ를 나타낸 것은?

① $\theta = \tan^{-1} \dfrac{R}{\omega L}$
② $\theta = \tan^{-1} \dfrac{\omega L}{R}$
③ $\theta = \tan^{-1} \dfrac{1}{R\omega L}$
④ $\theta = \tan^{-1} \dfrac{R}{\sqrt{R^2 + (\omega L)^2}}$

▶ 전기이론 테마 05 교류회로
$Z = R + j\omega L[\Omega]$

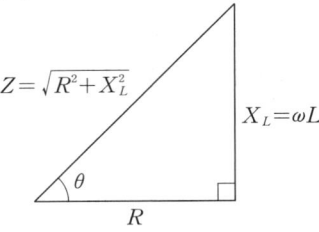

위상각 $\theta = \tan^{-1} \dfrac{\omega L}{R}$

정답 06 ② 07 ④ 08 ④ 09 ① 10 ②

11
등전위면과 전기력선의 교차 관계는?

① 직각으로 교차한다.
② 30°로 교차한다.
③ 45°로 교차한다.
④ 교차하지 않는다.

▶ **전기이론** 테마 01 전기의 성질과 전하에 의한 전기장
- 같은 전기력선은 반발한다.
- 전기력선은 서로 교차하지 않는다.
- 전기력선은 도체 표면에 수직이다.
- 전기력선은 양전하에서 나와 음전하로 들어간다.
- 전기력선은 전하가 없으면 새로 생겨나거나 소멸하지 않는다.
- 전기력선의 접선 방향이 전계의 방향이다.
- 전기력선은 등전위면과 수직이다.

12
다음 중 1[V]와 같은 값을 갖는 것은?

① 1[J/C]
② 1[Wb/m]
③ 1[Ω/m]
④ 1[A·sec]

▶ **전기이론** 테마 01 전기의 성질과 전하에 의한 전기장

$$V[\text{V}] = \frac{W}{Q} = \frac{1[\text{J}]}{1[\text{C}]} = 1\left[\frac{J}{C}\right]$$

13
권수가 150인 코일에서 2초간 1[Wb]의 자속이 변화한다면, 코일에 발생되는 유도기전력의 크기는 몇 [V]인가?

① 50
② 75
③ 100
④ 150

▶ **전기이론** 테마 03 전자력과 전자유도

$$V = -N\frac{d\phi}{dt} = -150 \times \frac{1}{2} = -75[\text{V}]$$

자속의 변화를 방해하는 방향: (−)

14
다음 물질 중 강자성체로만 짝지어진 것은?

① 철, 니켈, 아연, 망간
② 구리, 비스무트, 코발트, 망간
③ 철, 구리, 니켈, 아연
④ 철, 니켈, 코발트

▶ **전기이론** 테마 02 자기장 성질과 전류에 의한 자기장
- 강자성체
  - 자석으로 어떤 물체(철, 니켈, 코발트)를 자화시킨 후 자석을 제거해도 자화된 자성체가 계속해서 자석의 성질을 유지하는 물체
  - 강자성체는 외부 자극과 반대로 자구들이 배열된다.
- 상자성체
  - 자석으로 어떤 물체(공기, 알루미늄 등)를 자화시킨 후 자석을 제거하면 자화된 자성체가 바로 자석의 성질을 잃어버리는 물체
  - 상자성체도 강자성체처럼 자구 배열은 같다.
- 반자성체
  - 자석으로 어떤 물체(아연, 구리, 납 등)를 자화시킨 후 자석을 제거해도 자화된 자성체가 계속해서 자석의 성질을 유지하는 물체
  - 반자성체는 자화될 때 자구들이 외부 자극과 같은 방향으로 배열된다.

15
교류전력에서 일반적으로 전기기기의 용량을 표시하는 데 쓰이는 전력은?

① 피상전력
② 유효전력
③ 무효전력
④ 기전력

▶ **전기이론** 테마 05 교류회로
- 전력설비 전기용량: 피상전력[VA]
- 전력설비 사용전력: 유효전력[W]

정답 11 ① 12 ① 13 ② 14 ④ 15 ①

16

평형 3상 교류회로에서 Y결선할 때 선간전압(V_l)과 상전압(V_p)의 관계는?

① $V_l = V_p$　　② $V_l = \sqrt{2}\,V_p$
③ $V_l = \sqrt{3}\,V_p$　　④ $V_l = \dfrac{1}{\sqrt{3}} V_p$

▶ 전기이론　테마 05　교류회로

Y결선 상전압 $V_p = \dfrac{V_l(\text{선간전압})}{\sqrt{3}}$

17

다음 중 도전율을 나타내는 단위는?

① [Ω]　　② [Ω·m]
③ [℧·m]　　④ [℧/m]

▶ 전기이론　테마 04　직류회로

고유저항 $\rho\,[\Omega\cdot m]$

도전율(전도도) $\sigma = \dfrac{1}{\rho}\,[\text{℧}/m]$

18

그림에서 폐회로에 흐르는 전류는 몇 [A]인가?

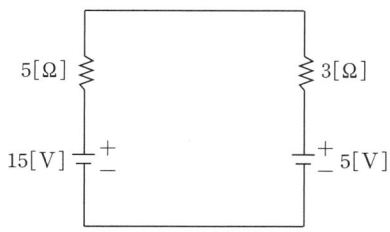

① 1　　② 1.25
③ 2　　④ 2.5

▶ 전기이론　테마 04　직류회로

전류 $I = \dfrac{(15-5)[V]}{(5+3)[\Omega]} = 1.25[A]$

19

복소수에 대한 설명으로 틀린 것은?

① 실수부와 허수부로 구성된다.
② 허수를 제곱하면 음수가 된다.
③ 복소수는 $A = a + jb$의 형태로 표시된다.
④ 거리와 방향을 나타내는 스칼라 양으로 표시한다.

▶ 전기이론　테마 05　교류회로

- 복소수는 실수부와 허수부로 나타낸다.
  $A = a + jb$
- j를 제곱하면 -1이다.
- 거리와 방향을 나타내는 벡터량으로 표시한다.

20

전류의 발열 작용과 관계있는 것은?

① 줄의 법칙
② 키르히호프의 법칙
③ 옴의 법칙
④ 플레밍의 법칙

▶ 전기이론　테마 06　전류의 열작용과 화학작용

- 키르히호프의 법칙: 회로에서 전류와 전압을 계산하는 데 필수적인 법칙으로 제1법칙(전류 법칙)과 제2법칙(전압 법칙)이 있다.
  - 전류 법칙: 중심점을 기준으로 들어오는 전류 합과 나가는 전류 합은 같다.
  - 전압 법칙: 폐회로에서 모든 전압의 합은 0이다.
- 플레밍의 왼손 법칙: 자계와 도체에 흐르는 전류 방향이 주어지면 힘의 방향을 결정하는 법칙
- 플레밍의 오른손 법칙: 자계 방향과 운동 방향이 주어지면 전압(전류) 방향을 결정하는 법칙
- 줄의 법칙: 전류가 흐를 때 발생하는 열량 $Q = 0.24 I^2 Rt$

정답　16 ③　17 ④　18 ②　19 ④　20 ①

21

2대의 동기발전기가 병렬 운전하고 있을 때 동기화 전류가 흐르는 경우는?

① 기전력의 크기에 차가 있을 때
② 기전력의 위상에 차가 있을 때
③ 부하분담에 차가 있을 때
④ 기전력의 파형에 차가 있을 때

▶ **전기기기** 테마 10 **동기기**
병렬 운전 조건 중 기전력의 위상이 서로 다르면 순환전류(유효횡류 또는 동기화 전류)가 흐르며, 위상이 앞선 발전기는 부하의 증가를 가져와 회전속도가 감소하게 되고, 위상이 뒤진 발전기는 부하의 감소를 가져와 발전기의 속도가 상승하게 된다.

22

변압기의 병렬 운전 조건에 해당하지 않은 것은?

① 극성이 같을 것
② 용량이 같을 것
③ 권수비가 같을 것
④ 저항과 리액턴스 비가 같을 것

▶ **전기기기** 테마 07 **변압기**
변압기의 병렬 운전 조건
- 1차 및 2차 정격전압이 같을 것
- 변압기의 극성이 같을 것
- 변압기의 권수비가 같을 것
- 변압기의 백분율 임피던스 강하가 같을 것
- 변압기의 저항과 리액턴스 비가 같을 것

23

부흐홀츠 계전기의 설치 위치로 가장 적당한 곳은?

① 콘서베이터 내부
② 변압기 고압측 부싱
③ 변압기 주탱크 내부
④ 변압기 주탱크와 콘서베이터 사이

▶ **전기기기** 테마 07 **변압기**
부흐홀츠 계전기: 변압기 내부 고장으로 인한 절연유의 온도 상승 시 발생하는 유증기를 검출하여 경보 및 차단하기 위한 계전기로 변압기 탱크와 콘서베이터 사이에 설치한다.

24

동기기의 전기자 권선법이 아닌 것은?

① 전절권
② 분포권
③ 2층권
④ 중권

▶ **전기기기** 테마 10 **동기기**
동기기는 주로 분포권, 단절권, 2층권, 중권이 쓰이고 Y결선으로 한다.

25

N형 반도체를 만들기 위해 첨가하는 것은?

① 붕소(B)
② 인듐(In)
③ 알루미늄(Al)
④ 인(P)

▶ **전기기기** 테마 11 **정류기 및 제어기기**

구분	첨가 불순물	명칭	반송자
N형 반도체	5가 원자(인(P), 비소(As), 안티몬(Sb))	도너	과잉전자
P형 반도체	3가 원자(붕소(B), 인듐(In), 알루미늄(Al))	억셉터	정공

정답 21 ② 22 ② 23 ④ 24 ① 25 ④

26

3상 농형 유도 전동기의 $Y-\Delta$ 기동 시 기동 전류를 전전압 기동 시와 비교하면?

① 전전압 기동전류의 $\frac{1}{3}$로 된다.

② 전전압 기동전류의 $\sqrt{3}$배로 된다.

③ 전전압 기동전류의 3배로 된다.

④ 전전압 기동전류의 9배로 된다.

▶ 전기기기 테마 09 유도기

$Y-\Delta$ 기동법: 고정자권선을 Y로 하여 상전압과 기동전류를 줄이고 나중에 Δ로 하여 운전하는 방식으로 기동전류는 정격전류의 $\frac{1}{3}$로 줄어들지만, 기동토크도 $\frac{1}{3}$로 감소한다.

27

철심에 권선을 감고 전류를 흘려서 공극에 필요한 자속을 만드는 것은?

① 정류자
② 계자
③ 회전자
④ 전기자

▶ 전기기기 테마 08 직류기
- 정류자: 교류를 직류로 변환하는 부분
- 계자: 자속을 만들어 주는 부분
- 전기자: 계자에서 만든 자속으로부터 기전력을 유도하는 부분

28

전기자를 고정시키고 자극 N, S를 회전시키는 동기 발전기는?

① 회전 계자형
② 직렬 저항형
③ 회전 전기자형
④ 회전 정류자형

▶ 전기기기 테마 10 동기기
- 회전 전기자형: 계자를 고정해 두고 전기자가 회전하는 형태
- 회전 계자형: 전기자를 고정해 두고 계자가 회전하는 형태

29

동기전동기의 자극 간 거리는?

① π
② 2π
③ $\frac{1}{2}\pi$
④ 고정자의 전기각에 따라 다름

▶ 전기기기 테마 10 동기기

동기전동기의 회전 원리는 고정자의 회전자속에 의해 회전자가 견인되는 원리이므로, 회전자의 자극 간의 거리는 고정자 권선의 전기각과 같아야 한다.

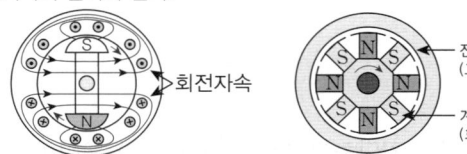

전기각은 N극과 S극 사이를 180°로 계산하며, 기계각(실제 각도)과는 다르다.

30

단자전압 100[V], 전기자전류 10[A], 전기자저항 1[Ω], 회전수 1,800[rpm]인 직류 복권 전동기의 역기전력은 몇 [V]인가?

① 90
② 100
③ 110
④ 186

▶ 전기기기 테마 08 직류기

역기전력 $E_c = V - I_a R_a = 100 - 10 \times 1 = 90[V]$

정답 26 ① 27 ② 28 ① 29 ④ 30 ①

31

다음 중 자기 소호 기능이 있는 소자는?

① SCR ② GTO
③ TRIAC ④ LASCR

▶ **전기기기** 테마 11 정류기 및 제어기기

GTO(게이트 턴 오프 사이리스터): 게이트 신호가 양(+)이면 도통되고, 음(-)이면 자기소호하는 사이리스터이다.

32

냉각 설비가 간단하고 취급이나 보수가 용이하여 주상변압기와 같은 소형의 배전용 변압기에 주로 채용하는 냉각 방식은?

① 건식 자냉식 ② 건식 풍냉식
③ 유입 자냉식 ④ 유입 풍냉식

▶ **전기기기** 테마 07 변압기

유입 자냉식은 변압기 외함 속에 절연유를 넣고 그 속에 권선과 철심을 넣어 변압기에서 발생한 열을 기름의 대류작용으로 외함에 전달하여 열을 대기로 발산시키는 방식

33

다음 중 유도전동기의 속도 제어에 사용되는 인버터 장치의 약호는?

① CVCF ② VVVF
③ CVVF ④ VVCF

▶ **전기기기** 테마 09 유도기

- CVCF(Constant Voltage Constant Frequency): 정전압, 정주파수가 발생하는 교류전원 장치
- VVVF(Variable Voltage Variable Frequency): 가변전압, 가변 주파수가 발생하는 교류전원 장치로, 주파수 제어에 의한 유도전동기 속도 제어에 많이 사용된다.

34

변압기 권선비가 1 : 1일 때, $\Delta-Y$ 결선에서 2차 상전압과 1차 상전압의 비율은?

① $\sqrt{3}$ ② 1
③ $\dfrac{1}{\sqrt{3}}$ ④ 3

▶ **전기기기** 테마 07 변압기

권선비가 1 : 1일 때 $\Delta-Y$ 결선은 변압기 2차 권선에 $\dfrac{1}{\sqrt{3}}$배의 전압이 유도되므로, $\dfrac{2\text{차 상전압}}{1\text{차 상전압}} = \dfrac{1}{\sqrt{3}}$배이다.

35

변압기의 권수비가 60일 때 2차측 저항이 0.1[Ω]이다. 이것을 1차로 환산하면 몇 [Ω]인가?

① 310 ② 360
③ 390 ④ 410

▶ **전기기기** 테마 07 변압기

권수비 $a = \sqrt{\dfrac{r_1}{r_2}}$, $r_1 = a^2 \times r_2 = 60^2 \times 0.1 = 360[\Omega]$

정답 31 ② 32 ③ 33 ② 34 ③ 35 ②

36

슬립 $s=5[\%]$, 2차 저항 $r_2=0.1[\Omega]$인 유도전동기의 등가저항 R[Ω]은 얼마인가?

① 0.4
② 0.5
③ 1.9
④ 2.0

▶ 전기기기 테마 09 유도기

$$R=r_2\left(\frac{1-s}{s}\right)=0.1\times\left(\frac{1-0.05}{0.05}\right)=1.9[\Omega]$$

37

동기와트 P_2, 출력 P_0, 슬립 s, 동기속도 N_s, 회전속도 N, 2차 동손 P_{2c}일 때 2차 효율 표기로 틀린 것은?

① $1-s$
② $\dfrac{P_{2c}}{P_2}$
③ $\dfrac{P_0}{P_2}$
④ $\dfrac{N}{N_s}$

▶ 전기기기 테마 09 유도기

$P_2 : P_{2c} : P_0 = 1 : s : (1-s)$이므로
2차 효율 $\eta_2 = \dfrac{P_0}{P_2} = 1-s = \dfrac{N}{N_s}$이다.

38

발전기를 정격전압 220[V]로 전부하 운전하다가 무부하로 운전하였더니 단자전압이 242[V]가 되었다. 이 발전기의 전압 변동률[%]은?

① 10
② 14
③ 20
④ 25

▶ 전기기기 테마 08 직류기

전압 변동률 $\varepsilon = \dfrac{V_0-V_n}{V_n}\times 100[\%]$

$\varepsilon = \dfrac{242-220}{220}\times 100[\%] = 10[\%]$

39

극수가 4극, 주파수가 60[Hz]인 동기기의 매분 회전수는 몇 [rpm]인가?

① 600
② 1,200
③ 1,600
④ 1,800

▶ 전기기기 테마 10 동기기

동기기는 동기속도로 회전하므로
동기속도 $N_s = \dfrac{120f}{p} = \dfrac{120\times 60}{4} = 1,800[\text{rpm}]$

40

변압기의 철심 재료로 규소 강판을 많이 사용하는데, 규소 함유량은 몇 [%]인가?

① 1[%]
② 2[%]
③ 4[%]
④ 8[%]

▶ 전기기기 테마 07 변압기

변압기 철심에는 히스테리시스손이 적은 규소 강판을 사용하는데, 규소 함유량은 4~4.5[%]이다.

정답 36 ③ 37 ② 38 ① 39 ④ 40 ③

41

최대사용전압이 70[kV]인 중성점 직접접지식 전로의 절연내력 시험전압은 몇 [V]인가?

① 35,000[V] ② 42,000[V]
③ 50,400[V] ④ 44,800[V]

▶ **전기설비** 테마 16 전선 및 기계기구의 보안공사
중성점 직접접지식은 60[kV]일 경우 0.72배를 시험전압으로 한다.
70,000[V] × 0.72 = 50,400[V]

42

전동기의 정·역 운전을 제어하는 회로에서 2개의 전자개폐기의 작동이 동시에 일어나지 않도록 하는 회로는?

① 인터록 회로 ② 자기유지 회로
③ 촌동 회로   ④ $Y-\Delta$ 회로

▶ **전기설비** 테마 20 전기응용 시설공사
인터록 회로는 상대동작 금지 회로로, 선행동작 우선회로와 후행동작 우선회로가 있다.

43

배선설계를 위한 전등 및 소형 전기기계기구의 부하용량 산정 시 건축물의 종류에 대응한 표준부하에서 원칙적으로 표준부하를 20[VA/m²]로 적용하여야 하는 건축물은?

① 교회, 극장   ② 병원, 호텔
③ 아파트, 주택 ④ 은행, 상점

▶ **전기설비** 테마 16 전선 및 기계기구의 보안공사

부하구분	건축물의 종류	표준부하밀도 [VA/m²]
표준부하	공장, 공회당, 사원, 교회, 극장, 영화관, 연회장 등	10
	기숙사, 여관, 호텔, 병원, 학교, 음식점, 다방, 대중목욕탕 등	20
	사무실, 은행, 상점, 이발소, 미용원 등	30
	주택, 아파트 등	40

44

화약고 등의 위험장소에서 전기설비 시설에 관한 내용으로 옳은 것은?

① 전로의 대지전압은 400[V] 이하일 것
② 전기기계기구는 전폐형을 사용할 것
③ 개폐기 및 과전류 차단기에서 화약고 인입구까지의 배선은 케이블 배선으로 노출로 시설할 것
④ 화약고 내의 전기설비는 화약고 장소에 전용개폐기 및 과전류 차단기를 시설할 것

▶ **전기설비** 테마 19 특수장소공사
화약고 등의 위험장소에는 원칙적으로 전기설비를 시설하지 못하지만, 다음의 경우에는 시설한다.
- 전로의 대지전압이 300[V] 이하로 전기기계기구(개폐기, 차단기 제외)는 전폐형으로 사용한다.
- 금속 전선관 또는 케이블 배선에 의하여 시설한다.
- 전용 개폐기 및 과전류 차단기는 화약류 저장소 이외의 곳에 시설한다.
- 전용 개폐기 또는 과전류 차단기에서 화약고의 인입구까지는 케이블을 사용하여 지중 전로로 한다.

45

금속관을 가공할 때 절단된 내부를 매끈하게 하기 위하여 사용하는 공구의 명칭은?

① 리머   ② 녹아웃펀치
③ 오스터   ④ 프레셔 툴

▶ **전기설비** 테마 13 배선재료와 공구
리머
금속관을 쇠톱이나 커터로 절단 후, 관 내부에 날카로운 것을 다듬는 공구

정답 41 ③ 42 ① 43 ② 44 ② 45 ①

46

금속전선관 내의 절연전선을 넣을 때는 절연전선의 피복을 포함한 총 단면적이 금속관 내부 단면적의 약 몇 [%] 이하가 바람직한가?

① 20
② 25
③ 33
④ 50

▶ 전기설비 테마 15 배선설비공사 및 전선허용전류 계산
금속관 내부 단면적은 케이블 또는 절연도체의 내부 단면적이 금속전선관 단면적의 $\frac{1}{3}$ 이하로 한다.

47

무대, 무대마루 밑, 오케스트라 박스, 영사실, 기타 사람이나 무대 도구가 접촉할 우려가 있는 장소에 시설하는 저압옥내배선, 전구선 또는 이동전선은 최고 사용전압이 몇 [V] 이하이어야 하는가?

① 100
② 200
③ 300
④ 400

▶ 전기설비 테마 19 특수장소공사
전시회, 쇼 및 공연장
저압옥내배선, 전구선 또는 이동전선은 사용전압이 400[V] 이하이어야 한다.

48

상도체 및 보호도체의 재질이 구리일 경우, 상도체의 단면적이 10[mm²]일 때 보호도체의 최소 단면적은?

① 2.5[mm²]
② 6[mm²]
③ 10[mm²]
④ 16[mm²]

▶ 전기설비 테마 16 전선 및 기계기구의 보안공사
상도체의 단면적이 $S \leq 16$[mm²]이고, 상도체 및 보호도체의 재질이 같을 경우 보호도체의 최소 단면적은 상도체의 단면적과 같다.

49

피시 테이프(Fish Tape)의 용도는?

① 전선을 테이핑하기 위해서 사용
② 합성수지관을 구부릴 때 사용
③ 배관에 전선을 넣을 때 사용
④ 전선관의 끝마무리를 위해서 사용

▶ 전기설비 테마 13 배선재료와 공구
피시 테이프(Fish Tape)
전선관에 전선을 넣을 때 사용되는 평각강철선이다.

50

가공전선의 지지물에 승탑 또는 승강용으로 사용하는 발판 볼트 등은 지표상 몇 [m] 미만에 시설하여서는 안 되는가?

① 1.2[m]
② 1.5[m]
③ 1.6[m]
④ 1.8[m]

▶ 전기설비 테마 17 가공인입선 및 배전선공사
가공전선로의 지지물에 취급자가 오르고 내리는 데 사용하는 발판 볼트 등을 지표상 1.8[m] 미만에 시설하여서는 아니 된다.

정답 46 ③ 47 ④ 48 ③ 49 ③ 50 ④

51

코드 상호 간 또는 캡타이어 케이블 상호 간을 접속하는 경우 가장 많이 사용되는 기구는?

① T형 접속기　　② 박스용 커넥터
③ 와이어 커넥터　　④ 코드 접속기

▶ 전기설비　테마 13　배선재료와 공구
　코드 접속기
　코드 상호, 캡타이어 케이블 상호, 케이블 상호 접속 시 사용

52

가공인입선 중 수용장소의 인입선에서 분기하여 다른 수용장소의 인입구에 이르는 전선을 무엇이라 하는가?

① 인입간선　　② 소주인입선
③ 본주인입선　　④ 연접인입선

▶ 전기설비　테마 17　가공인입선 및 배전선공사
- 소주인입선: 인입간선의 전선로에서 분기한 소주에서 수용가에 이르는 전선로
- 본주인입선: 인입간선의 전선로에서 수용가에 이르는 전선로
- 인입간선: 배전선로에서 분기된 인입전선로

53

금속관 공사에서 금속관을 콘크리트에 매설할 경우 관의 두께는 몇 [mm] 이상의 것이어야 하는가?

① 0.8[mm]　　② 1.2[mm]
③ 1.5[mm]　　④ 1.0[mm]

▶ 전기설비　테마 15　배선설비공사 및 전선허용전류 계산
　금속관의 두께와 공사
- 콘크리트에 매설하는 경우: 1.2[mm] 이상
- 기타의 경우: 1[mm] 이상

54

지중에 매설되어 있는 금속제 수도관로는 접지공사의 접지극으로 사용할 수 있다. 이때 수도관로는 대지와의 전기 저항값을 얼마 이하로 해야 하는가?

① 1[Ω]　　② 2[Ω]
③ 3[Ω]　　④ 4[Ω]

▶ 전기설비　테마 16　전선 및 기계기구의 보안공사
　금속제 수도관을 접지극으로 사용할 경우 3[Ω] 이하의 접지저항을 가지고 있을 것

55

접착력은 떨어지나 절연성, 내온성, 내유성이 좋아 연피케이블의 접속에 사용되는 테이프는?

① 고무 테이프
② 자기 융착 테이프
③ 리노 테이프
④ 비닐 테이프

▶ 전기설비　테마 13　배선재료와 공구
　리노 테이프
　접착성은 없으나 절연성, 내온성, 내유성이 있어서 연피케이블 접속 시 사용한다.

정답　51 ④　52 ④　53 ②　54 ③　55 ③

56

정격전류가 30[A]인 저압전로의 과전류차단기를 산업용 배선용 차단기로 사용할 때 정격전류의 1.3배의 전류가 통과하였을 경우 몇 분 이내에 자동적으로 동작하여야 하는가?

① 1분 ② 60분
③ 2분 ④ 120분

▶ 전기설비 테마 13 배선재료와 공구

정격전류의 구분	트립 동작시간	정격전류의 배수	
		부동작 전류	동작 전류
63[A] 이하	60분	1.05배	1.3배
63[A] 초과	120분	1.05배	1.3배

57

박강 전선관의 표준 굵기가 아닌 것은?

① 15[mm] ② 17[mm]
③ 25[mm] ④ 39[mm]

▶ 전기설비 테마 15 배선설비공사 및 전선허용전류 계산

박강 전선관 호칭
- 바깥 지름의 크기에 가까운 홀수로 호칭한다.
- 15, 19, 25, 31, 39, 51, 63, 75[mm] 등 8종류이다.

58

접지도체에 피뢰시스템이 접속되는 경우에 접지도체는 단면적 몇 [mm²] 이상의 구리선을 사용하여야 하는가?

① 2.5[mm²] ② 6[mm²]
③ 10[mm²] ④ 16[mm²]

▶ 전기설비 테마 16 전선 및 기계기구의 보안공사

조건	구리 도체	철제 도체
접지도체에 큰 고장전류가 흐르지 않을 경우	6[mm²] 이상	50[mm²] 이상
접지도체에 피뢰시스템이 접속되는 경우	16[mm²] 이상	50[mm²] 이상

59

소맥분, 전분 기타 가연성의 먼지가 존재하는 곳의 저압 옥내 배선 공사 방법 중 적당하지 않은 것은?

① 애자 사용 공사
② 합성 수지관 공사
③ 금속관 공사
④ 케이블 공사

▶ 전기설비 테마 19 특수장소공사

가연성 먼지가 존재하는 곳

가연성의 먼지가 공중에 떠다니는 환경에서 착화하였을 때, 폭발의 우려 장소에서 저압 옥내 배선은 합성 수지관 공사, 금속 전선관 공사, 케이블 공사에 의하여 시설

60

설계하중 6.8[kN] 이하의 철근 콘크리트 전주의 길이가 12[m]인 지지물을 건주하는 경우 땅에 묻히는 깊이로 가장 옳은 것은?

① 2[m] ② 1[m]
③ 0.8[m] ④ 0.6[m]

▶ 전기설비 테마 17 가공인입선 및 배전선공사

$12 \times \dfrac{1}{6} = 2[m]$

전주 매설 깊이
- 전주의 길이 15[m] 이하: $\dfrac{1}{6}$ 이상
- 전주의 길이 15[m] 이상: 2.5[m] 이상
- 철근 콘크리트 전주 길이가 14[m] 이상, 20[m] 이하이고 설계하중이 6.8[kN] 초과, 9.8[kN] 이하인 것은 30[cm]를 가산한다.

정답 56 ②　57 ②　58 ④　59 ①　60 ①

2021년 3회 CBT 기출

01
출력 $P[\text{kVA}]$의 단상 변압기 2대를 V결선한 때의 3상 출력$[\text{kVA}]$은?

① P
② $\sqrt{3}P$
③ $2P$
④ $3P$

▶ 전기이론 테마 05 교류회로
변압기를 3상으로 운전하다가 1상 고장 시 V결선으로 운영하게 된다. V결선은 단상 변압기 2대를 이용하여 3상 전력을 공급하는 방식이다. 일반적인 변압기 2대 출력의 합은 $2P[\text{kVA}]$이지만, V결선에서의 출력은 $\sqrt{3}P$이다.

02
$4 \times 10^{-5}[\text{C}]$과 $6 \times 10^{-5}[\text{C}]$의 두 전하가 자유 공간에 $2[\text{m}]$의 거리에 있을 때 그 사이에 작용하는 힘은?

① 5.4[N], 흡입력이 작용한다.
② 5.4[N], 반발력이 작용한다.
③ 3.2[N], 흡입력이 작용한다.
④ 3.2[N], 반발력이 작용한다.

▶ 전기이론 테마 01 전기의 성질과 전하에 의한 전기장
$F = \dfrac{Q_1 Q_2}{4\pi\varepsilon_0 r^2} = \dfrac{4 \times 10^{-5} \times 6 \times 10^{-5}}{4 \times 3.14 \times 8.85 \times 10^{-12} \times 2^2} = 5.4[\text{N}]$, 반발력이 작용한다.

03
R, L, C 병렬 공진 회로에서 공진 주파수는?

① $\dfrac{1}{\pi\sqrt{LC}}$
② $\dfrac{1}{\sqrt{LC}}$
③ $\dfrac{2\pi}{\sqrt{LC}}$
④ $\dfrac{1}{2\pi\sqrt{LC}}$

▶ 전기이론 테마 05 교류회로
공진조건 $\omega L = \dfrac{1}{\omega C}$
R, L, C 회로 공진 주파수는 다음과 같다.
$f_0 = \dfrac{1}{2\pi\sqrt{LC}}[\text{Hz}]$

04
단상 전력계 2대를 사용하여 2전력계법으로 3상 전력을 측정하고자 한다. 두 전력계의 지시값이 각각 P_1, $P_2[\text{W}]$이었다. 3상 전력 $P[\text{W}]$를 구하는 식은?

① $P = \sqrt{3}(P_1 \times P_2)$
② $P = P_1 - P_2$
③ $P = P_1 \times P_2$
④ $P = P_1 + P_2$

▶ 전기이론 테마 05 교류회로
2전력계법은 전력계 2개로 3상 전력을 측정하는 방법이다. 전력계1에서 측정한 유효전력을 P_1, 전력계2에서 측정한 유효전력을 P_2일 때, 전동기에서 소비한 유효전력 $P = P_1 + P_2$이고 무효전력 $P_r = \sqrt{3}(P_1 - P_2)$이다.

05
RL 직렬회로에서 임피던스 Z의 크기를 나타내는 식은?

① $R^2 + X_L^2$
② $R^2 - X_L^2$
③ $\sqrt{R^2 + X_L^2}$
④ $\sqrt{R^2 - X_L^2}$

▶ 전기이론 테마 05 교류회로
임피던스 삼각도

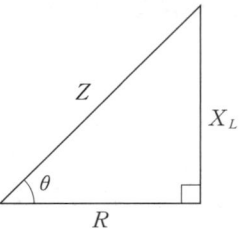

임피던스크기 $|Z| = \sqrt{R^2 + X_L^2}[\Omega]$

정답 01 ② 02 ② 03 ④ 04 ④ 05 ③

06

$\frac{\pi}{6}$[rad]는 몇 도인가?

① 30°
② 45°
③ 60°
④ 90°

▶ 전기이론　테마 05　교류회로
　π[rad] = 180°
　$\therefore \frac{\pi}{6} = 30°$

07

다음 중 비유전율이 가장 큰 것은?

① 종이
② 염화비닐
③ 운모
④ 산화티탄 자기

▶ 전기이론　테마 01　전기의 성질과 전하에 의한 전기장
　유전율: 유전체가 전하를 유도하는 정도를 숫자로 표시
　유전율 $\varepsilon = \varepsilon_0 \varepsilon_s$, $\varepsilon_0 = 8.85 \times 10^{-12}$[F/m]
　비유전율: $\varepsilon_s = \frac{\varepsilon}{\varepsilon_0}$
  - 종이: 1.2~1.6
  - 염화비닐: 2.2~2.4
  - 운모: 6.7
  - 산화티탄 자기: 100

08

코일의 자체 인덕턴스(L)와 권수(N)의 관계로 옳은 것은?

① $L \propto N$
② $L \propto N^2$
③ $L \propto N^3$
④ $L \propto \frac{1}{N}$

▶ 전기이론　테마 03　전자력과 전자유도
　자체 인덕턴스 $L = \frac{\mu S N^2}{l}$[H]

09

공기 중에서 $+m$[Wb] 자극으로부터 나오는 자기력선의 총수를 나타낸 것은?

① m
② $\frac{\mu_0}{m}$
③ $\frac{m}{\mu_0}$
④ $\mu_0 \times m$

▶ 전기이론　테마 02　자기장 성질과 전류에 의한 자기장
　자기력선 수(공기 중) $N = \frac{m}{\mu_0}$
　자기력선 수(공기 외) $N = \frac{m}{\mu} = \frac{m}{\mu_0 \mu_s}$

10

서로 다른 종류의 안티모니와 비스무트의 두 금속을 접속하여 여기에 전류를 통하면, 그 접점에서 열의 발생 또는 흡수가 일어난다. 줄열과 달리 전류의 방향에 따라 열의 흡수와 발생이 다르게 나타나는 이 현상은?

① 펠티에 효과
② 제벡 효과
③ 제3금속의 법칙
④ 열전효과

▶ 전기이론　테마 06　전류의 열작용과 화학작용
　펠티에 효과
  - 서로 다른 금속을 연결하고 전류를 흐르게 했을 때, 금속의 양 단면에 온도차가 발생하는 현상이다.
  - 접합점에서 열이 발생되거나 흡수되어 접합점 간 온도차가 발생한다.
  - 열전 냉각기는 펠티에 효과를 이용해 만든 것이다.
  - 뜨거운 면은 방열판 등으로 과열을 방지하고, 온도가 낮은 면은 냉각에 사용한다.
  - 펠티에 효과는 전기를 열로 변환하는 현상이다.

정답　06 ①　07 ④　08 ②　09 ③　10 ①

11

자체 인덕턴스가 100[H]가 되는 코일에 전류를 1초 동안 0.1[A]만큼 변화시켰다면 유도기전력[V]은?

① 1[V] ② 10[V]
③ 100[V] ④ 1,000[V]

▶ 전기이론 테마 03 전자력과 전자유도

유도기전력 $V = L\dfrac{di}{dt} = 100 \times \dfrac{0.1}{1} = 10[\text{V}]$

12

누설자속이 발생되기 쉬운 경우는 어느 것인가?

① 자로에 공극이 없는 경우
② 자로의 자속 밀도가 낮은 경우
③ 철심이 자기 포화되어 있는 경우
④ 자기회로의 자기저항이 작은 경우

▶ 전기이론 테마 02 자기장 성질과 전류에 의한 자기장
- 자로는 자속 ϕ가 지나는 통로로 자기저항이 크면 누설자속이 많다.
- 누설자속은 자기저항 $R_m = \dfrac{l}{\mu S}$이 큰 경우 많아진다.
- 자로에 공극이 생기면 자기저항이 커진다.
- 철심 단면적 S가 크면 자기저항이 작으므로 누설자속이 작아진다.
- 자기회로의 자기저항이 작은 경우 누설자속이 작아진다.
- 자로가 포화되면 자기저항은 커진다.

13

200[μF]의 콘덴서를 충전하는 데 9[J]의 일이 필요하였다. 충전전압은 몇 [V]인가?

① 200[V] ② 300[V]
③ 450[V] ④ 900[V]

▶ 전기이론 테마 01 전기의 성질과 전하에 의한 전기장

에너지 $W = \dfrac{1}{2}CV^2[\text{J}]$

$9 = \dfrac{1}{2} \times 200 \times 10^{-6} \times V^2$

$\therefore V = \sqrt{\dfrac{2 \times 9}{200 \times 10^{-6}}} = 300[\text{V}]$

14

A-B 사이 콘덴서의 합성 정전용량은 얼마인가?

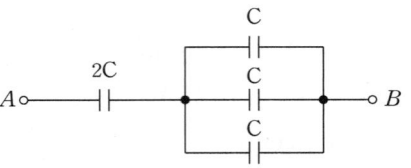

① $1C$ ② $1.2C$
③ $2C$ ④ $2.4C$

▶ 전기이론 테마 01 전기의 성질과 전하에 의한 전기장
병렬 연결 부분 합성 정전용량 $C_{병렬} = C + C + C = 3C$
$2C$와 $C_{병렬}$의 직렬 연결
전체 합성 정전용량 $C_t = \dfrac{2C \times 3C}{2C + 3C} = \dfrac{6}{5}C = 1.2C$

15

전기력선의 성질 중 옳지 않은 것은?

① 음전하에서 출발하여 양전하에서 끝나는 선을 전기력선이라 한다.
② 전기력선의 접선 방향은 그 접점에서의 전기장의 방향이다.
③ 전기력선의 밀도는 전기장의 크기를 나타낸다.
④ 전기력선은 서로 교차하지 않는다.

▶ 전기이론 테마 01 전기의 성질과 전하에 의한 전기장
- 같은 전기력선은 반발한다.
- 전기력선은 서로 교차하지 않는다.
- 전기력선은 도체 표면에 수직이다.
- 전기력선은 양전하에서 나와 음전하로 들어간다.
- 전기력선은 전하가 없으면 새로 생겨나거나 소멸하지 않는다.
- 전기력선의 접선의 방향이 전계의 방향이다.

정답 11 ② 12 ③ 13 ② 14 ② 15 ①

16

고유저항 ρ의 단위로 맞는 것은?

① $[\Omega]$
② $[\Omega \cdot m]$
③ $[AT/Wb]$
④ $[\Omega^{-1}]$

▶ 전기이론 테마 04 직류회로

$R = \rho \dfrac{l}{S}$

$\rho = \dfrac{RS}{l} [\Omega \cdot m^2/m = \Omega \cdot m]$

17

어느 회로의 전류가 다음과 같을 때, 이 회로에 대한 전류의 실횻값[A]은?

$$i = 3 + 10\sqrt{2}\sin\left(\omega t - \dfrac{\pi}{6}\right) + 5\sqrt{2}\sin\left(3\omega t - \dfrac{\pi}{3}\right) [A]$$

① 11.6
② 23.2
③ 32.2
④ 48.3

▶ 전기이론 테마 05 교류회로

비정현파의 실횻값은 주파수 성분별 실횻값의 제곱 합의 제곱근이다.

$I = \sqrt{3^2 + 10^2 + 5^2} = 11.6[A]$

18

영구 자석의 재료로서 적당한 것은?

① 잔류 자기력은 작고 보자력이 큰 것
② 잔류 자기력과 보자력이 모두 큰 것
③ 잔류 자기력과 보자력이 모두 작은 것
④ 잔류 자기력은 크고 보자력이 작은 것

▶ 전기이론 테마 02 자기장 성질과 전류에 의한 자기장

영구자석 조건은 잔류 자기력은 크고, 보자력은 작은 것이 좋다. 보자력이 작으면 손실이 작다.

19

저항 R 양단에 전압 V를 가하고, R에 흐르는 전류를 I, R에서 소비되는 전력을 P라 할 때, 다음 중 틀린 것은?

① I가 일정하면 P는 V에 비례한다.
② I가 일정하면 P는 R에 비례한다.
③ R이 일정하면 P는 V에 비례한다.
④ R이 일정하면 P는 I^2에 비례한다.

▶ 전기이론 테마 06 전류의 열작용과 화학작용

전력 $P = VI = I^2 R = \dfrac{V^2}{R} [W]$

전력 P는 R이 일정하면 V^2에 비례한다.

20

임의 저항에서 1[kWh]의 전력량을 소비시켰을 때 발생하는 열량은 몇 [kcal]인가?

① 746
② 780
③ 825
④ 860

▶ 전기이론 테마 06 전류의 열작용과 화학작용

$1[kWh] = 1 \times 10^3 [Wh] = 1 \times 10^3 \times 3,600 [W \cdot sec]$
$= 3.6 \times 10^6 [J]$

$1[J] = 0.24[cal]$이므로

$1[kWh] = 3.6 \times 10^6 [J] = 0.24 \times 3.6 \times 10^6 [cal] = 860[kcal]$

정답 16 ② 17 ① 18 ④ 19 ③ 20 ④

21

계자권선이 전기자와 접속되어 있지 않은 직류기는?

① 직권기 ② 분권기
③ 복권기 ④ 타여자기

▶ 전기기기 테마 08 직류기
타여자기의 접속도

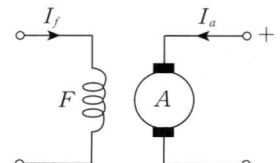

22

단락비가 큰 동기 발전기에 대한 설명으로 틀린 것은?

① 단락 전류가 크다.
② 동기 임피던스가 작다.
③ 전기자 반작용이 크다.
④ 공극이 크고 전압 변동률이 작다.

▶ 전기기기 테마 10 동기기
단락비가 큰 동기기(철기계)의 특징
- 전기자 반작용이 작고, 전압 변동률이 작다.
- 공극이 크고 과부하 내량이 크다.
- 기계의 중량이 무겁고 효율이 낮다.
- 안정도가 높다.
- 단락전류가 크다.
- 동기 임피던스가 작다.

23

3상 유도전동기의 속도제어 방법 중 인버터(Inverter)를 이용한 속도제어법은?

① 극수 변환법 ② 전압 제어법
③ 초퍼 제어법 ④ 주파수 제어법

▶ 전기기기 테마 09 유도기
인버터는 직류를 교류로 변환하는 장치로 주파수를 변환시켜 전동기 속도제어가 가능하다.

24

대전류 · 고전압의 전기량을 제어할 수 있는 자기소호형 소자는?

① FET ② Diode
③ TRIAC ④ IGBT

▶ 전기기기 테마 11 정류기 및 제어기기

명칭	동작 특성	용도	비고
IGBT	게이트에 전압을 인가했을 때만 컬렉터 전류가 흐른다.	고속 인버터, 고속 초퍼 제어소자	대전류 · 고전압 제어 가능

25

동기조상기의 계자를 부족여자로 하여 운전하면?

① 콘덴서로 작용 ② 뒤진 역률 보상
③ 리액터로 작용 ④ 저항손의 보상

▶ 전기기기 테마 10 동기기
동기조상기는 조상설비로 사용할 수 있다.
- 여자가 약할 때(부족여자): I가 V보다 지상(리액터 역할)
- 여자가 강할 때(과여자): I가 V보다 진상(콘덴서 역할)

정답 21 ④ 22 ③ 23 ④ 24 ④ 25 ③

26
전기기기의 철심 재료로 규소 강판을 많이 사용하는 이유로 가장 적당한 것은?

① 와류손을 줄이기 위해
② 맴돌이 전류를 없애기 위해
③ 히스테리시스손을 줄이기 위해
④ 구리손을 줄이기 위해

▶ 전기기기 테마 07 변압기
- 규소강판 사용: 히스테리시스손 감소
- 성층철심 사용: 와류손(맴돌이 전류손) 감소

27
3상 유도전동기의 2차 저항을 2배로 하면 그 값이 2배로 되는 것은?

① 슬립   ② 토크
③ 전류   ④ 역률

▶ 전기기기 테마 09 유도기
비례추이: 슬립을 2차 저항의 변경에 따라 비례해서 변화하는 것으로 토크는 $\frac{r_2'}{s}$의 함수가 되어 r_2'를 m배 하면 슬립 s도 m배로 변화하지만 토크는 일정하게 유지된다.

28
직류 분권전동기에서 운전 중 계자권선의 저항을 증가하면 회전속도의 값은?

① 감소한다.   ② 증가한다.
③ 일정하다.   ④ 관계없다.

▶ 전기기기 테마 08 직류기
$N = K_1 \frac{V - I_a R_a}{\phi}$[rpm]이므로 계자저항을 증가시키면 계자전류가 감소하여 자속이 감소하므로, 회전속도는 증가한다.

29
직류 전동기의 규약 효율을 표시하는 식은?

① $\frac{출력}{출력+손실} \times 100[\%]$

② $\frac{출력}{입력} \times 100[\%]$

③ $\frac{입력-손실}{입력} \times 100[\%]$

④ $\frac{출력}{출력-손실} \times 100[\%]$

▶ 전기기기 테마 08 직류기
발전기 규약 효율 $\eta_G = \frac{출력}{출력+손실} \times 100[\%]$

전동기 규약 효율 $\eta_M = \frac{입력-손실}{입력} \times 100[\%]$

30
정격속도로 운전하는 무부하 분권발전기의 계자저항이 60[Ω], 계자전류가 1[A], 전기자저항이 0.5[Ω]라 하면 유도기전력은 약 몇 [V]인가?

① 30.5   ② 50.5
③ 60.5   ④ 80.5

▶ 전기기기 테마 08 직류기
직류 분권발전기는 다음 그림과 같으므로

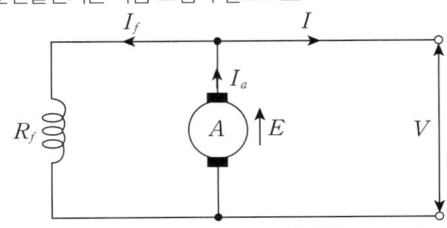

$E = I_a(R_a + R_f) = 1 \times (60 + 0.5) = 60.5$[V] (∵ 무부하 시 부하전류 $I = 0$)

31

주상변압기의 고압측에 여러 개의 탭을 설치하는 이유는?

① 선로 고장 대비 ② 선로 전압 조정
③ 선로 역률 개선 ④ 선로 과부하 방지

▶ 전기기기 테마 07 변압기
주상변압기의 1차측의 5개의 탭을 이용하여 선로거리에 따른 전압강하를 보상하여 2차측의 출력전압을 규정에 맞도록 조정한다.

32

직류 발전기 전기자 반작용의 영향에 대한 설명으로 틀린 것은?

① 브러시 사이에 불꽃을 발생시킨다.
② 주 자속이 찌그러지거나 감소된다.
③ 전기자전류에 의한 자속이 주 자속에 영향을 준다.
④ 회전 방향과 반대 방향으로 자기적 중성축이 이동된다.

▶ 전기기기 테마 08 직류기
직류 발전기는 회전 방향과 같은 방향으로 자기적 중성축이 이동된다.

33

정격이 1,000[V], 500[A], 역률이 90[%]의 3상 동기발전기의 단락전류 I_s[A]는?(단, 단락비는 1.3으로 하고, 전기자저항은 무시한다.)

① 450 ② 550
③ 650 ④ 750

▶ 전기기기 테마 10 동기기
단락비 $K_s = \dfrac{I_s}{I_n}$에서 정격전류 $I_n = 500$[A], 단락비 $K_s = 1.3$이므로 단락전류 $I_s = I_n \times K_s = 500 \times 1.3 = 650$[A]

34

그림과 같은 분상 기동형 단상 유도 전동기를 역회전시키기 위한 방법이 아닌 것은?

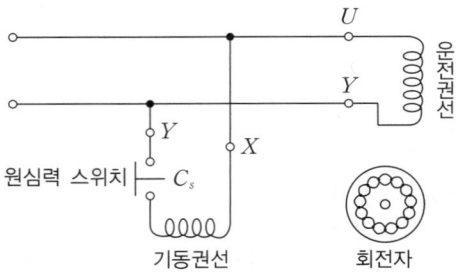

① 원심력 스위치를 개로 또는 폐로한다.
② 기동권선이나 운전권선의 어느 한 권선의 단자접속을 반대로 한다.
③ 기동권선의 단자접속을 반대로 한다.
④ 운전권선의 단자접속을 반대로 한다.

▶ 전기기기 테마 09 유도기
운전권선이나 기동권선 중 어느 한쪽의 접속을 반대로 하면 회전 방향이 변경된다.

35

20[kVA]의 단상 변압기 2대를 사용하여 V−V결선으로 하고 3상 전원을 얻고자 한다. 이때 여기에 접속시킬 수 있는 3상 부하의 용량은 약 몇 [kVA]인가?

① 34.6 ② 44.6
③ 54.6 ④ 66.6

▶ 전기기기 테마 07 변압기
V결선 3상 용량 $P_v = \sqrt{3}P = \sqrt{3} \times 20 = 34.6$[kVA]

정답 31 ② 32 ④ 33 ③ 34 ① 35 ①

36

전압을 일정하게 유지하기 위해 이용하는 다이오드는?

① 발광 다이오드 ② 포토 다이오드
③ 제너 다이오드 ④ 배리스터 다이오드

▶ 전기기기 테마 11 정류기 및 제어기기

제너 다이오드

- 역방향으로 항복전압을 인가 시에 전류가 급격하게 증가하는 현상을 이용하여 만든 PN접합 다이오드이다.
- 정류회로의 정전압(전압 안정회로)에 많이 이용한다.

37

어떤 변압기에서 임피던스 강하가 5[%]인 변압기가 운전 중 단락되었을 때 그 단락전류는 정격전류의 몇 배인가?

① 5   ② 20
③ 50 ④ 200

▶ 전기기기 테마 07 변압기

단락비 $K_s = \dfrac{I_s}{I_n} = \dfrac{100}{\%Z} = \dfrac{100}{5} = 20$이다.

즉, 단락전류는 $I_s = 20I_n$으로 정격전류의 20배가 된다.

38

3상 유도전동기의 1차 입력 60[kW], 1차 손실 1[kW], 슬립 3[%]일 때 기계적 출력은 약 몇 [kW]인가?

① 57   ② 75
③ 95   ④ 100

▶ 전기기기 테마 09 유도기

$P_2 : P_{2c} : P_o = 1 : s : (1-s)$이므로
$P_2 = $ 1차 입력 $-$ 1차 손실 $= 60 - 1 = 59$[kW]
$P_o = (1-s)P_2 = (1-0.03) \times 59 = 57$[kW]

39

동기발전기의 돌발 단락 전류를 주로 제한하는 것은?

① 누설 리액턴스
② 동기 임피던스
③ 권선 저항
④ 동기 리액턴스

▶ 전기기기 테마 10 동기기

동기발전기의 지속 단락 전류와 돌발 단락 전류 제한

- 지속 단락 전류는 동기 리액턴스 X_s로 제한되며, 정격전류의 1~2배 정도이다.
- 돌발 단락 전류는 누설 리액턴스 X_l로 제한되며, 대단히 큰 전류이지만 수[Hz] 후에 전기자 반작용이 나타나므로 지속 단락 전류로 된다.

40

철심에 권선을 감고 전류를 흘려서 공극에 필요한 자속을 만드는 것은?

① 정류자   ② 계자
③ 회전자   ④ 전기자

▶ 전기기기 테마 08 직류기

- 정류자: 교류를 직류로 변환하는 부분
- 계자: 자속을 만들어 주는 부분
- 회전자: 동력 부하에 연결되어 회전력을 공급하는 회전하는 부분
- 전기자: 계자에서 만든 자속으로부터 기전력을 유도하는 부분

정답 36 ③ 37 ② 38 ① 39 ① 40 ②

41

저압 가공인입선이 횡단보도교 위에 시설되는 경우 노면상 몇 [m] 이상의 높이에 설치되어야 하는가?

① 3 ② 4
③ 5 ④ 6

▶ 전기설비 테마 17 가공인입선 및 배전선공사

구분	저압 인입선 높이 [m]
도로 횡단	5
철도 궤도 횡단	6.5
횡단보도교	3
기타	4

42

(㉠), (㉡)의 들어갈 말로 알맞은 것은?

> 건조한 장소에 저압용 개별 기계기구에 전기를 공급하는 전로에 인체감전보호용 누전차단기 중 정격감도전류가 (㉠) 이하, 동작시간이 (㉡) 이하의 전류동작형을 시설하는 경우에는 접지공사를 생략할 수 있다.

① ㉠ 15[mA] ㉡ 0.02초 ② ㉠ 30[mA] ㉡ 0.02초
③ ㉠ 15[mA] ㉡ 0.03초 ④ ㉠ 30[mA] ㉡ 0.03초

▶ 전기설비 테마 13 배선재료와 공구

건조한 장소에 저압용 개별 기계기구에 전기를 공급하는 전로에 인체감전보호용 누전차단기를 시설하는 경우, 정격감도전류가 30[mA] 이하, 동작시간이 0.03초 이하이면 접지공사를 생략할 수 있다.

43

전선에 안전하게 흘릴 수 있는 최대 전류를 무슨 전류라 하는가?

① 허용전류 ② 맥동전류
③ 과도전류 ④ 전도전류

▶ 전기설비 테마 13 배선재료와 공구

허용전류는 도체 또는 절연전선 등에 흘릴 수 있는 최대의 전류로 도체 또는 절연물에 대한 최고 허용온도로 결정된다.

44

캡타이어 케이블을 조영재에 시설하는 경우 그 지지점 간의 거리는 얼마로 하여야 하는가?

① 1.0[m] 이하 ② 1.5[m] 이하
③ 2.0[m] 이하 ④ 2.5[m] 이하

▶ 전기설비 테마 15 배선설비공사 및 전선허용전류 계산

케이블 지지점 간의 거리

조영재의 아랫면 또는 옆면에 따라 시설할 경우: 2[m] 이하(단, 캡타이어 케이블은 1[m])

45

점유면적이 좁고 운전, 보수에 안전하므로 공장, 빌딩 등의 전기실에 많이 사용되는 배전반은 어떤 것인가?

① 수직형 ② 데드 프런트형
③ 큐비클형 ④ 라이브 프런트형

▶ 전기설비 테마 18 고압 및 저압 배전반공사

큐비클형은 폐쇄식 배전반을 말하며, 점유 면적이 좁고 운전 및 보수에 안전하므로 공장, 빌딩 등의 전기실에 많이 사용된다.

정답 41 ① 42 ④ 43 ① 44 ① 45 ③

46

절연전선을 동일 금속덕트 내에 넣을 경우 금속덕트의 크기는 전선의 피복절연물을 포함한 단면적의 총합계가 금속덕트 내 단면적의 몇 [%] 이하가 되도록 선정하여야 하는가?(단, 제어회로 등의 배선에 사용하는 전선만을 넣는 경우이다.)

① 30 ② 40
③ 50 ④ 60

▶ 전기설비 테마 15 배선설비공사 및 전선허용전류 계산
- 금속덕트에 수용하는 전선은 절연물을 포함하는 단면적의 총합이 금속덕트 내 단면적의 20[%] 이하가 되도록 한다.
- 전광사인 장치, 출퇴 표시등, 기타 이와 유사한 장치 또는 제어회로 등의 배선에 사용하는 전선만을 넣는 경우에는 50[%] 이하로 할 수 있다.

47

다음 중 UPS에 대한 뜻으로 알맞은 것은?

① 무정전 전원 장치 ② 고장구간 개폐기
③ 부하 개폐기 ④ 라인 스위치

▶ 전기설비 테마 18 고압 및 저압 배전반공사
- 무정전 전원 장치: UPS
- 고장구간 자동 개폐기: ASS
- 부하 개폐기: LBS
- 라인 스위치: LS

48

다음 중 버스 덕트가 아닌 것은?

① 피더 버스 덕트 ② 플러그인 버스 덕트
③ 트롤리 버스 덕트 ④ 플로어 버스 덕트

▶ 전기설비 테마 15 배선설비공사 및 전선허용전류 계산
버스 덕트의 종류
- 피더 버스 덕트: 도중에 부하를 접속하지 않는 것
- 플러그인 버스 덕트: 도중에서 부하를 접속할 수 있도록 꽂음구멍이 있는 것
- 트롤리 버스 덕트: 도중에서 이동부하를 접속할 수 있도록 트롤리 접속식 구조로 한 것

49

전선의 약호 중 "H"라고 표기되어 있다. 무엇을 나타내는 약호인가?

① 연동선 ② 경동선
③ 경알루미늄선 ④ 반경동선

▶ 전기설비 테마 13 배선재료와 공구
전선의 약호
- 경알루미늄선: HAL
- 경동선: H
- 연동선: A
- 반경동선: HA

50

저압 옥내배선 공사를 할 때 연동선을 사용할 경우 전선의 최소 굵기[mm²]는?

① 4 ② 6
③ 1.5 ④ 2.5

▶ 전기설비 테마 15 배선설비공사 및 전선허용전류 계산
저압 옥내배선의 전선 굵기
- 단면적이 2.5[mm²] 이상의 연동선
- 400[V] 이하의 전광표시장치와 같은 제어회로 단면적 1.5[mm²] 이상의 연동선

정답 46 ③ 47 ① 48 ④ 49 ② 50 ④

51
지선의 중간에 넣는 애자는?

① 구형애자 ② 인류애자
③ 저압핀애자 ④ 내장애자

▶ 전기설비 테마 17 가공인입선 및 배전선공사
  지선애자는 감전을 방지할 목적으로 지선의 중간에 넣는다. 구형애자, 말굽애자, 옥애자라고 불린다.

52
전선접속 시 S형 슬리브 사용에 대한 설명으로 틀린 것은?

① 전선의 끝은 슬리브의 끝에서 조금 나오는 것이 바람직하다.
② 단선은 사용 가능하나 연선 접속 시에는 사용 안 한다.
③ 열린 쪽 홈의 측면을 고르게 눌러서 밀착시킨다.
④ 슬리브는 전선의 굵기에 적합한 것을 선정한다.

▶ 전기설비 테마 14 전선의 접속
  S형 슬리브는 단선, 연선 어느 것에도 사용할 수 있다.

53
작업면의 필요한 장소만 고조도로 하기 위한 방식으로 조명기구를 밀집하여 설치하는 조명 방식은?

① 국부조명 ② 간접조명
③ 전반조명 ④ 직접조명

▶ 전기설비 테마 20 전기응용 시설공사
  • 국부조명: 작업면의 필요한 장소만 고조도로 하기 위한 방식으로 그 장소에 조명기구를 밀집하여 설치하거나 스탠드 등을 사용한다. 이 방식은 밝고 어둠의 차이가 커서 눈부심을 일으키고 눈이 피로하기 쉬운 결점이 있다.
  • 간접조명: 광원에서 나오는 빛을 천장이나 벽에 반사시키는 방식으로 전체적으로 부드럽고 눈부심과 그늘이 적은 조명을 얻을 수 있다. 그러나 효율이 매우 나쁘고, 설비비가 많이 든다.
  • 전반조명: 작업면 전반에 균등한 조도를 가지게 하는 방식으로 광원을 일정한 높이와 간격으로 배치하며, 일반적으로 사무실, 학교, 공장 등에 사용된다.
  • 직접조명: 광원의 하향 광속을 이용하는 방식으로 빛의 손실이 적고 효율은 높지만, 천장이 어두워지고 강한 그늘이 생기며 눈부심이 생기기 쉽다.

54
플로어 덕트 공사의 설명 중 옳지 않은 것은?

① 덕트 상호 간 접속은 견고하고 전기적으로 완전하게 접속하여야 한다.
② 덕트의 끝부분은 막는다.
③ 덕트 및 박스 기타 부속품은 물이 고이는 부분이 없도록 시설하여야 한다.
④ OW 전선을 사용하여야 한다.

▶ 전기설비 테마 15 배선설비공사 및 전선허용전류 계산
  절연전선(OW 전선 제외)을 사용하여야 한다.

55
조명공학에서 사용되는 칸델라[cd]는 무엇의 단위인가?

① 휘도 ② 광속
③ 조도 ④ 광도

▶ 전기설비 테마 20 전기응용 시설공사
  • 휘도(B[rlx], 레드럭스): 광원이 빛나는 정도
  • 광속(F[lm], 루멘): 광원에서 나오는 복사속을 눈으로 보아 빛으로 느끼는 크기
  • 조도(E[lx], 럭스): 광속이 입사하여 그 면이 밝게 빛나는 정도
  • 광도(I[cd], 칸델라): 광원이 가지고 있는 빛의 세기

56
조명용 백열전등을 일반주택 및 아파트 각 호실에 설치할 때 현관 등은 최대 몇 분 이내에 소등되는 타임 스위치를 시설하여야 하는가?

① 1 ② 2
③ 3 ④ 4

▶ 전기설비 테마 13 배선재료와 공구
  • 호텔, 여관 객실 입구: 1분 이내 소등
  • 일반주택, 아파트 현관: 3분 이내 소등

정답 51 ① 52 ② 53 ① 54 ④ 55 ④ 56 ③

57

전압 22.9[kV-Y] 이하의 배전선로에서 수전하는 설비의 피뢰기 정격전압은 몇 [kV]로 적용하는가?

① 18[kV] ② 24[kV]
③ 144[kV] ④ 188[kV]

▶ 전기설비 테마 16 전선 및 기계기구의 보안공사

피뢰기의 정격전압

전압을 선로단자와 접지단자에 인가한 상태에서 동작책무를 반복 수행할 수 있는 정격 주파수의 상용주파전압 최고한도(실효치)를 말한다.

계통구분	공칭전압 [kV]	정격전압 [kV]
유효접지계통	345	288
	154	144
	22.9	18(선로)
비유효접지계통	22	24
	6.6	7.5

58

배전반 및 분전반과 연결된 배관을 변경하거나 이미 설치되어 있는 캐비닛에 구멍을 뚫을 때 필요한 공구는?

① 토치 램프 ② 클리퍼
③ 오스터 ④ 녹아웃 펀치

▶ 전기설비 테마 13 배선재료와 공구

- 오스터: 금속관 끝에 나사를 내는 공구로, 손잡이가 달린 래칫과 나사살을 내는 다이스로 구성된다.
- 클리퍼: 보통 22[mm²] 이상의 굵은 전선을 절단할 때 사용하는 가위로 굵은 전선을 펜치로 절단하기 힘들 경우 클리퍼나 쇠톱을 사용한다.
- 토치 램프: 전선 접속의 납땜과 합성수지관의 가공 시 열을 가할 때 사용하는 것으로 가솔린용과 가스용으로 나뉜다.
- 녹아웃 펀치: 금속 가공에서 섀시 펀치, 패널 펀치라고도 하는 녹아웃 펀치는 판금에 구멍을 뚫는 데 사용한다.

59

고압 가공전선로의 지지물로 철탑을 사용하는 경우 경간은 몇 [m] 이하로 제한하는가?

① 150 ② 300
③ 500 ④ 600

▶ 전기설비 테마 17 가공인입선 및 배전선공사

고압 가공전선로 경간의 제한

- 목주, A종 철주 또는 A종 철근콘크리트주: 150[m]
- B종 철주 또는 B종 철근콘크리트주: 250[m]
- 철탑: 600[m]

60

고압 가공인입선이 케이블 이외의 것으로 전선 아래쪽에 위험 표시를 한 경우에 지표상 몇 [m] 이상으로 설치할 수 있는가?

① 3.5 ② 4.5
③ 5.5 ④ 6.5

▶ 전기설비 테마 17 가공인입선 및 배전선공사

구분	고압 인입선 [m]
도로 횡단	6
철도 궤도 횡단	6.5
횡단보도교	3.5
기타	5(위험표시 3.5)

정답 57 ① 58 ④ 59 ④ 60 ①

2021년 4회 CBT 기출

01

0.25[W]형 250[kΩ] 저항기에 흘릴 수 있는 전류는 최대 몇 [mA]인가?

① 0.1　　② 1
③ 5　　　④ 10

▶ 전기이론 테마 06 전류의 열작용과 화학작용

전력 $P = \dfrac{W}{t}[W] = \dfrac{VQ}{t} = VI = I^2R = \dfrac{V^2}{R}[W]$

$I = \sqrt{\dfrac{P}{R}} = \sqrt{\dfrac{0.25}{250 \times 10^3}} = 10^{-3}[A] = 1[mA]$

02

3[kW]의 전열기를 1시간 동안 사용했을 때 발생하는 열량[kcal]은?

① 3　　　② 180
③ 860　　④ 2,580

▶ 전기이론 테마 06 전류의 열작용과 화학작용

1[J] = 0.24[cal]
1[cal] = 4.2[J]
1[Wh] = 3,600[W·s] = 3,600[J] = 3,600 × 0.24 = 860[cal]
1[kWh] = 860[kcal]
3[kWh] = 860 × 3 = 2,580[kcal]

03

Y결선에서 상전압이 220[V]이면 선간전압은 약 몇 [V]인가?

① 220　　② 110
③ 440　　④ 380

▶ 전기이론 테마 05 교류회로

Y결선에서 선간전압 = $\sqrt{3}$ × 상전압
선간전압 = $\sqrt{3}$ × 220 = 380[V]

04

비오-사바르의 법칙과 가장 관계가 깊은 것은?

① 전류가 만드는 자장의 세기
② 전류와 전압의 관계
③ 기전력과 자계의 세기
④ 기전력과 자속의 변화

▶ 전기이론 테마 02 자기장 성질과 전류에 의한 자기장

비오-사바르 법칙은 전류와 자기장(자계)에 관한 법칙이다.

05

30[μF]과 40[μF]의 콘덴서를 병렬로 접속한 다음 100[V]의 전압을 가했을 때 전체 전하량은 몇 [C]인가?

① 17×10^{-4}　　② 34×10^{-4}
③ 54×10^{-4}　　④ 70×10^{-4}

▶ 전기이론 테마 01 전기의 성질과 전하에 의한 전기장

병렬 연결 합성 정전용량 $C = 30 + 40 = 70[\mu F]$
전하량 $Q = CV = 70 \times 10^{-6} \times 100 = 70 \times 10^{-4}[C]$

정답 01 ②　02 ④　03 ④　04 ①　05 ④

06

다음 회로의 합성 정전용량[μF]은?

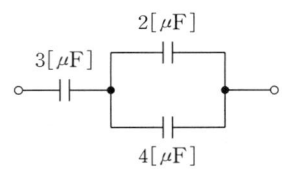

① 5
② 4
③ 3
④ 2

▶ 전기이론 테마 01 전기의 성질과 전하에 의한 전기장

합성 정전용량 $C_t = \dfrac{3 \times (2+4)}{3+(2+4)} = 2[\mu F]$

07

파형률과 파고율이 모두 1인 파형은?

① 삼각파
② 구형파
③ 정현파
④ 반원파

▶ 전기이론 테마 05 교류회로

파형	실횻값	평균값	파형률	파고율
구형파	V_m	V_m	1	1

08

플레밍의 오른손 법칙에서 셋째 손가락의 방향은?

① 운동 방향
② 유도 기전력의 방향
③ 자속 밀도의 방향
④ 자력선의 방향

▶ 전기이론 테마 03 전자력과 전자유도

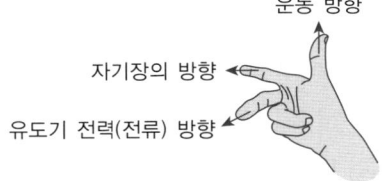

09

절연체 중에서 플라스틱, 고무, 종이, 운모 등과 같이 전기적으로 분극 현상이 일어나는 물체를 특히 무엇이라 하는가?

① 도체
② 유전체
③ 도전체
④ 반도체

▶ 전기이론 테마 01 전기의 성질과 전하에 의한 전기장

콘덴서에서 전기적 분극이 일어나도록 사용하는 부도체를 유전체라 한다.

10

비정현파를 여러 개의 정현파의 합으로 표시하는 방법은?

① 키르히호프의 법칙
② 뉴턴의 법칙
③ 푸리에 분석
④ 테일러의 분석

▶ 전기이론 테마 05 교류회로

비정현파는 (직류 성분)+(기본파 성분)+(고조파 성분)으로 구성되며 비정현파 성분 분석은 푸리에 급수를 이용한다. 즉, 주파수 성분을 알 수 있는 방법이다.

정답   06 ④   07 ②   08 ②   09 ②   10 ③

11

자체인덕턴스 5[H]의 코일에 40[J]의 에너지가 저장되어 있다. 이때 코일에 흐르는 전류는 몇 [A]인가?

① 2 ② 3
③ 4 ④ 5

▶ 전기이론　테마 03　전자력과 전자유도

저장에너지 $W = \frac{1}{2}LI^2[J]$

$40 = \frac{1}{2} \times 5 \times I^2$

$\therefore I = 4[A]$

12

전하의 성질을 잘못 설명한 것은?

① 같은 종류의 전하는 흡인하고 다른 종류의 전하는 반발한다.
② 대전체에 들어 있는 전하를 없애려면 접지시킨다.
③ 대전체의 영향으로 비대전체에 전기가 유도된다.
④ 전하는 가장 안정한 상태를 유지하려는 성질이 있다.

▶ 전기이론　테마 01　전기의 성질과 전하에 의한 전기장
- 전하는 물질에 존재하는 (+)와 (-) 성질을 띠는 입자이다.
- 같은 전하끼리는 서로 밀어내고, 다른 전하끼리는 서로를 끌어당긴다.
- 전하는 전자기장 내에서 전기현상을 일으키는 주체적인 원인이다.
- 전하의 양을 전하량(Q)이라고 하며 단위는 쿨롱[C]이다.
- 대전된 물체끼리 접근했을 때 발생하는 전기적 힘을 쿨롱의 힘이라 하며 쿨롱의 법칙으로 계산한다.

13

환상 솔레노이드 내부의 자기장의 세기에 관한 설명으로 틀린 것은?

① 자장의 세기는 권수에 비례한다.
② 자장의 세기는 전류에 비례한다.
③ 자장의 세기는 자로의 길이에 비례한다.
④ 자장의 세기는 권수, 전류, 평균 반지름과 관계가 있다.

▶ 전기이론　테마 02　자기장 성질과 전류에 의한 자기장

자계 $H = \frac{NI}{2\pi r}[AT/m]$

- 자기장의 세기는 자로에 반비례한다.
- 자기장의 세기는 권수에 비례한다.
- 자기장의 세기는 전류에 비례한다.

14

0.2[μF] 콘덴서와 0.1[μF] 콘덴서를 병렬 연결하여 40[V]의 전압을 가할 때 0.2[μF]에 축적되는 전하[μC]의 값은?

① 2 ② 4
③ 8 ④ 12

▶ 전기이론　테마 01　전기의 성질과 전하에 의한 전기장

$Q = CV = 0.2 \times 10^{-6} \times 40 = 8[\mu C]$

15

200[V], 500[W]의 전열기를 100[V] 전원에 사용하였다면 이때의 전력은?

① 125[W] ② 250[W]
③ 375[W] ④ 500[W]

▶ 전기이론　테마 06　전류의 열작용과 화학작용

전력 $P = I^2R = \frac{V^2}{R}[W]$

$R = \frac{V^2}{P} = \frac{200^2}{500} = 80[\Omega]$

$V = 100[V]$ 일 때

$P_{100V} = \frac{V^2}{R} = \frac{100^2}{80} = 125[W]$

정답　11 ③　12 ①　13 ③　14 ③　15 ①

16

유도기전력은 자신의 발생 원인이 되는 자속의 변화를 방해하려는 방향으로 발생한다. 이것을 유도기전력에 관한 무슨 법칙이라 하는가?

① 옴(ohm)의 법칙
② 렌츠(Lenz)의 법칙
③ 쿨롱(Coulomb)의 법칙
④ 앙페르(Ampere)의 법칙

▶ 전기이론 테마 03 전자력과 전자유도
- 패러데이-렌츠의 법칙
  유도기전력 $V = -N\dfrac{d\phi}{dt}$[V]
  - $-$: 관성(렌츠)의 법칙으로 자속의 변화를 방해하는 방향 의미
- 옴 법칙: 전류와 전압과 저항에 관한 법칙
- 쿨롱의 법칙: 두 전하 사이에 작용하는 힘 계산에 관한 법칙
- 앙페르(암페어)의 법칙: 전류와 자기장 방향에 관한 법칙

17

다음에 알맞은 단어는?

> 패러데이의 전자 유도 법칙에서 유도 기전력의 크기는 코일을 지나는 (㉠)의 매초 변화량과 코일의 (㉡)에 비례한다.

① ㉠ 자속　㉡ 굵기
② ㉠ 자속　㉡ 권수
③ ㉠ 전류　㉡ 권수
④ ㉠ 전류　㉡ 굵기

▶ 전기이론 테마 03 전자력과 전자유도

패러데이 법칙 $V = -N\dfrac{d\phi}{dt}$[V]에서 기전력 V는 단위 시간에 변화하는 자속에 비례하고, 코일의 권수에 비례한다.

18

1[eV]는 몇 [J]인가?

① 1
② 1×10^{-10}
③ 1.16×10^4
④ 1.602×10^{-19}

▶ 전기이론 테마 01 전기의 성질과 전하에 의한 전기장

1[eV: 전자볼트]는 에너지 단위로 전자 하나가 1[V]의 전위를 거슬러 올라갈 때 드는 일로 정의한다.
1[eV]=1.602×10^{-19}[J]

19

두 금속을 접속하여 여기에 전류를 흘리면, 줄열 외에 그 접점에서 열의 발생 또는 흡수가 일어나는 현상은?

① 줄 효과
② 홀 효과
③ 제벡 효과
④ 펠티에 효과

▶ 전기이론 테마 06 전류의 열작용과 화학작용

펠티에 효과
- 서로 다른 금속을 연결하고 전류를 흐르게 했을 때, 금속의 양 단면에 온도차가 발생하는 현상이다.
- 접합점에서 열이 발생되거나 흡수되어 접합점 간 온도차가 발생한다.
- 열전 냉각기는 펠티에 효과를 이용해 만든 것이다.
- 뜨거운 면은 방열판 등으로 과열을 방지하고, 온도가 낮은 면은 냉각에 사용한다.
- 펠티에 효과는 전기를 열로 변환하는 현상이다.

20

콘덴서의 정전용량에 대한 설명으로 틀린 것은?

① 전압에 반비례한다.
② 이동 전하량에 비례한다.
③ 극판의 넓이에 비례한다.
④ 극판의 간격에 비례한다.

▶ 전기이론 테마 01 전기의 성질과 전하에 의한 전기장

- 정전용량 $C = \dfrac{\varepsilon S}{d}$, $C = \dfrac{Q}{V}$
- 극판 간격과는 반비례한다.

정답 16 ②　17 ②　18 ④　19 ④　20 ④

21
분권전동기에 대한 설명으로 옳지 않은 것은?

① 토크는 전기자전류의 제곱에 비례한다.
② 부하전류에 따른 속도 변화가 거의 없다.
③ 계자회로에 퓨즈를 넣어서는 안 된다.
④ 계자권선과 전기자권선이 전원에 병렬로 접속되어 있다.

▶ 전기기기 테마 08 직류기

전기자권선과 계자권선이 병렬로 접속되어 있어서 단자전압이 일정하면, 부하전류에 관계없이 자속이 일정하므로 타여자전동기와 거의 동일한 특성을 가진다. 또한, 계자전류가 0이 되면, 속도가 급격히 상승하여 위험하기 때문에 계자회로에 퓨즈를 넣어서는 안 된다.
분권전동기에서 토크 $\tau \propto I_a$이다.

22
워드 레오너드 속도제어는?

① 저항제어
② 계자제어
③ 전압제어
④ 직·병렬제어

▶ 전기기기 테마 08 직류기

전압제어: 워드 레오너드 방식, 일그너 방식, 초퍼 제어 방식, 직·병렬 제어 방식이 있다.

23
직류 전동기의 규약 효율을 표시하는 식은?

① $\dfrac{출력}{출력+손실} \times 100[\%]$

② $\dfrac{출력}{입력} \times 100[\%]$

③ $\dfrac{입력-손실}{입력} \times 100[\%]$

④ $\dfrac{출력}{출력-손실} \times 100[\%]$

▶ 전기기기 테마 08 직류기

발전기 규약 효율 $\eta_G = \dfrac{출력}{출력+손실} \times 100[\%]$

전동기 규약 효율 $\eta_M = \dfrac{입력-손실}{입력} \times 100[\%]$

24
변압기의 철심 재료로 규소강판을 많이 사용하는 데 철의 함유량은 몇 [%]인가?

① 99[%]
② 96[%]
③ 92[%]
④ 89[%]

▶ 전기기기 테마 07 변압기

변압기 철심에는 히스테리시스손이 작은 규소강판을 사용하는 데 규소 함유량은 4~4.5[%]이므로 철의 함유량은 95.4~96[%]이다.

25
다음 그림의 변압기 등가회로는 어떤 회로인가?

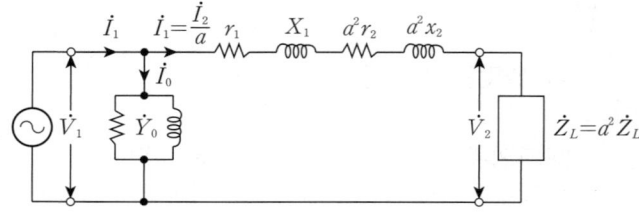

① 1차를 1차로 환산한 등가회로
② 1차를 2차로 환산한 등가회로
③ 2차를 1차로 환산한 등가회로
④ 2차를 2차로 환산한 등가회로

▶ 전기기기 테마 07 변압기

2차측의 전압, 전류 및 임피던스를 1차측으로 환산한 등가회로에 여자 어드미턴스(Y_0)를 전원 쪽으로 옮겨놓은 간이 등가회로이다.

정답 21 ① 22 ③ 23 ③ 24 ② 25 ③

26

변압기유가 구비해야 할 조건은?

① 절연내력이 클 것
② 인화점이 낮을 것
③ 응고점이 높을 것
④ 비열이 작을 것

▶ 전기기기 테마 07 변압기
변압기유의 구비 조건
- 절연내력이 클 것
- 비열이 커서 냉각 효과가 클 것
- 인화점이 높고, 응고점이 낮을 것
- 고온에서도 산화하지 않을 것
- 절연 재료와 화학 작용을 일으키지 않을 것
- 점성도가 작고 유동성이 풍부할 것

27

교류전동기를 기동할 때 그림과 같은 기동 특성을 가지는 전동기는?(단, 곡선 (1)~(5)는 기동 단계에 대한 토크 특성 곡선이다.)

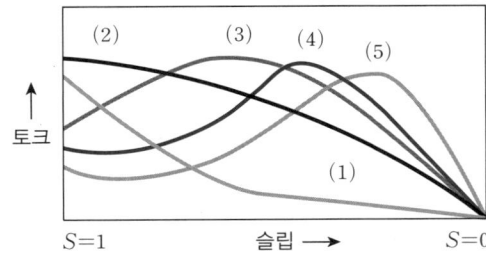

① 반발 유도전동기
② 2중 농형 유도전동기
③ 3상 분권 정류자전동기
④ 3상 권선형 유도전동기

▶ 전기기기 테마 09 유도기
그림은 토크의 비례추이 곡선으로 3상 권선형 유도전동기와 같이 2차 저항을 조절할 수 있는 기기에서 응용할 수 있다.

28

용량이 $250[kVA]$인 단상 변압기 3대를 Δ결선으로 운전 중 1대가 고장 나서 V결선으로 운전하는 경우 출력은 약 몇 $[kVA]$인가?

① $144[kVA]$
② $353[kVA]$
③ $433[kVA]$
④ $525[kVA]$

▶ 전기기기 테마 07 변압기
$P_v = \sqrt{3}\,P = \sqrt{3} \times 250 = 433[kVA]$

29

단상 유도 전동기의 기동 방법 중 토크가 가장 큰 것은?

① 분상 기동형
② 반발 유도형
③ 콘덴서 기동형
④ 반발 기동형

▶ 전기기기 테마 09 유도기
기동 토크가 큰 순서
반발 기동형 > 콘덴서 기동형 > 분상 기동형 > 세이딩 코일형

30

N형 반도체를 만들기 위해 첨가하는 것은?

① 붕소(B)
② 인듐(In)
③ 알루미늄(Al)
④ 인(P)

▶ 전기기기 테마 11 정류기 및 제어기기

구분	첨가 불순물	명칭	반송자
N형 반도체	5가 원자(인(P), 비소(As), 안티몬(Sb))	도너	과잉전자
P형 반도체	3가 원자(붕소(B), 인듐(In), 알루미늄(Al))	억셉터	정공

정답 26 ① 27 ④ 28 ③ 29 ④ 30 ④

31

그림과 같은 전동기 제어회로에서 전동기 M의 전류 방향으로 올바른 것은?(단, 전동기의 역률은 100[%]이고, 사이리스터의 점호각은 0°라고 본다.)

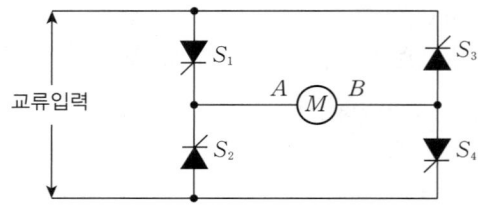

① 항상 A에서 B의 방향
② 항상 B에서 A의 방향
③ 입력의 반주기마다 A에서 B의 방향, B에서 A의 방향
④ S_1과 S_4, S_2와 S_3의 동작 상태에 따라 A에서 B의 방향, B에서 A의 방향

▶ 전기기기 테마 11 정류기 및 제어기기
정현파 교류입력의 (+) 반주기에는 S_1과 S_4, (-) 반주기에는 S_2와 S_3가 동작하여 A에서 B의 방향으로 직류 전류가 흐른다.

32

SCR 2개를 역병렬로 접속한 그림과 같은 기호의 명칭은?

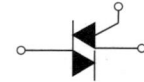

① SCR   ② TRIAC
③ GTO   ④ UJT

▶ 전기기기 테마 11 정류기 및 제어기기
TRIAC은 양방향 3단자 소자이다.

33

VVVF(Variable Voltage Variable Frequency)는 어떤 전동기의 속도제어에 사용되는가?

① 동기전동기   ② 유도전동기
③ 직류 분권전동기 ④ 직류 타여자전동기

▶ 전기기기 테마 09 유도기
VVVF는 가변전압, 가변주파수를 발생하는 교류전원 장치로, 주파수 제어에 의한 유도전동기 속도제어에 많이 사용된다.

34

6극 1,200[rpm]인 동기발전기로 병렬 운전하는 극수 4의 교류발전기의 회전수는 몇 [rpm]인가?

① 3,600   ② 2,400
③ 1,800   ④ 1,200

▶ 전기기기 테마 10 동기기
병렬운전 조건 중 주파수가 같아야 하는 조건이 있다.
- $N_s = \dfrac{120f}{P}$ 이므로, $f = \dfrac{P \cdot N_s}{120} = \dfrac{6 \times 1,200}{120} = 60[\text{Hz}]$이다.
- 4극 발전기의 회전수 $N_s = \dfrac{120 \times 60}{4} = 1,800[\text{rpm}]$

35

1차 권수 6,000, 2차 권수 200인 변압기의 전압 비는?

① 10   ② 30
③ 60   ④ 90

▶ 전기기기 테마 07 변압기
전압비 $a = \dfrac{V_1}{V_2} = \dfrac{N_1}{N_2} = \dfrac{6,000}{200} = 30$

정답 31 ① 32 ② 33 ② 34 ③ 35 ②

36

교류전동기를 가변 주파수의 전원을 사용하면 직류 전동기처럼 속도 제어가 가능하다. 주파수 f_1에서 직류로 변환하지 않고 바로 주파수 f_2로 변환하는 변환기는?

① 사이클로 컨버터
② 주파수원 인버터
③ 전압·전류원 인버터
④ 사이리스터 컨버터

▶ 전기기기 테마 11 정류기 및 제어기기
어떤 주파수의 교류 전력을 다른 주파수의 교류 전력으로 변환하는 것을 주파수 변환이라고 하며, 직접식과 간접식이 있다. 간접식은 정류기와 인버터를 결합시켜서 변환하는 방식이고, 직접식은 교류에서 직접 교류로 변환시키는 방식으로 사이클로 컨버터라고 한다.

37

부흐홀츠 계전기의 설치 위치로 가장 적당한 것은?

① 변압기 주 탱크 내부
② 콘서베이터 내부
③ 변압기 고압측 부싱
④ 변압기 주 탱크와 콘서베이터 사이

▶ 전기기기 테마 07 변압기
변압기 외함(주탱크)과 콘서베이터를 연결하는 배관에 설치

38

자동제어 장치의 특수 전기기기로 사용되는 전동기는?

① 직류 전동계
② 3상 유도전동기
③ 직류 스테핑모터
④ 초동기 전동기

▶ 전기기기 테마 10 동기기
스테핑 모터
• 입력 펄스 신호에 따라 일정한 각도로 회전하는 전동기이다.
• 기동 및 정지 특성이 우수하다.
• 특수 기계의 속도, 거리, 방향 등의 정확한 제어가 가능하다.
• 공작기계, 수치제어장치, 로봇 등 서보기구에 사용된다.

39

정류기에서 브러시의 역할은?

① 기전력 유도
② 자속 생성
③ 정류 작용
④ 전기자권선과 외부 회로 접속

▶ 전기기기 테마 11 정류기 및 제어기기
브러시의 역할
정류자면에 접촉하여 전기자권선과 외부 회로를 연결하는 것

40

직류 전동기의 출력이 $50[\text{kW}]$, 회전수가 $1,800[\text{rpm}]$일 때 토크는 약 몇 $[\text{kg}\cdot\text{m}]$인가?

① 12   ② 23
③ 27   ④ 31

▶ 전기기기 테마 08 직류기
$T = \dfrac{60}{2\pi} \dfrac{P_o}{N}[\text{N}\cdot\text{m}]$이고 $T = \dfrac{1}{9.8} \times \dfrac{60}{2\pi} \times \dfrac{P_o}{N}[\text{kg}\cdot\text{m}]$이므로
$T = \dfrac{1}{9.8} \times \dfrac{60}{2\pi} \times \dfrac{50 \times 10^3}{1,800} = 27[\text{kg}\cdot\text{m}]$이다.

정답 36 ① 37 ④ 38 ③ 39 ④ 40 ③

41

나전선 등의 금속선에 속하지 않는 것은?

① 경동선(지름 12[mm] 이하의 것)
② 연동선
③ 동합금선(단면적 35[mm²] 이하의 것)
④ 경알루미늄선(단면적 35[mm²] 이하의 것)

▶ 전기설비 테마 13 배선재료와 공구
  나전선의 종류
  경동선(지름 12[mm] 이하), 연동선, 동합금선(단면적 25[mm²] 이하), 경알루미늄선(단면적 35[mm²] 이하), 알루미늄합금선(단면적 35[mm²] 이하), 아연도강선, 아연도철선(방청도금한 철선 포함)

42

전선 약호에서 MI가 나타내는 것은?

① 폴리에틸렌 절연비닐 시스 케이블
② 비닐 절연 네온전선
③ 미네럴 인슈레이션 케이블
④ 폴리에틸렌 절연 연피케이블

▶ 전기설비 테마 13 배선재료와 공구
  • 폴리에틸렌 절연비닐 시스 케이블: EV
  • 비닐 절연 네온전선: N
  • 미네럴 인슈레이션 케이블: MI
  • 폴리에틸렌 절연 연피케이블: EL

43

다음 괄호 안에 들어갈 내용으로 옳은 것은?

> 단선의 직선접속에서 트위스트접속은 (㉠) 이하의 가는 단선, 브리타니아접속은 (㉡) 이상의 굵은 단선을 접속하는 데 적합하다.

① ㉠ 4[mm]   ㉡ 2.6[mm]
② ㉠ 6[mm]   ㉡ 3.2[mm]
③ ㉠ 8[mm]   ㉡ 4.6[mm]
④ ㉠ 10[mm]   ㉡ 6.0[mm]

▶ 전기설비 테마 14 전선의 접속
  • 단선의 굵기가 6[mm] 이하인 전선의 직선 접속: 트위스트접속
  • 단선의 굵기가 3.2[mm] 이상인 굵은 전선의 직선 접속: 브리타니아접속

44

진열장 안에 400[V] 미만인 저압 옥내배선 시 외부에서 보기 쉬운 곳에 사용하는 전선은 단면적이 몇 [mm²] 이상인 코드 또는 캡타이어 케이블이어야 하는가?

① 0.75   ② 1.25
③ 2   ④ 3.5

▶ 전기설비 테마 19 특수장소공사
  옥내에 시설하는 저압의 이동전선
  • 400[V] 이상: 0.6/1[kV] EP 고무 절연 클로로프렌 캡타이어 케이블, 단면적이 0.75[mm²] 이상
  • 400[V] 미만: 고무코드 또는 0.6/1[kV] EP 고무 절연 클로로프렌 캡타이어 케이블, 단면적이 0.75[mm²] 이상

45

다음 중 단선의 브리타니아 직선 접속에 사용되는 것은?

① 조인트선   ② 바인드선
③ 파라핀선   ④ 에나벨선

▶ 전기설비 테마 14 전선의 접속
  조인트선에는 1.0~1.2[mm]의 연동나선이 사용된다.

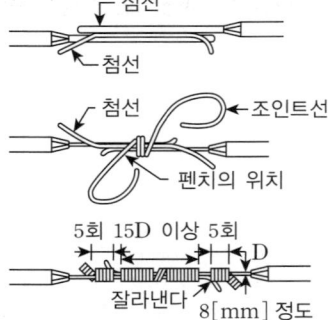

정답 41 ③ 42 ③ 43 ② 44 ① 45 ①

46

다음 중 형광등용 안전기의 심벌은?

① T−B
② T−F
③ T−N
④ T−R

▶ 전기설비 테마 13 배선재료와 공구
- T−B: 벨 변압기
- T−R: 리모콘 변압기
- T−N: 네온 변압기

47

다음 중 터널 안 전선로의 시설 방법으로 옳지 않은 것은?

① 저압전선은 지름 2.6[mm] 이상의 경동선 절연전선을 사용했다.
② 철도·궤도 전용터널 저압전선의 높이를 레일면상 2.5[m] 이상 유지했다.
③ 사람이 상시 통행하는 터널 내 배선이 저압일 때 케이블배선으로 시공했다.
④ 애자사용공사에 의해 시설하고, 노면상 2.0[m] 이상 시설했다.

▶ 전기설비 테마 19 특수장소공사
애자사용공사에 의해 시설할 때, 노면상 2.5[m] 이상 시설해야 한다.

48

가공전선로의 지지물에 하중이 가하여지는 경우에 그 하중을 받는 지지물의 기초 안전율은 일반적으로 얼마 이상이어야 하는가?

① 1.5
② 2.0
③ 2.5
④ 4.0

▶ 전기설비 테마 17 가공인입선 및 배전선공사
가공전선로의 지지물에 하중이 작용하는 경우, 그 하중을 받는 지지물의 기초 안전율은 2 이상이어야 한다.

49

다음 중 피뢰시스템에 대한 설명으로 옳지 않은 것은?

① 수뢰부는 풍압에 견딜 수 있어야 한다.
② 전기전자설비가 설치된 지상으로부터 높이가 30[m] 이상인 건축물·구조물에 적용한다.
③ 접지극은 지표면에서 0.75[m] 이상 깊이로 배설하여야 한다.
④ 뇌전류를 대지로 방전시키기 위한 접지극시스템을 설치해야 한다.

▶ 전기설비 테마 16 전선 및 기계기구의 보안공사
전기전자설비가 설치된 지상으로부터 높이가 20[m] 이상인 건축물·구조물에 적용한다.

50

고압배전선의 주상변압기 2차측에 실시하는 중성점 접지공사의 접지저항값을 구하는 계산식은?(단, 1초 초과 2초 이내 전로를 자동으로 차단하는 장치가 시설되어 있다.)

① 변압기 고압·특고압측 전로 1선 지락전류로 150을 나눈 값
② 변압기 고압·특고압측 전로 1선 지락전류로 300을 나눈 값
③ 변압기 고압·특고압측 전로 1선 지락전류로 400을 나눈 값
④ 변압기 고압·특고압측 전로 1선 지락전류로 600을 나눈 값

▶ 전기설비 테마 16 전선 및 기계기구의 보안공사

구분	접지저항
일반적인 경우	$\frac{150}{I_g}$
2초 이내 전로 차단장치 시설	$\frac{300}{I_g}$
1초 이내 전로 차단장치 시설	$\frac{600}{I_g}$

정답 46 ② 47 ④ 48 ② 49 ② 50 ②

51

지중에 매설되어 있는 금속제 수도관로는 접지공사의 접지극으로 사용할 수 있다. 이때 수도관로는 대지와의 전기저항치가 얼마 이하여야 하는가?

① 1[Ω]　　② 2[Ω]
③ 3[Ω]　　④ 4[Ω]

▶ 전기설비　테마 16　전선 및 기계기구의 보안공사
- 금속제 수도관을 접지극으로 사용할 경우 접지저항: 3[Ω] 이하
- 건물의 철골 등 금속제를 접지극으로 사용할 경우 접지저항: 2[Ω] 이하

52

600[V] 이하의 저압회로에 사용하는 비닐 절연 비닐 시스케이블의 기호로 맞는 것은?

① 0.6/1[kV] VV　　② 0.6/1[kV] PV
③ 0.6/1[kV] VCT　　④ 0.6/1[kV] CV

▶ 전기설비　테마 13　배선재료와 공구
- 0.6/1[kV] VV: 0.6/1[kV] 비닐 절연 비닐 시스케이블
- 0.6/1[kV] PV: 0.6/1[kV] EP 고무 절연 비닐 시스케이블
- 0.6/1[kV] VCT: 0.6/1[kV] 비닐 절연 비닐 캡타이어 케이블
- 0.6/1[kV] CV: 0.6/1[kV] 가교폴리에틸렌 절연 비닐 시스케이블

53

후강전선관의 관 호칭은 (㉠) 크기로 정하여 (㉡)로 표시하는데, ㉠과 ㉡에 들어갈 내용으로 옳은 것은?

① ㉠ 안지름　　㉡ 홀수
② ㉠ 안지름　　㉡ 짝수
③ ㉠ 바깥지름　㉡ 홀수
④ ㉠ 바깥지름　㉡ 짝수

▶ 전기설비　테마 15　배선설비공사 및 전선허용전류 계산
- 후강전선관: 안지름 크기에 가까운 짝수
- 박강전선관: 바깥지름 크기에 가까운 홀수

54

마그네슘 분말이 존재하는 장소의 전기설비가 발화원이 되어 폭발할 우려가 있는 곳에서의 저압 옥내배선 전기설비 공사에 대한 내용 중 옳지 않은 것은?

① 금속관 공사
② 미네럴 인슈레이션 케이블 공사
③ 이동전선은 0.6/1[kV] EP 고무절연 클로로프렌 캡타이어 케이블을 사용
④ 애자사용공사

▶ 전기설비　테마 19　특수장소공사

폭연성 분진(마그네슘, 알루미늄, 티탄, 지르코늄 등)의 먼지가 쌓여 있는 상태에서 불이 붙었을 때에 폭발할 우려가 있는 곳 또는 화약류의 분말이 전기설비가 발화원이 되어 폭발할 우려가 있는 곳에 시설하는 저압 옥내 전기설비는 금속관 공사 또는 케이블 공사(MI 케이블 포함, 캡타이어케이블 제외)에 의해 시설하여야 한다. 이동전선은 0.6/1[kV] EP 고무절연 클로로프렌 캡타이어 케이블을 사용하고, 모든 전기기계기구는 분진방폭 특수방진구조의 것을 사용하며, 콘센트 및 플러그를 사용해서는 안 된다.

55

박강전선관의 표준굵기가 아닌 것은?

① 15[mm]　　② 17[mm]
③ 25[mm]　　④ 39[mm]

▶ 전기설비　테마 15　배선설비공사 및 전선허용전류 계산

박강전선관의 호칭
- 바깥지름의 크기에 가까운 홀수로 호칭한다.
- 15, 19, 25, 31, 39, 51, 63, 75[mm] (8종류)이다.

정답　51 ③　52 ①　53 ②　54 ④　55 ②

56

기구단자에 전선접속 시 진동 등으로 헐거워지는 염려가 있는 곳에 사용하는 것은?

① 스프링와셔 ② 2중 볼트
③ 삼각볼트   ④ 접속기

▶ 전기설비 테마 13 배선재료와 공구
  스프링와셔 또는 더블너트는 진동 등의 영향으로 체결이 헐거워질 우려가 있는 경우에 사용

57

화약고에 시설하는 전기설비에서 전로의 대지전압은 몇 [V] 이하로 하여야 하는가?

① 100[V]   ② 150[V]
③ 300[V]   ④ 400[V]

▶ 전기설비 테마 19 특수장소공사
  화약류 저장소의 위험장소: 전로의 대지전압은 300[V] 이하로 한다.

58

부식성 가스 등이 있는 장소에 전기설비를 시설하는 방법으로 적합하지 않은 것은?

① 애자사용공사 시 부식성 가스의 종류에 따라 절연전선인 DV전선을 사용한다.
② 애자사용공사에 의한 경우에는 사람이 쉽게 접촉될 우려가 없는 노출장소에 한한다.
③ 애자사용공사 시 부득이 나전선을 사용하는 경우에는 전선과 조영재와의 거리를 4.5[cm] 이상으로 한다.
④ 애자사용공사 시 전선의 절연물이 상해를 받는 장소는 나전선을 사용할 수 있으며, 이 경우는 바닥 위 2.5[cm] 이상 높이에 시설한다.

▶ 전기설비 테마 19 특수장소공사
  DV전선을 제외한 절연전선을 사용하여야 한다.

59

전기울타리 시설에 관한 설명으로 틀린 것은?

① 전로의 사용전압은 250[V] 이하일 것
② 전선은 인장강도 1.38[kN] 이상의 것 또는 지름 2[mm] 이상의 경동선일 것
③ 전선과 이를 지지하는 기둥 사이의 이격거리는 2[cm] 이상일 것
④ 전선과 다른 시설물 또는 수목과의 이격거리는 30[cm] 이상일 것

▶ 전기설비 테마 19 특수장소공사
  전기울타리의 전선과 이를 지지하는 기둥 사이의 이격거리는 2.5[cm] 이상일 것

60

접지극에 대한 설명 중 바람직하지 못한 것은?

① 구리 판상을 사용하는 경우에는 500 × 500[mm] 이상이어야 한다.
② 구리 원형 단선을 사용하는 경우에는 지름 15[mm] 이상이어야 한다.
③ 구리 피복강 원형 단선을 사용하는 경우에는 지름 14[mm] 이상이어야 한다.
④ 스테인리스강 원형 단선을 사용하는 경우에는 지름 20[mm] 이상이어야 한다.

▶ 전기설비 테마 16 전선 및 기계기구의 보안공사
  스테인리스강 원형 단선을 사용하는 경우에는 지름 15[mm] 이상이어야 한다.

정답 56 ① 57 ③ 58 ① 59 ③ 60 ④

MEMO

MEMO

MEMO

My rising curve with

김앤북
KIM & BOOK

합격

목표 달성
실전 감각 극대화
실전 적용
출제 패턴 파악
문제 풀이
기초 학습
탄탄한 기초
편입 도전

김앤북과 함께
나만의 합격 곡선을 그리다!

완벽한 기초, 전략적 학습, 확실한 실전
김앤북은 합격까지 책임집니다.

#편입 #자격증 #IT

www.kimnbook.co.kr

교재 구매 시 제공되는 서비스!

❶ 초보자 맞춤 부록 ❷ 초보자 맞춤 특강 ❸ 암기용 MP3 ❹ 기출 CBT 모의고사 ❺ 2025년 1회 해설 특강

초보자도 가능한
전기기능사
필기 | CBT 기출 마스터

초보자 맞춤 5단계 합격 프로세스

1단계 초보자 맞춤 부록, 강의 및 MP3로 기초학습을 먼저 시작
2단계 기출을 기반으로 한 테마별 압축이론으로 개념 정리
3단계 이론 학습 후 관련 문제를 풀면서 실전 적용
4단계 5개년 기출문제를 풀면서 실전 감각을 높임
5단계 기출 CBT 모의고사 서비스로 시험 직전 최종 점검

메가스터디교육그룹 아이비김영의 NEW 도서 브랜드 〈김앤북〉
여러분의 편입 & 자격증 & IT 취업 준비에
빛이 되어 드리겠습니다.
www.kimnbook.co.kr